全国优秀教材二等奖

国家卫生健康委员会"十四五"规划教材
全国高等学校药学类专业第九轮规划教材
供药学类专业用

生 物 化 学

第9版

主 编 姚文兵

副主编 杨 红 陈枢青

编 者（按姓氏笔画排序）

刘纯慧（山东大学药学院）　　　　陆红玲（遵义医科大学）

关亚群（新疆医科大学）　　　　　陈枢青（浙江大学药学院）

杨 红（广东药科大学）　　　　　郑永祥（四川大学华西药学院）

何海伦（中南大学生命科学学院）　姚文兵（中国药科大学）

张 嵘（沈阳药科大学）　　　　　郭 薇（中国药科大学）

张秀梅（锦州医科大学）　　　　　董继斌（复旦大学药学院）

人民卫生出版社
·北 京·

图书在版编目（CIP）数据

生物化学 / 姚文兵主编 . —9 版 . —北京：人民
卫生出版社，2022.7（2023.12 重印）
ISBN 978-7-117-33229-3

Ⅰ. ①生…　Ⅱ. ①姚…　Ⅲ. ①生物化学–医学院校–
教材　Ⅳ. ①Q5

中国版本图书馆 CIP 数据核字（2022）第 101521 号

| 人卫智网 | www.ipmph.com | 医学教育、学术、考试、健康，购书智慧智能综合服务平台 |
| 人卫官网 | www.pmph.com | 人卫官方资讯发布平台 |

生 物 化 学
Shengwu Huaxue
第 9 版

主　　编：姚文兵
出版发行：人民卫生出版社（中继线 010-59780011）
地　　址：北京市朝阳区潘家园南里 19 号
邮　　编：100021
E - mail：pmph @ pmph.com
购书热线：010-59787592　010-59787584　010-65264830
印　　刷：人卫印务（北京）有限公司
经　　销：新华书店
开　　本：850×1168　1/16　印张：27
字　　数：780 千字
版　　次：1979 年 7 月第 1 版　　2022 年 7 月第 9 版
印　　次：2023 年 12 月第 3 次印刷
标准书号：ISBN 978-7-117-33229-3
定　　价：69.00 元
打击盗版举报电话：**010-59787491**　E-mail：**WQ @ pmph.com**
质量问题联系电话：**010-59787234**　E-mail：**zhiliang @ pmph.com**
数字融合服务电话：**4001118166**　E-mail：**zengzhi @ pmph.com**

出 版 说 明

全国高等学校药学类专业规划教材是我国历史最悠久、影响力最广、发行量最大的药学类专业高等教育教材。本套教材于1979年出版第1版,至今已有43年的历史,历经八轮修订,通过几代药学专家的辛勤劳动和智慧创新,得以不断传承和发展,为我国药学类专业的人才培养作出了重要贡献。

目前,高等药学教育正面临着新的要求和任务。一方面,随着我国高等教育改革的不断深入,课程思政建设工作的不断推进,药学类专业的办学形式、专业种类、教学方式呈多样化发展,我国高等药学教育进入了一个新的时期。另一方面,在全面实施健康中国战略的背景下,药学领域正由仿制药为主向原创新药为主转变,药学服务模式正由"以药品为中心"向"以患者为中心"转变。这对新形势下的高等药学教育提出了新的挑战。

为助力高等药学教育高质量发展,推动"新医科"背景下"新药科"建设,适应新形势下高等学校药学类专业教育教学、学科建设和人才培养的需要,进一步做好药学类专业本科教材的组织规划和质量保障工作,人民卫生出版社经广泛、深入的调研和论证,全面启动了全国高等学校药学类专业第九轮规划教材的修订编写工作。

本次修订出版的全国高等学校药学类专业第九轮规划教材共35种,其中在第八轮规划教材的基础上修订33种,为满足生物制药专业的教学需求新编教材2种,分别为《生物药物分析》和《生物技术药物学》。全套教材均为国家卫生健康委员会"十四五"规划教材。

本轮教材具有如下特点:

1. 坚持传承创新,体现时代特色　本轮教材继承和巩固了前八轮教材建设的工作成果,根据近几年新出台的国家政策法规、《中华人民共和国药典》(2020年版)等进行更新,同时删减老旧内容,以保证教材内容的先进性。继续坚持"三基""五性""三特定"的原则,做到前后知识衔接有序,避免不同课程之间内容的交叉重复。

2. 深化思政教育,坚定理想信念　本轮教材以习近平新时代中国特色社会主义思想为指导,将"立德树人"放在突出地位,使教材体现的教育思想和理念、人才培养的目标和内容,服务于中国特色社会主义事业。各门教材根据自身特点,融入思想政治教育,激发学生的爱国主义情怀以及敢于创新、勇攀高峰的科学精神。

3. 完善教材体系,优化编写模式　根据高等药学教育改革与发展趋势,本轮教材以主干教材为主体,辅以配套教材与数字化资源。同时,强化"案例教学"的编写方式,并多配图表,让知识更加形象直观,便于教师讲授与学生理解。

4. 注重技能培养,对接岗位需求　本轮教材紧密联系药物研发、生产、质控、应用及药学服务等方面的工作实际,在做到理论知识深入浅出、难度适宜的基础上,注重理论与实践的结合。部分实操性强的课程配有实验指导类配套教材,强化实践技能的培养,提升学生的实践能力。

5. 顺应"互联网 + 教育",推进纸数融合　本次修订在完善纸质教材内容的同时,同步建设了以纸质教材内容为核心的多样化的数字化教学资源,通过在纸质教材中添加二维码的方式,"无缝隙"地链接视频、动画、图片、PPT、音频、文档等富媒体资源,将"线上""线下"教学有机融合,以满足学生个性化、自主性的学习要求。

众多学术水平一流和教学经验丰富的专家教授以高度负责、严谨认真的态度参与了本套教材的编写工作,付出了诸多心血,各参编院校对编写工作的顺利开展给予了大力支持,在此对相关单位和各位专家表示诚挚的感谢! 教材出版后,各位教师、学生在使用过程中,如发现问题请反馈给我们(renweiyaoxue@163.com),以便及时更正和修订完善。

人民卫生出版社

2022 年 3 月

主编简介

姚文兵

教授,国家级教学名师,享受国务院政府特殊津贴。现任中国药科大学党委常委、副校长,曾任新疆医科大学副校长(中共中央组织部、教育部第九批援疆干部2017—2020),博士生导师,二级教授,教育部高等学校药学类专业教学指导委员会主任委员,中国药学会药学教育专业委员会主任委员。

姚文兵教授在生物技术药物新药研究领域主持国家自然科学基金重点项目、"863"项目、国家新药创制重大专项等30余项。作为通讯作者在 *Journal of the American Chemical Society*、*Cancer Letters* 等杂志上发表论文200余篇。获授权发明专利20项,多项成果实现转化。

姚文兵教授在创新药学教育理念、引领人才培养模式改革、创建药学教育质量保障体系、提升中国药学教育国际水平等方面开展了大量工作。领衔编制了《药学类专业教学质量国家标准》《临床药学专业教学质量国家标准》《制药工程专业教学质量国家标准》等,建立了药学类专业认证体系。

姚文兵教授是国家级教学团队负责人,主持国家精品课程、精品资源共享课,主编国家级"十二五"规划教材《生物化学》等教材和专著。2001年、2005年、2009年、2018年四次获国家级教学成果一等奖。主编的《生物化学》(第8版)于2021年获首届国家优秀教材奖。

副主编简介

杨 红

博士,广东药科大学生物化学与分子生物学教授,硕士生导师,广东省生物化学与分子生物学学会常务理事,广东省医学教育协会生物化学与分子生物学专业委员会副主任委员,广东省抗癌协会抗癌药物专业委员会常务委员,广东省药学会专业技术委员会委员。担任国家级和多个省级基金项目评审专家,以及多个学术杂志编委。

杨红教授从事教学和科研工作30多年,主讲生物化学与分子生物学、高级生物化学、生物技术与制药等本科及研究生课程,主要研究方向为脑及神经系统疾病药物的活性成分筛选、药效作用及分子机制研究,以及疾病基因多态性与药物作用相关性研究。近年主持完成各级科研课题20多项,发表研究论文60余篇,获得各类科技成果奖和教学成果奖多项,国家发明专利授权5项,主编和副主编国家级规划教材5部。

陈枢青

博士,教授,博士生导师,现任浙江大学药学院精准医学与生物技术药物研究室主任,浙江加州国际纳米技术研究院国际精准医学研究中心主任等职。兼任中国药理学会药物基因组学专业委员会常委、中国药学会生化与生物技术药物专业委员会委员、浙江省药学会生化药物专业委员会名誉主任委员,《中国药学杂志》编委、*Medical Science Monitor* 国际编委,*Biomaterials*、*PLoS One*、*Analytica Chemica Acta*、*Molecules*、*Genomics*、*Proteomics & Bioinformatics*、*OncoTargets and Therapy*、*Trends in Molecular Medicine* 等审稿专家。在 *Cell*、*Advanced Materials*、*Biomaterials*、*SMALL* 等杂志发表论文260篇,其中SCI/EI收录139篇,主编、参编著作和教材16部。曾主持国家自然科学基金5项(其中重点项目2项),国家重大新药创制重大专项子课题2项,国家重点研发计划"精准医学研究"重点专项1项。主持完成科研成果三项,获浙江省科技进步奖三等奖两次,获浙江省科技进步奖二等奖一次。

前　言

21 世纪生命科学的飞速发展给药学学科的发展带来了巨大的变化。为适应当前我国高等药学教育改革与发展的需要,本版教材在第 8 版教材的基础上,重点阐述了生物化学的基础理论、基本知识和基本技能,突出了生物化学与生物技术的进展及其在现代药学研究中的作用,强调了生物化学相关理论和技术对新药发现、药物研究、药物生产、药物质量控制及药物临床应用等药学研究各方面所产生的影响。本版教材还加强了生物大分子如糖、脂、蛋白质、核酸、酶等在医药领域的研究与应用,充实了物质代谢、代谢调控与基因突变及基因多态性的内容;介绍了生物化学对生物药物研究的重要贡献等。本版教材力求做到学习目标明确,内容充实精练,理论联系实际,并提供配套的数字教学资源,满足多元化的教学需求,充分反映生物化学的研究成果和最新进展及其在高等药学教育中的地位与作用。

本教材分为 4 篇共计 18 章,其中姚文兵教授编写了绪论、第八、十七章,刘纯慧教授编写了第一、十二章;杨红教授编写了第二、三章;郑永祥副教授编写了第五、六章;关亚群教授编写了第七章;张秀梅副教授编写了第四、十章;陈枢青教授编写了第十三、十六章;陆红玲教授编写了第九、十一章;董继斌副教授编写了第十五章;郭薇教授编写了第八章;何海伦教授编写了第十七章;张嵘教授编写了第十四、十八章;全书由姚文兵教授进行统稿,郭薇教授担任秘书。在编写过程中,各位老师忘我工作,圆满完成了各项编写工作,同时,本书的编写得到了各参编院校的大力支持与帮助,在此一并表示衷心的感谢。

生物化学的发展日新月异,由于编者水平有限,难免存在不足之处,恳请使用本教材的广大师生与读者指正。

编者
2022 年 2 月

目 录

第二篇　物质代谢与能量转换

第三篇　遗传信息的传递

绪　　论

绪论
教学课件

一、生物化学的含义与研究内容

生物化学（biochemistry）是生命的化学（chemistry of life），是运用科学的理论和方法研究生物体的化学组成和生命过程中的化学变化规律的一门科学。自从 20 世纪 50 年代，James D. Watson 和 Francis H. Crick 提出 DNA 双螺旋结构模型后，生物化学进入分子生物学时期，开展了 DNA 复制、基因转录和蛋白质生物合成及其调控的深入研究。它是从分子水平研究生物体内基本物质的化学组成、结构及生物学功能，阐明生物物质在生命活动中的化学变化规律及复杂生命现象本质的一门科学。生物化学是生命科学研究最基础、最重要的一门学科，且在药学专业课程体系中，起着承上启下、贯穿融合的重要作用。

生物化学的研究内容十分广泛，现代生物化学的研究主要集中在以下几个方面。

1. **生物体的化学组成**　组成生物体的重要物质有蛋白质、核酸、糖类、脂类、无机盐和水等，另外还有含量较少而对生命活动极为重要的维生素、激素和微量元素。其中蛋白质、核酸、糖类和脂类属于生物大分子。所谓生物大分子是指在体内具有活性，由基本组成单位按一定顺序和方式连接而形成的多聚体（polymer），其特征之一是具有信息功能，因此也称之为生物信息分子。如蛋白质的基本组成单位是氨基酸，核酸的基本组成单位是核苷酸。这些生物大分子种类繁多，结构复杂，是一切生命现象的物质基础。生物化学的研究内容之一就是研究组成生物体基本物质，即蛋白质（包括酶）、核酸、糖类、脂质的化学组成、结构、理化性质、生物功能及结构与功能的关系，这部分内容称之为静态生物化学。

2. **物质代谢及其调节**　生命体的基本特征之一是新陈代谢（metabolism），即生物体不断地与外环境进行有规律的物质交换，生物体一方面需要与外界环境进行物质交换，在体内进行各种代谢反应，将摄入营养物中储存的能量释放出来，供机体活动所需，这一过程称为分解代谢；另一方面生物体利用能量将小分子物质合成机体所需的大分子化合物，这一过程称为合成代谢。代谢是指生物体内发生的所有化学反应，包括物质代谢和能量代谢两个方面。物质代谢的有序进行是正常生命过程的必要条件，若物质代谢紊乱则可以引发疾病，例如高尿酸血症（HUA）是由于嘌呤代谢障碍所导致的慢性代谢性疾病；苯丙酮尿症（PKU）则是一种常见的氨基酸代谢疾病。在复杂的调控机制作用下，通过改变酶的催化活性，使体内各个反应和各个代谢途径之间彼此协调和制约，从而保证各组织器官乃至整体正常的生理功能和生命活动。目前虽然人们对人体内进行的主要代谢反应和代谢途径了解得十分清楚，但对物质代谢的调控机制和规律仍有待继续探索和发现。关于物质代谢这部分内容称之为动态生物化学。

3. **遗传信息传递及其调控**　遗传信息的传递基本遵循中心法则，由核酸携带的遗传信息指导蛋白质的合成。遗传信息的表达在生命过程中受到严格的调控，其表达和调控的机制和规律是分子生物学（molecular biology）的重要内容，这一过程与细胞的正常生长、发育和分化以及机体生理功能的完成密切相关。认识了基因信息表达和调控的规律，人们就能在分子水平上对生物体进行改造。目前，DNA 克隆、基因重组、基因敲除、基因编辑等分子生物学技术已成为现代生命科学领域研究的基础方法。分子生物学的发展十分迅速，随着新理论与新技术不断涌现，并渗透进入生命科学的每一个领域，必将全面推动生物学、医学、药学等学科向各个方面纵深发展。

二、生物化学的发展简史

生物化学是一门既古老又年轻的学科。人类很早就已经在生产、生活和医疗等方面积累了许多与生物化学有关的实践经验，如在公元前22世纪就用谷物酿酒；公元前12世纪就会制酱、制饴糖；公元前7世纪，我国中医就用车前子、杏仁等中草药治疗脚气病等。但是，人们对生命化学的本质却认识得很晚，一般认为，生物化学起源于18世纪中期，发展于19世纪，是在近代化学和生理学的基础上逐渐发展起来的，故最初被称为"生理化学"，在20世纪初期才成为一门独立的学科。

生物化学发展至今可以分为三个阶段：萌芽时期、蓬勃发展时期和分子生物学时期。

1. 萌芽时期　从18世纪中叶至20世纪初。这一阶段的主要工作是研究生物体的化学组成，客观描述组成生物体的物质含量、分布、结构、性质与功能。1828年沃勒（Wohler）首次用无机物氰酸铵合成了生物体内发现的有机物——尿素，彻底推翻了有机化合物只能在生物体内合成的观点，为生物化学的发展开辟了广阔的道路。1877年霍佩-赛勒（Hoppe-Seyler）首次提出"biochemistry"这个名词，并创办了《生理化学》杂志。1897年布克奈（Buchner）等证明了无细胞的酵母提取液也具有发酵作用，可以使糖生成乙醇和二氧化碳，这一发现开启了发酵过程在生物化学上的研究，也为近代酶学的发展奠定了基础。与布克奈同时代的科学家Emil Fischer对酶与底物的关系提出了"锁钥学说"，这一理论目前仍是现代酶学的一个重要原则。

2. 蓬勃发展时期　20世纪初期至20世纪中期。这一时期，除了在营养、内分泌及酶学等方面有许多重大发现与进展之外，更主要的进展是利用化学分析及放射性核素示踪技术研究了体内主要物质的代谢途径，如三羧酸循环、脂肪酸β氧化、糖酵解及鸟氨酸循环等，并基本研究清楚了这些物质的代谢过程。

1904年G. F. Knoop发现了脂肪酸的β氧化；1932年H. A. Krebs和K. Henseleit发现尿素合成的鸟氨酸循环；1937年H. A. Krebs揭示了三羧酸循环机制；1948年E. P. Kennedy和A. L. Lehninger发现线粒体是真核生物氧化磷酸化场所。至此，以三羧酸循环为核心，汇集葡萄糖、脂肪酸和氨基酸氧化分解生成二氧化碳、水和能量（ATP）的代谢途径已经阐明，明确了葡萄糖、脂肪酸和氨基酸是体内三种重要产能物质。除供应能量外，它们还承担着为机体生物大分子合成提供基本单位（或称前体小分子）的任务。

3. 分子生物学时期　20世纪50年代起，细胞内两类重要的生物大分子——蛋白质与核酸开始成为研究的焦点，蛋白质生物合成的途径和核酸的结构得以揭示。其中具有里程碑意义的是美国科学家James D. Watson和英国科学家Francis H. Crick于1953年提出的DNA双螺旋结构模型，随后又提出了遗传信息中心法则（central dogma），从而开创了分子生物学时代。1973年Cohen建立了体外重组DNA方法，标志着基因工程的诞生，这不仅促进了对基因表达调控机制的研究，而且使主动改造生物体成为可能，由此，相继获得了多种基因工程产品，极大地推动了医药工业和农业的发展。1981年西克（T. Cech）发现了核酶（ribozyme），从而打破了酶的化学本质都是蛋白质的传统观念。1985年Kary Mullis发明了聚合酶链反应（polymerase chain reaction, PCR）技术，使人们能够在体外高效率扩增DNA。1990年开始实施的人类基因组计划（Human Genome Project, HGP）是生命科学领域有史以来最庞大的全球性研究计划，2000年人类基因组"工作框架图"完成。2003年4月，科学家宣布人类基因组序列图绘制成功，人类基因组计划的所有目标全部实现，人类社会从此进入"后基因组时代"，此成果无疑是人类生命科学史上的一个重大里程碑，它揭示了人类遗传学图谱的基本特点。2003年9月，美国国立人类基因组研究院又紧接着启动了另外一个重要的跨国基因组学研究项目——"人类DNA元件百科全书计划"（the ENCODE Project），主要目标是对人类基因组功能元件进行鉴定和分析，这些基因组计划将进一步深入研究各种基因的结构、功能与调节，将为人类的健康和疾病的研究带来根本性的变革。组学（omics）包括基因组学（genomics）、蛋白质组学（proteomics）、转录组学

（transcriptomics）、脂类组学（lipidomics）、糖组学（glycomics）和代谢组学（metabolomics）等，是 21 世纪最为热门的研究领域。当前，生命科学的发展全面进入到一个多组学时代，采用多组学联合分析可以实现蛋白 / 转录及代谢物的全谱分析，实现从"因"和"果"两个方向探究生物学问题。

我国很早就已运用生物化学知识和技术为生产和生活服务。公元前 21 世纪，我国人民就已经掌握造酒的基本原理，这是用"曲"作"媒"（即酶）催化谷物淀粉发酵的实践。20 世纪以来，中国生物化学家在营养学、临床生物化学、蛋白质变性学说、免疫化学、人类基因组等研究领域都做出了积极的贡献。我国生物化学家吴宪（1893—1959）于 1931 年在世界上首次正式提出蛋白质的"变性说"，认为天然蛋白质变性的原因在于其结构发生了改变；我国生物化学家刘思职（1904—1983），参与了蛋白质变性学说的研究，在免疫化学研究方面，利用定量分析方法研究抗原抗体反应机制，为免疫化学的创始人之一。1965 年我国科学家在世界上首先人工合成了具有生物活性的结晶牛胰岛素；1971 年又完成了用 X 线衍射方法测定牛胰岛素的分子空间结构；1982 年人工合成了酵母丙氨酸转运核糖核酸；1990 年成功培育了转基因猪。值得指出的是，1999 年 9 月我国科学家加入人类基因组计划的研究工作，并提前绘制完成"中国卷"，赢得了国际生命科学界的高度评价。

自诺贝尔奖（the Nobel Prize）设立以来，已多次颁发给生物化学领域的科学家们，尤其是自 20 世纪 50 年代以来，生物化学与分子生物学领域的科学家共获得诺贝尔奖 60 多次，占同时期总奖项数目的一半以上，获奖内容涉及生物化学领域的各个方面，包括生物大分子的结构与功能、物质代谢与调节、遗传信息传递以及生物化学研究技术等，具体来说有以下领域：DNA 结构、遗传密码、遗传重组、基因重组、核酸的生物合成机制、聚合酶链反应（PCR）、DNA 测序、转座子、断裂基因、癌基因、RNA 干扰机制、病毒复制的方式、反转录病毒、细胞内第二信使、胰岛素、抗体的化学结构、可逆性的蛋白质磷酸化、糖酵解途径、三羧酸循环途径、辅酶 A、氧化酶的性质和作用方式、胆固醇和脂肪酸的代谢、化学渗透学说、细胞自噬机制，以及超速离心、电泳、层析、酶联免疫检测、色谱分析、生物质谱等研究技术和近年兴起的高通量生物分析技术，如微阵列芯片、微流控芯片、量子点荧光免疫分析等。这些研究成果一方面说明 20 世纪以来，生物化学领域的研究的确取得了显著的重大成就，另一方面也说明生物化学这门学科在生物学科中的重要地位。

三、生物化学与药学的联系

生物化学是一门药学学科必修的科目，生物化学领域快速发展的理论与技术也极大的促进了药学学科的发展。生物化学在药学领域的应用主要是研究与药学相关的生物化学理论、原理、技术及其在药物研究、生产、质量控制与临床中应用。通过学习生物化学，在分子水平的基础上进一步认识生命过程的变化规律，也为今后学习生理学、病理学、药物化学、药理学、生物药剂学等课程奠定基础。

20 世纪中叶以来，许多新理论、新技术迅速渗透到药学研究领域，如电子学、波谱技术、立体化学、量子理论与遗传中心法则等新概念的迅速导入，人们对物质结构、生物大分子的结构与功能以及分子遗传学理论有了深入了解，加之生理学、生物化学与分子生物学的进展，为新药的研究提供了理论、技术和方法。到 20 世纪末，药学已步入了新的发展阶段，其特点是以化学模式为主体的药学迅速转向生命科学和化学相结合的新模式，因此，生物化学与分子生物学在现代药学发展中起了先导作用。各种组学技术的不断创新以及系统生物学、合成生物学等学科的迅速发展为新药的发现和研究提供了重要的理论基础和技术手段。生物化学与现代药学的结合加速了生物新药、先导化合物的发现，开创了以基因重组、基因编辑为基础的制药新门类，发展了以分子生物学为基础的药物设计途径，同时也广泛地应用于传统制药业的改造。

应用现代生物化学技术，从生物体获取生理活性物质，不但可直接开发成为有意义的生物药物，而且可从中寻找到结构新颖的先导物，设计合成新的化学实体。天然生物化学药物是运用生物化学的研究成果，将生物体的重要活性物质用于疾病防治的一大类药物，这类药物基本的生物化学成分为氨基酸、蛋白质、多肽、酶及辅酶、多糖、脂质、核酸等,这些成分在具有生物活性的同时,还具有毒副作用小,药效高等特点,在制药行业占有重要地位,在临床中得以应用的已达数百种。中药学的研究对象也取材于天然生物体,其有效成分的分离纯化及作用原理的研究,也常常应用生物化学的原理与技术。用生物化学知识研究中药学,为中药走出国门,走向国际化提供了理论支撑,促进了我国中药学的发展。

药物化学是研究药物的化学性质、合成及结构与药效的关系,生物化学研究不仅可以从分子水平阐明活细胞内发生的化学过程,而且可以阐明许多疾病的发病机制,为新药的合理设计提供依据,以减少寻找新药的盲目性,从而提高发现新药的概率。

近代药理学主要研究药物作用的分子机制以及药物在体内的过程和代谢动力学。因此,其研究理论、技术手段与生物化学密切相关,并已形成一个重要学科分支——分子药理学。分子药理学在分子水平上研究药物分子与生物大分子相互作用的机制,因此生物化学与分子生物学是其理论的核心基础。

生物药剂学研究药物制剂与药物在体内的过程(包括吸收、分布、代谢和排泄),从而阐明药物剂型因素、生物因素与疗效之间的关系。因此,生物化学代谢与调控理论及其研究手段是生物药剂学的重要基础。

近年来随着基因工程、蛋白质工程等技术在药学领域的广泛运用及快速发展,出现了大量与传统的化学合成药物不同的生物技术药物,如重组蛋白药物、治疗性抗体药物、核酸药物、疫苗、基因药物以及基因治疗和干细胞治疗、T 细胞疗法等,主要用于治疗各种肿瘤、心血管疾病、糖尿病、贫血、自身免疫性疾病以及遗传性疾病等,这些药物正成为世界各大制药公司竞相开发的药物"新宠"。全球医药市场的发展重心正在逐步从小分子化学药转向生物技术药物。生物技术药物蓬勃发展的背后实际上是生物化学领域研究成果的大量积累和一些重大理论和技术的突破,这从近年来诺贝尔奖多次颁给生物化学研究领域的科学家可见一斑,至今有 20 多项与药学研究有关的内容获得了诺贝尔奖,如有关磺胺类药物、青霉素、生物碱、杀虫剂双对氯苯基三氯乙烷(DDT)、链霉素以及维生素、生长激素、胡萝卜素、肾上腺皮质激素、性激素、胰岛素、生长因子、单克隆抗体、青蒿素等方面的研究,因此临床药物的研发与生物化学领域的研究和进展是密不可分的。

总之,生物化学是现代药学科学的重要理论基础,是药学院校学生学好专业课、从事药物研究、生产、质量控制与临床应用的必备基础学科。

四、生物化学的发展趋势

当今生物化学的发展趋势是理论与实践结合,多学科交叉、融合式发展,其最主要的特征是对分子、细胞、组织、器官乃至整体水平的多层次综合研究,其发展趋势主要体现在以下几个方面:

1. 生物化学与新型学科交叉融合,相互促进　生物信息学对 21 世纪生命科学的发展具有非凡的推动作用,也是当今生命科学的重大前沿领域之一。"基因组学""转录组学""蛋白质组学"等研究的不断深入,产生大量的生物数据,如何有效地发掘数据背后的价值,将是一个重要的研究方向。在组织和器官层面,组织工程的发展也是现代生物化学的研究热点。同样,组织工程也是再生医学的重要技术领域。结合材料科学的发展和 3D 打印、三维培养等技术,若能在体外培养组织和器官,将是医学的巨大进步,具有重大的临床应用前景。

2. 生物化学促进了新技术加速转化,产生新的治疗领域　自从 CRISPR-CAS9 技术发明以来,完全改变了基因编辑所需的门槛,大量的基于 CRISPR-CAS9 系统的实验方法被开发出来,极大地促进了现代生物学研究的发展,为基因功能的研究、疾病模型的建立、发病机制的研究提供了有力的手段。为了表彰该项技术在基因编辑领域的杰出贡献,2020 年诺贝尔化学奖授予 CRISPR-CAS9 基因编辑技术的发明者。同样的,单碱基编辑技术也是一种被寄予厚望的高精度基因编辑技术,相信未来会有更多的更加安全、更加精准的基因编辑工具面世,让基因编辑技术更好地服务于人类。

在细胞层面,发育进程中的细胞增殖、功能分化以及细胞凋亡及其调控等生物化学过程成为现代生物化学的研究热点。随着干细胞生物学、免疫学、分子技术、组织工程技术等科研成果的快速发展,细胞治疗作为一种安全而有效的治疗手段,在临床治疗中的作用越来越突出,被誉为"未来医学的第三大支柱"。尤其是干细胞工程的发展,诱导多能干细胞技术、化学分子调控干细胞分化等技术的应用,为研究生命过程提供了广阔的空间。例如,利用人诱导多能干细胞可制备出不受限制、可给任何人输血的血小板。其中,间充质干细胞(MSC)具有低免疫原性及向缺血或损伤组织归巢的特性在临床上具有广泛的应用前景,可用于治疗神经系统疾病、肝肾损伤、自身免疫疾病、心脏疾病、骨疾病、缺血性血管疾病、肿瘤等疾病。众多干细胞疗法已开展到临床试验阶段并取得了可喜成果,同时我国已经有数款间充质干细胞新药申请获得临床批件。此外,干细胞结合生物支架、干细胞技术结合CRISPR-CAS9等基因编辑技术为疾病治疗提供新的可能性。细胞免疫治疗作为一种新型高效的生物治疗技术也取得巨大的进步,其中嵌合抗原受体T细胞疗法(CAR-T细胞疗法)在血液肿瘤治疗中展现了显著的疗效,被认为是最有前景的肿瘤治疗方法之一。2017年,首款CAR-T细胞治疗产品Kymriah上市,CAR-T免疫疗法开启了肿瘤免疫治疗的新时代。

3. 生物化学的发展推动了对生命现象更深入的理解

近年来生物冷冻电镜的快速发展,为结构生物学家提供了在溶液态解析蛋白质结构的重要手段,对蛋白质结构和功能的研究有巨大推动作用。同时,对蛋白质的研究除了翻译、加工过程的作用机制外,目前更多关注蛋白质的降解机制,因为发现包括肿瘤在内的很多疾病的发生均与蛋白质的降解异常有关。随着核酸分析的各种先进技术不断创造和使用,核酸的提取和分离方法不断革新和完善,这些进展为研究核酸的结构和功能奠定了基础。有关核酸代谢、核酸在遗传中以及在蛋白质生物合成中的作用机制,也都有了更为深入的认识。

非编码RNA(non-coding RNA)是目前核酸领域的最大研究方向,其占人类基因组的比例高达98%,广泛参与生命现象的各个环节,如生长、分化、发育、免疫等。目前对于非编码RNA的认识还是非常有限,对于非编码RNA的研究任重道远。另外一方面,核酸药物的研发经历了较长的历程,诸多因素曾限制了核酸药物的发展,但随着近些年关键技术上的突破,目前全球已有多款核酸药物获批,主要为反义寡核苷酸(antisense oligonucleotide, ASO)药物、小干扰RNA(small interfering RNA, siRNA)药物。信使RNA(messenger RNA, mRNA)疫苗的研发近年来受到了较多关注,还有众多的核酸药物在临床试验中。预计随着技术的不断改进,核酸药物有望成为继小分子化学药物和抗体药物后的第三大类型药物。

医药学的发展不断向生物化学和分子生物学提出问题和挑战,如疾病的早期预测和检测、疾病的基因诊断和基因治疗、个体化用药和精准医疗等。随着基因工程、蛋白质工程、细胞工程、组织胚胎工程和干细胞工程的发展,人类在预防、治疗各种疾病和促进健康等方面一定会取得更长足的进步。

(姚文兵)

第一篇

生命的分子基础

第一章

糖 的 化 学

第一章
教学课件

第一节 概 述

一、糖的概念与分布

糖类(carbohydrate)是自然界存在的一大类具有多种化学结构和生物功能的有机化合物。它由碳、氢及氧元素组成,其多数分子式可以表示为 $C_m(H_2O)_n$。一般把糖类看作是多羟基醛或多羟基酮及其聚合物和衍生物的总称。

由于一些糖分子中氢原子和氧原子的比例为 2:1,刚好与水分子中氢、氧原子数的比例相同,过去误认为此类物质是碳与水的化合物,因此将糖称为碳水化合物。但实际上有些糖,如鼠李糖(rhamnose)和脱氧核糖(deoxyribose),分子式分别为 $C_6H_{12}O_5$ 和 $C_5H_{10}O_4$ 等,它们分子中氢、氧原子数之比并非 2:1。尽管如此,由于习用已久,"碳水化合物"这一名称至今仍然广泛使用。

糖是生物界中分布极广、含量较多的一类有机物质,几乎所有动物、植物、微生物体内都含有它。其中以植物界最多,约占其干重的 80%;人和动物的器官组织中含糖量不超过组织干重的 2%;微生物体内含糖量占菌体干重的 10%~30%。这些糖可与蛋白质或脂类结合形成糖复合物。

二、糖的分类

根据含糖单位的数目可将糖类物质分成以下几类。

1. 单糖(monosaccharide) 凡不能被水解成更小分子的糖称为单糖,是糖类中最简单的一种,也是组成糖类物质的基本结构单位。单糖可根据其分子中的碳原子数分类,其中最简单的单糖是三碳糖,在自然界分布广、作用大的是五碳糖和六碳糖,也分别称为戊糖(pentose)和己糖(hexose),核糖(ribose)、脱氧核糖属戊糖,葡萄糖、果糖和半乳糖为己糖。下面简要叙述与人体营养及代谢有关的单糖。

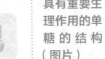

具有重要生理作用的单糖的结构(图片)

(1)丙糖:只有两种,即甘油醛和二羟丙酮,它们是糖代谢的中间产物。

(2)丁糖:在自然界常见的也有两种,即 D- 赤藓糖和 D- 赤藓酮糖,它们的磷酸酯是糖代谢的重要中间产物。

(3)戊糖:在自然界存在的戊醛糖主要有 D- 核糖、D- 木糖,它们大多以聚戊糖或糖苷的形式存在。在核酸分子中含有 D- 核糖或 D-2- 脱氧核糖。戊酮糖有 D- 核酮糖和 D- 木酮糖,都是糖代谢的中间产物。

（4）己糖：在自然界分布最广，数量也最多，与机体的营养代谢也最密切。重要的己醛糖有 D- 葡萄糖、D- 半乳糖和 D- 甘露糖；己酮糖则有 D- 果糖。

葡萄糖能以单糖存在，但绝大多数以多糖形式存在，也可组成糖苷；果糖是天然糖类中最甜的糖，多以二糖的形式存在；半乳糖多以乳糖、棉籽糖或琼胶等二糖、三糖或多糖形式存在。这三种己糖对人体的营养最重要，是人体获得能量的最主要来源。

（5）庚糖：单糖中还有一种庚酮糖，又称 D- 景天庚酮糖，它并不游离存在，而以磷酸酯的形式作为糖代谢的重要中间产物。

2. 寡糖（oligosaccharide）　一般指由 2~9 个单糖分子缩合而成的短链结构。寡糖与单糖一般能溶于水，且多有甜味。

常见寡糖的
结构（图片）

（1）二糖：又称双糖，是寡糖中分布最为广泛的一类，为两分子单糖以糖苷键连接而成，水解后生成两分子单糖。二糖都有旋光性，部分二糖有还原性。最常见的二糖是蔗糖（sucrose）、麦芽糖（maltose）和乳糖（lactose）。

（2）三糖：以棉籽糖为常见，存在于棉籽和桉树的糖蜜中，甜菜中也有棉籽糖，它是半乳糖、葡萄糖和果糖以糖苷键连接成的。

3. 多糖（polysaccharide）　是由 10 个以上单糖分子缩合而成的长链结构，分子量都很大，在水中不能成真溶液，有的呈胶体溶液，有的根本不溶于水，均无甜味，也无还原性。多糖有旋光性，但无变旋现象。多糖与人类生活关系极为密切，其中最重要的多糖是淀粉（starch）、糖原（glycogen）和纤维素（cellulose）等。一些多糖可与非糖物质结合形成复合糖。

三、糖的主要生物学作用

1. 糖是人和动物的主要能源物质　糖类物质的主要生物学作用是通过氧化而放出大量能量，以保证机体的活动。糖在自然界还是能量贮存的一种重要形式，动物除利用植物淀粉为能源物质外，草食动物和某些微生物还可以利用纤维素作能源。淀粉、糖原也能转化为生命必需的其他物质，如蛋白质和脂类物质。

2. 糖具有结构功能　植物茎秆的主要成分纤维素是起支持作用的结构物质。细胞间质中的糖胺聚糖也是结构物质。细胞结构中的蛋白质、脂类有些是与糖结合而成的。

3. 糖具有复杂的多方面的生物活性与功能　戊糖是核苷酸的重要组成成分；1,6- 二磷酸果糖可治疗急性心肌缺血性休克；多糖参与机体各种生理代谢，还具有调节机体免疫、抑制肿瘤、延缓衰老、降血糖、降血脂、抗辐射、抗菌、抗病毒等生物活性。香菇多糖、猪苓多糖、胎盘脂多糖、肝素、透明质酸、右旋糖酐（葡聚糖）等都已在临床应用，为肿瘤、艾滋病及其他疾病的治疗开辟了新方向。

第二节　多糖的化学

至今，人类已发现了几百种天然多糖。多糖不但是动植物的主要结构支持物质（如甲壳类动物中的壳多糖、植物中的纤维素），而且也是生物体主要的能量来源（如淀粉、糖原）。同时多糖也是工业上重要多聚体的原料来源，如食品工业上不可缺少的卡拉胶，石油工业上应用的田菁胶等。不但如此，多糖还具有复杂的、多方面的生物活性与功能。多糖的糖链能调控细胞的分裂与分化，调节细胞的生长与衰老。特别是多糖作为广谱免疫调节剂，可用于免疫性疾病的治疗。现在多糖研究的主要目标是：一方面进一步寻找活性更高，特别是对治疗肿瘤、艾滋病更有效的多糖，另一方面着重进行构效关系的研究。一旦构效关系阐述清楚，将对发现新的多糖起指导作用，并对药物学、分子生物学的理论作出新贡献。

一、多糖的分类

多糖的分类方法很多,如按其来源、生理功能、组成成分及存在的场所等分类。本书中仅介绍三种分类方法,即按其来源、生理功能和组成成分分类,其他分类方法不一一详述。

（一）按来源分类

1. 植物多糖　从植物尤其是中药材中提取的水溶性多糖,如当归多糖、枸杞多糖、大黄多糖、艾叶多糖、紫根多糖、柴胡多糖等。这类多糖多数没有细胞毒性,且质量通过化学手段容易控制,已成为当今新药研究的发展方向之一。另一类植物多糖是水不溶性多糖,如淀粉、纤维素等。

2. 动物多糖　从动物的组织、器官及体液中分离、纯化得到的多糖。这类多糖多数为水溶性的,也是最早作为药物的多糖,如肝素、硫酸软骨素、透明质酸、猪胎盘脂多糖等。

3. 微生物多糖　从细菌、真菌中提取得到的多糖,如香菇多糖、茯苓多糖、银耳多糖、猪苓多糖、云芝多糖等。这类多糖主要对肿瘤治疗及调节机体免疫效果显著。

4. 海洋生物多糖　从海洋、湖泊生物体内分离、纯化得到的多糖。这类多糖具有较为广泛的生物学效应,如几丁质（壳多糖、甲壳素）、螺旋藻多糖等。

（二）按生理功能分类

1. 贮存多糖　是作为碳源贮存的一类多糖,在需要时可通过生物体内酶系统的分解作用而释放能量,故又称为贮能多糖。贮存多糖是细胞在一定生理发育阶段形成的,主要以固体形式存在,较少是溶解的或高度水化的胶体状态。淀粉和糖原分别是植物和动物最主要的贮存多糖。

2. 结构多糖　也称水不溶性多糖,具有一定的硬性和韧性。结构多糖在生长组织里进行合成,是构成细菌细胞壁或动、植物的支撑组织所必需的物质,如几丁质、纤维素等。

（三）按组成成分分类

1. 同聚多糖（homopolysaccharide）　又称均一多糖,由一种单糖缩合而成,如淀粉、糖原、纤维素、戊糖胶、木糖胶、阿拉伯糖胶、几丁质等。

2. 杂聚多糖（heteropolysaccharide）　又称不均一多糖,由不同类型的单糖缩合而成,如肝素、透明质酸和许多来源于植物中的多糖如波叶大黄多糖、当归多糖、茶叶多糖等。

糖胺聚糖（glycosaminoglycan）,也称黏多糖（mucopolysaccharide）,是一类含氮的不均一多糖,其化学组成通常为糖醛酸及氨基己糖或其衍生物,有的还含有硫酸基团,如透明质酸、肝素、硫酸软骨素等。

3. 糖复合物（glycoconjugate）　又称结合糖、复合糖,是指糖和蛋白质、脂质等非糖物质结合的复合分子。主要有以下几类。

糖蛋白结构示意图（图片）

（1）糖蛋白（glycoprotein）:是寡糖与蛋白质以共价键结合的复合分子,其中糖的含量一般小于蛋白质。糖和蛋白质结合的方式有以下几种。

1）与含羟基的氨基酸（丝氨酸、苏氨酸、羟赖氨酸等）以糖苷形式结合,称为 *O*-连接。

2）与天冬酰胺（Asn）以酰胺键连接,称为 *N*-连接。*N*-连接的糖链多数具有 Man-β-1,4-GlcNAc-β-Asn（Man 表示甘露糖,GlcNAc 表示 *N*-乙酰葡糖胺）结构。此外,还有连接着很多甘露糖的高甘露糖类型等。

常见的糖蛋白包括人红细胞膜糖蛋白、血浆糖蛋白、黏液糖蛋白等。此外,酶也有不少为糖蛋白,具有运载功能的蛋白质也有不少为糖蛋白,很多激素、血型物质、作为结构原料或起着保护作用的蛋白质等也可以是糖蛋白。

（2）蛋白聚糖（proteoglycan）:是一类由糖胺聚糖与蛋白质（又称核心蛋白）共价结合形成的非常复杂的大分子糖复合物,其中蛋白质含量一般少于多糖。根据其组织来源的不同分别称为软骨蛋白聚糖、动脉蛋白聚糖、角膜蛋白聚糖等，或根据其所含糖胺聚糖种类的不同分别称为硫酸软骨素蛋白聚糖、硫酸皮肤素蛋白聚糖和肝素蛋白聚糖等。蛋白聚糖是构成动物结缔组织大分子的基本物质，也存在于细胞表面，参与细胞与细胞、细胞与基质之间的相互作用等。

（3）糖脂（glycolipid）：是糖和脂类以共价键结合形成的复合物，组成和总体性质以脂为主体。根据国际化学和应用化学联盟和国际生物化学联盟（IUPAC-IUB）命名委员会所下的定义，糖脂是糖类通过其还原末端以糖苷键与脂类连接起来的化合物。根据脂质部分的不同，糖脂又可分为以下几种。

1）分子中含鞘氨醇的鞘糖脂（glycosphingolipid），又分中性和酸性鞘糖脂两类，分别以脑苷脂和神经节苷脂为代表。

2）分子中含甘油酯的甘油糖脂（glyceroglycolipid）。

3）由磷酸多萜醇衍生的糖脂。

4）由类固醇衍生的糖脂。

糖脂广泛存在于生物体中，其主要的功能包括参与细胞与细胞间相互作用和识别，参与细胞生长调节、癌变和信息传递以及与生物活性因子的相互作用等。

（4）脂多糖（lipopolysaccharide）：也是糖与脂类结合形成的复合物，与糖脂不同的是，脂多糖以糖为主体成分。常见的脂多糖有胎盘脂多糖、细菌脂多糖等。

二、重要多糖的化学结构与主要生物学作用

（一）淀粉

淀粉（starch）是高等植物的贮存多糖，在植物种子、块根与果实中含量很多。大米中淀粉含量可达 70%~80%，它是供给人体能量的主要营养物质。

天然淀粉是由直链淀粉（amylose）和支链淀粉（amylopectin）两种成分组成。它们都是由 α-D- 葡萄糖缩合而成的同聚多糖。直链淀粉是由 α-1,4- 糖苷键相连而成的直链结构，分子量为 3.2×10^4~1.0×10^5Da。其空间结构为空心螺旋状，每一圈螺旋约含 6 个葡萄糖单位。

支链淀粉的分子量比直链淀粉大，分子量为 1×10^5~1×10^6Da。它是由多个较短的 α-1,4- 糖苷键直链（通常有 24~30 个葡萄糖单位）结合而成，每两个短直链之间的连接为 α-1,6- 糖苷键，其结构的一部分简示如图 1-1。

淀粉在冷水中不溶解，但在加热的情况下可吸收水而膨胀成糊状。直链淀粉遇碘产生蓝色，这是由于葡萄糖单位形成 6 圈以上螺旋所致。支链淀粉遇碘则产生紫红色。

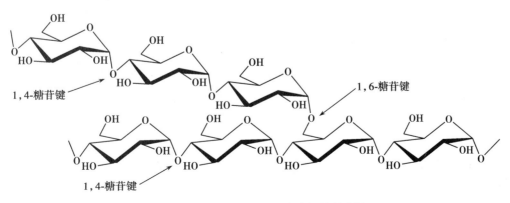

图 1-1 支链淀粉主链及分支之间的结合键

淀粉水解进程中产生的一系列分子大小不等的多糖称为糊精（dextrin）。淀粉水解时一般先生成淀粉糊精（遇碘呈蓝色），继而生成红糊精（遇碘呈红色），再生成无色糊精（遇碘不显色）以及麦芽糖，最终生成葡萄糖。

（二）糖原

糖原（glycogen）又称动物淀粉，是动物体内的贮存多糖，主要存在于肝及肌肉中。

糖原也是由 α-D- 葡萄糖构成的同聚多糖，分子量为 $2.7 \times 10^5 \sim 3.5 \times 10^6$ Da。它的结构与支链淀粉相似，也是带有 α-1,6 分支点的 α-1,4- 葡萄糖多聚物。但分支比支链淀粉多，每一短链含 8~10 个葡萄糖单位，其基本结构如图 1-2。

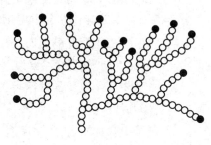

图 1-2　糖原分子的部分结构示意图

糖原遇碘产生红色，彻底水解后产生 D- 葡萄糖。糖原的生理作用是：肌肉中的糖原分解为肌肉收缩提供能源，肝中的糖原可分解为葡萄糖进入血液，运输到各组织加以利用。

（三）葡聚糖

葡聚糖（dextran）又称右旋糖酐，是酵母菌及某些细菌中的贮存多糖。它也是由多个葡萄糖缩合而成的同聚多糖。但与糖原、淀粉不同之处在于葡萄糖之间几乎均为 α-1,6 连接，也可通过 α-1,2、α-1,3 或 α-1,4 连接而形成分支状。右旋糖酐作为血浆代用品已用于临床。

（四）纤维素

纤维素（cellulose）是自然界最丰富的有机物质，其含量占生物界全部有机碳化物的一半以上。它是构成植物细胞壁和支撑组织的重要成分。纤维素是由许多 β-D- 葡萄糖通过 β-1,4- 糖苷键连接而成的直链同聚多糖，其分子中的 β-D- 葡萄糖连接方式见图 1-3。

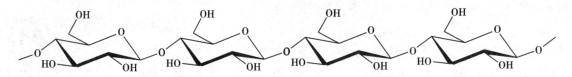

图 1-3　纤维素分子的 β-D- 葡萄糖连接方式

纤维素不溶于水、稀酸及稀碱。其结构中的 β-1,4- 糖苷键对酸水解有较强的抵抗力，用强酸水解可产生 D- 葡萄糖及部分水解产物纤维二糖。大多数哺乳动物不分泌水解 β-1,4- 糖苷键的酶，因此它们不能消化纤维素。但反刍动物（牛、羊）消化道中存在的细菌能够产生水解纤维素的酶，故这些动物能利用纤维素作养料。

纤维素结构中的每一个葡萄糖残基含有 3 个自由羟基，因此能与酸形成酯。纤维素与浓硝酸作用生成的硝化纤维素（纤维素三硝酸酯）是炸药的原料。纤维素一硝酸酯和二硝酸酯混合物的醇醚溶液为火棉胶，其在医药、化学工业上应用很广。纤维素与乙酸结合生成的乙酸纤维素（醋酸纤维素）是多种塑料的原料。其还可制成离子交换纤维素，如羧甲基纤维素（CM- 纤维素）、二乙基氨基乙基纤维素（DEAE- 纤维素）等都是常用的生物化学分析试剂。食物中纤维素虽然不被人体吸收，但可以在人体胃肠道中吸附有机物和无机物供肠道正常菌群利用，维持正常菌群的平衡。此外，食物中的纤维素还具有促进排便等功能。

（五）琼胶

琼胶（agar）又称琼脂，是从一些海藻（主要为红藻类）提取的多糖混合物，主要由琼脂糖（agarose）和琼脂胶（agaropectin）组成。琼脂糖是由 D- 半乳糖和 3,6- 脱水 -L- 半乳糖以 β-1,4- 糖苷键连接的双糖单位以 α-1,3- 糖苷键交替组成的线性多糖，是琼胶的主要组成成分。琼脂胶可看作是琼脂糖上的羟基不同程度地被硫酸基、丙酮酸基等取代的复杂多糖,如 D- 半乳糖的 C_6- 羟基被硫酸酯化,或 C_4- 与 C_6- 羟基形成丙酮酸缩酮(图 1-4)。

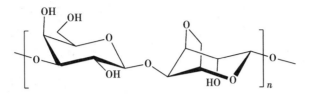

图 1-4 琼脂糖结构示意图

琼胶能吸水膨胀,不溶于冷水,但可溶于热水成溶胶,冷却后成凝胶,其中非离子型琼脂糖是形成凝胶的组分,而琼脂胶是非凝胶组分。此外,琼胶不易被细菌分解,所以被用作细菌培养基的凝固剂。

（六）几丁质

几丁质（chitin）又称甲壳素或壳多糖,是虾、蟹和昆虫甲壳的主要成分。此外,低等植物、菌类和藻类的细胞膜,高等植物的细胞壁等也含有几丁质。其含量仅次于纤维素。几丁质是由 N- 乙酰氨基葡萄糖通过 β-1,4- 糖苷键连接起来的同聚多糖（图 1-5）。几丁质的 N- 脱乙酰化产物称为壳聚糖（chitosan）。几丁质与壳聚糖在医药、化工及食品行业具较为广泛的用途,如作为药用辅料、贵重金属回收吸附剂、高能射线辐射防护材料等。

（七）糖胺聚糖类

糖胺聚糖（黏多糖）是由重复的二糖单位交替连接形成的线性不均一多糖,其二糖单位通常由氨基己糖和糖醛酸（或中性糖）组成。具有代表性的糖胺聚糖有下列几类。

1. 透明质酸 透明质酸（hyaluronic acid）是由 D- 葡糖醛酸和 N- 乙酰氨基葡萄糖交替组成。其中葡糖醛酸与 N- 乙酰氨基葡萄糖以 β-1,3- 糖苷键连接成二糖单位（图 1-6）。后者再以 β-1,4- 糖苷键与另一个二糖单位连成线性结构。

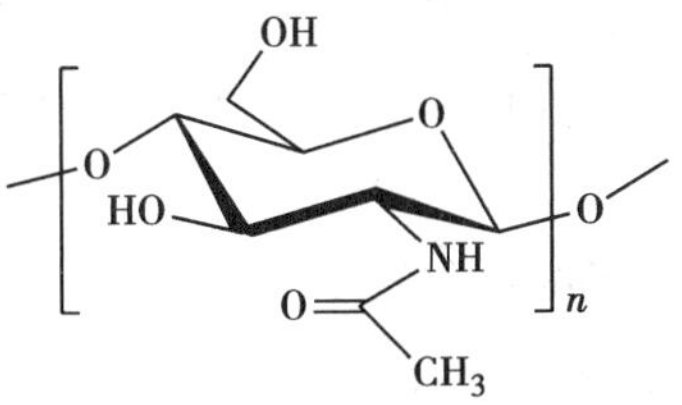

图 1-5 几丁质结构示意图 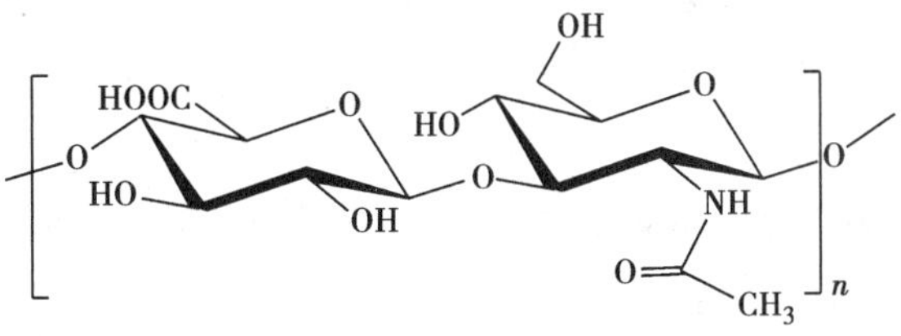　　　　图 1-6 透明质酸的二糖单位结构示意图

透明质酸主要存在于动物的结缔组织、眼球的玻璃体、角膜、关节液中,因其具有很强的吸水性,在水中能形成黏度很大的胶状液,故有黏结与保护细胞的作用。存在于某种细菌及蜂毒中的透明质酸酶能水解透明质酸,使其失去特有的黏性以便于异物的侵入。利用透明质酸酶水解透明质酸,使药物容易扩散至病变部位以提高治疗效果。

2. 硫酸软骨素 硫酸软骨素（chondroitin sulfate, CS）是体内最多的糖胺聚糖,为软骨的主要成分。其二糖单位由 D- 葡糖醛酸与 N- 乙酰氨基半乳糖以 β-1,3- 糖苷键连接而成,二糖单位之间以 β-1,4- 糖苷键相连。根据硫酸基取代位置的不同,硫酸软骨素主要分为 A、C 两种,如图 1-7A。

硫酸皮肤素又被称为硫酸软骨素 B,最早在皮肤中发现,其二糖单位由 L- 艾糖醛酸与 N- 乙酰氨基半乳糖以 β-1,3- 糖苷键连接而成,其 C_6—OH 通常被硫酸基取代,如图 1-7B。

硫酸软骨素有降血脂和抗凝血作用,临床用于冠心病和动脉粥样硬化的治疗。

3. 肝素 肝素（heparin）最早在肝中发现,故称为肝素。但它也存在于肺、血管壁、肠黏膜等组织中,是动物体内一种天然抗凝血物质。

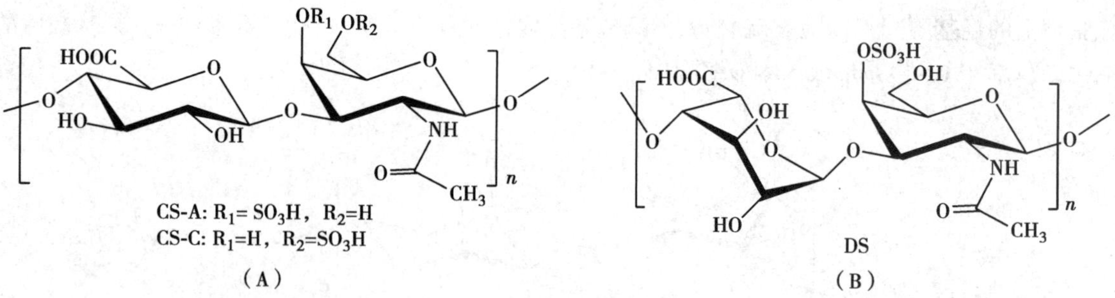

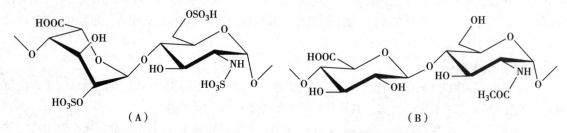

图 1-7　硫酸软骨素（A）与硫酸皮肤素（B）的二糖单位结构示意图

肝素抗凝活性的五糖序列（图片）

　　肝素是 α-D- 氨基葡萄糖与 α-L- 艾杜糖醛酸或 β-D- 葡糖醛酸以 1,4- 糖苷键构成的二糖单位形成的高度硫酸化聚合物，糖链不同位置的二糖单位存在普遍的 *N*- 硫酸化（及少量 *N*- 乙酰化）、可变的 2-/6-/3-*O*- 硫酸修饰，使肝素糖链结构呈高度不均一性。肝素分子结构中主要和次要二糖单位见图 1-8。肝素的抗凝活性则主要依赖糖链中与抗凝血酶特异结合的独特五糖序列。

图 1-8　肝素结构中的主要（A）和次要（B）二糖单位结构示意图

　　肝素在临床上广泛用作血液体外循环时的抗凝剂，也用于防止血管中血栓形成。肝素能使细胞膜上脂蛋白酯酶释放进入血液，该酶能使极低密度脂蛋白所携带的脂肪水解，因而肝素有降血脂作用。肝素经水解破坏其硫酸基而制成的类肝素（改构肝素），其抗凝血作用降低，但降血脂作用不改变。

　　体内重要的糖胺聚糖除上述三种以外，尚有硫酸角质素（keratan sulfate）、硫酸类肝素（heparan sulfate）等（表 1-1）。

表 1-1　糖胺聚糖的组成成分及分布

名称	主要组成成分	分布
透明质酸	乙酰葡萄糖胺、D- 葡糖醛酸	眼球玻璃体、脐带、关节
硫酸软骨素 A	乙酰半乳糖胺、D- 葡糖醛酸、硫酸	软骨、骨
硫酸软骨素 B	乙酰半乳糖胺、L- 艾杜糖醛酸、硫酸	皮肤、腱、心瓣膜
硫酸软骨素 C	乙酰半乳糖胺、D- 葡糖醛酸、硫酸	软骨、脐带、腱
软骨素	乙酰半乳糖胺、D- 葡糖醛酸	皮肤
硫酸角质素	乙酰葡萄糖胺、D- 半乳糖、硫酸	角膜、肋骨
肝素	磺酰葡萄糖胺、D- 葡糖醛酸、L- 艾杜糖醛酸、硫酸	肝、肺、肾、肠黏膜等
硫酸类肝素	乙酰葡萄糖胺、D- 葡糖醛酸、硫酸	肝、肺等

（八）细菌多糖

1. 肽聚糖 肽聚糖（peptidoglycan）又称胞壁质（murein），是构成细菌细胞壁基本骨架的主要成分。

肽聚糖结构
示意图（图
片）

肽聚糖是一种多糖与 4~5 个氨基酸短肽相连形成的多糖复合物。由于此复合物中氨基酸链不像蛋白质那样长，因此称之为肽聚糖。

肽聚糖结构中的 D- 氨基酸肽有抵抗肽水解酶的作用，故对细菌细胞有保护作用。溶菌酶能水解肽聚糖结构中的 β-1,4- 糖苷键，使细胞壁出现孔洞，导致细菌细胞膨胀破裂，所以该酶能溶解革兰氏阳性菌的机制即在于此。

青霉素的抗菌作用就在于其能抑制肽聚糖的生物合成，使得肽聚糖合成不完全，细胞壁不完整，不能维持正常生长，从而导致细菌死亡。

2. 脂多糖 革兰氏阴性菌的细胞壁较复杂，除含有低于 10% 的肽聚糖外，尚含有十分复杂的脂多糖。脂多糖一般由外层低聚糖链、核心多糖及脂质三部分组成。

细菌脂多糖的外层低聚糖是使人致病的部分，其单糖组分随菌株而不相同，各种细菌的核心多糖链均相似。

三、多糖的含量与纯度测定

（一）多糖的含量测定

多糖中总糖的含量测定可采用蒽酮 - 硫酸法或苯酚 - 硫酸法。蒽酮 - 硫酸法是一种快速而简便的测定总糖的方法，原理是蒽酮与多糖的硫酸水解产物发生显色反应。方法为将 2g 蒽酮溶于 1L 80%（V/V）硫酸中制成蒽酮试剂，取试液 1ml，加入蒽酮试剂 4ml，沸水浴煮沸 10 分钟后反应溶液呈蓝绿色，在 620nm 处有最大吸收，根据标准曲线计算溶液中多糖含量。多糖中糖醛酸的含量测定可采用硫酸 - 咔唑法，氨基葡萄糖的含量测定可采用乙酰丙酮显色法。

（二）多糖的纯度分析

多糖的纯度标准不能用通常化合物的纯度标准来衡量，因为即使是多糖纯品，其微观也并不均一。多糖纯度的判断，可根据糖基的摩尔比是否恒定，电泳是否呈现一条带，柱层析上是否呈一个峰来进行。因此，多糖样品经反复溶解与沉淀、分级沉淀、去蛋白、脱色等处理后，测定其纯度的方法主要有以下几种。

1. 电泳法 可用醋酸纤维素膜电泳、玻璃纤维纸电泳、聚丙烯酰胺凝胶电泳及琼脂糖电泳等。中性多糖电泳因其导电性弱，分子量大，在电场中移动速度慢，故常采用高压电泳，并且用 pH 9~12 的硼酸盐缓冲液，因糖类化合易与硼酸离子结合成配合物而增加其导电性。电泳后鉴定的显色剂常用的有阿利新蓝、甲苯胺蓝、p- 茴香胺硫酸试剂、高碘酸 - 希夫试剂等。

2. 凝胶柱层析法 常用 Sephadex G-150、G-200 或 DEAE- 纤维素，判断的标准是柱层析呈现一个峰。

3. 紫外扫描法 可检查多糖中是否有核酸或蛋白质类物质，一般多糖的紫外特征吸收应在 200nm 附近。

4. 其他方法 如官能团分析、纸层析、水解后糖组分分析等也常用于多糖纯度分析。

（三）多糖的分子量测定

测定高分子化合物分子量的许多物理方法，一般也适用于多糖分子量的测定。此外，根据多糖的化学特征而另有一些化学方法。多糖分子量测定因其不均一性而比较困难，通常所测得的分子量一般只能是一种统计平均值。

1. 凝胶柱层析法 用不同型号的 Sephadex 或 Sepharose 柱层析测定多糖分子量需要样品较少，方法比较简单。测定时首先需要以一系列结构相似且已知分子量的多糖作分子量 - 保留时间标准曲线。洗脱液的显色可以采用蒽酮 - 硫酸法或苯酚 - 硫酸法。所需注意的是,凝胶对多糖的有效分离范围较蛋白质窄,例如,Sephadex G-200 对球蛋白质可测定的分子量范围为 5~600kDa,而对线性葡聚糖可测定的分子量范围仅为 1~200kDa。

2. 特性黏度法　特性黏度法是实验室常用的测定多糖分子量的方法。所需仪器设备简单,操作方便。常用已知结构相似的多糖确定 K 值($\eta = KM^2$),然后测出待测多糖的特性黏数 η ,计算待测多糖的分子量。

多糖其他重要的理化性质测定还包括比旋度测定和溶解度测定。比旋度是多糖重要的物理常数之一,各种多糖具有其特定的比旋度,根据测定的比旋度可作鉴别实验或含量测定用。大多数葡聚糖在水中溶解度小,也不溶于有机溶剂,但能溶于稀碱溶液,而酸性黏多糖则均能溶于水。根据多糖溶解度的测定可以对其性质进行分析。

四、多糖的分离、纯化及降解

(一)多糖的提取与分离

由于各类多糖的性质及来源不同,所以提取方法也各有所异,主要归纳为以下几类。

1. 不溶性多糖的提取　主要为难溶于水、可溶于稀碱液的胶类,如木聚糖、半乳糖醛酸聚糖等。原料粉碎后常用 0.5mol/L NaOH 水溶液提取,提取液经酸中和及浓缩等步骤,最后加入乙醇沉淀,即得粗多糖。

2. 水溶性多糖的提取　主要为易溶于温水、难溶于冷水的多糖。可用 70~80℃热水提取,提取液用三氯甲烷(氯仿):正丁醇(4:1)混合除去蛋白质,经透析、浓缩后再加入乙醇即得粗多糖产物。

3. 黏多糖的提取　组织中的黏多糖多与蛋白质以共价键结合,故提取时需破坏黏多糖与蛋白质之间的结合键。通常使用蛋白酶水解蛋白部分,或用碱处理使黏多糖与蛋白质之间的结合键断裂,以促进黏多糖的释放,便于提取。

(1)碱液提取法:本法的主要依据是蛋白聚糖的糖肽键对碱不稳定。原料经预处理后用 0.5mol/L NaOH 溶液 4℃提取,提取液用酸中和,然后用调 pH、加热或用白陶土吸附法去除蛋白质,最后以乙醇沉淀即可获得成品。从软骨中提取硫酸软骨素即用此法。

(2)蛋白水解酶消化法:本法是利用蛋白酶水解黏多糖与蛋白质之间的共价键,使黏多糖从组织中释放出来。一般选用专一性较低的蛋白酶,如木瓜蛋白酶及链霉素,以进行广泛的蛋白质水解。经酶消化后的提取液中主要含有低分子量的蛋白消化产物及残存蛋白等杂质,可用 5% 三氯乙酸沉淀除去蛋白杂质,可用透析法去除小分子的杂质。最后加入乙醇可得黏多糖沉淀。

(二)多糖的纯化

多糖的纯化方法很多,需根据条件适当选择。必要时可使用多种方法以达到理想的分离效果。

1. 分级沉淀法　用乙醇进行分级分离是分离多糖混合物的经典方法,并且适用于大规模分离。例如动物软骨消化液中加入 1.25 倍乙醇可得到近乎纯的硫酸软骨素,而硫酸角质素则存留在乙醇上清液中。该法往往需要多次重复进行才能达到较好的效果。

2. 季铵盐络合法　黏多糖的聚阴离子与某些表面活性物质,如十六烷基三甲基溴化铵〔 CH_3 —(CH_2)$_{14}$ — CH_2 — N^+ (CH_3)$_3$ · Br^- ,CTAB〕中的季铵基阳离子结合生成季铵络合物。这些络合物在低离子强度的水溶液中不溶解,但在离子强度大的溶液中可以解离并溶解。本法的优点是既适用于实验室,又适用于生产。

3. 离子交换层析法　此法适用于分离各种酸性、中性多糖,常用的交换剂为 DEAE- 纤维素等。在 pH 为 6 时酸性多糖吸附于交换剂上而中性多糖不吸附,采用逐步提高洗脱液的盐浓度还能够对带电荷的不同多糖进行分离。

4. 凝胶过滤法　　凝胶过滤法对于分离不同聚合度的糖类及其衍生物是一种十分有效、快速和简易的方法。其主要原理是所用凝胶为立体多孔网状结构,如葡聚糖凝胶(商品名为 Sephadex),当含有不同聚合度的糖溶液流经适当的凝胶柱时,小分子易于扩散入孔中,而大分子则不易扩散,因此洗脱时大分子的糖比小分子的先洗脱下来。

5. 制备性区带电泳　　根据各种多糖的分子大小、形状及其所带电荷的不同进行分离。

6. 固定化凝集素的亲和层析法　　根据凝集素能专一地、可逆地与游离或复合糖类中的单糖和寡糖结合的性质,可利用固定化凝集素亲和层析分离纯化糖蛋白。这一方法简单易行,在温和条件下进行不破坏糖蛋白活性。固定化的刀豆凝集素(concanavalin A, Con A)是应用最普遍的固定化凝集素。Con A 能专一地与甘露糖基结合,各种酶如 α- 半乳糖苷酶和 β- 半乳糖苷酶、过氧化氢酶、干扰素等都可用固定化的 ConA 纯化。

（三）多糖的降解

天然来源的多糖由于其分子量较大,且有些多糖还具有紧密的晶体结构(如甲壳素),因此不溶于普通溶剂(如甲壳素只能在某些强酸介质中溶解),从而限制了它们的应用范围。选择适当的条件和方法控制降解多糖,制备低分子量产物,可以扩大使用范围。目前,多糖类物质的降解方法主要有化学法降解、酶法降解、氧化降解、辐射降解等几种,以甲壳素和肝素为例介绍如下。

1. 化学法降解　　肝素的化学降解常用的是亚硝酸控制降解法,所用亚硝酸浓度为 0.01%~1.0%,反应温度为 $-30 \sim -5\,^{\circ}\mathrm{C}$,反应液 pH 为 1.5,反应时间为 5~10 分钟。在低 pH 的条件下,亚硝酸首先作用于肝素分子中的 N- 硫酸葡萄糖胺单位,脱去硫酸基团,形成的—NH_2 与 HNO_2 发生重氮化反应,在放氮的同时糖苷键断裂、电子转移,缩环生成 2,5- 脱氢甘露糖或脱氢甘露糖醇。采用这种方法降解肝素,可得到平均分子量为 6kDa、分布均匀的片段。肝素的其他常用降解方法还包括 β- 消除降解法、过氧化氢降解法等。

甲壳素的化学降解法是在酸性条件下,用 10% 的 $NaNO_2$ 溶液处理壳聚糖,可使分子链上的—NH_2 基团发生重氮化反应,消除—NH_2,使分子链断裂,得到末端链上带有醛基的低分子量产物,达到化学降解的目的,再以 $NaBH_4$ 溶液还原,制得低分子量壳聚糖。

2. 酶法降解　　肝素酶是一类能降解肝素类物质的裂解酶,广泛用于分析肝素的结构和制备低分子量肝素。利用固定化肝素酶降解肝素,产品和肝素酶易于分离,适用于工业化生产。同时酶可反复使用,节约了成本。

就肝素而言,几种不同的降解方法各有优缺点,如亚硝酸控制降解法的优点是工艺流程简单,成本低,应用范围广,但缺点是可能引入毒素、肝素降解产物的硫酸化程度较低。酶法降解的优点是产品便于检测,易于实现生产的连续化,产品中不引入毒物,产物的硫酸化程度较高,但缺点是末端含有不饱和基团,且成本较高。

甲壳素的酶法降解主要是利用微生物产生的甲壳素酶对甲壳素进行水解,可利用不同的酶系统水解几丁质的糖苷键,如外切酶从多糖链的非还原端开始以二乙酰壳二糖为单位依次酶解,内切酶则随机地断裂糖苷键,β-N- 乙酰葡萄糖胺酶能将双糖水解成单糖。因此,甲壳素内切酶、外切酶和 β-N- 乙酰葡萄糖胺酶被称为甲壳素水解系统。

3. 辐射降解　　利用放射性射线降解壳聚糖,使分子产生电离或激发等物理效应,进而产生化学变化,既可使分子间形成化学键 - 辐射交联,又可导致分子链断裂 - 辐射降解。辐射法为无须添加物的固相反应,反应易控制,无污染,品质高,如一般采用 ^{60}Co 辐射源在不同剂量下对甲壳素进行照射,可获得一系列不同分子量的壳聚糖。

五、多糖的结构分析

多糖的结构较蛋白质更加复杂,这是因为:①组成多糖的单糖种类繁多(目前已知的单糖有

200 多种），可能存在 D-/L- 构型与 α-/β- 端基异构体，且其不同的羟基可被其他基团取代；②即使只由一种单糖组成的多糖，其可能存在不同的连接方式以及分支，而蛋白质仅以固定的肽键连接且没有分支；③多糖分子极性大，缺乏生色基团，分离分析检测难度大。多糖的结构分析除使用物理方法如红外光谱、核磁共振光谱、质谱、X 线衍射，也常使用化学降解法、酶降解法、免疫化学法和放射化学方法等。迄今还没有一种方法可以单独完成多糖的结构分析，只有将各种方法结合起来才能完成。本节简要介绍多糖结构分析的常用测定方法的基本原理。

（一）多糖组成成分的分析

多糖的结构分析首先要确定其由何种单糖组成，以及组成单糖之间的比例。为此，常需要将多糖链降解为单糖，可采用酸水解，也可用甲醇解和乙酰解。此外，还可采用部分水解或选择性降解，以把大分子多糖裂解成各种低分子量片段，然后以片段为单位进行分析。

1. 酸水解   又包括完全酸水解和部分酸水解。多糖用 1~3mol/L 硫酸或 2mol/L 三氟乙酸，80~100℃ 密封加热 6~8 小时可以完全水解并得到单糖。部分酸水解则常在温和的条件下进行，如 0℃ 或室温下进行，得到较低分子量的寡聚糖。酸水解产物可用纸层析或薄层层析鉴定，常用的展开剂有正丁醇：乙酸：水（4：1：5）和正丁醇：吡啶：水（6：4：3）等，常用的显色剂有苯二甲酸氢苯胺或硝酸银 - 氨水等；当某些单糖在纸层析和薄层层析上分离不易判断时，也可采用某些单糖的特殊检测方法，如鼠李糖用巯基乙酸方法，半乳糖用半胱氨酸硫酸方法等。更多情况下，水解产物经衍生化处理后，采用气相色谱或气质联用分析，能准确测出多糖中的单糖类型及其分子比。

2. 乙酰解   多糖链在由乙酐：乙酸：水（10：10：1）组成的混合液中加热，可在特定的糖苷键处裂解，生成乙酰化单糖和乙酰化寡糖，反应产物可用纸层析、薄层层析和气相色谱鉴定。乙酰解是酸水解的一种有利补充，相同的糖苷键在酸水解和乙酰解中的速度是不同的，例如，1,6- 糖苷键在酸水解时相对稳定，而在乙酰解时却能被高度裂解。糖链可从这两种不同方法中获得不同的片段，以从不同的角度获得糖链的结构信息。

3. 甲醇解   多糖链在 80~100℃ 条件下与无水甲醇氯化氢反应，能变成组成单糖的甲基糖苷，这些甲基糖苷转化为三甲基硅醚衍生物或乙酰基衍生物，然后进行气相色谱分析并与标准单糖对照，可得到组成多糖的各单糖的定量数据。

（二）多糖结构的甲基化分析

甲基化分析是多糖结构分析的最有力手段之一。用甲基化试剂可以将多糖中的各种单糖的游离羟基全部生成甲醚，接着通过完全水解释放出甲基化单糖，再经硼氢化钠还原成糖醇，进而使游离羟基（即各单糖的连接点）乙酰化，得到各种部分甲基化的糖醇乙酰衍生物。生成的不同产物用气相色谱可进行定量分析；从气相色谱 - 质谱联用得到的质谱图并结合标准图谱的分析，可对得到各种部分甲基化糖醇乙酰衍生物进行归属，从而确定各单糖的连接位置，即糖苷键的位置。甲基化分析虽然不能解决多糖中各单糖的连接顺序，但它对于阐明单糖的连接方式（键型）具有至关重要的意义。甲基化的方法很多，常用的甲基化方法是 Hakomori 法，反应式如下：

$$R{-}OH + CH_3SO{-}CH_2^- Na^+ \longrightarrow R{-}O^- Na^+ + CH_3SOCH_3$$
（多糖类）（二甲亚磺酰负碳离子）
$$R{-}O^- Na^+ + CH_3I \longrightarrow R{-}O{-}CH_3 + NaI$$
（甲基化多糖）

由此所产生的甲基化多糖经酸水解成各种甲基化单糖，再将甲基化单糖制备成挥发性的衍生物，最后进行气相色谱 - 质谱检定。

（三）多糖结构的过碘酸氧化反应及 Smith 降解

过碘酸氧化反应是一种选择性的氧化降解反应，能够作用于多糖分子中 1,2- 二羟基和 1,2,3- 三羟基而生成相应的醛或甲醛、甲酸。这些过碘酸的氧化反应都是定量反应，从高碘酸的消耗与甲醛、甲酸的生成，可以判断糖苷键的位置、直链多糖的缔合度、支链多糖的分支数目等。多糖链的过碘酸氧化反应通常在 pH 3~5 的水溶液中进行,以过碘酸盐为氧化剂,因双醛型的氧化产物在水中不稳定,需要在酸水解前用硼氢化钠将它们还原为醇,最后,分析水解产物可确定糖链中单糖连接的类型,方法如下。

1. 1,2- 连接糖苷键　1,2- 连接的多糖经高碘酸氧化后的产物用硼氢化钾或硼氢化钠还原得到稳定的多羟基化合物,然后再用稀盐酸水解,得到甘油和甘油醛。

2. 1,3- 连接糖苷键　1,3- 连接的多糖与高碘酸不起反应,经还原和水解后得到原来的单糖。

3. 1,4- 连接糖苷键　1,4- 连接多糖经高碘酸氧化、还原、水解后,最终产物为赤藓醇和乙醇醛。

4. 1,6- 连接糖苷键　1,6- 连接的多糖经高碘酸氧化、还原、水解后,最终产物为甘油和乙醇醛。

Smith 降解是将过碘酸氧化产物进行还原,进行酸水解或部分酸水解。通常是在室温下用稀无机酸水解还原产物。Smith 降解实际上是一种改良的过碘酸氧化反应,结果得到具有特征性糖链的重复单元,从而可以获得更多的多糖结构信息。

（四）多糖结构的质谱技术分析

质谱(mass spectrometry, MS)分析是一种测量离子质荷比(*m/z*)的分析方法,其基本原理是使试样汽化为气态分子或原子,其各组分在离子源中发生电离,生成不同荷质比的带电荷的离子,经加速电场的作用,再利用磁场使电荷粒子按质荷比大小有顺序地实现按时间分离或按空间分离,以离子束的形式到达收集器,产生信号,检测其强度,所记录下的信号即质谱图。质谱技术已经可以分析非衍生化多糖,在糖类的结构分析中占有重要地位。特别是电喷雾(electron spray ionization, ESI)、快速原子轰击电离(fast atom bombardment, FAB)及基质辅助激光解吸电离(matrix-assisted laser desorption/ionization, MALDI)等新型离子源的相继问世,将质谱与各种分离技术在线连接起来,成为既具有高分辨能力,又能提供分析物的结构信息的一体化分离分析系统,使糖的分析有了很大的进展,可获得提供相对分子质量信息的分子离子峰和提供化合物结构信息的碎片峰。

（1）气相色谱 - 质谱联用（gas chromatography-mass spectrometry，GC-MS）：气相色谱 - 质谱联用技术（GC-MS）是一种以气相色谱系统作为质谱进样系统的分离检测技术。GC-MS 可以提供有关单糖残基类型、链的连接方式、糖的序列和糖环形式、聚合度等多种结构信息。多糖为大分子物质，不能直接挥发，因而需将多糖降解为结构单糖或寡糖，并且将其衍生成具有易挥发、对热稳定的衍生物。应用 GC-MS 进行多糖的结构分析时，通常先将样品进行甲基化保护羟基，然后完全酸水解，进而进行乙酰化得到挥发性乙酰化衍生物，再进行 GC-MS 分析。

甲基化单糖乙酰衍生物的裂解规律为：①各种单糖甲基化衍生物的基峰均为 43，为 CH_3CO^+；②被甲基化、乙酰化的单糖分子中，带有甲氧基的碳原子容易与相邻碳原子间发生断裂，形成正离子。

（2）快速原子轰击质谱（fast atom bombardment-mass spectrometry，FAB-MS）：FAB-MS 是 20 世纪 80 年代初发展起来的一种新的软电离质谱技术，其显著区别于传统质谱技术之处在于样品受加速原子或离子的轰击可直接在基质溶液中电离，因此，FAB-MS 的引入使极性强、不挥发以及热不稳定的糖类化合物不经衍生化即可直接进行质谱分析。在快原子轰击过程中，样品通过正离子方式增加一个质子或阳离子，或通过负离子方式失去一个质子产生准分子离子作为谱图的主要信号，并给出反应连接顺序等信息的碎片。因此，FAB-MS 可用来测定寡糖链的分子量。同时，该方法还可根据糖的分子量计算糖残基如去氧己糖、己糖、己糖胺等的组成和数量，通过负离子 FAB-MS 形成 [M-H]⁻ 离子已成为确定寡糖中单糖组成的一种快速方便的方法。结构中含有负电荷基团如 N- 乙酰神经氨酸基、磷酸基或硫酸基等的酸性多糖或寡糖，尤其适合于阴离子 FAB-MS 测定。

FAB-MS 不仅可以测定寡糖及其衍生物的分子量，而且可测聚合度高于 30 的糖分子量。同时，FAB-MS 还可确定糖链中糖残基的连接位点和序列，已广泛用于许多多糖的分析。

（3）电喷雾电离质谱（electrospray ionization-mass spectrometry，ESI-MS）：ESI-MS 是从去溶剂后的带电液滴形成气相离子的过程，通过这种软电离方式得到的分子离子往往带有多个电荷，因此它分析的相对分子质量范围很大，既可适用于小分子分析，又可用于多肽、蛋白和糖类的分析。该法不仅可以产生多电荷离子，还可以产生多电荷母离子的子离子，这样就可以获得比单电荷离子的子离子更多的结构信息，所以它可以补充或增强由 FAB 获得的信息，即使是小分子也是如此。那些因没有分子离子或只有纳摩尔级而不能用 FAB 检测的大分子寡糖，即使样品只有皮摩尔量级且未经衍生也可使用 ESI-MS 分析。此外，与 FAB-MS 相比它还有一个显著优点，即 ESI-MS 可分析含有羧基或硫酸根等官能团的较大寡糖链。在糖胺聚糖的结构分析中，ESI-MS 是最有效的方法之一。

由于 ESI-MS 能检出非衍生化的糖，且灵敏度高，无须衍生化就能区分寡糖是 O- 连接还是 N- 连接，以及寡糖的结构、组成和聚合度。因此，ESI-MS 在糖的结构分析中显示出较大的优势。

（4）基质辅助激光解吸电离质谱（matrix-assisted laser desorption/ionization mass spectrometry，MALDI-MS）：MALDI-MS 是将溶于适当基质的样品涂布在金属靶上，用高强度的紫外或红外脉冲激光照射可实现样品的离子化。此方式主要用于可达 100 000Da 质量的大分子分析，仅限于作为飞行时间分析器（time of flight，TOF）的离子源使用，因此 MALDI-MS 常与 TOF 一起称为基质辅助激光解吸离子化飞行时间质谱（MALDI-MS-TOF）。在 MALDI-MS 测定中，基质的作用是稀释样品，吸收激光能量及解离样品，基质的性质对获得理想的质谱图非常关键，因此对于不同的糖类需选择不同的基质才能获得更好的效果。

MALDI-MS-TOF 是一种快速、准确、高灵敏度的质谱技术，其灵敏度在各类电离方式中最高，有望发展成为测定范围更广的测定高分子化合物的相对分子质量和分布及其结构的方法。

（五）多糖结构的酶降解测定法

利用酶作用的高度特异性来研究多糖分子结构，是一种非常重要的方法。不同性质的糖苷酶或称多糖酶能作用于不同性质的糖苷键,通过顺序降解,阐明多糖链的一级结构。降解多糖的糖苷酶可分为外切糖苷酶和内切糖苷酶两类。

1. **外切糖苷酶**　外切糖苷酶只能切下多糖非还原末端的一个单糖,并对单糖组成和糖苷键有专一性要求,因而通过逐步降解糖链,能提供有关单糖的组成、排列顺序及糖苷键的 α 或 β 构型的信息。常用的外切糖苷酶有以下几种:①β-D- 半乳糖苷酶(β-D-galactosidase);②α-D- 半乳糖苷酶(α-D-galactosidase);③β-D- 甘露糖苷酶(β-D-mannosidase);④α-D- 甘露糖苷酶(α-D-mannosidase);⑤α-L- 岩藻糖苷酶(α-L-fucosidase);⑥N- 乙酰 -β-D- 氨基己糖酶(N-acetyl-β-D-hexosaminidase);⑦N- 乙酰 -α-D- 氨基半乳糖酶(N-acetyl-α-D-galactosaminidase)。

对于 N- 糖链中常见的单糖,几乎都有对应的外切糖苷酶可供选择,但将糖苷酶用于糖链的结构研究时,必须充分了解该糖苷酶对底物的专一性要求。即使是同一种糖苷酶,由于来源不同,它们对底物糖苷键的取代位置也有不同的专一性要求,为此,常在糖苷酶名称的前面注明其来源。如来源于苦杏仁、巨刀豆和大肠埃希菌的 β-D- 半乳糖苷酶,对不同取代位置的半乳糖苷键水解能力也不相同。酶水解产物的鉴定方法与酸水解产物相同。

2. **内切糖苷酶**　内切糖苷酶可水解糖链内部的糖苷键,释放多糖链片段,有时还可将长的多糖链切断为较短的寡糖片段,以利于结构分析。常见的内切糖苷酶有以下几种:①内切 -N-β-D- 氨基葡萄糖酶(endo-N-acetyl-β-D-glucosaminidase);②内切 -β-D- 半乳糖苷酶(endo-β-D-galactosidase);③内切 -N- 乙酰 -α-D- 氨基半乳糖酶(endo-N-acetyl-α-D-galactosaminidase);④肽聚糖水解酶(peptidoglycan hydrolase)。

应用于多糖结构研究的内切糖苷酶没有外切糖苷酶种类多,按其作用可以分为两类。一类是水解糖 - 糖之间的连接键,释放出部分糖链片段,如内切 β-D- 半乳糖苷酶。另一类是水解单糖 - 氨基酸或单糖 - 多肽之间的连接键,释放出完整的糖链结构,如内切 -N- 乙酰 -β-D- 氨基葡萄糖酶和肽聚糖水解酶。

六、糖复合物

糖复合物(glycoconjugate)是糖类和蛋白质或脂类通过共价键结合形成的化合物,又称糖缀合物(糖结合物)或复合糖。糖复合物种类较多,主要包括糖蛋白(glycoprotein)、肽聚糖和蛋白聚糖(proteoglycan)以及脂多糖和糖脂(glycolipid)。

1. **糖蛋白**　糖蛋白是由寡糖链与蛋白质通过共价键连接构成的。与蛋白聚糖的不同之处在于,构成糖蛋白的糖链都相对较短(通常有 2~10 个糖残基),一般也不含有连续的重复单元,但含有较多的分支结构。糖蛋白中糖的含量存在明显差异,可低至 1%~2%,也有一些糖蛋白中聚糖含量高达 80%,如人胃中的黏蛋白含糖量高于 80%。膜结合的糖蛋白参与大量细胞活动,包括细胞表面识别、细胞表面抗原、胞外基质组成及胃肠道黏蛋白组成等。

糖蛋白中寡聚糖为具有分支的杂寡糖,主要含有 D- 己糖,另外常含有神经氨酸或 L- 岩藻糖。这些聚糖与蛋白质的连接为 N- 连接或 O- 连接。N- 连接的糖蛋白,其糖链主要通过与天冬酰胺的氨基连接,而 O- 连接的糖蛋白中,其糖链主要通过与丝氨酸或苏氨酸的羟基连接。一般糖蛋白中含有一种 N- 连接或 O- 连接类型的糖苷键,也存在同一分子中既含有 N- 连接也含有 O- 连接的情况。

O- 连接糖蛋白中的寡聚糖含有一种或多种线状或分支状糖单元,主要分布在细胞外糖蛋白或膜蛋白中。如血细胞表面分布的 O- 连接的寡聚糖,对 ABO 血型起决定作用。

N- 连接糖蛋白中的寡聚糖可分为两大类别:复杂型和高甘露糖型,二者均含有相同的五糖核心,复杂型还含有大量的其他类型的单糖,如 GlcNAc、N- 乙酰氨基半乳糖、L- 岩藻糖、N- 乙酰神经氨酸等,而高甘露糖型则主要含有甘露糖。

2. 蛋白聚糖　蛋白聚糖（proteoglycan）是由核心蛋白质和糖胺聚糖通过共价键连接构成的,主要存在于细胞外基质和细胞膜外表面。蛋白聚糖是一类非常复杂的大分子糖复合物,如在软骨中发现的一个蛋白聚糖的单体由一个核心蛋白与 100 多条糖胺聚糖链通过共价键结合形成。

在蛋白聚糖中,糖链与蛋白的连接常通过一个三己糖苷（galactose-galactose-xylose）的木糖与丝氨酸的羟基通过 O- 连接的方式相连。此外,在蛋白聚糖中也存在 N- 连接和 / 或 O- 连接的寡糖链。由于糖胺聚糖中单糖组成的种类、糖苷键连接方式、硫酸化取代部位和酯化度以及分子量大小等复杂多样,加上核心蛋白种类繁多,使得蛋白聚糖分子呈多样化。正是由于蛋白聚糖的多样化特性,蛋白聚糖分子可通过与生物体内其他的大分子相互作用,参与许多生理过程的调节,具有重要的生物学功能。

3. 糖脂　糖脂（glycolipid）是指分子结构中既含有糖类、又含有脂类的化合物。与鞘磷脂相似,糖脂亦是磷脂类的衍生物,通常所说的糖脂指鞘糖脂类。鞘糖脂是体内各种膜的组分,主要分布在血浆膜的外层小叶上,在细胞外环境中进行相互作用。因此,鞘糖脂类成分参与了细胞相互作用的调节（如细胞黏附、细胞识别）、细胞的生长发育,而其在神经组织中分布最多。血型抗原是在胚胎发育的特定阶段形成的胚胎特定抗原,其中糖脂的糖链部分是其抗原决定簇。此外,鞘糖脂还是霍乱和破伤风毒素以及一些特定的病毒和微生物的细胞表面受体。对于发生异常的细胞进而导致遗传缺陷的疾病而言,其中一个特性则是糖脂类分子的糖链部分发生了变化。

鞘糖脂的结构不同于鞘磷脂之处在于其不含磷酸基团,由单糖或寡糖的 O- 糖苷键直接与神经酰胺相连构成了其极性的头部。根据其糖链部分的大小和类型的不同,鞘糖脂也分为不同的类型,主要可分为中性鞘糖脂和酸性鞘糖脂两类。中性鞘糖脂主要指脑脂糖苷类,主要存在于大脑和外周神经系统中,在其结构中含有的单糖主要为一分子的半乳糖或一分子的葡萄糖,主要在复杂鞘糖脂的合成或降解中以中间产物的形式存在。酸性鞘糖脂则在生理 pH 条件下带有负电性,负电荷主要由神经节苷脂中的 N- 乙酰神经氨酸或硫苷脂中的硫酸根提供。

第三节　糖类药物的研究与应用

一、以糖类为基础的药物

糖类及其复合物是自然界中广泛存在的一大类生物活性分子,但是在药物研究中,长期以来不受重视,人们把主要的着眼点放在蛋白质和核酸及其相关的分子上。近年来糖生物学的发展,揭示了糖类在生命过程中的重要作用,参与了许多生理和病理过程,在细胞表面的大量受体分子几乎都是糖蛋白或糖脂类。如果说与核酸有关的生命现象是最根本的,那么与糖类有关的生命现象则常常是最先和最直接表现的。这并不难理解,因为核酸是在细胞内的,而糖类则是在细胞表面的。从这一意义而言,如果能设计出某些糖类药物,则治疗可能更为直接和简易。以糖类为基础的药物研究和设计大致可分为这样几个阶段:①有关的生命现象研究;②阐明其分子基础;③从有关的糖复合物中找出有效的寡糖,并测定其结构;④开发更有效的衍生物;⑤寻找有效的非糖类模拟化合物。

（一）糖类药物的设计与应用

1. 糖库的建立和糖链的合成　一些容量不太大的糖库在自然界广泛存在,例如糖蛋白中 N- 糖链的糖库、鞘糖脂类的糖库等。尤其糖蛋白有多种不同的糖型,即所谓的糖链的微观不均一性,这些糖型实际上就起到糖库的作用。此外,在细胞表面又存在许多不同结构和不同类型糖蛋白和糖脂,这些糖复合物客观上也是一个巨大的糖库。

建立不同类型的糖库最“简单”的方法是使用酶解、化学降解或部分水解法。植物和一些微生物来源的多糖经部分酸（碱）水解后,可得到一系列不同生物活性的寡糖。糖类合成技术已经迅速发展,如能连续操作的糖链固相合成技术,还有以单甲氧基聚乙二醇为载体的液相合成技术。组合化学技术也被应用于糖库的建立,固相法和液相法均被使用,糖苷水解酶和糖基转移酶也已广泛地被用于糖链合成中。还可以利用糖苷水解酶的逆向反应,促使糖苷键的形成,如用乳糖酶合成可诱导双歧杆菌的半乳寡聚糖。

2. 设计多价的糖类药物　肝实质细胞表面半乳糖结合蛋白的配体每增加一价,结合常数增加1 000倍。因此多价的糖复合物有其广阔的开发应用前景。不仅有多价单糖的例子,还有成功合成多价唾液酸化路易斯-X(sLex)模拟物的报道。

3. 以糖类导向和定位的药物　把糖类药物靶向定位到机体中特定的部位,能进一步减小副作用,降低糖类药物的使用剂量。一些糖蛋白类激素(如促甲状腺素和促黄体素等)、微生物(如幽门螺杆菌等)以及微生物分泌的外毒素都带有靶向和定位传送特点,因为它们都带有特定结构的糖类或有某种糖类结合专一性的凝集素。因此,使用糖类可以实现药物的靶向定位,如将半乳糖和一些药物同时连接到某些大分子上,所得的偶联产物能专一地投送到肝实质细胞中,用于治疗肝脏的疾病。

4. 用糖类提高药物在体内的半衰期　通过基因工程的方法,在蛋白质中一些酶切位点附近引进糖基化位点,致使酶切位点因糖链的存在而得到保护。如果在糖蛋白的糖链非还原端是不被一些细胞表面的糖结合蛋白识别的单糖(例如唾液酸),则它们就不易被一些脏器清除,就能提高在体液中的半衰期。

（二）糖类药物的模拟

1. 寻找糖类模拟物的目的　由于糖类的合成,不论是生物合成还是化学合成,都比核苷酸类和肽类的合成困难得多,原因在于糖类分子中有多个可反应的羟基,为此糖化学家希望用其他非糖类的化合物代替糖类分子。

2. 模拟糖链　在20世纪80年代研究肝表面半乳糖结合蛋白时,实验证明三分支的N-糖链的结合能力为二分支糖链的10^3倍,为单分支糖链的10^6倍。有趣的是,用三羟甲基氨基甲烷、谷氨酰谷氨酸或天冬酰天冬氨酸作为骨架,替代二分支或三分支糖链中的除了非还原端的半乳糖基以外的其他糖残基,再接上半乳糖后所得的衍生物,同样是肝表面半乳糖结合蛋白的有效配体。这种模拟糖链的特点是保留了与活性有关的糖基,其他和活性没有直接关系的、仅起到支撑作用的糖基用非糖类物质代替。

3. 随机肽库　从随机肽库中找到的活性肽段,大多数是作为肽类的模拟物。但是更引人注目的是,有些肽段是非肽段分子的模拟物。有3家实验室找到了可以作为链霉抗生物素蛋白(streptavidin)配体的三类肽段,它们的氨基酸序列分别为GDW/FXFI、PWWXWL和含有HPQ三残基的肽段。另外肽段YYLH,可以和抗生素诱导的多克隆抗体结合。有报道称,从随机肽库中找到了能和凝集素、伴刀豆球蛋白A结合的肽段,它们可以是六肽或者八肽,其中多数的肽段含有YPY三肽,这意味着含有YPY的六肽或者八肽是甲基α-甘露糖苷的模拟物。

4. 拟糖多肽　细胞表面的糖链不仅参与细胞黏着、信号转导等正常生理过程,也介导许多病原体(病毒和细菌)及毒素与宿主细胞的吸附。并且,还在许多肿瘤细胞表面观察到有别于正常细胞的糖链,它们影响着肿瘤细胞的生长、发展和转移。因此,以糖作为抑制剂或疫苗而影响上述糖链与配体大分子间的相互作用成为治疗许多疾病的出发点。然而,以糖类作为药物有一些天然的缺陷:①纯化与合成困难;②免疫原性较差,而且极易受到免疫系统的攻击等。因此,必须寻找糖的模拟物。其中一种模拟物就是肽或者多肽。这一思想最先源于免疫学的理论:如果抗体(Ab_1)是针对某一抗原(Ag)的独特型抗体(idiotype antibody),则针对Ab_1抗原结合位点的抗体Ab_2可以与Ag竞争性地同

Ab_1 结合，而且，由 Ab_2 产生的抗体 Ab_3 往往能与 Ag 相结合，即 Ab_2 模拟了 Ag 的免疫原性。Ag 可以是糖或其他类型的非蛋白质分子。根据这一原理，自 20 世纪 80 年代中期以来，已经找到了一些模拟物，特别是一些病原体表面的特异性糖链的抗体型模拟物。随着噬菌体展示（phage display）技术在确定抗原决定簇、蛋白质相互作用的位点等领域广泛运用，已经能够更精确地将模拟糖的功能定位到由少数几个氨基酸组成的短肽上，为肽模拟糖开拓了更为广泛的前景。

二、糖基化工程

（一）糖基化及其对重组蛋白质性质的影响

蛋白质的糖基化就是在多肽主链上共价附加糖基，它与磷酸化、甲基化、酰基化等过程同属真核细胞蛋白质翻译后加工过程。糖基化对重组蛋白质的影响在一定程度上涉及如下性质：溶解度、热力学稳定性、抗蛋白酶水解稳定性、生物活性、四级结构、特异识别、靶向性、抗原性以及半衰期等。糖基化对重组蛋白质关键生物属性的影响主要包括以下几个方面。

1. 对蛋白质溶解性和稳定性的影响　糖蛋白中的寡糖通常能保证良好的溶解性，并具有阻止聚集的作用。例如人粒细胞集落刺激因子（hG-CSF）的理化特性依赖于 O- 连接糖链的存在，如果通过化学方法除去其中的寡糖结构，就会增加蛋白质的自我聚集，导致生物活性丧失。而且改变或缺乏寡糖结构能引起蛋白质的自我缔合，IgG 重链上缺乏末端唾液酸残基或半乳糖残基会导致形成免疫复合物，这是许多疾病如类风湿关节炎、克罗恩病以及肺结核的病理学的一个明显特征。糖蛋白的稳定性是对蛋白酶水解呈抗性的一种功能，糖蛋白中的寡糖可使糖蛋白呈现一定程度的抗蛋白酶水解的稳定性，如末端唾液酸残基的存在可保护促红细胞生成素（EPO）、组织型纤溶酶原激活剂（tPA）和干扰素免遭蛋白酶水解。

2. 对生物活性的影响　糖基化调节蛋白质生物活性主要通过两种机制：一是占据糖基化位点，如人 β- 葡糖苷酶的催化活性需要占据一个以上糖基化位点；另一个是改变寡糖的一级结构，如将蔗糖酶 - 异麦芽糖酶的糖链结构从高甘露糖型加工成复合型，则其比活增加。但也有一些例子表明糖基化状态对蛋白质在体外的生物学功效没有明显的影响，如去唾液酸化的人 EPO 与其天然形式相比，尽管体内的比活降低了 1 000 倍，但在体外几乎没有影响。

3. 对药动学的影响　糖蛋白在体内的存留时间经常取决于其糖基化状态，因此选择糖基化状态可作为控制蛋白质在循环系统中存留时间的一种方式。例如硫酸化的寡糖可调节绒毛膜促性腺激素（CG）和促黄体生成激素（LH）从血液中清除。75% 以上的 LH 携带硫酸化的末端 N- 乙酰半乳糖胺残基，能通过内皮细胞和库普弗细胞上的肝受体迅速从循环系统中清除。相反，CG 主要含有末端唾液酸残基而不是硫酸化残基，因而它在血液中的存留时间比 LH 长 5~7 倍。当 LH 在中国仓鼠卵巢细胞（CHO）中表达时，仅是在末端加上唾液酸化的结构，并不显示真正的人 LH 糖基化状态。携带末端半乳糖、N- 乙酰半乳糖胺或 N- 乙酰葡萄糖胺而不是唾液酸的糖基化突变体，能通过肝实质细胞上的非唾液酸化糖蛋白受体从血清中除去。不过，对 tPA 突变型的深入研究表明，对于重组糖蛋白的清除来说，重要的是多肽构象而不是糖链结构。

4. 对免疫原性的影响　糖基可通过作为抗原决定部位的一部分或通过遮蔽多肽主链上存在的抗原位点而影响蛋白质的免疫原性，因此 H_3 流感病毒的一种突变型能通过形成一种新的糖基化位点而逃避单克隆抗体的识别。

（二）糖基化工程的特征与优点

重组蛋白表达时的糖基化通常有以下特征：①由同一个细胞产生的不同蛋白质含有完全不同的聚糖；②各个多肽链经常含有多个糖基化位点；③在任何特定的糖基化位点上，经常可以观察到多样性结构（位点不均一性）；④在恒定的条件下，位点不均一性是限定的，并且是可以再现的；

⑤存在细胞类型的特异糖基化特征。许多重组糖蛋白显示出值得人们重视的微观不均一性,微观不均一性的产生相当一部分是由一个或多个糖基化位点上的位点不均一性导致的,这种限定的、能再现的位点不均一性称为糖型(glycoform)。糖型是指相同的多肽链上共价相连着不同的聚糖结构。不同的糖型有着不同的理化特性,进而导致糖蛋白的功能多样性。许多糖蛋白在不同的宿主细胞中表达所得的产物糖型各不相同,生物活性也不同。在此基础上,人们提出了糖基化工程的概念。

在深入研究糖蛋白中糖链结构、功能以及两者关系基础上发展起来的糖基化工程主要是通过人为操作(包括增加、删除或调整)蛋白质上的寡糖链,使之产生合适的糖型,从而有目的地改变糖蛋白的生物学功能。

(三)糖基化工程的研究方法

糖基化工程的目的之一是生产具有应用价值或者说合乎人们需要的糖蛋白,而生产这种合乎人们需要的糖蛋白的关键在于获得最合适的糖型,一般来说有 5 种基本方法,分别是:选择特异的宿主细胞(如细菌、酵母、昆虫和哺乳动物细胞),应用哺乳动物糖基化突变型,改变细胞培养过程中培养基的组成,利用突变来删除或增加糖基化位点,利用糖基化抑制剂、糖苷酶或糖基转移酶处理纯化的糖蛋白。

重组 EPO 的糖型(图片)

(四)糖基化工程在糖蛋白药物研制中的应用

美国食品药品管理局(FDA)认为,评判两种糖蛋白药物是否不同的一般标准包括化学结构和临床效果两个方面。单独以化学结构作为评判的标准是不够的,因为结构的改变具有不确定性,如同样增加或减少某一结构单元,在有的区域可能没有大的影响,而在某些关键部位则可能会造成显著的影响。两种药物如果其主要(不是所有)结构特点相同,但在临床上效果不同,如有更大的有效性、更高的安全性等临床优越性,则可认为是两种不同的药物。因此,两种糖蛋白如果只是由于翻译后的结果不同,或者转录、翻译的不忠实,或者氨基酸序列差异较小而导致化学结构的某些改变,不能判为两种药物,而应视为同一种药物。两种糖蛋白如果只是在糖型或三级结构方面存在差异也仍被视为同一种药物,除非有证据表明这种差异在临床上有明显的优点。

糖蛋白新药在研制方法上主要可归为两类,一种是化学修饰,通常采用可溶的生物相容性大分子碳水化合物与蛋白质交联形成共价结合物。常见的修饰剂如右旋糖酐(dextran)、肝素(heparin)等;另一种是糖基化工程,主要包括糖基化(glycosylation)和去糖基化(deglycosylation),以增加新的糖结构或删除部分或所有的糖基。该方法主要用于基因重组生产的蛋白质。已在临床应用的糖基化蛋白有葡糖脑苷酯酶、酰鞘氨醇己三糖苷酶等;正在临床应用的糖基化蛋白有人生长激素、促红细胞生成素、人凝血因子Ⅷ、集落刺激因子、α 或 β 干扰素、白细胞介素 -1~3、抗体、胰岛素等。

(五)糖组学

糖组(glycome)是指单一个体的全部聚糖。糖组学(glycomics)指对糖组的全部聚糖结构进行分析,确定编码聚糖的基因(糖基转移酶)和蛋白质糖基化的机制。糖组学主要解决以下 4 个方面的问题:编码糖蛋白的聚糖链的基因,即基因(主要为糖基转移酶)信息;可能糖基化位点中实际被糖基化的位点,即糖基化位点信息;聚糖结构,即结构信息;糖基化功能,即功能信息。

思 考 题

1. 简述常见单糖和双糖的种类。
2. 试比较淀粉与糖原的结构,各有何生物学作用。
3. 试述常见糖胺聚糖的结构、分布及生物活性。

4. 列举多糖纯度及分子量测定方法。

5. 试述糖基化对重组活性蛋白质性质的影响。

第一章
目标测试

（刘纯慧）

第二章

脂类的化学

学习目标

1. **掌握** 脂类的概念、分类及生物学作用;单脂的主要结构特点及种类;复合脂类的主要结构特点及种类。
2. **熟悉** 体内重要单脂、复合脂类的结构特点及功能。
3. **了解** 脂类的提取与制备;脂类药物的研究进展及应用。

第二章
教学课件

第一节 概 述

一、脂类的概念

脂类(lipids)是脂肪及类脂的总称,是一类难溶于水而易溶于有机溶剂(如乙醚、丙酮、三氯甲烷、苯等),并能为机体利用的有机化合物。脂类的元素组成主要是碳、氢、氧,有些脂类还含有氮、磷及硫,其化学本质为脂肪酸(多是4碳以上的长链一元羧酸)和醇(包括甘油醇、鞘氨醇、高级一元醇和固醇)等所组成的酯类及其衍生物,主要包括三酰甘油、磷脂、类固醇及类胡萝卜素等。脂类广泛存在于自然界中,其种类繁多,结构复杂,决定了它在生命体内功能的多样性和复杂性。

二、脂类的分类

脂类是根据溶解性定义的一类生物分子,在化学组成上变化较大。常用于脂质分类的方法是按其化学组成进行分类,一般分为三大类。

(一)单纯脂类

单纯脂类(simple lipids)是由脂肪酸与醇(甘油醇、一元醇)脱水缩合形成的化合物,可分为以下几种。

1. 脂 由脂肪酸和甘油醇组成,俗称脂肪或中性脂,室温下一般为固态或半固态,如三酰甘油(也称甘油三酯)、二酰甘油(也称甘油二酯)等。

2. 油 由不饱和脂肪酸或低分子脂肪酸与醇组成,室温下一般为液态,也称为脂性油,如植物油、动物油、矿物油、精油、硅油等。

3. 蜡 主要由长链脂肪酸和一元醇或固醇组成,如蜂蜡、动植物体表覆盖物。

(二)复合脂类

复合脂类(compound lipids)除含脂肪酸和醇外,尚有其他非脂分子的成分(如胆碱、乙醇胺、糖等)。复合脂类按非脂成分的不同可分为以下几种。

1. 磷脂(phospholipid) 其非脂成分是磷酸和含氮碱(如胆碱、乙醇胺),磷脂根据醇成分的不同,又可分为甘油磷脂(如磷脂酸、磷脂酰胆碱、磷脂酰乙醇胺等)和鞘氨醇磷脂(简称鞘磷脂)。

2. 糖脂(glycolipid) 其非脂成分是糖(如单己糖、二己糖等),糖脂根据醇成分的不同,又分为鞘糖脂(如脑苷脂、神经节苷脂等)和甘油糖脂(如单半乳糖基二酰基甘油、双半乳糖基二酰基甘油等)。

鞘磷脂和鞘糖脂合称为鞘脂(sphingolipid)。

(三)衍生脂质

衍生脂质(derived lipid)是指由单纯脂质和复合脂质衍生而来或与之关系密切、具有脂质一般性质的物质,如:

1. **取代烃**   主要是脂肪酸及其碱性盐(皂)和高级醇,少量脂肪醛、脂肪胺和烃。
2. **固醇类(甾类)**   包括固醇、胆酸、强心苷、性激素、肾上腺皮质激素。
3. **萜**   包括许多天然色素(如胡萝卜素)、香精油、天然橡胶等。
4. **其他脂质**   如维生素 A、D、E、K,脂酰 CoA,类二十碳烷(前列腺素、凝血噁烷和白三烯),脂多糖,脂蛋白等。

此外,还可根据能否形成皂盐把脂质分为两大类:一类是能被碱水解而产生皂(脂肪酸盐)的,称可皂化脂质;另一类是不被碱水解生成皂的,称不可皂化脂质,类固醇和萜是两类主要的不可皂化脂质。也可根据脂质在水中和水界面上的行为不同,分为非极性脂质和极性脂质两大类。

三、脂类的主要生物学作用

脂类物质具有重要的生物学功能。甘油三酯是机体重要的供能和储能物质,尤其是作为饥饿及糖利用障碍时能量的主要来源,它在体内氧化可释放大量能量以供机体利用(见第九章 脂类代谢),1g 甘油三酯彻底氧化分解可释放能量约 38kJ,人体活动所需要的能量有 20%~30% 由脂肪提供;且甘油三酯疏水,储存时不带水分子,占体积小,储存于脂肪组织中,是体内最有效的储能形式。此外,脂肪具有多种重要生理活性,脂肪可以提供必需脂肪酸,如亚油酸、亚麻酸、花生四烯酸等,还可合成不饱和脂肪酸衍生物,如前列腺素、血栓噁烷、白三烯等;脂肪可协助脂溶性维生素 A、D、E、K 和胡萝卜素等的吸收;脂肪组织较为柔软,分布于组织器官周围,使器官之间减少摩擦,对器官起保护作用,且脂肪不易导热,储存于皮下的脂肪可防止热量散失而保持体温。脂肪氧化产生的水也是体内代谢水的重要来源,生长在沙漠的动物通过氧化脂肪既能供能又能供水。脂类还参与细胞内某些代谢调节物质的合成,脂类代谢产生的一些中间产物,如甘油二酯、三磷酸肌醇等是体内重要的信号分子,起着细胞内信号传递的作用。

类脂是构成生物膜的重要物质。大多数类脂,特别是磷脂、糖脂和胆固醇是细胞膜的重要组成成分,心磷脂是线粒体膜的主要脂质。生物膜的流动性、半透膜性以及高电阻性与其所含的磷脂和胆固醇有关,糖脂可能在细胞膜传递信息的活动中起载体和受体作用。类脂中的各种磷脂、糖脂和胆固醇酯也是各种脂蛋白的主要成分。此外,体内胆固醇可转化为具有重要生物学活性的固醇类化合物,如类固醇激素、胆汁酸、维生素 D 等。

脂类物质还可作为药物用于临床。如卵磷脂、脑磷脂等用于肝病、神经衰弱及动脉粥样硬化的治疗,多不饱和脂肪酸如二十碳五烯酸及二十二碳六烯酸有降血脂作用,亦可用于防治动脉粥样硬化。胆酸中的熊去氧胆酸、鹅去氧胆酸及去氢胆酸等均为利胆药,可治疗胆石症及胆囊炎等。胆酸和胆固醇可作为人工牛黄的原料,蜂蜡常作为药物赋形剂及油膏基质等。

第二节   单脂的化学

一、脂肪的化学结构

脂肪(fat)是由一分子甘油与三分子脂肪酸组成的脂肪酸甘油三酯,故名为三酰甘油(triacylglycerol),习惯上称为甘油三酯(triglyceride,TG)。自然界存在的脂肪中其脂肪酸绝大多数含偶数碳原子,脂肪的结构如下:

$$
\begin{aligned}
&H_2C-O-CO-R_1\\
&HC-O-CO-R_2\\
&H_2C-O-CO-R_3
\end{aligned}
$$
三酰甘油

R_1、R_2、R_3 代表脂肪酸的烃基,它们可以相同也可以不同。$R_1 = R_2 = R_3$,称为单纯甘油酯(simple triacylglycerol);三者中有两个或三个不同者,称为混合甘油酯(mixed triacylglycerol)。通常 R_1 和 R_3 为饱和的烃基,R_2 为不饱和的烃基。通常把常温下呈固态或半固态的称为脂肪,其脂肪酸的烃基多数是饱和的;常温下为液态的称为油,其脂肪酸的烃基多数是不饱和的。脂肪和油统称为油脂,其熔点的高低取决于所含不饱和脂肪酸的多少。植物油中含有大量的不饱和脂肪酸,因此,常温下呈液态,而动物的脂肪中含饱和脂肪酸较多,所以常温下呈固态或半固态。

二酰甘油(甘油二酯)及单酰甘油(甘油一酯)在自然界也存在,但量极少,其结构如下:

二酰甘油　　　　　单酰甘油

二、脂肪酸

(一)脂肪酸的种类

从动物、植物和微生物中分离出来的脂肪酸已有百余种。在生物体内大部分脂肪酸都以结合形式如甘油三酯、磷脂、糖脂等存在,但也有少量脂肪酸以游离状态存在于组织和细胞中。

脂肪酸(fatty acid,FA)是由一条长的烃链("尾")和一个末端羧基("头")组成的羧酸。一般将碳原子数小于 10 的脂肪酸称为短链脂酸,碳原子数大于 10 的称为长链脂酸。烃链多数是线形的,分支或含环的烃链很少,绝大多数为偶数碳原子的直链一元酸。烃链不含双键(和三键)的为饱和脂肪酸(saturated fatty acid),含一个或多个双键的为不饱和脂肪酸(unsaturated fatty acid)。只含单个双键的脂肪酸称单不饱和脂肪酸(monounsaturated fatty acid,MUFA),含两个或两个以上双键的称多不饱和脂肪酸(polyunsaturated fatty acid,PUFA)。不同脂肪酸之间的主要区别在于烃链的长度(碳原子数目)、双键的数目和位置。

脂肪酸有两种命名方法,即习惯命名和系统命名。习惯命名主要以脂肪酸的来源、性质或碳原子数目命名,如花生四烯酸、油酸、丁酸等。系统命名则标出脂肪酸中的碳原子数目、双键的数目及位置,其碳原子有两种编码体系,Δ 编码体系从脂肪酸的羧基碳原子开始计算编号,ω 编码体系从脂肪酸的甲基碳原子开始编号,双键的位置以 Δ 或 ω 的右上标数字表示,并在数字后面用 c(cis,顺式)和 t(trans,反式)标明双键的构型。通常每个脂肪酸可以有习惯名称(common name)、系统名称(systematic name)和简写符号。简写方法是,先写出脂肪酸的碳原子数目,再写双键数目,两个数目之间用":"隔开,若为不饱和脂肪酸,则以 Δ 或 ω 右上标数字表示其双键的位置及数目,如:十八烷酸(硬脂酸)的简写符号为 18:0,十八碳一烯酸(油酸)简写为 $18:1\Delta^9$(或 $18:1\omega^7$),顺,顺 -9,12- 十八烯酸(亚油酸)简写为 $18:2\Delta^{9,12}$(或 $18:2\omega^{6,9}$)。

(二)饱和脂肪酸

饱和脂肪酸多含于猪、牛、羊等动物的脂肪中,一些植物脂肪如椰子油、棕榈油、可可油等中也含有。动、植物脂肪中的饱和脂肪酸以软脂酸和硬脂酸分布广并且比较重要,常见的天然饱和脂肪酸见表 2-1。

表 2-1 重要的天然饱和脂肪酸

简写式	分子结构简式	系统名称	习惯名称	熔点 /℃
10:0	$CH_3(CH_2)_8COOH$	ω-十烷酸 （ω-decanoic acid）	癸酸 （capric acid）	32
12:0	$CH_3(CH_2)_{10}COOH$	ω-十二烷酸 （ω-dodecanoic acid）	月桂酸 （lauric acid）	43
14:0	$CH_3(CH_2)_{12}COOH$	ω-十四烷酸 （ω-tetradecanoic acid）	豆蔻酸 （ω-myristic acid）	54
16:0	$CH_3(CH_2)_{14}COOH$	ω-十六烷酸 （ω-hexadecanoic acid）	软脂酸 （ω-palmitic acid）	62
18:0	$CH_3(CH_2)_{16}COOH$	ω-十八烷酸 （ω-octadecanoic acid）	硬脂酸 （ω-stearic acid）	69
20:0	$CH_3(CH_2)_{18}COOH$	ω-二十烷酸 （ω-eicosanoic acid）	花生酸 （arachidic acid）	75
22:0	$CH_3(CH_2)_{20}COOH$	ω-二十二烷酸 （ω-docosanoic acid）	山俞酸 （ω-behenic acid）	81
24:0	$CH_3(CH_2)_{22}COOH$	ω-二十四烷酸 （ω-tetracosanoic acid）	掬焦油酸 （lignoceric acid）	84
26:0	$CH_3(CH_2)_{24}COOH$	ω-二十六烷酸 （ω-hexacosanoic acid）	蜡酸 （cerotic acid）	89

（三）不饱和脂肪酸

高等动物体内的多不饱和脂肪酸由相应的母体脂肪酸衍生而来，根据双键的位置，多不饱和脂肪酸分属于 ω-3、ω-6、ω-7 和 ω-9 四族。在不饱和脂肪酸中比较重要的有亚油酸、亚麻酸和花生四烯酸等（表 2-2）。

人体及哺乳动物能制造多种脂肪酸，但不能向脂肪酸引入超过 Δ^9 的双键，因而不能合成亚油酸和亚麻酸等。因为这类脂肪酸对人体功能是必不可少的，但人体自身不能合成，必须由膳食提供，因此被称为必需脂肪酸（essential fatty acid）。

亚油酸和亚麻酸（α-亚麻酸）属于两个不同的多不饱和脂肪酸（PUFA）家族：omega-6（ω-6）和 omega-3（ω-3）系列。ω-6 和 ω-3 系列是分别指第一个双键离甲基末端 6 个碳和 3 个碳的必需脂肪酸。

亚油酸是 ω-6 家族的主要成员，在人和哺乳类体内能将它将变为 γ-亚麻酸，并继而延长为花生四烯酸。后者是维持细胞膜的结构和功能所必需的，也是合成一类生理活性脂类——类二十碳烷化合物的前体。如果发生亚油酸缺乏症，则必须从膳食中获得 γ-亚麻酸或花生四烯酸，因此在某种意义上它们也是必需脂肪酸。

α-亚麻酸是 ω-3 家族的主要成员，由膳食供给亚麻酸时，人体能合成 ω-3 系列的 20 碳和 22 碳成员：二十碳五烯酸（EPA）和二十二碳六烯酸（DHA），但亚麻酸转化为 EPA 速度很慢且转化量少，远不能满足人体对 EPA 的需要，因此必须从食物中直接补充。体内许多组织含有这些重要的 ω-3 PUFA，DHA 是神经系统细胞生长及维持的一种主要元素，是大脑和视网膜的重要构成成分，在人体大脑皮层中含量高达 20%，在眼睛视网膜中所占比例最大，约占 50%。大脑中约一半 DHA 是在出生

表2-2　重要的天然不饱和脂肪酸

族	简写式	分子结构简式	系统名称	习惯名称	熔点/℃
ω-7	$16:1\Delta^9$ $(16:1\omega^7)$	$CH_3(CH_2)_5CH=CH(CH_2)_7COOH$	顺-9-十六碳-烯酸（cis-9-hexadecenoic acid）	棕榈油酸（palmitoleic acid）	0
ω-9	$18:1\Delta^9$ $(18:1\omega^9)$	$CH_3(CH_2)_7CH=CH(CH_2)_7COOH$	顺-9-十八碳-烯酸（cis-9-octadecenoic acid）	油酸（oleic acid）	13
ω-6	$18:2\Delta^{9,12}$ $(18:2\omega^{6,9})$	$CH_3(CH_2)_3(CH_2CH=CH)_2(CH_2)_7COOH$	顺,顺-9,12-十八碳二烯酸（cis,cis-9,12-octadecadiynoic acid）	亚油酸（linoleic acid）	-5
ω-3	$18:3\Delta^{9,12,15}$ $(18:3\omega^{3,6,9})$	$CH_3(CH_2)_3(CH_2CH=CH)_3(CH_2)_7COOH$	全顺-9,12,15-十八碳三烯酸（all cis-9,12,15-octattecatrienoic acid）	α-亚麻酸（α-linolenic acid）	-17
ω-6	$18:3\Delta^{6,9,12}$ $(18:3\omega^{6,9,12})$	$CH_3(CH_2)_3(CH_2CH=CH)_3(CH_2)_4COOH$	全顺-6,9,12-十八碳三烯酸（all cis-6,9,12-octattecatrienoic acid）	γ-亚麻酸（γ-linolenic acid）	
ω-6	$20:4\Delta^{5,8,11,14}$ $(20:4\omega^{6,9,12,15})$	$CH_3(CH_2)_4(CH=CHCH_2)_4(CH_2)_2COOH$	全顺-5,8,11,14-二十碳四烯酸（all cis-5,8,11,14-eicosatetraenoic acid）	花生四烯酸（arachidonic acid）	-50
ω-3	$20:5\Delta^{5,8,11,14,17}$ $(20:5\omega^{3,6,9,12,15})$	$CH_3(CH_2CH=CH)_5(CH_2)_3COOH$	全顺-5,8,11,14,17-二十碳五烯酸（all cis-5,8,11,14,17-eicosapentaenoic acid）	二十碳五烯酸（EPA）	-54
ω-3	$22:6\Delta^{4,7,10,13,16,19}$ $(22:6\omega^{3,6,9,12,15,18})$	$CH_3(CH_2CH=CH)_6(CH_2)_2COOH$	全顺-4,7,10,13,16,19-二十二碳六烯酸（all cis-4,7,10,13,16,19-docosahexaenoic acid）	二十二碳六烯酸（DHA）	
ω-9	$24:1\Delta^{15}$ $(24:1\omega^9)$	$CH_3(CH_2)_7CH=CH(CH_2)_{13}COOH$	顺-15-二十四碳烯酸（cis-15-tetracosenoic acid）	神经酸（nervonic acid）	39

前积累的,一半是在出生后积累的,这表明脂质在怀孕和哺乳期间的重要性。EPA 是鱼油的主要成分,常称血管清道夫,可促进体内饱和脂肪酸代谢,降低血液黏稠度,防止脂类物质在血管壁沉积而导致心脑血管疾病,还可减轻自身免疫缺陷引起的炎症反应,如风湿性关节炎。

人体内 ω-6 和 ω-3 PUFA 不能互相转变。临床研究表明,ω-6 PUFA 能明显降低血清胆固醇水平,但降低甘油三酯的效果一般,而 ω-3 PUFA 降低血清胆固醇水平的能力不强,但能显著地降低甘油三酯水平。它们对血脂水平的不同影响的生物化学机制尚不清楚。膳食中 ω-6 PUFA 缺乏将导致皮肤病变,ω-3 必需脂肪酸缺乏将导致神经、视觉疑难症和心脏疾病。此外,必需脂肪酸缺乏会引起生长迟缓、生殖衰退、皮肤损伤,以及肝、肾、神经等方面的疾病。

大多数人可以从膳食中获得足够的 ω-6 必需脂肪酸,但可能缺乏最适量的 ω-3 必需脂肪酸。有学者认为,膳食中这两类脂肪酸的理想比例是(4~10)g ω-6:1g ω-3。ω-6 和 ω-3 必需脂肪酸的主要膳食来源见表 2-3。

表 2-3 ω-6 和 ω-3 多不饱和脂肪酸的来源

ω-6	来 源
亚油酸	植物油(葵花籽油、大豆油、棉籽油、红花籽油、玉米胚油、小麦胚油、芝麻油、花生油、油菜籽油)
γ-亚麻酸和花生四烯酸	肉类,玉米胚油等(或在体内由亚油酸合成)

ω-3	来 源
α-亚麻酸	油脂(芝麻油、胡桃油、大豆油、小麦胚油、油菜籽油) 种子,坚果(芝麻、胡桃)
EPA 和 DHA	人乳 海洋动物:鱼(鲭、鲑、鲱、沙丁鱼等),贝类,甲壳类(虾、蟹等)(或在体内由 α-亚麻酸合成)

第三节 复合脂类的化学

一、磷脂

磷脂包括甘油磷脂和鞘磷脂两大类。前者为甘油酯衍生物,而后者为鞘氨醇酯衍生物。它们广泛存在于动植物和微生物中,是细胞膜的重要组成成分。

(一)甘油磷脂

甘油磷脂(phosphoglyceride)又称磷酸甘油酯,其结构特点是甘油的两个羟基被酯化,3 位羟基被磷酸酯化成为磷脂酸,其中 1 位羟基被饱和脂肪酸酯化,2 位羟基常被 C_{16}~C_{20} 的不饱和脂肪酸如花生四烯酸酯化。磷脂酸的磷酸羟基再被氨基醇(如胆碱、乙醇胺或丝氨酸)或肌醇等取代,形成不同的甘油磷脂。磷脂酸的磷酸基再连接其他醇羟基化合物的羟基,即组成不同的磷脂。化学结构如下:

$$
\begin{array}{l}
CH_2OCOR_1 \\
R_2COO-CH \qquad O^- \\
CH_2-O-P-O-X \\
\qquad\qquad\quad \parallel \\
\qquad\qquad\quad O
\end{array}
$$

甘油磷脂

当 X = H 时即为磷脂酸（phosphatidic acid），它是各种甘油磷脂的母体化合物。

甘油磷脂都有一个极性的头部和两个长脂肪酸链的非极性尾部，所以甘油磷脂是两性脂类。甘油磷脂分子中一般含有 1 分子饱和脂肪酸（多连在 C_1 上）和 1 分子不饱和脂肪酸（多连在 C_2 上），因其碳氢尾部都是从自然界各种脂肪酸以多种组合方式衍生而成的，因此，甘油磷脂种类繁多。甘油磷脂极少溶解于水，易形成微团，在中性 pH 时，其磷酸基团带负电荷。由于是两性脂类，因而它在构成生物膜结构中甚为重要。

甘油磷脂结构中甘油的第二个碳原子是不对称中心，国际化学和应用化学联盟和国际生物化学联盟（IUPAC-IUB）的生物化学命名委员会建议采用下列命名原则：

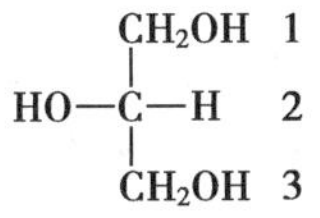

$$\begin{array}{c}CH_2OH\ \ 1\\ |\\HO-C-H\ \ 2\\ |\\CH_2OH\ \ 3\end{array}$$

sn:立体专一编号

将甘油的三个碳原子指定为 1、2、3 位，2 位上的羟基用投影式表示，一定要放在左边，这种编号称为立体专一编号，用 sn（stereospecific numbering）表示，写在化合物的前面。根据这一命名原则，磷酸甘油的命名如下：

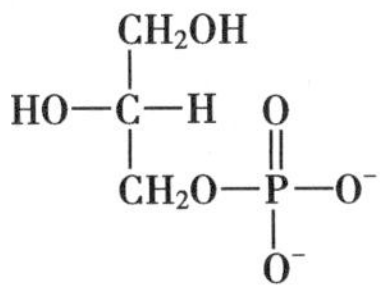

sn-甘油-3-磷酸
（3-sn-磷酸甘油）　　　　**sn-甘油-1-磷酸**
（1-sn-磷酸甘油）

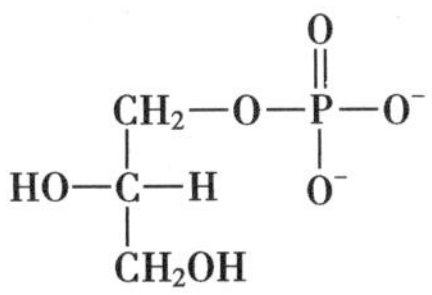

自然界存在的甘油磷脂都属于 sn-甘油-3-磷酸的构型，即 L-构型，故可在系统名之前冠以 L-α-或 3-sn-。下面介绍几种重要的甘油磷脂。

1. 卵磷脂（lecithin）　为含胆碱的磷脂，又称磷脂酰胆碱（phosphatidylcholine），是人体组织细胞中含量最丰富的磷脂之一，其结构如下：

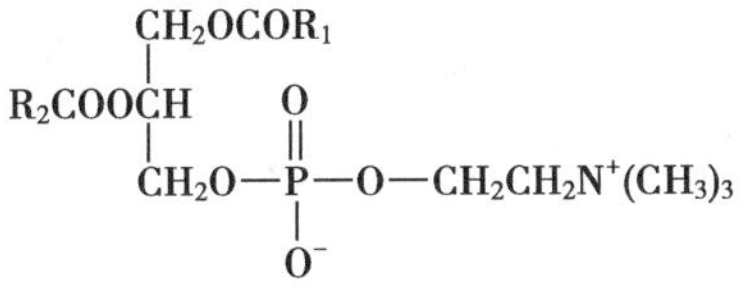

$$\begin{array}{l}CH_2OCOR_1\\ |\\R_2COOCH\quad\quad O\\ |\qquad\qquad\ \ \|\\CH_2O-P-O-CH_2CH_2N^+(CH_3)_3\\ \qquad\qquad |\\ \qquad\qquad O^-\end{array}$$

卵磷脂

式中 R_1 和 R_2 代表脂肪酸的烃基，其中 R_1 是饱和烃基，R_2 是不饱和烃基。常见的有硬脂酸、软脂酸、油酸、亚油酸、亚麻酸、花生四烯酸、EPA、DHA 等。卵磷脂分布很广，存在于各种动物的组织器官中，但以脑、骨髓和神经组织中含量丰富，禽卵的卵黄和大豆中含量最多。卵磷脂为白色油脂状物质，极易吸水。由于它含有相对多的不饱和脂肪酸，表现为易被氧化。卵磷脂不溶于丙酮，易溶于乙醚、乙醇和三氯甲烷，工业中广泛用作乳化剂。工业用卵磷脂主要从大豆油精炼过程中的副产品获得。

卵磷脂具有乳化、分解油脂的作用，可降低血清中脂质和胆固醇含量，清除过氧化物，增进血液循环，减少脂肪在血管内壁的滞留和粥样硬化斑的形成，防止血管内膜损伤。卵磷脂中的胆碱对脂肪有亲和力，具有抗脂肪肝的作用。

2. 脑磷脂（cephalin）　即磷脂酰胆胺（phosphatidylcholamine），又叫磷脂酰乙醇胺（phosphatidylethanolamine），其结构如下：

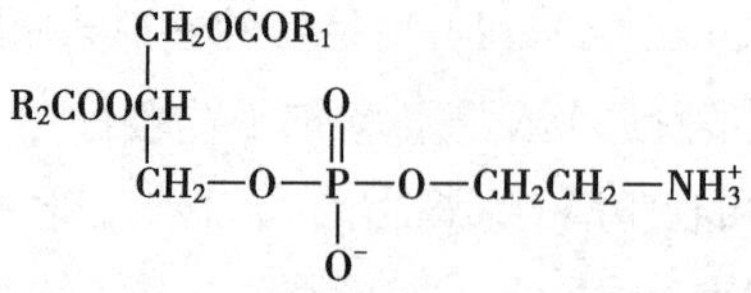

$$CH_2OCOR_1$$
$$R_2COOCH$$
$$CH_2-O-P-O-CH_2CH_2-NH_3^+$$

脑磷脂

　　脑磷脂在动植物体中含量很丰富,以大豆、脑和神经组织中含量较高,在细胞中以游离态或与蛋白质结合成不稳定化合物存在。脑磷脂为白色蜡状固体,吸水性强,在空气中易被氧化成棕黑色。脑磷脂不溶于丙酮,难溶于乙醇,易溶于乙醚,根据此特性可从家禽屠宰后的新鲜脑或大豆榨油后的副产物于乙醚中分离提取脑磷脂。

　　脑磷脂是神经细胞膜的重要组成部分,对调控和维持神经信号的传递有着不可或缺的作用。脑磷脂与血液凝固有关,血小板的脑磷脂可能是凝血酶原激活剂的辅基。脑磷脂具有很好的还原性,是一种性能良好的抗氧化剂,常用于医疗和保健食品等方面。

　　3. 磷脂酰丝氨酸(phosphatidylserine)　又称丝氨酸磷脂,是磷脂酸的磷酸基团与丝氨酸的羟基连成的酯,其结构如下:

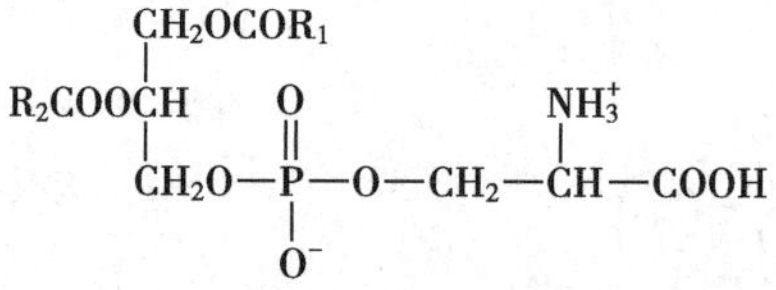

$$CH_2OCOR_1$$
$$R_2COOCH$$
$$CH_2O-P-O-CH_2-CH-COOH$$

磷脂酰丝氨酸

　　磷脂酰丝氨酸是血小板中带负电荷的酸性磷脂,当血小板因组织受损而被激活时,膜中的这些磷脂转向外侧,作为表面催化剂与其他凝血因子一起致使凝血酶原活化。脑组织中磷脂酰丝氨酸的含量比脑磷脂还多,在体内磷脂酰丝氨酸可能脱羧基而转变成脑磷脂。磷脂酰丝氨酸是脑细胞膜的重要组成成分之一,它能影响细胞膜的流动性和通透性,调节神经脉冲的传导,对大脑的各种功能起到重要的调节作用。

　　4. 磷脂酰肌醇(phosphatidyl inositol)　又称肌醇磷脂(inositide),它是磷脂酸结构中的磷酸基团与肌醇(环己六醇)相连接所成的酯。所生成的肌醇磷脂还可以再连接第二个、第三个磷酸基团,分别称为一磷酸肌醇磷脂和二磷酸肌醇磷脂等,其结构式如下:

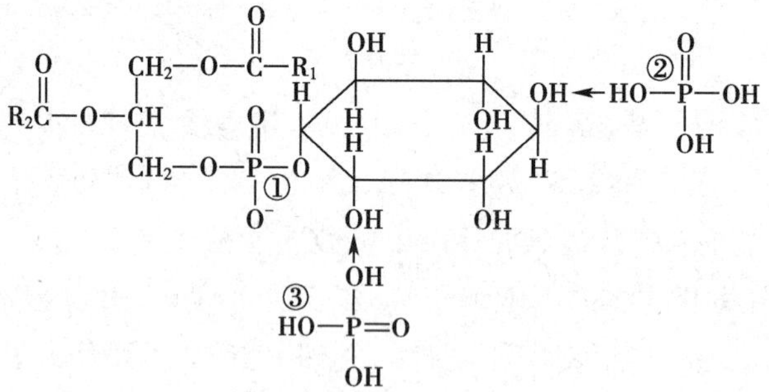

磷脂酰肌醇
①②③表示磷酸分子掺入结构的顺序,由此形成的化合物
相应称为肌醇磷脂、一磷酸肌醇磷脂和二磷酸肌醇磷脂

　　磷脂酰肌醇常与脑磷脂在一起,在肝及心肌中大多为磷脂酰肌醇,而脑组织中多为一、二磷酸肌醇磷脂。磷脂酰肌醇是第二信使的前体,在激素等刺激下可分解成甘油二酯和三磷酸肌醇,两者为第二信使,均能在细胞内传递细胞信号。磷脂酰肌醇在细胞中对细胞形态、代谢调控、信号转导和细胞的各种生理功能起着重要的作用。

5. **缩醛磷脂（plasmalogen）**　与一般甘油磷脂不同,缩醛磷脂在甘油 C_1 位(即 α 位)以与长链烯醇形成的醚键(脂性醛基)代替与脂肪酸形成的酯键。有的缩醛磷脂的脂性醛基在 β 位上,也有的不含氨基乙醇而含胆碱基。氨基乙醇缩醛磷脂是最常见的一种。

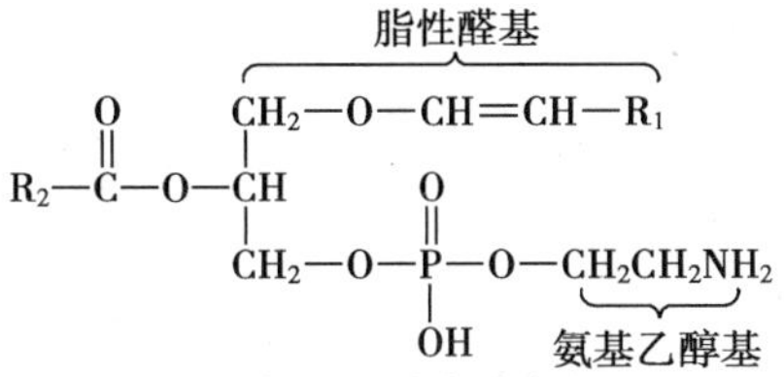

氨基乙醇缩醛磷脂

缩醛磷脂溶于热乙醇、KOH 溶液,不溶于水,微溶于丙酮或石油醚。缩醛磷脂可水解,随不同程度的水解而产生不同的产物。它的水解产物之一是长链烯醇,它很易互变异构成醛,因此,缩醛磷脂具有醛反应。

缩醛磷脂可以调节质膜的流动,是多不饱和脂肪酸的存储库,并可作为内源性抗氧化剂保护细胞氧化应激。缩醛磷脂多分布于脑组织及动脉血管,可能有保护血管的功能。

6. **心磷脂（cardiolipin）**　又称双磷脂酰甘油(diphosphatidylglycerol),是由 2 分子磷脂酸与 1 分子甘油结合而成的磷脂,其结构式如下:

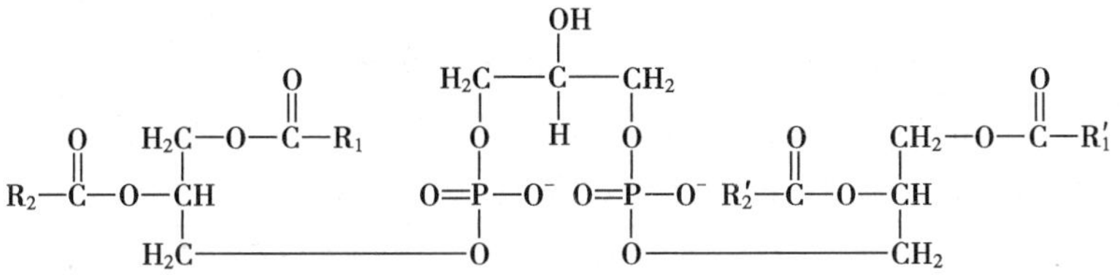

心磷脂

心磷脂主要存在于动物细胞线粒体的内膜,心肌中含量最丰富。它有助于线粒体膜的结构蛋白质与细胞色素 c 的连接,并协助相关转运蛋白将 ATP 的基本组成部分移入线粒体中,将被激活的 ATP 分子移出细胞,促进线粒体制造 ATP。研究发现心磷脂或许还参与了多种机体代谢和免疫疾病的发生,包括对脂质分子的异常免疫反应所引起的凝血功能障碍等。

（二）鞘磷脂

鞘氨醇磷脂简称鞘磷脂(sphingomyelin),由鞘氨醇、脂肪酸、磷酸及胆碱(少数是磷酰乙醇胺)各 1 分子组成,是一种不含甘油的磷脂。鞘磷脂在脑和神经组织中含量较多,是神经细胞髓鞘的主要成分,它也存在于肝、脾、血液及其他组织中,是高等动物组织中含量最丰富的鞘脂类。神经鞘磷脂与前述几种磷脂不同,它的脂肪酸并非与醇基相连,而是借酰胺键与氨基结合在不同组织中,鞘磷脂中的脂肪酸也有不同,神经组织中以硬脂酸和二十四烷酸为主,而在肝、脾及其他组织中以软脂酸和二十四烷酸为主。磷酸胆碱为鞘磷脂的极性头部,脂肪酸和神经氨基醇的长碳链为非极性尾部,即鞘磷脂也是两性脂类。神经鞘氨醇与神经鞘磷脂的结构如下:

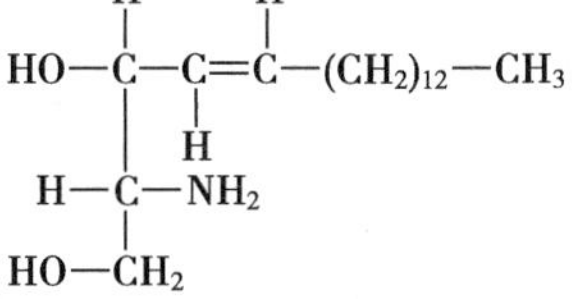

神经鞘氨醇 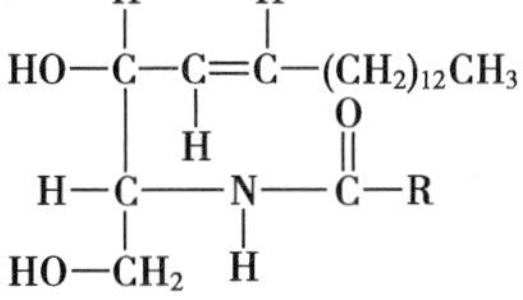　　　　　神经酰胺

$$
\begin{array}{c}
\underset{|}{H}\quad\underset{|}{H}\\
HO-C-C=C-(CH_2)_{12}CH_3\\
\quad\quad\underset{|}{H}\\
HC-N-C-(CH_2)_{16}CH_3\\
\quad\quad\underset{|}{H}\quad\underset{\parallel}{O}\\
(CH_3)_2NCH_2CH_2-O-\underset{\underset{O^-}{\parallel}}{P}-O-CH_2\\
\end{array}
$$

└─────磷脂酰胆碱─────┘ └────神经酰胺────┘

神经鞘磷脂

鞘磷脂为白色结晶,性质稳定,不易被氧化。它不溶于丙酮及乙醚,而溶于热乙醇,此性质可用于鞘磷脂的分离。大多数食物中都含有鞘磷脂,但不同食物中鞘磷脂含量差别很大,鸡蛋、奶制品和大豆类食物中含量丰富。动物神经组织中鞘磷脂与蛋白质及多糖构成神经纤维或突触的保护层,具有绝缘作用。鞘磷脂的分解代谢产物神经酰胺和鞘氨醇还参与体内细胞生长、分化、凋亡等生理活动。

二、糖脂

糖脂(glycolipid)是一类含有糖成分的复合脂。糖脂是糖通过其半缩醛羟基以糖苷键与脂质连接形成的化合物。糖脂分子中的糖主要是葡萄糖、半乳糖,脂肪酸多为不饱和脂肪酸。由于脂质部分不同,糖脂可分为鞘糖脂、甘油糖脂和类固醇衍生糖脂。

糖脂是生物膜的主要成分,具有重要的生理功能。糖脂的非极性尾部可伸入细胞膜的双分子层结构,而极性的糖基头部露出膜表面,且不对称地朝向细胞外侧定位,发挥血型抗原、组织或器官特异性抗原、分子间相互识别的作用。已知红细胞膜表面的糖脂可作为 ABO 血型的抗原决定簇,使血液产生不同的血型,有研究用 α- 半乳糖苷酶处理 B 型血,使其转变成 O 型血获得成功。

鞘糖脂(glycosphingolipid)是一类重要的糖脂,其组成与鞘磷脂相似,是以神经酰胺为母体的化合物。鞘磷脂分子中的神经酰胺 1 位羟基被糖基取代,形成糖苷化合物,主要包括脑苷脂类和神经节苷脂类,其共同特点是都为含有鞘氨醇的脂,头部含糖。鞘糖脂分子中的单糖主要为 D- 葡萄糖、D-半乳糖、N- 乙酰葡糖胺、N- 乙酰半乳糖胺、岩藻糖和唾液酸;脂肪酸成分主要为 16~24 碳的饱和脂肪酸或含双键较少的不饱和脂肪酸,此外还有相当数量的 α- 羟脂酸。鞘糖脂根据分子中是否含有唾液酸或硫酸基成分,又可分为中性鞘糖脂和酸性鞘糖脂。下面介绍两类重要的鞘糖脂。

(一)脑苷脂类

脑苷脂(cerebroside)是一类不含唾液酸的鞘糖脂,由 β- 己糖(常见的是葡萄糖或半乳糖等单糖,也有二糖、三糖)、脂肪酸(C_{22}~C_{26},其中最普遍的是 α- 羟基二十四烷酸)和鞘氨醇各一分子组成,因为是以中性糖作为极性头部,故属于中性鞘糖脂类。重要代表有葡萄糖脑苷脂、半乳糖脑苷脂和硫酸脑苷脂(简称硫苷脂)。它们的分子结构如下:

鞘氨醇 α-羟二十四烷酸	鞘氨醇 α-羟二十四烷酸
β-D-葡萄糖 一种神经酰胺	β-D-半乳糖 一种神经酰胺
葡萄糖脑苷脂	半乳糖脑苷脂

硫酸脑苷脂

脑苷脂类为细胞膜的结构成分,主要存在于哺乳动物的脑和神经系统,以及心脏、肝脏、红细胞的膜组织中,在某些高度分化的组织膜表面含量也较高,如髓鞘、小肠刷状缘等;在一些大型真菌和高等植物以及一些海洋生物(如海星)中也有分布。脑苷脂在体内具有重要的生物学功能,参与脑组织神经细胞的生长、分化及再生,能阻断兴奋性氨基酸对大脑细胞的毒性作用,减少神经元的死亡,促进神经细胞的损伤后修复,对神经细胞有显著的保护作用。

硫酸脑苷脂是糖基部分被硫酸化的鞘糖脂,广泛分布于人体的各个器官中,以脑中的含量为最多。硫酸脑苷脂可能参与血液凝固和细胞黏着等过程。

(二)神经节苷脂类

神经节苷脂(ganglioside)是一类酸性鞘糖脂,它的极性头部含有唾液酸,即 N-乙酰神经氨酸,故带有酸性。人体内的神经节苷脂分子中的糖基较脑苷脂大,常为含 1 个或多个唾液酸的寡糖链。大脑灰质中含有丰富的神经节苷脂,约占大脑总脂的 6%,非神经组织中也含有少量神经节苷脂。这是一类最复杂的鞘糖脂,不同的神经节苷脂类所含的己糖和唾液酸的数目与位置各不相同。现已从脑灰质、白质和脾等组织中分离出几十种神经节苷脂,几乎所有的神经节苷脂都有一个葡萄糖基与神经酰胺以糖苷键相连,此外还有半乳糖、唾液酸和 N-乙酰 -D- 半乳糖胺。神经节苷脂的组成如下:

$$D\text{-半乳糖} \xrightarrow{(\beta_{1\to3})} N\text{-乙酰-D-半乳糖胺} \xrightarrow{(\beta_{1\to4})} D\text{-半乳糖} \xrightarrow{(\beta_{1\to4})} D\text{-葡萄糖}$$

$$\big|(\alpha_{3\to2}) \qquad\qquad \big|(\beta_{1\to1'})$$

$$\text{唾液酸} \qquad\qquad \text{神经氨基醇—脂肪酸}$$
$$(N\text{-脂酰鞘氨醇基})$$

其中唾液酸为神经节苷脂的极性头部。

神经节苷脂在 20 世纪 40 年代从神经节细胞中被发现而得名,它在神经末梢中含量丰富,种类繁多,在神经冲动传递中起重要作用,对神经再生有显著的促进作用。它还存在于脾和红细胞等细胞膜中,虽然含量很少,但有许多特殊的生物功能,它与血型的专一性、组织器官的专一性有关,还可能与组织免疫、细胞与细胞间的识别以及细胞的恶性转变等都有关系。

除上述的鞘糖脂以外还有甘油糖脂,甘油糖脂是由甘油二酯与己糖(主要为半乳糖或甘露糖)或脱氧葡萄糖结合而成的化合物,主要存在于绿色植物中,又称为植物糖脂。甘油糖脂也是某些细菌菌膜的常见组成成分。哺乳类虽然含有甘油糖脂,但分布不普遍,主要存在于睾丸和精子的质膜及中枢神经系统的髓磷脂中。甘油糖脂有的含 1 分子己糖,也有的含 2 分子己糖,如半乳糖甘油二酯和二甘露糖甘油二酯的结构如下:

半乳糖甘油二酯 二甘露糖甘油二酯

三、固醇及其衍生物

固醇（sterol）及其衍生物是类脂质中的一种重要化合物。所有固醇类化合物分子都是以 3 个六元环和 1 个五元环形成的环戊烷多氢菲为核心，也称甾类（steroid）。在甾核的 C_3 上有一个羟基，在 C_{17} 上有一个分支的碳氢链，有 α 及 β 两型。

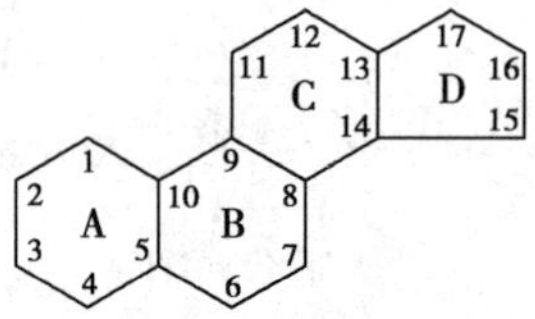

环戊烷多氢菲

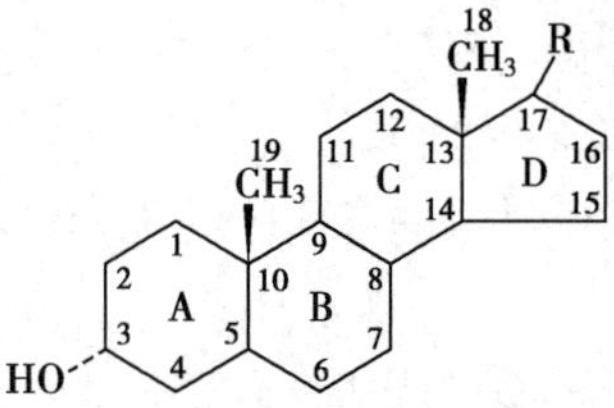

α-型固醇的基本结构 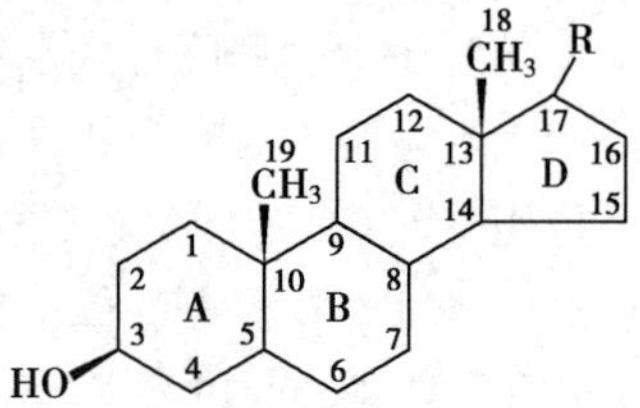 β-型固醇的基本结构

式中 R 为支链，C_3 上有羟基，α- 型或 β- 型就是根据 C_3 羟基的立体位置与 C_{10} 上甲基的位置来决定的。C_3 上的羟基位置与 C_{10} 上甲基的位置相反者（即在平面下）称 α- 型，以虚线连接；与 C_{10} 上甲基位置相同者（在平面上）称 β- 型，以实线连接。所有固醇的 C_{10} 和 C_{13} 上都有甲基，不同的固醇其碳原子数及取代基不同。

固醇可分为动物固醇、植物固醇和酵母固醇三类。胆固醇是动物固醇中的一种，植物不含胆固醇但含植物固醇，以 β- 谷固醇（β-sitosterol）为最多，结构与胆固醇相似，其区别是 C_{24} 上连有 C_2H_5 基，因而其 17-β- 碳连接的侧链不是八碳而是十碳侧链，共有 29 个碳原子。酵母含麦角固醇（ergosterol），C_{24} 上连有 CH_3 基，22, 23 碳间及 7, 8 碳间为双键，共有 28 个碳原子。细菌不含固醇类化合物。

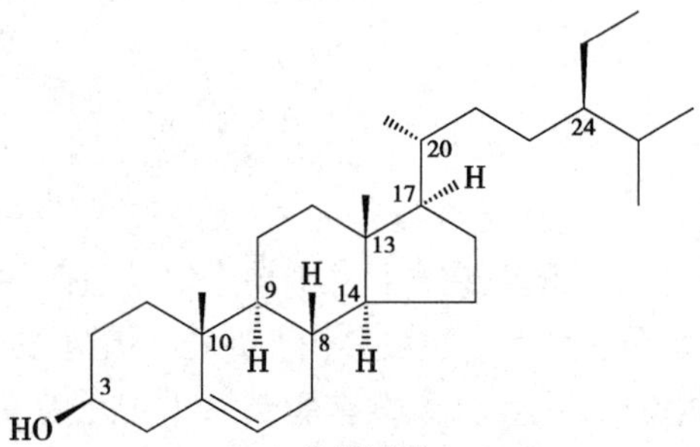

β-谷固醇 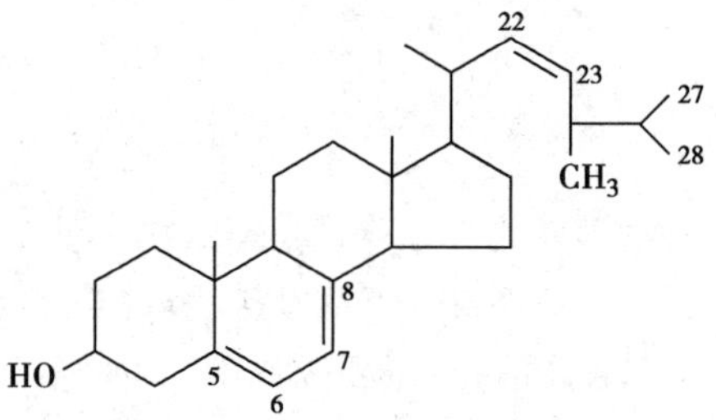   麦角固醇

（一）胆固醇

胆固醇（cholesterol）是环戊烷多氢菲的衍生物，其结构与前述各种脂类大不相同。胆固醇 3 号位上是羟基，具有亲水性，而其余部分由碳氢链组成，具有疏水性，因此胆固醇是一种两性分子。生物体内的胆固醇有以游离形式存在的，但大多是其 3 位上的羟基与脂肪酸结合，以胆固醇酯的形式存在。它们的结构式如下：

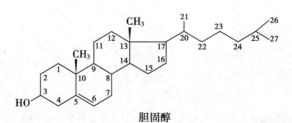

胆固醇

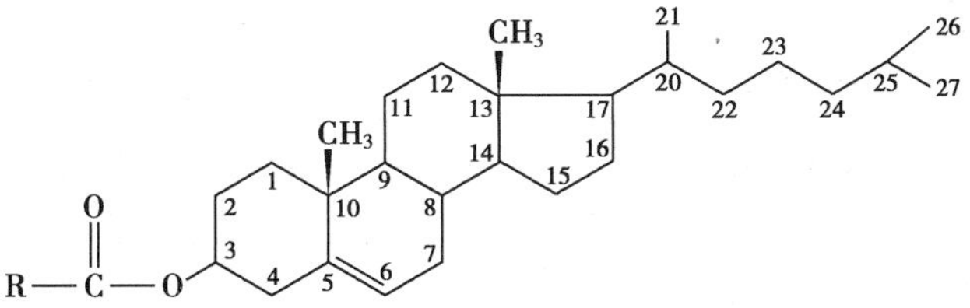

胆固醇酯

胆固醇及胆固醇酯是生物体内重要的固醇类化合物,普遍存在于人和动物的细胞和组织中。人体约含胆固醇140g,大约1/4分布在脑及神经组织中,约占脑组织固体物质的17%,肾上腺、卵巢等类固醇分泌腺的胆固醇含量达1%~5%,肝、肾、肠等内脏及皮肤、脂肪组织中也含有较多的胆固醇,每100g组织含200~500mg,其中以肝最多。动物的蛋黄中胆固醇含量也很丰富。

固醇及其衍生物在体内有重要生理功能。胆固醇及其酯是细胞膜的重要组分,其两性性质对膜中脂质的物理状态和膜的流动性具有调节作用,是维持生物膜的正常功能和透过能力不可缺少的。胆固醇是体内合成类固醇激素和胆汁酸的前体,许多重要的激素,如高等动物的性激素,就是由胆固醇转化而成的。胆固醇还是神经鞘绝缘物质,与神经兴奋传导有关,同时它还具有解毒功能。

胆固醇参与体内脂质代谢和血浆脂蛋白的合成,是临床检验的一个重要指标。在正常情况下,血清胆固醇为游离胆固醇与胆固醇酯的总和,含量为2.59~6.47mmol/L(100~250mg/dl)。血浆胆固醇水平升高,易引起脂质浸润,不仅损伤动脉血管壁内皮细胞,而且还促使胆固醇在血管壁的沉积,形成泡沫细胞,进一步发展为粥样斑块,导致动脉粥样硬化,出现管腔狭窄或闭塞等病变,使通过动脉的血流量减少,导致组织器官发生缺血性损伤,并出现相应的临床症状。如由此引发的缺血性心脏病及脑卒中是导致人类死亡的两大祸首。胆固醇还参与胆石的构成。当肝脏发生严重病变时,胆固醇浓度会降低;而在黄疸性梗阻和肾病综合征患者中,胆固醇浓度会升高。

胆固醇为白色晶体,易溶于三氯甲烷、乙醚、苯及热乙醇中,不能皂化。它与洋地黄糖苷容易结合而沉淀。胆固醇在三氯甲烷溶液中与乙酸酐及浓硫酸化合产生蓝绿色,这一性质常被用于胆固醇的含量测定。

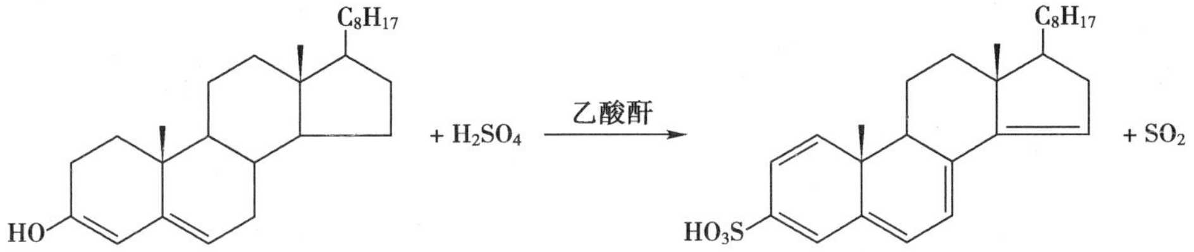

$$+ H_2SO_4 \xrightarrow{\text{乙酸酐}} \quad + SO_2$$

(二)胆酸与胆汁酸

胆酸(cholic acid)是由动物胆囊合成分泌的物质,是胆固醇的衍生物。根据分子中所含羟基的数目、位置与构型不同可分为多种胆酸。至今发现的胆酸已超过100种,其中常见的有几种:胆酸($3\alpha,7\alpha,12\alpha$-三羟基胆酸)、去氧胆酸($3\alpha,12\alpha$-二羟基胆酸)、猪去氧胆酸($3\alpha,6\alpha$-二羟基胆酸)、鹅去氧胆酸($3\alpha,7\alpha$-二羟基胆酸)、熊去氧胆酸($3\alpha,7\beta$-二羟基胆酸)及少量石胆酸(3α-羟基胆酸)。它们的结构如下:

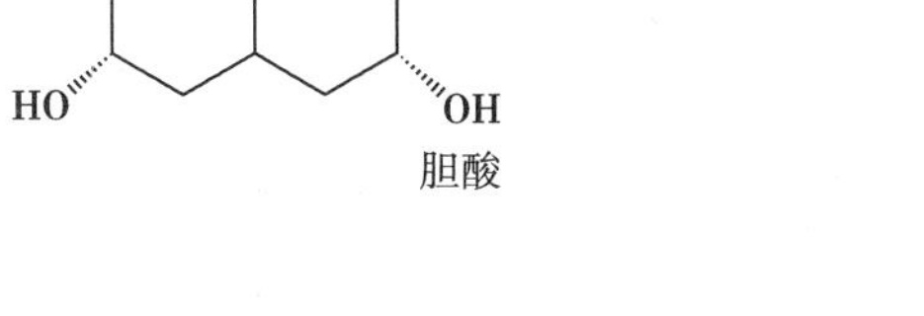

胆酸

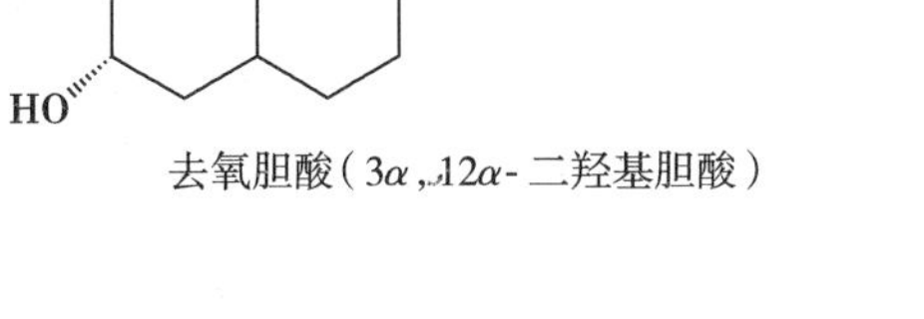

去氧胆酸($3\alpha,12\alpha$-二羟基胆酸)

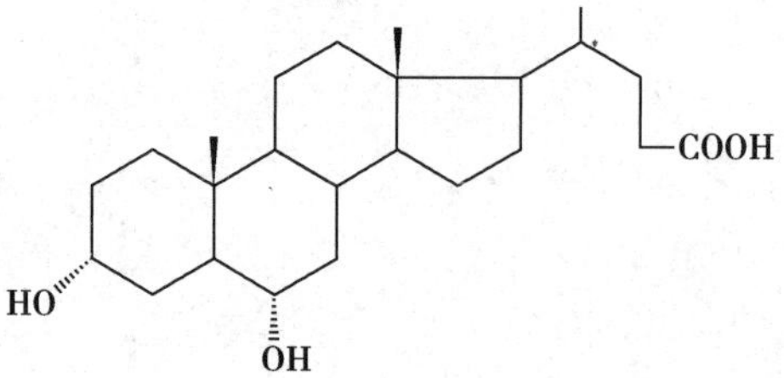

猪去氧胆酸

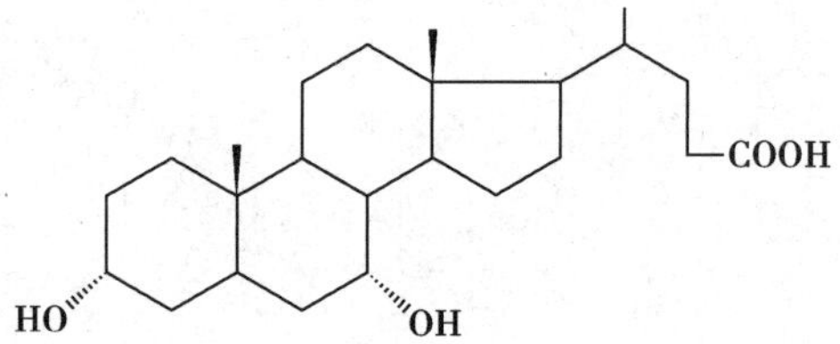

鹅去氧胆酸

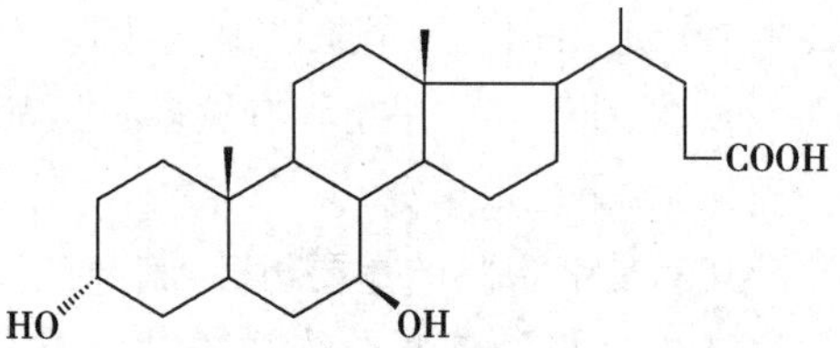

熊去氧胆酸

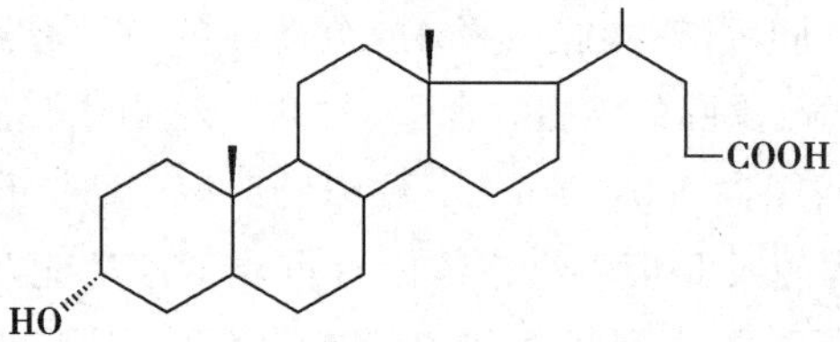

石胆酸

熊去氧胆酸作为胆石溶解药已收载于2020年版《中华人民共和国药典》（以下简称《中国药典》），此外还有利胆药去氢胆酸（dehydrocholic acid），其结构如下：

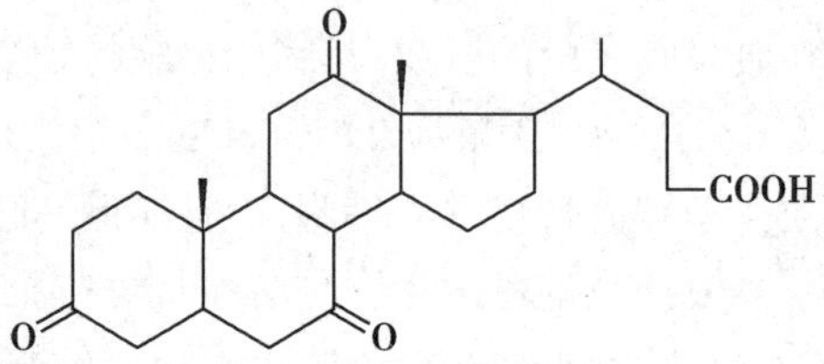

去氢胆酸

胆汁酸（bile acid）在肝内由胆固醇直接转化而来，是体内胆固醇的主要代谢终产物。人体每天合成胆固醇1~1.5g，其中0.4~0.6g在肝内转变为胆汁酸，随胆汁排入肠道。胆汁酸分为游离型和结合型，游离型胆汁酸有胆酸、去氧胆酸、鹅去氧胆酸、石胆酸等，各种游离型胆汁酸均可与甘氨酸（NH_2CH_2COOH）或牛磺酸（$NH_2CH_2CH_2SO_3H$）以酰胺键结合，生成相应的结合型胆汁酸，如甘氨胆酸、牛磺胆酸、甘氨鹅去氧胆酸等。它们是胆汁有苦味的主要原因。胆汁酸是水溶性物质，胆囊分泌的胆汁，是胆汁酸的水溶液。两种常见的结合型胆汁酸的结构如下：

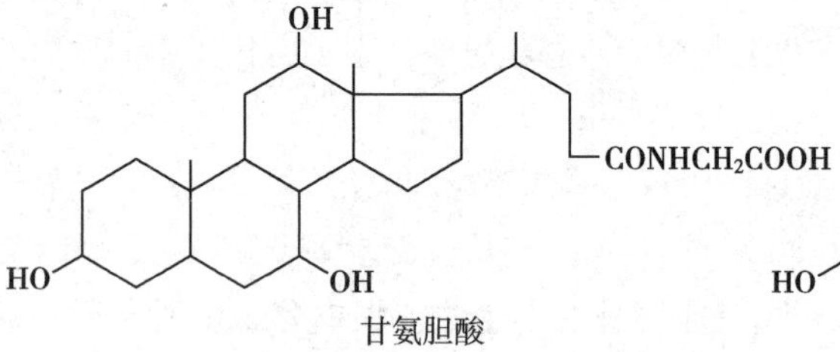

甘氨胆酸

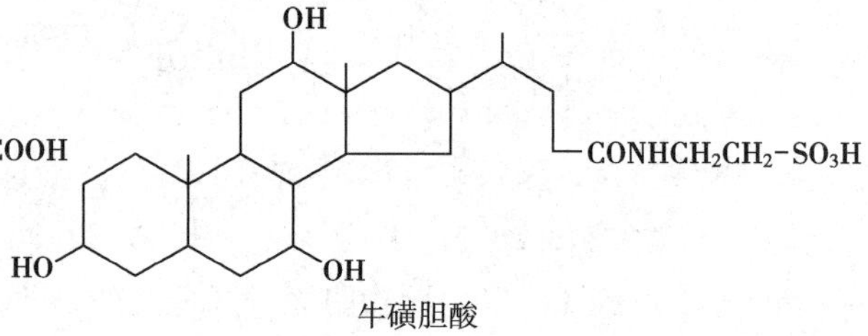

牛磺胆酸

在胆汁中，大部分胆汁酸形成钾盐或钠盐，称为胆盐。胆盐有较强的乳化作用，能降低脂-水相间的界面张力，将脂质乳化成细小微团，促进脂肪和脂溶性维生素的消化和吸收，还可激活脂肪酶，促进脂肪的消化分解。

第四节   脂类的提取分离与分析

脂类分布广泛，主要存在于皮下、大网膜、肠系膜等脂肪组织、细胞与细胞器以及细胞外的体液，如血浆、胆汁、乳汁和肠液中。分析脂类在体内的分布及其含量可探索和了解脂类在生理、病理过程中的作用及异常变化。例如血液中的一些脂类异常进入动脉壁并在动脉壁中聚集，是动脉粥样硬化（atherosclerosis）发生的生物化学和病理生理基础之一。但脂类是非极性大分子有机化合物，用常规方法难以分析。因此欲研究某一特定部分（例如红细胞、脂蛋白或线粒体）的脂类，首先须将这部分组织或细胞分离出来。由于脂类不溶于水，从组织中提取和随后的分级分离都要求使用有机溶剂和某些特殊技术，这与纯化水溶性分子如蛋白质和糖是很不相同的。一般说，脂类混合物的分离是根据它们的极性差别或在非极性溶剂中的溶解度差别进行的。含酯键连接或酰胺键连接的脂肪酸可用酸或碱处理，水解成可用于分析的成分。

一、脂类的提取与分离

（一）脂类的提取

脂类为非极性有机化合物，不溶于水，因此，需用有机溶剂进行提取，不同的脂类因其组成不同，所使用的有机溶剂和提取方法也不完全相同。

1. 直接提取法　自然界中，有些脂类物质是以游离形式存在的，如卵磷脂、脑磷脂、亚油酸、花生四烯酸及前列腺素。因此，可根据各自的溶解性质，采用相应溶剂系统直接提出粗品，再经分离纯化获得纯品。非极性脂类（甘油三酯、蜡和色素等）用乙醚、三氯甲烷或苯等很容易从组织中提取出来，在这些溶剂中不会发生因疏水相互作用引起的脂类聚集。膜脂（磷脂、糖脂、固醇等）要用极性有机溶剂如乙醇或甲醇提取，这种溶剂既能降低脂类分子间的疏水相互作用，又能减弱膜脂与膜蛋白之间的氢键结合和静电相互作用。常用的提取剂是三氯甲烷、甲醇和水（$1:2:0.8$）的混合液。此比例的混合液是混溶的，形成一个相，组织（例如肝）在此混合液中被匀浆以提取所有脂类，匀浆后形成的不溶物包括蛋白质、核酸和多糖用离心或过滤方法除去。向所得的提取液加入过量的水使之分成两个相，上相是甲醇和水，下相是三氯甲烷。脂类留在三氯甲烷相，极性大的分子如蛋白质、多糖进入极性相（甲醇和水）。取出三氯甲烷相并蒸发浓缩，取一部分干燥，称重。

2. 水解提取法　生物体内有些脂类物质与其他成分构成复合物，含这些成分的组织需经水解或适当处理后再水解，然后分离纯化。如脑干中的胆固醇酯经丙酮抽提、浓缩后，残留物用乙醇结晶，再用硫酸水解和结晶才能获得胆固醇；原卟啉以血红素形式与珠蛋白通过共价结合成血红蛋白，后者于氯化钠饱和的冰醋酸中加热水解得血红素，血红素于甲酸中加铁粉回流除铁后，经分离纯化得到原卟啉；又如辅酶 Q_{10}（CoQ_{10}）与动物细胞内线粒体膜蛋白结合成复合物，故从猪心提取 CoQ_{10} 时，需将猪心绞碎后用氢氧化钠水解，然后用石油醚抽提及分离纯化；在胆汁中，胆红素大多与葡糖醛酸结合成共价化合物，故提取胆红素需先用碱水解胆汁，然后用有机溶剂抽提。胆汁中胆酸大多与牛磺酸或甘氨酸形成结合型胆汁酸，要获得游离胆汁酸，需将胆汁用 10% 氢氧化钠加热水解后分离纯化。

（二）脂类的分离纯化

脂类物质种类较多，结构多样化，性质差异很大，经有机溶剂提取的脂类粗提物通常还要用溶解度法、吸附色谱法等来分离。

1. 溶解度法　依据脂类物质在不同溶剂中溶解度差异进行分离的方法，如游离胆红素在酸性条件溶于三氯甲烷及二氯甲烷，故胆汁经碱水解及酸化后用三氯甲烷抽提，其他物质难溶于三氯甲烷，而胆红素则溶出，因此得以分离；又如卵磷脂溶于乙醇，不溶于丙酮，脑磷脂溶于乙醚而不溶于丙酮和乙醇，故脑干组织的丙酮抽提液可用于制备胆固醇，不溶物用乙醇抽提得到卵磷脂，用乙醚抽提得脑磷脂，从而使三种成分得以分离。

2. 吸附色谱法　根据吸附剂对各种脂类成分吸附力差异进行分离的方法，其基本原理是脂类通过分离介质时，因其极性的不同，导致与固定相吸附能力出现差异，在流动相洗脱时移动速度不一而分离。常用固定相为硅胶（silica gel），流动相为三氯甲烷。吸附色谱分析常用两种方法：一是柱层析，即硅胶柱吸附层析，可把脂类分成非极性、极性和荷电的多个组分。硅胶是硅酸 $Si(OH)_4$ 的一种形式,为一种极性的不溶物。当脂类混合物(三氯甲烷提取液)通过硅胶柱时,由于极性和荷电的脂类与硅胶结合紧密而被留在柱上,非极性脂类则直接通过柱子,出现在最先的三氯甲烷流出液中,不荷电的极性脂类(例如脑苷脂)可用丙酮洗脱,极性大的或荷电的脂类(例如磷脂)可用甲醇洗脱。分别收集各个组分,然后在不同系统中层析,以分离单个脂类组分。例如磷脂可分离成磷脂酰胆碱、鞘磷脂、磷脂酰乙醇胺等。二是采用更快速、分辨率更高的高效液相色谱(HPLC)和薄层层析(TLC)进行脂类分离。即将硅胶铺层于玻片上,待分离的脂类样品加样于硅胶一端,加样端与分离液三氯甲烷接触。通过虹吸作用,三氯甲烷从加样端向另一端移动,在此移动过程中,带动样品的移动。脂类在硅胶中移动时,混合脂类中与硅胶结合不紧密的非极性脂类移动速度大于极性较高的脂类。层析结束后,喷上染料罗丹明(rhodamine)加以检测,因为它与脂类结合会发荧光;或用碘蒸气熏层析板,碘与脂肪酸中双键反应出现黄色或棕色,因而也能检测那些含不饱和脂肪酸的脂类。

经分离后的脂类中常有微量杂质,还需用适当的方法精制获得纯品。常用的有结晶法、重结晶法及有机溶剂沉淀法。如用层析法分离的前列腺素(PGE)可经乙酸乙酯-已烷结晶精制;用层析法分离的鹅去氧胆酸及从牛羊胆汁中分离的胆酸需分别用乙酸乙酯及乙醇结晶和重结晶精制;半合成的牛磺熊去氧胆酸经分离后需用乙醇-乙醚结晶和重结晶精制。

二、脂类的组成与结构分析

(一)混合脂肪酸的气液色谱分析

气液色谱(GLC)可用于分析分离混合物中的挥发性成分。除某些脂类具有天然挥发性外,大多数脂类沸点很高,6碳以上的脂肪酸沸点都在200℃以上。气液色谱法可进行脂类某些组分,如脂肪酸的精细分析。此法需经三个阶段:一是组织脂类的粗分离;二是将待分离、分析的脂类转变成可进行汽化反应的化合物;三是通过气相色谱仪进行汽化和分析。因此进行分析前必须先将脂类转变为衍生物以增加它们的挥发性(即降低沸点)。为分析油脂或磷脂样品中的脂肪酸,首先需要在甲醇和HCl或甲醇和NaOH混合物中加热,使脂肪酸成分发生转酯作用(transesterification),从甘油酯转变为甲酯。然后将甲酯混合物进行气液色谱分析。洗脱的顺序决定于柱中固定液的性质以及样品中成分的沸点和其他性质。利用GLC技术,具有各种链长和不饱和程度的脂肪酸可以完全分开。

(二)脂类结构的测定

在分析脂类的过程中,往往需要对脂类分子的组成成分进行结构分析。某些脂类对在特异条件下的降解特别敏感,例如甘油三酯、甘油磷脂和固醇酯中的所有酯键连接的脂肪酸只要用温和的酸或碱处理则被释放。而鞘脂中的酰胺键连接的脂肪酸需要在较强的水解条件下被释放。专一性水解某些脂类的酶也被用于脂类结构的测定。磷脂酶 A_1、A_2、C 和 D 都能断裂甘油磷脂分子中的一个特定的键,并产生具有特别溶解度和层析行为的产物。例如磷脂酶 C 作用于磷脂,释放 1 分子水溶性的磷酰醇(如磷酰胆碱)和 1 分子可溶于三氯甲烷的二酰甘油,这些成分可以分别加以鉴定以确定完整磷脂的结构。专一性水解及其产物的 TLC 或 GLC 相结合的技术常可用来测定一个脂的结构。确定烃链长度和双键的位置,质谱分析则特别有效。

第五节　脂类药物的研究与应用

脂质分子不由基因编码,独立于从基因到蛋白质的遗传信息系统之外,决定了其在生命活动或疾病发生、发展中的特殊重要性。研究表明,脂质代谢异常与正常生命活动、健康、疾病发生密切相关,其与疾病关系的研究已从异常脂血症、心脑血管病扩展到代谢性疾病、退行性疾病、免疫系统疾病、感染性疾病、神经精神疾病和肿瘤等,脂类药物的研究与应用正成为生命科学和医药学的活跃领域。

一、脂类药物

脂类药物是一些具有重要生物化学、生理、药理效应的脂类化合物,有较好的预防和治疗疾病的效果。脂类物质可直接作为临床疾病的治疗药物,亦用于某些疾病的预防保健,还可以作为药物赋形剂及油膏基质等。一般采用组织提取、微生物发酵、酶转化及化学合成等方法制备。脂类药物种类繁多,临床用途各不相同。

1. 胆酸类药物　胆酸类药物是来源于人及动物肝脏产生的甾体类化合物,可乳化肠道脂肪、促进脂肪消化吸收,同时维持肠道正常菌群的平衡,保持肠道正常功能。胆酸钠用于治疗胆囊炎、胆汁缺乏症及消化不良等;鹅去氧胆酸及熊去氧胆酸均有溶胆石作用,用于治疗胆石症,后者还用于治疗高血压、急性及慢性肝炎、非酒精性脂肪肝及肾移植后药物性肝损伤等;去氢胆酸有较强利胆作用,用于治疗胆道炎、胆囊炎及胆石症;猪去氧胆酸可降低血浆胆固醇,用于治疗高脂血症,也是人工牛黄的原料。

2. 色素类药物　色素类药物有胆红素、胆绿素、血红素、原卟啉、血卟啉及其衍生物。胆红素是由四个吡咯环构成的线性化合物,为抗氧剂,有清除自由基功能,用于消炎,也是人工牛黄重要成分;胆绿素药理效应尚不清楚,但胆南星、胆黄素及胆荚片等消炎类中成药均含有该成分;原卟啉可促进细胞呼吸,改善肝脏代谢功能,临床上用于治疗肝炎;血卟啉及其衍生物为光敏化剂,可在癌细胞中潴留,是激光治疗癌症的辅助剂,临床治疗多种癌症。

3. 不饱和脂肪酸类药物　该类药物包括前列腺素、亚油酸、二十碳五烯酸及二十二碳六烯酸等。前列腺素是一族不饱和脂肪酸,前列腺素 PGE_1 和 PGE_2 有广泛的生理作用,如收缩子宫平滑肌、扩张小血管、抑制胃酸分泌、保护胃黏膜等。临床应用的多为比较稳定的、作用较强的天然前列腺素的衍生物,用于催产、早中期引产、消化道溃疡和肾功能的改善。亚油酸、二十碳五烯酸及二十二碳六烯酸均有调节血脂、抑制血小板聚集、扩张血管等作用,用于防治高脂血症、动脉硬化和冠心病,二十二碳六烯酸还可增加大脑神经元的功能。

4. 磷脂类药物　该类药物主要有卵磷脂及脑磷脂,二者具有增强神经元、调节高级神经元活动、增强脑乙酰胆碱的利用及抗衰老的作用。磷脂还可乳化脂肪、促进胆固醇的转运,临床上用于防治阿尔茨海默病、神经衰弱、血管硬化症、动脉粥样硬化等。卵磷脂可用于肝炎、脂肪肝及其引起的营养不良、贫血、消瘦。磷脂类也是一种良好的药用辅料,可作为增溶剂、乳化剂和抗氧化剂。

5. 固醇类药物　该类药物包括胆固醇、β- 麦角固醇及谷固醇。胆固醇是人工牛黄、多种甾体激素及胆酸的原料,是机体细胞膜不可缺少的成分,胆固醇还是合成胆汁酸和类固醇激素的前体;麦角固醇是机体合成维生素 D_2 的原料;β- 谷固醇具有调节血脂、抗炎、解热、抗肿瘤及免疫调节功能。类固醇药物是一类激素药物,如肾上腺激素、地塞米松、泼尼松等,具有明显的抗炎、抗过敏和免疫抑制作用。强心苷类药物属于类固醇化合物,其作用是加强心肌收缩力,使心率减慢,用于控制心力衰竭。

6. 人工牛黄　人工牛黄是根据天然牛黄(牛胆石)的化学组成来人工合成的脂类药物,其主要成分为胆红素、胆酸、胆固醇及无机盐等,它是多种中成药的重要原料药,具有清热、解毒、祛痰及抗惊厥作用,临床上用于治疗热病谵狂、神昏不语、小儿惊风及咽喉肿胀等,外用治疗疥疮及口疮等。

二、脂肪替代物

脂肪替代物是为了克服天然脂肪容易引起肥胖病或心血管疾病的缺点,而通过人工合成或对其天然产物经过改造而形成的具有脂类物质口感和组织特性的物质,包括脂肪替代品和脂肪模拟品两类。脂肪替代品是人工合成的脂肪酸的酯化衍生物,如蔗糖脂肪酸聚酯和山梨醇聚酯,前者为蔗糖与6~8 个脂肪酸通过酯基团转移或酯交换而形成的蔗糖酯的混合物,其酯键能抵抗体内脂肪酶的酶解,故不能为人体提供能量,还能减少人体对胆固醇等亲脂物质的吸收,蔗糖聚酯具有无毒、无味、对皮肤无刺激性、可完全生物降解等特点,其应用涉及食品、保健品、医药、饲料等领域,在医药领域,蔗糖聚酯具有提高药品质量、改善药品加工性能等作用;山梨醇聚酯是山梨醇与脂肪酸形成的三、四及五酯,可提供的能量仅为 4.2kJ/g,远比甘油三酯的 38kJ/g 低。脂肪模拟物为天然非油脂类物质,常以天然蛋白或多糖(植物胶、改性淀粉、某些纤维素等)经加工形成,广泛用于冷冻甜点、酸奶、乳制品和人造奶油等产品。

三、脂质体药物

脂质体(liposome)是利用人工方法将磷脂在水溶液中制成一种脂双层的脂质微球体,又称类脂小球、液晶微囊,是一种类似微型胶囊的新剂型。它是一种封闭的囊泡,在其内部可包含溶液和各种活性分子,因此它可作为一种运载工具,将有特殊功能的生物大分子(如酶、抗体、核酸)以及小分子药物等包载其中,通过脂质膜与生物体细胞的相互作用(膜融合、吞噬等),定向地导入特定的细胞中,起催化、免疫反应、基因转导等作用,以及用于诊断和治疗某些疾病。脂质体的脂质双分子层与生物膜有较大的相似性和组织相容性,故利用脂质体作为药物载体,不仅能有效增加药物的跨膜转运能力,还可以增加药物的溶解性,提高药物的生物利用度,而且可使药物制剂具有高度的靶向性,从而提高药物的治疗效果,减少药物治疗剂量,降低毒副作用,所以脂质体是一种良好的药物载体。人工制备的脂质体无毒性和免疫原性,并且可生物降解,不会在体内累积。20 世纪 70 年代初,用脂质体作为药物载体包埋淀粉糖苷酶治疗糖原贮积病首次获得成功,此后,对脂质体的研究及其应用引起人们极大的兴趣,发展迅速,广泛用作抗癌药物、抗感染药物、多肽及酶类药物及抗生素药物载体。在制药工业中,脂质体包封的药物微囊研究及在治疗方面的应用取得重要进展。

脂质体在肿瘤药物研究中具有广泛应用,特别是脂质体与单克隆抗体相结合,可以把抗癌药物靶向到肿瘤部位释放,提高药物的利用率,同时减少对正常组织的损伤。此外,在临床治疗中,许多化学合成或重组技术制备的生物活性肽和蛋白质由于缺乏生物实用性并且易被迅速从血液中清除,使其应用受到极大限制。脂质体具有"微库"功能,有持续释放内含物和特异靶向载体的作用,而且脂质体作为肽类转运系统具有水性核,可减少脱水引起蛋白质构象的不可逆改变,因此在临床上脂质体作为活性肽和蛋白质类药物的转运系统具有重要的应用。美国、日本等国家对脂质体在药物传递系统中的应用研究取得良好进展,目前用于临床的有多柔比星、柔红霉素、长春新碱、博来霉素、氟尿嘧啶、甲氨蝶呤、放线菌素 D、丝裂霉素 C 等脂质体制剂。

新型脂质体的研究已从单一脂质体向多功能脂质体方向发展,脂质类纳米载体作为难溶性药物递送系统的研究日益增多。人们利用脂质类纳米载体表面的可修饰性研制出一系列新型脂质类纳米载体,如使用含有聚乙二醇的表面活性剂延长其在体内的循环时间,通过连接相应配体(抗体、肽、糖基、植物凝血素等)实现其主动靶向功能,结合纳米载体的理化性质制备温度敏感、pH 敏感、光敏感、声波敏感的脂质类载体。脂质体作为药物载体所转运的药物种类和范围将不断扩大,在医药、化妆品和基因工程等领域将有更广阔的应用前景。

思 考 题

1. 简述脂类的概念、分类及其在体内的主要生物学作用。
2. 简述单脂与复合脂类在结构和性质上的异同点。

3. 举例介绍几种重要复合脂质在体内的生理功能。

4. 介绍脂类药物的研究进展及其临床应用前景。

第二章
目标测试

（杨　红）

第三章

维 生 素

第三章
教学课件

学习目标

1. **掌握** 维生素的概念及分类;维生素 A、D、E、K 的主要生理功能;各种 B 族维生素的活性形式及生化作用;维生素 C 的主要生化作用。
2. **熟悉** 各种维生素缺乏症及其生化机制。
3. **了解** 各种维生素的结构特点及理化性质;维生素类药物的研究与应用情况。

第一节 概 述

一、维生素的定义

维生素(vitamin)是人和动物维持正常生理功能所必需,但体内不能合成或合成量很少,不能满足机体需要,必须由食物供给的一类低分子量有机物质。这类化合物存在于天然食物中,是人体的重要营养素之一,在机体的生长、代谢、发育过程中发挥各自特有的生理功能。

各种维生素的化学结构及性质不同,但具备一些共同点:维生素多以前体的形式存在于食物中;维生素不是构成机体组织和细胞的组成成分,也不是体内供能物质,它的主要作用是参与机体代谢的调节;大多数的维生素,机体不能合成或合成量不足,必须经常通过食物获得;人体对维生素的需要量很小,每日需要量常以毫克(mg)或微克(μg)计算,但机体一旦缺乏某种维生素时,可发生物质代谢的障碍并出现相应的维生素缺乏症。

二、维生素的命名与分类

(一)命名

维生素有三种命名系统,一是按其被发现的先后顺序,以英文字母命名,如维生素 A、B、C、D、E、K 等;二是根据其化学结构特点命名,如视黄醇、硫胺素等;三是根据其生理功能和治疗作用命名,如抗眼干燥症维生素、抗糙皮病维生素、抗坏血病维生素等。有些维生素在最初被发现时认为是一种,后经证明是多种维生素混合存在,命名时便在其字母下方标注 1、2、3 等数字加以区别,如维生素 B_1、B_2、B_6、B_{12} 等。

(二)分类

维生素种类很多,其化学结构和性质差异很大。通常根据维生素的溶解性质不同,将其分为脂溶性维生素(lipid-soluble vitamin)和水溶性维生素(water-soluble vitamin)两大类。脂溶性维生素包括维生素 A、D、E、K 四种,水溶性维生素包括 B 族维生素和维生素 C 两类。

三、维生素的需要量

维生素的需要量是指能保持人体健康、达到机体应有发育水平和充分发挥效率地完成各项体力和脑力活动所需要的维生素的必需量。

维生素需要量（vitamin requirement）可通过人群调查验证和实验研究两种形式确定。对临床上有明显营养缺乏症或不足症的人，通过食物补充，使之营养状况得以恢复，以此估计人体需要量。维生素 A 人体生理需要量的确定即通过此方式。水溶性维生素需要量的确定往往通过饱和实验为依据，以人体饱和量作为需要量。

机体由于长期缺乏维生素而导致的疾病叫维生素缺乏病。造成维生素缺乏的原因有很多：①维生素的摄入量不足，如严重的挑食、偏食或膳食结构不合理，食物的加工、储存、烹调方法不当等；②机体对维生素的需要量增加，如孕妇、哺乳期妇女、生长发育期儿童、慢性消耗性疾病患者等；③机体吸收功能障碍，如长期腹泻、消化道和胆道梗阻、胃酸分泌减少等；④药物等因素引起的维生素缺乏，如长期大量服用抗生素可抑制肠道正常菌群的生长，从而减少某些维生素的体内合成。

第二节　脂溶性维生素

脂溶性维生素是一类疏水性化合物，包括维生素 A、D、E、K，它们不溶于水，而溶于脂质及有机溶剂。在食物中常与脂类共同存在，因此在肠道随脂类一同被吸收。吸收后的脂溶性维生素在血液中与脂蛋白及某些特殊的结合蛋白特异地结合而运输。脂溶性维生素除了直接参与影响特异的代谢过程外，多数能与细胞内核受体结合，影响特定基因的表达。在脂质吸收不良时，脂溶性维生素的吸收大为减少，会引起相应的缺乏症。当膳食摄入量超过机体需要量时，可在以肝为主的器官储存，如长期摄入量过多，可因体内蓄积而出现中毒症。

一、维生素 A

（一）化学本质及性质

维生素 A（vitamin A）是由 1 分子 β- 白芷酮环和 2 分子异戊二烯构成的不饱和一元醇。天然的维生素 A 有 A_1 及 A_2 两种形式，A_1 又称视黄醇（retinol），多存在于哺乳动物及咸水鱼的肝脏中，A_2 即 3- 脱氢视黄醇，多存在于淡水鱼的肝脏中。植物中不存在维生素 A，但含有称作维生素 A 原（provitamin A）的多种胡萝卜素（carotene），包括 α、β、γ 等多种形式，其中以 β- 胡萝卜素最为重要。在小肠黏膜或肝脏加氧酶的催化下，1 分子 β- 胡萝卜素分解生成 2 分子视黄醇，视黄醇可氧化生成视黄醛（retinal），再进一步氧化形成视黄酸（retinoic acid）。视黄醇、视黄醛和视黄酸是维生素 A 在体内的活性形式，结构如下：

视黄醇　　　　　　　　　　　　　　　　视黄醛

全反-视黄酸　　　　　　　　　　　　　9-顺-视黄酸

β-胡萝卜素

动物性食物,如肝、肉类、乳制品等都是维生素 A 的主要来源。食物中的维生素 A 主要以酯的形式存在,在小肠内被酯酶水解为视黄醇,被吸收后又重新酯化成视黄醇酯,并掺入乳糜微粒,运至肝脏储存。血浆中的维生素 A 是非酯化型的,与视黄醇结合蛋白(retinol binding protein, RBP)结合而被转运,后者又与甲状腺素 - 前清蛋白(proalbumin, PA)相结合,形成维生素 A-RBP-PA 复合物,当运至靶组织后,与特异受体结合而被利用。在细胞内,视黄醇与细胞视黄醇结合蛋白(cellular retinal binding protein, CRBP)结合,视黄醇可氧化为视黄醛和视黄酸,视黄酸经肝脏生物转化形成葡糖醛酸结合物排出。

维生素 A 为黄色片状结晶,能与三氧化锑反应呈深蓝色化合物,可用于其定量测定。维生素 A 因高度不饱和,极易被空气氧化或经紫外线照射破坏,需存放在棕色瓶中。

（二）生物化学作用及缺乏症

1. 构成视觉细胞感光物质,参与形成暗视觉   在视觉细胞内,视黄醇被异构成 11- 顺视黄醇,并进而氧化为 11- 顺视黄醛,其作为光敏感视蛋白(opsin)的辅基与之结合生成各种视色素。在感受强光的锥状细胞内有视红质、视青质及视蓝质,杆状细胞内有感受暗光的视紫红质。在暗处受弱光刺激,视紫红质中的 11- 顺视黄醛发生光异构,转变成全反视黄醛,并与视蛋白分离而失色。这一光异构反应引起杆状细胞膜上的 Ca^{2+} 离子通道开放,Ca^{2+} 迅速流入细胞并触发神经冲动,经传导到大脑后产生视觉。视网膜内经上述过程产生的全反视黄醛,少部分可经异构酶催化缓慢地重新异化成 11- 顺视黄醛,大部分被还原成全反视黄醇,经血液运输至肝脏转变成 11- 顺视黄醇,进一步合成视色素。其他视色素的感光过程与视紫红质相同(图 3-1)。

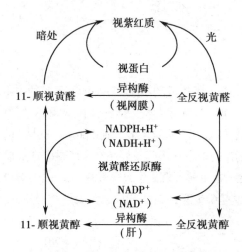

图 3-1   视紫红质的合成、分解与视黄醛的关系

在维生素 A 缺乏时,必然引起 11- 顺视黄醛的补充不足,视紫红质合成减少,对弱光敏感性降低,暗适应时间延长,严重时会发生"夜盲症"。

2. 参与糖蛋白的合成,维持上皮细胞的完整   视黄酸在体内转变生成的视黄醇磷酸(retinyl phosphate)是寡糖穿越膜脂双层的载体,可促进膜蛋白糖链的延伸和糖脂的形成。研究发现,视黄醇磷酸甘露糖可作为甘露糖供体,直接参与 O- 糖苷键的合成。维生素 A 维持上皮细胞的发育和分化,维生素 A 缺乏时,可导致糖蛋白合成的中间体异常,低分子量的多糖 - 脂堆积,糖蛋白分泌减少,引起上皮组织干燥、增生和角化等,眼结膜黏液分泌细胞的角化和丢失导致角膜干燥,泪腺萎缩和泪液分泌受阻,出现眼干燥症(xerophthalmia),所以,维生素 A 又称为抗眼干燥症维生素。

3. 具有抗氧化作用   维生素 A 和 β- 胡萝卜素是一种有效的捕获活性氧的抗氧化剂,能直接清除自由基,有助于控制细胞膜和富含脂质组织的脂质过氧化,故能防止自由基蓄积引起的多种疾病发生。

4. 其他作用   维生素 A 具有延缓或阻止癌前病变,拮抗化学致癌剂的作用。研究显示,视黄酸能诱导 HL-60 细胞及急性早幼粒细胞白血病的分化。动物实验也表明维生素 A 具有诱导细胞分化和减轻致癌物的作用。维生素 A 及其代谢中间产物在人体生长发育和细胞分化,尤其是精子生成、黄体酮前体形成、胚胎发育等过程中起重要的调控作用,视黄醇和视黄酸具有类固醇激素的作用,能促进生长发育及维持健康,如果维生素 A 缺乏,相关类固醇激素合成减少,势必导致生长发育迟缓,成人生殖能力衰退等现象。其作用机制是视黄酸在细胞内可特异地与 CRBP 相结合,后者与核蛋白(nuclear protein)结合后,通过对特定基因表达的调控而发挥作用。此外,视黄酸对于免疫系统细胞的分化有调节作用,维生素 A 缺乏会增加机体对感染性疾病的敏感性。

维生素 A 的摄入量超过视黄醇结合蛋白的结合能力时,游离的维生素 A 可通过破坏细胞膜、核膜以及线粒体和内质网等细胞器造成组织损伤。如果长期过量摄取维生素 A,可出现维生素 A 中毒症状,主要表现为头痛、恶心、腹泻、肝脾大等,严重时还会出现肝细胞损伤、高脂血症、钙稳态失调等。孕妇摄取过多,易发生胎儿畸形,因而应当适量摄取。

二、维生素 D

(一)化学本质及性质

维生素 D(vitamin D)是类固醇的衍生物,为环戊烷多氢菲类化合物。维生素 D 在植物和动物中都存在,种类很多,现已知的主要有 D_2、D_3、D_4、D_5 四种,其中活性较强的为维生素 D_2(麦角钙化醇,ergocalciferol)和维生素 D_3(胆钙化醇,cholecalciferol),两者结构十分相似,具有相同的核心结构,维生素 D_2 在 C_{22} 上为双键,C_{24} 上有一个甲基。

体内的胆固醇经脱氢生成 7-脱氢胆固醇,储存于皮下,在紫外线作用下再转变成维生素 D_3,是人体内维生素 D 的主要来源,因而称 7-脱氢胆固醇为维生素 D 原。动物性食物富含维生素 D_3,如鱼油、蛋黄、肝等。在酵母和植物油中有不能被人体吸收的麦角固醇,在紫外线照射下可转变为维生素 D_2(图 3-2)。所以,适当的日光浴可以满足机体对维生素 D 的需要。

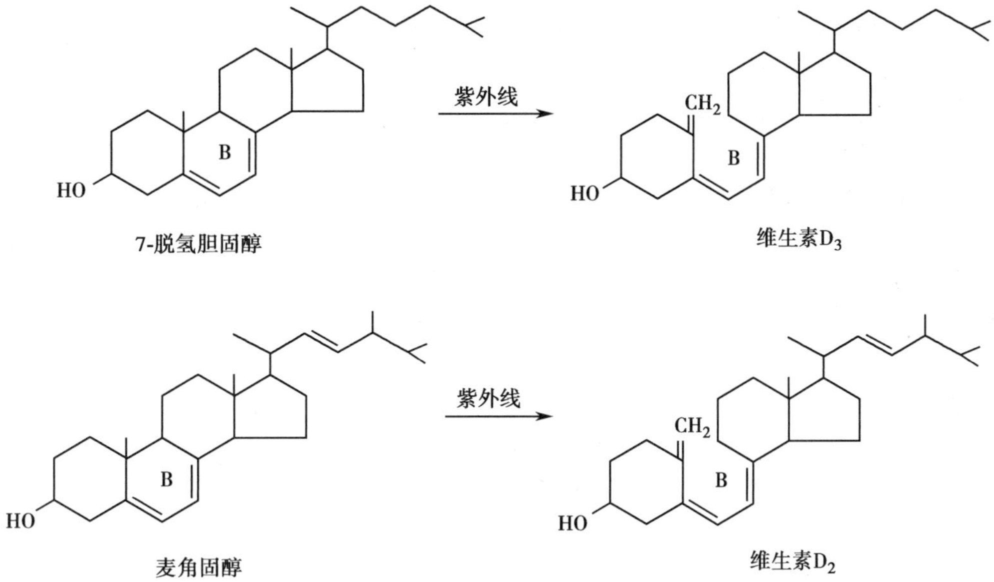

图 3-2 维生素 D_2、D_3 的转变

食物中的维生素 D 在小肠被吸收后,掺入乳糜微粒经淋巴入血,在血液中与一种特异载体蛋白——维生素 D 结合蛋白(DBP)结合后被运输至肝,在 25-羟化酶催化下 C_{25} 加氧成为 25-(OH)-D_3。25-(OH)-D_3 经肾小管上皮细胞线粒体内 1α-羟化酶的作用生成 D_3 的活性形式 1,25-(OH)$_2$-D_3,再经 24-羟化酶催化转化成无活性的 1,24,25-(OH)$_3$-D_3。上述几种维生素 D_3 中,25-(OH)-D_3 是肝内的储存及血液中运输的形式,在肝内与葡糖醛酸或硫酸结合,随胆汁排出体外(图 3-3)。

维生素 D 为无色结晶,易溶于脂肪和有机溶剂,除对光敏感外,其化学性质较稳定,不易被破坏,通常的烹饪加工不会引起维生素 D 的损失。

(二)生物化学作用及缺乏症

1. 调节钙、磷代谢 维生素 D 转化为活性形式 1,25-(OH)$_2$-D_3 后,可促进肠道黏膜合成钙结合蛋白,使小肠对钙、磷的吸收增加,同时,1,25-(OH)$_2$-D_3 可促进肾小管对钙、磷的重吸收,从而维持血浆中钙、磷浓度的正常水平,有利于新骨的生成与钙化。维生素 D 还具有促进成骨细胞形成和促进

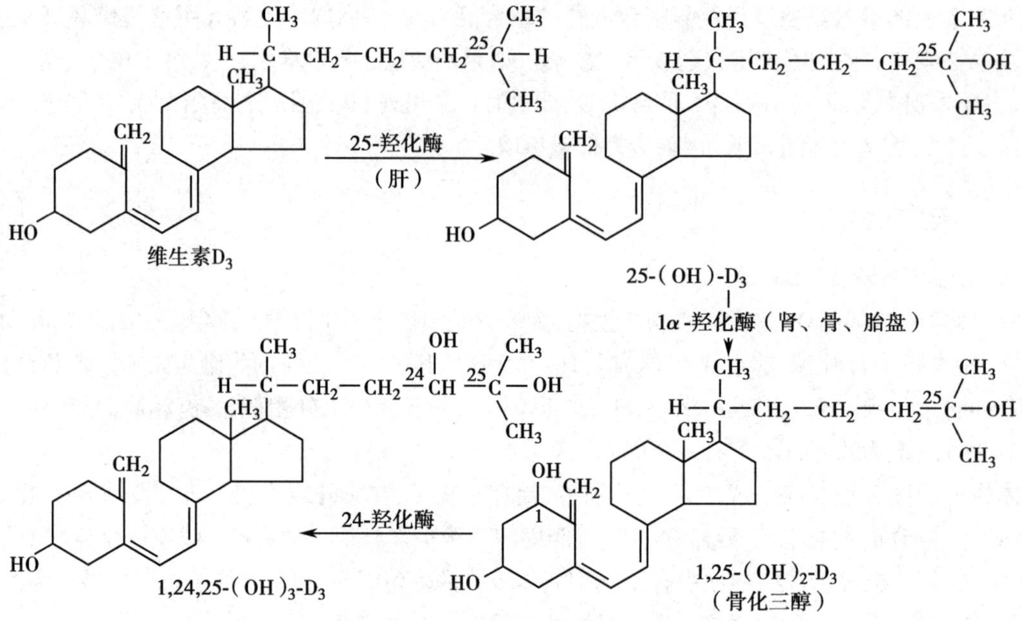

图 3-3   维生素 D_3 的代谢

钙在骨质中沉积成磷酸钙、碳酸钙等骨盐的作用,有助于骨骼和牙齿的形成。在体内维生素 D、甲状旁腺素及降钙素等共同调节并维持机体的钙、磷平衡。

2. 影响细胞分化   1,25-(OH)$_2$-D$_3$ 可通过与维生素 D 受体相互作用,调节皮肤、前列腺、乳腺、心、脑、骨骼肌等组织的细胞分化。研究显示,1,25-(OH)$_2$-D$_3$ 可以促进胰岛 β 细胞合成和分泌胰岛素,具有对抗 1 型和 2 型糖尿病的作用,对某些肿瘤细胞还具有抑制增殖和促进分化的作用。研究人员认为维生素 D 可能是一种免疫调节激素,可以增强单核细胞及巨噬细胞功能。免疫细胞中存在 1,25-(OH)$_2$-D$_3$ 受体,1,25-(OH)$_2$-D$_3$ 可通过其特异受体进入免疫细胞,调节免疫系统的功能。

缺乏维生素 D 的儿童,肠道钙、磷的吸收发生障碍,使血液中钙、磷含量下降,骨、牙不能正常发育,出现鸡胸、串珠肋及膝外翻畸形,临床表现为手足搐搦,严重者导致出现佝偻病(rickets)。因此,维生素 D 又称抗佝偻病维生素。缺乏维生素 D 的成人则可发生软骨病(osteomalacia)和骨质疏松症(osteoporosis)。临床上常用维生素 D 防治佝偻病、软骨病和手足搐搦症等,但在使用维生素 D 时应先补充钙。长期过量摄入维生素 D 可引起中毒,表现为厌食、嗜睡、呕吐、腹泻、高钙血症、高钙尿症以及软组织钙化等。

三、维生素 E

(一)化学本质及性质

维生素 E(vitamin E)属酚类化合物,是苯骈二氢吡喃的衍生物,主要分为生育酚(tocopherol)及生育三烯酚(tocotrienol)两大类。每类又可根据甲基的数目、位置不同分为 α、β、γ 和 δ 四种。维生素 E 主要存在于植物油、油性种子和麦芽等中,豆类和蔬菜中含量也较多,以 α- 生育酚分布最广,活性最高,若以它的活性为基准(100),β- 生育酚、γ- 生育酚和 α- 生育三烯酚的生理活性分别为 40、8 及 20,其余活性甚微。但就抗氧化作用而论,δ- 生育酚作用最强,α- 生育酚作用最弱。机体内维生素 E 主要分布于细胞膜、血浆脂蛋白和脂库中。生育酚和生育三烯酚的基本结构如下:

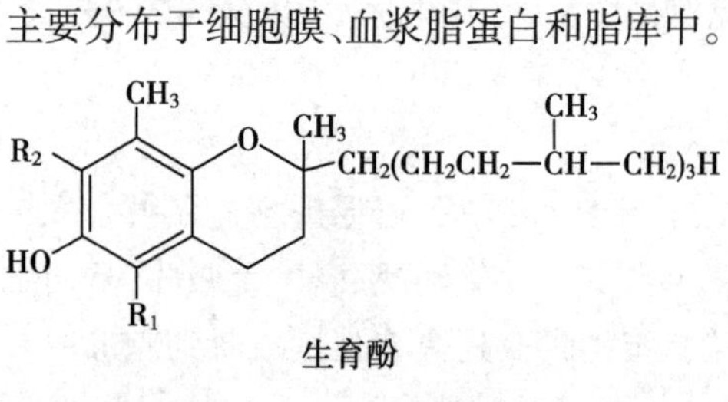

生育酚 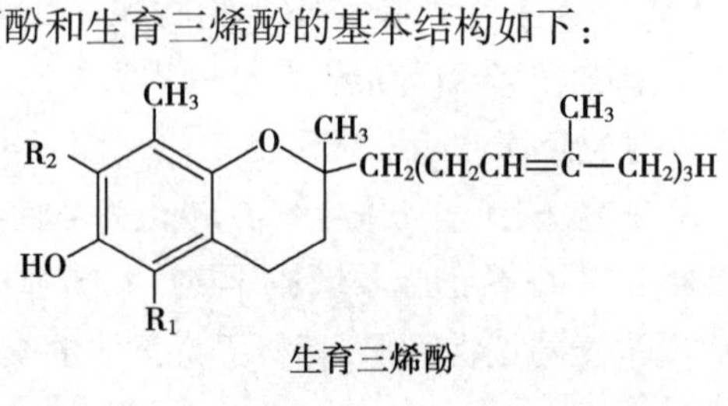   生育三烯酚

维生素 E 为油状物,溶于乙醇、脂肪和有机溶剂。维生素 E 在无氧条件下对热稳定,并对酸和碱有一定抗力,但对氧十分敏感,C_6 的—OH 极易被氧化,因而具有抗氧化作用。

（二）生物化学作用及缺乏症

1. 是体内重要的抗氧化剂　维生素 E 能清除生物膜脂质过氧化所产生的自由基,保护生物膜及其他蛋白质的结构与功能,使细胞维持正常的流动性。维生素 E 的作用是捕捉自由基,如超氧阴离子(O_2^-)、过氧化物（ROO^-）及羟自由基（OH^-）等,形成生育酚自由基,生育酚自由基进一步与另一自由基反应生成非自由基产物——生育醌。维生素 E 与谷胱甘肽、维生素 C、硒等抗氧化剂协同作用,可更有效地清除自由基。

2. 具有抗不育作用　维生素 E 对动物生育是必需的,俗称生育酚,动物缺乏维生素 E 时其生殖器官发育受损甚至不育,雄性睾丸退化,不能形成正常的精子,雌鼠胎盘及胚胎萎缩而被吸收,引起流产。但人类尚未发现因维生素 E 缺乏所致的不育症。临床上常用维生素 E 治疗先兆流产及习惯性流产。

3. 促进血红素的合成　维生素 E 能提高血红素合成的关键酶 δ - 氨基 -γ- 酮戊酸（ALA）合酶和 ALA 脱水酶的活性,从而促进血红素合成。新生儿由于组织维生素 E 的储备较少或小肠吸收能力较差,可引起轻度溶血性贫血,这可能与血红蛋白合成减少及红细胞寿命缩短有关。孕妇及哺乳期的妇女及新生儿应注意补充维生素 E,正常成人每日维生素 E 的需要量为 8~12α- 生育酚当量（α-tocopherol equivalents,α-TE;1α-TE = 1mg α- 生育酚）。维生素 E 一般不易缺乏,在某些脂肪吸收障碍等疾病时可引起缺乏。维生素 E 缺乏症主要表现为红细胞数量减少、脆性增加、寿命缩短等溶血性贫血,偶尔也可引起神经功能障碍。

4. 具有调节基因表达的作用　研究显示,维生素 E 可以上调或下调生育酚摄取与降解相关基因、脂质摄取与动脉硬化相关基因、细胞黏附与炎症以及细胞信号系统和细胞周期调节等相关基因的表达,在抗炎、维持正常免疫功能、抑制细胞增殖、降低低密度脂蛋白（LDL）水平、预防和治疗动脉粥样硬化、抗肿瘤和延缓衰老等方面有一定作用。

四、维生素 K

（一）化学本质及性质

维生素 K（vitamin K）是具有异戊烯类侧链的萘醌化合物,在自然界中主要以 K_1 和 K_2 两种形式存在,其化学结构都是 2- 甲基 -1,4- 萘醌的衍生物,区别仅在于 R 基团。维生素 K_1 主要存在于绿叶蔬菜和植物油中,称为叶绿甲基萘醌（phytylmenaquinone）。维生素 K_2 是人体肠道细菌的代谢产物,又称多异戊烯甲基萘醌（multiprenyl menaquinone）。临床上应用的是人工合成的维生素 K_3（2- 甲基 -1,4- 萘醌）和维生素 K_4（4- 亚氨基 -2- 甲基萘醌）,为 2- 甲基 - 萘醌（menaquinone）的衍生物,溶于水,可口服及注射,其活性高于维生素 K_1 和 K_2,其中维生素 K_4 的凝血活性比维生素 K_1 高 3~4 倍。维生素 K 的结构如下:

维生素K_1

维生素K_3 (2-甲基-1,4-萘醌)

维生素K_2

维生素K_4 (4-亚氨基-2-甲基萘醌)

维生素 K 主要在小肠被吸收,经淋巴入血,随乳糜微粒转运至肝储存。体内维生素 K 的储存量有限,脂质吸收障碍可引发维生素 K 的缺乏。

（二）生物化学作用及缺乏症

1. 促进凝血因子合成　维生素 K 又称凝血维生素,其主要生物化学作用是维持体内 Ⅱ、Ⅶ、Ⅸ、Ⅹ凝血因子及抗凝血因子蛋白 C 和蛋白 S 的正常水平,从而促进凝血。这些凝血因子在肝细胞中以无活性前体形式合成,其分子中 4~6 个谷氨酸残基（Glu）需经羧化变为 γ- 羧基谷氨酸（Gla）残基,才能转变为活性形式。催化这一反应的为 γ- 谷氨酰羧化酶,维生素 K 为该酶的辅助因子,因此,维生素 K 是凝血因子合成所必需的。

2. 调节骨代谢　人体肝、骨等组织中存在骨钙蛋白、γ- 羧基谷氨酸蛋白等维生素 K 依赖蛋白,参与调节骨代谢。研究表明,维生素 K 有助于骨骼中硫酸钙的合成,促进骨胶原生成与成熟,增加骨密度,抑制骨吸收。临床显示维生素 K 与骨质疏松症及骨折的发生有相关性。

维生素 K 在自然界绿色植物中含量丰富,而且人和哺乳动物肠道中的某些细菌也可合成维生素 K,一般情况下人体不易缺乏维生素 K。当长期口服抗生素或磺胺类药物使肠道菌生长受抑制或因脂肪吸收受阻,或因食物中缺乏绿色蔬菜,会引起维生素 K 的缺乏症。新生儿由于肠道中缺乏细菌及吸收不良可能引起维生素 K 的缺乏。在正常小儿血液中的维生素 K 也可能稍低,但进食可使其恢复正常。引起脂类吸收障碍的疾病,如胰腺疾病、胆管疾病及小肠黏膜萎缩或脂肪便等均可出现维生素 K 缺乏症。维生素 K 缺乏的主要症状是易出血,如皮下、肌肉及肠道出血。

第三节　水溶性维生素

水溶性维生素包括 B 族维生素和维生素 C。B 族维生素有维生素 B_1、维生素 B_2、维生素 PP、泛酸、生物素、维生素 B_6、叶酸、维生素 B_{12} 等。水溶性维生素在化学结构和理化性质上与脂溶性维生素差别很大,它们依赖食物供给,体内很少储存,当血中浓度超过肾阈值时,即从尿排出体外,因此必须从膳食中不断供应,也少有中毒现象出现。

B 族维生素的作用主要是构成酶的辅助因子,直接影响某些酶的活性,参与代谢和造血过程的许多生物化学反应。这些维生素供给不足时,会造成机体的代谢障碍,出现相应的缺乏症。在许多情况下,由于需要量较多或维生素的特殊效用,常影响到神经组织的功能。

一、维生素 B_1

（一）化学本质及性质

维生素 B_1（vitamin B_1）又名硫胺素（thiamine）,由含硫的噻唑环和含氨基的嘧啶环通过甲烯基连接而成。其纯品多以盐酸盐形式存在,为白色粉末状结晶,微溶于乙醇,耐热,酸溶液中稳定,碱性条件下加热易破坏,在有氧化剂存在时易被氧化产生脱氢硫胺素,后者在紫外线照射下呈现蓝色荧光,这一性质可用于维生素 B_1 的定性和定量分析。硫胺素易被小肠吸收,入血后主要在肝及脑组织中经硫胺素焦磷酸激酶的催化生成硫胺素焦磷酸（thiamine pyrophosphate,TPP）。TPP 为其体内的活性形式,结构如下:

硫胺素

硫胺素焦磷酸

维生素 B_1 在植物中广泛分布,谷类、豆类的种皮中(例如米糠)含量很丰富,酵母中含量尤多。维生素 B_1 极易溶于水,故淘米时不宜多洗,以免损失维生素 B_1。维生素 B_1 在碱性条件下不稳定,烹调食物时加入碱会使维生素 B_1 水解。维生素 B_1 在酸性条件下较稳定,在 pH 3.5 以下即使加热到 120℃也不会被破坏。

(二)生物化学作用及缺乏症

维生素 B_1 在体内能量代谢中发挥重要的作用。TPP 是 α- 酮酸氧化脱羧酶多酶复合体的辅酶,如丙酮酸脱氢酶复合体、α- 酮戊二酸脱氢酶复合体等。当维生素 B_1 缺乏时,糖代谢中间产物丙酮酸的氧化脱羧反应发生障碍,血中丙酮酸和乳酸堆积,造成神经组织供能不足,影响细胞的正常功能,还可影响神经细胞膜髓鞘磷脂的合成,导致慢性末梢神经炎和其他神经肌肉变性病变,临床上称为脚气病(beriberi),故维生素 B_1 又称为抗脚气病维生素。维生素 B_1 缺乏严重者可发生水肿、四肢无力、肌肉萎缩,甚至心力衰竭等症状。

TPP 还可作为转酮醇酶的辅酶,参与细胞质中磷酸戊糖途径。维生素 B_1 缺乏时,体内核苷酸的合成及神经髓鞘中的磷酸戊糖代谢受到影响。

维生素 B_1 在神经传导中起一定作用。硫胺素能可逆地抑制胆碱酯酶,使乙酰胆碱的分解速度适当而保证神经兴奋过程的正常传导。当维生素 B_1 缺乏时,乙酰胆碱的分解加强,使神经传导受影响,主要表现为消化液分泌减少、胃肠道蠕动减慢、食欲缺乏、消化不良等。

二、维生素 B_2

(一)化学本质及性质

维生素 B_2(vitamin B_2)又名核黄素(lactoflavin),它的化学本质是核糖醇和 6,7- 二甲基异咯嗪的缩合物。在 N^1 位和 N^{10} 位之间有两个活泼的双键,这两个氮原子易起氧化还原作用。因此维生素 B_2 有氧化型和还原型两种形式,在生物体内的氧化还原过程中起传递氢的作用。

维生素 B_2 分布很广,奶与奶制品、肝、蛋类和肉类中含量丰富。从食物中吸收的维生素 B_2 在小肠黏膜黄素激酶的作用下可转变成黄素单核苷酸(flavin mononucleotide, FMN),后者在焦磷酸化酶的催化下进一步生成黄素腺嘌呤二核苷酸(flavin adenine dinucleotide, FAD),FMN 及 FAD 是维生素 B_2 的活性形式,结构如下:

维生素 B_2 呈黄色针状结晶,在酸性环境中耐热,较为稳定,但对紫外线极为敏感,遇光易降解为无活性的产物,在碱性溶液中不耐热,所以在烹调食物中不宜加碱。维生素 B_2 的水溶液具绿色荧光,利用这一性质可做定量分析。

（二）生物化学作用及缺乏症

FMN 及 FAD 是体内氧化还原酶的辅酶,如脂酰 CoA 脱氢酶、琥珀酸脱氢酶、黄嘌呤氧化酶及还原型烟酰胺腺嘌呤二核苷酸(NADH)脱氢酶等,主要起递氢体的作用。维生素 B_2 广泛参与体内的各种氧化还原反应,能促进糖、脂肪和蛋白质的代谢,对维持皮肤、黏膜和视觉的正常功能均有一定作用。此外,FMN 和 FAD 分别作为辅酶参与维生素 B_6 转变为磷酸吡哆醛和色氨酸转变为烟酸的反应。FAD 还可作为谷胱甘肽还原酶的辅酶,维持还原型谷胱甘肽的浓度,增强体内抗氧化防御功能。FAD 与细胞色素 P-450 结合,参与体内药物代谢。

维生素 B_2 缺乏时,组织呼吸减弱,细胞代谢强度降低,可引起口角炎、唇炎、阴囊炎、眼睑炎等症。维生素 B_2 缺乏的主要原因是膳食中供应不足,如食物烹调不合理(淘米过度、蔬菜切碎后浸泡、多次煮沸等)或经常食用脱水蔬菜等均可导致维生素 B_2 缺乏。用光照疗法治疗新生儿黄疸时,在破坏皮肤胆红素的同时,维生素 B_2 也遭到破坏,引起新生儿维生素 B_2 缺乏症。

三、维生素 PP

（一）化学本质及性质

维生素 PP(vitamin PP)为氮杂环吡啶衍生物,包括烟酸(nicotinic acid,又称尼克酸)及烟酰胺(nicotinamide,又称尼克酰胺),两者在体内可相互转化。维生素 PP 广泛存在于自然界动植物中,以酵母、谷类、豆类和动物肝中含量丰富。人体的维生素 PP 主要从食物中摄取,肝内能将色氨酸转变成维生素 PP,但转变率较低,60mg 色氨酸仅能转变成 1mg 烟酸。维生素 PP 的结构如下:

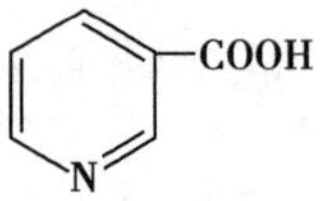

烟酸 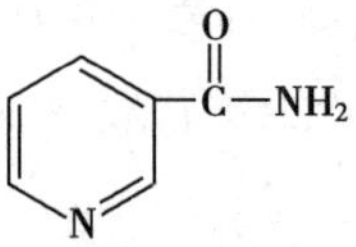   烟酰胺

食物中的维生素 PP 经小肠吸收后,在体内经几步连续的酶促反应与核糖、磷酸、腺嘌呤结合转变为烟酰胺腺嘌呤二核苷酸(nicotinamide adenine dinucleotide, NAD^+)和烟酰胺腺嘌呤二核苷酸磷酸(nicotinamide adenine dinucleotide phosphate, $NADP^+$),它们是维生素 PP 在体内的活性形式。NAD^+ 和 $NADP^+$ 的结构如下:

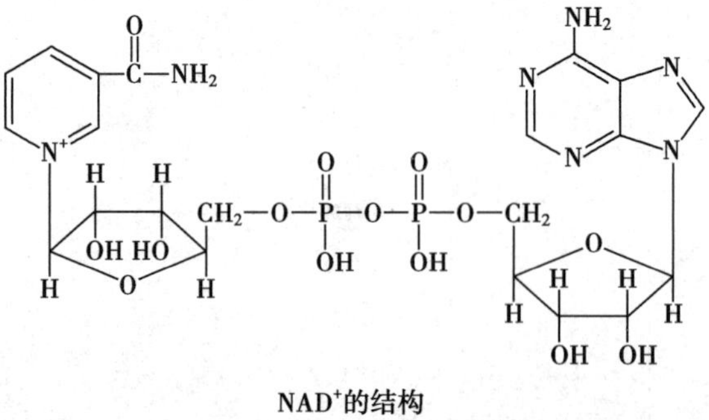

NAD^+ 的结构

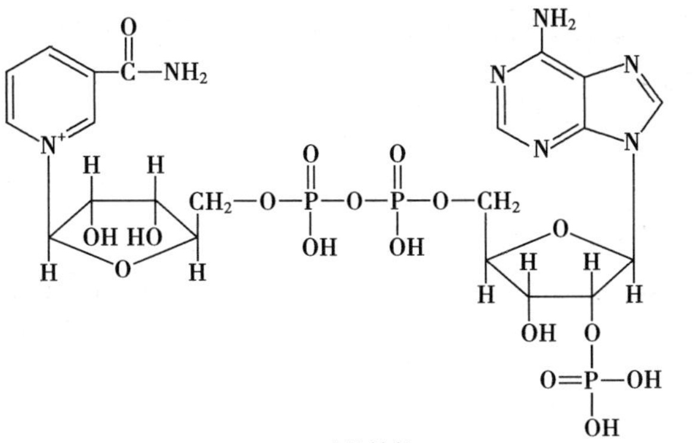

NADP⁺的结构

NAD⁺和NADP⁺的功能基团在烟酰胺上,烟酰胺分子中的吡啶氮为五价,能够可逆接受电子变成三价,其对侧的碳原子性质活泼,能可逆的加氢和脱氢。故烟酰胺每次可接受1个氢原子和1个电子,而另1个质子游离于介质中。

维生素PP性质稳定,不易被酸、碱、光、氧或加热破坏,是维生素中最稳定的一种。

(二)生物化学作用及缺乏症

NAD⁺和NADP⁺在体内是多种不需氧脱氢酶的辅酶,分子中的烟酰胺部分具有可逆地加氢及脱氢的特性,在酶促反应中发挥递氢体的作用。

维生素PP能维持神经组织的健康,对中枢及交感神经系统有保护作用,缺乏时表现出神经营养障碍。维生素PP缺乏主要表现为皮炎、腹泻及痴呆,称为糙皮病(pellagra),故维生素PP又称抗糙皮病维生素。痴呆是神经组织病变的结果。

维生素PP能抑制脂肪动员,使肝中极低密度脂蛋白(VLDL)的合成下降,从而降低血脂,临床上将维生素PP用作治疗高脂血症的药物。但如果服用过量烟酸(2~6g/d),会引起血管扩张、脸颊潮红、痤疮及胃肠不适等症状,长期大量服用可能对肝有损害。抗结核药物异烟肼的结构与维生素PP十分相似,两者有拮抗作用,长期服用可能引起维生素PP缺乏。

四、泛酸

(一)化学本质及性质

泛酸(pantothenic acid)又称遍多酸、维生素B_5,由二甲基羟丁酸和β-丙氨酸组成。因广泛分布于动植物组织中而得名。泛酸在肠内被吸收进入人体后,经磷酸化并获得巯基乙胺而生成4-磷酸泛酰巯基乙胺。4-磷酸泛酰巯基乙胺是辅酶A(coenzyme A, CoA)及酰基载体蛋白(acyl carrier protein, ACP)的组成部分,所以CoA及ACP为泛酸在体内的活性形式。辅酶A的结构如下:

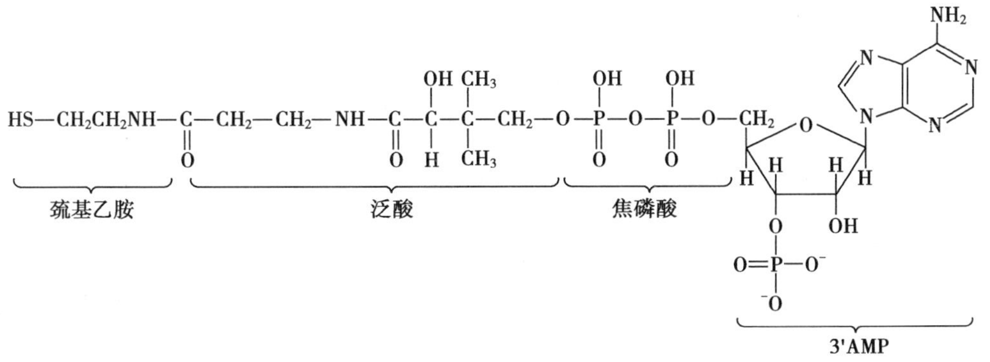

辅酶A(CoA)

泛酸在中性溶液中对热稳定,对氧化剂和还原剂也极为稳定,但易被酸、碱破坏。

（二）生物化学作用及缺乏症

在体内 CoA 及 ACP 构成酰基转移酶的辅酶,广泛参与糖、脂类、蛋白质代谢及肝的生物转化作用,约有 70 多种酶需要 CoA 及 ACP 才能发挥作用。

因泛酸广泛存在于生物界,所以很少见缺乏症。若机体缺乏泛酸,早期表现为疲劳,易引起胃肠功能障碍等疾病,如食欲缺乏、恶心、腹痛、溃疡、便秘等症状,严重时出现肢神经痛综合征,表现为脚趾麻木、步行摇晃、周身酸痛等。若病情继续恶化,则会产生易怒、脾气暴躁、失眠等神经系统症状。

五、维生素 B_6

（一）化学本质及性质

维生素 B_6（vitamin B_6）为吡啶衍生物,其基本结构是 2- 甲基 -3- 羟基 5- 甲基吡啶,包括吡哆醇（pyridoxine）、吡哆醛（pyridoxal）及吡哆胺（pyridoxamine）,在体内以磷酸酯的形式存在。磷酸吡哆醛和磷酸吡哆胺为其活性形式,两者可相互转变（图 3-4）。

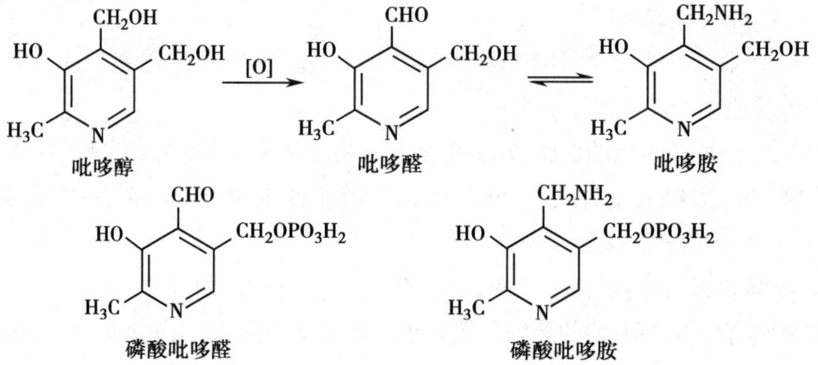

图 3-4　维生素 B_6 及其活性形式的结构与互变

维生素 B_6 广泛存在于肝、鱼、肉类、豆类、米糠、种子胚芽及酵母中。维生素 B_6 的磷酸酯在小肠碱性磷酸酶的作用下水解,以脱磷酸的形式吸收。吡哆醛和磷酸吡哆醛是血液中的主要运输形式,大部分存在于肌组织中,并与糖原磷酸化酶相结合。

维生素 B_6 为白色结晶,易溶于水和乙醇,微溶于有机溶剂,在酸性条件下稳定,在碱性条件下易被破坏。对光较敏感,高温下可迅速被破坏。

（二）生物化学作用及缺乏症

磷酸吡哆醛以辅酶形式参与了氨基酸的转氨基和脱氨基作用、尿素生成等氨基酸代谢反应。磷酸吡哆醛也是谷氨酸脱羧酶的辅酶,能促进谷氨酸脱羧,增进大脑抑制性神经递质 γ- 氨基丁酸的生成,故临床上常用维生素 B_6 治疗小儿惊厥、妊娠呕吐和精神焦虑等。

磷酸吡哆醛还是血红素合成的限速酶 δ- 氨基 -γ- 酮戊酸（ALA）合酶的辅酶,参与血红素合成。维生素 B_6 缺乏时,血红素的合成受阻,造成小细胞低色素性贫血和血清铁增高。

磷酸吡哆醛作为糖原磷酸化酶的重要组成部分,参与糖原分解为葡糖 -1- 磷酸的过程。肌肉磷酸化酶所含的维生素 B_6 约占全身维生素 B_6 的 70%~80%。

人类未发现维生素 B_6 缺乏的典型病例。然而,磷酸吡哆醛可以将类固醇激素 - 受体复合物从DNA 中移去,从而终止这些激素的作用,故维生素 B_6 缺乏时,可增加人体对雌激素、雄激素、皮质激素和维生素 D 作用的敏感性,与乳腺、前列腺和子宫激素依赖性肿瘤的发生有关。此外,异烟肼与吡哆醛结合形成腙而从尿中排出,引起维生素 B_6 缺乏症,故维生素 B_6 可用于防治因大剂量服用异烟肼导致的中枢神经兴奋、周围神经炎和小细胞低色素性贫血等。维生素 B_6 缺乏的患者还可出现脂溢性皮炎,以眼及鼻两侧较为明显。但过量服用维生素 B_6 可引起中毒,导致神经损伤,表现为周围感觉神经病。

六、生物素

(一)化学本质及性质

生物素(biotin)又称维生素 H、维生素 B_7、辅酶 R,是由噻吩环和尿素结合而形成的一个双环化合物,侧链有一个戊酸。自然界中主要有两种生物素,即 α- 生物素和 β- 生物素。生物素作为天然的活性形式,是酶促反应中的羧基传递体,此反应需要 ATP 参加,羧基结合在生物素的氮原子上。生物素的结构如下:

α-生物素　　　　　　β-生物素

生物素在动、植物中分布广泛,如肝、肾、酵母、蛋类、蔬菜、谷类和鱼类等食品中含量丰富,人肠道细菌也能合成。

生物素为无色针状结晶体,耐酸而不耐碱,氧化剂及高温可使其失活。

(二)生物化学作用及缺乏症

生物素是体内多种羧化酶的辅酶,如丙酮酸羧化酶、乙酰 CoA 羧化酶等,参与 CO_2 的羧化过程,是糖代谢和脂质代谢所必需的维生素。在生物素的分子侧链中,戊酸的羧基与酶蛋白分子中赖氨酸残基上的 ε- 氨基通过酰胺键结合,形成羧基生物素 - 酶复合物,又称生物胞素(biocytin)。生物胞素可将活化的羧基转移给酶的相应底物。

研究发现,人基因组中有 2 000 多个基因编码产物的功能需要依赖生物素。生物素参与细胞信号转导和基因表达。生物素还可使组蛋白生物素化,从而影响细胞周期、转录和 DNA 损伤的修复。

生物素在动植物界分布广泛,如肝、肾、蛋黄、酵母、蔬菜、谷类中含量丰富,人肠道细菌也能合成,故很少出现缺乏症。新鲜鸡蛋清中有一种抗生物素蛋白(avidin),它能与生物素结合使其失去活性不被吸收,但蛋清加热后这种蛋白被破坏而失去作用,则不影响生物素的吸收。此外,长期使用抗生素可抑制肠道细菌生长,也可能造成生物素的缺乏,主要症状是疲乏、恶心、呕吐、食欲缺乏、皮炎及脱屑性红皮病。

七、叶酸

(一)化学本质及性质

叶酸(folic acid)是由 2- 氨基 -4- 羟基 -6- 甲基蝶啶(pteridine)、对氨基苯甲酸(p-aminobenzoic acid,PABA)和 L- 谷氨酸三部分组成,因绿叶中含量十分丰富而得名,又称蝶酰谷氨酸(pteroylglutamic acid,PGA)。

叶酸在植物的绿叶及水果、蔬菜中大量存在,肝、酵母中含量也很丰富。叶酸在小肠上段被吸收后,在小肠黏膜上皮细胞二氢叶酸还原酶的作用下还原为二氢叶酸(dihydrofolic acid,FH_2),再进一步还原为四氢叶酸(tetrahydrofolic acid,THFA 或 FH_4),反应过程需要 NADPH 和维生素 C 参与。四氢叶酸是叶酸的活性形式,分子中 N^5 和 N^{10} 是结合、携带一碳单位的部位。四氢叶酸的结构及形成过程如下:

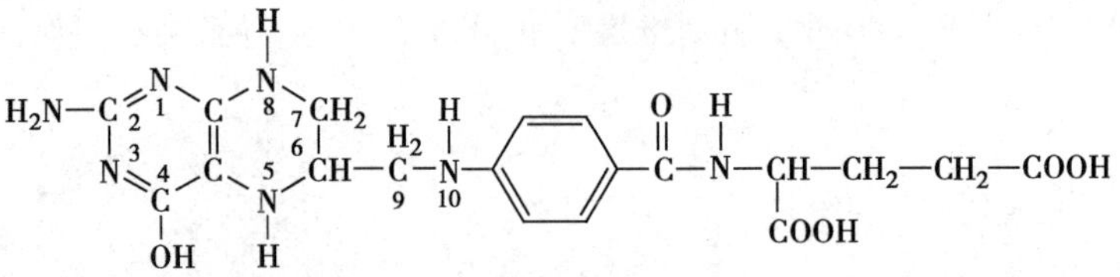

5,6,7,8-四氢叶酸（FH$_4$）

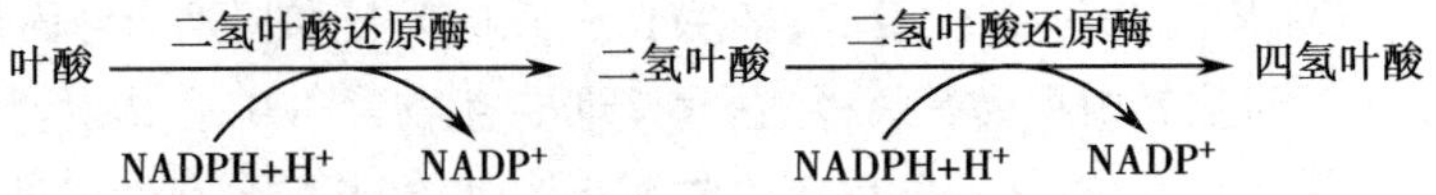

叶酸 $\xrightarrow[\text{NADPH+H}^+ \quad \text{NADP}^+]{\text{二氢叶酸还原酶}}$ 二氢叶酸 $\xrightarrow[\text{NADPH+H}^+ \quad \text{NADP}^+]{\text{二氢叶酸还原酶}}$ 四氢叶酸

叶酸为黄色晶体，微溶于水，易溶于乙醇，在酸性溶液中不稳定，在中性溶液中及碱性溶液中耐热，对光照敏感，易受阳光、加热的影响而发生氧化。

（二）生物化学作用及缺乏症

四氢叶酸在体内氨基酸代谢和核苷酸代谢中起重要作用。它是一碳单位转移酶的辅酶，以一碳单位的载体参与体内许多重要物质的合成过程中，例如嘌呤、嘧啶、核苷酸、丝氨酸、甲硫氨酸等。当叶酸缺乏时，DNA 合成必然受到抑制，骨髓幼红细胞 DNA 合成减少，细胞分裂速度降低，细胞体积变大，造成巨幼红细胞贫血（megaloblastic anemia）。胞内叶酸缺乏会引起 DNA 甲基化异常，可能与先天性疾病、肿瘤、心血管疾病及神经精神类疾病的发生相关。叶酸缺乏还可引起高同型半胱氨酸血症，增加动脉粥样硬化、血栓生成和高血压的危险性。

叶酸广泛存在于动植物类食品中，人体肠道的细菌也能合成，所以一般不发生缺乏症。孕妇及哺乳期因快速分裂细胞增加或因生乳而致代谢较旺盛，应适量补充叶酸。叶酸是胎儿生长发育不可缺少的营养素，孕妇缺乏叶酸易发生胎盘早剥、妊娠高血压综合征、胎儿发育迟缓，还可能导致胎儿出生时出现低体重、唇腭裂、心脏缺陷等。长期口服避孕药、抗惊厥药或肠道抑菌药物，会干扰叶酸的吸收及代谢，可造成叶酸缺乏。

抗癌药物甲氨蝶呤因结构与叶酸相似，可抑制二氢叶酸还原酶的活性，使四氢叶酸合成减少，进而抑制体内胸腺嘧啶核苷酸的合成，因此有抗癌作用。

八、维生素 B$_{12}$

（一）化学本质及性质

维生素 B$_{12}$（vitamin B$_{12}$）又称钴胺素（cobalamin），其结构中含有一个金属钴离子，是唯一含金属元素的维生素。维生素 B$_{12}$ 的结构如下：

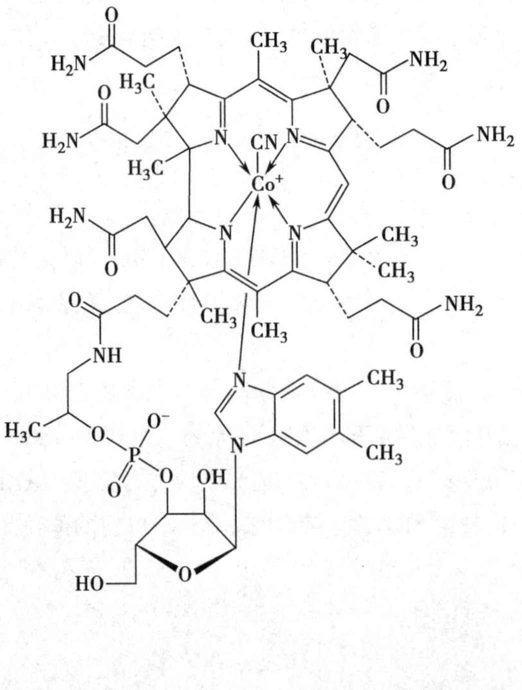

维生素 B_{12} 在体内因结合的基团不同,有多种存在形式,如氰钴胺素、羟钴胺素、甲钴胺素和 $5'$-脱氧腺苷钴胺素,后两者是维生素 B_{12} 的活性形式,也是血液中存在的主要形式。羟钴胺素的性质比较稳定,是药用维生素 B_{12} 的常用形式(药品通用名为羟钴胺),且疗效优于氰钴胺素。甲钴胺素和 $5'$-脱氧腺苷钴胺素具有辅酶的功能,又称辅酶 B_{12}。

维生素 B_{12} 多存在于动物的肝中,肝、肾、瘦肉、鱼及蛋类中的含量较高,人和动物的肠道细菌均能合成。食物中的维生素 B_{12} 常与蛋白质结合而存在,在胃中经胃酸或在肠内经胰蛋白酶作用与蛋白质分开,然后在一种由胃黏膜细胞分泌的高度特异的糖蛋白——内因子(intrinsic factor, IF)的协助下,才能在回肠被吸收。维生素 B_{12}-内因子复合物通过小肠黏膜上皮细胞时,维生素 B_{12} 与内因子分解游离出维生素 B_{12},维生素 B_{12} 再与一种称之为转钴胺素 II(transcobalamin II, TC II)的蛋白结合存在于血液中。维生素 B_{12}-TC II 复合物与细胞表面受体结合进入细胞,在细胞内转变成羟钴胺素、甲钴胺素或进入线粒体转变成 $5'$-脱氧腺苷钴胺素。肝内还有一种转钴胺素 I(transcobalamin I, TC I),维生素 B_{12} 与 TC I 结合后而贮存于肝内。内因子产生不足或胃酸分泌减少可影响维生素 B_{12} 的吸收。

维生素 B_{12} 纯品为粉色晶体,在弱酸溶液中较稳定,在强酸、碱溶液中极易分解,易被光、氧化剂及还原剂破坏。

（二）生物化学作用及缺乏症

维生素 B_{12} 是 N^5-CH_3-FH_4 甲基转移酶(又称甲硫氨酸合成酶)的辅酶,催化同型半胱氨酸甲基化生成甲硫氨酸,后者在腺苷转移酶的作用下生成活性甲基供体——S-腺苷甲硫氨酸。维生素 B_{12} 缺乏时,N^5-CH_3-FH_4 上的甲基不能转移,既不利于甲硫氨酸的生成,也影响四氢叶酸的再生,使组织中游离的四氢叶酸含量减少,一碳单位的代谢受阻,影响嘌呤、嘧啶的合成,最终导致核酸合成障碍,影响细胞分裂,产生巨幼红细胞贫血,即恶性贫血。同型半胱氨酸的堆积可造成高同型半胱氨酸血症,增加动脉硬化、血栓生成和高血压的危险性。

$5'$-脱氧腺苷钴胺素是 L-甲基丙二酰 CoA 变位酶的辅酶,催化琥珀酰 4-磷酸泛酰巯基乙胺 CoA 的生成,当维生素 B_{12} 缺乏时,L-甲基丙二酰 CoA 大量堆积,因 L-甲基丙二酰 CoA 的结构与脂肪酸合成的中间产物丙二酰 CoA 相似,从而影响脂肪酸的正常合成。维生素 B_{12} 缺乏所致的神经系统疾病就是由于脂肪酸的合成异常而影响了髓鞘质的转换,导致髓鞘质变性退化,出现进行性脱髓鞘等神经组织病变。

维生素 B_{12} 广泛存在于动物食品中,正常膳食者一般不会发生维生素 B_{12} 缺乏症,但偶见于有严重吸收障碍的患者及长期素食者。萎缩性胃炎、胃全切病人或内因子先天性缺陷者易出现维生素 B_{12} 缺乏症。

九、α-硫辛酸

α-硫辛酸(α-lipoic acid)的化学结构是 6,8-硫辛酸,能还原为二氢硫辛酸,为硫辛酸乙酰转移酶的辅酶(图 3-5)。

α-硫辛酸是 α-酮酸氧化脱氢酶系中的辅助因子之一,其羧基与二氢硫辛酸乙酰转移酶的赖氨酸残基的 ε-氨基以酰胺键结合,起着酰基转运的作用。

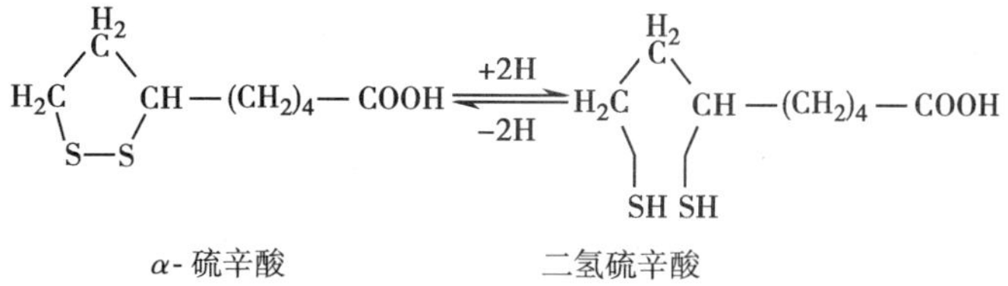

图 3-5　α-硫辛酸的氧化还原

α- 硫辛酸具有显著的亲电子性和与自由基反应的能力,因此它有抗氧化活性,具有极高的保健功能和医用价值,如抗脂肪肝和降低血液胆固醇的作用。此外,α- 硫辛酸的巯基很容易进行氧化还原反应,故可保护巯基酶免受重金属离子毒害。硫辛酸在自然界广泛分布,肝和酵母中含量尤为丰富,尚未发现人类有硫辛酸的缺乏症。

十、维生素 C

（一）化学本质及性质

维生素 C（vitamin C）又称 L- 抗坏血酸（ascorbic acid）,是含有 6 个碳原子的不饱和多羟基化合物,以 L- 己糖酸内酯形式存在。分子中 C_2 及 C_3 位上的两个相邻的烯醇式羟基极易分解释放 H^+,因而呈酸性。又因其为烯醇式结构,C_2 及 C_3 位羟基上的 2 个氢原子可以氧化脱氢生成脱氢维生素 C,后者在有供氢体存在时,又能接受 2 个氢原子再还原成维生素 C。维生素 C 的结构如下:

L- 维生素 C 为天然活性形式。维生素 C 主要通过主动转运由小肠上段吸收进入血液循环,还原型维生素 C 是细胞内与血液中的主要存在形式。L- 脱氢维生素 C 虽然也具有生理意义,但血液中脱氢维生素 C 仅为前者的 1/15。

维生素 C 为片状结晶,在低于 pH5.5 的酸性溶液中较为稳定,因其具有很强的还原性,容易因加热或氧化剂所破坏,在中性或碱性溶液中尤甚。烹饪不当可使其大量丧失。

人体不能合成维生素 C,维生素 C 广泛存在于新鲜蔬菜及水果中,植物中含有的维生素 C 氧化酶能将维生素 C 氧化为无活性的酮古洛糖酸,所以储存久的水果、蔬菜中的维生素 C 的含量会大量减少。干种子中虽然不含有维生素 C,但一旦发芽便可合成,所以豆芽等是维生素 C 的重要来源。

（二）生物化学作用及缺乏症

1. 维生素 C 作为多种羟化酶的辅助因子,参与体内多种羟化反应

（1）促进胶原蛋白的合成:维生素 C 是维持胶原脯氨酸羟化酶及胶原赖氨酸羟化酶活性所必需的辅助因子,参与羟化反应,促进胶原蛋白的合成。胶原蛋白是体内结缔组织、骨及毛细血管的重要构成成分,也是创伤愈合的前提。维生素 C 可影响血管的通透性,增强对感染的抵抗力。维生素 C 的缺乏会导致牙齿易松动,毛细血管破裂及创伤不易愈合等。

（2）参与胆汁酸的合成及胆固醇的转化:维生素 C 是胆汁酸合成的限速酶——7α- 羟化酶的辅酶,肾上腺皮质类固醇合成中的羟化也需要维生素 C。维生素 C 的缺乏直接影响胆固醇转化,引起体内胆固醇增多,成为动脉硬化的危险因素。

（3）参与芳香族氨基酸的代谢:在苯丙氨酸转变为酪氨酸,酪氨酸转变为对羟苯丙酮酸及尿黑酸的反应中,都需维生素 C。维生素 C 缺乏时,尿中大量出现对羟苯丙酮酸。维生素 C 还参与酪氨酸转变为儿茶酚胺,色氨酸转变为 5- 羟色胺等反应。

2. 维生素 C 参与体内氧化还原反应

（1）保护巯基酶的—SH 处于还原状态,维持巯基酶的活性。维生素 C 也可在谷胱甘肽还原酶作用下,促使氧化型谷胱甘肽（GSSG）还原为还原型谷胱甘肽（GSH）（图 3-6）。还原型谷胱甘肽能使细胞膜的脂质过氧化物还原,起保护细胞膜的作用。

（2）促使红细胞中的高铁血红蛋白（MHb）还原为血红蛋白（Hb）,使其恢复运氧能力。维生素 C 还能将 Fe^{3+} 还原成 Fe^{2+},有利于食物中铁的吸收,促进造血功能。

（3）保护维生素 A、E 及 B 免遭氧化,还能促使叶酸还原,转变成为有活性的四氢叶酸。

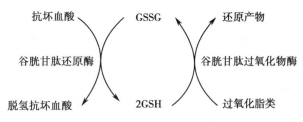

图 3-6 维生素 C 保护巯基的作用

（4）作为抗氧化剂可清除 O_2^- 和 ·OH 等活性氧类物质,影响细胞内活性氧敏感的信号转导系统（如 NF-κB 和 AP-1）,从而调节基因表达、细胞分化和细胞功能。

3. 维生素 C 具有增强机体免疫力的作用 维生素 C 能促进自然杀伤细胞（NK 细胞）的活性以及淋巴细胞的增殖和趋化作用,提高吞噬细胞的吞噬能力,增加免疫球蛋白的合成,从而能提高机体免疫力。临床上用于心血管疾病、病毒感染性疾病等的支持性治疗。

我国建议成人每日维生素 C 的需要量为 85mg。维生素 C 严重缺乏时可患维生素 C 缺乏病（坏血病）,主要为胶原蛋白合成障碍所致,使微血管脆性增加易破裂,柔韧性降低,出现皮下出血、肌肉脆弱、伤口和溃疡不易愈合等症状。正常状态下因体内可储存一定量的维生素 C,维生素 C 缺乏病的症状在维生素 C 缺乏后 3~4 个月才会出现。

第四节 维生素类药物的研究与应用

维生素是机体维持正常代谢、促进生长发育和调节生理功能所必需的一类小分子有机营养物质。有些维生素在机体内不能合成或合成量较少,不能满足机体需要,需要从食物中摄取。当人们的日常饮食未能达到机体所需的均衡时,维生素的补充就可填补其中摄入不足的部分,如果维生素长期摄入不足,就会出现相应的维生素缺乏症,严重者会影响机体的代谢反应和生理功能,需要服用维生素药物进行治疗。

一、维生素药物

维生素药物种类很多,一般分为单一品种的维生素和多品种的复合维生素。下面介绍一些常用的维生素药物。

1. 维生素 A 用于治疗维生素 A 缺乏症,如夜盲症、眼干燥症、角膜软化症和皮肤粗糙等,对预防上皮癌、食管癌的发生也有一定作用。长期大量服用可引起维生素 A 过多症,甚至中毒,表现为食欲缺乏、皮肤发痒、毛发干枯、脱发、骨痛等。

2. 维生素 D_3 也称胆钙化醇,用于治疗儿童佝偻病、成人软骨病以及因其缺乏引起的低血钙、骨质疏松症、龋齿、手足搐搦症及甲状旁腺功能减退等。长期大量服用可引起高血钙、心动过速、血压增高、厌食、呕吐、腹泻、软组织异常钙化及肾功能减退等。

3. 维生素 E 用于治疗先兆流产及不育症,也可用于防治动脉硬化、抗衰老、减轻肠道慢性炎症等。维生素 E 属脂溶性维生素,应注意其毒性,服用过量会出现肌肉衰弱、疲劳、呕吐和腹泻,严重时可导致明显的出血。

4. 维生素 K 维生素 K_1 注射液用于治疗维生素 K 缺乏引起的出血,如梗阻性黄疸、胆瘘、慢性腹泻等所致出血,香豆素类、水杨酸钠等所致的低凝血酶原血症,新生儿出血以及长期应用广谱抗生素所致的体内维生素 K 缺乏。另外,也可口服维生素 K_4 片,治疗维生素 K 缺乏症及低凝血酶原血症。

5. 维生素 B_1 用于维生素 B_1 缺乏症的预防和治疗,如维生素 B_1 缺乏所致的脚气病或韦尼克脑病,也用于周围神经炎、消化不良等的辅助治疗。此外,孕妇或哺乳期妇女、甲亢患者、长期慢性感染患者、重体力劳动者、吸收不良综合征伴肝胆系统疾病患者、小肠疾病患者及胃切除者等需要增加补充维生素 B_1。

6. **维生素 B_2**　用于防治口角炎、舌炎、结膜炎、角膜血管化、阴囊炎、脂溢性皮炎等维生素 B_2 缺乏症。因摄入不足所致营养不良、进行性体重下降时应补充维生素 B_2。

7. **维生素 PP**　烟酰胺片用于预防和治疗维生素 PP 缺乏症,如糙皮病、口炎、舌炎;也用作血管扩张药,治疗高脂血症。对于接受肠道外营养的患者,因营养不良体重骤减者,孕妇、哺乳期妇女以及服用异烟肼者,严重烟瘾、酗酒、吸毒者,其烟酸的需要量均增加。

8. **维生素 B_6**　用于治疗婴儿惊厥或给孕妇服用以预防婴儿惊厥;防治因大量或长期服用异烟肼等引起的周围神经炎、失眠、不安,减轻抗癌药和放射治疗引起的恶心、呕吐或妊娠呕吐等。局部涂搽治疗痤疮、酒渣鼻、脂溢性湿疹等。

9. **叶酸**　用于预防巨幼红细胞贫血,防止胎儿神经管畸形的发生,有助于稳定精神状态,促进抗体的产生,促进乳汁的分泌。在计划怀孕前 3 个月可开始适当服用叶酸片。

10. **维生素 C**　用于预防维生素 C 缺乏病,也可用于心血管疾病、各种急、慢性传染疾病及紫癜等的辅助治疗。维生素 C 葡萄糖注射液常用于维生素 C 缺乏病、慢性铁中毒和特发性高铁血红蛋白血症的治疗;也可用于机体维生素 C 需要量大量增加时的补充。

11. **复方维生素 B**　复方维生素 B 是各种 B 族维生素按照一定剂量比例合成的复合剂型,用于预防和治疗因饮食不平衡所引起的维生素缺乏症,可用于营养不良者、食欲缺乏者、口角炎患者、脚气病患者、糙皮病患者、脂溢性皮炎患者、痤疮患者以及孕妇、哺乳妇女和发热而引起维生素 B 缺乏者。三维 B 片用于治疗因维生素 B_1、B_6、B_{12} 缺乏所致的神经病变或多发性周围神经炎。

12. **复方维生素注射液**　用于不能经消化道正常进食患者的维生素 A、维生素 D、维生素 E 和维生素 K 的肠外补充。

二、维生素药物在临床上的应用

临床上维生素药物主要用于各种维生素缺乏症及特殊补充需要,也可作为某些疾病的辅助用药。维生素类药物按用途可分为治疗用维生素和营养补充用维生素。治疗用维生素需按缺乏症选择,一般用单一品种的维生素,用量采用治疗量。营养补充用维生素主要用于预防因饮食不平衡或肠道疾病所引起的维生素缺乏,一般是多品种的复合维生素、小剂量、经常或连续服用,有利于吸收和利用,可以全面补充各种维生素,改善机体的代谢状态和生理功能。

维生素药物以其经济、安全而有效的特点广泛应用于临床。维生素的补充,应本着"缺什么补什么,缺多少补多少"的原则,有针对性地选用相关的品种,不要盲目补充。补充维生素需要一个长期有规律的过程,坚持长期服用才能收到一定效果,同时还要重视膳食的作用。需要注意的是,维生素过度使用会出现腹部不适、腹泻、呕吐、出血、继发性缺乏等问题,长期过量摄入某些维生素有发生中毒的危险。

维生素还常用于某些疾病的辅助治疗,如维生素 C 用于辅助治疗和预防感冒、急慢性传染病,维生素 C 能刺激机体产生干扰素,增强抗病毒能力和免疫功能,一些过敏性疾病、心血管疾病和缺铁性贫血也常辅用维生素 C,维生素 C 还能阻止一些致癌物的形成,如阻断强致癌物亚硝胺的生成,具有抗癌作用;维生素 B_1 用于辅助治疗神经炎、心肌炎、甲亢、带状疱疹等,可改善亚急性坏死性脑脊髓病、支链氨基酸病、乳酸性酸中毒和间歇性小脑共济失调等遗传性酶缺陷病的症状;维生素 E 作为性能良好的抗氧化剂,有报道提出其可以预防心血管病,还可用于生产各种功能强化食品;临床研究发现维生素 D 不仅在骨骼疾病中发挥重要作用,对心脑血管病、肺部疾病、慢性代谢性及肿瘤性疾病也有预防和治疗作用。

维生素及其衍生物在肿瘤防治方面的辅助作用引起了普遍关注,其作用特点是:将胃中产生的亚硝酸盐还原成氧化氮,从而降低胃中亚硝胺类化合物的浓度;作为抗氧化剂,使自由基还原而失去氧化细胞膜上不饱和脂肪酸的功能;影响机体的免疫体系,增强淋巴系统监护功能;抑制肿瘤细胞中P-糖蛋白的作用,减少肿瘤细胞耐药性的产生;还有一些维生素药物能抑制端粒酶活性、促进肿瘤细胞分化。同时,研究发现某些维生素具有靶向肿瘤细胞的作用,为肿瘤靶向给药提供了依据。目前研究比较成熟的有叶酸和生物素的纳米粒、脂质体等靶向给药系统,这些靶向给药系统大大减弱了化疗药物的毒副作用,进一步拓展了维生素类药物在疾病防治中的应用。

思 考 题

1. 何谓维生素? 简述维生素的分类及其主要性质特点。
2. 简述 B 族维生素在体内的活性形式、主要生物化学作用及其缺乏症。
3. 介绍几种常见的维生素缺乏症及其生物化学机制。
4. 简述维生素 C 在体内的生物化学作用。

第三章
目标测试

（杨　红）

第四章

蛋白质的化学

第四章
教学课件

学习目标

1. **掌握** 氨基酸的结构特点、性质和分类;蛋白质一、二、三、四级结构的概念和特点;蛋白质的重要理化性质及其应用。
2. **熟悉** 蛋白质结构与功能的关系;蛋白质分离纯化常用技术的原理及应用和蛋白质含量测定常用方法。
3. **了解** 蛋白质的分类及生理功能;蛋白质和多肽合成的基本原理、结构测定与鉴定技术;蛋白质类药物的研究与应用。

第一节 概 述

生命是以物质为基础构成的一种特殊形式。现代生物化学与分子生物学的研究与实践表明,蛋白质是生命活动过程中最重要的物质基础。蛋白质在生命活动中的重要性,主要表现在以下两个方面。

一、蛋白质的含量、分布与分类

蛋白质(protein)在生物界的存在具有普遍性,无论是简单的低等生物,还是复杂的高等生物,如病毒、细菌、植物和动物等,都毫无例外地含有蛋白质。蛋白质不仅是构成一切细胞和组织的重要组成成分,也是生物体细胞中含量最丰富的高分子有机化合物。人体内蛋白质含量约占人体总固体量的45%,肌肉、内脏和血液等都以蛋白质为主要成分(表4-1);微生物中蛋白质含量亦高,细菌中一般含50%~80%,干酵母含46.6%,病毒除少量核酸外几乎都由蛋白质组成,甚至朊病毒(prion)就只含蛋白质而不含核酸;高等植物细胞原生质和种子中也含有较多的蛋白质,如黄豆几乎达40%。

表4-1 人体部分组织器官中蛋白质含量(蛋白质 g/100g 干组织)

器官或组织	蛋白质含量	器官或组织	蛋白质含量
骨骼	28	心	60
神经组织	45	肝	57
脂肪组织	14	胰	47
消化道	63	肾	72
横纹肌	80	脾	84
皮肤	63	肺	82

蛋白质的种类繁多,功能复杂,为了方便研究和掌握,在蛋白质研究的不同历史时期,出现了许多分类方法,均反映了当时的研究重点与水平。常用的分类有以下几种:根据蛋白质的分子形状不同分为纤维状蛋白质和球状蛋白质两大类,纤维状蛋白质分子呈纤维状或棒状,分子长轴和短轴的比

一般大于 10；根据蛋白质溶解度不同分为可溶性蛋白、醇溶性蛋白、不溶性蛋白；根据蛋白质化学组成不同分为单纯蛋白质（simple protein）和结合蛋白质（conjugated protein）两大类。单纯蛋白质仅由氨基酸组成，而结合蛋白质除氨基酸组成外还含有非蛋白质的辅助因子（cofactor），根据辅助因子不同的分类见表 4-2。但是根据蛋白质的分子形状、组成和溶解度等差异来进行的分类均是粗略的划分。随着对蛋白质结构与功能的关系、蛋白质 - 蛋白质（或其他生物大分子）相互关系的深入研究，出现了新的分类方法，即根据蛋白质的功能将蛋白质分为活性蛋白质（active protein）和非活性蛋白质（inactive protein）两类。前者大多数是球状蛋白质，它们的特性在于都有识别功能（即与其他分子结合的功能），包括在生命活动过程中一切有活性的蛋白质以及它们的前体，绝大部分蛋白质都属于此类。而后者主要包括一大类起保护和支持作用的蛋白质，实际上相当于按分子形状分类的纤维状蛋白和按溶解度分类的不溶性蛋白。

表 4-2 结合蛋白质的种类

蛋白质名称	辅助因子	举例
核蛋白	核酸	染色体蛋白、病毒核蛋白
糖蛋白	糖类	免疫球蛋白、黏蛋白
色蛋白	色素	血红蛋白、黄素蛋白
脂蛋白	脂类	α- 脂蛋白、β- 脂蛋白
磷蛋白	磷酸	胃蛋白酶、酪蛋白
金属蛋白	金属离子	铁蛋白、胰岛素

二、蛋白质的主要生物学作用

没有蛋白质就没有生命。许多重要的生命现象和生理活动都是通过蛋白质来实现的，可以说一切生命现象都是蛋白质的功能体现，生物的多样性体现了蛋白质生物学功能的多样性。自然界蛋白质的种类繁多，据估计，最简单的单细胞生物，如大肠埃希菌，含有 3 000 余种不同的蛋白质；比细菌复杂得多的人体含有 10 万种以上不同的蛋白质；而整个生物界蛋白质的种类约为 10^{10} 数量级。这些不同的蛋白质，各具有不同的生物学功能，它们决定不同生物体的代谢类型及各种生物学特性。可以这样说，蛋白质的重要性不仅在于它广泛、大量存在于生物界，更在于它在生命活动过程中起着重要的作用。

1. 生物催化作用 生命的基本特征是物质代谢，而物质代谢的全部生物化学反应几乎都需要酶作为生物催化剂，而多数酶的化学本质是蛋白质。正是这些酶类决定了生物的代谢类型，从而才有可能表现出不同生物的各种生命现象。

2. 代谢调节作用 生物体存在精细有效的调节系统以维持正常的生命活动。许多蛋白质或多肽具有调节功能，如蛋白质类激素、受体蛋白等。受体蛋白与信号分子结合，接受信息，通过自身的构象改变，或激活某些酶或结合某种蛋白质，将信号放大并传递，从而发挥调节作用。

3. 免疫保护作用 机体的免疫功能与抗体有关，而抗体是一类特异的球蛋白。它能识别进入体内的异体物质，如细菌、病毒和异体蛋白等，并与其结合而失活，使机体具有抵抗外界病原侵袭的能力。免疫球蛋白也可用于许多疾病的预防和治疗。

4. 转运和贮存作用 体内许多小分子物质的转运和贮存可由一些特殊的蛋白质来完成。如血红蛋白运输氧和二氧化碳；血浆运铁蛋白转运铁，并在肝脏形成铁蛋白复合物而贮存；不溶性的脂类物质与血浆蛋白结合成脂蛋白而运输。许多药物吸收后也常与血浆蛋白结合而转运。

5. 运动和支持作用 负责运动的肌组织也是蛋白质，如肌动蛋白、肌球蛋白、原肌球蛋白和肌原蛋白等,这是躯体运动、血液循环、呼吸与消化等功能活动的基础。皮肤、骨骼和肌腱的胶原纤维主要含胶原蛋白,它有强烈的韧性,1mm 粗的胶原纤维可耐受 10~40kg 的张力,这些结构蛋白(胶原蛋白、弹性蛋白、角蛋白等)的作用是维持器官、细胞的正常形态,抵御外界伤害,保证机体的正常生理活动。

6. 控制生长和分化作用　生物体可以自我复制,在遗传信息的复制、转录及翻译过程中,除了作为遗传基因的脱氧核糖核酸起了非常重要的作用外,蛋白质分子在其中充当着至关重要的角色。生物体的生长、繁殖、遗传和变异等都与核蛋白有关,而核蛋白是由核酸与蛋白质组成的结合蛋白质。另外,遗传信息多以蛋白质的形式表达出来。有些蛋白质分子(如组蛋白、阻遏蛋白等)对基因表达有调节作用,通过控制、调节某种蛋白基因的表达(表达时间和表达水平)来控制和保证机体生长、发育和分化的正常进行。

7. 构成生物膜　生物膜的基本成分是蛋白质和脂类,它和生物体内物质的转运有密切关系,也是能量转换的重要场所。生物膜的主要功能是将细胞区域化,使众多的酶系处在不同的分隔区内,保证细胞正常的代谢。

总之,蛋白质的生物学功能极其广泛(表 4-3)。分子生物学研究表明,在高等动物的记忆和识别功能方面,蛋白质也起着十分重要的作用。

表 4-3　蛋白质生物学功能的多样性

蛋白质的类型与举例	生物学功能
酶类:己糖激酶	催化葡萄糖磷酸化
糖原合酶	参与糖原合成
脂酰 CoA 脱氢酶	脂肪酸的氧化
转氨酶	氨基酸的转氨基作用
DNA 聚合酶	DNA 的复制与修复
蛋白质类激素:胰岛素	降血糖
促肾上腺皮质激素	调节肾上腺皮质激素合成
防御蛋白:抗体	免疫保护作用
纤维蛋白原	参与血液凝固
转运蛋白:血红蛋白	O_2 和 CO_2 的运输
清蛋白	维持血浆胶体渗透压
脂蛋白	脂类的运输
收缩蛋白:肌球蛋白、肌动蛋白	参与肌肉的收缩运动
核蛋白	遗传功能
视蛋白	视觉功能
受体蛋白	接受和传递信息
结构蛋白:胶原	结缔组织(纤维性)
弹性蛋白	结缔组织(弹性)

以上这些例子表明,生命活动是不可能离开蛋白质而存在的。因此,有人称核酸为"遗传大分子",而把蛋白质称作"功能大分子"。

在药学领域,人类在古代就已利用动物脏器来防治疾病。近代,人们已大规模地生产和应用生物化学药物,这类药物可从动植物和微生物直接提取制备,也可采用现代生物技术生产。其有效成分许多为蛋白质或多肽(如酶类、一些激素等);即使有效成分本身并非蛋白质,但由于它们在组织细胞内与大量蛋白质共同存在,在提取、分离时也必然遇到有关蛋白质的处理问题。因此,蛋白质的研究不仅具有重要的生物学意义,而且对有关药物的生产、制备、分析、贮存和应用等也具有重要的现实意义。

　　另外,随着人类基因组计划的实施和推进,生命科学研究已进入了后基因组时代。在这个时代,生命科学的主要研究对象是功能基因组学,包括转录组研究和蛋白质组研究等。蛋白质组是指基因组编码的全部蛋白质,意指"一种基因组所表达的全套蛋白质",即包括一种细胞乃至一种生物所表达的全部蛋白质。该概念包含三种不同含义,即一个基因组、一种生物或一种细胞所表达的全套蛋白质。蛋白质组学(proteomics)是一门在整体水平上研究细胞内蛋白质的组成及其活动规律的新兴学科。最早由 Marc Wilkins 于 1995 年提出,该词源于蛋白质与基因组学(genomics)两个词的组合。蛋白质组学本质上指的是在大规模水平上研究蛋白质的特征,包括蛋白质的表达水平、翻译后的修饰、蛋白与蛋白相互作用等,由此获得蛋白质水平上的关于疾病发生、细胞代谢等过程的整体而全面的认识,蛋白质组学将成为寻找疾病分子标记和药物靶标最有效的方法之一。很多药物本身就是蛋白质,而很多药物的靶分子也是蛋白质,药物也可以干预蛋白质-蛋白质相互作用,在对癌症、阿尔茨海默病等人类重大疾病的临床诊断和治疗方面,蛋白质组学研究具有十分光明的前景,最终能够促进人类的健康。

第二节　蛋白质的化学组成

蛋白质在生命活动中的重要功能依赖于它的化学组成、结构和性质。

一、蛋白质的元素组成

　　蛋白质不仅在功能上与糖、脂肪不同,在元素组成上亦有差别。根据对蛋白质的元素分析表明,含碳 50%~55%、氢 6%~8%、氧 19%~24%、氮 13%~19%。除此四种元素之外,大多数蛋白质还含有少量硫,有些蛋白质还含有少量的磷、碘或金属元素铁、铜、锰和锌等。

　　一切蛋白质皆含有氮,并且大多数蛋白质含氮量比较接近且恒定,平均为 16%。这是蛋白质元素组成的一个重要特点,也是各种定氮法测定蛋白质含量的计算依据。因为动植物组织中含氮物以蛋白质为主,因此用定氮法测得的含氮量乘以 6.25,即可算出样品中蛋白质的含量。

$$蛋白质的含量 = 蛋白质含氮量 \times 100/16 = 蛋白质含氮量 \times 6.25$$

二、蛋白质的基本组成单位

　　蛋白质是高分子有机化合物、结构复杂、种类繁多,但其水解的最终产物都是氨基酸。因此,把氨基酸(amino acid)称为蛋白质的基本组成单位。

(一)氨基酸的结构

　　天然存在的氨基酸约 300 余种,但组成蛋白质的氨基酸仅有 20 种,称为基本氨基酸。其化学结构可用下列通式表示:

$$H_2N-\overset{\displaystyle COOH}{\underset{\displaystyle R}{|}}\overset{|}{C_\alpha}-H$$

由通式分析,各种基本氨基酸在结构上有下列共同特点。

　　(1)组成蛋白质的基本氨基酸为 α-氨基酸(α-amino acid),但脯氨酸例外,为 α-亚氨基酸。

　　(2)不同的 α-氨基酸,其 R 侧链不同。它对蛋白质的空间结构和理化性质有重要的影响。

　　(3)除 R 侧链为氢原子的甘氨酸外,其他氨基酸的 α-碳原子都是不对称碳原子(手性碳原子),可形成不同的构型,具有旋光性质。天然蛋白质中基本氨基酸皆为 L 型,故称为 L 型 -α-氨基酸

L型氨基酸
3D结构展示
（视频）

（L-α-amino acid）。

（二）氨基酸的分类

蛋白质的许多性质、结构和功能等都与氨基酸的 R 侧链密切相关,因此目前常以 R 侧链的结构和性质作为氨基酸分类的基础。20 种氨基酸根据其侧链结构和理化性质可分为 4 类（表 4-4）。

表 4-4　氨基酸的结构与分类

名称	缩写符号	R—结构	分子量	等电点
非极性的 R 基氨基酸				
丙氨酸（alanine）	Ala A	CH$_3$—	89.06	6.00
缬氨酸*（valine）	Val V	CH$_3$CH（CH$_3$）—	117.09	5.96
亮氨酸*（leucine）	Leu L	CH$_3$CH（CH$_3$）CH$_2$—	131.11	5.98
异亮氨酸*（isoleucine）	Ile I	CH$_3$CH$_2$CH（CH$_3$）—	131.11	6.02
甲硫氨酸*（methionine）	Met M	CH$_3$SCH$_2$CH$_2$—	149.15	5.74
苯丙氨酸*（phenylalanine）	Phe F	⬡—CH$_2$—	165.09	5.48
脯氨酸（proline）	Pro P	（带COOH的五元环结构）	115.13	6.30
色氨酸*（tryptophan）	Trp W	（吲哚基—CH$_2$—结构）	204.22	5.89
极性不带电荷的 R 基氨基酸				
甘氨酸（glycine）	Gly G	H—	75.05	5.97
丝氨酸（serine）	Ser S	HOCH$_2$—	105.06	5.68
苏氨酸*（threonine）	Thr T	CH$_3$（OH）CH—	119.08	6.16
酪氨酸（tyrosine）	Tyr Y	HO—⬡—CH$_2$—	181.09	5.66
天冬酰胺（asparagine）	Asn N	NH$_2$COCH$_2$—	132.12	5.41
谷氨酰胺（glutamine）	Gln Q	NH$_2$COCH$_2$CH$_2$—	146.15	5.56
半胱氨酸（cysteine）	Cys C	HSCH$_2$—	121.12	5.07
带负电荷的 R 基氨基酸（酸性氨基酸）				
天冬氨酸（aspartic acid）	Asp　D	HOOCCH$_2$—	133.60	2.77
谷氨酸（glutamic acid）	Glu　E	HOOCCH$_2$CH$_2$—	147.08	3.32
带正电荷的 R 基氨基酸（碱性氨基酸）				
赖氨酸*（lysine）	Lys K	NH$_2$CH$_2$CH$_2$CH$_2$CH$_2$—	146.63	9.74
精氨酸（arginine）	Arg R	NH$_2$—C（=NH）—NH—CH$_2$—CH$_2$—CH$_2$—	174.14	10.76
组氨酸（histidine）*	His　H	（咪唑基—CH$_2$—结构）	155.16	7.59

*为必需氨基酸

1. 非极性 R 基氨基酸 其 R 基为疏水性,因此这类氨基酸的特征是在水中的溶解度小于极性 R 基氨基酸。共有 8 种,即脂肪族氨基酸 5 种(丙氨酸、缬氨酸、亮氨酸、异亮氨酸和甲硫氨酸),芳香族氨基酸 1 种(苯丙氨酸),杂环氨基酸 2 种(脯氨酸和色氨酸)。

2. 极性不带电荷 R 基氨基酸 这类氨基酸的特征是比非极性 R 基氨基酸易溶于水。有 7 种,即含羟基氨基酸 3 种(丝氨酸、苏氨酸和酪氨酸);酰胺类氨基酸 2 种(天冬酰胺和谷氨酰胺);含巯基半胱氨酸及甘氨酸等。

3. 带负电荷 R 基氨基酸 有 2 种,即天冬氨酸和谷氨酸。这两种氨基酸都含有两个羧基,在生理条件下带负电荷,是一类酸性氨基酸。

4. 带正电荷 R 基氨基酸 这类氨基酸的特征是在生理条件下带正电荷,是一类碱性氨基酸。有 3 种,即赖氨酸、精氨酸和组氨酸。

除了 20 种基本氨基酸外,研究者还发现了第 21 种编码氨基酸,即硒代半胱氨酸。硒代半胱氨酸存在于少数天然蛋白质中,从结构上看,硒原子取代了半胱氨酸的硫原子。此外某些蛋白质中还存在一些非编码氨基酸,这些氨基酸在蛋白质生物合成中没有密码子为其编码,是蛋白质生物合成后由相应的氨基酸残基经加工修饰形成的。如羟脯氨酸、羟赖氨酸、胱氨酸、四碘甲腺原氨酸(甲状腺素 T_4)等。另外,在生物界还发现有 150 多种非蛋白质氨基酸,它们以游离或结合形式存在,但不存在于蛋白质中。这类氨基酸有些在代谢中起着重要的前体或中间体的作用。如 β- 丙氨酸是构成维生素泛酸的成分;D- 苯丙氨酸参与组成抗生素短杆菌肽 S;同型半胱氨酸是甲硫氨酸代谢的产物;瓜氨酸和鸟氨酸是尿素合成的中间产物;γ- 氨基丁酸(GABA)是谷氨酸脱羧的产物,在脑中含量较多,对中枢神经系统有抑制作用。目前,一些非蛋白质氨基酸已作为药物用于临床。

下列一些氨基酸仅存在于少数蛋白质中:

L-羟脯氨酸 (Hyp)　　　　　　L-羟赖氨酸 (Hyl)

(三)氨基酸的性质

1. 一般物理性质 氨基酸都是无色晶体,熔点一般都较高(常在 230~300℃),并多在熔融时即分解。α- 氨基酸都能溶于酸性或碱性溶液中,但难溶于乙醚等有机溶剂。在纯水中各种氨基酸的溶解度差异较大,乙醇能使许多氨基酸从水溶液中沉淀析出。

氨基酸具有旋光性,在天然氨基酸中除甘氨酸外,所有具有手性碳的氨基酸都具有旋光性,能使偏振光平面向左或向右旋转。通常左旋用(－)表示,右旋用(＋)表示。氨基酸的旋光性是使用旋光仪测定的。氨基酸的旋光性和大小取决于其 R 基团的性质,并与测定体系溶液的 pH 有关,因在不同的 pH 条件下,氨基和羧基的解离状况是不同的。它与 D/L 型没有直接的对应关系。

2. 化学性质

(1)两性解离与等电点:氨基酸分子中既有碱性—NH_2,又有酸性—COOH,与强酸或强碱都能作用生成盐,因此氨基酸为两性化合物。若将氨基酸水溶液的酸碱度加以适当调节,可使羧基与氨基的电离程度相等,也就是氨基酸带有正、负电荷数目恰好相同,净电荷为零,此时溶液的 pH 称为该氨基酸的等电点(isoelectric point),以 pI 表示。

阳离子 pH<pI　　　　两性离子 pH=pI　　　　阴离子 pH>pI

每一种氨基酸都有各自不同的等电点,氨基酸 pI 由其分子中的氨基和羧基的解离程度所决定,氨基酸的 pI 计算公式为:pI = 1/2(pK_1 + pK_2)。式中,pK_1 代表氨基酸的 α- 羧基的解离常数的负对数,pK_2 代表氨基酸 α- 氨基的解离常数的负对数。若一个氨基酸有三个可解离基团,写出它们电离式后,取兼性离子两边 pK 之和的平均值,即为该氨基酸的 pI。

（2）紫外吸收性质:根据氨基酸的吸收光谱,含有共轭双键的色氨酸在 280nm 有最大吸收峰,酪氨酸的最大吸收波长 275nm。苯丙氨酸的最大吸收波长 257nm,由于大多数蛋白质含有苯丙氨酸、酪氨酸和色氨酸残基,所以此特性可用于蛋白质定量分析。

（3）茚三酮反应（ninhydrin reaction）:氨基酸与茚三酮（ninhydrin）水合物加热反应产生蓝紫色物质,其最大吸收峰在 570nm 波长处,因此利用此性质进行比色可测定氨基酸的含量。脯氨酸、羟脯氨酸与茚三酮试剂反应呈黄色,天冬酰胺与茚三酮试剂反应呈棕色。

（四）氨基酸的功能

氨基酸在生物体内除作为蛋白质的基本结构单位外,还具有许多生理功能:①作为多种生物活性物质的前体,如 NO 的前体是精氨酸,组胺的前体是组氨酸,褪黑激素的前体是色氨酸;②作为神经递质,谷氨酸在脑组织中可作为一种兴奋性神经递质,而它的脱羧基产物 γ- 氨基丁酸（γ-aminobutyric acid,GABA）是一种抑制性神经递质;③氧化分解产生 ATP;④作为糖异生的原料。

（五）氨基酸的分离与分析

氨基酸的分离与分析是测定蛋白质分子组成和结构的基础。氨基酸的分离方法较多,通常有溶解度法、等电点法、特殊试剂沉淀法和离子交换层析法。有关这些方法的详细叙述可参考有关生物化学实验方法和技术的专门著作。氨基酸分析最常用的是自动氨基酸分析仪法,采用此法能准确测定蛋白质样品中各种氨基酸的含量。其过程是首先通过酸水解破坏蛋白质的肽键,然后将水解的混合物（水解液）于 pH 2 经过钠型阳离子交换柱,再分别用不同 pH 和离子强度的缓冲液洗脱。洗脱的顺序先是酸性和极性大的氨基酸,后是中性和碱性氨基酸。根据洗脱图谱上各氨基酸的位置以及各峰面积与标准氨基酸层析图进行比较,根据各峰的位置和面积从而确定氨基酸的种类和量（图 4-1）。上述过程由全自动化的氨基酸分析仪来完成。另外,还可采用高效液相色谱法、离子交换层析法、生物质谱法来分析氨基酸。

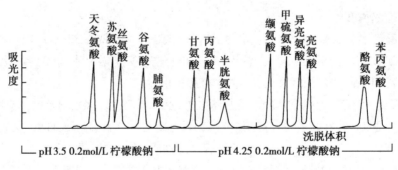

图 4-1　离子交换层析法分析蛋白质的氨基酸组成

第三节　蛋白质的分子结构与功能

蛋白质是具有三维空间结构的生物大分子,根据蛋白质肽链折叠的方式与复杂程度,将蛋白质的分子结构分为一、二、三、四级,后三者统称为高级结构、空间结构或空间构象。蛋白质的一级结构是基础,它决定蛋白质的空间构象,蛋白质的空间构象决定蛋白质的性质和生物学功能。

一、蛋白质的一级结构

蛋白质一级结构（protein primary structure）是指蛋白质分子中从从 N 端到 C 端的氨基酸排列顺

序。不同蛋白质的氨基酸种类、数量和排列顺序各异,这是蛋白质结构的复杂性和生物学功能多样性的基础。蛋白质分子中所含的氨基酸有 20 种,所含氨基酸的数目少则几十个,多则可达万个,因而分子巨大。蛋白质的一级结构要讨论的中心问题是:蛋白质分子中氨基酸之间是怎样连接的,每种蛋白质是否有确定的氨基酸排列顺序?

（一）肽键和肽链

实验证明,蛋白质分子是由氨基酸构成的,氨基酸之间是通过肽键相连的。肽键(peptide bond)是蛋白质分子中基本的化学键,它是由一分子氨基酸的 α- 羧基与另一分子氨基酸的 α- 氨基脱水缩合而成。其结构如下:

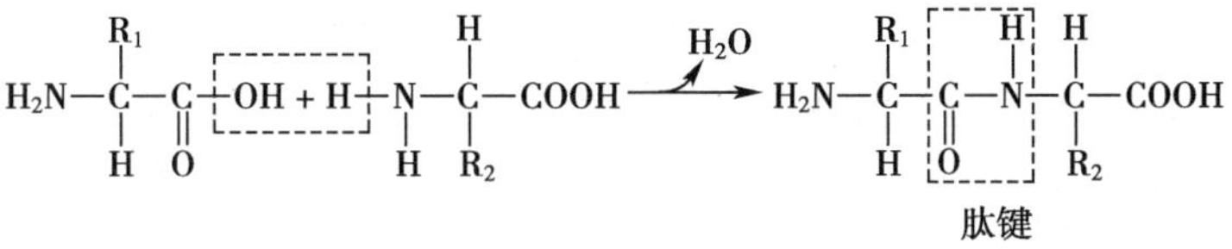

肽键也称酰胺键。氨基酸通过肽键相连的化合物称为肽。由两个氨基酸组成的肽,称为二肽;3 个氨基酸组成的肽,称为三肽,依此类推。一般把 10 个以下氨基酸组成的肽,称为寡肽(oligopeptide);10 个以上氨基酸组成的肽,称为多肽(polypeptide)。其结构为:

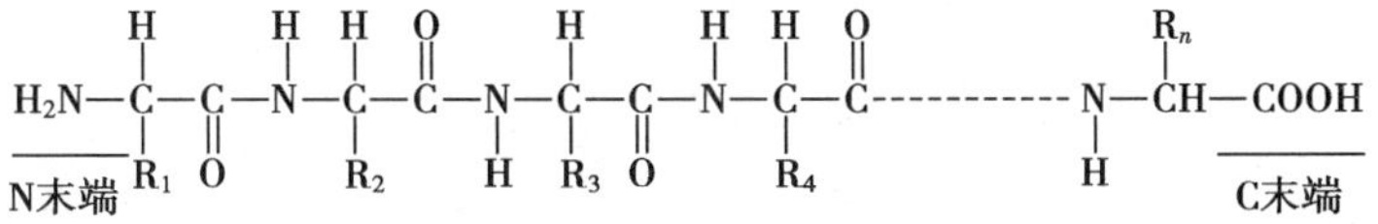

多肽链中的氨基酸,由于参与肽键的形成,已非原来完整的分子;称为氨基酸残基(amino acid residue)。多肽链的骨架是由氨基酸的羧基与氨基形成的肽键部分规则地重复排列而成,称为共价主链;R 基团部分,称为侧链。蛋白质分子结构可含有一条或多条共价主链和许多侧链。多肽链的结构具有方向性。一条多肽链有两个末端,含自由 α- 氨基一端称为氨基末端或 N 末端;含自由 α- 羧基一端称为羧基末端或 C 末端。体内多肽和蛋白质生物合成时,是从氨基端开始,延长到羧基端终止,因此 N 末端被定为多肽链的头,故多肽链结构的书写通常是将 N 端写在左边,C 端写在右边;肽的命名也是从 N 端到 C 端。如丙丝甘肽,是由丙氨酸残基、丝氨酸残基和甘氨酸残基组成的三肽,丙氨酸残基为 N 端,而甘氨酸残基为 C 端,其结构如下:

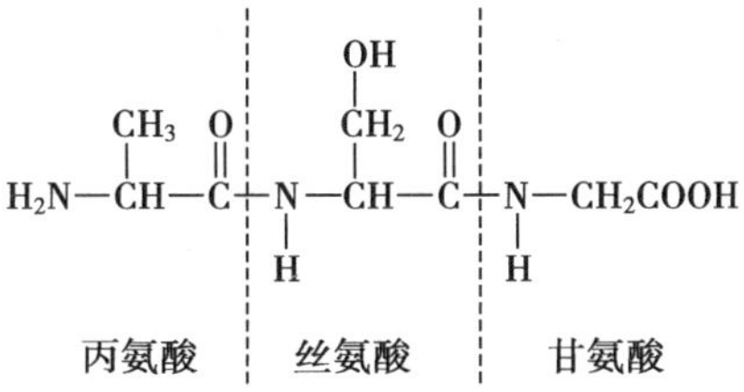

若其中任何一种氨基酸顺序发生改变,即非丙丝甘肽,而是另一种不同的三肽顺序异构体。蛋白质分子中的顺序异构现象可解释为什么仅 20 种氨基酸却构成了自然界种类繁多的不同蛋白质。根据排列理论计算,由两种不同氨基酸组成的二肽,有异构体两种;由 20 种不同氨基酸组成的二十肽,其顺序异构体有 2×10^{18} 种,这仅是一个分子量约 2 600kDa 的小分子多肽;对于分子量为 34 000kDa 的蛋白质,若含 12 种不同的氨基酸,且每种氨基酸的数目均等,其顺序异构体可有 10^{300} 种。1953 年 Sanger 等测定了牛胰岛素的氨基酸顺序,这是生物化学领域中具有划时代意义的重大突破,因为它第一次展示了蛋白质具有确切的氨基酸顺序,Sanger 也因此获得了 1958 年的诺贝尔化学奖。迄今已知一级结构的蛋白质数量已相当可观,并且还以更快的速度增加。结果表明:每种蛋白质都具有特异而严格的氨基酸种类、数量和排列顺序(图 4-2,表 4-5)。

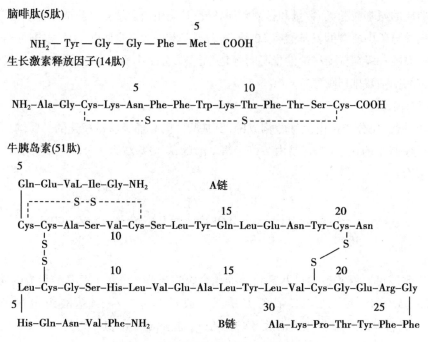

脑啡肽(5肽)

$$NH_2 - Tyr - Gly - Gly - Phe - \overset{5}{Met} - COOH$$

生长激素释放因子(14肽)

$$NH_2 - Ala - Gly - \overset{5}{Cys} - Lys - Asn - Phe - Phe - Trp - Lys - \overset{10}{Thr} - Phe - Thr - Ser - Cys - COOH$$

牛胰岛素(51肽)

图 4-2　部分肽和蛋白质的氨基酸顺序

表 4-5　部分蛋白质和多肽含有的氨基酸数量

蛋白质或多肽	氨基酸数 / 个	蛋白质或多肽	氨基酸数 / 个
升压素	9	血红蛋白	574
胰高血糖素	29	γ- 球蛋白	1 250
胰岛素	51	谷氨酸脱氢酶	8 300
核糖核酸酶	124	脂肪酸合成酶	20 000
干扰素	166	烟草花叶病毒外壳蛋白	33 650

　　关于蛋白质一级结构的概念可概括如下：它是指蛋白质分子中氨基酸的数量和组成、排列顺序及其共价连接方式。它是蛋白质空间结构差异性、理化性质的特异性和生物学功能多样性的基础。

　　此外，蛋白质一级结构中除肽键外，有些还含有少量的二硫键（disulfide bond）。它是由两分子半胱氨酸残基的巯基脱氢而生成的，可存在于肽链内，也可存在于肽链间。如胰岛素是由两条肽链经二硫键连接而成的。

　　多肽链的一级结构存在三种形式，即无分支的开链多肽、分支开链多肽和环状多肽。环状多肽是由开链多肽的末端氨基与末端羧基缩合形成一个肽键的结构。

（二）生物活性肽

　　生物活性肽为天然存在的许多具有重要生物功能的低分子量肽，其在代谢调控、神经传导等方面起着重要作用，如谷胱甘肽、多肽类激素、神经肽及多肽类抗生素等。鉴于生物活性肽具有分子量相对较小、生物活性多样、功能显著等优点，已为新药的研制和开发提供了一个新的途径。

　　1. 谷胱甘肽（glutathione，GSH）　即 γ- 谷氨酰半胱氨酰甘氨酸，因含有游离的—SH，故常用 GSH 表示。GSH 是由谷氨酸残基、半胱氨酸残基和甘氨酸残基组成的三肽，有还原型（GSH）和氧化型（GSSG）两种形式，在生理条件下还原型占绝大多数（图 4-3）。GSH 的分子特点是具有活性巯基（—SH）和 γ- 谷氨酰键，其中巯基是 GSH 最重要的功能基团，可参与机体内多种重要生物化学反应，因其具有还原性，可作为体内重要还原剂保护体内蛋白质或酶蛋白巯基免遭氧化。此外，GSH 的巯基还具有嗜核特性,能阻断一些外源的毒物或药物与 DNA、RNA 或蛋白质结合,消除其毒性作用,从而保护机体免遭毒物损害。GSH 还可以消除氧化剂对红细胞结构的破坏,维持红细胞膜结构的稳定等。

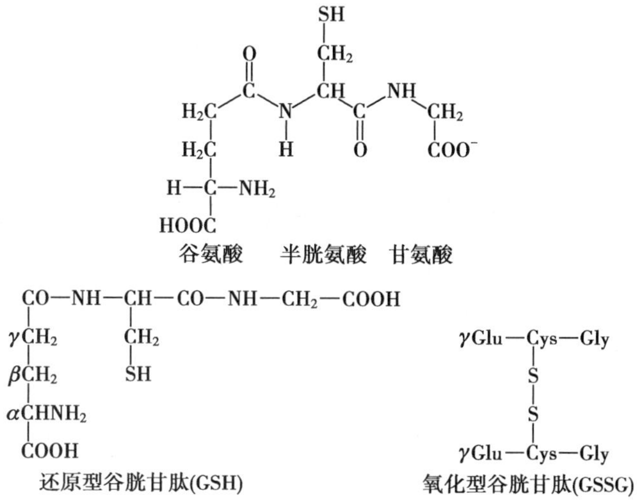

谷氨酸　　半胱氨酸　甘氨酸

还原型谷胱甘肽(GSH)　　　　　氧化型谷胱甘肽(GSSG)

图 4-3　谷胱甘肽的结构

2. 多肽类激素及神经肽　体内有许多激素属于寡肽或多肽。它们各自具有重要的生理功能,如促甲状腺激素释放激素(TRH)是一个特殊结构的三肽,其 N 末端的谷氨酸残基环化成为焦谷氨酸(pyroglutamic acid),C 末端的脯氨酸残基酰化成为脯氨酰胺(图 4-4)。它由下丘脑分泌,可促进腺垂体分泌促甲状腺素。

神经肽(neuropeptide)泛指存在于神经组织并参与神经系统功能作用的内源性活性物质,如脑啡肽(5 肽)、P 物质(10 肽)、强啡肽(17 肽)等。这类物质特点是含量低、

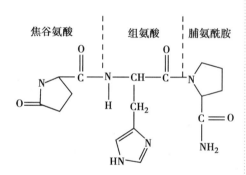

焦谷氨酸　　组氨酸　　脯氨酰胺

图 4-4　促甲状腺激素释放激素(TRH)

活性高、作用广泛而复杂,在体内调节多种多样的生理功能,如痛觉、睡眠、情绪、学习与记忆,乃至神经系统本身的分化和发育都受神经肽的调节。

3. 多肽类抗生素　多肽类抗生素是一类能抑制或杀死细菌的多肽,如短肽杆菌 S、短肽杆菌 A、缬氨霉素(valinomycin)、博来霉素(bleomycin)等。目前对多肽类抗生素的研究开发已成为世界上研究抗生素新产品的前沿性课题,被认为是新型抗生素研究的新资源和重要途径。

4. 其他　目前研究发现越来越多的生物活性肽可作为药物,可见其具有重要的应用价值。但由于它们天然存在量极微且难以提取及纯化,故化学合成小肽成为重要的研发途径。通过重组 DNA 技术还可得到肽类药物和疫苗等。

二、蛋白质的高级结构

蛋白质分子的高级结构又称空间构象(conformation),是指蛋白质分子中原子和基团在三维空间上的排列、分布及肽链的走向。蛋白质分子的空间构象以一级结构为基础,是表现蛋白质生物学功能或活性所必需的。蛋白质分子的空间构象可分为蛋白质的二级结构、三级结构和四级结构。

(一)维持蛋白质高级结构的化学键

蛋白质的高级结构离开了形成和维持构象的化学键是不可能存在的。蛋白质一级结构的主要化学键是肽键,也有少量的二硫键,这些共价键键能大、稳定性也较强。而维持蛋白质空间构象的化学

键主要是一些次级键,亦称副键。它们是蛋白质分子的主链和侧链上的极性、非极性和离子基团等相互作用而形成的。一般来说,次级键的键能较小,因而稳定性较差。但由于次级键的数量众多,因此在维持蛋白质分子的空间构象中起着极为重要的作用。主要的次级键有氢键、疏水键、离子键、配位键和范德瓦耳斯力等(图4-5)。

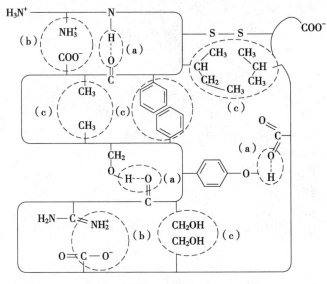

（a）氢键;（b）离子键;（c）疏水键

图 4-5　蛋白质分子中次级键示意图

1. 氢键(hydrogen bond)　由连接在一个电负性大的原子上的氢与另一个电负性大的原子相互作用而形成。氢键是次级键中键能最弱的,但其数量最多,所以是最重要的次级键。一般多肽链中主链骨架上羰基的氧原子与亚氨基的氢原子所生成的氢键是维持蛋白质二级结构的主要次级键。而侧链间或主链骨架间所生成的氢键则是维持蛋白质三、四级结构所需的。

2. 疏水键(hydrophobic bond)　它是由两个非极性基团因避开水相而群集在一起的作用力。蛋白质分子中一些疏水基团因避开水相而互相黏附并藏于蛋白质分子内部,这种相互黏附形成的疏水键是维持蛋白质三、四级结构的主要次级键。

3. 离子键(ionic bond)　也被称为盐键,是蛋白质分子中带正电荷基团和负电荷基团之间静电吸引所形成的化学键。

4. 配位键(coordinate bond)　它是两个原子、由单方面提供共用电子对所形成的化学键。部分蛋白质含金属离子,如胰岛素(Zn)、细胞色素(Fe)等。蛋白质与金属离子结合中常含有配位键,并参与维持蛋白质的三、四级结构。

5. 范德瓦耳斯力(van der Waals force)　这是原子、基团或分子间的一种弱的相互作用力。其在蛋白质内部非极性结构中较重要,在维持蛋白质分子的高级结构中也是一个重要的作用力。

（二）蛋白质的二级结构

蛋白质二级结构(protein secondary structure)指一段肽链主链骨架本身(不包括 R 基团)在空间上有规律地折叠和盘旋,它是由氨基酸残基非侧链基团之间的氢键决定的。常见的二级结构有 α 螺旋、β 折叠、β 转角、Ω 环和卷曲等。蛋白质的二级结构一般不涉及氨基酸残基侧链的构象。

1. 肽单位　肽键是构成蛋白质分子的基本化学键。肽键的四个原子(C、O、N、H)与相邻的两个 α 碳原子共处于一个平面内,这 6 个原子组成的基团称为肽单位(peptide unit)或肽平面。多肽链是由许多重复的肽单位连接而成,它们构成肽链的主链骨架。肽单位和各氨基酸残基侧链的结构和性质对蛋白质的空间构象有重要影响。肽单位和多肽链中肽单位的结构如下:

肽单位

$$C_\alpha-C-N-C_\alpha$$

多肽链中的肽单位

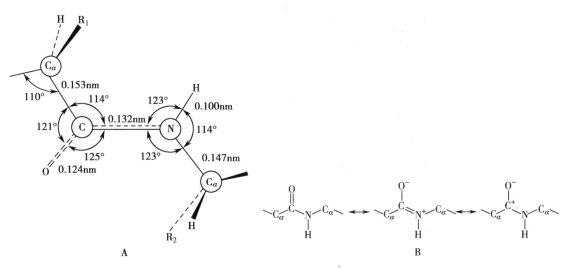

根据 X 线衍射结构分析的研究结果表明,肽单位具有以下特性。

(1)肽键具有部分双键的性质,不能自由旋转:肽键中的 C—N 键的键长为 0.132nm,比一般的 C—N 单键(键长 0.147nm)短,而比 C=N 双键(键长 0.127nm)长(图 4-6A),并且 C_α—C—N—C_α 这四个原子是在一个平面内,推测羰基的氧原子和氮原子有共振或部分共用电子对(图 4-6B)。

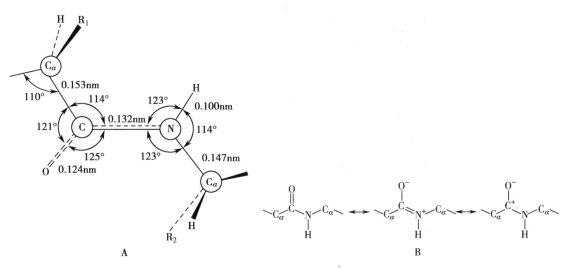

图 4-6　肽单位

(2)肽单位是刚性平面结构。即肽单位上的六个原子都位于同一个平面,故又称为肽平面(图 4-7)。

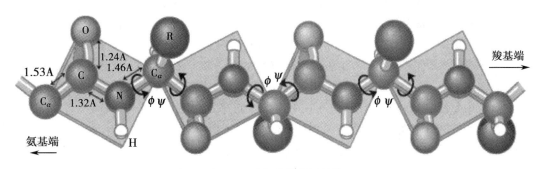

图 4-7　肽单位的平面结构

(3)肽单位中与 C—N 相连的氢和氧原子与两个 α 碳原子呈反向分布。根据这些特性,可以把多肽链的主链看成由一系列刚性平面所组成。因为主链 C—N 键具有部分双键的性质,不能自由旋转,使肽链的构象数目受到很大的限制。主链 C_α—N 和 C_α—C 键都是典型的单键,N 与 C_α 的键角用 φ 表示,C_α 与 C 的键角用 ψ 表示,虽然可以旋转,但也不是完全自由的,因为它们的旋转受到 R 基团和肽键中氢及氧原子空间位阻的影响,影响的程度与侧链基团的结构和性质有关,这样使多肽链构象的数目又进一步受到限制。显然在肽平面内,C_α—C—N—C_α 三个键中只有两端的 α 碳原子单键可以旋转,中间的 C—N 键不能旋转,因此,多肽链的盘旋或折叠是由肽链中 α 碳原子的旋转所决定的。

α 螺旋 3D 结构展示(视频)

由于肽平面对多肽链构象的限制作用,使蛋白质的二级结构的构象是有限的,主要有 α 螺旋、β 折叠和 β 转角等。

2. α 螺旋(α-helix)　蛋白质分子中多个肽平面通过氨基酸 α 碳原子的旋转,使多肽链的主链骨架沿中心轴盘曲成稳定的 α 螺旋构象(图 4-8)。α 螺旋具有下列特征。

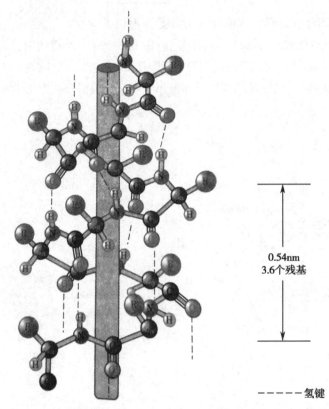

0.54nm
3.6个残基

−−−−−氢键

图 4-8　蛋白质分子的 α 螺旋结构

(1)螺旋的方向为右手螺旋,每 3.6 个氨基酸旋转一周,螺距为 0.54nm,每个氨基酸残基的高度为 0.15nm,肽平面与螺旋长轴平行。

(2)氢键是 α 螺旋稳定的主要次级键。相邻的螺旋之间形成链内氢键,即第 n 个肽单位羰基上的氧原子与第 $n+4$ 个肽单位氨基上的氢原子生成氢键。α 螺旋构象中所有肽键上的羰基氧和亚氨基氢参与链内氢键的形成,因此 α 螺旋靠氢键维持是相当稳定的。若破坏氢键,则 α 螺旋构象即遭破坏。

(3)肽链中氨基酸残基的 R 侧链分布在螺旋的外侧,其形状、大小及电荷等均影响 α 螺旋的形成和稳定性。如多肽链中连续存在酸性或碱性氨基酸,由于所带电荷而同性相斥,阻止链内氢键形成趋势而不利于 α 螺旋的生成;较大的氨基酸残基的 R 侧链(如异亮氨酸、苯丙氨酸、色氨酸等)集中的区域,因空间位阻的影响,也不利于 α 螺旋的生成;脯氨酸或羟脯氨酸残基的存在也不能形成 α 螺旋,因其 N 原子位于吡咯环中,C_α—N 单键不能旋转,加之其 α 亚氨基在形成肽键后,N 原子上无氢原子,不能生成维持 α 螺旋所需之氢键。显然,蛋白质分子中氨基酸的组成和排列顺序对 α 螺旋的形成和稳定性具有决定性的影响。

3. β 折叠(β-pleated sheet)　又称 β 片层,多肽链中的肽平面之间以 C_α 为旋转点依次折叠成锯齿状结构,主链相对较伸展(图 4-9)。此结构具有下列特征。

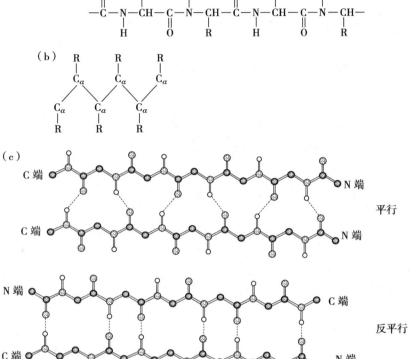

（a）β折叠中两条多肽链之间形成氢键；（b）R侧链结合到C_α原子位于β折叠的上方和下方；（c）极性的多肽链形成平行、反平行的β折叠

图4-9　蛋白质的β折叠结构

（1）肽链呈伸展的锯齿状折叠，氨基酸残基的R侧链分布在片层的上下方。

（2）两条以上肽链（或同一条多肽链的不同部分）平行排列，通过肽链间的肽键羰基氧和亚氨基氢形成氢键，是维持β折叠的主要次级键。

（3）肽链平行的走向有顺式和反式两种，肽链的N端在同侧为顺式，两残基间距为0.65nm；不在同侧为反式，两残基间距为0.70nm。反式较顺式平行折叠更加稳定。

能形成β折叠的氨基酸残基一般不大，而且不带同种电荷，这样有利于多肽链的伸展，如甘氨酸、丙氨酸在β折叠中出现的概率最高。

4. β转角（β bend或β turn）　伸展的肽链形成180°的回折，即U形转折结构。它是由四个连续氨基酸残基构成，第二个氨基酸残基常为脯氨酸。第一个氨基酸残基的羰基氧与第四个氨基酸残基的亚氨基氢之间形成氢键以维持其构象（图4-10）。

5. Ω环（Ω loop）和卷曲（coil）　Ω环是存在球状蛋白质中的一种二级结构。这种结构的形状像希腊字母Ω，所以称Ω环。Ω环多出现在蛋白质分子表面，以亲水的氨基酸残基为主。此外，蛋白质多肽链中还存在一些不规则的卷曲，这些卷

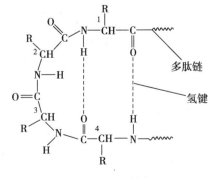

图4-10　β转角

曲构象可以改变肽链走向,利于连接 α 螺旋和 β 折叠,在蛋白质空间结构的形成中起重要作用。

研究表明:一种蛋白质的二级结构并非单纯的 α 螺旋或 β 折叠结构,而是这些不同类型二级结构形式的组合,只是不同蛋白质各占多少不同而已(表 4-6)。

表 4-6 部分蛋白质中 α 螺旋和 β 折叠的比例

蛋白质名称	α 螺旋 /%	β 折叠 /%	蛋白质名称	α 螺旋 /%	β 折叠 /%
血红蛋白	78	0	羧肽酶	38	17
细胞色素 C	39	0	核糖核酸酶	26	35
溶菌酶	40	12	凝乳蛋白酶	14	45

6. 模体(motif) 又称基序,是指相邻的二级结构彼此相互作用,形成有规则的、在空间上能辨认的,具有特定功能的二级结构组合体。它们可直接作为三级结构的"建筑块"或结构域的组成单位,是介于二级结构和结构域间的一个构象层次,是蛋白质发挥特定功能的基础。常见模体形式有 α 螺旋组合(αα)、β 折叠组合(βββ)和 α 螺旋 β 折叠组合(βαβ)等(图 4-11)。

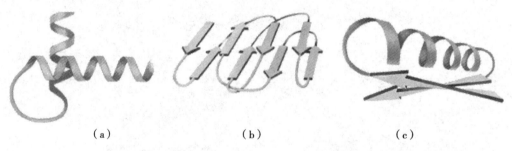

(a) αα 组合;(b) βββ 组合;(c) βαβ 组合

图 4-11 蛋白质中的几种模体

(三)蛋白质的三级结构

具有二级结构的多肽链,由于其序列上相隔较远的氨基酸残基侧链的相互作用而进行范围更广泛的盘曲与折叠,形成包括主、侧链在内的空间排列,这种一条多肽链中的所有原子或基团在三维空间的整体排布称为蛋白质三级结构(protein tertiary structure)(图 4-12)。三级结构通常由模体和结构域(domain)组成。三级结构中多肽链的盘曲方式由氨基酸残基的排列顺序决定。各 R 基团间相互作用生成的次级键是稳定三级结构的主要化学键,如疏水键、氢键、离子键等。

结构域(domain)是在蛋白质的三级结构内的独立折叠单元,其通常是几个模体结构单元的组合。在较大的蛋白质分子中,由于多肽链上相邻的模体结构紧密联系,进一步折叠形成一个或多个相对独立的致密的三维实体,即结构域。结构域是三级结构的一部分,也就是说结构域是将三级结构打开后首先看到的结构,它具有独特的空间构象,与分子整体以共价键相连,并承担特定的生物学功能。由于结构域与分子整体以共价键相连,一般难以分离,这是它与蛋白质亚基结构的区别。一般每个结构域由 100~200 个氨基酸残基组成,结构域可以与配体、辅酶、底物等结合。如免疫球蛋白(IgG)由 12 个结构域组成,其中两个轻链上各有 2 个结构域,两个重链上各有 4 个结构域;补体结合部位与抗原结合部位处于不同的结构域(图 4-13)。

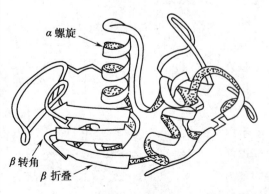

α 螺旋

β 转角

β 折叠

图 4-12 溶菌酶的三级结构与结构域

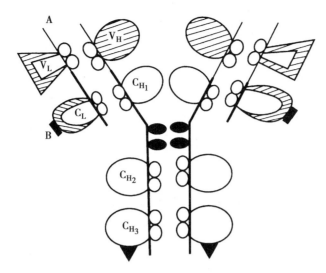

●●：链间二硫键；○○：链内二硫键

C_{H1}、C_{H2}、C_{H3}：重链恒定区结构域1，2，3；C_L：轻链恒定区
结构域；V_L：轻链可变区结构域；V_H：重链可变区结构域；
A：抗原结合部位；B：补体结合部位

图 4-13　IgG 的结构域示意图

（四）蛋白质的四级结构

许多有生物活性的蛋白质由两条或多条多肽链构成，肽链与肽链之间通过非共价键维系。每条多肽链都有自己的一、二和三级结构（图 4-14a、b、c）。这种蛋白质的每条肽链被称为一个亚基（subunit）。由两个或两个以上的亚基之间相互作用，彼此以非共价键相连而形成更复杂的构象，称为蛋白质四级结构（protein quarternary structure）（图 4-14d）。

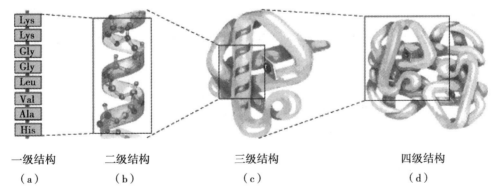

| 一级结构 | 二级结构 | 三级结构 | 四级结构 |
| （a） | （b） | （c） | （d） |

图 4-14　蛋白质一、二、三、四级结构示意图

1. **亚基**　又称亚单位，原聚体或单体。亚基一般由一条多肽链组成。本身各自具有一、二、三级结构。由 2~10 个亚基组成具有四级结构的蛋白质称为寡聚体（oligomer），更多亚基数目构成的蛋白质则称为多聚体（polymer）。蛋白质分子中亚基结构可以相同，也可不同。一般亚基多无活性，当它们构成具有完整四级结构的蛋白质时，才表现出生物学活性（表 4-7）。

2. **亚基间的结合力**　维持蛋白质四级结构的主要化学键是疏水键，由亚基间氨基酸残基的疏水基团相互作用而形成。一般能构成四级结构的蛋白质，其非极性氨基酸的量约占 30%。这些多肽链在形成三级结构时，不可能将全部疏水氨基酸残基侧链藏于分子内，部分疏水基侧链位于亚基表面。亚基表面的疏水侧链为了避开水相而相互作用形成疏水键，导致亚基的聚合。此外，氢键、范德瓦耳斯力、离子键等在维持四级结构中也起一定的作用。

表 4-7　部分蛋白质中亚基数与分子量

蛋白质	亚基数目	分子量
牛乳球蛋白	2	18 375
过氧化氢酶	4	60 000
磷酸果糖激酶	6	130 000
烟草斑纹病毒外壳蛋白	2 130	17 530
血红蛋白	4（$\alpha_2\beta_2$）	α：15 130 β：15 870
天冬氨酸转氨甲酰酶	12（C_6R_6）	C：34 000 R：17 000

三、蛋白质一级结构与功能的关系

　　研究蛋白质的结构与功能的关系是从分子水平上认识生命现象的一个极为重要的领域,对医药的研究也有十分重要的意义。它能从分子水平上阐明酶、激素等活性物质的作用机制,以及一些遗传性疾病发生的原因,这将为疾病(如肿瘤、遗传性疾病)的防治和药物研究提供重要的理论根据。蛋白质工程的发展就是以蛋白质的结构和功能的关系为基础,通过分子设计、有控制的基团修饰与合成或对表达产物蛋白质进行化学修饰,对天然蛋白质进行定向改造,创造出自然界不存在但功能上更优越的蛋白质,为人类的健康服务。

　　蛋白质是生命的物质基础。各种蛋白质都具有其特异的生物学功能,而所有这些功能又都与蛋白质分子的特异结构密切相关。总的来说,蛋白质分子的一级结构是形成空间构象的物质基础,而蛋白质的生物学功能是蛋白质分子特定的天然构象所表现的性质或具有的属性。研究蛋白质结构与功能的关系是生物化学要解决的重要问题。

　　1. 一级结构不同、生物学功能各异　不同蛋白质和多肽具有不同的功能,根本的原因是它们的一级结构各异,有时仅微小的差异就可表现出不同的生物学功能。如升压素与催产素都是由神经垂体分泌的九肽激素,它们分子中仅有两个氨基酸差异,但两者的生理功能却有根本的区别。升压素能促进血管收缩,升高血压及促进肾小管对水的重吸收,表现为抗利尿作用;而催产素则能刺激平滑肌引起子宫收缩,表现为催产功能。其结构如下:

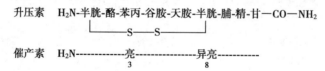

　　2. 一级结构中"关键"部分相同,其功能也相同　如促肾上腺皮质激素(ACTH)是由腺垂体分泌的 39 肽激素。研究表明:其 1~24 肽段是活性所必需的关键部分,若 N 端 1 位丝氨酸残基被乙酰化,活性显著降低,仅为原活性的 3.5%;若切去 25~39 片段仍具有全部活性。不同动物来源的 ACTH,其氨基酸顺序差异主要在 25~33 位,而 1~24 位的氨基酸顺序相同表现出相同的生物学功能。这表明:一些蛋白质或多肽的生物学功能并不要求分子的完整性。它启示我们用化学法合成 ACTH 时,不必合成整个 39 肽,而仅需合成其活性所必需的关键部分。

1------------------------------24------33---39	来源	31	33
ACTH 活性必需部分　种属特异性	人	丝	谷
	猪	亮	谷
	牛	丝	谷胺

促黑激素（MSH）的作用是促进黑色素细胞的发育和分泌黑色素,控制皮肤色素的产生与分布。MSH 有 α 和 β 两类,不同来源的 MSH 一级结构各异,但具有相同的活性所必需的氨基酸顺序部分,因而表现出相同的生物学功能。

MSH 的来源		活性必需的氨基酸顺序
		11　　　　　　　　　　　　　　17　22 肽
动物	α-MSH	N'------ 甲硫　谷　组　苯丙　精　色　甘 ------
		7　　　　　　　　　　　　　　13　18 肽
	β-MSH	N'------ 甲硫　谷　组　苯丙　精　色　甘 ------
		4　　　　　　　　　　　　　　10　13 肽
人	β-MSH	N'------ 甲硫　谷　组　苯丙　精　色　甘 ------

3. **一级结构"关键"部分变化,其生物学活性也改变** 多肽的结构与功能的研究表明,改变多肽中某些重要的氨基酸,常可改变其活性。应用蛋白质工程技术,如选择性的基因突变或化学修饰等,定向改造多肽中一些"关键"的氨基酸,可得到自然界不存在而功能更优的多肽或蛋白质,这对研究多肽类新药具有重要意义（表 4-8）。

表 4-8　多肽或蛋白质中氨基酸的变化与活性

多肽或蛋白质	氨基酸位置					相对活性
脑啡肽（5 肽）	甘$_2$	甲硫$_5$				1.0
衍生物	D- 丙	甲硫—CO—NH$_2$				10.0
促黄体生成释放素（10 肽）	色$_3$	丝$_4$	甘$_6$	甘$_{10}$		1.0
衍生物	苯丙	—	—	—		0.04
	苯丙	—	D- 色	甘—NH—C$_2$H$_5$		144.0
生长抑素（14 肽）	苯丙$_6$	色$_8$	苏$_{10}$	丝$_{13}$		1.0
衍生物	—	—		D- 丝		0.01
	—	D- 色				8.0
胰岛素（51 肽）	A- 甘$_1$	天胺$_{21}$	B- 组$_{10}$	苯丙$_{25}$		1.0
衍生物	×					0.05
	—		天			2.5
肿瘤坏死因子（157 肽）	缬$_1$…苏$_7$	脯$_8$	丝$_9$	天$_{10}$	亮$_{157}$	1.0
衍生物	×…×…×	精	赖	精	苯丙	10.0

注:—表示与天然产物氨基酸相同,× 表示切去该氨基酸

4. **一级结构的变化与疾病的关系** 基因突变可导致蛋白质一级结构的变化,使蛋白质的生物学功能降低或丧失,甚至可引起生理功能的改变而发生疾病。这种由遗传突变引起的,在分子水平上仅存在微观差异而导致的疾病,称之为分子病。现在几乎所有分子病都与正常蛋白质分子结构改变有关。甚至有些蛋白质的异常可能仅仅只有一个氨基酸改变。如镰状细胞贫血（sickle cell anemia）,就是患者血红蛋白（HbS）与正常血红蛋白（HbA）在 β 链第 6 位有一个氨基酸之差:

　　　　　　　　　　　　1　2　3　4　5　6　7　8

HbA　β 链　H$_2$N—缬—组—亮—苏—脯—谷—谷—赖—

HbS　β 链　H$_2$N—缬—组—亮—苏—脯—缬—谷—赖—

HbA 的 β 链第 6 位为谷氨酸,而患者 HbS 的 β 链第 6 位换成了缬氨酸。HbS 携带氧的能力降低,分子间容易"黏合"形成线状而沉淀。红细胞从正常的双凹盘状被扭曲成镰刀状,容易产生溶血性贫血。

糖尿病胰岛素分子病是胰岛素 51 个氨基酸残基中的一个氨基酸残基异常,使胰岛素活性很低而

导致糖尿病。

　　　　　　　　　　　21　22　23　　24　　25　26　27

正常人胰岛素 B 链　—谷—精—甘—苯丙—苯丙—酪—苏—

异常人胰岛素 B 链　—谷—精—甘—苯丙—苯丙—酪—亮—

　　5. 蛋白质一级结构与生物进化的关系　　通过比较不同种属之间同一蛋白质一级结构的差异,可以帮助了解物种进化间的关系。这里以细胞色素 c 为例说明蛋白质一级结构与生物进化的关系。细胞色素 c 是生物氧化还原系统中的电子传递体,由单链蛋白质和血红素辅基组成。脊椎动物细胞色素 c 的蛋白质含 104 个氨基酸残基,而无脊椎动物、酵母和高等植物等的细胞色素 c 的 N 端还额外多一肽段,如小麦多一段八肽,此肽段对细胞色素 c 的功能无影响,因此在生物进化的过程中去掉了;80 种真核生物细胞色素 c 蛋白质一级结构分析表明,有 26 个氨基酸残基恒定不变,为各生物共有,它们是维持细胞色素 c 特定构象和功能的"关键"部分;各生物与人类亲缘关系愈远,其氨基酸组成差异也愈大(表 4-9)。细胞色素 c 蛋白质一级结构的种属差异与经典形态学分类结果完全一致,这从分子水平上为生物进化提供了新的有价值的依据。

表 4-9　不同生物和人的细胞色素 c 氨基酸组成的差异

生物名称	不同氨基酸数	生物名称	不同氨基酸数
黑猩猩	0	海龟	15
恒河猴	1	金枪鱼	21
猪、牛、羊	10	小蝇	25
马	12	小麦	35
鸡	13	酵母	44

四、蛋白质高级结构与功能的关系

　　蛋白质分子特定的空间构象是表现其生物学功能或活性所必需的。若蛋白质分子特定的空间构象被破坏,其生物学功能也丧失,如蛋白质的变性;蛋白质以无活性的形式存在,在一定条件下,才转变为有特定空间构象的蛋白质而表现其生物学活性,如酶原的激活、蛋白质前体的活化等;蛋白质与某些物质结合可引起蛋白质构象的改变,如蛋白质的变构、变构酶等。

　　1. 蛋白质前体的活化　　生物体中有许多蛋白质是以无活性的前体形式在体内合成、分泌。这些肽链只有以特定的方式断裂后,才呈现出它的生物学活性。这是生物体内一种自我保护及调控的重要方式,是在长期生物进化过程中发展起来的,也是蛋白质分子结构与功能高度统一的表现。这类蛋白质主要包括消化系统中的一些蛋白水解酶、蛋白质类激素和参与血液凝固作用的一些蛋白质分子等。除酶原外,还发现许多蛋白质(如蛋白类激素)在体内往往以前体形式贮存,这些蛋白质前体无活性或活性很低。研究已发现分泌性蛋白质除含有特征性的信号肽外,几乎所有的蛋白质都有其前体,即原蛋白(proprotein),含有前导肽或插入肽,这些需最终切除的肽段是在蛋白质生物合成过程中生成、转运以及形成独特生理活性所需的空间结构所必需的。一旦其相应的功能完成,肽段便被切除。如胰岛素的前体是胰岛素原,猪胰岛素原是由 84 个氨基酸残基组成的一条多肽链,其活性仅为胰岛素活性的 10%。在体内胰岛素原经两种专一性水解酶的作用,将肽链的 31、32 和 62、63 位的四个碱性氨基酸残基切掉,结果生成一分子 C 肽(29 个氨基酸残基)和另一分子由 A 链(21 个氨基酸残基)与 B 链(30 个氨基酸残基)两条多肽链经两对二硫键连接的胰岛素分子。胰岛素分子具有特定的空间结构,从而表现其完整的生物活性。胰岛素在合成过程中除有一段信号肽外,合成完毕未修饰前还有一段 C 肽。含信号肽和 C 肽的胰岛素前体叫做前胰岛素原(preproinsulin);前胰岛素原在内质网腔切除信号肽后叫做胰岛素原（proinsulin）；胰岛素原切除 A、B 链间的 C 肽后才形成有活性的胰岛素（图 4-15）。

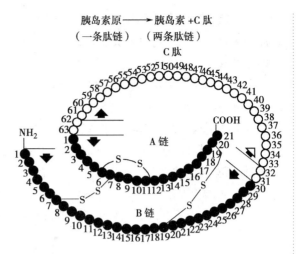

图 4-15　胰岛素原转变为胰岛素示意图

2. 蛋白质的变构现象　一些蛋白质由于受某些因素的影响,其一级结构不变而空间构象发生一定的变化,导致其生物学功能的改变,称为蛋白质的变构效应（allosteric effect）或别构作用。变构效应是蛋白质表现其生物学功能的一种普遍而十分重要的现象,也是调节蛋白质生物学功能极有效的方式。近代研究表明分子量较大的（>55 000kDa）蛋白质多为具有四级结构的多聚体。具有四级结构的酶或蛋白质常处于某些代谢通路的关键部位,所以具有调节整个代谢途径的作用,它们常是通过多聚体的变构作用而实现的。组成蛋白质的各个亚基共同控制着蛋白质分子完整的生物活性,并对变构效应物做出反应,变构效应物与一个亚基的结合可传递到整个蛋白质分子,这个传递是通过亚基构象的改变而实现的。血红蛋白是一个四聚体蛋白质,具有氧合功能,可在血液中运输氧。研究发现,脱氧血红蛋白与氧的亲和力很低,不易与氧结合。一旦血红蛋白分子中的一个亚基与 O_2 结合,就会引起该亚基构象发生改变,并引起其他三个亚基的构象相继发生变化,使它们易于和氧结合,说明变化后的构象最适合与氧结合。血红蛋白是最早发现具有变构作用的蛋白质,许多代谢通路中的关键酶都是变构酶。

3. 蛋白质构象改变与疾病的关系　鉴于蛋白质在体内的合成、加工、成熟是一个非常复杂的过程,其中多肽链的正确折叠对其正确构象的形成和功能发挥至关重要。研究发现一些蛋白质尽管其一级结构不变,但蛋白质的折叠发生错误,使其构象发生改变,仍可影响其功能,严重时可导致疾病发生。因蛋白质折叠错误或折叠导致构象异常变化引起的疾病,称为蛋白质构象病（protein conformation disease）。朊病毒（prion）所致的疯牛病就是蛋白质构象病中的一种。朊病毒蛋白（prion protein,PrP）有正常型（PrP^C）和致病型（PrP^{SC}）两种构象,这两者一级结构与共价修饰完全相同,但空间结构不同。PrP^C 主要由 α 螺旋组成,表现蛋白酶消化敏感性和水溶性;而 PrP^{SC} 主要由 β 折叠组成,对蛋白酶消化具有显著的抵抗能力,并聚集成淀粉样的纤维沉淀。PrP^{SC} 一旦形成,可催化更多的 PrP^C 向 PrP^{SC} 转变,上述构象转变导致人和动物神经退行性病变,类似的蛋白质构象病包括人纹状体脊髓变性病、阿尔茨海默病、亨廷顿病等。

五、蛋白质结构分析

（一）蛋白质的一级结构分析

蛋白质一级结构的确定是研究蛋白质的基础,具有重要的理论和实践意义。因为每一种蛋白质都具有唯一的氨基酸序列,而蛋白质的氨基酸序列是由 DNA 决定的。测定蛋白质的一级结构有助于阐明蛋白质一级结构与高级结构的关系;有助于认识蛋白质一级结构与生物学功能的关系;有助于揭示蛋白质一级结构的变化与疾病的关系以及了解蛋白质在生物进化中的作用等重要问题。蛋白质一级结构的测定包括蛋白质分子中氨基酸的组成和排列顺序的分析。下面简要介绍这些方法的基本原理。

1. 氨基酸组成的分析

（1）蛋白质样品的纯化:测定蛋白质的一级结构,要求样品尽可能是均一的。

（2）蛋白质分子中多肽链数目的测定:根据末端分析测定蛋白质末端氨基酸残基（N 末端或 C 末端）数和蛋白质的分子量可以确定蛋白质分子中多肽链的数目。

（3）氨基酸组成的分析：将纯化的蛋白质样品完全水解，用氨基酸自动分析仪测定其组成。如蛋白质分子是由几条不同的多肽链构成，则应设法将这些多肽链拆开并分离纯化，再分别测定每条多肽链的氨基酸组成和排列顺序。

2. N 末端氨基酸的分析　末端分析不仅用于确定蛋白质分子中多肽链的数目，而且还用于氨基酸排列顺序的测定。常用方法如下。

（1）二硝基氟苯（DNFB）法：蛋白质或多肽的 N 末端氨基与 DNFB 反应，生成 DNP 多肽衍生物。由于 DNP 基团与氨基形成的化学键对酸的稳定性远较肽键高，不易被酸水解。因此，当 DNP 肽用酸水解时，所有肽键被水解生成相应的氨基酸和 DNP 氨基酸，这样给 N 末端氨基酸以标记，以区别水解液中非 N 末端氨基酸。DNP 氨基酸用有机溶剂提取而与其他氨基酸分开。分离出 DNP 氨基酸可用纸层析法、薄层层析或高效液相色谱法等进行定性和定量。

$$DNFB-F + H_2N-\underset{\underset{CH_3}{|}}{\overset{\overset{H}{|}}{C}}-\overset{\overset{O}{||}}{C}-\underset{\underset{H}{|}}{N}-Asp-Phe-Glu-Thr-COOH$$

$$\downarrow -HF \ \text{标记}$$

$$DNP-NH-\underset{\underset{CH_3}{|}}{\overset{\overset{H}{|}}{C}}-\overset{\overset{O}{||}}{C}-\underset{\underset{H}{|}}{N}-Asp-Phe-Glu-Thr-COOH$$

$$\downarrow +HCl \ \text{水解}$$

$$DNP-NH-\underset{\underset{CH_3}{|}}{\overset{\overset{H}{|}}{C}}-COOH + Asp + Phe + Glu + Thr$$

DNP-氨基酸　　　　**非N末端氨基酸混合物**

（2）二甲氨基萘磺酰氯（DNS-Cl）法：该方法的原理与 DNFB 法相同。本法的特点是反应生成的 DNS 氨基酸具有强烈的荧光，灵敏度比 DNFB 法高 100 倍；DNS 氨基酸可不必提取而直接鉴定。

DNFB 法和 DNS-Cl 法用于测定 N 末端氨基酸是很有效的，但它们并不能在同一个肽链上重复应用，因为肽链在酸水解一步反应中已完全降解为氨基酸，这使其在氨基酸顺序分析中受到限制。

（3）埃德曼降解法：该法标记并仅水解释放多肽链 N 末端残基，留下所有其他完整的肽链。埃德曼降解法测序主要涉及偶联、水解、萃取等步骤。首先用标记 N 末端残基的试剂苯异硫氰酸（PITC），在 pH 9.0~9.5 的碱性条件下，与肽链 N 末端自由的 α- 氨基偶联，生成苯氨基硫甲酰基衍生物（PTC- 肽）。然后 PTC- 肽在酸性条件中经裂解，环化生成苯乙内酰硫脲氨基酸（PTH- 氨基酸）和剩余多肽（N 末端少一个氨基酸的多肽）。PTH- 氨基酸可用乙酸乙酯抽提后进行鉴定。其反应如下：

$$\text{（苯环）}-N=C=S + H_2N-\underset{\underset{CH_3}{|}}{\overset{\overset{H}{|}}{C}}-\overset{\overset{O}{||}}{C}-\underset{\underset{H}{|}}{N}-Asp-Phe-Glu-Thr-COOH$$

PITC

$$\downarrow \text{五肽标记}$$

$$\text{（苯环）}-\underset{\underset{H}{|}}{N}-\overset{\overset{S}{||}}{C}-HN-\underset{\underset{CH_3}{|}}{\overset{\overset{H}{|}}{C}}-\overset{\overset{O}{||}}{C}-\underset{\underset{H}{|}}{N}-Asp-Phe-Glu-Thr-COOH$$

PTC-肽

$$\downarrow \text{裂解环化}$$

$$\text{（环状结构）} + H_2N-Asp-Phe-Glu-Thr-COOH$$

PTH-氨基酸　　　　　　　　**四肽**

　　埃德曼降解法的最大优越性是在水解除去末端标记的氨基酸残基时,不会破坏余下的多肽链。留在溶液中的减少了一个氨基酸残基的肽可再重复进行上述反应过程,整个测序过程通过测序仪自动进行。每一循环都获得一个 PTH- 氨基酸,经 HPLC 就可鉴定出是哪一种氨基酸。由此可见,埃德曼降解法不仅可以测定 N 末端残基,更有意义的是从 N 末端开始逐一地把氨基酸残基切割下来,从而构成了蛋白质序列分析的基础。应用此法一次可连续测定 60 个以上的氨基酸序列。目前使用的氨基酸序列分析仪(sequenator)快速、灵敏,微量的蛋白质样品就足够测定其完整的氨基酸序列。

　　(4)氨肽酶法(aminopeptidase):氨肽酶是一类肽链外切酶,能从肽链的 N 末端开始逐个切掉氨基酸。因此,理论上只要能跟随酶水解过程依次检测出释放的氨基酸,便可确定肽的顺序。但由于酶对各种氨基酸残基水解速度不同,对结果分析难度大而受到限制。

　　3. C 末端氨基酸的分析　　一般来说,C 末端分析比 N 末端分析的误差大。

　　(1)肼解法(hydrazinolysis):多肽与无水肼加热发生肼解,C 末端氨基酸以自由形式释出,而其他氨基酸则生成相应的酰肼化合物。后者与苯甲醛反应生成不溶于水的二苯基衍生物而沉淀,上清液游离的 C 末端氨基酸可用 DNFB 法或 DNS-Cl 法及层析技术鉴定。

$$H_2N-\underset{\underset{R_1}{|}}{C}H-CO\cdots\cdots NH-\underset{\underset{R_{n-1}}{|}}{C}H-CO-NH-\underset{\underset{R_n}{|}}{C}H-COOH$$

$$\downarrow H_2N-NH_2$$

$$H_2N-\underset{\underset{R_1}{|}}{C}H-CO-NH-NH_2 + NH_2-\underset{\underset{R_{n-1}}{|}}{C}H-CO-NH-NH_2 + H_2N-\underset{\underset{R_n}{|}}{C}H-COOH$$

氨基酸酰肼化合物　　　　　　　　　　　　　　　　　　C末端氨基酸
　　　　　　　　　　　　　　　　　　　　　　　　　　　　(上清液)

$$\downarrow 苯甲酸$$

二苯基衍生物(沉淀)

　　(2)羧肽酶法:羧肽酶(carboxypeptidase)是一类肽链外切酶,能特异地从 C 末端将氨基酸依次水解下来,是 C 末端分析常用的方法。已发现的羧肽酶有 A、B、C 和 Y 四种,它们各自的专一性不同。羧肽酶 A 可水解脂肪族或芳香族氨基酸(Pro 除外)构成的 C 末端肽键;羧肽酶 B 则水解由碱性氨基酸构成的 C 末端肽键;羧肽酶 C 水解 C 末端的 Pro;近来发现羧肽酶 Y 能切断各种氨基酸在 C 末端的肽键,是一种最适用的羧肽酶。

　　4. 大分子多肽氨基酸顺序的确定　　一般来说,对小分子肽用前述方法可直接测定其氨基酸顺序,而对大分子肽尚难直接测定。目前对大分子多肽氨基酸顺序测定方法是:先将大分子多肽裂解为小的肽段,经分离纯化后,分别测定各肽段的顺序。对肽链裂解的方法要求选择性强,裂解点少和反应产率高。肽链裂解方法有两大类,即化学裂解法和酶解法等。一般常用两种以上的方法对肽链进行有控制的部分裂解,由于不同的方法裂解各异,可从已测出氨基酸顺序的小肽片段中找到关键性的"重叠顺序",即可确定各小肽片段在整个大分子肽链中的位置,从而推导出该大分子肽链的氨基酸顺序。

　　例如:有一个肽链,分别用 A 法和 B 法限制性的裂解,得到不同的小肽片段并测定其顺序分别为:

　　A 法:甲硫 - 苯丙　甘 - 丝　缬 - 赖 - 酪 - 丙

　　B 法:酪 - 丙 - 甲硫 - 苯丙　甘 - 丝 - 缬 - 赖

　　这些肽段怎样连接? 若仅用 A 法或 B 法的结果都很难确定其顺序。如综合两法的结果,找出其关键的"重叠顺序",便可推导出此多肽的氨基酸排列顺序。

　　重叠顺序:缬 - 赖 - 酪 - 丙

　　多肽顺序:甘 - 丝 - 缬 - 赖 - 酪 - 丙 - 甲硫 - 苯丙

　　这些方法适用于由一条无二硫键的多肽链组成的蛋白质。如蛋白质由几条不同的多肽链通过非共价键结合,则需用蛋白质变性剂(尿素、盐酸胍等)拆开,分离纯化后再测定;如蛋白质含二硫键,则可用过甲酸氧化或巯基乙醇还原后再测定。

5. 核酸推导法　以上蛋白质序列分析方法不是获得氨基酸顺序的唯一方法。由于快速 DNA 序列分析的开展、基因密码的阐明和分离基因技术的发展,可根据蛋白质的氨基酸顺序是由核酸的核苷酸顺序决定的,只要测出核酸的核苷酸顺序,即可根据三个核苷酸确定一个氨基酸的密码推导出蛋白质的氨基酸顺序的原理(见蛋白质生物合成),有效确定蛋白质一级结构。此法的优点是:目前测定 DNA 核苷酸顺序的技术已相当成熟;对经典化学法难以分析的大分子蛋白质或生物体含量很低的蛋白质,应用此法十分有效。实际上两项测序技术可以取长补短互为补充。若基因已分离出来了,DNA 序列分析比蛋白质的序列分析更为迅速和准确;若基因还没有分离出来,就必须直接测定多肽链的序列,并且可以提供二硫键的位置等信息,这是在 DNA 序列分析中不可能得到的。另外,知道了蛋白质的氨基酸排列顺序也能促进相关基因的分离。

6. 质谱法　该法被认为是测定小分子分子量最精确、最灵敏的方法。近年来,各项技术发展,使质谱所能测定的分子量范围大大提高。基质辅助的激光解吸电离飞行时间质谱成为测定生物大分子尤其是蛋白质、多肽分子量和其一级结构的有效工具。目前质谱主要测定蛋白质一级结构,包括分子量、肽链氨基酸排序及多肽或二硫键数目和位置。

（二）蛋白质的空间结构分析

分析生物体内蛋白质的空间结构,对于研究蛋白质结构与功能的关系至关重要,也为蛋白质或多肽类药物的结构改造提供理论依据。测定蛋白质空间结构的主要技术有核磁共振法,X 线晶体衍射法(X-ray crystallography),圆二色谱法等。

1. 核磁共振法　近几年来核磁共振方法迅速发展,已可用于确定分子量为 15~25kDa 蛋白质分子溶液的三维空间结构。多维磁共振波谱技术成为确定蛋白质和核酸等生物分子溶液三维空间结构的有效手段。

2. X 线晶体衍射法　X 线晶体衍射法是测定蛋白质结构的主要方法。迄今为止,完整而精细的晶态蛋白质分子三维结构的测定,几乎完全依赖于 X 线晶体衍射法。这种技术可以测定晶态蛋白质分子的三维结构,但不能测定溶液中蛋白质分子的三维结构。此外,中子衍射法和电子衍射法在测定蛋白质分子的三维结构方面的应用弥补了 X 线衍射的不足,可以测出多肽链上所有原子的空间排布。

3. 激光拉曼光谱　该光谱是基于拉曼散射和瑞利散射的光谱,当前两个主要发展方向是傅立叶变换拉曼光谱和紫外 - 共振拉曼光谱。

4. 荧光光谱法　是研究蛋白质分子空间构象的一种有效方法,它能提供激光光谱、发射光谱及荧光强度、量子产率等物理参数,这些参数从各个角度反映了分子的成键和结构情况。

5. 红外光谱法　该法最重要的应用是有机化合物的鉴定,任何气态、液态、固态样品均可进行红外光谱测定。研究人员利用红外光谱酰胺Ⅲ带测定蛋白质二级结构。

6. 圆二色谱法　利用不对称分子对左、右圆偏振光吸收的不同进行结构分析。用远紫外圆二色谱数据能快速计算稀溶液中蛋白质二级结构、辨别三级结构的类型,近紫外圆二色谱法可灵敏地反映芳香族氨基酸残基变化。

7. 生物信息学预测法　由于蛋白质一级结构是空间结构的基础,参照已经完成的各种蛋白质三维结构的数据库,可以初步预测未知空间结构蛋白质的三维结构。

第四节　蛋白质的性质

蛋白质是一类高分子化合物,分子量一般为 $1 \times 10^4 \sim 1 \times 10^6$ kDa 或更大。其在溶液中的形状可根据不对称常数分为球形椭圆形、纤维状等。根据扩散系数、黏度或其他物理方法等可推算出蛋白质的不对称常数,作为衡量蛋白质分子形状的依据。不对称常数近于 1,则分子呈球形(如 β - 脂蛋白);不对称常数越大,则分子呈纤维状(如肌球蛋白);介于两者之间则为椭圆形(如清蛋白、β_1-球蛋白等)。

蛋白质的基本组成单位是氨基酸,因此其性质有一部分与氨基酸相同或相关,如两性解离及等电点、紫外吸收性质、呈色反应等。但是,蛋白质作为生物大分子,它又表现出与氨基酸根本区别的大分子特性,如胶体性质、变性和免疫学特性等。

一、蛋白质两性解离与等电点

蛋白质是由氨基酸组成。氨基酸分子含有氨基和羧基,既可接受质子,又可释放质子,因此氨基酸是两性电解质。蛋白质分子中除两末端有自由的 α-NH$_2$ 和 α-COOH 外,许多氨基酸残基的侧链上尚有可解离的基团,如—NH$_2$、—COOH、—OH 等,所以蛋白质也是两性电解质。

蛋白质与氨基酸一样在纯水溶液和结晶状态中都以兼性离子的形式存在,即同一分子中可带有正负两种电荷,羧基带负电而氨基带正电。蛋白质的解离情况如下:

$$\text{Pro} <{\text{COOH} \atop \text{NH}_2}$$

$$\text{Pro} <{\text{COOH} \atop \text{NH}_3^+} \underset{\text{H}^+}{\overset{\text{OH}^-}{\rightleftharpoons}} \text{Pro} <{\text{COO}^- \atop \text{NH}_3^+} \underset{\text{H}^+}{\overset{\text{OH}^-}{\rightleftharpoons}} \text{Pro} <{\text{COO}^- \atop \text{NH}_2}$$

$$\text{pH} < \text{pI} \qquad\qquad \text{pH} = \text{pI} \qquad\qquad \text{pH} > \text{pI}$$

蛋白质在溶液中的带电情况主要取决于溶液的 pH。使蛋白质所带正负电荷相等,净电荷为零时溶液的 pH,称为蛋白质的等电点(isoelectric point, pI)。蛋白质具有特定的等电点,这与其所含的氨基酸种类和数目有关,即其中酸性和碱性氨基酸的比例及可解离基团的解离度(表 4-10)。

表 4-10　蛋白质的氨基酸组成与 pI

蛋白质	酸性氨基酸数	碱性氨基酸数	pI
胃蛋白酶	37	6	1.0
胰岛素	4	4	5.35
RNA 酶	10	18	7.8
细胞色素 c	12	25	9.8~10.8

一般来说,含酸性氨基酸较多的酸性蛋白,等电点偏酸性;含碱性氨基酸较多的碱性蛋白,等电点偏碱性。当溶液的 pH>pI 时,蛋白质带负电荷;当 pH<pI 时,则带正电荷。体内多数蛋白质的等电点为 5.0 左右,所以在生理条件下(pH7.4),体内蛋白质多以阴离子形式存在。

蛋白质的两性解离与等电点的特性是蛋白质重要的性质,对蛋白质的分离、纯化和分析等都具有重要的实用价值。如蛋白质的等电点沉淀、离子交换和电泳等分离分析方法的基本原理都是以此特性为基础。其内容将在蛋白质的分离与纯化部分介绍。

二、蛋白质的胶体性质

蛋白质是高分子化合物。由于其分子量大,在溶液中所形成的分子直径大小为 1~100nm,达到胶体颗粒的范围,所以蛋白质具有胶体性质,如布朗运动、光散射现象、不能透过半透膜以及具有吸附能力等胶体溶液的一般特征。

蛋白质水溶液是一种比较稳定的亲水胶体。蛋白质形成亲水胶体有两个基本的稳定因素。

1. 蛋白质表面具有水化层　由于蛋白质颗粒表面带有许多亲水的极性基团,如—NH$_3^+$、—COO$^-$、—CO—NH$_2$、—OH、—SH 等。它们易与水起水合作用,使蛋白质颗粒表面形成较厚的水化层,每克蛋白质结合水 0.3~0.5g。水化层的存在使蛋白质颗粒相互隔开,阻止其聚集而沉淀。

2. 蛋白质表面具有同种电荷　蛋白质溶液除在等电点时分子的净电荷为零外,在非等电点状态时,蛋白质颗粒皆带有同种电荷,即在 pH<pI 的溶液中为正电荷,在 pH>pI 的溶液中为负电荷。同性电荷相互排斥,使蛋白质颗粒不发生聚集而沉淀。

蛋白质的亲水胶体性质具有重要的生理意义。生物体中最多的成分是水,蛋白质与大量的水结合形成各种流动性不同的胶体系统。如构成生物细胞的原生质就是复杂的、非均一性的胶体系统,生命活动的许多代谢反应即在此系统中进行。其他各种组织细胞的形状、弹性、黏度等性质,也与蛋白质的亲水胶体性质有关。

蛋白质的胶体性质也是许多蛋白质分离、纯化方法的基础。蛋白质胶体稳定的基本因素是蛋白质分子表面的水化层和同种电荷的作用,若破坏了这些因素即可促使蛋白质颗粒相互聚集而沉淀。这就是蛋白质盐析、等电点沉淀和有机溶剂分离沉淀法的基本原理。

三、蛋白质的变性与复性

蛋白质的高分子特性形成了复杂而特定的空间构象,从而表现出蛋白质特异的生物学功能。某些物理和化学因素使蛋白质分子的空间构象发生改变或破坏,导致其生物学活性的丧失和一些理化性质的改变,这种现象称为蛋白质变性作用(protein denaturation)。

吴宪与蛋白质变性理论（拓展阅读）

1. 变性的本质　蛋白质变性的学说最早由我国生物化学家吴宪(1931 年)提出,他认为天然蛋白质分子受环境因素的影响,从有规则的紧密结构变为无规则的松散状态,即变性作用。由于研究技术特别是 X 线衍射技术的应用,对蛋白质变性的研究从变性现象的观察、分子形状的改变,深入到分子构象变化的分析。现代分析研究的结果表明,蛋白质变性作用的本质是破坏了形成与稳定蛋白质分子空间构象的次级键从而导致蛋白质分子空间构象改变或破坏,而不涉及一级结构的改变或肽键的断裂。生物学活性的丧失是变性的主要表现,这说明了变性蛋白质与天然蛋白质的根本区别。空间构象的破坏是蛋白质变性的结构基础。

2. 变性作用的特征

（1）生物学活性的丧失：这是蛋白质变性的主要特征。蛋白质的生物学活性指蛋白质表现其生物学功能的能力,如酶的生物催化作用、蛋白质激素的代谢调节功能、抗原与抗体的反应能力、蛋白质毒素的致毒作用、血红蛋白运输 O_2 和 CO_2 的能力等,这些生物学功能是由各种蛋白质特定的空间构象所表现的,一旦外界因素使其空间构象遭受破坏,其表现生物学功能的能力也随之丧失。有时空间构象仅有微小的变化,而这种变化尚未引起其理化性质改变时,在生物学活性上已可反映出来。因此,在提取、制备具有生物活性的蛋白质类化合物时,如何防止变性的发生是关键性的问题。

（2）理化性质的改变：一些天然蛋白可以结晶,而变性后失去结晶的能力;蛋白质变性后,溶解度降低易发生沉淀,但在偏酸或偏碱时,蛋白质虽变性但却可保持溶解状态;变性还可引起球状蛋白不对称性增加、黏度增加、扩散系数降低等;一般蛋白质变性后,分子结构松散,易被蛋白酶水解,因此食用变性蛋白更有利于消化。

3. 变性作用的因素和程度　能引起蛋白质变性的因素很多,物理因素有高温、紫外线、X 线、超声波和剧烈振荡等;化学因素有强酸、强碱、尿素、去污剂、重金属(Hg^{2+}、Ag^+、Pb^{2+})、三氯乙酸、浓乙醇等。各种蛋白质对这些因素敏感性不同,可根据需要选用。由于蛋白质分子空间构象的形成与稳定的基本因素是各种次级键,显然蛋白质的变性作用实质上是外界因素破坏这些次级键的形成与稳定,结果导致了蛋白质分子空间构象的改变或破坏。不同蛋白质对各种因素的敏感度不同,因此空间构象破坏的深度与广度各异,如除去变性因素后,蛋白质空间构象可恢复者称可逆变性;空间构象不能恢复者称不可逆变性。核糖核酸酶的变性与复性及其功能的丧失与恢复就是一个典型的例子。核糖核酸酶是由 124 个氨基酸残基组成的一条多肽链,含有 4 对二硫键,空间构象为球状分子。将天然核糖核酸酶用 8mol/L 尿素和 β- 巯基乙醇处理,则分子内的 4 对二硫键断裂,分子变成一条松散的肽链,此时酶活性完全丧失。但用透析法除去 β- 巯基乙醇和尿素后,此酶经氧化又自发地折叠成原有的天然构象,同时恢复了酶活性。

4. 变性作用的意义　蛋白质的变性作用不仅对研究蛋白质的结构与功能方面有重要的理论价值,而且对医药的生产和应用亦有重要的指导作用。实践中对蛋白质的变性作用有不同的要求,有时必须尽力避免,而有时则必须充分利用。如乙醇、紫外线消毒,高温、高压灭菌等是使细菌蛋白质变性而失去活性;中草药有效成分的提取或其注射液的制备也常用变性的方法(加热、浓乙醇等)除去杂蛋白;在制备有生物活性的酶、蛋白质、激素或其他生物制品(疫苗、抗毒素等)时,要求所需成分不变性,而不需要的杂蛋白应使其变性或沉淀除去。此时,应选用适当的方法,严格控制操作条件,尽量减少所需蛋白质变性。有时还可加些保护剂、抑制剂等以增强蛋白质的抗变性能力。

5. 蛋白质的复性　变性的蛋白质,由于去除了引起其变性的因素,而恢复其原来的空间结构和生物活性以及其他的各种性质,这个过程称为蛋白质复性(protein renaturation)。在利用重组 DNA 技术大量表达蛋白质时,需要将蛋白质复性。目前有两种不同的假设:一种假设认为,肽链中的局部肽段先形成一些构象单元,如 α 螺旋、β 折叠、β 转角等二级结构,然后再由二级结构单元的组合、排列,形成蛋白质三级结构;另一种假设认为,首先是由肽链内部的疏水相互作用导致一个塌陷过程,然后经逐步调整,形成不同层次的结构。尽管是不同的假设,但很多学者都认为有一个所谓"熔球态"的中间状态。在熔球态中,蛋白质的二级结构已基本形成,其整体空间结构也初具规模。此后,分子立体结构再做一些局部调整,最终形成正确的空间结构。

四、蛋白质的沉淀反应

蛋白质分子聚集而从溶液中析出的现象,称为蛋白质的沉淀。蛋白质的沉淀反应具有重要的实用价值,如蛋白质类药物的分离制备、灭菌技术、生物样品的分析、杂质的去除等都要涉及此类反应。但是,蛋白质沉淀可能是变性,也可能未变性,这取决于沉淀的方法和条件。这里介绍一些常用方法的基本原理。

1. 中性盐沉淀反应　蛋白质溶液中加入中性盐后,因盐浓度的不同可产生不同的反应。低盐浓度可使蛋白质溶解度增加,称为盐溶作用。低盐浓度可使蛋白质表面吸附某种离子,导致其颗粒表面同种电荷增加而排斥加强,同时与水分子作用也增强,从而提高了蛋白质的溶解度;高盐浓度时,因破坏蛋白质的水化层并中和其电荷,促使蛋白质颗粒相互聚集而沉淀,这称为盐析作用(salting out effect)。不同蛋白质因分子大小、电荷多少不同,盐析时所需盐的浓度各异。混合蛋白质溶液可用不同的盐浓度使其分别沉淀,这种方法称为分级沉淀。常用的无机盐有(NH_4)$_2SO_4$、$NaCl$、Na_2SO_4 等。本法的主要特点是沉淀出的蛋白质不变性,因此,常用于酶、激素等具有生物活性蛋白质的分离制备。

2. 有机溶剂沉淀反应　在蛋白质溶液中加入一定量的与水可互溶的有机溶剂(如乙醇、丙酮、甲醇等),使蛋白质表面失去水化层相互聚集而沉淀。在等电点时,加入有机溶剂更容易使蛋白质沉淀。不同蛋白质沉淀所需有机溶剂的浓度各异,因此调节有机溶剂的浓度可使混合蛋白质达到分级沉淀的目的。但是,本法有时可引起蛋白质变性,这与有机溶剂的浓度、与蛋白质接触的时间以及沉淀的温度有关。因此,用此法分离制备有生物活性的蛋白质时,应注意控制可引起变性的因素。

3. 加热沉淀反应　加热可使蛋白质变性沉淀。加热灭菌的原理就是因加热使细菌蛋白变性沉淀而失去生物活性。但加热使蛋白质变性沉淀与溶液的 pH 有关,在等电点时最易沉淀,而偏酸或偏碱时,蛋白质虽加热变性也不易沉淀。实际工作中常利用在等电点时加热沉淀除去杂蛋白。

4. 重金属盐沉淀反应　蛋白质在 pH>pI 的溶液中带负电荷,可与重金属离子(Cu^{2+}、Hg^{2+}、Pb^{2+}、Ag^+ 等)结合成不溶性蛋白盐而沉淀。临床上抢救误食重金属盐中毒的患者时,给予大量的蛋白质生成不溶性沉淀而减少重金属离子的吸收。

$$Pro\underset{NH_3^+}{\overset{COO^-}{<}} \xrightarrow{pH>pI} Pro\underset{NH_2}{\overset{COO^-}{<}} \xrightarrow{+Ag^+} Pro\underset{NH_2}{\overset{COOAg}{<}} \downarrow$$

5. 生物碱试剂的沉淀反应　蛋白质在 pH<pI 时,呈阳离子,可与一些生物碱试剂(如苦味酸、磷钨酸、磷钼酸、鞣酸、三氯乙酸、磺基水杨酸等)结合成不溶性的盐而沉淀。

$$Pro\underset{NH_3^+}{\overset{COO^-}{<}} \xrightarrow{pH<pI} Pro\underset{NH_3^+}{\overset{COOH}{<}} \xrightarrow{+CCl_3COO^-} Pro\underset{NH_3^+CCl_3COO^-}{\overset{COOH}{<}} \downarrow$$

此类反应在实际工作中有许多应用,如血液样品分析中无蛋白滤液的制备,中草药注射液中蛋白质的检查及鞣酸、苦味酸的收敛作用皆以此反应为依据。

蛋白质变性和沉淀反应是两个不同的概念,两者有联系但又不完全一致。蛋白质变性有时可表现为沉淀,亦可表现为溶解状态;同样,蛋白质沉淀有时可以是变性,亦可以不变性,这取决于沉淀的方法和条件以及对蛋白质空间构象有无破坏。

五、蛋白质的呈色反应

蛋白质是由氨基酸通过肽键构成的化合物。因此,蛋白质的呈色反应实际上是其氨基酸一些基团以及肽键等与一定的试剂所产生的化学反应,并非是蛋白质的特异反应。所以,在利用这些反应来鉴定蛋白质时,必须结合蛋白质的其他特性加以分析,切勿以任何单一的反应来确认蛋白质的存在。蛋白质的呈色反应很多,可作为蛋白质或氨基酸定性、定量分析的基础(表 4-11)。下面介绍几种重要的呈色反应。

表 4-11　氨基酸或氨基酸残基的特殊呈色反应

氨基酸名称	反应名称	试剂	颜色
酪氨酸	米伦反应	硝酸汞溶于亚硝酸磷	红色
色氨酸	乙醛酸反应	乙醛酸 + 浓硫酸	紫色
	Ehrlich 反应	对二甲氨基苯甲醛 + 浓盐酸	蓝色
精氨酸	坂口反应	α- 萘酚 + 次氯酸钠碱性溶液	深红色
组氨酸	Pouly 反应	偶氮磺胺酸碱性溶液	桔红色
半胱氨酸	硝普盐实验	亚硝酰铁氰化钠 + 稀氨水	红色
脯氨酸		酸性吲哚醌	蓝色
甘氨酸		邻苯二醛乙醇溶液	墨绿
含硫氨基酸	醋酸铅反应	强碱 + 醋酸铅	黑色沉淀
芳香族氨基酸	黄色蛋白反应	浓硫酸	黄色→橙色
α- 氨基酸	福林反应	1,2- 萘醌 -4- 磺酸钠碱性液	深红

1. 茚三酮反应(ninhydrin reaction)　在 pH5~7 时,蛋白质与茚三酮水合物加热可产生蓝紫色的化合物。此反应的灵敏度为 1μg。凡具有氨基、能放出氨的化合物几乎都有此反应,据此可用于多肽与蛋白质以及氨基酸的定性与定量分析。

2. 双缩脲反应　蛋白质在碱性溶液中与硫酸铜供热,呈现紫红色。这是蛋白质分子中肽键的反应,肽键越多反应颜色越深。氨基酸无此反应。故此法可用于蛋白质的定性和定量,亦可用于测定蛋白质的水解程度,水解越完全则颜色越浅。

3. 酚试剂反应　在碱性条件下,蛋白质分子中的酪氨酸、色氨酸可与酚试剂(磷钨酸、磷钼酸混合物)生成蓝色化合物。蓝色的强度与蛋白质的含量成正比。此法是测定蛋白质浓度的常用方法,主要的优点是灵敏度高,可测定微克水平的蛋白质含量;缺点是本法只与蛋白质中个别氨基酸反应,而受蛋白质中氨基酸组成的特异影响,即不同蛋白质所含酪氨酸、色氨酸不同而显色的强度有所差异,要求作为标准的蛋白质其显色氨基酸的量应与样品接近,以减少误差。

六、蛋白质的免疫学性质

凡能刺激机体免疫系统产生免疫应答,并能与相应的抗体和/或致敏淋巴细胞受体发生特异性结合的物质,统称为抗原。抗原刺激机体产生能与相应抗原特异结合并具有免疫功能的免疫球蛋白,称为抗体。抗原与抗体结合所引起反应,称为免疫反应。免疫反应是人类对疾病具有抵抗力的重要标志。正常情况下,免疫反应对机体是一种保护作用;异常情况时,免疫反应伴有组织损伤或出现功能紊乱,称为变态反应或过敏反应,这是一类对机体有害的病理性免疫反应。

1. **抗原(antigen, Ag)**　抗原物质的特点是具有异物性、大分子性和特异性。蛋白质是大分子物质,异体蛋白质具有强的抗原性,是重要抗原物质。进一步研究表明,蛋白质的抗原性不仅与分子大小有关,还与其氨基酸组成和结构有关。如明胶蛋白,其分子量高达 10 万,但组成中缺少芳香族氨基酸,几乎不具抗原性。一些小分子物质本身不具抗原性,但与蛋白质结合后而具有抗原性,这类小分子物质称为半抗原(hapten),如脂类、某些药(青霉素、磺胺类药物)等,这是一些药物引起变态反应的重要原因。

2. **抗体(antibody, Ab)**　随着对抗体理化性质、结构及免疫化学的深入研究,将具有抗体活性以及化学结构与抗体相似的球蛋白统称免疫球蛋白(immunoglobulin, Ig)。应注意到抗体都是免疫球蛋白,而免疫球蛋白不一定是抗体。即抗体是生物学和功能的概念,而免疫球蛋白是化学结构的概念。抗体具有高度特异性,它仅能与相应抗原发生反应,抗体的特异性取决于抗原分子表面的特殊化学基团,这类化学基团称为抗原决定簇(antigenic determinant)。各抗原分子具有许多抗原决定簇。因此,由它免疫动物所产生的抗血清实际上是多种抗体的混合物,称为多克隆抗体(polyclonal antibody)。用这种传统的方法制备抗体,其效价不稳定且产量有限,要想将这些不同抗体分离纯化是极其困难的。单克隆抗体(monoclonal antibody, McAb)是针对一个抗原决定簇,由单一的 B 淋巴细胞克隆产生的抗体。它是结构和特异性完全相同的高纯度抗体。制备单克隆抗体采用的是 B 淋巴细胞杂交瘤技术。单克隆抗体具有高度特异性、均一性、来源稳定、可大量生产等特点,这为抗体的制备和应用提供了全新的手段,同时还促进了生命科学领域里众多学科的发展。

3. **蛋白质免疫性质的应用**　蛋白质免疫学性质具有重要的理论与应用价值,它不仅在医药而且在整个生命学科都显示广阔的应用前景。举例如下:①疾病的免疫预防,卡介苗、脊髓灰质炎疫苗、麻疹疫苗等;②疾病的免疫诊断,α- 甲胎蛋白对肝癌的诊断有一定的参考作用,血型、HBsAg 检测等;③疾病的免疫治疗,破伤风抗毒素、狂犬病毒抗血清、胸腺素和干扰素等,单克隆抗体也常作为靶向药物载体用于肿瘤治疗;④免疫分析,免疫扩散、免疫电泳;⑤标记免疫分析,放射免疫分析(radioimmunoassay, RIA)、酶免疫分析(enzyme immunoassay, EIA)、荧光标记免疫分析等;⑥免疫分离纯化,免疫亲和层析。

但是,蛋白质的免疫学性质有时可带来严重的危害性,如异体蛋白进入人体内可产生病理性的免疫反应,甚至可危及生命。因此,对一些生产过程中可带入异体蛋白质的注射用药物,如生物技术药物、中药制剂、发酵生产的抗生素和基因工程产品等,其主要质量标准之一是异体蛋白质的控制,过敏实验应符合规定,以保证药品的安全性。

第五节　蛋白质的制备及鉴定

由于蛋白质和多肽在生命活动中的重要性及其广泛的应用价值,蛋白质和多肽的合成一直受到国内外的关注。蛋白质的分离与纯化是研究蛋白质化学组成、结构及生物学功能等的基础。在生物技术制药工业中,酶、激素等蛋白质类药物的生产制备也涉及分离和不同程度的纯化问题。蛋白质在自然界是存在于复杂的混合体系中,而许多重要的蛋白质在组织细胞内的量又极低。因此要把所需蛋白质从复杂的体系中提取分离,又要防止其空间构象的改变和生物活性的损失,显然是有相当难度的。目前,蛋白质分离与纯化的发展趋向是精细而多样化技术的综合运用,但基本原理均是以蛋白质的性质为依据。实际工作中应按不同的要求和可能的条件选用不同的方法。下面简要介绍一些常用方法的基本原理。

一、蛋白质和多肽合成

蛋白质和多肽的合成方法有化学合成法、半合成法和生物合成法等。下面简介其基本原理。

（一）化学合成法的基本原理

随着许多天然蛋白质和多肽一级结构的阐明,用化学方法来合成具有生物活性的多肽和蛋白质成为蛋白质化学中十分活跃的领域。1965 年,我国在世界上首次人工合成了牛胰岛素,目前已可用化学法合成多肽激素（如缩宫素、升压素、ACTH 和舒缓激肽等）、牛核糖核酸酶和多肽抗生素（如短杆菌肽 S、酪菌肽）等。其中有些方法已应用于医药工业生产。

1. 氨基酸的基团保护　为使所需的不同氨基酸能按定向顺序控制合成,防止其他不该参与反应的基团发生反应,如 N 末端的自由氨基、C 末端的自由羧基、侧链上的一些活性基团（如—SH、—OH、—NH_2 和—COOH 等）,因此应将这些基团加以封闭或保护,以减少副作用的发生。选择保护基的条件是:在接肽缩合中起保护作用,接肽后易除去而不引起肽键的断裂。

氨基保护:常用苄氧羰酰氯（Cbz-Cl）,它能与自由氨基反应生成苄氧羰酰氨基酸（Cbz-氨基酸）,以后可用 H_2/Pd 或钠 - 液氨法除去;也可用叔丁羰酰氯（BOC-Cl）作保护剂,以后用稀盐酸除去。

羧基保护:常用无水乙醇进行酯化,以后用碱水解除去。

2. 多肽的液相合成一般可分为三步

（1）氨基酸的基团保护。

（2）接肽缩合反应:常用的接肽缩合剂为 N, N' - 二环己基碳二亚胺（DCCI）。它与氨基保护的氨基酸和另一分子羧基保护的氨基酸或肽作用,脱水缩合生成肽,而 DCCI 则生成 N, N' - 二环己脲（DCU）沉淀析出,易分离除去。反应为:

$$\text{DCCI} \xrightarrow{+H_2O} \text{DCU}$$

（3）肽化合物的合成:根据保护剂的性质选用适当的方法除去保护基团,经分离纯化即得合成的肽。重复上述步骤可合成多肽化合物。

在多肽的液相合成中,肽链从 N 末端向 C 末端方向延伸。多肽液相合成的总反应如下:

基团保护

$$\underset{\text{H}_2\text{NCHCOOH}}{\overset{\text{R}_1}{|}} \xrightarrow{+ \text{Cbz-Cl}} \underset{\text{Cbz—NHCHCOOH}}{\overset{\text{R}_1}{|}}$$

$$\underset{\text{H}_2\text{NCHCOOH}}{\overset{\text{R}_2}{|}} \xrightarrow{+ \text{C}_2\text{H}_5\text{OH}} \underset{\text{H}_2\text{NCHCOOC}_2\text{H}_5}{\overset{\text{R}_2}{|}}$$

接肽缩合

$$\xrightarrow[-\text{DCU}]{+\text{DCCI}}$$

$$\underset{\text{Cbz—NHCH}}{\overset{\text{R}_1}{|}} \underset{}{\overset{\text{O}}{\underset{\|}{\text{C}}}} - \underset{\text{H}}{\overset{\text{N}}{|}} - \underset{\text{CHCOOC}_2\text{H}_5}{\overset{\text{R}_2}{|}}$$

除去保护基团

$$\xrightarrow{+ \text{NaOH, H}_2/\text{Pd}}$$

$$\underset{\text{H}_2\text{NCH}}{\overset{\text{R}_1}{|}} \underset{}{\overset{\text{O}}{\underset{\|}{\text{C}}}} - \underset{\text{H}}{\overset{\text{N}}{|}} - \underset{\text{CHCOOH}}{\overset{\text{R}_2}{|}}$$

合成肽化合物

3. **多肽的固相合成** 多肽固相合成是控制合成技术上的一个重要进展。其原理是以不溶性的固相作为载体(如聚苯乙烯树脂),将要合成肽链 C 末端的氨基酸的氨基加以保护,其羧基通过酯键与载体相连而固化,然后除去氨基保护基,用 DCCI 为接肽缩合剂,每次缩合一个氨基保护而羧基游离的氨基酸。重复上述步骤,可使肽链按控制顺序从 C 末端向 N 末端延长直到合成完成,脱去树脂。本法的优点是:由于所合成的肽是连在不溶性的固相载体上,因此可以在一个反应容器中进行所有的反应,便于自动化操作,加入过量的反应物可以获得高产率的产物,同时产物很容易分离。现已按此原理设计出有程序控制的自动化多肽固相合成仪,并成为多肽合成的常用技术。本法的缺点是:在多肽合成过程中,可能出现反应不完全、保护基脱落、肽与载体间共价键部分断裂等,导致肽的流失和副反应增加,这些类似物的分离是很难的,因而此法产物的纯度不如液相法。通常固相法用于合成小分子多肽还是较理想的。

多肽固相合成的反应原理如下:

C端氨基酸固相化　树脂—⟨苯环⟩—CH_2—Cl + HOOCCHNH—BOC（R_1）

↓

脱保护基　树脂—⟨苯环⟩—CH_2—O—COCHNH—BOC（R_1）

+HCl-HAC

↓

接肽缩合　树脂—⟨苯环⟩—CH_2—O—COCHNH$_2$（R_1）

HOOCCHNH—BOC（R_2）

↓

脱树脂和保护基　树脂—⟨苯环⟩—CH_2—O—COCH—N—C—CH—NH—BOC（R_1, O, H, R_2）

HBr

↓

树脂—⟨苯环⟩—CH_2—Br + HOOCCHNHCOCHNH$_2$（R_1, R_2）
合成肽化合物

多肽的化学合成虽有较大进展,但一般适宜合成 30 个氨基酸残基以内的多肽,对于合成 30 个氨基酸残基以上的大分子蛋白质,目前采用化学合成还有相当困难,有待进一步研究。

（二）采用生物技术合成蛋白质

目前,化学法多限于小分子多肽的合成,对大分子蛋白质仍以生物合成为主。近年来现代生物技术(biotechnology)的发展不仅对生命科学将产生重大而深远的影响,且具有极重要的应用前景,为蛋白质的生物合成提供了新兴的极为重要的有效手段。生物技术作为 21 世纪高技术的核心,将在解决人类食品、健康和环境等方面发挥巨大的作用,已成为许多国家发展科技的战略重点。医药生物技术是生物技术领域中首先取得突破的技术,它在新药研究、开发、生产和传统制药业改造中得到越来越广泛的应用。其中蛋白质和多肽类药物及单克隆抗体的研究开发在现代生物技术中居领先地位。下面简单介绍蛋白质生物合成中生物技术的应用。

1. **基因工程(genetic engineering)** 又称 DNA 重组(recombination),是现代生物技术的核心。目前利用 DNA 重组技术合成蛋白质类药物已越来越多,如人胰岛素、人生长激素、干扰素、促红细胞生成素和白细胞介素等。

转基因动物(transgenic animal) 作为生物反应器合成、生产蛋白质多肽药物,已成为国际上的重要领域,其原理是:将目标基因导入动物的受精卵或单卵胚胎细胞并在动物体内正常表达,从其体液与组织中可分离外源基因的表达产物。此技术的优点是:不干扰动物的正常代谢;从体液如乳汁中易于提纯产物;基因表达可精确控制;产量高,比细胞培养的表达量高且更经济。如 TPA,转基因动物表达量已达到每升乳汁含几克到 25g,由此可见利用转基因动物生产药用蛋白的巨大潜力。

2. 细胞工程(cell engineering)　细胞是构成生命的基本单位。一切蛋白质都可由不同的细胞合成,因此可利用细胞培养生产制备所需蛋白质类药物。由于细胞融合技术的建立和发展为生物技术制药展示了美好的前景,如杂交瘤细胞不仅具有合成某种蛋白质的能力,也具有较强的细胞增殖能力。目前,利用正常细胞,特别是杂交瘤细胞培养可合成制备许多蛋白质类药物,如诊断或治疗用的单克隆抗体、促红细胞生成素、组织型纤溶酶原激活物和多种干扰素等。

3. 酶工程(enzyme engineering)　应用酶的特异性催化作用制备目标产物的工艺过程。此法的优点:酶反应专一、效率高,可在常温、常压和水溶液中反应,易与有机合成密切结合等。

二、蛋白质提取

1. 材料的选择　蛋白质的提取首先要选择适当的材料,选择的原则是材料应含较多的所需蛋白质,且来源方便。当然,由于目的不同,有时只能用特定的原料。原料确定后,还应注意其管理,否则也不能获得满意的结果。

2. 组织细胞的破碎　一些蛋白质以可溶形式存在于体液中,可直接分离。但多数蛋白质存在于细胞内,并结合在一定的细胞器上,故需先破碎细胞,然后以适当的溶媒提取。根据动物、植物或微生物原料不同,选用不同的细胞破碎方法。

3. 提取　蛋白质的提取应按其性质选用适当的溶媒和提取次数以提高收率。此外,还应注意细胞内外蛋白酶对有效成分的水解破坏作用。因此,蛋白质提取的条件是很重要的,总的要求是既要尽量提取所需蛋白质,又要防止蛋白酶的水解和其他因素对蛋白质特定构象的破坏作用。蛋白质的粗提液可进一步分离纯化。

三、蛋白质分离与纯化

(一)根据溶解度不同的分离纯化方法

利用蛋白质溶解度的差异是分离蛋白质的常用方法之一。影响蛋白质溶解度的主要因素有溶液的 pH、离子强度、溶剂的介电常数和温度等。在一定条件下,蛋白质溶解度的差异主要取决于它们的分子结构,如氨基酸组成、极性基团和非极性基团的多少等。因此,恰当地改变这些影响因素,可选择性地造成其溶解度的不同而分离。

1. 等电点沉淀　蛋白质在等电点时溶解度最小。单纯使用此法不易使蛋白质沉淀完全,常与其他方法配合使用。

2. 盐析沉淀　中性盐对蛋白质胶体的稳定性有显著的影响。一定浓度的中性盐可破坏蛋白质胶体的稳定因素而使蛋白质盐析沉淀。盐析沉淀的蛋白质一般保持着天然构象而不变性。有时不同的盐浓度可有效地使蛋白质分级沉淀。通常单价离子的中性盐(NaCl)比二价离子的中性盐[(NH$_4$)$_2$SO$_4$]对蛋白质溶解度的影响要小。

3. 低温有机溶剂沉淀法　有机溶剂的介电常数较水低,如 20℃时,水为 79、乙醇为 26、丙酮为21。因此,在一定量的有机溶剂中,蛋白质分子间极性基团的静电引力增加,而水化作用降低,促使蛋白质聚集沉淀。此法沉淀蛋白质的选择性较高,且不需脱盐,但温度高时可引起蛋白质变性,故应注意低温条件。如用冷乙醇法从血清中分离制备人体清蛋白和球蛋白。

在蛋白质的沉淀过程中,温度对蛋白质溶解度的影响很大,一般在 0~40℃,多数球状蛋白的溶解度随温度的升高而增加;40~50℃以上,多数蛋白质不稳定并开始变性。因此,对蛋白质的沉淀一般要求低温条件。

（二）根据分子大小不同的分离纯化方法

蛋白质是大分子物质,但不同蛋白质分子大小各异,利用此性质可从混合蛋白质中分离各组分。

1. 透析（dialysis）　利用蛋白质大分子对半透膜的不可透过性将其与其他小分子物质分开。半透膜是一种具有超小微孔的膜,把蛋白质溶液装入用半透膜制成的透析袋里,再置于水中,小分子物质可透过薄膜,不断更换透析袋外面的溶液,即可使袋内的小分子物质除去。此法简便,常用于蛋白质的脱盐,但所需时间较长。

2. 超滤（ultrafiltration）　是依据分子大小和形状,在 10^{-8} cm 数量级进行选择性分离的技术。其原理是利用超滤膜在一定的压力或离心力的作用下,大分子物质被截留,小分子物质则滤过排出。选择不同孔径的超滤膜可截留不同分子量的物质（表 4-12）。此法的优点是可选择性地分离所需分子量的蛋白质、超滤过程无相态变化、条件温和、蛋白质不易变性,常用于蛋白质溶液的浓缩、脱盐、分级纯化等。本法的关键是超滤膜的质量。随着制膜技术和超滤装置的发展与改进,将使本法具有简便、快速、大容量和多用途的特点,是一种应用很广的分离技术。

表 4-12　超滤膜孔径与截留蛋白质的分子量

膜孔平均直径（10^{-8} cm）	分子量截留值 /kDa	膜孔平均直径（10^{-8} cm）	分子量截留值 /kDa
10	500	22	3×10^4
12	1 000	30	5×10^4
15	1×10^4	55	10×10^4
18	2×10^4	140	30×10^4

3. 凝胶过滤层析（gel filtration chromatography）　又名分子排阻层析（molecular-exclusion chromatography）。这是一种简便而有效的蛋白质分离方法。其原理是利用蛋白质分子量的差异,通过具有分子筛性质的凝胶而被分离（图 4-16）。

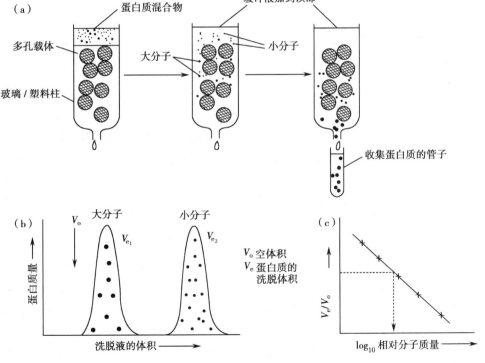

（a）凝胶过滤层析示意图;（b）洗脱曲线;（c）已知蛋白质相关洗脱体积对分子量的对数作图

图 4-16　凝胶过滤层析

常用的凝胶有葡聚糖凝胶（dextran gel）、聚丙烯酰胺凝胶（polyacrylamide gel）和琼脂糖凝胶（agarose gel）等。葡聚糖凝胶是以葡聚糖与交联剂形成有三维空间的网状结构物，两者的比例和反应条件决定其交联度的大小，即孔径大小，用 G 表示。G 越小，交联度越大，孔径越小。当蛋白质分子的直径大于凝胶的孔径时，被排阻于胶粒之外；小于孔径的蛋白质则进入凝胶。在层析洗脱时，大分子受阻小而最先流出；小分子受阻大而最后流出。结果使大小不同的物质分离（见图 4-16）。

4. 密度梯度离心（density gradient centrifugation）　蛋白质颗粒的沉降速度取决于它的大小和密度。当其在具有密度梯度的介质中离心时，质量和密度大的颗粒比质量和密度小的颗粒沉降得快，并且每种蛋白质颗粒沉降到与自身密度相等的介质梯度时，即停滞不前，可分步收集进行分析。在离心中使用密度梯度具有稳定作用，可以抵抗由于温度的变化或机械振动引起区带界面的破坏而影响分离效果。

（三）根据电离性质不同的分离纯化方法

蛋白质是两性电解质，在一定的 pH 条件下，不同蛋白质所带电荷的质与量各异，可用电泳法或离子交换层析法等分离纯化。

1. 电泳法　带电粒子在电场中向所带电荷相反的方向移动，这种性质称为电泳（electrophoresis）。蛋白质除在等电点外，具有电泳性质。蛋白质在电场中移动的速度和方向主要取决于蛋白质分子所带的电荷的性质、数量及蛋白质分子的大小和形状。带电粒子在电场中的电泳速度用电泳迁移率表示，即单位电场下带电粒子的泳动速度。

$$\mu = u/E = dL/Vt$$

式中：μ 为电泳迁移率，u 为带电粒子的泳动速度，E 为电场强度，d 为带电粒子移动距离，L 为支持物的有效长度，V 为支持物两端的实际电压，t 为通电时间。

带电粒子的泳动速度除受本身性质决定外，还受其他外界因素的影响，如电场强度、溶液的 pH、离子强度及电渗等。但是，在一定条件下，各种蛋白质因电荷的质、量及分子大小不同，其电泳迁移率各异而达到分离的目的。这是蛋白质分离和分析的重要方法。由于电泳装置、电泳支持物的不断改进和发展以及电泳目的的不同，已构成形式多样、方法各异但本质相同的系列技术。这里仅介绍一些常用的方法。

（1）醋酸纤维薄膜电泳：它以醋酸纤维薄膜作为支持物，电泳效果比纸电泳好，时间短、电泳图谱清晰。临床用于血浆蛋白质电泳分析。

（2）聚丙烯酰胺凝胶电泳（polyacrylamide gel electrophoresis，PAGE）：又称分子筛电泳或圆盘电泳（disc electrophoresis），它以聚丙烯酰胺凝胶为支持物，具有电泳和凝胶过滤的特点，即电荷效应、浓缩效应、分子筛效应，因而电泳分辨率高。如醋酸纤维薄膜电泳分离人血清只能分离出 5~6 种组分，而本法可分离出 20~30 种组分，且样品需要量少，一般用 1~100μg 即可。

（3）等电聚焦电泳（isoelectric focusing electrophoresis）：它以两性电解质作为支持物，电泳时即形成一个由正极到负极逐渐增加的 pH 梯度。蛋白质在此系统中电泳，各自集中在与其等电点相应的 pH 区域而达到分离的目的。此法分辨率高，各蛋白 pI 相差 0.02pH 单位即可分开，可用于蛋白质的分离纯化和分析。

（4）免疫电泳（immunoelectrophoresis）：把电泳技术和抗原与抗体反应的特异性相结合，一般以琼脂或琼脂糖凝胶为支持物。方法是先将抗原中各蛋白质组分经凝胶电泳分开，然后加入特异性抗体经扩散可产生免疫沉淀反应。本法常用于蛋白质的鉴定及其纯度的检查。目前此类方法已有许多新的发展，如荧光免疫电泳、酶免疫电泳、放射免疫电泳、蛋白质印迹法等。

（5）二维电泳（two-dimensional electrophoresis）：其原理是根据蛋白质等电点和相对分子质量的特异性，将蛋白质混合物在电荷（采用等电聚焦方式）和相对分子质量［采用十二烷基硫酸钠 - 聚丙烯酰胺凝胶电泳（SDS-PAGE）方式］两个方向上进行分离。双向电泳的第一向为等电聚焦（等电点信息），第二向为 SDS-PAGE（分子量信息）。样品经过电荷和质量两次分离后，可以得到分子的等电点和分子量的信息。一次双向电泳可以分离几千甚至上万种蛋白，这是目前所有电泳技术中分辨率最高、信息量最多的技术。

2. 离子交换层析（ion-exchange chromatography） 利用物质的带电性与惰性载体上的活性离子基团进行可逆交换而进行分离纯化的方法。蛋白质是两性化合物，可用离子交换技术进行分离纯化。但普通的离子交换树脂适用于小分子离子化合物的分离（如氨基酸、小肽等）。下面这一类离子交换剂常用于大分子物质的分离与纯化（图 4-17）。

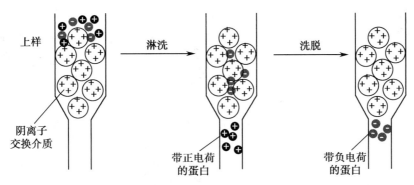

上样　　淋洗　　洗脱

阴离子交换介质

带正电荷的蛋白

带负电荷的蛋白

图 4-17　阴离子交换层析示意图

阴离子交换介质是在不溶性惰性载体上共价连接正电荷的基团，吸附和交换周围环境中的阴离子；而阳离子交换介质是在不溶性惰性载体上共价连接负电荷的基团，吸附和交换周围环境中的阳离子。根据不溶性惰性载体化学成分一般将其分为以下几种。

（1）离子交换纤维素：它以纤维素分子为母体，大部分可交换基团位于纤维素表面，易与大分子蛋白质交换。如二乙氨基乙基纤维素（DEAE-C）为阴离子纤维素，化学式为纤维素—OCH_2—CH_2N—$(C_2H_5)_2$。羧甲基纤维素（CMC^-）为阳离子交换纤维素，化学式为纤维素—OCH_2—COOH。

（2）离子交换凝胶：它把离子交换与分子筛两种作用结合起来，是离子交换技术的重要改进。一般是在凝胶分子上引入可交换的离子基团，如二乙氨基乙基葡聚糖凝胶（DEAE-Sephadex）、羧甲基葡聚糖凝胶（CM-Sephadex）等。

（3）大孔型离子交换树脂：这类树脂孔径大，可交换基团分布在树脂骨架的表面，因此适用于较大分子物质的分离、精制。

（四）根据配基特异性的分离纯化方法

亲和层析法（affinity chromatography）又名选择层析、生物特异吸附层析。蛋白质能与其相对应的化合物（称为配体）具有特异结合的能力，即亲和力。这种亲和力具有下列重要特性。

1. 高度特异性 如抗原与抗体、Protein A 与抗体、酶与底物或抑制剂、RNA 与其互补的 DNA 之间等，它们相互结合具有高度的选择性。

2. 可逆性 上述化合物在一定条件下可特异结合形成复合物，当条件改变时又易解开。如抗原与抗体的反应，一般在碱性时两者结合，而酸性时则解离。

根据这种具有特异亲和力的化合物之间能可逆结合与解离的性质建立的层析方法，称为亲和层析。本法具有简单、快速、得率和纯化倍数高等显著优点，是一种具有高度专一性的分离纯化蛋白质的有效方法（图 4-18）。

亲和层析的步骤，以抗原纯化为例说明如下。

（1）配基的固相化：选用与抗原（Ag）相应的抗体（Ab）为配基，用化学方法使其与固相载体相连接。常用的固相载体有琼脂糖凝胶、葡聚糖凝胶、纤维素等。

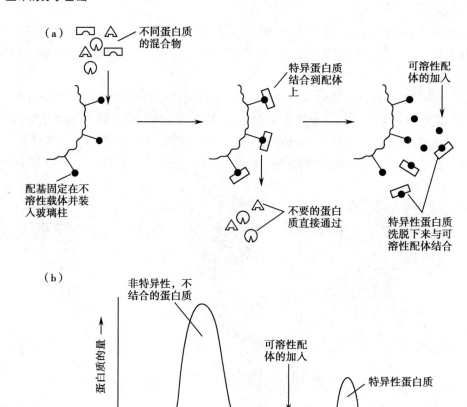

（a）示意图;（b）洗脱曲线

图 4-18　亲和层析

（2）抗原的吸附:将连有抗体的固相载体装入层析柱,使含有抗原的混合物通过此柱,相应的抗原被抗体特异地结合,而非特异的抗原等杂质不能被吸附而直接流出层析柱。

（3）抗原的洗脱:将层析柱中的杂质洗净,改变条件使 Ag-Ab 复合物解离,此时洗脱液中的抗原即为纯化抗原,经冷冻干燥于低温保存。

四、蛋白质纯度鉴定与含量测定

（一）蛋白质纯度鉴定

蛋白质的纯度是指一定条件下的相对均一性。因为,蛋白质的纯度标准主要取决于测定方法的检测极限,用低灵敏度的方法证明是纯的样品,改用高灵敏度的方法则可能是不纯的。所以,在确定蛋白质的纯度时,应根据要求选用多种不同的方法从不同的角度去测定其均一性。下面介绍一些常用检查纯度的方法。

1. 层析法　用分子筛或离子交换层析检查样品时,如果样品是纯的应显示单一的洗脱峰;若样品是酶类,层析后则显示恒定的比活性。如果是这样,可认为该样品在层析性质上是均一的,称为"层析纯"。

高效液相色谱（high performance liquid chromatography, HPLC）在原理上与常压液相层析基本相同。它具有气相层析的优点,又不要求样品必须是可挥发性的;HPLC 采用特有的固相载体,加上在高压条件下工作,使它成为一种高效能的分析方法。HPLC 不仅可用于蛋白质纯度分析,也可用于少量样品的制备。

2. 电泳法　用 PAGE 检查样品呈现单一区带,也是纯度的一个指标,这表明样品在电荷和质量方面的均一性,如果在不同 pH 条件下电泳均为单一区带,则结果更可靠些;SDS-PAGE 检测纯度也很有价值,它说明蛋白质在分子大小上的均一程度,但此法只适用于单链多肽和具有相同亚基的蛋白质;等电聚焦电泳用于检查纯度,可表明蛋白质在等电点方面的均一性。生物体内有成千上万的蛋白质,它们之间在某些性质上可相同或非常相似,因此用一种方法检测时,出现重叠现象是完全有可能的。可以说纯的蛋白质电泳仅有一条区带,但仅有一条区带却不一定是纯的,仅能表明它在电泳上的均一性,称为"电泳纯"。

高效毛细管电泳(high performance capillary electrophoresis, HPCE)是在传统电泳的基础上发展的一种新型的分离分析技术。随着生物工程的迅速发展,新的基因工程产品不断出现,使 HPCE 在生物技术产品分析研究中成为重要的手段。HPCE 的主要特点:快速(分析时间为 1~15 分钟)、微量(样品 1~10nl)、高效(理论塔板数为 10^4~10^6/m)、高灵敏度(如人生长激素 20pg 即可分离检出),且试剂无毒性,实验条件缓冲液可变而不改变毛细管柱,有效避免柱污染等。

3. 免疫化学法　免疫学技术是鉴定蛋白质纯度的有效方法,它根据抗原与抗体反应的特异性,可用已知抗体检查抗原或已知抗原检查抗体。常用的方法有免疫扩散、免疫电泳、双向免疫电泳和放射免疫分析等。特别是放射免疫分析(RIA),它是一种超微量的特异分析方法,灵敏度很高,可达纳克至皮克水平,但需特殊设备和存在放射性的有害污染。另一种酶免疫分析法(EIA)是以无害的酶作为标记物代替同位素,此法的灵敏度近似于 RIA,是目前常用的分析技术。免疫学方法是鉴定蛋白质纯度的特异方法,但对那些具有相同抗原决定簇的化合物也可能出现同样的反应。用此法检测的纯度称为"免疫纯"。

蛋白质纯度的鉴定方法还有超速离心法、蛋白质化学组成和结构分析等,但这些方法因需特殊设备或测定方法复杂而在应用上受到限制。可以说蛋白质最终的纯度标准应是其氨基酸组成和顺序分析,但因其难度大而一般很少用它来检查蛋白质的纯度。目前常用的方法仅表明在一定条件下的相对纯度。实际工作中可根据对纯度的要求选用适当的方法,若对纯度要求高,应选具有相当灵敏度的多种方法进行分析。

(二)蛋白质含量测定

1. 凯氏定氮法(Kjeldahl 法)　这是测定蛋白质含量的经典方法。其原理是蛋白质具有恒定的含氮量,平均为 16%,因此测定蛋白质的含氮量即可计算其含量;含氮量的测定是使蛋白质经硫酸分解为(NH_4)$_2SO_4$,碱性时蒸馏释出 NH_3 用定量的硼酸吸收,再用标准浓度的酸滴定,求出含氮量即可计算蛋白质的含量。

2. 劳里法(福林 - 酚试剂法)　这是测定蛋白质浓度应用最广泛的一种方法。其原理是在碱性条件下蛋白质与 Cu^{2+} 生成复合物,还原磷钼酸 - 磷钨酸生成蓝色化合物,可用比色法测定。此法优点是操作简便、灵敏度高、蛋白质浓度范围是 25~250μg/ml。但此法实际上是蛋白质中半胱氨酸、酪氨酸和色氨酸等与酚试剂的反应,因此它受蛋白质的氨基酸组成的影响,即不同蛋白质中以上几种氨基酸含量不同使显色强度有所差异;此外,酚类等一些物质的存在可干扰此法的测定,导致分析的误差。

3. 双缩脲法　在碱性条件下,蛋白质分子中的肽键与 Cu^{2+} 可生成紫红色的络合物,可用比色法定量。此法简便,受蛋白质氨基酸组成影响小,但灵敏度小、样品用量大,蛋白质浓度范围为 0.5~10mg/ml。

4. 紫外分光光度法　蛋白质分子中常含有酪氨酸等芳香族氨基酸,在 280nm 处有特征性的吸收峰,可用于蛋白质的定量。此法简便、快速、不损失样品,测定蛋白质的浓度范围是 0.1~0.5mg/ml。若样品中含有其他具有紫外吸收的杂质,如核酸等,可产生较大的误差,故应作适当的校正。

蛋白质样品中含有核酸时,可按下列公式计算蛋白质的浓度:

$$蛋白质的浓度(mg/ml) = 1.55A_{280} - 0.75A_{260}$$

A 为 280nm 和 260nm 时的光吸收值。

蛋白质的含量测定方法还有 BCA 比色法和考马斯亮蓝法（Bradford 法，或称 Bio-Rad 蛋白分析法）等，这些方法主要特点是简便、快速、灵敏和抗干扰作用强，有望替代传统的劳里法，但试剂较贵。

5. BCA 比色法   其原理是在碱性溶液中，蛋白质将 Cu^{2+} 还原为 Cu^+ 再与 BCA 试剂（4,4′- 二羧酸 -2,2′- 二喹啉钠）生成紫色复合物，于 562nm 有最大吸收峰，其强度与蛋白质浓度成正比。此法的优点是单一试剂、终产物稳定，与劳里法相比几乎没有干扰物质的影响。尤其在 Triton X-100、SDS 等表面活性剂中也可测定。其灵敏度范围一般为 10~1 200μg/ml。

6. 考马斯亮蓝法   这是一种快速、可靠的通过染料法测定溶液中蛋白质含量的方法。其原理是基于考马斯亮蓝 G-250 有红、蓝两种不同颜色的形式。在一定浓度的乙醇及酸性条件下，可配成淡红色的溶液，当与蛋白质结合后，产生蓝色化合物，反应迅速而稳定。检测反应化合物在 595nm 的光吸收值，可计算出蛋白质的含量。此法特点是：快速简便，10 分钟左右即可完成；灵敏度范围一般在 25~200μg/ml，最小可测 2.5μg/ml 蛋白质；氨基酸、肽、乙二胺四乙酸（EDTA）、三羟甲基氨基甲烷（Tris）、糖等无干扰。Bio-Rad 的蛋白质定量检测试剂盒即以此法为依据。

第六节   蛋白质类药物的研究与应用

蛋白质是生物体的重要结构和功能分子，也是治疗疾病的重要药物。早在 20 世纪初，科学家就开始利用蛋白质治疗人体疾病，1922 年科学家从猪或牛的胰腺提取胰岛素救治患有 1 型糖尿病的患者。蛋白质类药物是指多肽和基因工程药物、单克隆抗体和基因工程抗体、重组疫苗等。自 1982 年第一个基因工程技术生产的蛋白质类药物 Humulin（重组胰岛素）上市以来，现代生物技术的发展使得蛋白质类药物的大规模生产成为现实，这类药物应用于临床的数量也越来越多。蛋白质类药物由于其高活性、高特异性、低毒性、生物学功能明确、成本低、成功率高、安全可靠，已成为医药产品中的重要组成部分。目前已经上市的蛋白质类药物有 800 多个，并且有 2 万多个蛋白质药物的临床试验正在开展中，这些药物包括：造血细胞生长因子和凝血因子、干扰素和细胞因子、激素类蛋白分子、酶分子、抗体以及抗体药物偶联分子、疫苗等，应用于癌症、类风湿关节炎、自身免疫系统疾病、肝炎、激素代替治疗、代谢紊乱等领域。随着蛋白质化学和分子生物学的发展，用于治疗各种疾病的蛋白质类药物的研制和应用已成为生物医药产业发展的热点。

根据蛋白质药理学作用，可将蛋白质类药物分为四大类：①应用蛋白质的酶活性及调节活性进行治疗的蛋白质类药物；②有特殊靶向活性的蛋白质类药物；③重组蛋白质疫苗；④用于诊断的重组蛋白质类药物。其中第一类和第二类主要用于基础蛋白质疗法，第三类和第四类重点强调蛋白质在疫苗及诊断用药中的应用。本节以激素类蛋白质药物、细胞因子类蛋白质药物和抗体类蛋白质药物为代表，简要介绍蛋白质类药物的研究与应用。

一、激素类蛋白质药物

蛋白质类激素是人体重要的一类激素分子，发挥着调控机体新陈代谢、维持内环境相对稳定、控制细胞增殖分化、机体生长发育和生殖等重要功能。蛋白质类激素分泌量过少或过多都会引起机体功能的紊乱，例如胰岛素分泌量不足会导致糖尿病，生长激素分泌过多会导致肢端肥大症等，所以临床上常以蛋白质类激素水平的测定作为诊断某些疾病的依据，同时也将许多蛋白质类激素作为治疗药物应用于临床。早期的治疗性激素类蛋白质药物主要从动物的组织中提取分离，这种方式得到的蛋白质类药物常受到其他蛋白质的污染，并且产量严重受限。随着采用重组 DNA 技术合成蛋白质方法的出现和大规模发酵技术的发展，现在人类可以获得大量高纯度的激素类蛋白质药物，并且药物的种类也不断丰富（表 4-13）。

表 4-13 已上市的激素类蛋白质药物（部分）

激素	适应证	批准时间
重组胰岛素	糖尿病的替代治疗	1996 年
阿巴洛肽	骨质疏松症	2017 年
索马鲁肽	2 型糖尿病	2017 年
血管紧张肽	感染性休克或其他分布性休克（升高血压）	2017 年
长效生长激素	儿童生长激素缺乏症	2021 年

胰岛素是由胰岛 β 细胞分泌的一种多肽激素，由 51 个氨基酸残基组成，分子量为 5 734。胰岛素的主要生理功能是对代谢的调节，它可促进糖的利用，使葡萄糖转化为糖原和脂肪，而抑制糖的异化和脂肪的分解，也能促进蛋白质和核酸的合成。生产的重组人胰岛素与人体内胰腺分泌的胰岛素一致，是治疗糖尿病的重要药物。通过对胰岛素的修饰和制剂的改进，目前已经开发出速效、中效和长效的胰岛素制品。

二、细胞因子类蛋白质药物

细胞因子是一类具有广泛生物学活性的小分子蛋白质或多肽，通过自分泌、旁分泌、内分泌的方式，与细胞表面特异的受体结合，调节细胞的代谢、分裂和基因表达，各种细胞因子往往协同作用。重要的细胞因子包括：干扰素、生长因子、白细胞介素、肿瘤坏死因子等。目前已经开发出干扰素、生长因子等众多的细胞因子类蛋白质药物（表 4-14）。

表 4-14 已上市的细胞因子类蛋白质药物（部分）

细胞因子	适应证	上市时间
促红细胞生成素	贫血	1989 年
重组白细胞介素 2	成年转移性肾细胞癌	1992 年
干扰素 α	成年代偿期慢性丙型肝炎	1997 年
重组人神经生长因子	神经损伤	2017 年

三、抗体类蛋白质药物

抗体是一类能与抗原特异性结合的免疫球蛋白，在疾病的预防、诊断和治疗方面都有一定的作用。例如临床上用丙种球蛋白预防病毒性肝炎、麻疹、风疹等；用抗 DNA 抗体诊断系统性红斑狼疮；用抗毒素中和毒素进行抗毒治疗以及免疫缺陷性疾病的治疗等。随着人源化单克隆抗体的发展，抗体药物在肿瘤治疗领域具有重要的应用，已成为制药行业中"重磅炸弹"级的药物。随着抗体技术的不断发展，人源化、多功能抗体和抗体偶联药物成为抗体药物的发展趋势（表 4-15）。

表 4-15 FDA 2015—2020 年批准的抗体药物（部分）

抗体名称	靶点	适应证	批准时间
达妥昔单抗	GD2	神经母细胞瘤	2015 年
达雷妥尤单抗	CD38	多发性骨髓瘤	2015 年
阿替利珠单抗	PD-L1	膀胱癌	2016 年
古塞奇尤单抗	IL-23	中重度斑块型银屑病	2017 年

续表

抗体名称	靶点	适应证	批准时间
西米单抗	PD-1	鳞状细胞癌	2017 年
莫格利珠单抗	CCR4	皮肤 T 细胞淋巴瘤	2018 年
泊洛妥珠单抗	CD79b	淋巴瘤	2019 年
溴珠单抗	VEGF-A	与年龄相关的湿性黄斑变性	2019 年
德卢替康 - 曲妥珠单抗	HER2	乳腺癌	2019 年
伊沙妥昔单抗	CD38	多发性骨髓瘤	2020 年

　　综上所述,蛋白质不仅是生物体内重要的生物大分子,也是极为重要的生物技术药物,近年来蛋白质类药物在药物品种和销售额上都超过了非蛋白质药物,显示了蛋白质类药物巨大的市场前景。

思 考 题

　　1. 组成人体蛋白质的氨基酸分为几类? 分类的依据是什么?

　　2. 蛋白质的高级结构分几个层次? 各有何特点? 各层次间内在关系如何? 维持高级结构稳定的化学键有哪些?

　　3. 举例说明蛋白质结构和功能的关系。

　　4. 常用的蛋白质分离纯化方法有哪些? 各自的作用原理是什么?

第四章
目标测试

（张秀梅）

第五章

核酸的化学

学习目标

1. **掌握** 核酸的化学组成,DNA 与 RNA 的结构和功能,核酸的理化性质及其应用,核酸含量的测定方法。
2. **熟悉** 核酸的分离纯化方法。
3. **了解** 核酸测序的基本原理,核酸在生命活动中的重要意义、在医药领域的应用。

第一节 概 述

核酸(nucleic acid)是含有磷酸基团的重要生物大分子,因最初从细胞核分离获得,又具有酸性,故称为核酸。一切生物都含有核酸,即使比细菌还小的病毒也含有核酸。核酸是组成与表达基因的物质基础,是合成蛋白质、组成细胞的重要生理活性物质。

核酸不仅与正常生命活动(如生长繁殖、遗传变异、细胞分化等)有着密切关系,而且与生命的异常活动(如肿瘤发生、遗传病、代谢病、辐射损伤、病毒感染等)也息息相关。因此,对核酸的研究是现代生物化学、分子生物学与医药学发展的重要领域。

一、核酸的分类与分布

核酸(nucleic acid)是以核苷酸为基本组成单位的含磷生物大分子,具有复杂的结构和重要的功能。它决定生物体的遗传特征,负责生命信息的贮存和传递。天然的核酸依据化学组成不同分为脱氧核糖核酸(deoxyribonucleic acid, DNA)与核糖核酸(ribonucleic acid, RNA)。DNA 主要存在于细胞核的染色质(chromatin)中,也分布于线粒体和叶绿体中,主要携带遗传信息、决定细胞和个体的基因型(genotype)。RNA 约 90% 存在于细胞质中,10% 存在于细胞核,参与细胞内 DNA 遗传信息的表达与调控。RNA 也可作为病毒的遗传信息载体。细胞内参与蛋白质生物合成的 RNA 主要有三种:①转运 RNA(transfer RNA, tRNA),其主要功能是在蛋白质合成中发挥携带活化的氨基酸的作用;②信使 RNA(messenger RNA, mRNA),在蛋白质合成中发挥决定氨基酸顺序的模板作用;③核糖体 RNA(ribosomal RNA, rRNA),与蛋白质结合而构成核糖体,是合成蛋白质的细胞器,催化氨基酸之间形成肽键、产生肽链。除了上述三种主要的 RNA 之外,在细胞核和细胞质内还含有其他的 RNA。如核内不均一 RNA(heterogeneous nuclear RNA, hnRNA),它是真核生物 mRNA 的前体;核小 RNA(small nuclear RNA, snRNA),在 RNA 成熟过程中起作用;还有线粒体 RNA(mitochondrial RNA, mtRNA)、叶绿体 RNA(chloroplast RNA, ctRNA)和病毒 RNA。此外,还有参与基因表达调控的小分子 RNA,如小干扰 RNA(small interfering RNA, siRNA)和微小 RNA(microRNA, miRNA)等。

二、核酸的主要生物学作用

DNA 是生物遗传与变异的物质基础;RNA 主要参与遗传信息的表达、调控,在部分生物中也可作为遗传物质。

（一）核酸是传递生物遗传信息的载体

生物体的遗传信息主要贮存在 DNA 分子上（部分病毒的遗传物质储存于 RNA），但生物的性状不由 DNA 直接表现，而是通过各种蛋白质或 RNA 的生物功能才展现出来。蛋白质的氨基酸序列是由 DNA 决定的，即遗传信息是由 DNA 传向蛋白质的。该传递过程不是直接从 DNA 到蛋白质，而是通过信使 RNA（mRNA）来传递，即 DNA 把信息先转录成 mRNA，然后再由 mRNA 翻译成蛋白质。所以，蛋白质的生物合成与生物性状的表现（如新陈代谢、生长发育、组织分化等）都直接与核酸紧密相关。

（二）核酸是遗传变异的物质基础

遗传与变异是最本质、最重要的生命现象。遗传是相对的，有遗传的功能才保持物种的相对稳定性；变异是绝对的，有变异才有物种演化和生物发展的可能。生物遗传特征的延续是由基因决定的，

DNA 重组技术（图片）

基因信息是由 DNA 或 RNA 分子中的特定核苷酸种类、数目和排列顺序所决定的。基因是在染色体上能够合成一个功能性生物分子（蛋白质或 RNA）所需信息的一个特定 DNA 片段，因此，核酸是遗传与变异的物质基础。利用 DNA 人工重组技术，可以将一种生物的 DNA 片段（基因）引入另一种生物体内，而后者则能表现前者的生物性状，从而实现了超越生物种间的基因转移，并表现出被转移基因的生物学功能。

（三）核酸可以进行信号调控

随着对核酸研究的不断深入，人们发现核酸不仅是生物信息的载体，也是重要的信号调控分子，其中 miRNA 具有沉默 RNA 和调节基因表达的功能，在细胞的繁殖、发育、死亡以及肿瘤的发生、发展等过程中发挥重要作用。研究 miRNA 的功能是肿瘤领域的重要内容，miRNA 与多种肿瘤的发生发展密切相关，miRNA 通过对癌基因或抑癌基因的表达实施转录后调控，发挥类似于癌基因或抑癌基因的功能。例如在肺癌、胰腺癌、乳腺癌等多种恶性肿瘤细胞中，miRNA-21 的表达水平明显增强，miRNA-21 通过抑制肿瘤细胞的凋亡而发挥作用。

（四）核酸具有催化功能

核酶（ribozyme）是一类分子结构简单、分子量小、具有酶催化活性的 RNA 分子，可通过碱基配对特异性地与相应的 RNA 底物结合，通过对磷酸酯水解或磷酸基酯化来切割或剪接 RNA 主链。根据分子大小，可将核酶分成大型核酶［包括 Ⅰ 型内含子、Ⅱ 型内含子以及核糖核酸酶 P（RNaseP）的 RNA 亚基］和小型核酶［丁型肝炎病毒（hepatitis D virus, HDV）核酶等］。随着人们对核酶的结构和催化机制的深入了解，核酶的应用不断取得进展。在生物医药领域，科学家利用核酶定点切割 RNA 分子的特性，研究并设计抗病毒、抗肿瘤等药物。

核酶的发现（拓展阅读）

脱氧核酶（deoxyribozyme, DRz）是具有催化功能的 DNA 分子，脱氧核酶一般通过体外筛选获得。随着对脱氧核酶进行的大量研究，研究人员发现了许多新的底物和化学反应类型，如具有 DNA 和 RNA 水解活性、DNA 连接活性、激酶活性、糖基化活性等的脱氧核酶。按照国际酶学委员会的分类方法，可将脱氧核酶分为：合成酶、水解酶、氧化酶等。

第二节　核酸的组成与结构

一、核酸的分子组成

核酸是由许多分子的单核苷酸聚合而成的多核苷酸（polynucleotide），单核苷酸（mononucleotide）是核酸的基本组成单位。单核苷酸可以分解成核苷（nucleoside）和磷酸，核苷再进一步分解成碱基

（base）（嘌呤碱与嘧啶碱）和戊糖（pentose）。戊糖有两种：D- 核糖（D-ribose）和 D-2- 脱氧核糖（D-2-deoxyribose），据此将核酸分为核糖核酸（RNA）和脱氧核糖核酸（DNA）。

　　RNA 主要由腺嘌呤、鸟嘌呤、胞嘧啶和尿嘧啶四种碱基组成的核糖核苷酸构成。DNA 主要由腺嘌呤、鸟嘌呤、胞嘧啶和胸腺嘧啶四种碱基组成的脱氧核糖核苷酸构成。RNA 和 DNA 分子中三种碱基是相同的，各有一种碱基不同，RNA 分子中是尿嘧啶，而 DNA 分子中是胸腺嘧啶。RNA 和 DNA 的基本化学组成见表 5-1。

表 5-1　DNA 和 RNA 的基本化学组成

	DNA	RNA
嘌呤碱（purine bases）	腺嘌呤（adenine）	腺嘌呤
	鸟嘌呤（guanine）	鸟嘌呤
嘧啶碱（pyrimidine bases）	胞嘧啶（cytosine）	胞嘧啶
	胸腺嘧啶（thymine）	尿嘧啶（uracil）
戊糖（pentose）	D-2- 脱氧核糖（D-2-deoxyribose）	D- 核糖（D-ribose）
酸	磷酸	磷酸

（一）核苷和核苷酸

1. 碱基　核酸中的碱基分两类：嘧啶碱和嘌呤碱。

　　（1）嘧啶碱：核酸中常见的嘧啶碱有三类，即胞嘧啶、尿嘧啶和胸腺嘧啶。DNA 和 RNA 中都含有胞嘧啶，RNA 还含有尿嘧啶，DNA 还含有胸腺嘧啶。此外，小麦胚 DNA 含有 5- 甲基胸腺嘧啶，某些噬菌体中含有 5- 羟甲基胞嘧啶和 5- 羟甲基尿嘧啶等。

嘧啶　　　　　胞嘧啶　　　　　尿嘧啶　　　　　胸腺嘧啶

5-甲基胞嘧啶　　　　5-羟甲基胞嘧啶　　　　5-羟甲基尿嘧啶

　　（2）嘌呤碱：核酸中所含的嘌呤碱主要有腺嘌呤和鸟嘌呤。

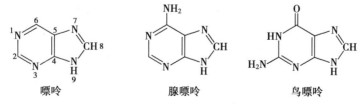

嘌呤　　　　　　腺嘌呤　　　　　　鸟嘌呤

　　（3）稀有碱基：除表 5-1 所列核酸中五种基本的碱基外，核酸中还有一些含量甚少的碱基，称为稀有碱基。很多稀有碱基是甲基化碱基，如 1- 甲基腺嘌呤、1- 甲基鸟嘌呤、1- 甲基次黄嘌呤和次黄嘌呤、二氢尿嘧啶等。

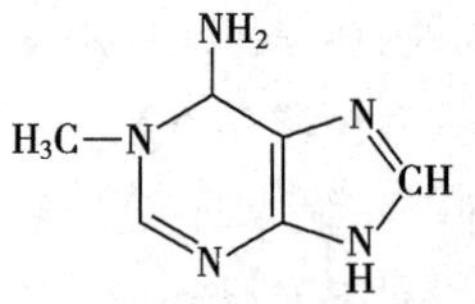

1-甲基腺嘌呤
(1-methyladenine)

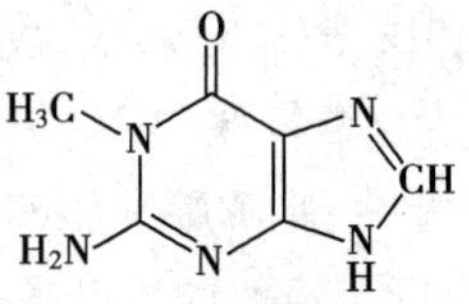

1-甲基鸟嘌呤
(1-methylquanine)

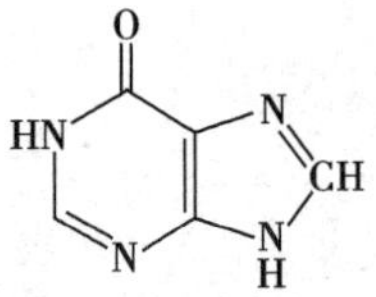

次黄嘌呤
(hypoxanthine)

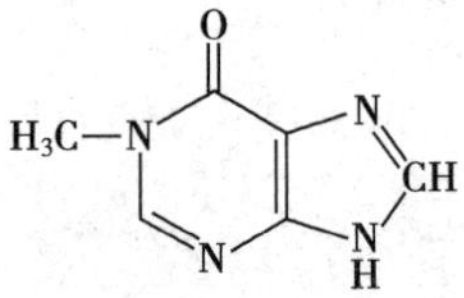

1-甲基次黄嘌呤
(1-methylhypoxanthine)

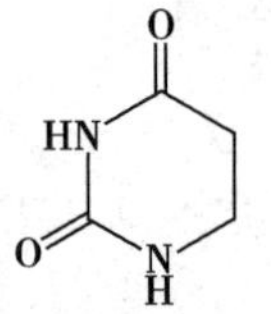

二氢尿嘧啶
(dihydrouracil)

2. 核糖和脱氧核糖   RNA 和 DNA 两类核酸是因所含戊糖不同而分类的。RNA 含 β-D- 核糖, DNA 含 β-D-2- 脱氧核糖。某些 RNA 中含有少量 β-D-2-O- 甲基核糖。核酸分子中的戊糖都是 β-D 型。

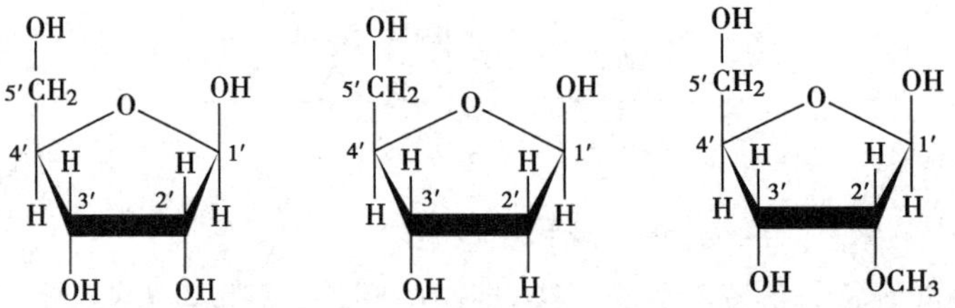

3. 核苷   戊糖和碱基缩合而成的糖苷称为核苷（nucleoside）。戊糖和碱基之间的连接是戊糖的第一位碳原子（C_1）与嘧啶碱的第一位氮原子（N_1）或嘌呤碱的第九位氮原子（N_9）相连接。戊糖和碱基之间的连接键是 N—C 键，一般称为 N- 糖苷键。

核苷中的 D- 核糖和 D-2- 脱氧核糖都是呋喃型环状结构。糖环中的 C_1 是不对称碳原子，所以有 α 和 β 两种构型。核酸分子中的糖苷键均为 β- 糖苷键。

应用 X 线衍射法证明，核苷中的碱基与糖环平面互相垂直。

根据核苷中所含戊糖不同，将核苷分为核糖核苷与脱氧核糖核苷两类。

在核苷的编号中，糖的编号数字上加一撇，以便与碱基编号区别。对核苷进行命名时，先冠以碱基的名称，如腺嘌呤核苷、腺嘌呤脱氧核苷等。

RNA 中主要的核糖核苷有四种：腺嘌呤核苷（adenosine, A）、鸟嘌呤核苷（guanosine, G）、胞嘧啶核苷（cytidine, C）和尿嘧啶核苷（uridine, U）。其结构式如下：

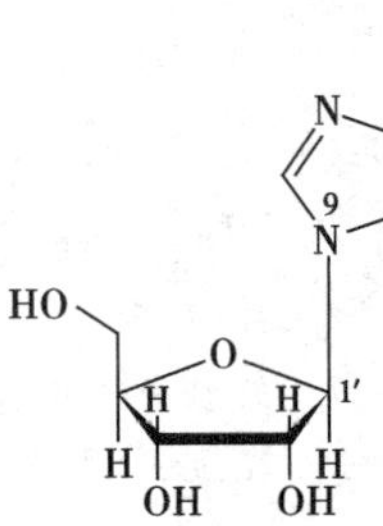

腺嘌呤核苷
（腺苷）

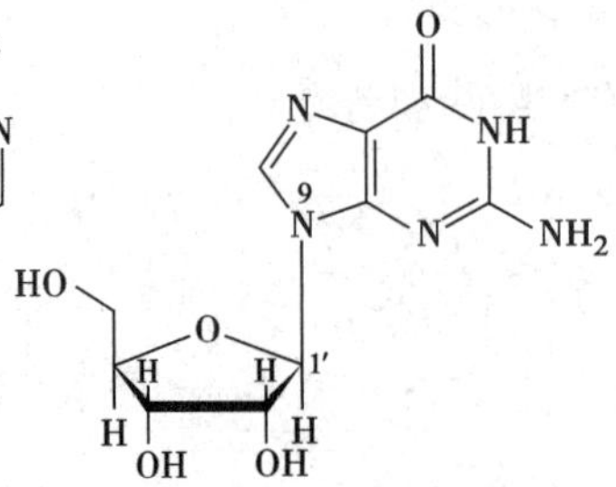

鸟嘌呤核苷
（鸟苷）

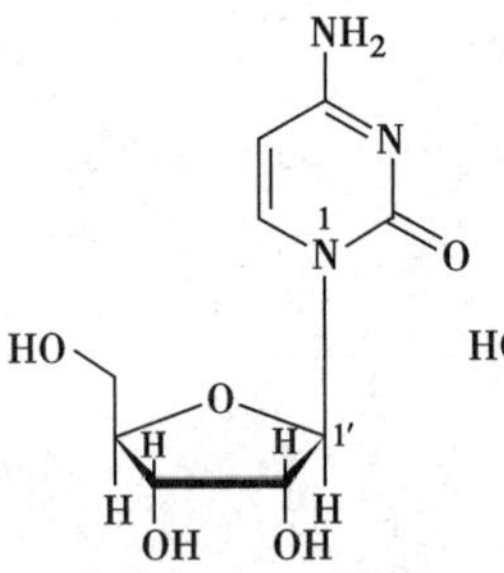

胞嘧啶核苷
（胞苷）

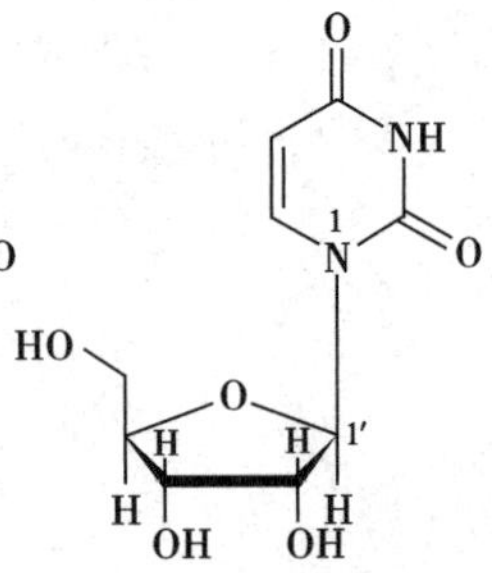

尿嘧啶核苷
（尿苷）

DNA 中主要的脱氧核糖核苷也有四种：腺嘌呤脱氧核苷（deoxyadenosine, dA）、鸟嘌呤脱氧核苷（deoxyguanosine, dG）、胞嘧啶脱氧核苷（deoxycytidine, dC）、胸腺嘧啶脱氧核苷（deoxythymidine, dT）。其结构式如下：

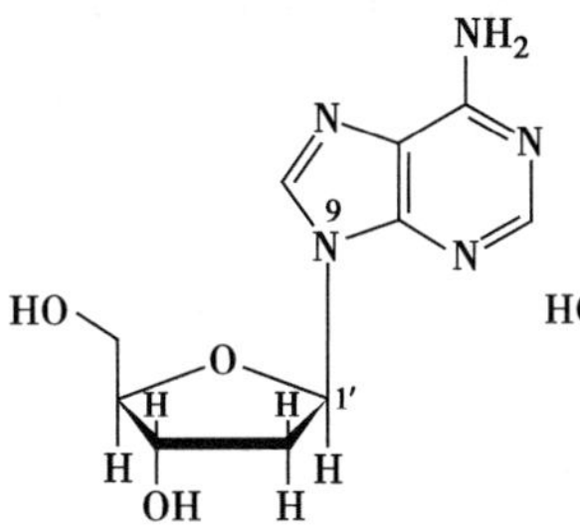

腺嘌呤脱氧核苷
（脱氧腺苷）

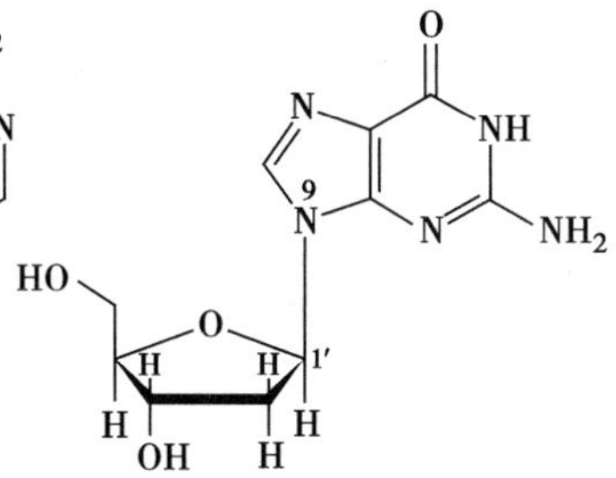

鸟嘌呤脱氧核苷
（脱氧鸟苷）

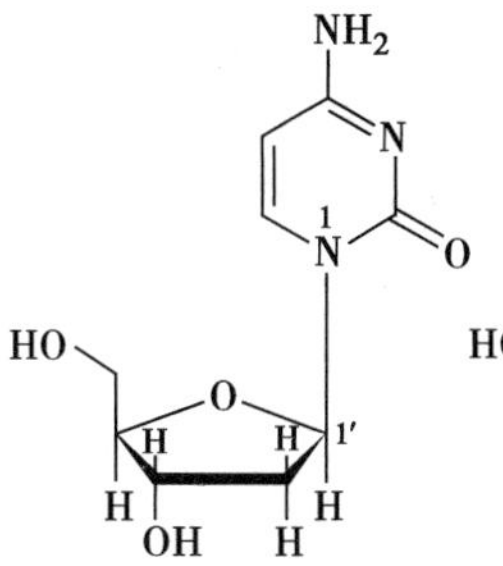

胞嘧啶脱氧核苷
（脱氧胞苷）

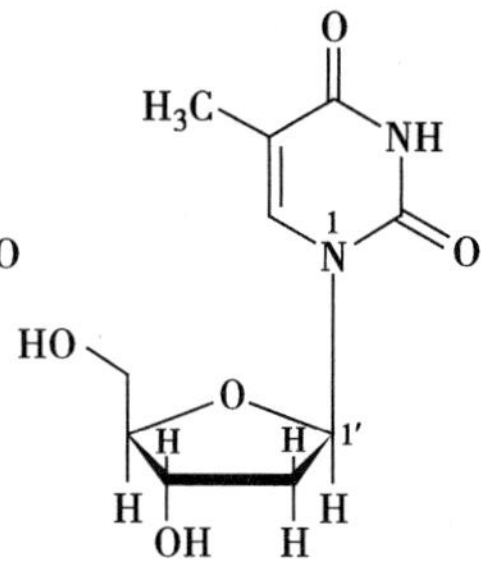

胸腺嘧啶脱氧核苷
（脱氧胸苷）

　　转运 RNA 中含有少量假尿嘧啶核苷（pseudouridine），其结构特殊，它的核糖不是与尿嘧啶的 N_1 相连接，而是与嘧啶环的 C_5 相连接，结构式如下：

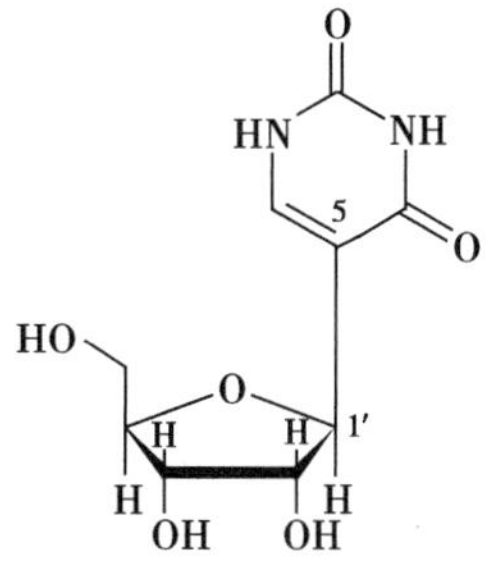

假尿嘧啶核苷

　　4. 核苷酸　核苷中戊糖的羟基磷酸酯化，就形成核苷酸（nucleotide），即核苷酸是核苷的磷酸酯。根据核苷酸中的戊糖不同，核苷酸可分为两大类：核糖核苷酸和脱氧核糖核苷酸。由于核糖中有三个游离的羟基（2′、3′ 和 5′），因此核糖核苷酸有 2′- 核苷酸、3′- 核苷酸和 5′- 核苷酸三种。而脱氧核糖只有 3′ 和 5′ 两个游离羟基可被酯化，因此只有 3′- 脱氧核苷酸和 5′- 脱氧核苷酸两种。自然界存在的游离核苷酸为 5′- 核苷酸，书写其代号时一般可略去 5′。

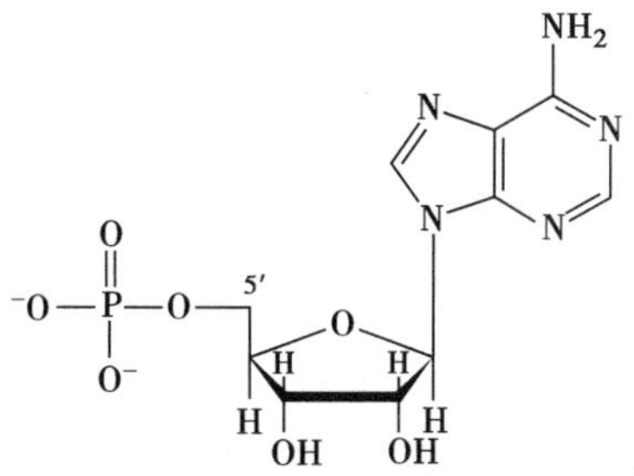

5′-腺嘌呤核苷（5′-AMP）

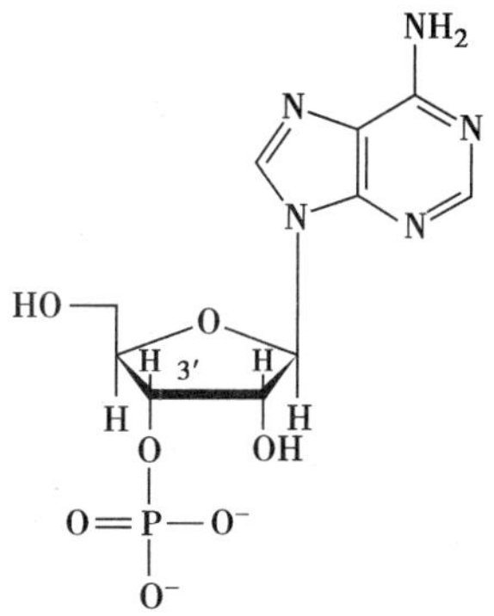

3′-腺嘌呤核苷（3′-AMP）

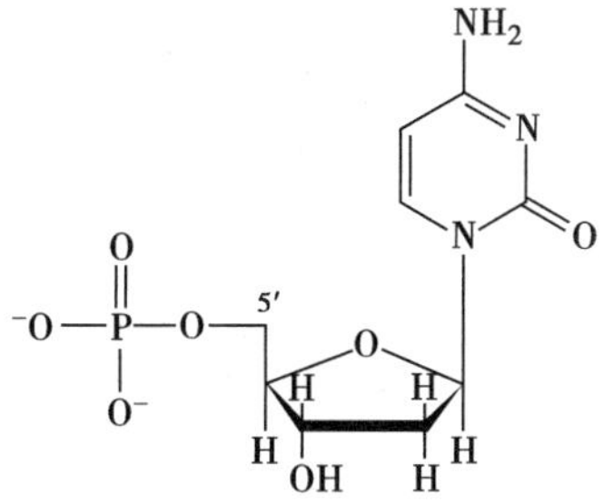

5′-胞嘧啶脱氧核苷酸（5′-dCMP）

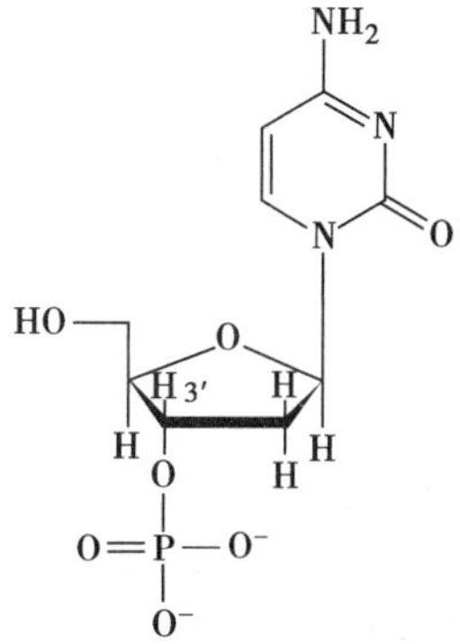

3′-胞嘧啶脱氧核苷酸（3′-dCMP）

核酸（RNA 或 DNA）是由许多单核苷酸分子以 3′,5′- 磷酸二酯键连接而成的多核苷酸。其连接方式是：一个核苷酸的戊糖的第 3′ 位碳原子（$C_{3'}$）上的羟基与相邻核苷酸的戊糖的 5′ 位碳原子（$C_{5'}$）上的磷酸基结合，同时脱去一分子水。

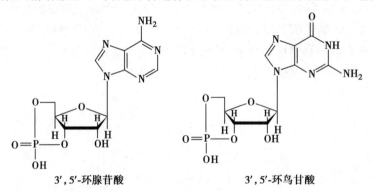

$$（碱基）_1—（戊糖）—OH + HO-P-O—（戊糖） \longrightarrow （戊糖）—O-P-O—（戊糖） + H_2O$$

构成 RNA 和 DNA 的基本组成单位见表 5-2。

表 5-2　DNA 和 RNA 的基本组成单位

DNA 的基本组成单位	RNA 的基本组成单位
腺嘌呤脱氧核苷酸 （deoxyadenosine monophosphate，dAMP）	腺嘌呤核苷酸 （adenosine monophosphate，AMP）
鸟嘌呤脱氧核苷酸 （deoxyguanosine monophosphate，dGMP）	鸟嘌呤核苷酸 （guanosine monophosphate，GMP）
胞嘧啶脱氧苷酸 （deoxycytidine monophosphate，dCMP）	胞嘧啶核苷酸 （cytidine monophosphate，CMP）
胸腺嘧啶脱氧核苷酸 （deoxythymidine monophosphate，dTMP）	尿嘧啶核苷酸 （uridine monophosphate，UMP）

（二）环化核苷酸

环化核苷酸（如环腺苷酸和环鸟苷酸）普遍存在于动植物和微生物细胞中。它们的结构式如下：

3′,5′-环腺苷酸　　　　　　　3′,5′-环鸟苷酸

cAMP 的 空间结构（动画）

　　　　3′,5′- 环腺苷酸（3′,5′-cyclic adenosine monophosphate，cAMP），参与调节细胞的生理生化过程，控制生物的生长、分化和细胞对激素的效应，还参与大肠埃希菌中 DNA 转录的调控。外源 cAMP 不易通过细胞膜，cAMP 的衍生物双丁酰 cAMP 可通过细胞膜，已应用于临床，对心绞痛、心肌梗死等有一定疗效。3′,5′- 环鸟苷酸（3′,5′-cyclic guanosine monophosphate，cGMP）。cAMP 和 cGMP 分别具有放大激素作用信号和缩小激素作用信号的功能，因此称为激素的第二信使。

二、DNA 的分子结构

（一）DNA 的一级结构

1. DNA 的一级结构　是指构成 DNA 的各个单核苷酸之间连接键的性质以及组成中单核苷酸的数目和排列顺序（碱基排列顺序）。

　　DNA 分子的连接方式是：一个核苷酸的脱氧核糖的第 3′ 位碳原子（$C_{3'}$）上的羟基与相邻核苷酸的脱氧核糖的 5′ 位碳原子（$C_{5'}$）上的磷酸基结合。后者分子中的核苷酸分子（$C_{3'}$）上的羟基又可与另一个核苷酸的 $C_{5'}$ 上的磷酸基结合。如此通过 3′,5′- 磷酸二酯键将许多核苷酸连接在一起，形成多

核苷酸链。DNA 是由数量极其庞大的 4 种脱氧核糖核苷酸,通过 3′,5′- 磷酸二酯键彼此连接起来的直线形或环形分子,DNA 没有侧链。图 5-1 表示 DNA 多核苷酸链的一个小片段,(a)显示了核酸的化学连接,(b)为线条式缩写,竖线表示核糖的碳链,A、C、T、G 表示不同的碱基,P 和斜线代表 3′,5′- 磷酸二酯键。(c)为文字式缩写,其中 P 表示磷酸基团,当 P 写在碱基符号左边时,表示 P 在 $C_{5'}$ 上,而 P 写在碱基符号右边时,则表示 P 与 $C_{3'}$ 相连。有时多核苷酸中的磷酸二酯键的 P 也被省略,如写成…pA-C-T-G…或 ACTG。各种简化式的读向是从左到右,所表示的碱基序列是从 5′ 到 3′。

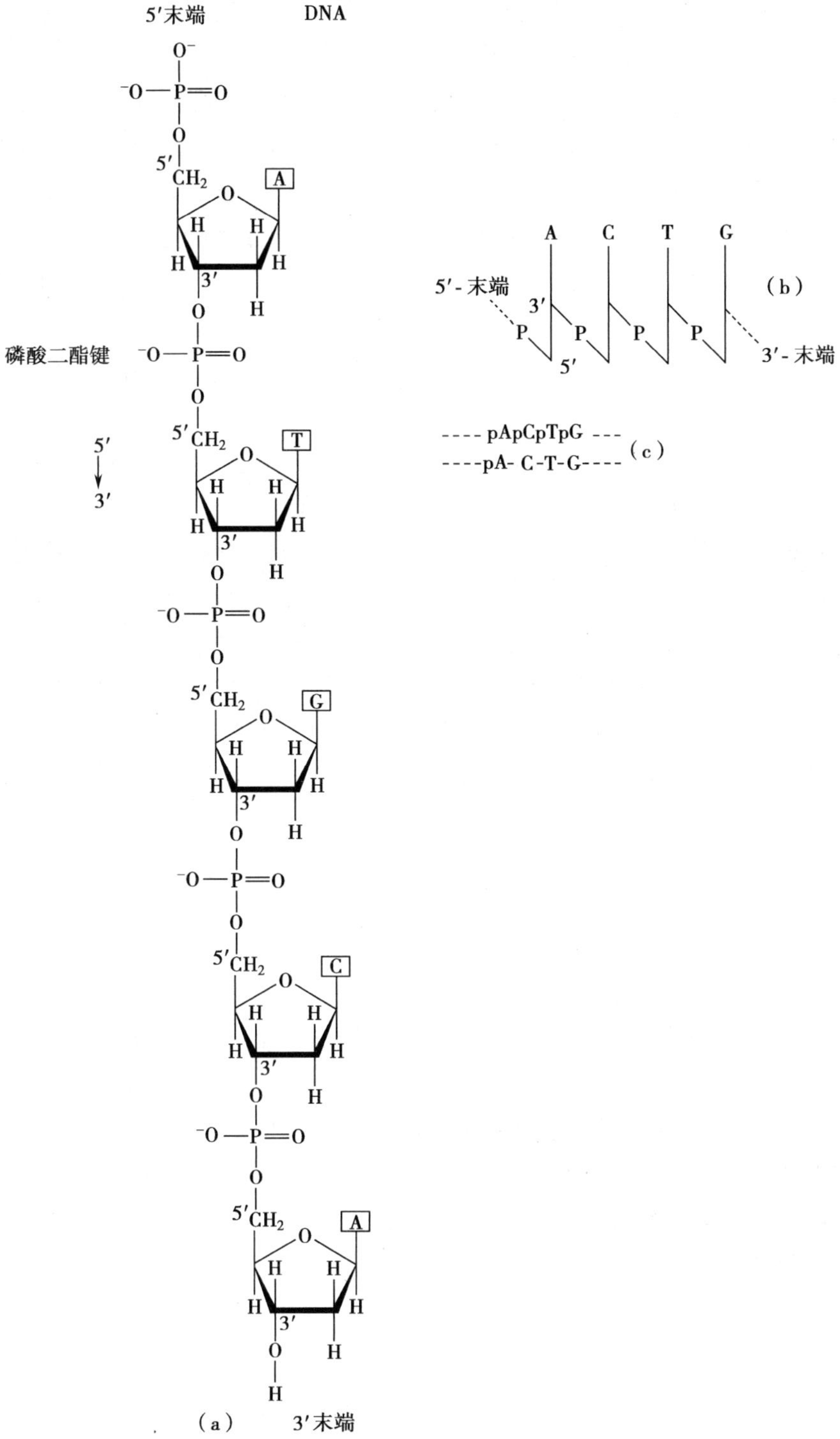

（a）DNA 多核苷酸链的一个小片段;（b）为线条式缩写;（c）为文字式缩写

图 5-1　DNA 分子中多核苷酸链的一个小片段及缩写符号

不同 DNA 的核苷酸数目和排列顺序不同,生物的遗传信息就储存记录于 DNA 的核苷酸序列中。测定 DNA 的核苷酸序列,即测定 DNA 的一级结构,近几年来已取得重大突破,如大肠埃希菌 DNA、果蝇 DNA、小鼠 DNA 和人类 DNA 等的一级结构测序工作均已完成。

2. 真核细胞染色质 DNA 与原核生物 DNA 一级结构的特点

(1)真核细胞染色质由 DNA、组蛋白、非组蛋白和 RNA 组成。其中 DNA 分子量很大,它是遗传信息的载体。与原核细胞染色质 DNA 比较,在一级结构上真核细胞 DNA 具有以下显著特点:

1)重复序列:真核细胞染色质 DNA 具有许多重复排列的核苷酸序列,称为重复序列。按重复程序不同可分为高度重复序列、中度重复序列和单一序列三种。

A. 高度重复序列:许多真核细胞染色质 DNA 都含有高度重复序列。这种重复序列结构的"基础序列"短,含 5~100bp,重复次数可高达几百万次(10^6~10^7)。高度重复序列结构中 G-C 含量高。

B. 中度重复序列:这种结构的"基础序列"长,可达 300bp 或更长,重复次数从几百到几千不等。组蛋白基因,rRNA 基因(rDNA)及 tRNA 基因(tDNA)大多数为中度重复序列。

C. 单一序列:又称单拷贝序列,真核细胞中,除组蛋白外,其他所有蛋白质都是由 DNA 中单一序列决定的。每一序列片段决定一个蛋白质结构,为一个蛋白质的结构基因。迄今为止,在真核生物中还没有发现一个蛋白质基因是多顺反子结构(即一个单链 mRNA 分子可作为几种多肽或蛋白质合成的模板)。

2)间隔序列与插入序列:在真核细胞 DNA 分子中,除了编码蛋白质和 RNA 的基因序列片段外,还有一些片段不编码任何蛋白质和 RNA,它们可以存在于基因与基因之间,也可以存在于基因之内。前者称为间隔序列,后者称为插入序列。在许多 DNA 分子中,常常含有长短不一的间隔序列,也常常出现一些插入序列将一个基因分成几段,如鸡卵清蛋白基因、珠蛋白基因都含有插入序列。通常把基因的插入序列称为内含子(intron),把编码蛋白质的基因序列称为外显子(exon)。

3)回文结构(palindrome):在真核细胞 DNA 分子中,还存在许多特殊的序列。这种结构中脱氧核苷酸的排列在 DNA 两条链中的顺读与逆读序列是一样的(即碱基排列顺序相同),脱氧核苷酸以一个假想的轴成为 180° 旋转对称(即使轴旋转 180° 两部分结构完全重合),这种结构称为回文结构。如下所示:

$$\textbf{G G A T C C}$$
$$\textbf{C C T A G G}$$

(2)原核生物 DNA 序列具有以下不同特点。

1)原核生物在 DNA 序列的最大特点是基因重叠,如病毒 DNA 分子一般不大,但又必须装入相当多的基因,因此可能在这种压力下导致病毒 DNA 在进化过程中出现重叠基因,即在同一 DNA 序列中,常包括不同的基因区,重叠在一起的基因使用的编码组序不同,因此虽然是同样的 DNA 序列区段,却可翻译出不同的蛋白质。如在噬菌体 ΦX174 中,基因 B 和基因 K 重叠在基因 A 之内。由下图可见,在同一部分核苷酸顺序片段中,它们在三个编码组之中,含义各不相同。由于基因重叠,在重叠部位一个碱基突变将影响两个或三个蛋白质的表达。

A基因的Asp密码子
$$\textbf{T G A T G}$$
B基因的终止密码子　　K基因的起始密码子

2)在原核生物的 DNA 序列中,每个转录的 mRNA 常常包含了多个顺反子,而且功能上有关的顺反子通常串联在一个 mRNA 分子上。这些编码在同一个 mRNA 分子中的多种功能蛋白在生理功能上都是密切相关的。这种 DNA 序列组织可能是原核基因协同表达的一种调控方式。如 ΦX174 噬菌体 DNA 序列,从启动子 P_0 开始转录的 mRNA 包含了基因 D-(E)-J-F-G-H,其中基因 J、F、G、H 都是编码噬菌体的外壳蛋白。因此原核生物 DNA 序列的另一个特点是功能上相关的结构基因转录在同一个 mRNA 分子上。

3)原核生物 DNA 序列所含有的基因内部一般不含有插入序列,而且在转录调控区的 DNA 顺序的组织形式是多种多样的,调控区的不同组织形式与不同的生物功能有明显关系。

（二）DNA 的二级结构

1. DNA 二级结构的沃森 - 克里克模型（Watson-Crick model） DNA 双螺旋结构模型是沃森和克里克在前人的工作基础上于 1953 年提出来的（图 5-2）。根据此模型,结晶的 B 型 DNA 钠盐是由两条反向平行的多核苷酸链,围绕同一个中心轴构成的双螺旋结构。

DNA 的二级结构（动画）

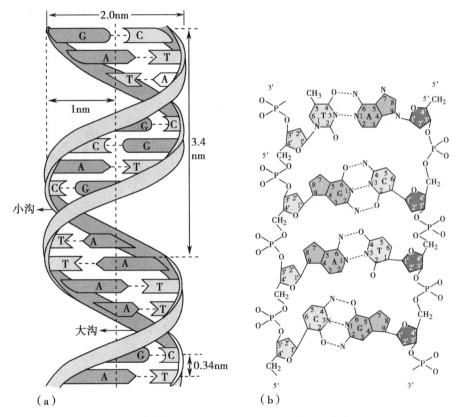

（a）双螺旋结构示意图;（b）两条 DNA 链的连接方式。

图 5-2　DNA 分子双螺旋结构模型

DNA 双螺旋结构（DNA double helix structure）模型的要点如下。

1）DNA 分子由两条脱氧多核苷酸链构成,两条链都是右手螺旋,这两条链反向平行（即一条为 $5'→3'$ 方向,另一条为 $3'→5'$ 方向,围绕同一个中心轴构成双螺旋结构）。链之间的螺旋形成一条大沟和一条小沟。多核苷酸链的方向取决于核苷酸间的磷酸二酯键的走向（图 5-3）。

2）磷酸基和脱氧核糖在外侧,彼此之间通过磷酸二酯键相连接,形成 DNA 的骨架。碱基连接在糖环的内侧。糖环平面与碱基平面相互垂直。

3）双螺旋的直径为 2nm。顺轴方向,每隔 0.34nm 有一个核苷酸,两个相邻核苷酸之间的夹角为 36°。每一圈双螺旋有 10 对核苷酸,每圈高度为 3.4nm。

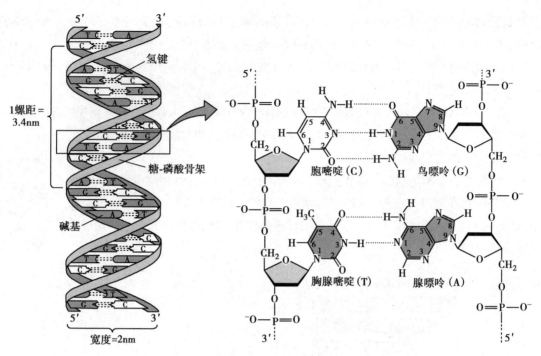

图 5-3   DNA 分子中多核苷酸链的方向

4）两条链由碱基间的氢键相连，而且碱基间形成氢键有一定规律：腺嘌呤（A）与胸腺嘧啶（T）成对，A 和 T 间形成两个氢键；鸟嘌呤（G）与胞嘧啶（C）成对，G 和 C 间形成三个氢键。这种碱基之间互相配对称为碱基互补（图 5-4）。因此，当一条多核苷酸链的碱基序列已确定，就可推知另一条互补核苷酸链的碱基序列。每种生物的 DNA 都有其特异的碱基序列。

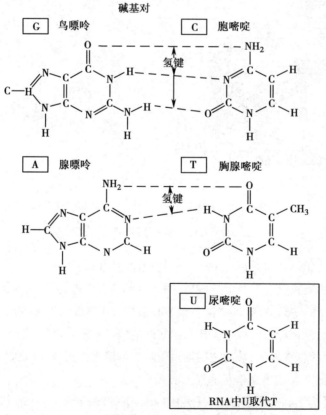

图 5-4   DNA 分子中的 AT、GC 配对

5）沿螺旋轴方向观察,配对的碱基并不充满双螺旋的全部空间。由于碱基对的方向性,使得碱基对占据的空间不对称,因此在双螺旋的表面形成两个凹下去的槽,根据大小不同分别称为大沟和小沟。双螺旋表面的沟对 DNA 和蛋白质相互识别是很重要的。

DNA 双螺旋结构是很稳定的。主要有三种作用力使 DNA 双螺旋结构维持稳定。第一种作用力是由 DNA 分子中碱基的堆积,由碱基的电子之间相互作用形成的碱基堆积力,是使 DNA 双螺旋结构稳定的主要作用力。DNA 分子中碱基层层堆积,在 DNA 分子内部形成一个疏水核心。疏水核心内几乎没有游离的水分子,这有利于互补碱基间形成氢键。第二种作用力是互补碱基之间的氢键,但氢键并不是 DNA 双螺旋结构稳定的主要作用力,因为氢键的能量很小。第三种作用力是磷酸基的负电荷与介质中的阳离子的正电荷之间形成的离子键。它可以减少 DNA 分子双链间的静电斥力,因而对 DNA 双螺旋结构也有一定的稳定作用。在细胞中,与 DNA 结合的阳离子（如 Na^+、K^+、Mg^{2+}、Mn^{2+}）很多。此外,在原核细胞中 DNA 常与精胺或亚精胺结合,真核细胞中的 DNA 一般与组蛋白结合。

天然 DNA 在不同湿度、不同盐溶液中结晶,其 X 线衍射所得数据不一样,因而 M. Wilkins 等将 DNA 的二级结构分为 A、B、C 三种不同的类型（表 5-3）。沃森和克里克提出的结构为 B 型,溶液和细胞中天然状态的 DNA 大多为 B 型结构。

表 5-3 DNA 的类型

类型	结晶状态	螺距 /nm	堆积距离 /nm	每圈螺旋碱基对数	碱基夹角
A	75% 相对湿度,钠盐	2.8	0.256	11	32.7°
B	92% 相对湿度,钠盐	3.4	0.34	10	36°
C	66% 相对湿度,锂盐	3.1	0.332	9.3	38°

2. **左手螺旋 DNA（Z-form DNA）** 1979 年美国麻省理工学院 A. Rich 等从 d（GGGCGC）这样一个脱氧六核苷酸 X 线衍射结果发现,该片段以左手螺旋存在于晶体中,并提出了左手螺旋的 Z-DNA 模型。

Watson 和 Crick 右手螺旋 DNA 模型是平滑旋转的梯形螺旋结构,而左手螺旋 DNA 虽也是双股螺旋,但旋转方向与右手螺旋相反,主链中磷原子连接线呈锯齿形（zigzag）,好似 Z 字形扭曲,因此称为 Z-DNA。Z-DNA 直径约 1.8nm,螺距 4.5nm,每一圈螺旋含 12 碱基对,整个分子比较细长而伸展。Z-DNA 的碱基对偏离中心轴并靠近螺旋外侧,螺旋的表面只有小沟没有大沟。此外,许多数据均与 B-DNA 不同（表 5-4）。左旋 DNA 也是天然 DNA 的一种构象,而且在一定条件下右旋 DNA 可转变为左旋,并提出 DNA 的左旋化可能与致癌、突变及基因表达的调控等重要生物功能有关。

表 5-4 B-DNA 与 Z-DNA 的比较

类型	螺旋方向	每圈碱基对数	直径 / nm	碱基堆积距离 / nm	螺距 / nm	每个碱基旋转角度
B-DNA	右旋	10	2.0	0.34	3.40	36°
Z-DNA	左旋	12	1.8	0.37	4.44	−60°

另外,在实验中还发现三股螺旋结构的 DNA,可在 DNA 重组复制和转录中以及 DNA 修复过程中出现。三链 DNA（triple helix DNA）是由三条脱氧核苷酸链按一定的规律绕成的螺旋状结构,其结构是在沃森 - 克里克双螺旋基础上形成的,其中大沟中容纳第三条链形成三股螺旋。在三链 DNA 中

三个碱基配对,即胡斯坦碱基配对(Hoogsteen base pairing),从而形成三碱基体:T-A-T、C-G-C。在三链 DNA 中,原来两股链的走向是反平行的,其碱基通过沃森 - 克里克方式配对,位于大沟中的多聚嘧啶链则与双链 DNA 中的多聚嘌呤链成平行走向,碱基则按胡斯坦方式配对并形成 T-A-T、C-G-C 三联体,在 C-G-C 配对方式中,多聚嘧啶链中的胞嘧啶残基必须先与 H⁺ 结合(质子化)才能与鸟嘌呤配对,这也就是 H-DNA 命名的由来。三链 DNA,其在分子内或分子间形成,分子内形成时需要低 pH 下胞嘧啶质子化。H-DNA 存在于基因调控区和其他重要区域,故显示出重要的生物学意义。如当合成多聚 A 和多聚脱氧 U 的多核苷酸链时就会形成 DNA 三股螺旋结构,其中一条由嘧啶碱基(T、C)构成的链与另一条由嘌呤碱基(A、G)构成的链结合,在此双链结构中再伴入多聚嘧啶碱基第三链。目前已经在基因的调节区和染色体重组热点分离到能在离体条件下形成三链 DNA 的序列,这表明它们可能在基因表达中起作用。多种 DNA 结构模型见图 5-5。

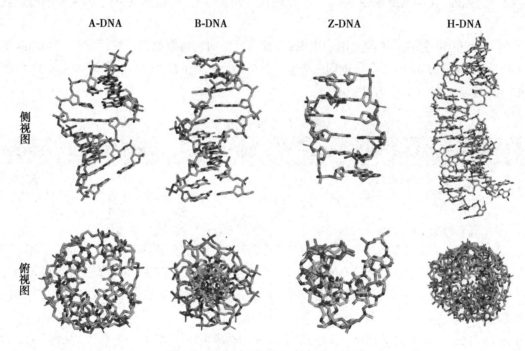

图 5-5　不同类型 DNA 的结构示意图

(三)DNA 的三级结构

在 DNA 双螺旋二级结构基础上,双螺旋的扭曲或再次螺旋可形成 DNA 的三级结构。超螺旋是 DNA 三级结构的一种形式。超螺旋的形成与分子能量状态有关。在 DNA 双螺旋中,每 10 个核苷酸旋转一圈,此时双螺旋处于最低的能量状态。如果使正常的双螺旋 DNA 分子额外地多转几圈或少转几圈,会使双螺旋内的原子偏离正常位置,在双螺旋分子中形成额外张力。如果双螺旋末端是开放的,这种张力可以通过链的转动而释放,DNA 将恢复到正常的双螺旋状态。如果 DNA 两端是以某种方式固定的,或是成环状 DNA 分子,这些额外的张力不能释放到分子之外,而只能在 DNA 内部使原子的位置重排,造成 DNA 结构的扭曲,这种扭曲就称为超螺旋。环状 DNA 通常具有超螺旋结构。如果将这种超螺旋用 DNA 内切酶使其切断一条链,螺旋反转形成的张力释放,超螺旋则能恢复到低能的松弛状态(图 5-6)。超螺旋 DNA 的体积比环状松弛 DNA 更紧缩。已发现大肠埃希菌 DNA 可形成许多小环,并通过蛋白质连接在一起。每一个小环又形成超螺旋。形成小环和超螺旋使很大的环状 DNA 分子能够压缩成很小的体积。

正超螺旋(positive supercoil):盘绕方向与双螺旋方向相同,此种结构使分子内部张力加大,旋得更紧。负超螺旋（negative supercoil）：盘绕方向与双螺旋方向相反。这种结构可使其二级结构处于松弛状态，使分子内部张力减少，有利于DNA复制、转录和基因重组。自然界中，生物体内的超螺旋都呈负超螺旋形式存在，DNA的拓扑异构体之间的转变是通过拓扑异构酶来实现的。DNA的超螺旋含量在活体中是重要的，但它并不是在整个DNA分子中均匀分布的。DNA特定区域中超螺旋的增加有助于DNA的结构转化。DNA结构变化之一是使DNA双股链分开，或局部熔解。超螺旋所具有的多余的能

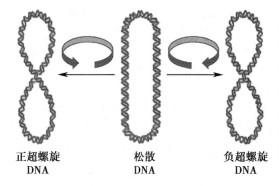

图 5-6　环状 DNA 的超螺旋结构

量被用于碱基间氢键的断裂。DNA 中 10bp 互补序列的分离需 50 241~209 340J 能量。因此，DNA 超螺旋所具有的能量仅够分离很少几个碱基对，但 DNA 的这种结构上的变化对复制、转录的启动仍很重要。超螺旋不仅使 DNA 形成高度致密的状态从而得以容纳于有限的空间中，而且它推动着结构的转变以满足功能上的需要，具有很重要的作用。

（四）染色质与染色体

具有三级结构的 DNA 和组蛋白紧密结合组成染色质（chromatin），它们是不定形的，分散于整个细胞核中，当细胞准备有丝分裂时，染色质凝集，并组装成因物种不同而数目和形状特异的染色体（chromosome），此时当细胞被染色后，用光学显微镜可以观察到细胞核中有一种密度很高的着色实体。因此真核染色体只限于定义体细胞有丝分裂期间这种特定形状的实体。所以"染色体"是细胞有丝分裂期间"染色质"的凝集物。

真核细胞染色质中，双链 DNA 是线状长链，以核小体（nucleosome）的形式串联存在。核小体是由组蛋白 H_2A、H_2B、H_3 和 H_4 各两分子组成的八聚体，外绕长约 145 碱基对的 DNA，形成核心颗粒（stripped particle），再由组蛋白 H_1 与 DNA 两端连接，使 DNA 围成两圈左手超螺旋，共约 166 碱基对（图 5-7）。DNA 与组蛋白皆以盐链相连，形成珠状核小体。这是染色质的结构单位。核小体长链进一步卷曲，每 6 个核小体为 1 圈，H_1 组蛋白在内侧相互接触，形成直径为 30nm 的螺旋筒（solenoid）结构，组成染色质纤维（图 5-8）。在形成染色单体时，螺旋筒再进一步卷曲、折叠。人体每个细胞中长约 1.7m 的 DNA 双螺旋链，最终压缩了 8 400 多倍，分布于各染色单体中；46 个染色单体总长仅 200μm 左右，储存于细胞核中。

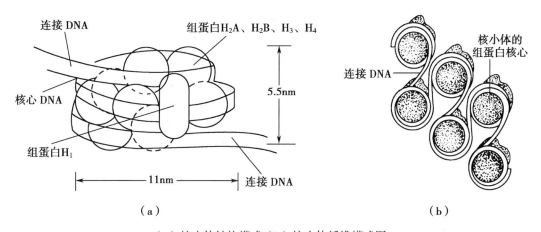

（a）核小体结构模式；（b）核小体纤维模式图

图 5-7　核小体是 DNA 与组蛋白的复合物

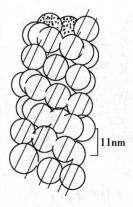

图 5-8　螺旋筒模式

在 30nm 的染色质纤维中，DNA 获得上百倍的包装比，而且染色体 DNA 的某一些部分和"核骨架"（nuclear scaffold）相连接。这些骨架相连接的部分把染色体 DNA 分隔成许多长度不同的 DNA 环（20 000~100 000 碱基对），每个环（loop）有相对独立性。当一个环被打断或被核酸酶所松弛时，其他环仍可保持超螺旋状态。实验还证实真核染色体，还有更多层次的组织形式，每个层次都使染色体的包装变得更致密。因此真核染色体 DNA 包装是一个缠绕再接一次更高级的缠绕和包装，这种高层次包装的模式如图 5-9。染色质中还存在一些非组蛋白（nonhistone protein），它们参与了调节特殊基因的表达，以控制同种生物的基因组在不同组织与器官中表达出不同生物功能的蛋白。

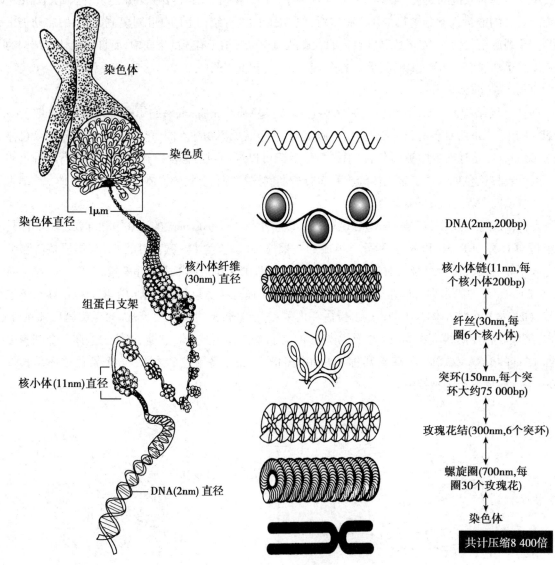

图 5-9　真核染色体不同层次的结构包装模式

（五）基因与基因组

基因（gene）是在染色体上占有一定空间的特定 DNA 片段。真核生物的体细胞里每条染色体都有其另一条同源染色体，即一个染色体是由两条染色单体配对存在的，所以体细胞是二倍体（diploid）

细胞;而生殖细胞里每条染色体都只有一条,所以是单倍体(haploid)细胞。二倍体细胞每一个基因也是成对存在的,每一对基因分别位于来自双亲的染色体的同一位置上。此位置称基因座(locus),一对同源染色体在同一基因座上的一对基因称为一对等位基因(allele)。每一个体的每一基因座上只有两个等位基因,可是在一个群体中,每个基因座上可以有两个以上等位基因,这就是复等位基因(multiple allele)。

当一个生物体带有一对完全相同的等位基因时,则就该基因而言此生物体是纯合的(homozygous)或称为纯种(pure bred);反之,如果一对等位基因不相同,则该生物体是杂合的(heterozygous)或称为杂种(hybrid)。等位基因各自编码蛋白质产物决定某一性状,并可因突变而失去功能,等位基因之间存在相互作用,当一个等位基因决定生物性状的作用强于另一等位基因并使生物只表现出其自身的性状时,就出现显隐性关系,作用强的是显性,作用被掩盖而不能表现的为隐性,显性完全掩盖隐性的是完全显性(complete dominance),两者相互作用而出现介于两者的中间性状的是不完全显性(incomplete dominance)。

基因不仅是传递遗传信息的载体,同时又具有调控其他基因表达的功能。在原核细胞中,操纵子(operon)是由几个功能相关的结构基因及其调控区组成一个基因表达单位;几个结构基因由一个启动子转录成为一个 mRNA,然后翻译成几种功能蛋白质。操纵基因还受调节基因产生的阻遏物调节,进而控制结构基因的功能。这些基因互相制约构成了一套基因功能调控系统,使生物在不同环境下表现出不同的遗传特性。可见基因是可分的,这不仅体现在基因结构上,而且在功能上也可分为编码产生某种蛋白质的基因,以及负责调节其他基因功能的基因,基因不仅能单独起作用,而且在不同基因之间还有一个相互制约、反馈调节的网络,每个基因都在各自的系统中发挥各自的功能。

生物体基因组由整套染色体组成,一条染色体就是一个双链 DNA 分子,DNA 分子中的全部核苷酸序列分别构成了基因和各种结构单元。基因组的 DNA 分子,也可划分为基因的编码序列和非编码序列。分析基因组内多种 DNA 序列的结构特征,有助于解读这些 DNA 序列中包含的遗传信息,认识其生物学功能,以最终认识生物的遗传本性。基因组 DNA 序列按其结构和功能可分成以下几类。

(1)基因序列和非基因序列:基因序列指基因组决定蛋白质(或 RNA 产物)的 DNA 序列,一端为 ATG 起始密码子,另一端则是终止密码子。非基因序列则是基因组中除基因序列以外的所有 DNA 序列,主要是两个基因之间的间隔序列。

(2)编码序列和非编码序列:编码序列指编码 RNA 和蛋白质的 DNA 序列。真核生物的基因是由内含子和外显子组成,内含子是基因内的非蛋白编码序列。所以内含子序列以及两个基因之间的间隔序列统称为非蛋白质编码序列。

(3)单一序列和重复序列:单一序列是基因组里只出现一次的 DNA 序列。重复序列指在基因组里重复出现的 DNA 序列。基因组内的重复序列有的是分散分布,有的是成簇存在。根据 DNA 序列在基因组中的重复频率,可将其分为轻度重复序列、中度重复序列和高度重复序列。基因组学(genomics)是研究生物体基因和基因组的结构组成、稳定性及功能的一门学科。它包括结构基因组学和功能基因组学。前者是研究基因和基因组的结构,各种遗传元件的序列特征,基因组作图的基因定位等;后者是研究不同的序列具有的不同功能,基因表达的调控,基因和环境之间(包括基因与基因、基因与其他 DNA 序列、基因与蛋白质)的相互作用等。

人类基因组
计 划 简 介
(拓展阅读)

三、RNA 的分子结构

（一）RNA 的种类

生物体中含有多种不同类型的 RNA，包括转运 RNA、信使 RNA、核糖体 RNA、长链非编码 RNA、微小非编码 RNA、核内不均一 RNA（hnRNA）、核小 RNA（snRNA），还有线粒体 RNA（mtRNA）、叶绿体 RNA（ctRNA）和病毒 RNA 等。

1. 信使 RNA（messenger RNA，mRNA）　mRNA 在细胞中含量很少，占 RNA 总量的 3%~5%。

mRNA 在代谢上很不稳定，它是合成蛋白质的模板，每种多肽链都由一种特定的 mRNA 负责编码。因此，细胞内 mRNA 的种类很多。mRNA 的分子量极不均一，其沉降系数在 4~25S（S 为沉降系数单位，1 个 S 单位 = 1×10^{-13} 秒），mRNA 的平均分子量约 500 000kDa。大肠埃希菌的 mRNA 平均含有 900~1 500 个核苷酸。真核 mRNA 中最大的是丝心蛋白 mRNA，它由 19 000 个核苷酸组成。

2. 转运 RNA（transfer RNA，tRNA）　tRNA 一般由 73~93 个核苷酸构成，分子量为 23 000~28 000kDa，沉降系数为 4S。tRNA 约占细胞中 RNA 总量的 15%。在蛋白质生物合成中 tRNA 起携带氨基酸的作用。细胞内 tRNA 的种类很多，每一种氨基酸都有与其相对应的一种或几种 tRNA。

3. 核糖体 RNA（ribosomal RNA，rRNA）　核糖体 RNA 是细胞中主要的一类 RNA，rRNA 占细胞中全部 RNA 的 80% 左右，是一类代谢稳定、分子量最大的 RNA，存在于核糖体内。

核糖体（ribosome）又称为核蛋白体或核糖核蛋白体。它是细胞内蛋白质生物合成的场所。在迅速生长着的大肠埃希菌中，核糖体约占细胞干物质的 60%。每个细菌细胞约含 16×10^3 个核糖体。每个真核细胞约有 1×10^6 个核糖体。原核生物核糖体中蛋白质约占 1/3，rRNA 约占 2/3；真核生物核糖体中蛋白质和 rRNA 各占一半。核糖体由两个亚基组成，一个称为大亚基，另一个称为小亚基，两个亚基都含有 rRNA 和蛋白质，但其种类和数量却不相同。

4. 微小非编码 RNA　包括小干扰 RNA 和微 RNA。

（1）小干扰 RNA（small interfering RNA，siRNA）：siRNA 是含有 21~23 个单核苷酸长度的双链 RNA，通常人工合成的 siRNA 是碱基对数量为 21~23bp 的双链 RNA。细胞内的 siRNA 系由双链 RNA（dsRNA）经特异 RNA 酶Ⅲ家族的 Dicer 核酸酶切割形成的 21~23 个碱基的双链 RNA。这种小分子 dsRNA 可以促使与其互补的 mRNA 被核酸酶切割降解，从而有效地定向抑制靶基因的表达。将由 dsRNA 诱导的这种基因沉默效应定义为 RNA 干扰（RNA interference，RNAi）。RNAi 涉及的步骤与因素较多，属于基因转录后调控，其过程需要 ATP 参与。一般分为两个阶段：①dsRNA 进入细胞后，由依赖 ATP 的 Dicer 核酸酶切割，将其分解成具有 21~23 个碱基左右的双链 siRNA；②RNA 诱导的沉默复合物（RNA-induced silencing complex，RISC）识别并降解 mRNA。RISC 是一种蛋白核酸酶复合物，RISC 能够与 siRNA 互补的 mRNA 结合，一方面使 mRNA 被 RNA 酶裂解。另一方面以 siRNA 作为引物，以 mRNA 为模板，在依赖于 RNA 的 RNA 聚合酶（RDRP）作用下合成 mRNA 的互补链。结果 mRNA 形成双链 RNA，此 dsRNA 在 Dicer 核酸酶作用下也裂解成 siRNA，这些新生成的 siRNA 也具有诱发 RNAi 的作用，通过这种聚合酶链反应，细胞内的 siRNA 大大扩增，显著增加了对基因表达的抑制。从而使目的基因沉默，产生 RNA 干扰作用。RNAi 的作用机制如图 5-10 所示。

（2）微 RNA（microRNA，miRNA）：miRNA 是一类含 19~25 单核苷酸的单链 RNA，在 3′ 端有 1~2 个碱基长度变化，广泛存在于真核生物中（如脊椎动物、软体动物、环节动物、节肢动物等），不编码任何蛋白，本身不具有开放阅读框架（open reading frame，ORF）；具有保守性、时序性和组织特异性，即在生物发育的不同阶段有不同的 miRNA 表达，在不同组织中表达不同类型的 miRNA。成熟的 miRNA 5′ 端为磷酸基，3′ 端为羟基，它们可以和上游或下游序列不完全配对而形成茎环结构。miRNA 通过与靶 mRNA 3′-UTR 碱基配对的方式来执行对靶 mRNA 的转录翻译抑制的功能。

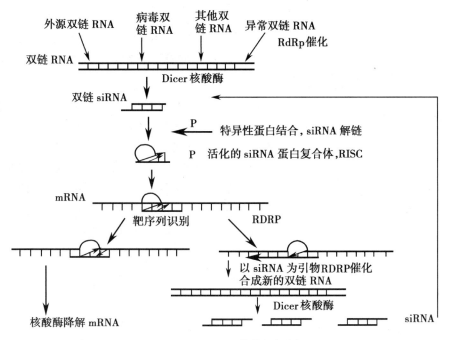

图 5-10 RNAi 的作用机制

细胞内 miRNA 的合成及作用机制如图 5-11 所示。在细胞核内编码 miRNA 的基因转录成 pri-miRNA,在核糖核酸酶 Drosha 酶作用下,pri-miRNA 被剪切成约 70 个核苷酸长度的 miRNA 前体(pre-miRNA)。pre-miRNA 在转运蛋白 Exportin5 作用下,从核内转运到细胞质中。在 Dicer 核酸酶作用下,pre-miRNA 被剪切成 21~25 个核苷酸长度的双链 miRNA。成熟 miRNA 与其互补的 miRNA* 结合形成双螺旋结构。随后,双螺旋解旋,其中一条结合到 RNA 诱导的基因沉默复合物(RISC)中。此复合物结合到靶 mRNA 上,单链 miRNA 与靶 mRNA 的 3′-UTR 不完全互补配对,从而阻断该基因的翻译过程。

（3）RNA 干扰技术在药物研究中的应用:美国科学家安德鲁·法尔和克雷格·梅洛因发现了 RNA（核糖核酸）干扰机制而获得 2006 年诺贝尔奖。鉴于 RNAi 具有的序列特异性转录后基因沉默的特点,因而 RNAi 技术不仅被广泛地应用于基因功能研究,而且在基因药物设计中也发挥着重要的作用。RNAi 技术通过 siRNA 引起互补 mRNA 降解,特异性抑制靶基因表达,其特点是特异性高和作用强,目前该技术已用于肿瘤、病毒感染和显性致病基因引起的遗传性疾病等多种疾病的基因药物研究。例如多种肿瘤致病基因的形成是由于染色体置换后发生基因点突变,mRNA 编码异常蛋白,导致肿瘤的发生、发展。RNA 干扰技术序列特异性高,可针对突变设计干扰片段,从而特异性地抑制变异 mRNA 的表达,达到有效的治疗目的。随着 RNA 干扰机制的深入研究与广泛应用,RNA 干扰已在药物研究中的各个领域,尤其在药靶鉴定、优化药靶、基因治疗药物设计等方面显示了巨大的作用,为药物研究提供了强大的工具。截至 2021 年 9 月,已有 4 种 siRNA 药物上市。

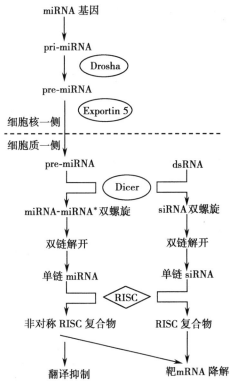

图 5-11 miRNA 的作用机制

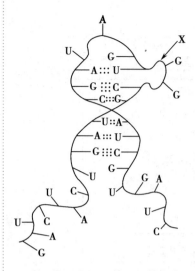

图 5-12   RNA 的二级结构

（二）RNA 的基本结构特征

1. RNA 的基本组成单位是 AMP、GMP、CMP 及 UMP。此外，还包括假尿嘧啶核苷酸及带有甲基化碱基等多种的稀有碱基核苷酸。

2. 每分子 RNA 中约含有几十个至数千个 NMP，与 DNA 相似，彼此通过 3′,5′-磷酸二酯键连接而成多核苷酸链。

3. RNA 主要是单链结构，但局部区域可卷曲形成双链螺旋结构，或称发卡结构（hairpin structure）。双链部位的碱基一般也彼此形成氢键而互相配对，即 A-U 及 G-C，双链区有些不参与配对的碱基往往被排斥在双链外，形成环状突起（图 5-12）。具有二级结构的 RNA 进一步折叠形成 RNA 分子的三级结构（图 5-13）。

4. RNA 与 DNA 对碱的稳定性不同，RNA 易被碱水解，使 5′-磷酸酯键断开，形成 3′-磷酸酯键的单核苷酸。DNA 无 2′-羟基，则不易被碱水解。

GGGCGGCUAGCUCAGCGGAAGAGCGCUCGCCUCACACG
CGAGAGGUCGUAGGUUCAAGUCCUACGCCGCCCACCA

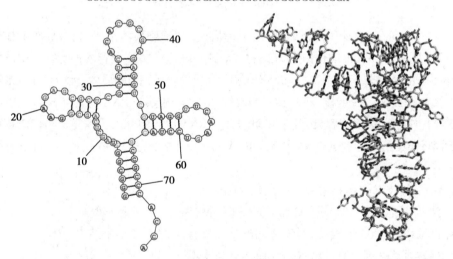

图 5-13   RNA 的三级结构

（三）参与蛋白质生物合成的三类 RNA 的结构

1. 转运 RNA（tRNA）的结构   每一种氨基酸有 1~6 种相应的 tRNA，散于胞液中。书写各种不同氨基酸的 tRNA 时，在右上角注以氨基酸缩写符号，如 tRNA^Phe 代表转运苯丙氨酸的 tRNA。

（1）一级结构：tRNA 由 70~90 个核苷酸组成，有较多的稀有碱基核苷酸，3′-末端为 -C-C-A OH，沉降系数都在 4S 左右。

（2）二级结构：根据碱基排列模式，呈三叶草式（clover）。双链互补区构成三叶草的叶柄，突环（loop）好像三片小叶。大致分为氨基酸臂、二氢尿嘧啶环、反密码环、额外环和 TΨC 环 5 部分（图 5-14）。

氨基酸臂由 7 对碱基组成，富含鸟嘌呤，末端为—CCA，蛋白质生物合成时，用于连接活化的氨基酸。二氢尿嘧啶环（DHU loop）由 8~12 个核苷酸组成，含有二氢尿嘧啶，故称为二氢尿嘧啶环。反密码环由 7 个核苷酸组成，环的中间是反密码子（anticodon），由 3 个碱基组成，次黄嘌呤核苷酸常出现于反密码子中。额外环（extra loop）由 3~18 个核苷酸组成，不同的 tRNA，其环大小不一，是 tRNA 分类的指标。TΨC 环由 7 个核苷酸组成，因环中含有 T-Ψ-C 碱基序列，故得此名。

图 5-14 中 tRNA 结构图（略）

DHU：二氢尿嘧啶；I：次黄苷酸；m^1G：1-甲基鸟苷酸；m^1I：1-甲基次黄苷酸 m_2^2G：N_2-二甲基鸟苷酸；Ψ：假尿苷酸

图 5-14　酵母 tRNA^{Ala} 的核苷酸序列

（3）三级结构：酵母 tRNA^{Phe} 呈倒 L 形的三级结构。其他 tRNA 也类似。氨基酸臂与 TΨC 臂形成一个连续的双螺旋区，构成字母 L 下面的一横，二氢尿嘧啶臂与反密码臂及反密码环共同构成 L 的一竖（图 5-15）。二氢尿嘧啶环中的某些碱基与 TΨC 环及额外环中的某些碱基之间可形成一些额外的碱基对，维持了 tRNA 的三级结构。大肠埃希菌的起始 tRNA^{Met}、tRNA^{Arg} 及酵母 tRNA^{Asp} 都与此类似，但 L 两臂夹角有些差别。

2. 信使 RNA（mRNA）结构　　mRNA 为传递 DNA 的遗传信息并指导蛋白质合成的一类 RNA 分子。mRNA 是异源性很高的 RNA，每一个 mRNA 分子携带一个 DNA 序列的拷贝，在细胞中被翻译成一条或多条肽链。其代谢活跃，更新迅速，半衰期一般较短。

（1）分子量大小不一，由几百至几千个核苷酸组成。

（2）极大多数真核细胞 mRNA 在 3′ 末端有一段长约 200 个碱基的多聚腺苷酸［poly（A）］。

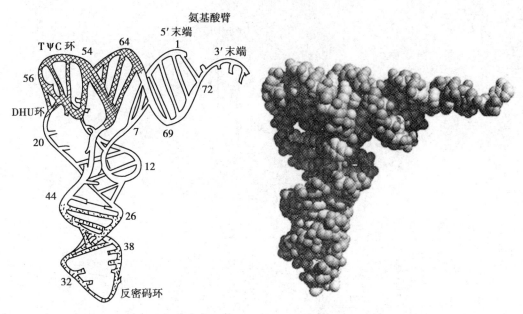

图 5-15   tRNA^Phe 的三级结构

（3）真核细胞 mRNA 的 5′ 末端有一特殊结构：7- 甲基鸟嘌呤核苷三磷酸，称为帽子结构，与蛋白质生物合成的起始有关，其结构如下：

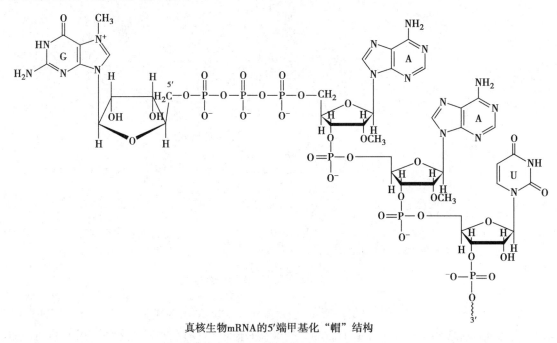

真核生物mRNA的5′端甲基化"帽"结构

（4）mRNA 分子中有编码区和非编码区。编码区是所有 mRNA 分子的主要结构，该区域编码特定蛋白质分子的一级结构，非编码区与蛋白质合成的调控有关。

（5）每分子 mRNA 可与几个至几十个核糖体结合成串珠样的多核糖体（polysome）。

mRNA 是在核糖体将记录在 DNA 分子中的遗传信息转化成蛋白质氨基酸序列时的模板。mRNA 的核苷酸排列顺序与基因 DNA 核苷酸顺序互补。每个细胞约有 10^4 分子 mRNA。mRNA 是单链 RNA，其长度变化很大。mRNA 的长度取决于它所表达的基因序列的长度；并且由于 mRNA 中存在不参加翻译的区段，其长度一般都比指导蛋白质合成所需要的核苷酸链长度长。

原核细胞的 mRNA 具有下列结构特点：①包括原核细胞和病毒的 mRNA 一般都为多顺反子结

构；②原核细胞 mRNA 的转录与翻译是耦合的，即 mRNA 分子一边进行转录，同时一边进行翻译；③原核细胞 mRNA 分子包含有先导区、翻译区和非翻译区，即在两个顺反子之间有不参加翻译的插入顺序。

与原核细胞相比较，真核细胞 mRNA 的结构具有以下明显不同特点：①大多数真核细胞 mRNA 的 3′ 末端有一段多聚腺苷酸［poly（A）］，其长度约为 200 个腺苷酸。原核细胞 mRNA 3′ 末端一般不含 poly（A）序列。而 poly（A）的结构与 mRNA 从细胞核移至细胞质过程有关，也与 mRNA 的半衰期有关。新合成的 mRNA 的 poly（A）较长，衰老 mRNA 的 poly（A）较短。另外，真核细胞 mRNA 的 5′- 末端有一个特殊的 7- 甲基鸟嘌呤核苷三磷酸（通常有三种类型，$m^7G^5PPP^5NP$，$m^7G^5PPP^5N'mPNP$ 和 $m^7G^5PPP^5N'mPNmP$）结构，简称帽子结构，原核生物 mRNA 无帽子结构；②真核细胞 mRNA 一般为单顺反子（即一个 mRNA 分子只编码一种多肽）；③真核细胞 mRNA 的转录与翻译是分开进行的，先在核内转录产生前体 mRNA（核内不均一 mRNA，即 hnRNA），在核内加工为成熟 mRNA，再转运到细胞质内进行翻译过程。

3. 核糖体 RNA（rRNA）结构　rRNA 分子大小不均一。真核细胞的 rRNA 有 4 种，其沉降系数分别为 28S、5.8S、5S 和 18S，大约与 82 种蛋白质结合而存在于细胞质的核糖体的大小两个亚基中。5S rRNA 与 tRNA 相似，具有类似三叶草型的二级结构。其他 rRNA，如 16S rRNA、23S rRNA 也是由部分双螺旋结构和部分突环相间排列组成的。由 DNA 转录的产物总是单链 RNA，单链 RNA 趋向于右手螺旋构象，其构象基础是由碱基堆积而成的（图 5-16）。由于嘌呤碱基之间的堆积力比嘌呤碱基与嘧啶碱基或嘧啶碱基与嘧啶碱基之间的堆积力强，因此，嘧啶碱基常常被挤出而形成两个嘌呤碱基的相互作用。RNA 能和具有互补顺序的 RNA 或 DNA 链进行碱基配对。

与双链 DNA 不同，RNA 没有一个简单的有规律的二级结构。在有互补顺序的地方形成的双链螺旋结构主要是 A 型右手螺旋。由于错配或无配对碱基常常打断螺旋，而在 RNA 分子中间形成"突起"和"环"，在 RNA 链内最近的自身互补顺序能形成发卡环（图 5-17）。RNA 分子中形成的发卡结构是 RNA 具有的最普遍的二级结构形式。

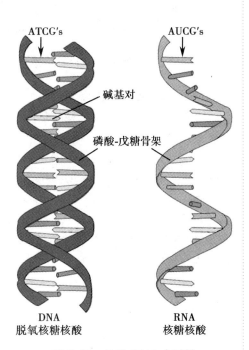

图 5-16　单链 RNA 由碱基堆积而成的右手螺旋结构

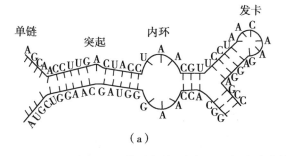
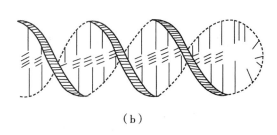

（a）RNA 分子中的"突起""环"和发卡结构；（b）RNA A 型双螺旋结构中的发卡结构

图 5-17　RNA 分子中的二级结构类型

有些短序列如 UUGG 序列,常常存在于 RNA 发卡结构的末端,形成结实稳定的环,在形成 RNA 分子的三维结构中起重要作用,氢键是 RNA 三维结构的另一种维持作用力。在 rRNA 分子中存在大量氢键配对,分子中含有许多茎环结构,尤其是大的 rRNA 分子,存在许多螺旋区和环区,每个区域在结构上和功能上都是相对独立的单位,因此尽管有些 rRNA 的一级结构序列不同,但它们的二级结构却十分类似（图 5-18）。

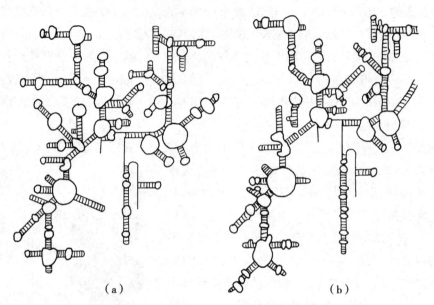

（a）大肠埃希菌 16S rRNA;（b）酵母 16S rRNA

图 5-18   大肠埃希菌与酿酒酵母 16S rRNA 的二级结构

目前研究人员可以通过 X 线晶体学、核磁共振和冷冻电子显微镜等技术对单一 RNA 进行结构测定,但相比于通过 RNA 组学研究发现的 RNA 序列数量而言,目前测定的 RNA 结构数量十分有限。研究人员也在研究采用机器学习策略模拟 RNA 的空间结构。

第三节   核酸的性质

一、核酸的溶解度与黏度

RNA 和 DNA 都是极性化合物,都微溶于水,而不溶于乙醇、乙醚、三氯甲烷等有机溶剂。它们的钠盐比较易溶于水,RNA 钠盐在水中溶解度可达 4%。在分离核酸时,加入乙醇可使之从溶液中沉淀出来。

采用电子显微镜及放射自显影等技术,能测定许多完整 DNA 的分子量。噬菌体 T2 DNA 的电镜像显示整个分子是一条连续的细线,直径为 2nm,长度为 $49\mu m \pm 4\mu m$。由此计算其分子量约为 1×10^8。大肠埃希菌染色质 DNA 的放射自显影像为一环状结构,其分子量约为 2×10^9。真核细胞染色质中的 DNA 分子量更大。果蝇巨染色体只有一条线形 DNA,长达 4.0cm,分子量约为 8×10^{10},为大肠埃希菌 DNA 的 40 倍。RNA 分子比 DNA 短得多,其分子量只达 $2.3 \times 10^4 \sim 11 \times 10^4$。

高分子溶液比普通溶液黏度要大得多,不规则线团分子比球形分子的黏度大,而线性分子的黏度更大。由于天然 DNA 具有双螺旋结构,分子长度可达几厘米,而分子直径只有 2nm,分子极为细长,因此,即使是极稀的 DNA 溶液,黏度也很大。RNA 分子比 DNA 分子短得多,RNA 呈无定形,不像

DNA 那样呈纤维状,RNA 的黏度比 DNA 黏度小。当 DNA 溶液受到加热或在其他因素作用下由螺旋转变为线团时,黏度降低。所以黏度可作为 DNA 变性的指标。

二、核酸的酸碱性

核酸链中两个单核苷酸残基之间的磷酸残基的解离具有较低的 pK′ 值(pK′ = 1.5),所以当溶液的 pH>4 时,磷酸残基全部解离,呈多阴离子状态。因此,可以把核酸看成是多元酸,具有较强的酸性。核酸的等电点较低,酵母 RNA (游离状态)的等电点为 2.0~2.8。多阴离子状态的核酸可以与金属离子结合成盐。一价阳离子(如 Na^+、K^+)和二价阳离子(如 Mg^{2+}、Mn^{2+} 等)都可与核酸形成盐。核酸盐的溶解度比游离酸的溶解度要大得多。多阴离子状态的核酸也能与碱性蛋白(如组蛋白等)结合。病毒与细菌中的 DNA 常与精胺、亚精胺等多阳离子胺类结合,使 DNA 分子具有更大的稳定性与柔韧性。

由于碱基对之间氢键的性质与其解离状态有关,而碱基的解离状态又与 pH 有关,所以溶液中的 pH 直接影响核酸双螺旋结构中碱基对之间氢键的稳定性。对 DNA 来说碱基对在 pH 4.0~11.0 最为稳定。超越此范围,DNA 会变性。

三、核酸紫外吸收

由于组成核酸的嘌呤及嘧啶碱基具有强烈的紫外吸收,所以核酸也有强烈的紫外吸收。最大吸收值在 260nm 附近(图 5-19)。利用这一特性,可以测定核酸样品的浓度,也可与蛋白质样品进行区分。

天然的 DNA 在发生变性时,氢键断裂,双链发生解离,碱基外露,共轭双键更充分暴露,故变性的 DNA 在 260nm 处的紫外吸收值显著增加,该现象称为 DNA 的增色效应(hyperchromic effect)(图 5-19)。在一定条件下,变性核酸可以复性,此时紫外吸收值又减少至原来水平,这一现象叫减色效应(hypochromic effect)。减色效应是由于在 DNA 双螺旋结构中堆积的碱基之间的电子相互作用,而减弱了对紫外线的吸收。因此紫外吸收值可作为核酸变性和复性的指标。

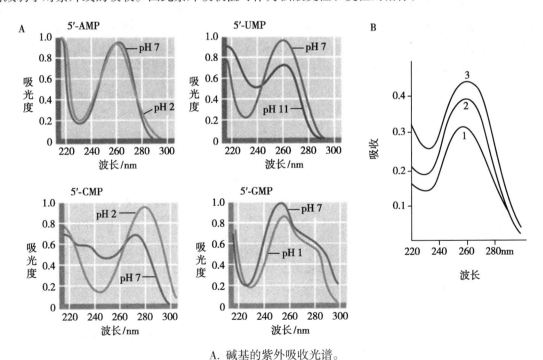

A. 碱基的紫外吸收光谱。
B. 1. 天然 DNA;2. 变性 DNA;3. 核苷酸总吸收值。

图 5-19　碱基与 DNA 的紫外吸收光谱

四、核酸变性、复性和杂交

（一）变性

核酸分子具有一定的空间结构,维持这种空间结构的作用力主要是碱基堆积力和氢键。有些理化因素会破坏碱基堆积力和氢键,使核酸分子的空间结构改变,从而引起核酸理化性质和生物学功能改变,这种现象称为核酸的变性(denaturation)。核酸变性时,其双螺旋结构解开,但并不涉及核苷酸间共价键的断裂,因此变性作用并不引起核酸分子量降低。多核苷酸链的磷酸二酯键的断裂称为降解。伴随核酸的降解,核酸分子量降低。

多种因素可引起核酸变性,如加热、过高或过低的 pH、有机溶剂、酰胺和尿素等。加热引起 DNA 的变性称为热变性。将 DNA 的稀盐溶液加热到 80~100℃几分钟,双螺旋结构即被破坏,氢链断裂,两条链彼此分开,形成无规则线团。这一变化称为螺旋向线团转变(图 5-20)。随着 DNA 空间结构的改变,引起一系列性质变化,如黏度降低,某些颜色反应增强,尤其是 260nm 紫外吸收增加,DNA 完全变性后,紫外吸收能力增加 25%~40%。

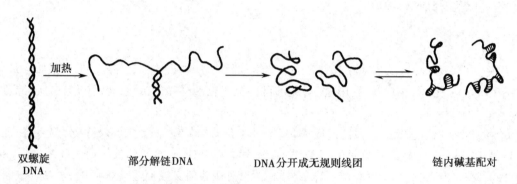

双螺旋　　　　　　　部分解链DNA　　　　DNA分开成无规则线团　　　链内碱基配对
DNA

图 5-20　DNA 的变性过程

DNA 变性后失去生物活性。DNA 热变性的过程不是一种"渐变",而是一种"跃变"过程,即变性作用不是随温度的升高缓慢发生,而是在一个很狭窄的临界温度范围内突然引起并很快完成,就像结晶物质在其熔点时突然熔化一样。通常把 DNA 在热变性过程中紫外吸收的增加值达到最大增加值的 1/2 时的温度称为"熔点"或熔解温度(melting temperature),用符号 T_m 表示。DNA 的 T_m 值一般在 70~85℃(图 5-21)。在 T_m 时,核酸分子内 50% 的双链结构被解开。一种 DNA 分子的 T_m 值与它的大小和所含碱基中的 G + C 比例相关,G + C 比例越高,T_m 值越高,这是因为 G-C 对之间有三个氢键,所以含 G-C 比例高的 DNA 分子更为稳定;而 G-C 含量低,则 T_m 值低。因此测定 T_m 可推算 DNA 分子中 G-C 对含量,其经验公式为:$(G + C)\% = (T_m - 69.3) \times 2.44\%$。

T_m 值还受介质中离子强度的影响,一般来说,在离子强度较低的介质中,DNA 的熔解温度较低,而离子强度较高时,DNA 的 T_m 值也较高。所以 DNA 制品不应保存在极稀的电解质溶液中,一般在 1mol/L 氯化钠溶液中保存较为稳定。

RNA 也具有螺旋→线团之间的转变。但由于 RNA 只有局部的双螺旋区,所以这种转变不如 DNA 那样明显。变性曲线不那么陡,T_m 值较低。tRNA 具有较多的双螺旋区,所以具有较高的 T_m 值,变性曲线也较陡。RNA 变性后紫外吸收值约增加 1%。

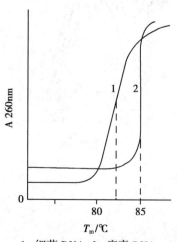

1. 细菌 DNA;2. 病毒 DNA

图 5-21　两种不同 DNA 的熔点

（二）复性

变性 DNA 在适当条件下,可使两条彼此分开的链重新由氢键连接而形成双螺旋结构,这一过程称为复性(renaturation)。复性后 DNA 的一系列物理化学性质得到恢复,如紫外吸收值降低,黏度增高,生物活性部分恢复。通常以紫外吸收值的改变作为复性的指标。将热变性 DNA 骤然冷却至低温时,DNA 不发生复性,而在缓慢冷却时才可以复性。

(三)杂交

将不同来源的 DNA 经热变性、冷却,使其复性,在复性时,如这些异源 DNA 之间在某些区域有互补的序列,则会形成杂交 DNA 分子。DNA 与互补的 RNA 之间也会发生杂交。核酸杂交(hybridization)可以在液相或固相载体上进行。

最常用的是以硝酸纤维素膜作为载体进行杂交。英国分子生物学家 E. M. Southern 创立的 DNA 印迹法(Southern blotting)就是将凝胶电泳分离的 DNA 片段转移至硝酸纤维素膜上后,再进行杂交。其操作是将 DNA 样品经限制性内切酶降解后,用琼脂糖凝胶电泳分离 DNA 片段,将胶浸泡在 NaOH 中进行 DNA 变性,然后将变性 DNA 片段转移到硝酸纤维素膜上在 80℃烤 4~6 小时,使 DNA 固定在膜上,再与标记的变性 DNA 探针进行杂交,杂交反应在较高盐浓度和适当温度(68℃)下进行 10 多个小时,经洗涤除去未杂交的标记探针、将纤维素膜烘干后进行放射自显影即可鉴定待分析的 DNA 片段。除 DNA 外,RNA 也可用作探针(probe)。可用 ^{32}P 标记探针,也可用生物素标记探针。

DNA 印迹法示意图(图片)

将 RNA 经电泳变性后转移至纤维素膜上再进行杂交的方法称 RNA 印迹法(Northern blotting)。根据抗体与抗原可以结合的原理,用类似方法也可以分析蛋白质,这种方法称蛋白质印迹法(Western blotting)。应用核酸杂交技术,可以分析含量极少的目的基因,这是研究核酸结构与功能的一个极其有用的工具。

蛋白质印迹法示意图(图片)

第四节 核酸的制备与鉴定

一、核酸的合成

(一)核酸的化学合成

早在 20 世纪 50 年代,HC. Khorana 就开始了核酸的化学合成研究,1956 年他首次成功合成了二核苷酸,其基本指导思想是将核苷酸所有活性基团都用保护剂加以封闭,只留下需要反应的基团;活化剂使反应基团激活;用缩合剂使一个核苷酸的羟基与另一核酸的磷酸基之间形成磷酸二酯键,从而定向发生聚合。他的工作为核酸的化学合成奠定了基础,因而与第一个测定 tRNA 序列的 Holley 以及从事遗传密码破译的 Nirenburg 共获 1968 年诺贝尔生理学或医学奖。

Khorana 是用磷酸二酯法合成 DNA 的。Letsinger 等人于 1960 年发明了磷酸三酯法。由于磷酸中有三个羟基(P-OH),将其中之一保护起来,剩下 2 个可以分别与脱氧核糖形成磷酸二酯,这样将减少副反应,简化分离纯化步骤,提高产率。之后他们又发明了亚磷酸三酯法,使反应速度大大加快。在此基础上实现了 DNA 化学合成的固相化,即将第一个核苷酸 5'-羟基固定在可控孔径玻璃微球(controllable pored glass bead, CPG)上,因此冲洗十分方便,也适合于自动化操作。

DNA 自动化合成均采用固相亚磷酸三酯法。底物的活性基分别被保护,例如腺嘌呤和胞嘧啶碱基上的氨基用苯甲酰基(bz)保护,鸟嘌呤碱基的氨基用异丁酰基(Ib)保护,5'-羟基用二甲氧三苯甲基(DMT)保护。自 3' 向 5' 方向逐个加入核苷酸,每一循环周期分为四步反应:

第一步,脱保护基(deprotection)。用二氯乙酸(dichloroacetic acid, DCA)或三氯乙酸(trichloroacetic acid, TCA)处理,水解脱去核苷 5'-羟基上的保护基 DMT。

第二步,偶联反应(coupling)。用二异丙基亚磷酰胺(diisopropyl phosphoramidite)衍生物作为活化剂和缩合剂,在弱碱性化合物四唑催化下,偶联形成亚磷酸三酯。

第三步,终止反应(stop reaction)。加入乙酸酐使未参与偶联反应的5′-羟基均被乙酰化,以免与以后加入的核苷酸反应出现错误序列,即合成的DNA链允许中途终止,但不能有序列错误。

第四步,氧化作用(oxidation)。合成的亚磷酸三酯用碘溶液氧化,使之成为较稳定的磷酸三酯。

按照事先设计的程序合成DNA链,待合成结束后用硫酚和三乙胺脱掉保护基,并用氨水将合成的全长寡核苷酸水解下来,然后用高效液相色谱(HPLC)和凝胶电泳纯化并鉴定。每个核苷酸合成循环要7~10分组,十分方便。RNA也能自动化合成,只是所用底物不同,基本操作与DNA合成一样。

（二）核酸的生物合成

在实验室中,可以将质粒DNA转化到能够高拷贝数扩增质粒的大肠埃希菌菌株(例如DH5α等),利用细菌中DNA复制的生理过程,合成所需的DNA分子。

二、核酸提取、分离和纯化

从生物材料中(动、植物组织和微生物)提取核酸的一般原则是:首先破碎细胞,提取核蛋白使其与其他细胞成分分离。然后采用蛋白质变性剂(如苯酚或十二烷基硫酸钠等)或用蛋白酶处理除去蛋白质使其与核酸分离。最后再沉淀核酸,进行纯化。因为遗传信息全部储存在核酸的一级结构中,故完整的一级结构是保证核酸结构与功能研究的基础。核酸的分离和纯化时的重要原则:一是保证核酸一级结构的完整性;二是排除其他分子的污染。因此,在实验操作中应注意:①尽量简化操作步骤,缩短提取过程,以减少各种有害因素对核酸的破坏;②减少化学物质对核酸酶的降解,为避免过酸、过碱对核酸链中磷酸二酯键的破坏,操作多在pH 4~10的条件下进行;③防止核酸的生物降解;④减少物理因素对核酸的降解,物理降解因素主要是机械剪切力,其次是高温。

在核酸制备中特别需要注意防止核酸的降解和变性。要尽量保持其在生物体内的天然状态,必须采用温和的条件,鉴于核酸(特别是DNA)是大分子,高温、高强度机械作用力等物理因素均可破坏核酸分子的完整性。因此核酸的提取过程应在低温(0℃左右)条件下进行,防止过酸、过碱、避免剧烈搅动等以防止核酸分子变性。为获得天然状态的核酸,在提取、分离、纯化过程中,应防止核酸酶、化学因素和物理因素所引起的降解,尤其重要的是抑制核酸酶的活性防止核酸被降解。

核酸提取方案,应根据具体生物材料和待提取核酸分子的特点而定。虽然核酸分离纯化一般都经过破碎细胞→去除蛋白质、多糖、脂类等生物大分子→沉淀核酸→去除盐类、有机溶剂等杂质→纯化干燥→溶解的流程,但核酸的提取没有统一的方法,制备方法因所用生物材料不同而有很大差异。一般选用一种较合适的分离纯化流程以获得高纯度的核酸。对于某特定细胞器中富集的核酸分子,采用先提取细胞器后再提取目的核酸分子的方案,可获得完整性和纯度两方面质量均高的核酸分子。

（一）DNA的分离纯化

真核细胞中DNA以核蛋白形式存在。DNA蛋白(deoxyribonucleoprotein, DNP)在不同浓度的氯化钠溶液中溶解度显著不同。DNP溶于水,在0.14mol/L氯化钠溶液中溶解度最小,仅为水中溶解度的1/100。当氯化钠浓度再增加时,其溶解度又增加,如在0.5mol/L时溶解度与水相似,而当氯化钠增至1mol/L时,DNP溶解度较在水中大两倍以上。利用这一性质可将DNP从破碎后的细胞匀浆中分离出来,也可以使DNP和RNA蛋白(RNP)分离,因为DNP在0.14mol/L氯化钠溶液中溶解度小,而RNP溶于0.14mol/L氯化钠溶液。DNP的蛋白质部分可用苯酚提取法、三氯甲烷-戊醇提取法、去污剂法或酶法去除。

天然的DNA分子有的呈线形,有的呈环形。不同构象的核酸(线形、开环、超螺旋结构)、蛋白质及其他杂质,在超速离心机的强大力场中,沉降的速率有很大差异,所以可以用超速离心法纯化核酸或将不同构象的核酸进行分离,也可以测定核酸的沉降系数与分子量。用不同介质组成密度梯度进行超速离心分离核酸时,效果较好。分离 DNA 时用得最多的是氯化铯梯度。氯化铯在水中有很大溶解度,可以制成浓度很高(80mol/L)的溶液。氯化铯密度梯度平衡超速离心,可按 DNA 的浮力密度不同进行分离。双链 DNA 中如插入溴化乙啶等染料后,可以减低其浮力密度。但由于超螺旋状态的环状DNA 中插入溴化乙啶的量比线形或开环 DNA 分子少,所以前者的浮力密度降低较小。因此,应用氯化铯密度梯度平衡超速离心可将不同构象的 DNA、RNA 及蛋白质分开(图 5-22)。也可采用蔗糖梯度区带超速离心按 DNA 分子的大小和形状进行分离。RNA 分离常用蔗糖梯度。

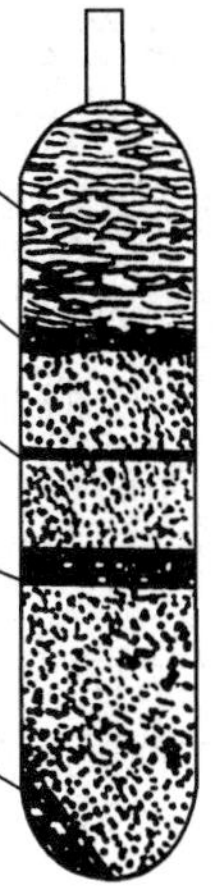

羟甲基磷灰石和甲基清蛋白硅藻土柱层析是实验室常用的纯化DNA 的方法。

石蜡油
蛋白质
线性DNA
闭环形质
粒DNA
RNA

图 5-22　经染料 - 氯化铯密度超速离心后,质粒 DNA 及各种杂质的分布

(二)RNA 的分离纯化

细胞内主要的 RNA 有三类:mRNA、rRNA 和 tRNA。在实验室中,可先将细胞匀浆进行差速离心,制得细胞核、核糖体和线粒体等细胞器和细胞质。然后再从这些细胞器分离某一类 RNA。从核糖体分离 rRNA,从多聚核糖体分离 mRNA,从线粒体分离线粒体 DNA 和 RNA。从细胞核可以分离核内 RNA,从细胞质可以分离各种 tRNA。

RNA 在细胞内也常和蛋白质结合,所以必须除去蛋白质。可采用苯酚法、去污剂法、盐酸胍或10% 氯化钠溶液加热法,从 RNA 提取液中除去蛋白质。

目前实验室常用 Trizol 法来提取总 RNA。Trizol 是一种新型总 RNA 抽提试剂,内含异硫氰酸胍等物质,能迅速破碎细胞,抑制细胞释放出的核酸酶。该法适用于人类、动物、植物、微生物的组织或细胞中快速分离 RNA,样品量从几十毫克至几克。

Trizol 试剂有多组分分离作用,与其他方法如硫氰酸胍 / 酚法、酚 /SDS 法、盐酸胍法、硫氰酸胍法等相比,最大特点是可同时分离一个样品的 RNA、DNA、蛋白质。Trizol 使样品匀浆化,细胞裂解,溶解细胞内含物,同时因含有 RNase 抑制剂可保持 RNA 的完整性。在加入三氯甲烷离心后,溶液分为水相和有机相,RNA 在水相中。取出水相用异丙醇沉淀可回收 RNA;用乙醇沉淀中间层可回收DNA;用异丙醇沉淀有机相可回收蛋白质。

三、核酸纯度与含量测定

核酸在波长 260nm 处有最大吸收峰,此性质不仅可以作为核酸及其组分定性和定量测定的依据,同时可鉴定核酸样品的纯度。测定核酸样品溶液的 A_{260} 和 A_{280} 值,计算 A_{260}/A_{280} 的比值,纯的DNA 样品的 A_{260}/A_{280} 的比值为 1.8,纯的 RNA 样品的 A_{260}/A_{280} 的比值为 2.0。核酸样品中如含有蛋白质或苯酚等杂质,比值显著降低。另外,可用定量核酸电泳的方法,即已知分子量的 Marker 与待检测的组分同时进行电泳来检测核酸样品的纯度。

核酸的浓度测定可以采用定磷法、定糖法和紫外吸收法。

1. 定磷法　RNA 和 DNA 中都含有磷酸,根据元素分析获知 RNA 的平均含磷量为 9.4%,DNA 的平均含磷量为 9.9%。因此,可从样品中测得的含磷量来计算 RNA 或 DNA 的含量。

用强酸(如 10mol/L 硫酸)将核酸样品消化,使核酸分子中的有机磷转变为无机磷,无机磷与钼酸反应生成磷钼酸,磷钼酸在还原剂(如维生素 C、氯化亚锡等)作用下还原成钼蓝。可用比色法测定样品中的含磷量。

2. 定糖法　RNA 含有核糖,DNA 含有脱氧核糖,根据这两种糖的颜色反应可对 RNA 和 DNA 进

行定量测定。

（1）核糖的测定：RNA 分子中的核糖和浓盐酸或浓硫酸作用脱水生成糠醛。糠醛与某些酚类化合物缩合而生成有色化合物。如糠醛与地衣酚（3,5- 二羟甲苯）反应产生深绿色化合物，当有高铁离子存在时，则反应更灵敏。反应产物在 660nm 有最大吸收，并且与 RNA 的浓度成正比。

（2）脱氧核糖的测定：DNA 分子中的脱氧核糖和浓硫酸作用，脱水生成 ω- 羟基 -γ- 酮基戊醛，与二苯胺反应生成蓝色化合物。反应产物在 595nm 处有最大吸收，并且与 DNA 浓度成正比。

3. 紫外吸收法　利用核酸组分嘌呤环、嘧啶环具有紫外吸收的特性。用这种方法测定核酸含量时，通常规定在 260nm 测得样品 DNA 或 RNA 溶液的 A_{260} 值，即可计算出样品中核酸的含量。对于纯的核酸溶液，通常以 A_{260} 值为 1 对应 50μg/ml 双螺旋 DNA，或 40μg/ml 单螺旋 DNA（或 RNA）、20μg/ml 寡核苷酸计算。

四、核酸测序

核酸测序（sequencing of RNA and DNA）是了解核酸所蕴藏信息的关键步骤。核酸测序也曾使用过类似于蛋白质多肽测序的降解法，但这种策略工作量非常大，难以测定基因组中的大量信息。1975 年 Sanger 提出了一种全新的策略，他并不逐个测定 DNA 的核苷酸序列，而是设法获得一系列多核苷酸片段，使其末端固定为一种核苷酸，然后通过测定片段长度来推测核苷酸的序列。其后发展起来的各种 DNA 和 RNA 快速测序法，无不以此原理为基础，因此这一原理的提出有划时代的意义。有了 Sanger 的快速测序法，完成人类基因组测序才成为可能。以 Sanger 所建立和在其基础上加以改进的测序技术称为第一代测序技术。依赖于第一代测序技术，"人类基因组计划"用了 13 年时间提前完成。在"人类基因组计划"实施期间发展出了第二代测序技术，该技术引入 PCR 和高通量（high-throughput）微阵列（microarray）技术，大大提高了测序速度，在数周内即可完成 Gb（10^9bp）级的测序工作。但是第二代测序技术的测序长度较短，误差较大，适合于已知序列的重测序，在"人类基因组计划"后期的复查中起了作用。在 21 世纪第一个十年的中期和后期，即后基因组时代的初期，又发展出了第三代测序技术，其主要特点是单分子测序，不仅提高了测序速度，也提高了测序长度和精确度，同时还降低了成本。新一代测序技术可以在一天内，甚至数小时内，完成 Gb 级的测序工作。

第五节　核酸类药物的研究与应用

核酸是生物体的遗传信息物质，所有的蛋白质分子都是由 DNA 转录、翻译得到的；同时，核苷酸与核酸也是生命活动中重要的信号调控分子。核酸作为药物，在疾病的预防和治疗中发挥重要作用，目前在临床上使用的核酸药物包括核苷类药物、小核酸药物、核酸疫苗（nucleic acid vaccine）和基因治疗（gene therapy）药物等。

一、核苷类药物

核苷类药物被广泛应用于各种病毒性疾病和肿瘤的治疗。核苷类抗病毒药是治疗艾滋病、疱疹及肝炎等病毒性疾病的首选药物，其作用靶点多为 RNA 病毒的反转录酶或 DNA 病毒的聚合酶。核苷类药物一般与天然核苷结构相似，病毒对这些假底物的识别能力差，该类药物一方面竞争性地作用于酶活性中心，另一方面嵌入到正在合成的 DNA 链中，终止 DNA 链的延长，从而抑制病毒复制。用作抗肿瘤药的核苷类药物多为抗代谢化疗剂，其可通过干扰肿瘤细胞 DNA 合成以及 DNA 合成中所需嘌呤、嘧啶、嘌呤核苷酸和嘧啶核苷酸的合成来抑制肿瘤细胞的存活和增殖（表 5-5）。

表 5-5　核苷类药物举例（部分）

药物名称	英文名称	核苷类似物	最早上市时间
伐昔洛韦	Valaciclovir	鸟嘌呤类似物	1992
拉米夫定	Lamivudine	胞嘧啶类似物	1992
阿德福韦	Adefovir	腺嘌呤类似物	1994
阿昔洛韦	Aciclovir	鸟嘌呤类似物	2001
齐多夫定	Zidovudine	胸腺嘧啶类似物	2002
司他夫定	Stavudine	胸腺嘧啶类似物	2003
索非布韦	Sofosbuvir	尿嘧啶类似物	2013
富马酸丙酚替诺福韦	Tenofovir alafenamide fumarate	腺嘌呤类似物	2015
瑞德西韦	Remdesivir	嘌呤类似物	2021

二、小核酸药物

小核酸是指分子量相对小的核酸分子,目前还没有严格的碱基数量界定,通常认为是小于 50bp 的核酸片段。小核酸药物专指靶向作用于 RNA 或蛋白质的一类寡核苷酸分子,包括 siRNA、microRNA、反义核苷酸、CpG 寡核苷酸、Aptamer、Decoy、核酶等。小核酸药物可以抑制或替代某些基因的功能,有些内源性寡核苷酸具有疾病诊断和预后评估价值,是生物制药领域的重要研究内容。

小干扰 RNA（siRNA）是长 21~23 个碱基对的双链 RNA,它与内源性 mRNA 互补,经过启动、剪切、倍增三个阶段降解内源性 mRNA,抑制靶基因的表达。利用 siRNA 技术针对内源性的癌基因、疾病基因、外源性的基因（如病毒基因）进行特异性的抑制,从而发挥疗效。截至 2021 年 9 月,已经有 4 种 siRNA 药物上市（Patisiran、Givosiran、Lumasiran 和 Inclisiran）,并且有 35 项正在开展的 siRNA 临床试验研究（表 5-6）。

表 5-6　已上市和部分正在进行临床试验的 siRNA 药物

药物	适应证	所处阶段
Patisiran	家族性淀粉样多发性神经病变	2018 年 8 月上市
Givosiran	急性肝卟啉症	2019 年 11 月上市
Lumasiran	原发性高草酸尿 1 型（PH1）	2020 年 11 月上市
Inclisiran	高脂血症	2020 年 12 月上市
Vutrisiran	hATTR 淀粉样变性伴多发性神经病	Ⅲ期临床试验
Nedosiran	原发性高草酸尿症（PH）	Ⅲ期临床试验
Fitusiran	A 型或 B 型血友病	Ⅲ期临床试验
Teprasiran	急性肾损伤	Ⅲ期临床试验

三、核酸疫苗

核酸疫苗（nucleic acid vaccine）是指用能表达抗原的核酸制备成的疫苗,其重要特征是疫苗制剂的主要成分是表达抗原的核酸。世界卫生组织于 1994 年将由 DNA 或 RNA 诱导产生抗体的疫苗统称为核酸疫苗。

四、基因治疗

基因治疗（gene therapy）以核酸（DNA 或者 RNA）为治疗物质，通过特定的基因转移技术将治疗性核酸输送到患者细胞中发挥治疗作用。治疗性核酸可以通过表达正常功能蛋白或者抑制异常功能蛋白的表达、纠正或替换异常基因等方式发挥治疗作用。基因治疗可分为生殖细胞基因治疗和体细胞基因治疗，二者的区别在于：体细胞基因治疗改变的是某些特定细胞的基因，这种改变不会遗传给后代；生殖细胞基因治疗中改造后的基因将遗传给后代。目前在伦理上只允许开展体细胞基因治疗的研究与实践。

基因治疗不仅是一种治疗手段，同时它也是一门药物学。与传统药物学的不同之处在于，它是将一种特殊的活性物质导入体内，使其在特定空间、特定时间进行表达，从而达到治疗疾病的目的。1990 年 9 月 14 日美国食品药品监督管理局（FDA）批准了第一例基因治疗临床试验，治疗两名患有腺苷脱氨酶缺乏症（adenosine deaminase deficiency，ADA-SCID）的儿童。随着研究不断深入，基因治疗取得了可喜的进展。2012 年欧洲药品监督管理局批准了欧洲地区第一个基因治疗药物 Glybera，用于治疗脂蛋白脂酶缺乏遗传病（lipoprotein lipase deficiency，LPLD），该药的上市极大地推动基因治疗的发展。

基因治疗不断整合新的技术，特别是整合了基因编辑技术和干细胞的研究成果，更多的基因治疗临床试验取得成效，使治疗肿瘤、遗传病等有了更加光明的前景。

此外，核酸也是重要的药物作用靶点，通过干扰或阻断细菌、病毒和肿瘤细胞中核酸的合成，就能有效地抑制或杀灭细菌、病毒和肿瘤细胞。以 DNA 为靶点的药物，通过干扰或阻断 DNA 合成，直接破坏 DNA 结构和功能等方式发挥治疗作用；以 RNA 为靶点的药物，通过抑制 RNA 的合成等方式发挥治疗作用。铂类化疗药物和博来霉素类化合物正是通过断裂 DNA 或 RNA 发挥着重要的抗肿瘤作用；反义核苷酸、小干扰 RNA 等核酸药物也是直接作用于核酸大分子靶点上发挥药效的。

综上所述，核酸作为生命体的遗传信息中心，既是重要的药物分子也是重要的药物作用靶点，尤其是随着基因治疗技术的发展，以特定的载体将携带有正常基因的核酸分子输送到特定的细胞中，有效地预防、治疗疾病，有望成为生物医药发展的重要方向。

思　考　题

1. 请比较 DNA 与 RNA 的化学组成有何异同。
2. 请说明 B 型 DNA 螺旋结构的特征。
3. 请分析哪些证据支持 DNA 双螺旋结构的提出。
4. 简述核酸浓度测定的方法及原理。
5. 区分 DNA 与 RNA 溶液样品的方法有哪些？
6. 举例介绍你所了解的核酸药物或核酸技术在医药、生活中的应用。

第五章
目标测试

（郑永祥）

第二篇

物质代谢与能量转换

第六章

酶

第六章
教学课件

学习目标

1. **掌握** 酶的概念,酶的作用特点,酶专一性及高效性机制;米氏方程、米氏常数的意义及求解方法;不可逆抑制和可逆抑制的分类及特点;别构酶、共价修饰调节酶、酶原激活的概念、活性调节方式及特点;酶活性单位概念及测定。
2. **熟悉** 酶的分子组成;酶的结构与功能的关系;酶的催化机制,酶分离纯化方法;酶浓度、温度、pH、激动剂等对酶促反应速度的影响;酶比活力的意义,同工酶。
3. **了解** 酶的抑制作用在药物设计中的应用;酶类药物。

酶的研究始于 1926 年,Sumner 从刀豆中分离获得了脲酶结晶(该酶催化尿素水解为 NH_3 和 CO_2),并提出酶的化学本质是蛋白质。后来 Northrop 等制备了胃蛋白酶、胰蛋白酶和胰凝乳蛋白酶的结晶,进一步确认酶的本质是蛋白质。20 世纪 80 年代开始逐步发现某些 RNA 分子也具有酶活性,并将这些化学本质为 RNA 的酶称为核酶。截至 2021 年 6 月酶学数据库(expasy-ENZYME)记录了 6 500 余种不同的酶,并有数百种酶已得到了结晶。因此,酶的化学本质为蛋白质或核酸,其中绝大多数酶是蛋白质或蛋白质与辅助因子的复合体。

Sumner 简介(拓展阅读)

由于酶独特的催化功能,使它在工业、农业和医疗卫生等领域具有重大实用意义。酶的高效率和专一性及其不需要在高温、强酸、强碱条件下作用的特点是普通化学催化反应所无法比拟的。其研究成果给催化理论、催化剂的设计、遗传和变异、疾病的诊断和治疗以及药物的设计及药理机制的了解等方面提供了理论依据和新的概念。

第一节 概 述

一、酶的主要生物学作用

酶(enzyme)是生物体内一类具有催化活性和特定空间构象的生物大分子,其化学本质包括蛋白质和核酸等。

生物体内的化学反应,几乎都是在酶催化下进行的,生命的存在离不开酶。酶的含量与活性的改变会引起代谢的异常乃至生命活动的停止。

酶和一般的催化剂相同,仅能催化或加速热力学上可发生的反应,酶无法改变反应的平衡常数。酶本身在反应前后不发生变化。

酶与一般的催化剂不同,有其特点:①酶的主要成分是蛋白质或核酸,极易受外界条件的影响,如对热非常敏感,容易变性失去催化活性。所以酶作用一般都要求比较温和的条件,如常温、常压、接近中性的酸碱度。②酶的催化效应非常高,酶促反应比相应的非酶促反应要快 $10^6 \sim 10^{12}$ 倍,如存在于血液中的碳酸酐酶,其催化效率是每个酶分子在一秒钟内可以使 10^5 个 CO_2 分子发生水合反应生成碳酸,比非酶促反应要快 10^7 倍。③酶具有高度的专一性,即酶对催化的反应和所作用的物质有严格的选择性。一种酶往往只能催化一种或一类化学反应,作用于某一类或某一种特定的物质。酶作用的专一性是酶最重要的特点之一,也是和一般化学催化剂最主要的区别。④酶的催化活性是受到调节和控制的。它的调控方式很多,包括酶原激活、变构调节、共价修饰调节、抑制剂调节、激素调节等。⑤酶可催化某些特异的化学反应,体内某些物质的合成只能由酶促反应完成。如蛋白质、多肽、核酸以及其他一些生物活性物质的合成都要通过酶促反应进行。

二、分类与命名

(一)酶的分类

依据国际酶学委员会(IEC)的规定,按催化反应的类型可分六大类。

(1)氧化还原酶类(oxidoreductase):催化氧化还原反应。

(2)转移酶类(transferase):催化功能基团的转移。

(3)水解酶类(hydrolase):催化水解的反应。

(4)裂合酶类(lyase):催化水、氨或二氧化碳的去除或加入。

(5)异构酶类(isomerase):催化各种类型的异构作用。

(6)连接酶类(synthetase):催化消耗 ATP 的成键反应。

在此基础上,每一大类又可根据酶作用底物的性质进一步细分为各种亚类,乃至亚亚类。因裂合酶能催化底物裂解移去一个基团,故又称为裂解酶类。同时,该酶又能催化其逆反应即加某一个基团于双键上故又称合酶(synthase),不同于第六类的连接酶。

(二)酶的命名

1. 习惯命名法

(1)一般采用底物加反应类型而命名,如蛋白水解酶、乳酸脱氢酶、磷酸己糖异构酶等。

(2)对水解酶类,只用底物名称即可,如蔗糖酶、胆碱酯酶、蛋白酶等。

(3)有时在底物名称前冠以酶的来源,如血清谷氨酸 - 丙酮酸转氨酶、唾液淀粉酶等。

2. 系统命名法

鉴于新种类酶的不断发现和过去文献中命名的混乱,国际酶学委员会规定了一套系统命名法,一种酶只有一种名称。它包括酶的系统命名和 4 个用数字分类的酶编号,例如对催化下列反应的酶命名:

$$ATP + D\text{-}葡萄糖 \longrightarrow ADP + D\text{-}葡萄糖 \text{-}6\text{-} 磷酸$$

该酶的正式系统命名是:ATP 葡萄糖磷酸转移酶,表示该酶催化从 ATP 中转移 1 个磷酸基团到葡萄糖分子上的反应。它的分类数字是:E.C 2.7.1.1,E.C 代表按国际酶学委员会的规定命名,第 1 个数字 2 代表酶的分类名称(转移酶类),第 2 个数字 7 代表亚类(磷酸转移酶类),第 3 个数字 1 代表亚亚类(以羟基作为受体的磷酸转移酶类),第 4 个数字 1 代表 D- 葡萄糖作为磷酸基的受体。

国际酶学委员会规定,在以酶作为主要论题的文章里,应该把它的编号、系统命名和来源在第一次叙述时写出,以后可按习惯,采用习惯命名或系统命名的名称。

第二节　酶 的 结 构

一、酶的分子组成

除了核酶与脱氧核酶外,绝大多数酶是蛋白质。化学本质是蛋白质的酶按其分子组成可分为单纯酶和结合酶两类。酶的催化活性取决于其蛋白质空间构象的完整性。

有些酶的活性仅仅决定于它的蛋白质结构,如水解酶类(淀粉酶、蛋白酶、脂肪酶、纤维素酶、脲酶等),这些酶的结构由蛋白质构成,故称为单纯酶;另一些酶的结构中包含蛋白质和非蛋白质成分,如大多数氧化还原酶类,因而称为结合酶(conjugated enzyme)。在结合酶中,蛋白质部分称为酶蛋白(apoenzyme),非蛋白部分统称为辅助因子(cofactor)。辅助因子又可分成辅酶(coenzyme)和辅基(prosthetic group)两类。辅基与酶蛋白以共价键牢固结合,辅酶与酶蛋白以非共价键松散连接,二者仅在结合的牢固程度上有差异,没有本质区别。酶蛋白与辅助因子结合成的完整分子称为全酶(holoenzyme),即全酶 = 酶蛋白 + 辅助因子(辅酶或辅基)(图 6-1)。只有全酶才有催化活性,将酶蛋白和辅助因子分开后均无催化作用。

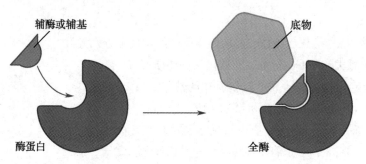

图 6-1　酶蛋白与辅酶

根据酶蛋白的特点和分子大小又把酶分成三类。

(1)单体酶:单体酶只有一条多肽链。属于这类的酶很少,大多是催化水解反应的酶,它们的分子量较小,为 13 000~35 000kDa。这类酶有核糖核酸酶、胰蛋白酶、溶菌酶等。

(2)寡聚酶:这类酶由两个或两个以上亚基组成,这些亚基或相同或不同。亚基之间不是共价结合,彼此很容易分开。寡聚酶分子量从 35 000 到几百万 Da。己糖激酶、3-磷酸甘油醛脱氢酶等属于这类酶。

电子传递链中的酶复合体(图片)

(3)多酶复合体:多酶复合体是由几种酶通过非共价键彼此嵌合形成的复合体。该复合体的形成可导致相关酶促反应依次连接,有利于一系列反应的连续进行,提高反应效率。如大肠埃希菌的脂肪酸合酶复合体在脂肪酸合成中发挥作用。多酶复合物的分子量很高,一般都在几百万 kDa 以上。

二、酶的活性中心

酶的分子结构是酶功能的物质基础,各种酶的专一性和高效性皆由其分子结构的特殊性决定。酶的催化活性不仅与酶分子的一级结构有关,而且与其空间构象有关。如果酶蛋白变性或解离成亚单位,则酶的催化活性通常会丧失;如果酶蛋白分解成氨基酸,则其催化活性会完全丧失。所以酶具有一级、二级和三级乃至四级结构是维持其催化活性所必需的。

实验证明,酶的催化活性集中表现在少数特异氨基酸残基的某一区域,如木瓜蛋白酶由 212 个氨基酸残基组成,当用氨基肽酶从 N 末端水解掉分子中的 2/3 肽链后,剩下的 1/3 肽链仍保持 99% 的活性,说明木瓜蛋白酶的生物活性集中表现在肽链 C 末端的少数氨基酸残基及其所构成的空间结构区域。这些特异氨基酸残基比较集中并构成一定构象,此结构区域与酶活性直接相关称为酶的活性中心(active center),所以酶的活性中心是酶与底物结合并发挥其催化作用的部位。酶的活性中心的化学基团是某些氨基酸残基的侧链或肽链的末端氨基和羧基。这些基团一般处于酶分子的表面或裂隙中,它们往往在一级结构上相距较远,甚至可分散在不同链上,主要依靠酶分子的二级和三级结构的形成(即肽链的盘曲和折叠)才使这些在一级结构上互相远离的基团靠近,集中于分子表面的某一空间区域,故"活性中心"又称"活性部位"(active site)。如α-糜蛋白酶其一级结构中含 5 对二硫键,活性中心内含 His⁵⁷、Asp¹⁰² 和 Ser¹⁹⁵,在一级结构中这三个氨基酸残基位置相距较远(图 6-2a)。当形成空间结构时,活性中心的关键氨基酸残基相互靠近,集中于特定空间区域起催化作用(图 6-2b)。对于需要辅酶或辅基的酶,其辅助因子也是活性中心的重要组成部分。某些含金属的酶,其中的金属离子也属于活性中心的一部分。

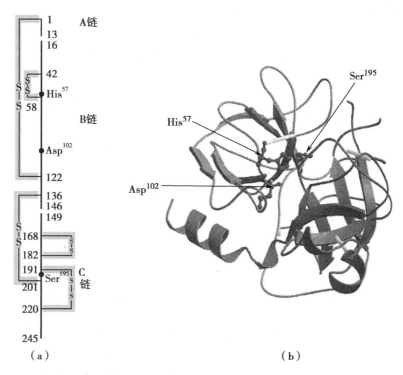

(a)α-糜蛋白酶的一级序列;(b)α-糜蛋白酶的三级空间结构

图 6-2　α-糜蛋白酶的结构示意图

　　酶的活性中心内的一些化学基团是酶与底物结合或发挥催化作用的有效基团,故称为活性中心内的必需基团(essential group)。但酶活性中心外还有一些基团虽然不与底物直接作用,却与维持整个分子的空间构象有关,这些基团可使活性中心的各个有关基团保持最适的空间位置,间接地对酶的催化作用发挥其不可或缺的作用,这些基团称为活性中心外的必需基团。

　　就功能而论,活性部位内的几个氨基酸侧链基团,又可分为底物结合基团和催化基团。底物结合基团是与底物特异结合的有关部位,因此也叫特异性决定部位。催化部位直接参与催化反应,底物的敏感键在此部位被切断或形成新键,并生成产物(图 6-3)。

　　催化部位和底物结合部位并不是各自独立存在的,而是相互关联的整体。往往催化效率能否充分发挥,在很大程度上,取决于底物结合的位置是否合适。也就是说,底物结合部位的作用,不单是固定底物,而且要使底物处于被催化的最优位置。因此,酶的催化部位与底物结合部位之间的相对位置很重要。所以酶的活性中心与酶蛋白的空间构象的完整性之间,是辩证统一的关系。当外界某些因素破坏了酶的结构时,首先就可能影响活性中心的特定结构,结果就必然影响酶活性。

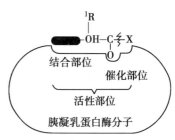

　　综上所述,酶的必需基团(包括结合部位、催化部位)对酶发挥催化作用是重要的。具有相似催化作用的酶往往有相似的活性中心,如多种蛋白质水解酶的活性中心均含有 Ser 和 His 残基,并且这

图 6-3　胰凝乳蛋白酶
活性部位示意图

2 个残基附近的氨基酸序列也十分相似。有些酶在一条酶蛋白肽链上可以有多个活性中心,能完成多种催化功能,称为多功能酶(multifunctional enzyme),如哺乳动物的脂肪酸合酶有 7 个能够履行不同催化作用的活性中心,相互协同,使脂肪酸能够快速有序地合成。

三、酶的辅助因子与功能

酶的辅助因子包括辅酶和辅基。与酶蛋白结合比较疏松(一般为非共价结合)并可用透析方法除去的称为辅酶(coenzyme);与酶蛋白结合牢固(一般以共价键结合),不能用透析方法除去的称为辅基(prosthetic group)。也有研究主张根据辅酶或辅基参与酶促反应所需要的条件不同来区分它们。

辅酶及辅基从其化学本质来看可分为三类:一类为无机金属元素,如铜、锌、镁、锰、铁等(表 6-1);另一类为小分子的有机物,如维生素、铁卟啉等;还有一类是蛋白质辅助因子。

表 6-1　酶分子中含有或需要的无机元素举例

无机元素	酶	无机元素	酶
Fe^{2+} 或 Fe^{3+}	细胞色素	Ca^{2+}	α- 淀粉酶(也需要 Cl^-)
Cu^{2+}	细胞色素氧化酶	K^+	丙酮酸激酶(也需要 Mn^{2+} 或 Mg^{2+})
Zn^{2+}	羧基肽酶	Na^+	质膜 ATP 酶(也需要 K^+ 或 Mg^{2+})
Mg^{2+}	己糖激酶	Mo^{3+}	黄嘌呤氧化酶
Mn^{2+}	精氨酸酶	Se	谷胱甘肽过氧化物酶

体内酶的种类很多,而辅助因子的种类却较少。通常一种酶蛋白只能与一种辅助因子结合而成为一种专一性结合酶。但一种辅助因子能与不同的酶蛋白构成许多不同专一性的结合酶,如 NAD^+ 和 $NADP^+$ 可与许多种酶蛋白构成多种专一性不同的脱氢酶类。可见酶蛋白部分决定酶催化作用的专一性和高效性,而辅助因子在酶促反应中常参与特定的化学反应,它们决定酶促反应的类型。辅助因子在酶促反应中主要起着传递氢、传递电子或转移某些化学基团的作用。

(一)无机离子对酶的作用

有些酶本质是金属蛋白质,金属离子与酶蛋白牢固结合,如黄嘌呤氧化酶中含 Cu^{2+}、Mo^{3+};有些酶本身不含金属离子,必须加入金属离子才有活性,称金属活化酶。此种金属离子也常称为激活剂(activator),如 Mg^{2+} 可活化各种激酶。无机离子在酶分子中的作用有以下几方面。

(1)无机离子维持酶分子活性构象,甚至参与活性中心的形成,如羧肽酶 A 中的 Zn^{2+}。

(2)无机离子在酶分子中通过本身的氧化还原而传递电子,如各种细胞色素中的 Fe^{3+} 与 Cu^{2+}。

(3)无机离子在酶与底物之间起桥梁作用,将酶与底物连接起来,如绝大多数激酶依赖 Mg^{2+} 与 ATP 结合,再发挥作用。

(4)利用离子的电荷影响酶的活性,如中和电荷等。α- 淀粉酶利用 Cl^- 中和电荷,有利于其与淀粉结合,发挥催化活性。

(二)维生素与辅助因子的关系

维生素(vitamin)是一类维持细胞正常功能所必需的小分子有机化合物,动物体内不能合成或合成不足,必须由食物供应或补充。在水溶性维生素中,几乎所有的 B 族维生素,均参与辅助因子组成,因此也是许多酶发挥其催化活性所必要的组成成分。B 族维生素缺乏往往往往导致各种酶促反应的障碍,以致代谢失常。B 族维生素参与组成的辅助因子及其作用见表 6-2。

表 6-2　B 族维生素及其辅助因子形式

B 族维生素	酶	辅助因子的形式	辅助因子的作用
维生素 B_1（硫胺素）	α-酮酸脱羧酶	硫胺素焦磷酸（TPP）	醛基转移和 α-酮酸氧化脱羧作用
硫辛酸	α-酮酸脱氢酶复合体	二硫辛酸	α-酮酸氧化脱羧
泛酸	乙酰化酶等	辅酶 A（CoA）	转移酰基
维生素 B_2（核黄素）	各种黄酶	黄素单核苷酸（FMN）黄素腺嘌呤二核苷酸（FAD）	传递氢离子
维生素 PP（烟酸和烟酰胺）	多种脱氢酶	烟酰腺嘌呤二核苷酸（NAD^+）烟酰腺嘌呤二核苷酸磷酸（$NADP^+$）	传递氢离子
维生素 H（生物素）	羧化酶	生物素	传递 CO_2
叶酸	甲基转移酶	四氢叶酸（FH_4）	"一碳基团"转移
维生素 B_{12}（钴铵素）	甲基转移酶	5-甲基钴铵素 5-脱氧腺苷钴铵素	甲基转移
维生素 B_6（吡哆醛）	转氨酶	磷酸吡哆醛	转氨、脱羧、消旋反应

（三）蛋白质类辅助因子

　　某些蛋白质也可作为辅助因子，它们自身不起催化作用，但为某些酶所必需。这些辅助因子称为基团转移蛋白（group transfer protein）或蛋白质类辅助因子（protein coenzyme），它们一般是较小的分子，而且比多数酶具有更高的热稳定性。蛋白质类辅助因子参与基团转移反应或氧化还原反应，主要是通过递氢或递电子而起作用。金属离子、铁硫复合体（iron-sulfur cluster）和血红素（heme）通常是存在于这些蛋白质类辅助因子中的反应中心。如细胞色素是含有血红素辅基的蛋白质类辅助因子。有些蛋白质类辅助因子含有两个硫醇侧链（thiol side chain）的反应中心。如硫氧还原蛋白（thioredoxin），分子中具有半胱氨酸残基相连的结构形式（-Cys-X-X-Cys-，其中 X 代表其他氨基酸），这些半胱氨酸残基的巯基在可逆氧化还原反应中，可形成胱氨酸的二硫键。在核糖核苷酸合成中，硫氧还原蛋白作为一种还原剂。二硫键反应中心位于硫氧还原蛋白的分子表面，有利于促进形成酶的活性中心。硫氧还原蛋白在二磷酸核糖核苷酸还原成二磷酸脱氧核糖核苷酸中的作用见图 6-4。

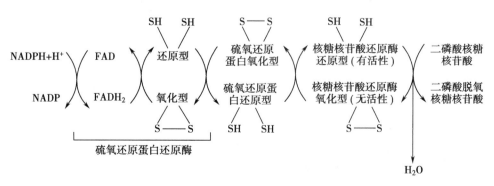

图 6-4　二磷酸核糖核苷酸的还原

注：二磷酸核糖核苷酸的还原包括三种蛋白参加，黄素蛋白硫氧还原蛋白还原酶、硫氧还原蛋白和核糖核苷酸还原酶。

四、酶的结构与功能

（一）酶的活性中心与酶作用的专一性

酶作用的专一性主要取决于酶活性中心的结构特异性。如胰蛋白酶催化碱性氨基酸（Lys 和 Arg）的羧基所形成的肽键水解，胰凝乳蛋白酶则催化芳香族氨基酸（Phe、Tyr 和 Trp）的羧基所形成的肽键水解。X 线衍射结果显示胰蛋白酶分子的活性中心丝氨酸残基附近有一凹陷，其中有带负电荷的天冬氨酸侧链（为结合基团），故易与底物蛋白质中带正电荷的碱性氨基酸侧链形成离子键而结合成中间产物；而胰凝乳蛋白酶凹陷中则有非极性氨基酸侧链，可供芳香族侧链或其他大的非极性脂肪族侧链伸入，通过疏水作用而结合，故这两种蛋白酶有不同的底物专一性（图 6-5）。

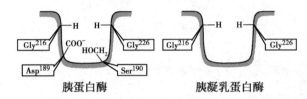

图 6-5　胰蛋白酶与胰凝乳蛋白酶活性中心的结合特异性

（二）空间结构与催化活性

酶的活性不仅与一级结构有关，而且与其空间构象紧密相关，有时空间构象比一级结构更为重要。因为活性中心需借助于一定的空间结构才得以维持。有时只要酶活性中心各基团的空间位置得以维持就能保持全酶的活性，而一级结构的轻微改变可能不影响酶活性。如牛胰核糖核酸酶由 124 个氨基酸残基组成，其活性中心为 His^{12} 及 His^{119}，当用枯草杆菌蛋白酶（舒替兰酶）将其中的 Ala^{20}-Ser^{21} 的肽键水解后，得到 N 端 20 肽（1~20）和另一 104 肽（21~124）两个片段，前者称 S 肽，后者称 S 蛋白。S 肽含有 His^{12}，而 S 蛋白含有 His^{119}，两者单独存在时均无活性，但在 pH 7.0 介质中，将两者按 1 : 1 重组时，两个肽段之间的肽键并未恢复，但酶活性却能恢复。这是 S 肽通过氢键及疏水键与 S 蛋白结合，使 His^{12} 与 His^{119} 互相靠近，恢复了表现酶活性的空间构象的缘故（图 6-6）。由此可见保持活性中心的空间结构是维持酶活性所必需的。

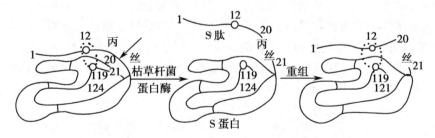

图 6-6　牛胰核糖核酸酶分子的切断与重组

（三）酶原的激活

酶原（proenzyme, zymogen）是在细胞内合成或分泌时的无活性的酶的前身。使酶原转变为有活性酶的过程称为酶原激活（zymogen activation）。酶的激活机制主要是分子内肽链的一处或多处断裂，使酶分子的一级结构和空间构象发生一定程度的改变，从而形成酶活性中心所必需的构象。如胰蛋白酶原在激活过程中，赖氨酸 - 异亮氨酸之间的肽键被水解，去掉一个六肽，断裂后的 N 端肽链解脱张力的束缚，使它能像一个放松的弹簧一样卷起来，进而使酶蛋白的构象发生变化，并把与催化相关的 His^{46}、Asp^{90} 带至 Ser^{183} 附近，形成一个合适的排列，因而就产生了活性中心。激活胰蛋白酶原的蛋白水解酶是肠激酶，而胰蛋白酶一旦生成后，也可自身激活。胰蛋白酶原的激活过程见图 6-7。

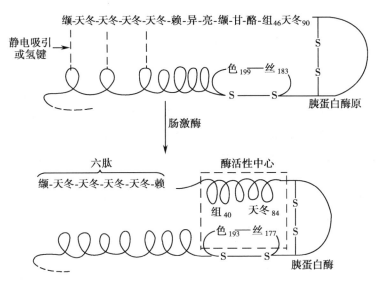

图6-7 胰蛋白酶的激活过程示意图

除消化道的蛋白酶外,血液中有关凝血和纤维蛋白溶解的酶类,也以酶原的形式存在。酶原激活的生理意义在于避免细胞产生的蛋白酶对细胞进行自身消化,并使酶在特定的部位和环境中发挥作用,保证体内代谢的正常进行。有些酶原可以视为酶的储存形式。

第三节 酶 的 作 用

一、酶作用的基本原理

在任何化学反应中,只有那些能量达到或超过一定限度的"活化分子"才能发生变化,形成产物。能引起反应的最低的能量水平称反应能阈(energy threshold),分子由常态转变为活化状态所需的能量称为活化能(activation energy)。活化能是指在一定温度下,1mol反应物达到活化状态所需要的自由能,单位是焦耳/摩尔(J/mol),化学反应速度与反应体系中活化分子的浓度成正比。反应所需活化能愈少,能达到活化状态的分子就愈多,其反应速度必然愈大。催化剂的作用是降低反应所需的活化能,以致相同的能量可使更多的分子活化,从而加速反应的进行。

酶可显著地降低活化能,故表现为高度的催化效率(图6-8)。例如 H_2O_2 的分解,在无催化剂时,活化能为75kJ/mol,用胶状钯作催化剂时,只需活化能50kJ/mol,当由过氧化氢酶催化时,活化能下降到8kJ/mol。

大量研究表明,利用中间复合物学说可解释酶如何降低底物分子的活化能从而促进反应,即在酶促反应中,酶(E)先与底物(S)形成不稳定的酶-底物复合物(ES),再分解成酶(E)和产物(P),酶又可与底物结合,继续发挥其催化功能,所以少量酶可催化大量底物反应。

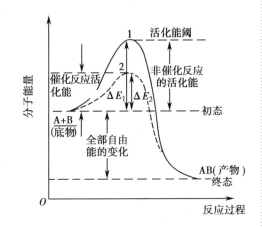

1. 无酶催化反应的活化能;
2. 有酶催化反应的活化能

$$E + S \Longleftrightarrow ES \longrightarrow E + P$$
$$酶\ 底物\quad 中间产物\quad 酶\ 产物$$

由于E与S结合,形成ES,致使S分子内的某些化学

图6-8 非催化反应与催化反应的活化能变化

键发生极化呈现不稳定状态或称过渡态（transition state），大大降低了 S 的活化能，使反应加速进行。在双底物反应中，其进程如下式：

$$S_1 + E \longrightarrow ES_1 \xrightarrow{S_2} P_1 + P_2 + E$$

　　酶的活性中心不仅与底物结合，而且与底物的过渡态结合，其结合作用比底物与活性中心的结合更紧，当形成过渡态中间复合物时，释放一部分结合能，使过渡态中间物处于更低的能级，因此整个反应的活化能进一步降低，反应大大加速。底物同酶结合成中间复合物是一种非共价结合，依靠氢键、离子键、范德瓦耳斯力等次级键来维系。

二、酶作用的机制

不同的酶可有不同的作用机制，并可多种机制共同作用。

（一）底物的"趋近"和"定向"效应

　　"趋近"效应（approximation）系指 A 和 B 两个底物分子结合在酶分子表面的某一狭小的局部区域，其反应基团互相靠近，从而降低了进入过渡态所需的活化能，这种效应称为"趋近"效应。显然，"趋近"效应大大增加了底物的有效浓度。由于化学反应速度与反应物的浓度成正比，在局部高浓度的情况下，反应速度会相应提高。

　　酶催化反应的"趋近"效应，使得酶表面某一局部范围的底物有效浓度远远大于溶液中的浓度，有研究曾测到某底物在溶液中的浓度为 0.001mol/L，而在某酶表面局部范围的浓度高达 100mol/L，比溶液中浓度高 10^5 倍左右。

　　酶不仅可使反应物在其表面某一局部范围互相接近，而且还可使反应物在其表面对着特定的基团定向，即具有"定向"效应（orientation）（图 6-9）。因而反应物就可以用一种"正确的方式"互相碰撞而发生反应。

不适合的定位　　　　适合的靠近　　　　适合的靠近
不适合的靠近　　　　不适合的定位　　　　适合的定位

图 6-9　底物的"趋近"和"定向"效应示意图

　　另外，从分子间反应转为分子内反应可加大反应速度的角度来看，也可以加深对"趋近""定向"效应的理解。例如乙酸苯酯的催化水解以叔胺为催化剂，由分子间转为分子内反应，反应速度可提高 1 000 倍。

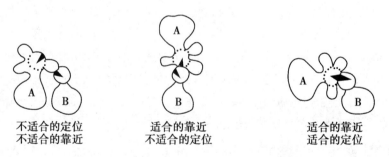

总之,酶可以通过"趋近"效应和"定向"效应使一种分子间的反应变成类似于分子内的反应,使反应得以高速进行。

(二)底物变形与张力作用

酶与底物结合后,使底物的某些敏感键发生"变形"(distortion),从而使底物分子接近于过渡态,降低了反应的活化能。同时,由于底物的诱导,酶分子的构象也会发生变化,并对底物产生张力作用(strain)使底物扭曲,促进 ES 进入过渡状态(图 6-10)。

图 6-10　酶的张力作用使底物分子扭曲

(三)共价催化作用

某些酶与底物结合形成一个反应活性很高的共价中间产物,这个中间产物以较大的概率,转变为过渡状态,因此反应的活化能大大降低,底物可以越过较低的能阈而形成产物。共价催化作用可分为亲核催化作用和亲电子催化作用两大类。

1. 亲核催化作用　亲核催化(nucleophilic catalysis)是指具有一个非共用电子对的基团或原子,攻击缺少电子而具有部分正电性的原子,并利用非共用电子对形成共价键的催化反应。酶分子中具有催化功能的亲核基团主要有:组氨酸的咪唑基、丝氨酸的羟基及半胱氨酸的巯基。这些基团都有孤对电子作为电子供体,和底物的亲电子基以共价键结合,形成共价中间物,快速完成反应。此外,许多辅助因子也具有亲核中心。

亲核催化作用中最重要的一类是有关酰基转移的亲核催化作用。这类酶分子中的亲核基团首先接受含酰基的底物(如酯类分子中的酰基),形成酰化酶中间产物,接着酰基从中间产物转移到最后的酰基受体分子上,酰基受体可能是某种醇或水分子。在亲核催化反应进行时,底物的酰基转移给酶[反应式(2)]的速度比直接转给最终酰基受体[反应式(1)]快得多,酰化酶与最终酰基受体起反应[反应式(3)]的速度也较反应(1)快。酶促催化两步反应的总速度要比非催化反应大得多。因此形成不稳定的共价中间产物,可以大大加速反应。

非催化反应[反应式(1)]:

$$\underset{\text{含酰基的反应底物}}{RX} + H_2O \xrightarrow{\text{慢}} \underset{\text{最终酰基受体}\quad\text{产物}}{ROH + HX} \tag{1}$$

含亲核基团的酶催化的反应[反应式(2)(3)(4)]:

$$RX + E—OH \xrightarrow{\text{快}} ROE + HX \tag{2}$$

$$ROE + H_2O \xrightarrow{\text{快}} ROH + E—OH \tag{3}$$

$$\underset{RX + H_2O}{\overset{\text{总反应}}{}} \xrightarrow{\text{酶(快)}} ROH + HX \tag{4}$$

2. 亲电子催化作用　在亲电子催化作用(electrophilic catalysis)中,催化剂和底物的作用与亲核催化相反,就是说,亲电子催化剂从底物中吸取一个电子对。酶分子亲电子的基团有亲核碱基被质子化的共轭酸,有时其必需的亲电子物质不是上述的共轭酸,而是由酶中非蛋白组成的辅助因子提供,其中金属阳离子是很重要的一类。

（四）酸碱催化作用

酸碱催化作用（acid-base catalysis）中所用到的酸碱催化剂有两种，一是狭义的酸碱催化剂，即 H^+ 与 OH^-。由于酶促反应的最适 pH 一般接近于中性，因此 H^+ 与 OH^- 的催化作用在酶促反应中的重要性比较有限。二是广义的酸碱催化作用，即质子供体与质子受体（对应于酸或碱）的催化在酶促反应中的重要性较大。细胞内许多有机反应均属广义酸碱催化作用。这些反应包括羰基的加水、羧酸酯和磷酸酯的水解、脱水形成双键、各种分子的重排及取代反应等。已知酶分子中含有几种功能基团，可以发挥广义酸碱催化作用，如氨基、羧基、巯基、酚羟基及咪唑基等。

影响酸碱催化反应速度的因素有两个。

第一个因素是酸碱度。在这些功能基中咪唑基是最有效、最活泼的一个催化功能基。组氨酸咪唑基的 pK 约为 6.0，由咪唑基上解离下来的质子的浓度与水中的氢离子浓度相近，因此它在接近生物体液 pH 的条件下（即在中性条件下），有一半以酸形式存在，另一半以碱形式存在，即咪唑基既可以作为质子供体，又可以作为质子受体在酶促反应中发挥催化作用。

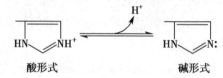

酸形式　　　　　　　　　碱形式

第二个因素是供出质子或接受质子的速度。在这方面，咪唑基也有优越性，它供出或接受质子的速度十分迅速，其半衰期小于 10^{-10} 秒，而且供出质子或接受质子的速度几乎相等。以此特点，组氨酸在大多数蛋白质中虽然含量很少，却很重要。

由于酶分子中存在多种供出质子或接受质子的基团，因此酶的酸碱催化效率比一般酸碱催化剂高得多。例如肽键在无酶存在下进行水解时需要高浓度 H^+ 或 OH^- 以及高温下长时间的作用，而以胰凝乳蛋白酶作为酸碱催化剂时，在常温、中性 pH 下很快就可使肽键水解。

三、酶作用的专一性

酶对底物的专一性（specificity）是酶催化反应的重要特征，通常分为以下几种。

1. 立体化学专一性（stereochemical specificity）　是从底物的立体化学性质来考虑的一种专一性。可分为两类：

（1）立体异构专一性：当底物具有立体异构体时，酶只能作用于其中一种。如 L- 氨基酸氧化酶只催化 L- 氨基酸氧化，对 D- 氨基酸无作用；精氨酸酶只催化 L- 精氨酸水解，对 D- 精氨酸则无效。

底物分子没有不对称碳原子，而酶促反应产物含有不对称碳原子时，该底物受酶催化后，往往只得到一种立体异构体。如丙酮酸受乳酸脱氢酶催化还原时，只产生 L- 乳酸。

$$
\begin{array}{ccc}
CH_3 & & CH_3 \\
| & \xrightarrow{\text{乳酸脱氢酶}} & | \\
C{=}0 + 2H & & HO{-}C{-}H \\
| & & | \\
COOH & & COOH \\
\text{丙酮酸} & & \text{L-乳酸}
\end{array}
$$

酶的立体异构专一性在实践中具有重要意义，例如某些药物只有某一种构型才有生理效应，而有机合成的药物一般是混合构型产物（消旋体），若用酶便可进行不对称合成或手性拆分。如用乙酰化酶制备 L- 氨基酸时，将有机合成的 D- 氨基酸、L- 氨基酸经乙酰化后，再用乙酰化酶处理，由于只有乙酰 -L- 氨基酸被水解，可将 L- 氨基酸与乙酰 -D- 氨基酸分开。

（2）几何异构专一性：有些酶只能作用于顺反异构体中的一种。例如，延胡索酸酶只催化延胡索酸（反丁烯二酸）加水生成 L- 苹果酸,对顺丁烯二酸（马来酸）则无作用。

$$HOOC-\overset{H}{\underset{H}{C}}=\overset{}{\underset{COOH}{C}} + H_2O \xrightarrow{\text{延胡索酸酶}} HO-\overset{COOH}{\underset{\underset{COOH}{CH_2}}{\overset{|}{C}}}-H$$

延胡索酸　　　　　　　　　　**L-苹果酸**

2. 非立体化学专一性　如果一种酶不具有立体化学专一性,则可从底物的化学键及组成该键的基团来考虑其专一性。如以 A-B 为底物,可认为它是由三部分所组成,即 A、B 与连接它们的化学键。非立体化学专一性可依据酶对这三种组成部分选择程度的不同而分为三类。

（1）化学键专一性:对类酶而说,重要的是连接 A 和 B 的化学键必须“正确”。例如,酯酶的作用键必须是酯键,而对构成酯键的有机酸和醇（或酚）则无严格要求。

（2）基团专一性:具有基团专一性的酶除了需要有“正确”的化学键以外,还需要基团 A 和 B 中的一侧必须“正确”。基团专一性又称相对专一性。如胰蛋白酶作用于蛋白质的肽键,此肽键的羰基必须由赖氨酸或精氨酸提供,而对肽键的氨基部分不严格要求。胰蛋白酶作用如下式:

$$-\overset{H}{\underset{H}{N}}-\overset{O}{\underset{R}{C}}-\overset{O}{\underset{}{C}}-\overset{R}{\underset{H}{N}}-\overset{O}{\underset{R}{C}}-\overset{O}{\underset{}{C}}-$$

赖氨酸　水解部位
或
精氨酸

（3）绝对专一性:具有绝对专一性的酶要求底物的化学键和 A、B 都必须严格的“正确”,否则无催化作用。如脲酶只催化尿素的水解,对尿素的其他衍生物都不起作用。

为解释酶作用的专一性,Fischer 曾提出“锁钥学说”,认为酶与底物之间在结构上就像一把钥匙插入到一把锁中一样有严格的互补关系（图 6-11a）。但越来越多的事实说明,当底物与酶互补结合时,酶分子本身不是固定不变的,而是通过“诱导契合”作用形成酶 - 底物复合物,这就是 Koshland 提出的“诱导契合”学说（induced fit theory）,该学说认为:酶分子与底物的结合是动态的契合,当酶分子与底物分子接近时,酶蛋白受底物分子的诱导,其构象发生有利于同底物结合的变化,酶与底物在此基础上互补契合,进行反应（图 6-11b）。采用 X 线衍射分析的实验结果支持这一学说,证明了酶与底物结合时,确有显著的构象改变。X 线衍射分析发现未结合底物的自由羧肽酶与结合了甘氨酰酪氨酸底物的羧肽酶在构象上有很大的区别。溶菌酶和弹性蛋白酶的 X 线衍射分析也得到类似的结果。这些都是“诱导契合”学说的有力证明。

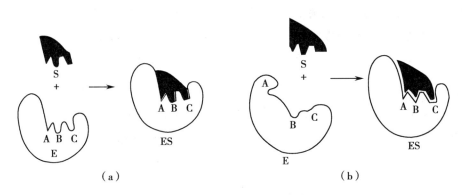

（a）锁钥模型;（b）诱导契合模型

图 6-11　酶作用专一性的假说

第四节　酶促反应的动力学

酶促反应的动力学是讨论酶催化反应的速度及各种因素对反应速度的影响。这对研究酶的作用机制有重要意义。影响酶促反应速度的因素很多,如温度、溶液 pH、底物浓度、酶浓度、抑制剂和激活剂等。

一、底物浓度的影响

根据 Henri 的"酶 - 底物中间复合体"学说,酶促反应中,酶先与底物形成中间复合物,再转变成产物,并重新释放出游离的酶。

$$\text{E + S} \rightleftharpoons \text{ES} \longrightarrow \text{E + P}$$
$$\text{酶　底物　　中间产物　　酶　产物}$$

Henri 简 介
（拓展阅读）

在酶浓度恒定的条件下,当底物浓度很小时,酶未被底物饱和,这时反应速度取决于底物的浓度,底物浓度越大,单位时间内 ES 生成也越多,而反应速度取决于 ES 的浓度,故反应速度也随之增高。当底物浓度加大后,酶逐渐被底物饱和,此时反应速度的增加和底物的浓度不再成正比,当底物增加至极大值,所有酶分子均被底物饱和,所有的 E 均转变成 ES,此时的反应速度不会进一步增高。因此,当[S]对 V 作图时,就形成一条双曲线(图 6-12)。图 6-12 的曲线可分为三段。第一段:反应速度与底物浓度成正比,表现为一级反应;第二段:为介于零级及一级之间的混合级反应;第三段:接近于零级反应,当底物浓度远远超过酶浓度,即[S]>>[E]时,反应速度也达极限值,即 $V = V_{\max}$(最大速度)。

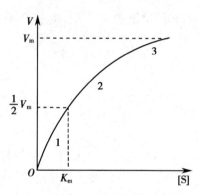

图 6-12　底物浓度和酶促反应速度的关系

（一）米氏方程及其推导

根据中间复合物理论,Michaelis 和 Menten 对图 6-12 的曲线加以数学处理,提出酶促反应动力学的基本原理,即米氏方程:

Michaelis 和
Menten 简介
（拓展阅读）

$$V = \frac{V_{\max}[S]}{K_{\mathrm{m}} + [S]}$$

米氏方程反映了底物浓度与酶促反应速度间的定量关系,式中 V 为反应速度,$V_{\max}$ 为最大反应速度,[S]为底物浓度,K_{m} 为米氏常数(michaelis constant)。

根据上述理论和单底物反应,酶促反应可按下式进行:

$$\text{E + S} \underset{K_2}{\overset{K_1}{\rightleftharpoons}} \text{ES} \overset{K_3}{\longrightarrow} \text{E + P} \tag{式（6-1）}$$

式(6-1)中 K_1、K_2 分别为 E + S ⟷ ES 正逆反应两方向的速度常数,K_3 为 ES 形成 E + P 的速度常数。由于反应处于初速度阶段时,S 的消耗很少,产物 P 的量极少,故由 E + P 逆行而重新生成 ES 的可能性可不予考虑,此时反应速度取决于 ES 浓度:

$$V = K_3[ES] \tag{式（6-2）}$$

从式(6-1)可知,ES 的生成和解离速度各为:

$$\text{ES 生成的速度} = K_1[E][S] \tag{式（6-3）}$$

$$\text{ES 的解离速度} = (K_2 + K_3)[ES] \tag{式（6-4）}$$

当处于恒定状态时,ES 复合物的生成速度与分解速度相等,即得下式:

$$K_1[\text{E}][\text{S}]=(K_2+K_3)[\text{ES}]$$　　　　　　式(6-5)

将式(6-5)重排

$$[\text{ES}]=\frac{[\text{E}][\text{S}]}{(K_2+K_3)/K_1}$$　　　　　　式(6-6)

将 $(K_2+K_3)/K_1$ 复合常数用 K_m(米氏常数)来表示,则式(6-6)成为:

$$[\text{ES}]=[\text{E}][\text{S}]/K_m$$　　　　　　式(6-7)

如 E 的起始浓度为 $[\text{E}_0]$,恒态时　　　$[\text{E}]=[\text{E}_0]-[\text{ES}]$　　　　　　式(6-8)

通常底物浓度比酶浓度过量得多,即 $[\text{S}]\gg[\text{E}]$,所以 ES 的形成不会明显降低 $[\text{S}]$。故而 $[\text{S}]$ 的降低可忽略不计。

将式(6-8)代入式(6-7),得到:

$$[\text{ES}]=([\text{E}_0]-[\text{ES}])[\text{S}]/K_m$$　　　　　　式(6-9)

从式(6-9)中求解 $[\text{ES}]$:

$$[\text{ES}]=[\text{E}_0]\frac{[\text{S}]/K_m}{1+[\text{S}]/K_m}$$　　　　　　式(6-10)

或　　　　　　$$[\text{ES}]=\frac{[\text{E}_0][\text{S}]}{K_m+[\text{S}]}$$　　　　　　式(6-11)

将式(6-11)代入到式(6-2),得:

$$V=\frac{K_3[\text{E}_0][\text{S}]}{K_m+[\text{S}]}$$　　　　　　式(6-12)

当 $[\text{S}]$ 为极大时,全部 E 均转为 ES, $[\text{ES}]=[\text{E}_0]$,此时 V 即为最大速度 V_{max},即 $V=V_{max}$。

故　　　　　　$$[\text{E}_0]=V_{max}/K_3$$　　　　　　式(6-13)

将式(6-13)代入式(6-12)即得:

$$V=\frac{V_{max}[\text{S}]}{K_m+[\text{S}]}$$　　　　　　式(6-14)

式(6-14)就是米氏方程,它表明了底物浓度与反应速度间的定量关系。若将该式移项、加项及整理可得:

$$VK_m+V[\text{S}]=V_{max}[\text{S}]$$　　　　　　式(6-15)

$$VK_m+V[\text{S}]-V_{max}[\text{S}]-V_{max}K_m=-V_{max}K_m$$　　　　　　式(6-16)

$$(V-V_{max})(K_m+[\text{S}])=-V_{max}K_m$$　　　　　　式(6-17)

因 V_{max} 和 K_m 均为常数,而 V 及 S 为变量,故式(6-17)实际上可写成 $(x-a)(y+b)=K$。这是典型的双曲线方程。可见米氏方程与实际结果是相符的。

当 $[\text{S}]$ 和 K_m 相比小得多时,则式(6-14)分母中 $[\text{S}]$ 可略去不计,而得到: $V=V_{max}/K_m[\text{S}]$。这说明反应对底物为一级反应,其速度与 $[\text{S}]$ 成正比,即图 6-12 曲线的第一段。反之,当 $[\text{S}]$ 和 K_m 相比要大得多时,式(6-14)分母中 K_m 可略去不计,而得到 $V=V_{max}[\text{S}]/[\text{S}]=V_{max}$,说明此时反应速度达最大的恒定值,与底物的浓度无关,反应为零级反应,即图 6-12 曲线的第三段。

(二)米氏常数(K_m)的意义和应用

当酶促反应处于 $V=1/2V_{max}$ 时,米氏方程为:

$$\frac{V_{max}}{2}=\frac{V_{max}[\text{S}]}{K_m+[\text{S}]}$$

可得 $K_m = [S]$，表示 K_m 为酶促反应速度达到最大反应速度一半时的底物浓度。它的单位是 mol/L，是酶的特征性常数。当 pH、温度和离子强度等因素不变时，K_m 是恒定的。K_m 值的范围一般为 10^{-7} mol/L~10^{-1} mol/L。

米氏常数在酶学和代谢研究中均为重要特征数据。

（1）同一种酶如果有几种底物，就有几个对应的 K_m，其中 K_m 值最小的底物一般称为该酶的最适底物或天然底物。不同的底物有不同的 K_m 值，这说明同一种酶对不同底物的亲和力不同。一般用 $1/K_m$ 近似地表示酶对底物亲和力的大小，$1/K_m$ 愈大，表示酶对该底物的亲和力愈大，酶促反应易于进行。

（2）已知某个酶的 K_m，可计算出在某一底物浓度时，某反应速度相当于 V_{max} 的百分率。例如当 $[S] = 3K_m$ 时，代入式（6-14）：

$$V = V_{max} \cdot 3K_m / (K_m + 3K_m) = 3/4 V_{max} = 75\% V_{max}$$

（3）在测定酶活性时，如果要使测得的初速度基本上接近 V_{max} 值，而过量的底物又不至于抑制酶活性时，一般 $[S]$ 值需为 K_m 值的 10 倍以上。

（4）催化可逆反应的酶，对正逆两向底物的 K_m 值往往是不同的。测定这些 K_m 值的差别以及细胞内正逆两向底物的浓度，可以大致推测该酶催化正逆两向反应的效率，这对了解酶在细胞内的主要催化方向及生理功能有重要意义。

（5）当一系列不同的酶催化一个代谢过程的连锁反应时，如能确定各种酶的 K_m 及其相应底物的浓度，还有助于寻找代谢过程的限速步骤。例如酶1、酶2、酶3分别催化 A→B→C→D 三步连锁反应，它们相对底物 A、B、C 的 K_m 分别为 10^{-2} mol/L、10^{-3} mol/L、10^{-4} mol/L，而细胞内 A、B、C 的浓度均接近 10^{-4} mol/L，则可推知该连锁反应的限速步骤是 A→B。

（6）了解酶的 K_m 值及其底物在细胞内的浓度，可以推知该酶在细胞内是否受到底物浓度的调节。如酶的 K_m 远低于细胞内的底物浓度（低于 10% 以下），说明该酶经常处于底物饱和状态，底物浓度的稍许变化不会引起反应速度有意义的改变。反之，如酶的 K_m 大于底物浓度，则反应的速度对底物浓度的变化就十分敏感。

（7）测定不同抑制剂对某个酶 K_m 及 V_{max} 的影响，可以区别该抑制剂是竞争性抑制剂还是非竞争性抑制剂。

（三）米氏常数（K_m）的求法

从酶的 V-$[S]$ 图上可以得到 V_{max}，再从 $1/2 V_{max}$ 可以求得 $[S]$ 即为 K_m。但实际即使用很大的底物浓度，也只能得到趋近于 V_{max} 的反应速度，而无法直接测得 V_{max}，因此测不到准确的 K_m 值。为了计算 K_m 值，可以把米氏方程的形式加以改变，使它成为相当于 $y = ax + b$ 的直线方程，然后用外推法求出 K_m 值；或通过非线性拟合 V-$[S]$ 数据，获得 K_m 值。

1. 双倒数作图法[莱恩威弗-伯克作图法（Lineweaver-Burk plot）] 将米氏方程两边取倒数：

$$\frac{1}{V} = \frac{K_m + [S]}{V_{max}[S]} \quad \text{或} \quad \frac{1}{V} = \frac{K_m}{V_{max}} \left(\frac{1}{[S]}\right) + \frac{1}{V_{max}} \qquad \text{式（6-18）}$$

右式即称为莱恩威弗-伯克方程。这一线性方程用 $1/V$ 对 $1/[S]$ 作图即得到一条直线，直线的斜率为 K_m/V_{max}（图 6-13）。$1/V$ 截距为 $1/V_{max}$，$1/[S]$ 的截距为 $-1/K_m$。

2. Hanes 作图法 公式（6-18）的两侧均乘以 $[S]$，可得：

$$[S]/V = [S]/V_{max} + K_m/V_{max} \qquad \text{式（6-19）}$$

式（6-19）也是直线方程式，称为 Hanes 方程式。用 $[S]/V$ 对 $[S]$ 作图，所得直线的斜率为 $1/V_{max}$，$[S]/V$ 轴上的截距为 K_m/V_{max}，而 $[S]$ 轴上的截距为 $-K_m$（图 6-14）。Hanes 法的优点为数据点在坐标图中的分布较平坦，但因 $[S]/V$ 包含两个变数，这就增大了误差，且统计处理也复杂得多。

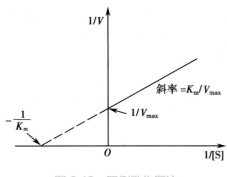

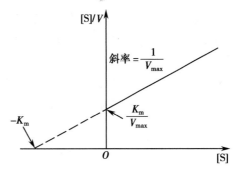

图 6-13　双倒数作图法　　　　　　　　　　　图 6-14　Hanes 作图法

3. 非线性拟合米氏方程　　通过测定不同浓度底物对应的反应速度,可以绘制 V–[S]图,采用统计软件可进行非线性拟合,获得米氏方程、K_m、V_{max} 及它们的误差范围,并根据拟合度判断拟合结果的优劣。

二、酶浓度的影响

在一定条件下,酶的浓度与反应初速度成正比(图 6-15)。因为酶催化反应时,酶先要与底物形成中间复合物,当底物浓度大大超过酶浓度时,反应达到最大速度,这时增加酶浓度可增加反应速度,反应速度与酶浓度成正比关系,这种正比关系也可由米氏公式推导出来:

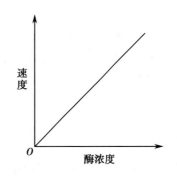

$$V = V_{max}[S]/(K_m + [S])$$

又因为 $V_{max} = K_3[E_0]$,所以 $V = K_3[E_0][S]/(K_m + [S])$

如果初始底物浓度固定,则 $K_3[E_0]/(K_m + [S])$ 是常数,并用 K' 表示,故 $V = K'[E_0]$,V–[E_0]作图为一直线,这是酶活性测定的依据。

图 6-15　反应速度与酶浓度的关系

三、pH 的影响

大多数酶的活性受 pH 影响较大。在一定 pH 下酶表现最大活性,高于或低于此 pH,活性均降低。酶表现最大活性时的 pH 称为酶的最适 pH(optimal pH)。pH 对不同酶的活性影响不同(图 6-16)。典型的最适 pH 曲线是钟罩形曲线。

各种酶在一定条件下都有相应的最适 pH。一般说,大多数酶的最适 pH 在 5~8,植物和微生物酶的最适 pH 多在 4.5~6.5,动物体内的多数酶的最适 pH 在 6.5~8.0。部分酶的最适 pH 差异较大,如胃蛋白酶最适 pH 是 1.5,肝中精氨酸酶的最适 pH 是 9.8。

pH 对酶促反应速度的影响,主要有下列原因。

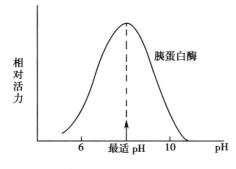

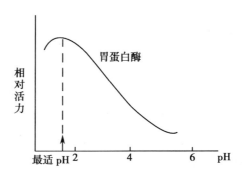

图 6-16　pH 对酶活性的影响

1. 影响酶和底物的解离　酶的活性基团的解离受 pH 的影响,有的酶必须处于解离状态方能很好地与底物结合,在这种情况下,酶和底物解离最大的 pH 有利于酶促反应的加速。如胃蛋白酶与带正电荷的蛋白质分子相结合最为敏感,乙酰胆碱酯酶也只有底物(乙酰胆碱)带正电荷时,酶与底物最易结合。相反,有的酶如蔗糖酶、木瓜蛋白酶,则要求底物处于兼性离子时最易结合。因此,这些酶的最适 pH 在底物的等电点附近。所以,pH 对不同酶和底物的影响不同,对其酶促反应速度的影响也就不同。

2. 影响酶分子的构象　过高或过低的 pH 会改变酶的活性中心的构象,甚至会改变整个酶分子的结构使其变性失活。

四、温度的影响

化学反应的速度随温度增高而加快,但酶中的蛋白质可随温度的升高而变性。在温度较低时,反应速度随温度的升高而加快。一般说,温度每升高 10℃,反应速度大约增加 1 倍。但温度超过一定值后,酶受热变性的因素占优势,反应速度反而随温度上升而减慢,形成倒 U 形曲线。在此曲线中反应速度最大的点所对应的温度,称为酶的最适温度(optimum temperature)(图 6-17)。酶的最适温度与底物浓度、介质 pH、离子强度、保温时间等许多因素有关。

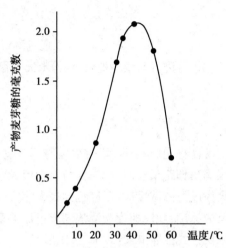

图 6-17　温度对唾液淀粉酶活性的影响

五、激活剂的影响

能提高酶的活性、加速酶促反应进行的物质称为激活剂(activator)。酶的激活剂可以是一些简单的无机离子,包括无机阳离子(如 Na^+、K^+、Ca^{2+}、Mg^{2+}、Cu^{2+}、Zn^{2+}、Co^{2+}、Cr^{3+}、Fe^{2+} 等)和无机阴离子(如 Cl^-、Br^-、I^-、CN^-、NO_3^-、PO_4^{3-} 等)。Cl^- 是唾液淀粉最强的激活剂,RNA 酶需 Mg^{2+},脱羧酶需要 Mg^{2+}、Mn^{2+}、Co^{2+} 为激活剂。激活作用可能有以下几方面的机制:①与酶分子中的氨基酸侧链基团结合,稳定酶催化作用所需的空间结构;②作为底物或辅助因子,是与酶蛋白之间联系的桥梁;③作为辅酶或辅基的一个组成部分协助酶的催化作用。

一些小分子的有机物如维生素 C、半胱氨酸、还原型谷胱甘肽等,对某些含巯基的酶具有激活作用,这是由于这些酶需要其分子中的巯基处于还原状态才具催化作用。如木瓜蛋白酶及 3- 磷酸甘油醛脱氢酶在分离提取过程中,其分子上的巯基较易氧化成二硫键而使活性降低,当加入上述任何一种化合物后,能使二硫键还原成巯基从而提高酶活性。还有些酶的催化作用易受某些抑制剂的影响,凡能除去抑制剂的物质也可称为激活剂,如乙二胺四乙酸(EDTA),它是金属螯合剂,能除去重金属杂质,从而解除重金属对酶的抑制作用。

激活剂的作用是相对的,一种酶的激活剂可能是另一种酶的抑制剂。不同浓度的激活剂对酶活性的影响也不相同。

六、抑制剂的影响

酶分子中的必需基团(主要是指酶活性中心内的一些基团)的性质受到某种化学物质的影响而发生改变,导致酶活性的降低或丧失称为抑制作用。能对酶起抑制作用的物质称为酶抑制剂(inhibitor)。抑制剂通常对酶有一定的选择性,一种抑制剂只能引起某一类或某几类酶的抑制。抑制作用不同于失活作用。通常酶蛋白受到一些物理因素或化学试剂的影响,破坏了次级键,部分或全部改变了酶的空间构象,从而引起酶活性的降低或丧失,这是酶蛋白变性的结果。凡是使酶变性失活的因素如强酸、强碱等,其作用对酶没有选择性,就不属于此处定义的抑制剂。很多药物是酶的抑制剂,通过对病原体内某些酶的抑制作用或改变体内某些酶的活性而发挥其治疗功效,了解对酶的抑制作用是阐明药物作用机制和设计研究新药的重要途径。

(一)不可逆抑制

抑制剂与酶的必需基团以共价键结合而引起酶活性丧失,不能用透析、超滤等物理方法除去抑制剂而恢复酶活性。抑制作用随着抑制剂浓度的增加而逐渐增加,当抑制剂的量大到足以和所有的酶结合,则酶的活性就完全被抑制。

1. 非专一性不可逆抑制　　抑制剂与酶分子中一类或几类基团(不论是否为必需基团)进行共价结合,可使酶失活。

某些重金属离子(Pb^{2+}、Cu^{2+}、Hg^{2+})、有机砷化合物及对氯汞苯甲酸等,能与酶分子的巯基进行不可逆结合,许多以巯基为必需基团的酶(称为巯基酶),会因此而被抑制,用二巯丙醇和二巯丁二酸钠等含巯基的化合物可使酶复活。

$$
\begin{array}{ccc}
\overset{R_1O}{\underset{R_2O}{}}\!\!\!\overset{O}{\underset{X}{\text{P}}} + HO-E & \longrightarrow & \overset{R_1O}{\underset{R_2O}{}}\!\!\!\overset{O}{\underset{OE}{\text{P}}} + HX
\end{array}
$$

有机磷杀虫剂　胆碱酯酶　　　　磷酰化胆碱酯酶

磷酰化胆碱酯酶　解磷定　　　　　磷酰化解磷定　　　　　胆碱酯酶

2. 专一性不可逆抑制　　抑制剂专一作用于酶的活性中心或其必需基团,进行共价结合,从而抑制酶的活性。有机磷杀虫剂专一作用于胆碱酯酶活性中心的丝氨酸残基,使其磷酰化而不可逆地抑制该酶活性;有机磷杀虫剂的结构与底物愈接近,其抑制愈快,有人称其为假底物(pseudosubstrate)。当胆碱酯酶被有机磷杀虫剂抑制后,乙酰胆碱不能及时分解,导致乙酰胆碱过多而产生一系列胆碱能神经过度兴奋症状。解磷定等药物可与有机磷杀虫剂结合,使酶与有机磷杀虫剂分离而复活。

有些专一性不可逆抑制剂在与酶作用时,通过酶的催化作用,其中某一基团被活化,使抑制剂与酶发生共价结合从而抑制了酶活性,如同酶的自杀,此类抑制剂称为自杀底物(suicide substrate)。例如新斯的明(prostigmin)抑制胆碱酯酶时,先被胆碱酯酶水解,所产生的二甲氨基甲酰基可结合到酶活性中心的丝氨酸羟基而抑制酶活性,故有扩瞳作用。

新斯的明　　　　胆碱酯酶　　　　　　二甲氨基甲酰胆碱酯酶

(二)可逆抑制

抑制剂与酶以非共价键结合而引起酶活性的降低或丧失,可用透析等物理方法除去抑制剂,恢复酶的活性。通常分为以下三种类型。

1. 竞争性抑制(competitive inhibition)　　竞争性抑制是较常见而重要的可逆抑制。它是指抑制剂(I)和底物(S)对游离酶(E)的结合有竞争作用,互相排斥,酶分子结合 S 就不能结合 I,结合 I就不能结合 S。这种情况往往是抑制剂和底物争夺同一结合位置。此外还有些因素也可以造成两者和酶的结合互相排斥。比如,两者的结合位置虽然不同,但由空间障碍使得 I 和 S 不能同时结合到酶分子上,故不可能存在 IES 三联复合体(图 6-18)。可用下式表示:

$$E+S \xrightleftharpoons{K_s} ES \xrightarrow{K_0} E+P$$
$$+$$
$$I \xrightleftharpoons{K_i} EI$$
式(6-20)

式(6-20)中 K_s 及 K_i 分别代表 ES 复合体和 EI 复合体的解离常数。在此反应体系中,当加入 I 时,可破坏 E 和 ES 的平衡,使 ES→E→EI。此时再增加 S 的浓度,又可逆转而使 EI→E→ES,故在酶量恒定的条件下,反应速度与[S]和[I]的比值有关。

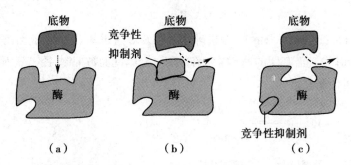

(a)游离的酶与底物结合;(b)和(c)被竞争性抑制剂结合后,
酶与底物的结合能力降低。

图 6-18　竞争性抑制剂作用机制示意图

根据平衡学说,式(6-20)可表示如下:

$$K_s = [E][S]/[ES],故[ES]=[E][S]/K_s \qquad 式(6-21)$$

$$K_i = [E][I]/[EI],故[EI]=[E][I]/K_i \qquad 式(6-22)$$

前已述及,反应的初速度 V 与 ES 的浓度成正比,而最大反应速度 V_{max} 与酶的总浓度[E_0]成正比。

即　　　　　　　　　$V = K_0[ES],\ V_{max} = K_0[E_0] \qquad 式(6-23)$

故　　　　　　　　　$V/V_{max} = [ES]/[E_0] \qquad 式(6-24)$

而酶的总浓度　　　　$[E_0] = [E]+[ES]+[EI] \qquad 式(6-25)$

将式(6-25)代入式(6-24),再将式(6-21)、(6-22)中的[ES]、[EI]值代入式(6-25),得:

$$\frac{V}{V_{max}} = \frac{[ES]}{[E]+[ES]+[EI]} = \frac{[E][S]/K_s}{[E]+[E][S]/K_s+[E][I]/K_i}$$
$$= \frac{[S]/K_s}{1+[S]/K_s+[I]/K_i} \qquad 式(6-26)$$
$$= \frac{[S]}{K_s+[S]+K_s[I]/K_i}$$

$$V = \frac{V_{max}[S]}{K_s(1+[I]/K_i)+[S]} \qquad 式(6-27)$$

如以米氏常数 K_m 代替 K_s,则

$$V = \frac{V_{max}[S]}{K_m(1+[I]/K_i)+[S]} \qquad 式(6-28)$$

用双倒数作图法法将式(6-28)作双倒数处理,可得:

$$\frac{1}{V} = \frac{K_m}{V_{max}}\left(1 + \frac{[I]}{K_i}\right)\frac{1}{[S]} + \frac{1}{V_{max}}$$ 式（6-29）

式（6-28）和式（6-29）是竞争性抑制作用的反应速度公式。当[S]为无限大时,式（6-28）分母中 $K_m(1+[I]/K_i)$ 一项可略去不计,$V = V_{max}$,故当[S]对 V 作图时[图6-19（a）],有 I 时的曲线虽较无 I 时的曲线向右下方移动,但在[S]为无穷大时可与无 I 时的曲线无穷接近。若以 1/[S]对 1/V 作图[图6-19（b）],可见有 I 存在时的直线斜率高于无 I 时的斜率,增加了（1+[I]/K_i）倍。当有 I 时,其在横轴上的截距为 $-1/[K_m(1+[I]/K_i)]$,也即 K_m 变为 $K_m(1+[I]/K_i)$,可见有竞争性抑制剂存在时,K_m 增大,且 K_m 随[I]的增加而增加,称为表观 K_m,以 K_m^{app} 表示。无 I 与有 I 的两条动力学曲线在纵轴上相交,其截距为 $1/V_{max}$,即 V_{max} 的数值不变。

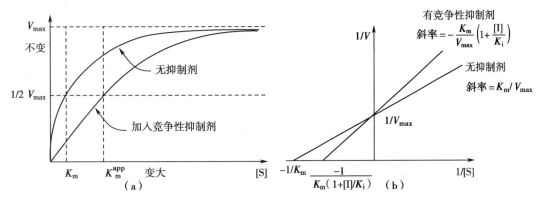

（a）[S]对 V 作图;（b）双倒数作图

图6-19　竞争性抑制动力学图

竞争性抑制动力学特点为:①当有 I 存在时,K_m 增大而 V_{max} 不变,故 K_m/V_{max} 也增大;②K_m^{app} 随[I]的增加而增大;③抑制程度与[I]成正比,而与[S]成反比,故当底物浓度极大时,同样可达到最大反应速度。即抑制作用可以解除。

竞争性抑制的经典例子是丙二酸对琥珀酸脱氢酶的抑制。

若增加底物琥珀酸的浓度,抑制作用即降低,甚至解除。

磺胺类药物也是典型的竞争性抑制剂。对磺胺敏感的细菌在生长和繁殖时不能利用现成的叶酸,只能利用对氨基苯甲酸合成二氢叶酸,二氢叶酸可再还原为四氢叶酸,后者是合成核酸所必需的。磺胺类药物与对氨基苯甲酸结构类似,竞争占据细菌体内二氢叶酸合成酶,从而抑制细菌生长所必需的二氢叶酸的合成,细菌核酸的合成受阻,抑制了细菌的生长和繁殖。人体能从食物中直接利用叶酸,故其代谢不受磺胺类药物影响。

抗菌增效剂甲氧苄啶（trimethoprim,tmp）可增强磺胺药的药效,因为它的结构与二氢叶酸有类似之处,是细菌二氢叶酸还原酶的强烈抑制剂,它与磺胺药配合使用,可使细菌的四氢叶酸合成受到双重阻碍,因而严重影响细菌的核酸及蛋白质合成。

二氢蝶啶+对氨基苯甲酸+谷氨酸 $\xrightarrow{\text{二氢叶酸合成酶}}$ 二氢叶酸

↑抑制

H_2N——⟨⟩——SO_2NHR

磺胺类

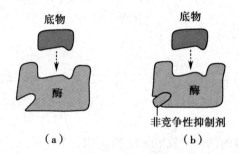

蝶呤啶   对氨基苯甲酸   谷氨酸

二氢叶酸分子结构

竞争性抑制原理是药物设计的重要依据之一,如抗癌药阿拉伯糖胞苷、氟尿嘧啶等都是利用此原理而设计的。

2. 非竞争性抑制   非竞争性抑制(noncompetitive inhibition)是指底物 S 和抑制 I 与酶的结合互不相关,既不排斥,也不促进,S 可与游离 E 结合,也可和 EI 复合体结合。同样 I 可和游离 E 结合,也可和 ES 复合体结合,但 IES 不能释放出产物(图 6-20)。

底物   底物

酶   酶

非竞争性抑制剂

（a）   （b）

（a）游离酶;（b）非竞争性抑制剂的作用

图 6-20   非竞争性抑制剂作用机制示意图

$$E+S \underset{}{\overset{K_s}{\rightleftharpoons}} ES \overset{K_0}{\longrightarrow} E+P$$
$$\Big\updownarrow K_i \qquad \Big\updownarrow K_i'$$
$$IE+S \underset{}{\overset{K_s'}{\rightleftharpoons}} IES$$

式(6-30)

式(6-30)中 K_S 及 K_S' 分别为 ES 及 IES 解离出 S 的解离常数,而 K_i 及 K_i' 分别为 IE 及 IES 解离出 I 的解离常数;当反应体系中加入 I,既可使 E 和 IE 的平衡倾向 IE,又可使 ES 与 IES 的平衡倾向 IES,并且 $K_i = K_i'$,故实际上并不改变 E 和 ES 的平衡,也不改变 E 和 S 的亲和力。同样在 E 和 I 的混合物中加入 S,因 $K_S = K_S'$,也不改变 E 和 IE 的平衡,不改变 E 和 I 的亲和力。同样根据平稳学说,得:

$$[ES]=[E][S]/K_s \text{ 且 } [IE]=[E][I]/K_i \qquad\qquad 式(6\text{-}31)$$
$$[IES]=[ES][I]/K_i'=[E][S][I]/K_s K_i' \qquad\qquad 式(6\text{-}32)$$

或 $$[IES]=[IE][S]/K_S'=[E][I][S]/K_i K_S' \qquad\qquad 式(6\text{-}33)$$

而 $$[E_0]=[E]+[ES]+[IE]+[IES] \qquad\qquad 式(6\text{-}34)$$

根据式(6-24) $V/V_{max}=[ES]/[E_0]$

将以上各式代入式(6-24),再经过推导后,得到:

$$V = \frac{V_{max}[S]}{K_m\left(1+\dfrac{[I]}{K_i}\right)+[S]\left(1+\dfrac{[I]}{K_i}\right)}$$ 式（6-35）

将式（6-35）作双倒数处理，得：

$$\frac{1}{V} = \frac{K_m}{V_{max}}\left(1+\frac{[I]}{K_i}\right)\frac{1}{[S]} + \frac{1}{V_{max}}\left(1+\frac{1}{K_i}\right)$$ 式（6-36）

式（6-35）、式（6-36）为非竞争性抑制作用的动力学公式。当[S]为无限大时，式（6-36）简化成 $\dfrac{1}{V} = \dfrac{1}{V_{max}}\left(1+\dfrac{1}{K_i}\right)$ 或 $V = \dfrac{V_{max}}{(1+[I]/K_i)}$ ，即 V 恒小于 V_{max}。以[S]对 V 作图[图6-21（a）]，有I时的曲线低于无I时的曲线而不能相交。若以1/[S]对1/V 作图[图6-21（b）]，可见有I时的直线的斜率和竞争性抑制一样，也为 $\dfrac{K_m}{V_{max}}\left(1+\dfrac{[I]}{K_i}\right)$，高于无I时的直线的斜率，有I时在纵轴上的截距为 $\dfrac{1}{V_{max}}\left(1+\dfrac{[I]}{K_i}\right)$，高于无I时的截距。说明有I时的最大速度随[I]增加而减小，称为表观 V_{max}（V_{max}^{app}）即 $V_{max}^{app} = V_{max}/(1+[I]/K_i)$。但有I时在横轴上的截距仍为 $-1/K_m$，和无I时的一样，即 K_m 的数值不变，或 $K_m^{app} = K_m$。这是因为：当 $1/V = 0$ 时，$\dfrac{K_m}{V_{max}}\left(1+\dfrac{[I]}{K_i}\right)\dfrac{1}{[S]} = -\dfrac{1}{V_{max}}\left(1+\dfrac{[I]}{K_i}\right)$，简化得 $K_m/[S] = -1$，故 $1/[S] = -1/K_m$。

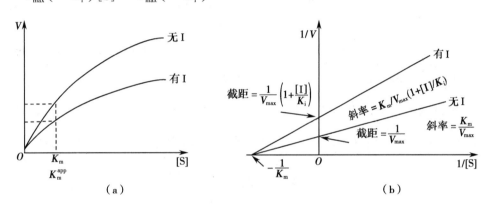

（a）[S]对 V 作图；（b）双倒数作图

图6-21　非竞争性抑制动力学图

非竞争性抑制的动力学特点为：①当有I存在时，K_m 不变而 V_{max} 减小，K_m/V_{max} 增大；②V_{max}^{app} 随[I]的加大而减小；③抑制程度只与[I]成正比，而与[S]无关。

3. 反竞争性抑制作用　　反竞争性抑制（uncompetitive inhibition）为抑制剂I不与游离酶E结合，却和ES中间复合体结合成EIS，但EIS不能释出产物（图6-22）。表示如下：

$$E + S \underset{}{\overset{K_s}{\rightleftharpoons}} ES \xrightarrow{K_0} E + P$$
$$\Big\updownarrow K_i$$
$$EIS$$
式（6-37）

K_S 和 K_i 分别为ES及EIS的解离常数，当反应体系中加入I时，可使E + S和ES的平衡倾向ES的形成，因此I的存在反而增加S和E的亲和力。这种情况恰巧和竞争性抑制剂相反，故称为反竞争性抑制。根据平衡学说推导如下：

$$[ES] = [E][S]/K_S$$ 式（6-38）

$$[EIS] = [ES][I]/K_i = [E][S][I]/(K_SK_i)$$ 式（6-39）

$$[E_0] = [E] + [ES] + [EIS]$$ 式（6-40）

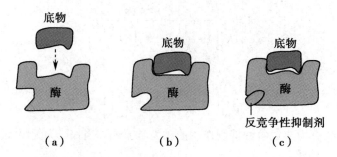

（a）游离酶;（b）酶 - 底物复合物;（c）反竞争性抑制剂的作用

图 6-22   反竞争性抑制剂作用机制示意图

将以上各式代入式（6-24）$V/V_{max} = [ES]/[E_0]$,再经推导后,得到下式:

$$V = \frac{V_{max}[S]}{K_m + [S](1 + [I]/K_i)}$$ 式（6-41）

用双倒数作图法法将式（6-41）作双倒数处理,可得:

$$\frac{1}{V} = \frac{K_m}{V_{max}} \cdot \frac{1}{S} + \frac{1}{V_{max}}\left(1 + \frac{[I]}{K_i}\right)$$ 式（6-42）

式（6-41）、式（6-42）是反竞争性抑制作用的反应速度公式。当[S]为无限大时,式（6-41）简化为 $\frac{1}{V} = \frac{1}{V_{max}}\left(1 + \frac{[I]}{K_i}\right)$,故和非竞争性抑制相似,$V$ 也恒小于 V_{max}。以[S]对V作图（图6-23a）,有 I 时的曲线低于无 I 时的曲线而不能相交。若以 1/[S]对 1/V作图（图6-23b）,可见有 I 时直线斜率与无 I 时相同,呈平行,斜率均为 K_m/V_{max}。有 I 时在纵轴上的截距为 $\frac{1}{V_{max}}\left(1 + \frac{[I]}{K_i}\right)$,即 $V_{max}^{app} = \frac{V_{max}}{1 + [I]/K_i}$,数值随[I]的增加而减少。有 I 时在横轴上的截距为 $-\frac{1}{K_m}\left(1 + \frac{[I]}{K_i}\right)$,即 $K_m^{app} = \frac{K_m}{1 + [I]/K_i}$,可见 K_m^{app} 也随[I]增加而减少。

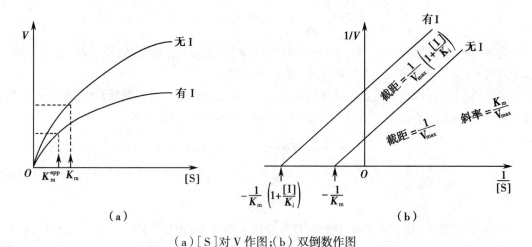

（a）[S]对 V 作图;（b）双倒数作图

图 6-23   反竞争性抑制动力学图

反竞争性抑制的动力学特点为:①当 I 存在时,K_m 和 V_{max} 都减小,而 K_m/V_{max} 不变;②有 I 时的 K_m^{app} 和 V_{max}^{app} 都随[I]的增加而减小;③抑制程度既与[I]成正比,也和[S]成正比。

兹将上述三类抑制作用的各种动力学参数列于表6-3。

表 6-3　三类抑制作用的动力学比较

抑制种类	双倒数作图法作图法				V_{max}^{app}	K_m^{app}
	斜率	纵轴截距	横轴截距	直线交点		
无	$\dfrac{K_m}{V_{max}}$	$\dfrac{1}{V_{max}}$	$-\dfrac{1}{K_m}$		V_{max}	K_m
竞争性抑制作用	$\dfrac{K_m}{V_{max}}\left(1+\dfrac{[I]}{K_i}\right)$（增大）	$\dfrac{1}{V_{max}}$（不变）	$-\dfrac{1}{K_m(1+[I]/K_i)}$（增大）	纵轴	V_{max}（不变）	$K_m\left(1+\dfrac{[I]}{K_i}\right)$（增大）
非竞争性抑制作用	$\dfrac{K_m}{V_{max}}\left(1+\dfrac{[I]}{K_i}\right)$（增大）	$\dfrac{1}{V_{max}}\left(1+\dfrac{[I]}{K_i}\right)$（增大）	$-\dfrac{1}{K_m}$（不变）	横轴	$\dfrac{V_{max}}{1+[I]/K_i}$（减小）	K_m（不变）
反竞争性抑制作用	$\dfrac{K_m}{V_{max}}$（不变）	$\dfrac{1}{V_{max}}\left(1+\dfrac{[I]}{K_i}\right)$（增大）	$-\dfrac{1}{K_m}\left(1+\dfrac{[I]}{K_i}\right)$（减小）	平行无交点	$\dfrac{V_{max}}{1+[I]/K_i}$（减小）	$\dfrac{K_m}{1+[I]/K_i}$（减小）

（三）过渡态类似物与自杀底物

Linus Pauling 首先提出某种类似于一个酶促反应中底物的过渡态的物质是酶的有效抑制剂,这种物质称为过渡态类似物。例如,在脯氨酸外消旋酶催化 L- 脯氨酸异构化为 D- 脯氨酸发生外消旋作用时需通过一个过渡态,在此过渡态中,脯氨酸的 α- 碳原子丢失一个质子而成为三角形构型,三个键都在一个平面上,α- 碳原子带一个负电荷,此对称性负碳离子在一侧重新质子化,形成 L- 异构体,或在另一侧重新质子化形成 D- 异构体(图 6-24)。吡咯 -2- 羧酸酯的 α- 碳原子像脯氨酸的外消旋作用的过渡态一样形成三角形构型,也带有一个负电荷,比脯氨酸与外消旋酶的结合更紧,因此,吡咯 -2- 羧酸酯是脯氨酸发生外消旋酶促作用的一种过渡态类似物,是脯氨酸外消旋酶的有效抑制剂。

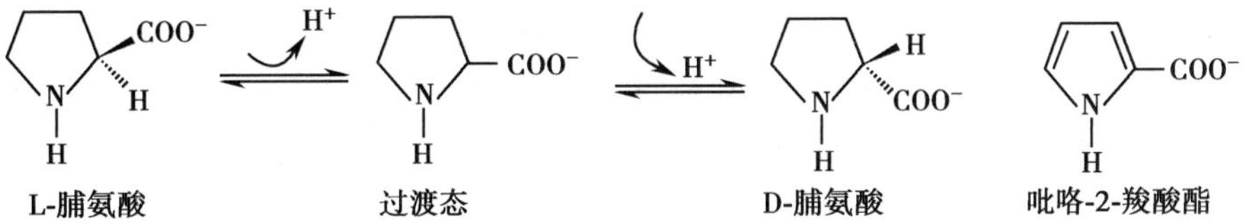

图 6-24　脯氨酸外消旋酶的催化作用

酶的自杀底物是一类酶的天然底物的衍生物或类似物,在它们的结构中含有一种化学活性基团,当酶把它们作为底物来结合时,其潜在的化学基团能被解开或激活,并与酶的活性部位发生共价结合,使结合物停留在某种状态,从而不能分解成产物,酶因而失活,此过程称为酶的自杀,这类底物称为自杀底物(suicide substrate)。每一种自杀底物都有其专一作用的靶酶,因此自杀底物是专一性很高的不可逆抑制剂或失活剂。

以 E 及 S_s 分别代表酶与自杀底物 I_s 为自杀底物被酶催化生成的抑制物,则:

$$E + S \xrightarrow{K_s} ES_s \xrightarrow{K_{cat}} EI_s \xrightarrow{K_i} E-I$$

式中 K_s 为 ES_s 解离常数; K_{cat} 为 ES_s 转变为 EI_s 的催化常数; K_i 为 E 及 I_s 形成结合物的速率常数。抑制效率及专一性不但与 K_s 有关,更重要的是取决于 K_{cat} 。因而 S_s 与 E 结合还不能成为抑制物,只有生成 I_s 后才有抑制作用,故 K_{cat} 愈大,抑制作用也愈强,所以自杀底物也称 K_{cat} 型抑制剂。自杀底物与天然底物一样对人体无毒或毒性较少,因此有重要药用价值。

第五节　酶的分离纯化、活性测定

一、酶的分离纯化

生物细胞产生的酶有两类。一类由细胞内产生后分泌到细胞外发挥作用,称为细胞外酶。这类酶大都是水解酶,如胃蛋白酶、胰蛋白酶就是由胃黏膜细胞和胰腺细胞所分泌的。这类酶一般含量较高,容易得到。另一类酶在细胞内产生后并不分泌到细胞外,而在细胞内起催化作用,称为细胞内酶。这类酶在细胞内往往与细胞结构结合,有一定的分布区域,催化的反应具有一定的顺序性,使许多反应能有条不紊地进行。如氧化还原酶存在于线粒体上,蛋白质合成的酶存在于微粒体上。

酶来源于动物、植物和微生物。生物细胞内产生的总酶量是很高的,但每一种酶的含量却很低,如胰腺中起消化作用的水解酶种类虽多,但各种酶的含量却差别很大,例如湿重 1 000g 的胰腺中含胰蛋白酶 0.65g 而含 DNA 酶仅有 0.000 5g。因此,在提取某一酶时,首先应当根据需要,选择含此酶最丰富的材料。由于从动物或植物中提取酶制剂会受到原料限制,目前工业上大多采用微生物发酵的方法来获得大量的酶制剂。

由于在生物组织细胞中,除了我们所需要的某一种酶之外,往往还有许多其他酶和一般蛋白质以及其他杂质,因此制备某种酶制剂必须经过分离和纯化过程。

绝大多数酶是蛋白质,故蛋白质分离纯化的方法适用于分离、纯化酶。蛋白质很容易变性,所以在酶提纯过程中,应避免用强酸或强碱,同时保持在较低的温度下操作。

酶是具有催化活性的蛋白质,通过测定催化活性,可以比较容易地追踪酶在分离提纯过程中的去向,酶的催化活性又可以作为选择分离纯化方法和优化操作条件的指标,在整个酶的分离纯化过程的每一步骤,始终要测定酶的总活性和比活性,这样才能知道经过某一步骤回收多少酶、纯度提高了多少,从而决定这一步骤的取舍。

（一）酶的提取

1. 破碎细胞膜　对细胞外酶只要用水或缓冲液浸泡,滤去不溶物,就可得到粗抽提液。对于细胞内酶,则必须先使细胞膜破裂才能释放出酶。动物细胞较易破碎,通过一般的研磨器、匀浆器、捣碎机等就可达到目的。细菌细胞具有较厚的细胞壁,较难破碎,需要用超声波、冻融、溶菌酶、某些化学溶剂等,在适宜的 pH 和温度下保温一定时间使菌体破碎,制成组织匀浆。

2. 提取　一般的酶都可以用稀盐、稀酸或稀碱的水溶液在低温下提取出来。提取液和提取条件的选择取决于酶的溶解度、稳定性等。

提取液的 pH 选择应该在酶的 pH 稳定范围内,并且最好能远离其等电点。关于盐的选择,由于大多数蛋白质在低浓度的盐溶液中较易溶解,故一般用等渗盐溶液,最常用的有 0.02~0.05mol/L 磷酸盐缓冲液、0.15mol/L 氯化钠和柠檬酸缓冲液等。提取温度通常都控制在 0~4℃。

（二）纯化

提取液中除了含有所需的酶以外,还杂有其他小分子和大分子物质。小分子物质在纯化过程中会自然地除去,大分子物质包括核酸、黏多糖和杂蛋白等往往干扰纯化。核酸一般可用鱼精蛋白或氯化锰使之沉淀去除,黏多糖可用醋酸铅处理,剩下的就是杂蛋白,因此纯化的主要工作就是将酶从杂蛋白中分离出来。

分离纯化的方法很多,常用的有盐析法、有机溶剂沉淀法、等电点沉淀法及吸附分离法等。根据酶和杂蛋白带电性质的差异进行分离的方法有离子交换法和电泳法,前者用于大体积制备,应用很广,分辨力也高,电泳法主要作为分析鉴定的工具或用于少量分离。

选择性变性法在酶的纯化工作中是常用的简便而有效的方法。主要是根据酶和杂蛋白在某些条件下热稳定性的差别,使某些杂蛋白变性而达到除去大量杂蛋白的目的,常用的除选择性热变性外,还有酸碱变性等。有些酶相当耐热,如胰蛋白酶、RNA 酶加热到 90℃也不破坏,因此在一定条件下将酶液迅速升温到一定温度(50~70℃),经过一定时间后(5~15 分钟)迅速冷却,可使大多数杂蛋白变性沉淀,若应用得当,可提高酶纯度。

酶是生物催化剂,在提纯时必须尽量减少酶活性的损失,因此全部操作需在低温下进行。一般在0~5℃进行,用有机溶剂分级分离时必须在 –15℃下进行。为防止重金属使酶失活,有时需在提取溶剂中加入少量金属螯合剂 EDTA。有时为了防止酶蛋白中的巯基被氧化失活,需要在提取溶剂中加少量巯基乙醇。在整个分离提纯过程中不能过多搅拌,以免产生大量泡沫而使酶变性。

为了达到比较理想的纯化结果,往往需要几种方法配合使用,主要根据酶本身的性质来决定所选择的方法。

提纯的目的,不仅在于得到一定量的酶,而且要求得到不含或尽量少含其他杂蛋白的酶制品。在纯化过程中,除了要测定一定体积或一定重量的制剂中含有多少活性单位外,还要测定酶制剂的纯度。酶的纯度用比活性表示,比活性即每毫克蛋白所含的酶活性单位数。

$$比活性(纯度)=活性单位数 / 蛋白质量(mg)$$

在酶的纯化工作中还要计算纯化倍数和产率(%),即回收率。

$$纯化倍数 = 每次比活性 / 第一次比活性$$

$$产率(\%)= 每次总活性 / 第一次总活性 \times 100\%$$

一个酶的纯化过程,常常需要经过多个步骤,若每一步平均使酶纯度增加 1~2 倍,总纯度可高达数百倍,但产率为百分之几到百分之十几。下面以天冬酰胺酶纯化过程为例说明(表 6-4)。

表 6-4　从大肠埃希菌中分离纯化天冬酰胺酶

纯化步骤	总蛋白 /mg	总活力 /IU	比活力 /(IU/mg)	回收率 /%	纯化倍数
匀浆液	1.4×10^6	2.8×10^6	2	100	1
等电点沉淀	4×10^4	1.4×10^6	35	50	17.5
DEAE 柱色谱	8×10^3	1×10^6	125	36	62.5
CM 柱色谱	5×10^3	9×10^5	180	32	90

由表 6-4 可见通过 4 个主要步骤,总蛋白逐渐减少,总活性也减少,但杂蛋白去除更多,而酶丢失较少,因此纯度提高,比活性由 2IU/mg 上升到 180IU/mg,纯化倍数为 90 倍。但酶在纯化时也损失不少,原来总活性为 2.8×10^6 IU,最后为 9×10^5 IU,回收率为 32%。

二、酶的活性测定

酶的活性测定是酶的定量测定。检查酶的含量不能直接用质量来表示,而用酶的活性来表示,酶活性的高低是研究酶的特性、进行酶的生产及应用时的一项必不可少的指标。

活性就是酶催化一定化学反应的能力。酶的活性大小,可以用在一定条件下它所催化的某一化学反应的速度来表示。酶催化的反应速度愈大,则酶的活性也愈大。所以测定酶的活性就是测定酶促反应的速度。

按米氏方程可知,反应初速度与酶浓度成正比,即 $V = K'[E_0]$。这是定量测定酶浓度的理论基础,图 6-25 显示,

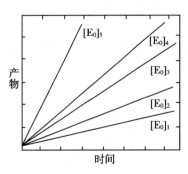

图 6-25　当[S]≥100K_m 时,在不同的酶浓度下产物形成量与时间关系

当[S]≥100K_m，在不同的酶浓度下产物形成量与时间的关系。酶促反应速度可用在一定条件下，单位时间内、单位体积中底物的减少量或产物的增加量来表示，通常测定产物的增加量，所以反应速度的单位是：浓度 / 单位时间。

在实验中必须确保所测定的是初速度，即底物消耗的百分比很低，此时产物浓度 - 时间（p – t）呈直线关系（见图 6-25）。否则，由于底物的消耗，反应速度变慢或者由于产物的积累产生的逆反应明显地影响正向反应速度，使得 p – t 作图逐渐偏离直线。所以测定酶浓度首先要确定 p – t 的直线范围。在酶催化反应中如果其他条件选择好后，决定 p – t 关系的主要因素是底物浓度、酶浓度和反应时间。一般采用高底物浓度[S]≥100K_m（零级反应）测定反应初速度以定量酶浓度。

酶活性的高低以酶活性单位（U）表示。酶活性单位的含义是指酶在最适条件下，单位时间内，酶催化底物的减少量或产物的生成量。1961 年国际酶学会议规定：1 个酶活性国际单位（international Unit，IU）指在特定条件下，1 分钟内生成 1μmol/L 产物的酶量（或转化 1μmol 底物的酶量）。1972 年国际酶学委员会又推荐一个新的酶活性国际单位，即 Katal（Kat）单位，1Kat 单位定义为"在最适条件下，每秒可使 1mol/L 底物转化的酶量"，故 1Kat = 6×10^7 IU。

在实验室和生产上还常用习惯单位表示酶活性，如用每小时催化 1ml 2% 可溶性淀粉液化所需要的酶量，作为 α- 淀粉酶的 1 个活性单位。又如，α- 糜蛋白酶在 37℃、pH 7.5 时作用于酪蛋白，在测定条件下，每分钟产生相当 1μg 酪氨酸所需要的酶量称为一个活性单位。酶的习惯活性单位使用方便，已广泛采用，但表示方法不够严格，同一种酶常用多种不同酶单位表示，不便于对酶活性进行比较。

酶的转换数（turnover number）或催化常数（K_{cat}）是指单位时间，每一个催化中心所转换的底物分子数。通常指酶被底物饱和时，每秒每个酶分子转换底物的物质的量（以微摩尔计），因为 V_{max} = K_3[E_0]，故转换数可表示如下：

$$K_{cat} = K_3 = V_{max} / [E_0]$$

所以在数值上，K_{cat} = K_3，是由 ES 形成产物的速度常数。如 1 分子碳酸酐酶，每秒催化 0.6mol 碳酸产生，则其 K_{cat} = 6×10^5/S（μmol/s）。

第六节　酶的多样性

一、酶原

酶原（proenzyme，zymogen）即酶的前体，在体内以无活性状态存在，由其他物质激活后才显示出催化活性。生物体内许多酶以酶原形式存在，具有一定的生理意义。如消化腺分泌的一些蛋白酶，以无活性的酶原形式分泌，就不致消化自身的组织；到了胃肠道后，在一定条件下经激活转变成有活性的酶。例如胃蛋白酶刚由胃细胞分泌时也处于酶原状态，称为胃蛋白酶原，当食物进入胃后刺激胃酸分泌，使原来无活性的分子量为 42 500kDa 的胃蛋白酶原受 H^+ 的激活，从 N 端切去 6 段多肽共 42 个氨基酸，变成具有催化能力的分子量为 34 500kDa 的胃蛋白酶，该酶还可以再去激活其他蛋白酶原。

二、寡聚酶

寡聚酶（oligomeric enzyme）的分子量为 35 000 至几百万 kDa 以上，含有 2 个以上的亚基，多的可含 60 个亚基；这些亚基巧妙地结合成具有催化活性的酶。寡聚酶可分为含有相同亚基的寡聚酶和含有不同亚基的寡聚酶两大类。

1. 含相同亚基的寡聚酶　许多参与体内物质代谢的酶不是简单的单体蛋白质而是由不同数目亚基所组成的寡聚蛋白质，而且它们所含的亚基的一级结构都是相同的。现已证实单体酶（如胃蛋白酶、胰蛋白酶等蛋白水解酶）为数不多，而寡聚酶则普遍存在。如鼠肝苹果酸脱氢酶含 2 个亚基，酵母己糖激酶含 4 个亚基，大肠埃希菌谷氨酰胺合成酶含 12 个亚基。

2. 含不同亚基的寡聚酶

（1）双功能寡聚酶：色氨酸合成酶是由两分子蛋白 A 和一分子蛋白 B 所构成的。蛋白 A 的分子量为 29 500，含一个 α 亚基；蛋白 B 的分子量为 90 000，含两个 β 亚基。蛋白 A 和蛋白 B 有不同的催化功能，可以分别催化下列反应：

$$\text{吲哚甘油磷酸} \xrightarrow{\text{蛋白A}} \text{吲哚} + \text{3-磷酸甘油醛} \tag{1}$$

$$\text{吲哚} + \text{L-丝氨酸} \xrightarrow{\text{蛋白B}} \text{L-色氨酸} \tag{2}$$

当蛋白 A 和蛋白 B 结合而成色氨酸合成酶时，可以催化下列反应：

$$\text{吲哚甘油磷酸} + \text{L-丝氨酸} \xrightarrow{\text{色氨酸合成酶}} \text{L-色氨酸} + \text{3-磷酸甘油醛} \tag{3}$$

反应（3）是反应（1）和反应（2）偶联的总反应。通过蛋白 A 和蛋白 B 的相互作用，不仅可以使反应（1）和反应（2）紧密地偶联起来，而且还可以使每个蛋白的酶活性提高 30~100 倍。同时中间产物——吲哚，并不从寡聚酶中释放出来。

（2）含有底物载体亚基的寡聚酶：大肠埃希菌的乙酰辅酶 A 羧化酶，由三个蛋白质部分组成，两个具有催化活性的蛋白质——生物素羧化酶及转酰基酶，一个具有专一性的生物素羧基载体蛋白亚基（BCCP）。这个载体亚基专一性地运载底物 CO_2。这三部分联结起来催化的反应分两步进行。

$$\text{BCCP} + CO_2 + \text{ATP} \xrightarrow{\text{生物素羧化酶}} CO_2\text{~BCCP} + \text{ADP} + \text{Pi}$$

$$CO_2\text{~BCCP} + \text{RH} \xrightarrow{\text{转酰基酶}} \text{BCCP} + \text{RCOH}$$

3. 寡聚酶的意义　由于寡聚酶的多重亚基结构，所以在机体代谢活动中具有重要作用。如某些酶促反应必须由具有不同功能的亚基互相连接，协调配合，才能完成。在某些酶促反应中，又必须有发挥底物载体作用的亚基，才能专一性地运载底物，使底物受到具有酶活性的蛋白部分的催化而生成产物。

含有亚基的酶分子的聚合与解聚是代谢调节的重要方式之一。由于酶与一些调节因子的结合会引起酶的聚合和解聚，实现酶的活性态与无活性态间的相互转化。如谷氨酸脱氢酶含 6 个亚基，每 3 个亚基构成一个三面体，6 个亚基连成一个双层三面体，前者为 Y 型，催化谷氨酸脱氢，后者为 X 型对谷氨酸的脱氢活性下降，主要催化丙氨酸脱氢，若三面体层数进一步增加形成多聚体、呈长纤维状，则无酶活性。

三、同工酶

同工酶（isoenzyme）是指能催化相同的化学反应，但分子结构不同的一类酶，它不仅存在于同一机体的不同组织中，也可存在于同一细胞的不同亚细胞结构中，它们在生理、免疫、理化性质上都存在很多差异。

同工酶是由两个以上的亚基聚合而成的，其分子结构的不同之处主要是所含亚基组合情况不同，在非活性中心部分组成不同，但它们与酶活性有关的结构部分均相同，已发现的同工酶有数百种。其中研究最多的是乳酸脱氢酶（lactate dehydrogenase，LDH），存在于哺乳动物中的乳酸脱氢酶有 5 种同工酶，它们都催化同样的反应（图 6-26A）。

它们的分子量都相近，大约为 140 000kDa，由 4 个亚基组成，每个亚基分子量约 35 000kDa。4 个亚基有两种类型，分别叫做 H 亚基和 M 亚基（图 6-26B）。5 种同工酶的亚基组成分别为 H_4（心肌中以此为主）、H_3M、H_2M_2、HM_3 及 M_4（骨骼肌中以此为主）。在 5 种不同形式的 LDH 中，H_4 为 LDH-1（或 LDH-A），H_3M 为 LDH-2，H_2M_2 为 LDH-3，HM_3 为 LDH-4，M_4 为 LDH-5（或 LDH-B）（图 6-26B）。

两种类型亚基在许多方面有所差别,最重要的差别是氨基酸组成及 K_m 等动力学性质不同。因氨基酸组成不同,带电情况不同,所以可用电泳法把不同类型的 LDH 分开。两种类型亚基对底物的米氏常数显著不同。骨骼肌 LDH 对底物丙酮酸的 K_m 值高,因此,当丙酮酸浓度增加时,酶反应速度增大。而心肌 LDH 对丙酮酸底物的 K_m 值低,丙酮酸浓度增大时,酶很快饱和,反应速度不能随着底物浓度的增加而增大,而且在高浓度丙酮酸时活性被抑制。这样,肌肉中 LDH-5 多,而心、脑中 LDH-1 多。肌肉中可产生大量的乳酸,心、脑则相反。在高浓度丙酮酸条件下,丙酮酸不能转变为乳酸,被迫进入三羧酸循环,氧化供给能量(见糖代谢)。说明不同器官存在的同工酶与各器官的代谢环境相适应,具有不同的生理功能。

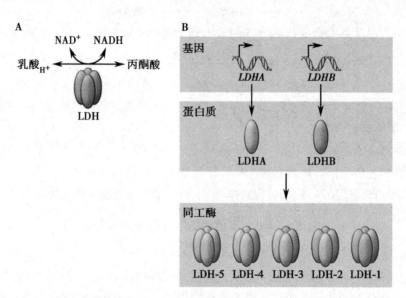

图 6-26　LDH 催化的反应和同工酶示意图

同工酶的研究已应用于疾病的诊断。正常情况下,血清中 LDH 活性很低,多半是由红细胞渗出的。当某一器官或组织病变时,LDH 同工酶释放到血液中,血清的 LDH 同工酶电泳图谱就会发生一定变化。例如冠心病及冠状动脉血栓引起的心肌受损患者血清中 LDH-1 与 LDH-2 含量增高,而肝细胞受损患者血清中 LDH-5 增高。

四、诱导酶

诱导酶(induced enzyme)是指当细胞中加入特定诱导物质时诱导产生的酶。它的含量在诱导物存在下显著增高,这种诱导物往往是该酶底物的类似物或底物本身。诱导酶在微生物中较多见。例如大肠埃希菌一般情况只利用葡萄糖,当培养基不含葡萄糖而只含乳糖时,开始代谢强度非常低,继续培养一段时间后,代谢强度慢慢提高,最后达到与含葡萄糖时一样,因为这时大肠埃希菌中已产生了属于诱导酶的半乳糖苷酶,该酶水解乳糖等含有半乳糖苷键的物质。

许多药物能加强体内药物代谢酶的合成,因而能加速其本身或其他药物的代谢。研究药物代谢酶的诱导生成对于阐明许多药物的耐药性是重要的。如长期服用苯巴比妥催眠药的人,会因药物代谢酶的诱导生成而使苯巴比妥逐渐失效。

五、调节酶

调节酶是对代谢调节起特殊作用的酶类。调节酶分子中有活性区和调节区,其催化活性可因与调节剂的结合而改变,有调节代谢反应的功能。调节酶一般可分为共价调节酶(covalently regulatory enzyme)及变构酶(allosteric enzyme)两类。

（一）共价调节酶

通过调节剂与酶分子的共价结合调节酶的活性状态的一类酶。如动物组织中的糖原磷酸化酶即为典型的共价调节酶。糖原磷酸化酶有活性强的磷酸化酶 a 与活性弱的磷酸化酶 b 两种形式，前者多肽链上丝氨酸残基的羟基与磷酸基共价连接形成具有最大活性的磷酸化酶 a，而磷酸化酶磷酸酶能水解去掉磷酸基使磷酸化酶 a 转变为活性低的磷酸化酶 b。磷酸化酶 b 经磷酸化酶激酶催化又可同 ATP 作用转变为磷酸化酶 a。通过酶分子的磷酸基共价修饰与去除，使磷酸化酶的活性得到调节。

迄今已发现有数百种酶在其被翻译后要进行共价修饰，以调节酶活性。主要共价修饰类型有 6 种：①磷酸化 / 去磷酸化；②乙酰化 / 去乙酰化；③腺苷酰化 / 去腺苷酰化；④尿苷酰化 / 去尿苷酰化；⑤甲基化 / 去甲基化；⑥S—S 键 /—SH。其中通过磷酸化与去磷酸化来改变酶活性的调节最为普遍，也最为重要。

（二）变构酶

变构酶又名别构酶，这类酶是寡聚体蛋白，含有两个或多个亚基。分子中除了有可以结合底物的活性中心外，还有可以结合调节物（或称效应剂）的变构中心。这两个中心可位于不同的亚基上，也可位于同一个亚基的不同部位上。变构酶的活性中心与底物结合，起催化作用；变构中心则调节酶促反应速度。

调节物与酶分子中的变构中心结合引起酶蛋白构象的变化，使酶活性中心对底物的结合与催化作用受到影响，从而调节酶的反应速度，此效应称为酶的变构效应。如酶产生变构效应后，导致酶的激活称为变构激活作用，对应的调节分子称为变构激活剂；导致酶的抑制称为变构抑制作用，对应的调节分子称为变构抑制剂。

协同效应也是多亚基变构酶的一个特征。所谓协同效应是指当一个配体（调节物分子或底物分子）与酶蛋白结合后，可以影响另一配体和酶的结合，根据这个影响是促进还是减慢以及第二个结合的配体和第一个配体是否相同可把协同效应分为以下几类。

1. 同种效应（homotypic effect）和异种效应（heterotypic effect） 同种效应就是一分子的配体结合在蛋白质的一个部位影响另一分子的同样配体在另一部位的结合。异种效应是一分子的配体在一部位的结合会影响另一分子的不同配体在另一部位的结合。

2. 正协同效应（positive cooperative effect）和负协同效应（negative cooperative effect） 正协同效应或正协同性是指 1 分子配体与蛋白质结合后，可促进下一分子配体的结合。或者说当 1 分子配体与酶蛋白的 1 个催化部位或调节部位结合后，分别可使另一催化部位（一般在不同亚基上）或调节部位（也在不同亚基上）对配体的亲和力增高，即酶越饱和，对配体的结合越容易。反之，负协同效应或负协同性是指 1 分子配体与蛋白质或酶结合后，可使蛋白质或酶对下一分子配体的亲和力降低，即酶越饱和，对配体的结合越困难。如 1 分子 O_2 与血红蛋白（Hb）的 1 个亚基结合后，可促进另 1 分子 O_2 结合在 Hb 的另一亚基上。或者 1 分子底物和酶的 1 个亚基结合后，可促进 1 分子底物与酶的另一亚基结合，这就是同种正协同效应。同种效应一般都是正协同效应，但也有例外。而异种效应可以是正协同性也可能是负协同性。如变构激活剂可增加底物和酶的亲和力，是一种异种正协同效应，而变构抑制剂可减少底物和酶的亲和力，是一种异种负协同效应。但一个变构抑制剂与酶结合后，也可促进下一分子抑制剂与酶结合，这样对抑制剂本身来说，又是同种正协同效应。

大部分变构酶的初速度 - 底物浓度的关系不符合典型的米氏方程，即不呈一般的 V - ［S］双曲线，许多变构酶尤其是同种效应变构酶类，其初速度 - 底物浓度关系是显示 S 形曲线，见图 6-27（2）。这种 S 形曲线表明酶结合了 1 分子底物（或调节物）后，酶的构象发生了变化，这种新的构象大大地有利于以后的分子与酶结合，这种变构酶称为具有正协同效应的变构酶。

变构酶的 S 形动力学关系，非常有利于对反应速度的调节。现将变构酶的 S 形曲线与非变构酶的曲线表示于图 6-27 中,从图可看出,在非变构酶曲线(1)中,当[S]= 0.11 K_m 时,V 达到 V_{max} 的 10%;当[S]= 9 K_m 时,V 达到 V_{max} 的 90%,达到这两种速度的底物浓度之比为 81;而在 S 形曲线(2)中,达到同样两种速度的底物浓度比仅为 3。这表明当底物浓度略有变化时,如[S]上升 3 倍,变构酶的酶促反应速度可从 10% V_{max} 突然上升到 90% V_{max},而在典型的米氏类型的酶中,速度若发生同样的变化,则要求底物浓度上升 81 倍才行。这就说明对于变构酶来说,酶反应速度对底物浓度的变化极为敏感。因此在完整细胞中,在较低的底物浓度下这种 S 形反应就体现为当底物浓度发生较小的变化时,变构酶可以极大程度地控制着反应速度,这就是变构酶可以灵敏地调节酶反应速度的原因所在。

另一类为具有负协同效应的变构酶,这类酶的动力学曲线与双曲线有些相似,见图 6-28(2),故也被称为表观双曲线。它表示随着底物浓度的增高,曲线的斜率越来越低,即速度的增加越来越小,也就是说负协同效应可使酶的反应速度对外界环境中底物浓度的变化变得不敏感。图 6-28(1)示非变构酶的动力学曲线。

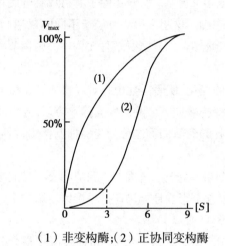

(1)非变构酶;(2)正协同变构酶

图 6-27　底物浓度对两种催化反应速度的影响

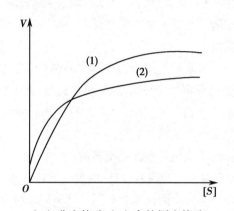

(1)非变构酶;(2)负协同变构酶

图 6-28　负协同变构酶与非变构酶动力学曲线

六、核酶和抗体酶

(一)核酶

核酶(ribozyme)又称催化 RNA、核糖酶、类酶、酶性 RNA,是具有生物催化活性的 RNA。核酶的底物是 RNA 分子,可催化 RNA 的切割和剪接。其作用特点是:切割效率低,易被 RNase 破坏;催化类型包括 RNA 的转核苷酰反应、水解反应(RNA 限制性内切酶的反应)和连接反应(聚合酶活性)等;还可能具有氨基酸酯酶、氨基酰 tRNA 合成酶和肽基转移酶活性,表明核酶在翻译过程中和核糖体发挥功能中起着重要作用。

利用核酶剪接作用的高度专一性治疗相应疾病具有应用前景。例如,针对人类免疫缺陷病毒(HIV)的 RNA 序列和结构,设计出专门裂解 HIV 病毒 RNA 的核酶,而这种核酶对正常细胞 RNA 没有影响。核酶是催化剂,可以反复作用,因此与反义 RNA 相比,核酶药物使用剂量较少,毒性也较小,而且核酶对病毒作用的靶向序列是专一的,因此病毒较难产生耐受性。

(二)脱氧核酶

脱氧核酶(deoxyribozyme, DRz)是指具有催化功能的 DNA 分子,脱氧核酶一般通过体外筛选获得。近年来对脱氧核酶进行的大量研究,发现了许多新的活性作用,如 RNA 和 DNA 水解活性、DNA 连接酶活性、激酶活性、糖基化酶活性等。按照国际酶学委员会对蛋白酶的分类方法,可将脱氧核酶分为:水解酶、合成酶和氧化酶等。

（三）抗体酶

抗体酶（abzyme）又叫催化抗体，是一类模拟酶。根据酶与底物作用的过渡态结构设计合成一些类似物——半抗原，用人工合成的半抗原免疫动物，以杂交瘤细胞技术生产针对人工合成半抗原的单克隆抗体，这种抗体具有与半抗原特异结合的抗体特性又具有催化半抗原进行化学反应的酶活性，将这种既有酶活性又有抗体活性的模拟酶称抗体酶。抗体酶能催化某些特殊反应。

1. 酰基转移反应　在蛋白质生物合成中，氨基酸的活化反应称酰基化反应。以中性磷酸二酯作为反应过渡态的稳定类似物所制备的单抗可以催化带丙氨酰酯的胸腺嘧啶 3′-OH 基团的氨酰化反应，酰基转移抗体酶的研究有利于改进蛋白质的人工合成方法，合成新型 tRNA。

2. 水解反应　主要有酯水解和酰胺水解两类。蛋白质水解都是酰胺水解，如 1989 年 Iverson 等用 CoⅢ- 三乙烯酰胺 - 肽复合物作为半抗原，得到能专一切割 Gly-Phe 肽键的抗体酶。酯酶水解酯类是酯的羧基碳原子受到亲核攻击形成四面体过渡态，过渡态的最终断裂即形成水解产物。以四面体过渡态磷酸酯类似物为半抗原，所得到的抗体能催化酯的水解。

$$F_3C-C(O)-\text{苯环}-CH_2-C(O)-O-\text{苯环}-C(O)-CH_3 \qquad 酯$$

$$F_3C-C(O)-\text{苯环}-CH_2-\underset{X}{\overset{O^-}{C}}-O-\text{苯环}-C(O)-CH_3 \qquad 四面体的过渡态$$

$$F_3C-C(O)-\text{苯环}-CH_2-\underset{O}{\overset{O^-}{P}}-O-\text{苯环}-C(O)-CH_3 \qquad 磷酸酯类似物$$

迄今，已开发出近百种抗体酶，除了上述列举的反应外，尚有多种催化反应类型，如：①有机酸、碳酸酯水解反应；②立体选择性内酯反应；③氧化还原反应和金属螯合反应；④胸腺嘧啶二聚体裂解反应；⑤分支酸变位反应；⑥β 消除反应；⑦卟啉金属取代反应；⑧原子重排反应与光诱导反应等。

抗体酶具有较高的催化活性和较好的专一性，能够根据人们的意愿设计出天然蛋白酶所不能催化的反应，用以催化在结构上有差异的底物，为研究开发特异性强的治疗药物开辟了广阔前景。

第七节　酶类药物的研究与应用

酶是具有重要生物功能的活性分子，具有高效、特异的催化活性，参与生命过程和疾病的发生、发展过程。酶在生命过程中发挥至关重要的作用，也是重要的药物分子，以下将简要介绍酶作为药物分子的研究与应用以及酶在医药工业中的应用。

一、酶在疾病诊断上的应用

酶学诊断通过酶的催化作用测定体内某些物质的含量及其变化，或通过体内原有酶活性的变化情况进行疾病诊断。由于酶具有专一性强、催化效率高、作用条件温和等显著的催化特点，酶学诊断已经发展成为可靠、简单便捷的诊断方法。

一般健康人体所含有的某些酶的量是稳定在一定范围的，当患有某种疾病时，由于组织细胞受到损伤或代谢异常会引起体内某种或某些酶的活性或含量发生相应变化，因此通过检查酶的变化，可以诊断疾病的发生、发展情况。表 6-5 列举了一些常见的疾病与酶变化的关系。

表 6-5　疾病与酶变化的关系

酶	疾病与酶变化的关系
淀粉酶	发生胰脏疾病、肾脏疾病时活性升高；发生肝脏疾病时活性下降
谷丙转氨酶	发生肝脏疾病、心肌梗死时，活性升高
谷草转氨酶	发生肝脏疾病、心肌梗死时，活性升高
胃蛋白酶	发生胃癌时，活性升高；发生十二指肠溃疡时，活性下降
磷酸葡糖变位酶	发生肝炎、肝癌时活性升高
碳酸酐酶	发生维生素 C 缺乏病、贫血时活性升高
端粒酶	癌细胞中有端粒酶活性，正常细胞中没有端粒酶活性
亮氨酸氨肽酶	发生阻塞性黄疸、肝癌、阴道癌时活性明显升高

二、酶在疾病治疗上的应用

通过补充外源性的酶类药物，可以治疗因酶的含量不足或酶活力降低引发的疾病。目前酶替代疗法是多种代谢病、遗传病的主要治疗方法。部分酶类药物是多种疾病的唯一有效药物。例如，2015 年在欧洲和美国上市的磷酸酯酶 Asfotase alfa 是第一种获批也是目前唯一能有效用于治疗代谢性疾病——低磷酸酯酶症（HPP）的药物。低磷酸酯酶症是一种遗传性酶缺乏症，该病可导致骨质软化和肌肉无力，还会导致严重的肺部问题和其他重要器官的损害。患有重度低磷酸酯酶症的婴儿有半数不能活过一年。应用 Asfotase alfa 治疗使骨骼问题得到了显著的改善，肺功能和肺活动度也得到了显著改善。此外，Sebelipase alfa 和 Olipudase alfa 分别是治疗溶酶体酸脂肪酶缺乏症和酸性鞘磷脂酶缺乏症的有效药物。

一般而言，用于治疗疾病的酶类药物主要有以下几类。

1. 抗肿瘤酶　L- 天冬酰胺酶能水解破坏肿瘤细胞生长所需的 L- 天冬酰胺，临床上用于治疗淋巴肉瘤和白血病。谷氨酰胺酶也有类似作用。

2. 止血酶和抗血栓酶　止血酶包括凝血酶和凝血酶激活酶。抗血栓酶有纤溶酶、葡激酶、尿激酶与链激酶，后两者的作用是使无活性的纤溶酶原转化为有活性的纤溶酶，使血液中纤维蛋白溶解，防止血栓形成。

组织型纤溶酶原激活物（tissue-type plasminogen activator, tPA）是体内纤溶系统的生理性激动剂，在人体纤溶和凝血的平衡调节中发挥着关键性的作用。重组人组织型纤溶酶原激活物具有良好的溶栓作用。

3. 防治冠心病用酶　胰弹性蛋白酶具有 β- 脂蛋白酶的作用，能降低血脂、防治动脉粥样硬化。激肽释放酶（血管舒缓素）有舒张血管作用，临床用于治疗高血压和动脉粥样硬化。

4. 消炎酶　有胰蛋白酶、凝乳蛋白酶、溶菌酶、菠萝蛋白酶、木瓜蛋白酶、枯草杆菌蛋白酶、胶原酶、黑曲霉蛋白酶等。蛋白酶水解炎症部位纤维蛋白及脓液中黏蛋白，溶菌酶水解细菌细胞壁主要成分——肽聚糖中的糖苷键。上述酶适用于抗炎、消肿、清疮、排脓与促进伤口愈合。

5. 助消化酶　该类药物中有胃蛋白酶、胰酶、纤维素酶及淀粉酶等。

6. 其他酶类药物　细胞色素 c 是呼吸链电子传递体，可用于治疗组织缺氧。超氧化物歧化酶用于治疗类风湿关节炎和放射病。青霉素酶治疗青霉素过敏。透明质酸酶可作为药物扩散剂、可治疗青光眼。

近年来酶类药物学也取得了很大的突破，涌现出一批新的酶品种；聚乙二醇修饰等新技术的应用使得酶更加稳定，使得酶类药物具有更好的应用前景。

三、其他

利用酶的催化作用将前体物质转变为药物的技术过程称为药物的酶法生产。酶在药物制造方面的应用日益增多,现已有不少药物是由酶法生产的(表6-6)。

表 6-6 酶在药物制造方面的应用

酶	来源物种	用途
蛋白酶	动物、植物、微生物	生产 L- 氨基酸
酰基氨基酸水解酶	微生物	生产 L- 氨基酸
核糖核酸酶	微生物	生产核苷酸
5′- 磷酸二酯酶	橘青霉等微生物	生产核苷酸
核苷磷酸化酶	微生物	生产阿糖胞苷
青霉素酰化酶	微生物	生产半合成青霉素和头孢菌素
β- 酪氨酸酶	植物	生产多巴
11-β- 羟化酶	真菌	生产氢化可的松
β- 葡糖苷酶	黑曲霉等微生物	生产人参皂苷 -Rh_2

在药物的酶法生产过程中,常使用到固定化酶。

（一）固定化酶的概念和优点

固定化酶(immobilized enzyme)是借助于物理和化学的方法把酶束缚在一定空间内并仍具有催化活性的酶制剂。

酶在水溶液中不稳定,一般不便反复使用,也不易与产物分离,不利于产品的纯化。固定化酶可以弥补这些缺点,它在催化反应中具有许多优点:①酶经固定化后,稳定性有了提高;②可反复使用,提高了使用效率,降低了成本;③有一定机械强度,可进行柱式反应或分批反应,使反应连续化、自动化,适用于现代化规模的工业生产;④极易和产物分离,酶不混入产物中,简化了产品的纯化工艺。

（二）固定化酶的制备方法

1. 吸附法　使酶分子吸附于水不溶性的载体上,有物理吸附法及离子交换剂吸附法。用于物理吸附法的载体有高岭土、磷酸钙凝胶、多孔玻璃、氧化铝、硅胶、羟基磷灰石、纤维素、胶原、淀粉等。用于离子吸附法的载体有 CM- 纤维素、DEAE- 纤维素和 DEAE-Sephadex,合成的大孔阳离子和阴离子交换树脂等。

2. 共价结合法　将酶通过化学反应以共价键结合于载体的固定化方法,是固定化酶研究中最活跃的一大类方法。

3. 交联法　用多功能试剂与酶蛋白分子进行交联的一种方法。基本原理为酶分子中游离氨基、酚基及咪唑基均可和多功能试剂之间形成共价键,得到三相的交联网状结构。

4. 包埋法　将酶物理包埋在高聚物内的方法。可将酶包埋在凝胶格子中或半透膜微型胶囊中。

（三）固定化酶在医药上的应用

固定化酶在工业、医学、分析工作及基础研究等方面有广泛用途。现仅着重介绍与医药有关的几方面。

1. 药物生产中的应用　医药工业是固定化酶用得比较成功的一个领域,并已显示巨大的优越性。如 5′- 磷酸二酯酶制成固定化酶用于水解 RNA 制备 5′- 核苷酸,比用液相酶提高效果 15 倍。此外,青霉素酰化酶、谷氨酸脱羧酶、延胡索酸酶、L- 天冬氨酸酶、L- 天冬氨酸 β- 脱羧酶等都已制成固定化酶用于药物生产。

2. 医疗上的应用　制造新型的人工肾,这种人工肾是由微胶囊的脲酶和微胶囊的离子交换树脂的吸附剂组成。前者水解尿素产生氨,后者吸附除去产生的氨,以降低患者血液中过高的非蛋白氮。

(四) 酶的定向进化与理性设计

定向进化(directed evolution)是在体外模拟自然进化机制(突变、重组和选择),使进化过程朝着研究所需的方向发展。采用定向进化技术可以对酶的单个或多个位点进行突变,并筛选出具有更高催化活性、更高底物特异性的酶,甚至发展出自然界原本没有的催化反应。

定向进化与诺贝尔化学奖(拓展阅读)

酶的理性设计(rational design)是在酶的空间结构研究、结构与功能关系研究的基础上,借助计算机的计算、辅助设计和结构模拟功能,模拟酶分子的改造;按设计方案,进行局部的定点突变、或局部的化学修饰、或对不同酶的蛋白质中不同功能区域片段作分子剪接或全新蛋白质设计(de novo protein design),并筛选获得活性更高的酶。

定向进化过程(图片)

此外,酶作为机体中重要的催化活性分子,在疾病的发生、发展过程中具有重要作用,以酶作为药物靶点的研究也是药物开发的重要领域。通过对 DrugBank 等数据库的分析(截至 2021 年 9 月),研究人员找到 602 个蛋白激酶相关的药物靶点。针对蛋白激酶的抑制剂是抗肿瘤的重要研究领域和临床药物类型。

综上所述,酶既是重要的药物分子,也是重要的药物作用靶点和临床诊断的生物标记物。随着生物医药技术的发展,研究人员对酶的认识不断深入,酶在生物医药中的应用将更加广泛。

思　考　题

1. 对活细胞的实验测定表明,酶的底物浓度通常就在这种底物的 K_m 值附近。请解释其生理意义。为什么底物浓度不是大大高于 K_m 或显著低于 K_m 呢?

2. 酶反应的最适温度是怎样测定的?最适温度(对一种酶反应来说)是不是一个恒定的常数?

3. 在很多酶的活性中心均有 His 残基参与,请解释其原因。

4. 简述酶的共价修饰调节概念及其生理意义。

5. 请举例介绍酶在生活或医药领域的应用。

第六章
目标测试

(郑永祥)

第七章

生 物 氧 化

学习目标

1. **掌握** 呼吸链的概念，NADH 氧化呼吸链和琥珀酸氧化呼吸链的组成和排列顺序，氧化磷酸化和底物水平磷酸化的概念，影响氧化磷酸化的因素；胞质中 NADH 的两种转运穿梭机制；ATP 在生物体内能量转化、储存和利用中的核心作用。

2. **熟悉** 生物氧化的概念；生物氧化中 CO_2 和 H_2O 的生成方式；呼吸链各组分的结构特点及其电子传递机制；氧化磷酸化的偶联部位、偶联机制（化学渗透假说）；磷酸肌酸的生成和生理意义。

3. **了解** ATP 循环与高能磷酸键，反应活性氧类的产生以及机体抗氧化体系。

一切生命活动都需要能量，生物体生命活动需要的能量主要来自体内糖、脂肪及蛋白质等营养物质的氧化分解。糖、脂肪及蛋白质等营养物质在体内氧化分解所释放的能量与体外燃烧时相同，但所产生能量的一部分以 ATP 的形式存在。生物氧化中的氧化方式遵循氧化反应的一般规律，即脱氢、加氧及失电子的反应。

第一节 概 述

一、生物氧化的基本概念

物质在生物体内的氧化分解称为生物氧化（biological oxidation），它主要是指糖、脂质及蛋白质等在体内氧化分解最终生成二氧化碳和水，并释放出能量的过程。生物氧化有两大类，一是线粒体内膜上进行的氧化，伴有 ATP 的生成，其主要表现为细胞内氧的消耗和二氧化碳的释放，故又称细胞呼吸或组织呼吸（cellular respiration or tissue respiration）。二是非线粒体的氧化，如内质网、过氧化物酶体（微粒体）等的氧化，不伴有 ATP 的生成，主要与过氧化物、类固醇和儿茶酚胺类化合物的代谢以及药物、毒物的生物转化有关。本章重点介绍线粒体内的氧化。

二、生物氧化的特点

生物氧化与体外物质氧化或燃烧的化学本质是相同的，都是消耗氧，使有机物氧化生成二氧化碳和水，释放出的总能量也相等。生物氧化中物质的氧化方式遵循氧化还原反应的一般规律，即加氧、脱氢、失电子的反应。但是机体的生物氧化又具有与体外氧化不同的特点：①反应在体温、pH 接近中性、有水的温和环境中进行，每一步反应均在酶的促化下逐步进行；②CO_2 由有机酸脱羧产生，水由底物脱下的氢经过一系列递氢体和递电子体的传递，最终与氧结合生成；③能量逐步释放，且释放的部分能量以化学能方式储存在 ATP 中；④广泛的加水脱氢反应，使物质能间接获得氧，并增加脱氢的机会;⑤氧化速率受生理功能需要和内外环境变化的调控。

第二节　线粒体氧化体系

线粒体是生物氧化最主要的场所,生命活动所需能量的 95% 来源于此,因此线粒体氧化体系的主要功能就是为机体提供能量。线粒体氧化体系完成生物氧化的过程,就是底物脱氢和失电子的基本化学过程,依赖于多种酶和辅酶连续传递氢和电子的作用,其中传递氢的酶或辅酶被称为递氢体,传递电子的酶或辅酶被称为递电子体。这些按一定的排列顺序存在于线粒体内膜上,由一系列的递氢体和递电子体构成的氧化还原连锁反应体系,称为电子传递链(electron transfer chain)。该体系进行的一系列连锁反应与细胞摄取氧的呼吸过程密切相关,故又称为呼吸链(respiratory chain)。

一、呼吸链的主要组分

用胆酸、脱氧胆酸等反复处理线粒体内膜,发现呼吸链主要由四种具有传递氢或电子功能的复合体组成。复合体Ⅰ、Ⅲ和Ⅳ完全镶嵌在线粒体内膜中,复合体Ⅱ镶嵌在内膜的内侧,细胞色素 c 和辅酶 Q 则游离存在(图 7-1)。每种复合体都由多种发挥递氢和递电子的酶蛋白、金属离子、辅酶或辅基组成(表 7-1)。下面具体介绍组成呼吸链的递氢体和递电子体。

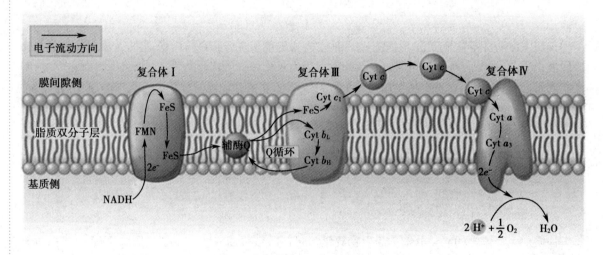

图 7-1　呼吸链的组成示意图

表 7-1　人线粒体呼吸链复合体

复合体	酶名称	质量 /kDa	多肽链数	功能辅基
复合体Ⅰ	NADH- 泛醌还原酶	850	43	FMN、Fe-S
复合体Ⅱ	琥珀酸 - 泛醌还原酶	140	4	FAD、Fe-S
复合体Ⅲ	泛醌 - 细胞色素 c 还原酶	250	11	血红素、Fe-S
复合体Ⅳ	细胞色素 c 氧化酶	162	13	血红素、Cu_A、Cu_B

(一)复合体Ⅰ——NADH- 泛醌还原酶

复合体Ⅰ又称 NADH- 泛醌还原酶,其功能是接受来自 NADH 的电子并转移给泛醌,泛醌又称辅酶 Q(coenzyme, CoQ)。该复合体所含的辅基有以下几种:

1. 烟酰胺腺嘌呤二核苷酸（nicotinamide adenine dinucleotide，NAD，图7-2）为体内很多脱氢酶的辅酶，是连接作用物与呼吸链的重要环节。大部分代谢物脱下的 2H（$2H^+ + 2e$），由氧化型烟酰胺腺嘌呤二核苷酸（NAD^+）接受，形成还原型烟酰胺腺嘌呤二核苷酸（$NADH + H^+$）。在生理 pH 条件下，烟酰胺中的氮（吡啶氮）可逆地得失电子，与氮对位的碳也能可逆地加氢和脱氢而完成氧化还原反应。反应时 NAD^+ 中的烟酰胺部分可接受 1 个氢原子及 1 个电子，另 1 个质子（H^+）则留在介质中（图 7-3）。

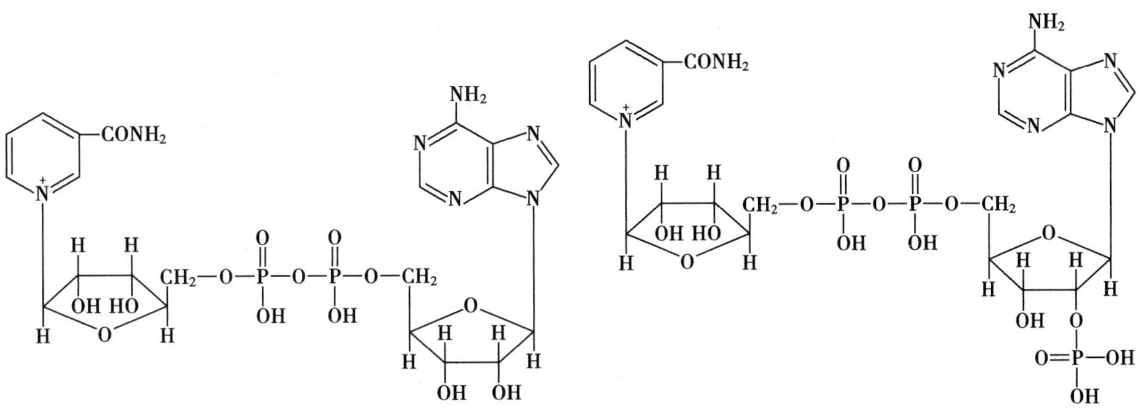

图 7-2　NAD^+ 和 $NADP^+$ 结构式

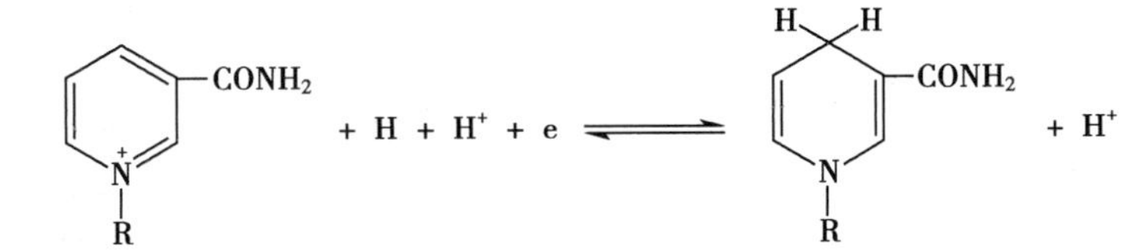

图 7-3　NAD（P）$^+$ 的加氢和 NAD（P）H 的脱氢反应

注：R 代表 NAD^+ 中除烟酰胺以外的其他部分

此外，NAD^+ 结构中核糖 $2'$ 位碳上的羟基被磷酸化后生成的烟酰胺腺嘌呤二核苷酸磷酸（$NADP^+$），又称辅酶Ⅱ（CoⅡ）也可通过相同机制接受氢后生成 $NADPH + H^+$，发挥传递氢和电子的作用，但参与反应不同。

2. 黄素单核苷酸（flavin mononucleotide，FMN）是黄素蛋白（flavoprotein，FP）的辅基之一，其分子中含有维生素 B_2（核黄素），发挥功能的结构是异咯嗪环，异咯嗪环上的第 1 位和第 10 位氮原子可以进行可逆的加氢和脱氢反应。氧化型 FMN 可接受 1 个质子和 1 个电子，形成不稳定的半醌中间体 FMNH˙，再接受 1 个质子和 1 个电子转变成还原型 $FMNH_2$。在复合体Ⅱ中含有黄素腺嘌呤二核苷酸（flavin adenine dinucleotide，FAD），其结构比 FMN 多 1 分子 AMP，具有与 FMN 相同的催化机制（图 7-4）。

3. 铁硫蛋白（iron-sulfur protein，Fe-S）因其含有铁硫中心而得名，其特点是含铁原子和硫原子，其中铁与无机硫原子和蛋白质多肽链上半胱氨酸残基的硫相结合。常见的铁硫蛋白有三种组合方式：①1 个铁原子与 4 个半胱氨酸残基上的巯基硫相连 [图 7-5（a）]；②两个铁原子、两个无机硫原子组成（2Fe-2S），其中每个铁原子还各与两个半胱氨酸残基的巯基硫相结合 [图 7-5（b）]；③由 4 个铁原子与 4 个无机硫原子相连（4Fe-4S），铁与硫相间排列在一个正六面体的 8 个顶角端，4 个铁原子还各与一个半胱氨酸残基上的巯基硫相连 [图 7-5（c）]。

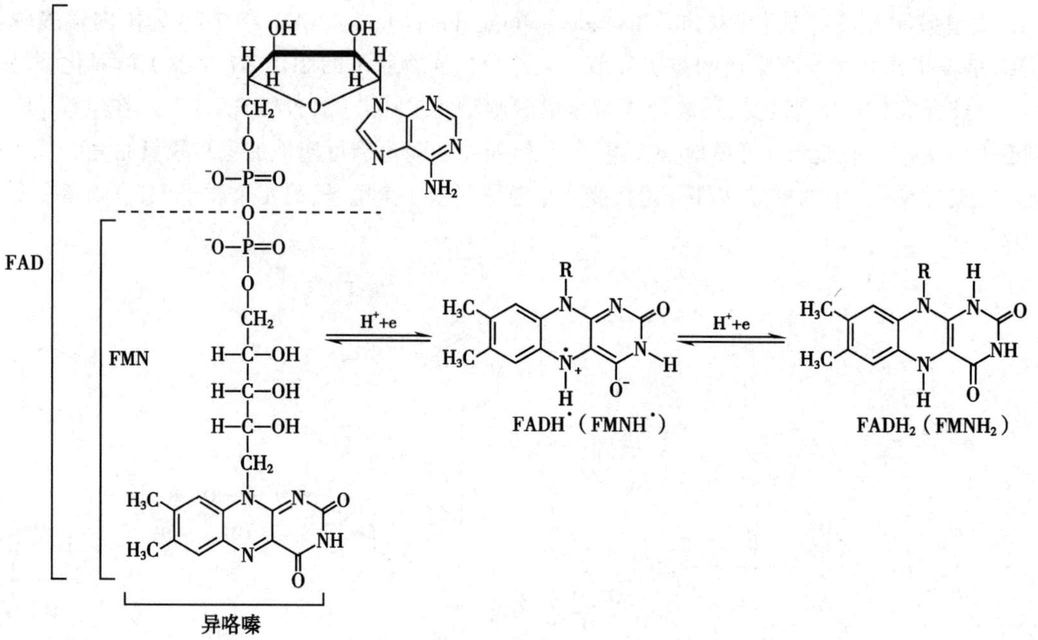

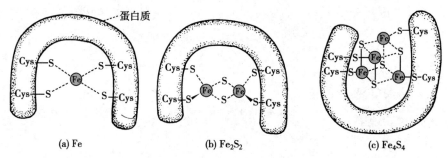

图 7-4   FMN/FAD 的加氢和 FMNH$_2$/FADH$_2$ 的脱氢反应

图 7-5   铁硫蛋白的结构示意图

铁硫蛋白中的铁能可逆地进行氧化还原反应,每次只传递 1 个电子,是单电子传递体。在呼吸链中,铁硫蛋白多与黄素蛋白或细胞色素 b 结合成复合物存在。

$$Fe^{2+} \underset{+e}{\overset{-e}{\rightleftharpoons}} Fe^{3+}$$

4. 泛醌(ubiquinone, UQ)又称辅酶 Q(CoQ),是生物界广泛存在的一种脂溶性小分子醌类化合物,其分子中含有一个由多个异戊二烯(isoprene)单位组成的侧链。不同来源的泛醌其异戊二烯单位的数目不同,哺乳动物组织中最常见的泛醌,其侧链由 10 个异戊二烯单位组成,简写为 Q$_{10}$。泛醌侧链的存在使其具有较强的疏水性,并在线粒体内膜中自由移动,是一种和蛋白质结合不紧密的辅酶,这使它能在黄素蛋白和细胞色素之间灵活传递电子,因此在电子传递和质子移动中发挥核心作用。泛醌接受 1 个电子和 1 个质子还原成半醌,再接受 1 个电子和 1 个质子还原成二氢泛醌,后者又可脱去电子和质子而被氧化为泛醌,因此泛醌可同时传递氢和电子(图 7-6)。

复合体 I 将 NADH + H$^+$ 中的 2H$^+$ 和 1 对电子经 FMN、铁硫蛋白传递到泛醌的过程中,能将 4H$^+$ 从线粒体的基质侧泵到膜间隙(内膜外侧),因此具有质子泵的功能。

（二）复合体Ⅱ——琥珀酸 - 泛醌还原酶

复合体Ⅱ又称琥珀酸 - 泛醌还原酶,即三羧酸循环中的琥珀酸脱氢酶,可将电子从琥珀酸传递给泛醌。复合体Ⅱ主要由含辅基 FAD 的黄素蛋白和铁硫蛋白组成,其作用是催化琥珀酸脱氢生成 FADH$_2$,后者将电子经 Fe-S 传递到泛醌。整个过程不伴有质子从线粒体基质转移到膜间隙,故复合体Ⅱ不具有质子泵的功能。

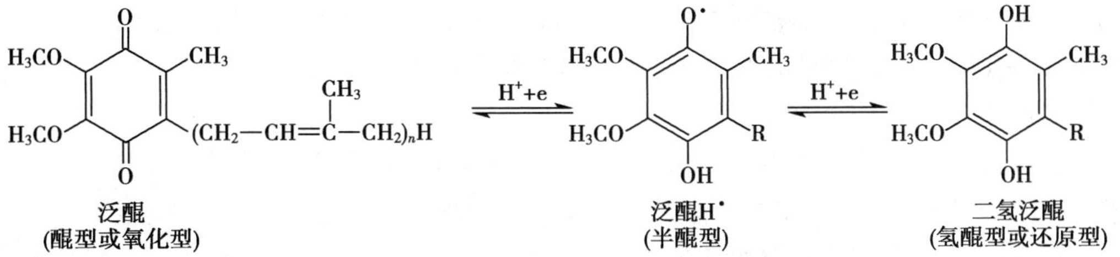

图 7-6　泛醌的加氢和二氢泛醌的脱氢反应

（三）复合体Ⅲ——泛醌 - 细胞色素 c 还原酶

复合体Ⅲ即细胞色素还原酶（cytochrome reductase），可将电子从泛醌传递给细胞色素 c。主要包括细胞色素 b（Cyt b_{562}、b_{566}）、细胞色素 c_1 和铁硫蛋白。

细胞色素（cytochrome，Cyt）是一类以血红素为辅基的蛋白质，血红素中的铁原子，在电子传递中发生 Fe^{2+} 和 Fe^{3+} 的可逆变化而传递电子，是单电子传递体。根据细胞色素吸收光谱的不同可将其分为三大类，即细胞色素 a、b、c（Cyt a、Cyt b、Cyt c）等。每一类又因其最大吸收峰的微小差别分为几种亚类，如细胞色素 a 分为 Cyt a、Cyt a_3；细胞色素 c 又分为 Cyt c 与 Cyt c_1。各种细胞色素的差别主要在于其辅基结构以及辅基与蛋白质部分的连接方式，Cyt b 中铁原卟啉Ⅸ与多肽链间以非共价结合；Cyt c 中血红素与酶蛋白多肽链中的半胱氨酸残基以硫醚键相连（图 7-7）。

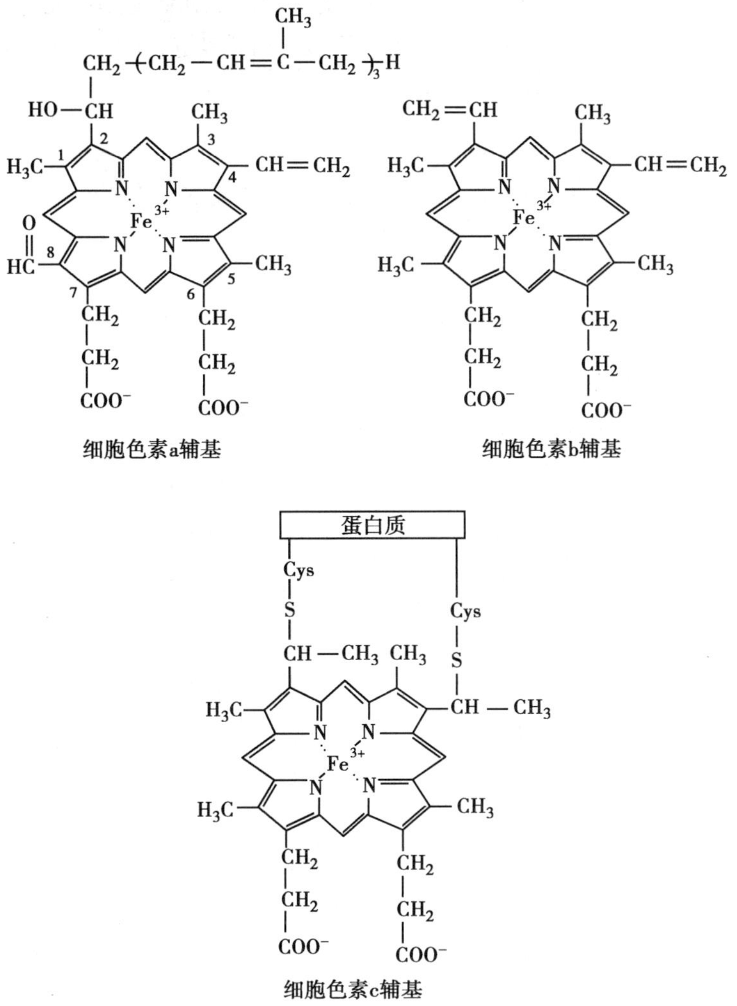

细胞色素a辅基　　　　　　　　　　细胞色素b辅基

细胞色素c辅基

图 7-7　细胞色素体系

复合体Ⅲ在传递电子的过程中,二氢泛醌被氧化生成泛醌,细胞色素 c 接受电子被还原,质子从线粒体内膜基质侧转移至膜间隙,因此复合体Ⅲ具有质子泵功能。

(四)复合体Ⅳ——细胞色素 c 氧化酶

复合体Ⅳ又称细胞色素 c 氧化酶(cytochrome c oxidase),可将电子从细胞色素 c 传递给氧。复合体Ⅳ由 13 个亚基构成,其中亚基 1~3 构成复合体的核心结构,该结构含 2 个 a 型血红素和 2 个铜离子。2 个 a 型血红素因处于复合体的不同部位,还原电位不同,分别命名为 Cyt a 与 Cyt a_3,但两者很难分开而形成 Cyt aa_3。两个铜离子分别称为 Cu_A 和 Cu_B,在电子传递过程中,可进行 Cu^+ 和 Cu^{2+} 的互变。复合体Ⅳ接受还原型 Cyt c 蛋白提供的电子,经氧化态的 Cu_A 传递到 Cyt a,再经 Cyt a_3 传递到 Cu_B 使 Cu^{2+} 和 Fe^{3+} 被还原为 Cu^+ 和 Fe^{2+},发挥电子传递体的作用,并可将电子传递给分子氧。O_2 是最终的电子接受体,1 分子 O_2 经还原与 H^+ 结合生成 H_2O,同时引起 H^+ 从线粒体基质侧向膜间隙的移动,因此复合体Ⅳ也具有质子泵功能。与此同时,细胞色素 c 氧化酶的 Cu^+ 和 Fe^{2+} 又回到原来的氧化态。

二、呼吸链中传递体的排列顺序

呼吸链各组分的排列顺序(图 7-8)是通过下列实验确定:①根据呼吸链各组分的标准氧化还原电位,由低到高的顺序排列(电位越低越易失去电子),见表 7-2。②底物存在时,利用某些组分的电子传递,采用不同的呼吸链抑制剂特异地阻断不同部位的电子传递,通过分析不同阻断情况下各组分的氧化还原状态,推断出呼吸链各组分的排列顺序。③利用呼吸链各组分特有的吸收光谱,基于各个组分氧化还原状态的吸收光谱不同,以离体线粒体无氧时的还原状态为对照,通过缓慢给氧,观察各组分被氧化的顺序确定呼吸链各组分的排列顺序。④体外拆开和重组呼吸链,鉴定 4 种复合体的组成和排列。

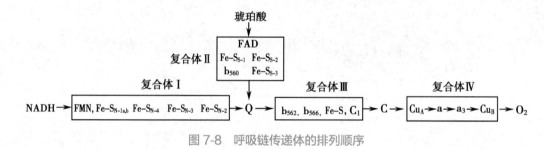

图 7-8　呼吸链传递体的排列顺序

表 7-2　与呼吸链相关的传递体的标准还原电位

氧化还原对	$\Delta E^{0'}$	氧化还原对	$\Delta E^{0'}$
$NAD^+/NADH + H^+$	-0.32	Cyt $c_1 Fe^{3+}/Fe^{2+}$	0.22
$FMN/FMNH_2$	-0.219	Cyt c Fe^{3+}/Fe^{2+}	0.254
$FAD/FADH_2$	-0.219	Cyt a Fe^{3+}/Fe^{2+}	0.29
$Q_{10}/Q_{10}H_2$	0.06	Cyt $a_3 Fe^{3+}/Fe^{2+}$	0.35
Cyt b Fe^{3+}/Fe^{2+}	0.05	$(1/2 O_2)/H_2O$	0.816

三、主要的呼吸链

根据呼吸链四个复合体的传递顺序,线粒体内主要有两条呼吸链,即 NADH 氧化呼吸链和琥珀酸氧化呼吸链。

(一)NADH 氧化呼吸链

NADH 氧化呼吸链是体内最重要的一条呼吸链。代谢物在相应脱氢酶催化下,脱下 2H 传递给 NAD^+ 生成 NADH + H^+,后者又在复合体Ⅰ的作用下,经 FMN 传递给 Q 生成 QH_2。QH_2 在复合体Ⅲ作用下脱去 2H（ $2H^+ + 2e$ ），其中 $2H^+$ 游离于介质中，而 e 则首先由 Cyt b 的 Fe^{3+} 接受还原成 Fe^{2+}，并沿着 $b \rightarrow c_1 \rightarrow c \rightarrow aa_3 \rightarrow O_2$ 的顺序逐步传递给氧生成 O^{2-}，O^{2-} 可与游离于介质中的 $2H^+$ 结合生成水。体内多种代谢物如苹果酸、乳酸等脱下的氢，均是通过这条呼吸链传递给氧生成水的。NADH 呼吸链各组分的排列顺序如图 7-9。

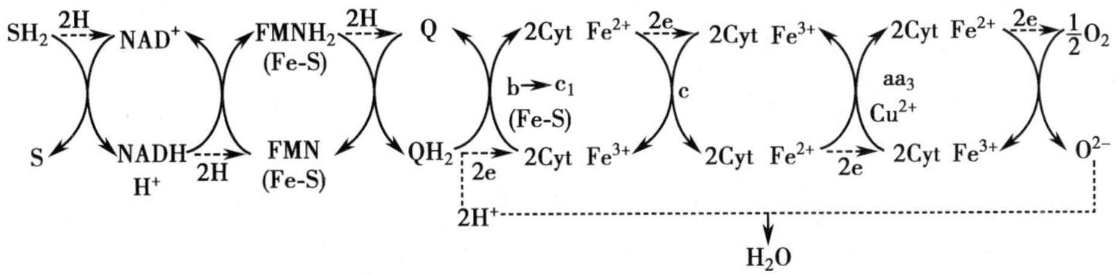

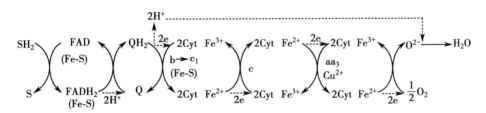

图 7-9　NADH 氧化呼吸链

（二）琥珀酸氧化呼吸链

琥珀酸氧化呼吸链又称 $FADH_2$ 氧化呼吸链。与 NADH 氧化呼吸链的区别在于脱下的 2H 不经过 NAD^+ 这一环节，除此之外，氢与电子传递过程均与 NADH 氧化呼吸链相同。琥珀酸脱氢酶、脂酰 CoA 脱氢酶和 α-磷酸甘油脱氢酶催化代谢物脱下的 2H 均通过此呼吸链被氧化。$FADH_2$ 氧化呼吸链各组分的排列顺序如图 7-10。

图 7-10　$FADH_2$ 氧化呼吸链

四、ATP 的生成、利用与储存

（一）ATP 的生成

在机体的能量代谢中，ATP 是主要供能物质，细胞生成 ATP 的方式有两种：一种是底物水平磷酸化（substrate level phosphorylation），即代谢物在脱氢、脱水反应中，引起分子内能量的重新分布形成高能化合物，高能化合物在代谢反应中将能量直接转移给 ADP（或 GDP）生成 ATP（或 GTP）的过程（见第八章　糖的代谢）。另一种是氧化磷酸化，氧化磷酸化是体内生成 ATP 的最主要方式。

氧化磷酸化（oxidative phosphorylation）是代谢物脱氢经呼吸链传递给氧生成水的同时，释放能量驱动 ADP 磷酸化生成 ATP 的过程，由于是代谢物的氧化反应与 ADP 的磷酸化反应偶联发生，故称为（偶联）氧化磷酸化。

1. 氧化磷酸化的偶联部位　根据下述实验结果和数据可以大致确定氧化磷酸化的偶联部位。

1）P/O 比值：P/O 比值是指物质氧化时，每消耗 1mol 氧原子所需消耗无机磷的物质的量（或 ADP 的物质的量），即生成 ATP 的物质的量。实验证明，β-羟丁酸等底物的氧化是通过 NADH 呼吸链生成水的，测得其 P/O 比值接近 2.5，即该呼吸链传递 2H 可生成 2.5 分子 ATP，因此 NADH 呼吸链可能存在3 个偶联部位。琥珀酸氧化时，P/O 比值约为 1.5，说明琥珀酸呼吸链可能存在 2 个偶联部位，琥珀酸氧化呼吸链传递 2H 可生成 1.5 分子 ATP。后者与前者的差异提示，在 NADH 和 CoQ 之间（复合体 I）存在 1 个偶联部位。维生素 C 氧化时的 P/O 比值接近 1，还原型 Cyt c 氧化时 P/O 比值也接近 1，即两者均可生成 1 分子 ATP。两者的不同在于，维生素 C 是通过 Cyt c 进入呼吸链被氧化，而还原型 Cyt c 则经复合体Ⅳ被氧化,表明在 Cyt c 到 O_2 之间(复合体Ⅳ)存在 1 个偶联部位。从 β- 羟丁酸、琥珀酸和还原型 Cyt c 氧化的 P/O 比值的比较推测,在 CoQ 至 Cyt c 之间(复合体Ⅲ)存在另一偶联部位。

2)自由能变化:从 NAD^+ 到 CoQ 段测得的电位差约 0.36V,从 CoQ 到 Cyt c 的电位差为 0.19V,而从 Cyt aa_3 到分子氧为 0.58V。在电子传递过程中,自由能变化($\Delta G^{0'}$)与电位变化($\Delta E^{0'}$)之间有如下关系:

$$\Delta G^{0'} = -nF\Delta E^{0'}$$

n = 传递电子数;F = 96.5kJ/(mol·V)

根据公式的计算结果,它们相应的 $\Delta G^{0'}$ 分别为 69.5kJ/mol、36.7kJ/mol、112kJ/mol,而生成 1mol ATP 需要能量约 30.5kJ/mol,可见复合体Ⅰ、Ⅲ、Ⅳ传递一对电子所释放的能量均能够满足生成 1mol ATP 所需的能量(图 7-11)。需要指出的是,偶联部位并非意味着复合体Ⅰ、Ⅲ、Ⅳ是直接生成 ATP 的部位,而是指电子传递释放的能量,能满足 ADP 磷酸化生成 ATP 的需要。

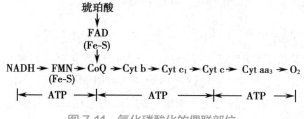

图 7-11   氧化磷酸化的偶联部位

电子传递 - 质子泵出 - ATP 合成（动画）

2. 化学渗透假说   关于氧化磷酸化的偶联机制是基于 Peter Mitchell 于 1961 年创立的化学渗透假说(chemiosmotic theory),他因此获得了 1978 年的诺贝尔化学奖。其基本要点是:电子经呼吸链传递释放能量的同时,通过复合体Ⅰ、Ⅲ、Ⅳ的质子泵功能,将质子从线粒体内膜的基质侧转运到膜间隙;由于质子不能自由穿过线粒体内膜,而形成跨线粒体内膜的电化学梯度,即 H^+ 浓度的梯度和跨膜电位差,这种电化学梯度的形成可看作是能量的贮存;当质子顺电化学梯度回流时,释放储存的势能,驱动 ADP 与 Pi 合成 ATP。目前认为每对电子从 NADH 传递到氧,大约有 10 个质子从基质侧转移至内膜间隙,而从 $FADH_2$ 传递到氧则有大约 6 个质子的转移。

化学渗透假说已得到广泛的实验支持,如:①氧化磷酸化的进行需要完整封闭的线粒体内膜;②复合体Ⅰ、Ⅲ、Ⅳ均具有质子泵(proton pump)的作用,每传递 2 个电子,它们分别向线粒体膜间隙泵出 4 个 H^+、4 个 H^+ 和 2 个 H^+;③破坏 H^+ 浓度梯度的形成,则会破坏氧化磷酸化的进行;④电子传递链可驱动 H^+ 从线粒体内膜转移至膜间隙,形成可测定的跨内膜电化学梯度(图 7-12)。

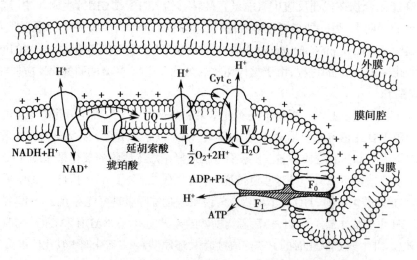

图 7-12   化学渗透假说示意图

ATP 是由位于线粒体内膜上的 ATP 合酶（ATP synthase）催化 ADP 与 Pi 合成的。ATP 合酶即复合体 V，是一个大的膜蛋白质复合体，由疏水的 F_0 和亲水的 F_1 两个功能结构域构成。F_1 是位于线粒体基质侧的球状结构突起与茎，具有催化 ATP 合成功能；F_0 的大部分嵌入线粒体内膜，组成离子通道，用于质子回流。

F_1 部分由 α_3、β_3、γ、δ、ε 等 9 条多肽亚基组成，β 与 α 亚基上有 ATP 结合部位，γ 亚基被认为具有控制质子通过的闸门作用，δ 亚基是 F_1 与膜相连所必需的，其中心部分为质子通道，ε 亚基是酶的调节部分。F_0 由 3~4 个大小不一的亚基组成，其中有 1 个亚基称为寡霉素敏感蛋白质（oligomycin-sensitivity-conferring protein, OSCP），是由于该蛋白质对寡霉素敏感而得名。寡霉素可干扰质子梯度的利用从而抑制 ATP 合成。F_0 主要构成质子通道（图 7-13）。

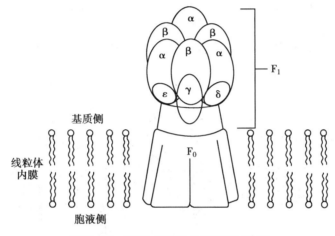

图 7-13　ATP 合酶复合体结构示意图

3. 氧化磷酸化的影响因素

（1）ADP 的调节：正常生理情况下，机体氧化磷酸化的速率主要受 ADP 调节。细胞内 ADP 的浓度以及 ATP/ADP 的比值均能够迅速感应机体的能量状态变化。当机体利用 ATP 增多，ATP 分解为 ADP 和 Pi 的速率增加，ATP/ADP 比值降低，ADP 浓度升高，ADP 进入线粒体后使氧化磷酸化的速度加快；反之 ADP 不足，氧化磷酸化的速度减慢。

（2）抑制剂的调节：抑制剂可通过阻断电子传递链的任意环节，或抑制 ADP 偶联磷酸化过程而导致氧化磷酸化不能正常进行。氧化磷酸化的抑制剂一般可分为下列三类：

1）电子传递链抑制剂（呼吸链抑制剂）：能够阻断呼吸链中某一部位电子传递而使氧化受阻。常见的有鱼藤酮（rotenone）、粉蝶霉素 A（piericidin A）及异戊巴比妥（amobarbital）等，它们与复合体 I 中的铁硫蛋白结合，从而阻断电子传递。抗霉素 A（antimycin A）、二巯丙醇（dimercaprol）抑制复合体 III 中 Cyt b 与 Cyt c_1 间的电子传递。H_2S、CO 及 CN^- 抑制细胞色素氧化酶，使电子不能传递给氧（图 7-14）。经常发生的城市火灾事故中，由于建筑装饰材料中的 N 和 C 经高温可形成 HCN，因此，伤员除因燃烧不完全造成 CO 中毒外，还存在 CN^- 中毒。

2）解偶联剂：使呼吸链传递电子过程中泵出的 H^+ 不经 ATP 合酶的 F_0 回流，而是通过其他途径返回线粒体，从而破坏线粒体内膜两侧的电化学梯度，ATP 合成受阻。最常见的 2,4- 二硝基苯酚（dinitrophenol）为脂溶性物质，在线粒体内膜中可自由移动，进入基质后可释出 H^+，返回膜间隙后可再结合 H^+，从而破坏了 H^+ 梯度，导致氧化磷酸化解偶联。解偶联作用可发生于新生儿的棕色脂肪组织，其线粒体内膜上有解偶联蛋白，可使氧化磷酸化解偶联，新生儿可通过这种机制产热维持体温。哺乳类等动物的棕色脂肪组织含有大量线粒体，线粒体内膜中存在解偶联蛋白 1（uncoupling protein 1,

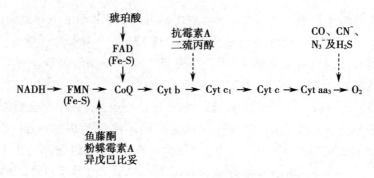

图 7-14　抑制剂对电子传递链的作用点

UCP1）。UCP1 在内膜上形成质子通道，H^+ 经此通道返回线粒体基质，并释放热能，因此棕色脂肪组织是产热御寒组织（图 7-15）。新生儿硬肿症是因为缺乏棕色脂肪组织，不能维持正常体温而使皮下脂肪凝固所致。近些年来，研究人员发现在其他组织的线粒体内膜中还存在 UCP1 的同源蛋白，可能有其他功能。

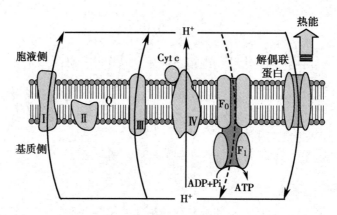

图 7-15　解偶联蛋白作用机制

3）氧化磷酸化抑制剂：对电子传递和氧化磷酸化均有抑制作用，如寡霉素（oligomycin）可与 ATP 合酶的 OSCP 亚基结合阻止 H^+ 从 F_0 质子通道回流，抑制 ATP 合酶活性，阻断氧化磷酸化。

（3）甲状腺素的调节：甲状腺素能诱导细胞膜上 Na^+-K^+-ATP 酶的生成，加速 ATP 分解为 ADP 和 Pi，使 ADP 增多促进氧化磷酸化；甲状腺素还能使解偶联蛋白表达增加，从而引起机体耗氧和产热均增加，故甲状腺功能亢进患者基础代谢率增高。

（4）线粒体 DNA 突变：线粒体 DNA（mitochondrial DNA，mtDNA）突变可影响氧化磷酸化的功能，使 ATP 的生成减少而致病，称为 mtDNA 病。mtDNA 病出现的症状取决于 mtDNA 突变的程度和器官对 ATP 的需要量，能耗较多的组织器官首先出现功能障碍，常见的有失明、耳聋、痴呆及糖尿病等。mtDNA 突变还随年龄增加呈渐进性累积而导致老年退行性病变，如帕金森病。mtDNA 呈裸露的环状双螺旋结构，缺乏蛋白质保护和损伤修复系统，mtDNA 容易受到损伤而发生突变，导致线粒体结构与功能的变化，并影响 ATP 的生成。

（二）ATP 的利用和储存

人类一切生理功能所需的能量主要来自糖、脂类等物质的分解代谢，但都必须转化成 ATP 的形式才被利用，所以 ATP 是细胞所需能量的直接供给者。ATP 是体内最重要的高能磷酸化合物，其分解时释放出的能量参与完成机体各种生理活动，如生物合成反应、肌肉收缩、信息传递及离子转运等。

ATP 可用于糖、脂及蛋白质的生物合成过程。生物合成除直接消耗 ATP 外，糖原合成还需要 UTP 参加；磷脂合成需要 CTP；蛋白质合成需要 GTP。这些三磷酸核苷需要在核苷一磷酸激酶催化下生成二磷酸核苷,后者经核苷二磷酸激酶催化生成相应的三磷酸核苷。

$$NMP + ATP \xrightarrow{\text{核苷单磷酸激酶}} NDP + ADP$$

$$NDP + ATP \xrightarrow{\text{核苷二磷酸激酶}} NTP + ADP$$

磷酸肌酸是肌组织中能量的储存形式。肌酸在肌酸激酶(creatine kinase,CK)的作用下,由 ATP 提供能量转变成磷酸肌酸。当体内 ATP 不足时,磷酸肌酸将 ~P 转移给 ADP,生成 ATP,以补充 ATP 的不足(图 7-16)。因此,生物体内能量的生成、储存和利用都是以 ATP 为中心的(图 7-17)。

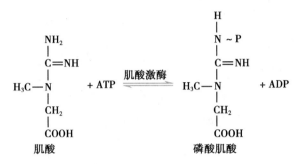

图 7-16 高能磷酸键在 ATP 和磷酸肌酸间的转移

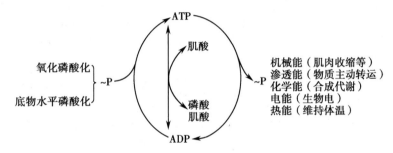

图 7-17 ATP 的生成、储存和利用

五、细胞质中 NADH 的转运与氧化

线粒体基质和细胞质之间有线粒体内外膜相隔。外膜通透性较大,大多数小分子化合物和离子可以自由通过进入膜间隙。但内膜对各种物质具有严格的选择性,需通过与代谢物相关的转运蛋白体系,选择性转运,维持组分间平衡,保证生物氧化和基质内的物质代谢过程。细胞质中 NADH 所携带的氢须通过两种转运(穿梭)机制进入线粒体,然后经过呼吸链进行氧化磷酸化。细胞内主要存在两种穿梭机制,分别是 α- 磷酸甘油穿梭和苹果酸 - 天冬氨酸穿梭。

1. α- 磷酸甘油穿梭(glycerol-α-phosphate shuttle) 线粒体外的 NADH 在细胞质中的磷酸甘油脱氢酶催化下,使磷酸二羟丙酮还原为 α- 磷酸甘油,后者通过线粒体外膜,再经位于线粒体膜间隙的磷酸甘油脱氢酶催化生成磷酸二羟丙酮和 $FADH_2$(图 7-18)。磷酸二羟丙酮可穿出线粒体至细胞质继续穿梭作用;$FADH_2$ 则进入 $FADH_2$ 氧化呼吸链,生成 1.5 分子 ATP。此种穿梭机制主要存在于脑及骨骼肌中。

2. 苹果酸 - 天冬氨酸穿梭(malate-aspartate shuttle) 细胞质中的 NADH 在苹果酸脱氢酶的作用下,使草酰乙酸还原为苹果酸,后者可通过线粒体内膜上的 α- 酮戊二酸转运蛋白进入线粒体,又在线粒体内苹果酸脱氢酶的作用下重新生成草酰乙酸和 NADH(图 7-19)。NADH 进入 NADH 呼吸链,生成 2.5 分子 ATP。线粒体内生成的草酰乙酸经谷草转氨酶,作用生成天冬氨酸,后者通过线粒体内膜上的酸性氨基酸转运蛋白运出线粒体,再转为草酰乙酸以继续穿梭作用。此穿梭机制主要存在于肝和心肌等组织。

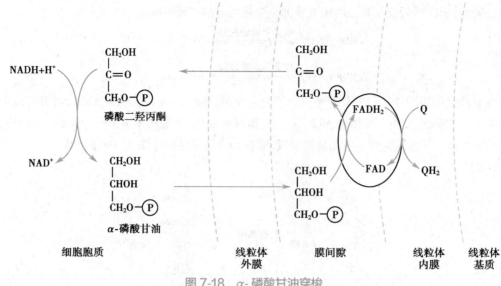

图 7-18　α-磷酸甘油穿梭

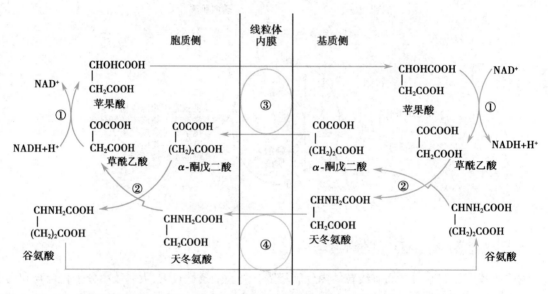

①苹果酸脱氢酶；②谷草转氨酶；③α-酮戊二酸转运蛋白；④天冬氨酸-谷氨酸转运蛋白

图 7-19　苹果酸 - 天冬氨酸穿梭

第三节　非线粒体氧化体系

　　除线粒体外,细胞的微粒体和过氧化物酶体也是生物氧化的场所。其特点是:氧化体系由不同于线粒体的氧化酶类组成,氧化过程不伴有偶联磷酸化,没有 ATP 生成,但在体内的代谢物、药物和毒物的生物转化及活性氧清除等方面有重要作用。

一、微粒体氧化体系

　　微粒体氧化体系存在一类加氧酶(oxygenase),这类酶所催化的氧化反应是将氧直接加到底物的分子上。根据催化底物加氧反应情况不同,可分为双加氧酶和单加氧酶两种。

　　（一）双加氧酶

　　双加氧酶(dioxygenase)催化 2 个氧原子直接加到底物分子的特定双键上。其催化反应的通式可表示为:

$$R=R' + O_2 \longrightarrow R=O + R'=O$$

（二）单加氧酶

单加氧酶（monooxygenase）又称为羟化酶（hydroxylase），其特点是催化氧分子中的一个氧原子加到底物分子上，另一个氧原子由 NADPH + H$^+$ 还原生成水，因此也被称为混合功能氧化酶（mixed function oxidase）。此酶含有细胞色素 P-450,可通过血红素中的 Fe 离子进行单电子传递。其催化反应可表示如下：

$$RH + NADPH + H^+ + O_2 \longrightarrow ROH + NADP^+ + H_2O$$

单加氧酶体系的电子传递链氧化还原反应可表示如图 7-20。

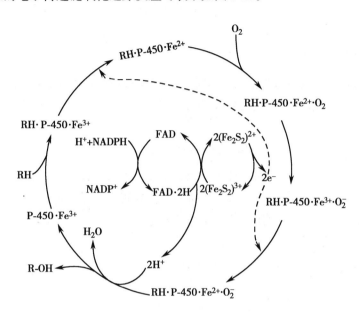

图 7-20　微粒体细胞色素 P-450 单加氧酶反应机制

二、过氧化物酶体氧化体系

过氧化物酶体是一种特殊的细胞器,存在于动物的肝、肾、中性粒细胞和小肠黏膜细胞中。过氧化物酶体（peroxisome）中含有多种氧化酶,催化超氧离子和 H_2O_2 的生成。

O_2 得到电子产生超氧阴离子（$O_2^{\bar{}}$）,再接受电子生成 H_2O_2。超氧阴离子为带有负电荷的自由基,化学性质活跃,与 H_2O_2 作用可生成性质更活泼的羟基自由基（·OH）。

$$H_2O_2 + O_2^{\bar{}} \longrightarrow O_2 + OH^- + \cdot OH$$

这些未被完全还原的含氧分子,氧化性远远大于 O_2,统称为反应活性氧类（reactive oxygen species, ROS）, ROS 通过不同的方式释放到线粒体基质、膜间隙和细胞质等部位,对细胞的功能产生广泛的影响。如 $O_2^{\bar{}}$ 氧化顺乌头酸酶,影响三羧酸循环的功能。$O_2^{\bar{}}$ 迅速氧化 NO 产生过氧亚硝酸盐,后者引起脂质氧化、蛋白质硝基化而损伤细胞膜和膜蛋白。羟自由基可直接氧化蛋白质、核酸,进而破坏细胞的正常结构和功能等。

过氧化物酶体中含有过氧化氢酶和过氧化物酶,可处理和利用 H_2O_2。

1. 过氧化氢酶　过氧化氢酶（catalase）以血红素为辅基,可催化 H_2O_2 分解生成 H_2O。反应如下：

$$H_2O_2 + H_2O_2 \xrightarrow{\text{过氧化氢酶}} 2H_2O + O_2$$

2. 过氧化物酶　过氧化物酶（peroxidase）也以血红素为辅基,可催化 H_2O_2 分解生成 H_2O,并释放出氧原子直接氧化酚类和胺类物质。反应如下：

$$R + H_2O_2 \xrightarrow{\text{过氧化物酶}} RO + H_2O$$

含硒的谷胱甘肽过氧化物酶也是体内防止 ROS 损伤不可缺少的酶，可利用还原型谷胱甘肽（GSH）将 H_2O_2 还原为 H_2O，具有保护生物膜及血红蛋白免遭损伤的作用。

$$H_2O_2 + 2GSH \longrightarrow GSSG + 2H_2O$$
$$ROOH + 2GSH \longrightarrow GSSG + ROH + H_2O$$
（过氧化物）

三、超氧化物歧化酶

超氧化物歧化酶（superoxide dismutase, SOD）是人体防御内、外环境中超氧离子对人体侵害的一类重要的酶。可催化 1 分子 O_2^- 氧化生成 O_2，另 1 分子 O_2^- 生成 H_2O_2，2 个相同的底物歧化产生 2 个不同产物。

$$2O_2^- + 2H \xrightarrow{\text{SOD}} H_2O_2 + O_2$$

SOD 是金属酶，哺乳动物有 3 种 SOD 同工酶，细胞质中的 SOD 以 Cu^{2+}、Zn^{2+} 为辅基，称 CuZn-SOD；线粒体中的 SOD 则以 Mn^{2+} 为辅基，称为 Mn-SOD。有研究表明，CuZn-SOD 基因缺陷使 O_2^- 不能及时清除而损伤神经元，引起肌萎缩性侧索硬化症等疾病。

思 考 题

1. 请简述呼吸链中各种酶复合体的组成和排列顺序。
2. 甲状腺素是如何影响氧化磷酸化作用的？
3. CO 和氰化物中毒的生物化学机制是怎样的？
4. 细胞质中的 NADH 是如何进行氧化从而为机体提供能量的？

第七章
目标测试

（关亚群）

第八章

糖 的 代 谢

0801

第八章
教学课件

学习目标

1. **掌握** 糖的无氧分解和有氧分解的过程、调节及生理意义；磷酸戊糖途径的生理意义；糖异生过程及生理意义；糖原的合成与分解过程；血糖浓度水平的维持和调节机制。
2. **熟悉** 磷酸戊糖途径的主要反应过程和调节；糖原合成与分解的调节；糖异生途径的调节；乳酸循环及其生理意义。
3. **了解** 糖的消化吸收；糖代谢障碍与糖尿病的关系；糖尿病药物治疗研发进展。

糖是一类多羟基醛或多羟基酮及其衍生物或多聚物的总称。糖在生命活动中的一个重要作用是提供能源和碳源，人体所需能量的 70% 来源于糖。食物中的糖类主要是淀粉（starch），淀粉被消化成其基本组成单位——葡萄糖，随后进入血液循环。人体内糖的贮存形式是糖原，是葡萄糖的多聚体；在血液中运输的也是葡萄糖。体内所有组织细胞都可利用葡萄糖，1mol 葡萄糖完全氧化成为二氧化碳和水可释放能量为 2 840kJ，其中大约 40% 转化为 ATP，以供应机体生理活动所需能量。葡萄糖在机体内可转变为多种非糖物质，有些非糖物质（如甘油、乳酸等）也可转变为葡萄糖。葡萄糖在糖代谢中占据中心地位，血糖是葡萄糖在血液中的运输形式。本章将重点介绍葡萄糖在机体内的代谢。

0802

细胞内葡萄糖的去向
（图片）

第一节 概 述

一、糖的消化

人类食物中的糖主要有植物淀粉和动物糖原以及麦芽糖、蔗糖、乳糖、葡萄糖等，一般以淀粉为主。食物中还含有大量的纤维素，因人体内无 β- 葡糖苷酶而不能对其分解利用，但纤维素具有刺激肠蠕动等作用，也是维持健康所必需的。淀粉的消化是从口腔开始，由于食物在口腔停留时间很短，所以淀粉的消化主要在小肠进行。唾液和胰液中的 α- 淀粉酶（α-amylase）可水解淀粉分子内的 α-1,4- 糖苷键。在胰液的 α- 淀粉酶作用下，淀粉被水解为麦芽糖（maltose）、麦芽三糖（约占 65%）、含分支的异麦芽糖和由 4~9 个葡萄糖残基构成的 α- 临界糊精（约占 35%）。寡糖的进一步消化在小肠黏膜刷状缘进行。α- 葡糖苷酶（包括麦芽糖酶）水解没有分支的麦芽糖和麦芽三糖；α- 临界糊精酶（包括异麦芽糖酶）则可水解 α-1,4- 糖苷键和 α-1,6- 糖苷键，将 α- 临界糊精和异麦芽糖水解成葡萄糖。肠黏膜细胞还存在蔗糖酶和乳糖酶等，分别水解蔗糖和乳糖。有些成人由于乳糖酶缺乏，在食用牛奶后发生乳糖消化吸收障碍，可引起腹胀、腹泻等症状。糖的消化过程如图 8-1 所示。

0803

糖的消化
（图片）

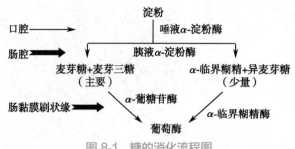

图 8-1 糖的消化流程图

二、糖的吸收

糖被消化成单糖后才能在小肠吸收,经门静脉入肝。小肠黏膜细胞对葡萄糖的摄入是一个依赖于特定载体转运、主动耗能的过程。在吸收过程中同时伴有 Na^+ 的转运。这类葡萄糖转运体被称为钠 - 葡萄糖耦联转运体(sodium-glucose linked transporter, SGLT),它们主要存在于小肠黏膜和肾小管上皮细胞。人体在正常状态下依靠葡萄糖转运体调节葡萄糖的吸收和代谢。

三、糖代谢的概况

糖代谢主要是指葡萄糖在体内的一系列复杂的化学反应过程。葡萄糖吸收入血后,在体内代谢首先需进入细胞。这是依赖一类葡萄糖转运体而实现的。葡萄糖在不同类型细胞中的代谢途径有所不同,其分解代谢方式很大程度上受氧供应状况的影响。人体各组织细胞都能有效地进行糖代谢,糖的分解代谢途径主要包括糖的无氧氧化、有氧氧化和磷酸戊糖途径,糖的合成代谢途径主要包括糖原合成和糖异生。人体内葡萄糖可经合成代谢聚合成糖原,储存于肝或肌组织。体内有些非糖物质如乳酸、丙氨酸等还可经糖异生途径转变成葡萄糖或糖原。以下将介绍糖的主要代谢途径、生理意义及其调控机制。

第二节 糖的分解代谢

细胞内葡萄糖的分解受到氧供应情况的影响,主要分为有氧氧化和无氧氧化。在氧供应充足时,葡萄糖进行有氧氧化,彻底氧化成二氧化碳和水,从而获得生物体所需的能量,此为生物体内糖的主要分解途径。在供氧不足的情况下,葡萄糖进行无氧氧化而生成乳酸(lactate),并产生能量。此外,葡萄糖还有多种代谢途径,其中磷酸戊糖途径就是一种重要途径,此途径可生成以磷酸核糖为主的不同长度的单糖、NADPH 和 CO_2。

一、糖的无氧氧化

在缺氧情况下,葡萄糖分解生成乳酸的过程称为糖的无氧氧化(anaerobic oxidation of glucose)。1 分子葡萄糖转变为 2 分子丙酮酸,在缺氧状态下,丙酮酸还原生成乳酸,此过程生成 2 分子 ATP。糖的无氧氧化是体内利用葡萄糖的重要代谢途径,可发生在各种细胞中。

(一)糖无氧氧化的反应过程

糖的无氧氧化过程可分为两个阶段:第一阶段是由葡萄糖分解生成丙酮酸(pyruvate)的过程,称为糖酵解(glycolysis);第二阶段是丙酮酸还原生成乳酸的过程,称为乳酸发酵(lactic acid fermentation)。

参与糖无氧氧化反应的一系列酶存在于细胞质中,因此糖无氧氧化的全部反应均在细胞质中进行。

1. 糖酵解过程 包含 10 步反应。

反应 1:葡萄糖的磷酸化作用

糖酵解反应的第 1 步是第 6 位碳磷酸化而成为 6- 磷酸葡萄糖;磷酸基团由 ATP 供给。

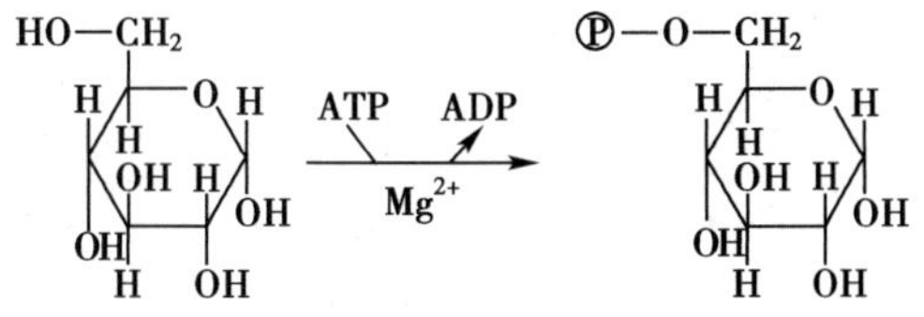

葡萄糖　　　　　　6-磷酸葡萄糖

此反应在细胞内是不可逆的,由己糖激酶(hexokinase)催化,己糖激酶主要存在于肝外组织,K_m值为0.1mmol/L,受6-磷酸葡萄糖反馈抑制;它也可催化其他己糖,如果糖和半乳糖的磷酸化。肝内含有另一种可催化葡萄糖磷酸化的同工酶称葡糖激酶(glucokinase),它主要存在于肝组织,对葡萄糖的亲和力很低,K_m值为10mmol/L。这种显著的差别反映了肝细胞与其他细胞在葡萄糖代谢上的不同:肝要担负供应其他细胞葡萄糖而维持血液葡萄糖恒定的任务,反应中的磷酸来自ATP的γ-磷酸根,Mg^{2+}是必需的阳离子,参与反应的实际是Mg^{2+}-ATP复合物。这一过程活化了葡萄糖,有利于它进一步参与合成或分解代谢。

反应2:6-磷酸葡萄糖的异构作用

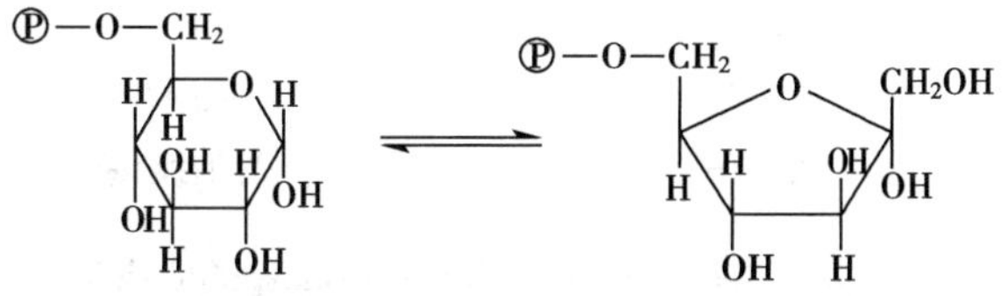

6-磷酸葡萄糖　　　　　　6-磷酸果糖

这是由磷酸己糖异构酶(phosphohexose isomerase)催化醛糖(6-磷酸葡萄糖)与酮糖(6-磷酸果糖)异构反应,反应可逆,Mg^{2+}也是必需的离子。

反应3:6-磷酸果糖的磷酸化作用

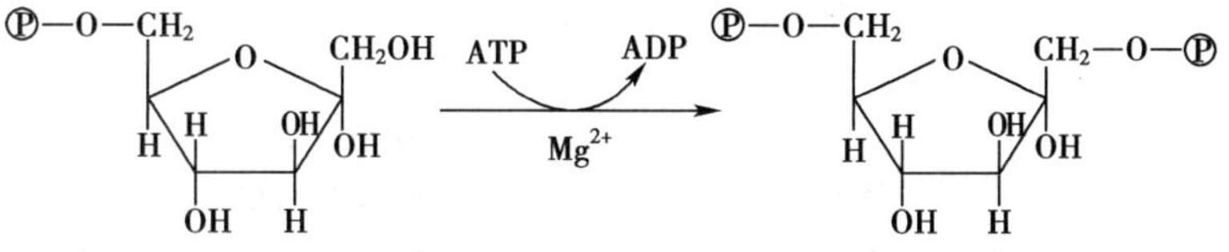

6-磷酸果糖　　　　　　1,6-二磷酸果糖

这个反应是由6-磷酸果糖激酶-1(phosphofructokinase 1, PFK1)催化6-磷酸果糖C_1磷酸化成为1,6-二磷酸果糖,在细胞中是不可逆反应。磷酸也是由ATP供给,Mg^{2+}也是必需的阳离子。

体内另有6-磷酸果糖激酶-2(phosphofructokinase 2, PFK2),催化6-磷酸果糖C_2磷酸化生成2,6-二磷酸果糖,它不是糖酵解途径的中间产物,但在糖酵解的调控上有重要作用,参见糖异生。

反应4:1,6-二磷酸果糖裂解反应

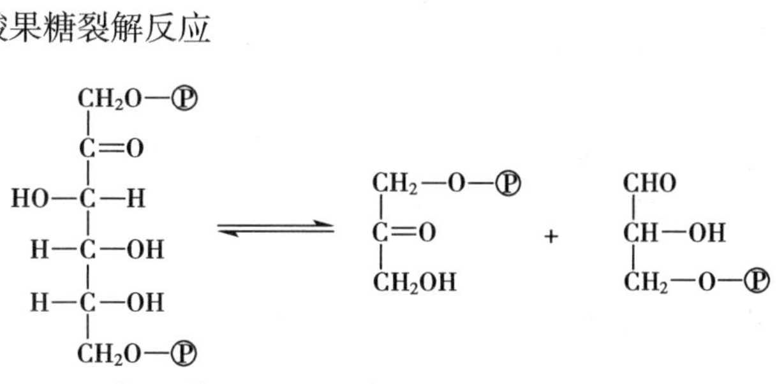

1,6-二磷酸果糖　　　　　磷酸二羟丙酮　　　3-磷酸甘油醛

这个反应是由1,6-二磷酸果糖醛缩酶(fructose-1,6-bisphosphate aldolase)催化分裂1,6-二磷酸果糖成为磷酸二羟丙酮和3-磷酸甘油醛两个磷酸丙糖,反应趋向一分为二,但在细胞内的条件下,这

个反应可以逆向进行。

反应 5：磷酸二羟丙酮的异构作用

$$
\begin{array}{ccc}
CH_2{-}O{-}\textcircled{P} & & CHO \\
| & \rightleftharpoons & | \\
C{=}O & & CH{-}OH \\
| & & | \\
CH_2OH & & CH_2{-}O{-}\textcircled{P}
\end{array}
$$

磷酸二羟丙酮　　　　　3-磷酸甘油醛

这个反应由磷酸丙糖异构酶（triose phosphate isomerase）催化，是一个耗能反应，但在细胞内，3-磷酸甘油醛不断进入下一步反应，它的浓度低，所以反应趋向生成醛糖。到这一步反应来自葡萄糖的 C_6、C_5、C_4 和 C_1、C_2、C_3 分别成为 3-磷酸甘油醛上的 C_3、C_2、C_1。果糖、半乳糖和甘露糖等己糖也可转变成 3-磷酸甘油酸。

到此 1 分子葡萄糖转变成 2 分子 3-磷酸甘油醛，通过两次磷酸化作用消耗 2 分子 ATP。

反应 6：3-磷酸甘油醛氧化为 1,3-二磷酸甘油酸

$$
\begin{array}{ccc}
CHO & & O{=}C{-}O{\sim}\textcircled{P} \\
| & \xrightarrow[\text{Pi}]{NAD^+ \quad NADH+H^+} & | \\
CH{-}OH & & CH{-}OH \\
| & & | \\
CH_2{-}O{-}\textcircled{P} & & CH_2{-}O{-}\textcircled{P}
\end{array}
$$

3-磷酸甘油醛　　　　　　　　　　　　1,3-二磷酸甘油酸

这步反应由 3-磷酸甘油醛脱氢酶（glyceraldehyde-3-phosphate dehydrogenase）催化，辅酶 NAD^+ 为接受氢和电子后生成 $NADH + H^+$。参加反应的还有无机磷酸，当 3-磷酸甘油醛的醛基氧化脱氢成羧基即与磷酸形成混合酸酐，这酸酐的水解自由能很高。1,3-二磷酸甘油酸的能量可转移至 ADP。

反应 1~5 可视为糖酵解途径的投入阶段，消耗 ATP。而从反应 6 起则可视为产出阶段，产生 ATP。

反应 7：1,3-二磷酸甘油酸的磷酸转移

$$
\begin{array}{ccc}
O{=}C{-}O{\sim}\textcircled{P} & & COO^- \\
| & \xrightarrow{ADP \quad ATP} & | \\
CH{-}OH & & CH{-}OH \\
| & & | \\
CH_2{-}O{-}\textcircled{P} & & CH_2{-}O{-}\textcircled{P}
\end{array}
$$

1,3-二磷酸甘油酸　　　　　　　　　　3-磷酸甘油酸

磷酸甘油酸激酶（phosphoglycerate kinase）催化混合酸酐上的磷酸从羧基转移到 ADP，形成 ATP 和 3-磷酸甘油酸，反应需要 Mg^{2+}。此激酶催化的反应是可逆的。经反应 6 醛基氧化为羧基所释出的能量保留在反应 7 生成的 ATP 中。借助 1,3-二磷酸甘油酸这类作用底物上的磷酸转移而生成 ATP，这种 ATP 的生成方式称为底物水平磷酸化（substrate level phosphorylation）。

反应 8：3-磷酸甘油酸转变为 2-磷酸甘油酸

$$
\begin{array}{ccc}
COO^- & & COO^- \\
| & \rightleftharpoons & | \\
CH{-}OH & & CH{-}O{-}\textcircled{P} \\
| & & | \\
CH_2{-}O{-}\textcircled{P} & & CH_2{-}OH
\end{array}
$$

3-磷酸甘油酸　　　　　　　2-磷酸甘油酸

这步反应由磷酸甘油酸变位酶（phosphoglycerate mutase）催化磷酸根在甘油酸 C_2 和 C_3 上的可逆转移，Mg^{2+} 是必需的离子。此反应是可逆的。

反应 9：2-磷酸甘油酸脱水成为磷酸烯醇式丙酮酸

$$
\begin{array}{ccc}
COO^- & & COO^- \\
| & \rightleftharpoons & | \\
CH{-}O{-}\textcircled{P} & & C{-}O{\sim}\textcircled{P} + H_2O \\
| & & \| \\
CH_2{-}OH & & CH_2
\end{array}
$$

2-磷酸甘油酸　　　　　　　磷酸烯醇式丙酮酸

烯醇化酶(enolase)催化 2-磷酸甘油酸脱水的同时,产生磷酸烯醇式丙酮酸。尽管这个反应的标准自由能改变比较小,但反应底物和产物上磷酸根水解的标准自由能差别很大,是下一步反应的前提。

反应 10:磷酸烯醇式丙酮酸的磷酸基团转移

$$\begin{array}{c} COO^- \\ | \\ C-O\sim\,\text{P} \\ || \\ CH_2 \end{array} \xrightarrow[\text{ADP}]{\quad\text{ATP}\quad} \begin{array}{c} COO^- \\ | \\ C=O \\ | \\ CH_3 \end{array}$$

磷酸烯醇式丙酮酸　　　　丙酮酸

糖酵解阶段的最后这一步反应是由丙酮酸激酶(pyruvate kinase)催化的,把磷酸根从磷酸烯醇式丙酮酸上转移给 ADP 而生成 ATP 和丙酮酸。糖酵解中产生的丙酮酸去路不同。丙酮酸激酶需要 K^+ 和 Mg^{2+}。这个反应最初生成的是烯醇式丙酮酸,只是烯醇式迅速通过非酶促反应转变为酮式。在细胞内的条件下这个反应是不可逆的,因此不作为合成葡萄糖所需磷酸烯醇式丙酮酸的途径。

糖酵解中形成的丙酮酸的三种去向(图片)

2. 丙酮酸转变成乳酸　这一反应由乳酸脱氢酶催化,丙酮酸还原成乳酸所需的氢原子由 $NADH + H^+$ 提供,后者来自上述第 6 步反应中的 3-磷酸甘油醛的脱氢反应。在缺氧情况下,这对氢用于还原丙酮酸生成乳酸,$NADH + H^+$ 重新转变成 NAD^+,糖酵解才能继续进行。糖酵解的全部反应可归纳如图 8-2。

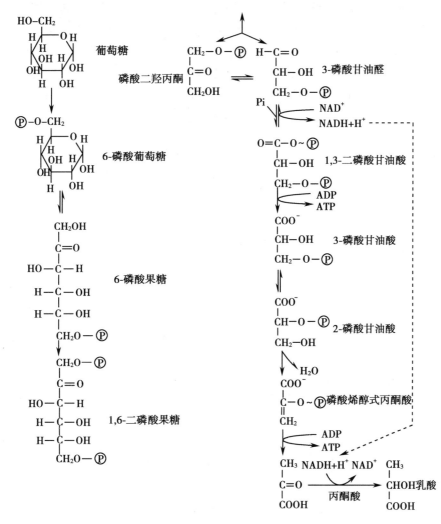

图 8-2　糖酵解代谢途径

其他单糖进入糖酵解途径(图片)

除葡萄糖外,其他己糖也可转变成磷酸己糖而进入糖酵解途径中,例如,果糖在己糖激酶的催化下可转变成 6- 磷酸果糖;甘露糖经己糖激酶的催化生成 6- 磷酸甘露糖,后者在异构酶的作用下转变为 6- 磷酸果糖。

(二)糖无氧氧化途径的调节

正常生理条件下,人体内的各种代谢过程受到严格而精细的调节,以保持内环境稳定,适应机体生理活动的需要。这种调节主要是通过改变酶的活性来实现的。在糖酵解过程中,己糖激酶(葡糖激酶)、6- 磷酸果糖激酶 -1 和丙酮酸激酶是关键酶,分别催化的 3 个反应是不可逆的,是该途径的 3 个调节点,分别受变构效应剂和激素的调节,其中以 6- 磷酸果糖激酶 -1 最为重要。

1. **6- 磷酸果糖激酶 -1(PFK-1)** 是三个限速酶中催化效率最低的,故而是糖酵解途径中最重要的调节点。6- 磷酸果糖激酶 -1 是四聚体,受多种变构效应剂的影响。6- 磷酸果糖激酶 -1 的变构激活剂有 AMP、ADP、1,6- 二磷酸果糖和 2,6- 二磷酸果糖(fructose-2,6-biphosphate),此酶的变构抑制剂包括 ATP 和柠檬酸。6- 磷酸果糖激酶 -1 有两个结合 ATP 的位点,一是活性中心内的催化部位,ATP 作为底物结合;另一个是活性中心以外的与变构效应物结合的部位,与 ATP 的亲和力较低,因而需要相对较高浓度 ATP 才能与之结合抑制酶的活性。AMP 可与 ATP 竞争变构结合部位,抵消 ATP 的抑制作用。1,6- 二磷酸果糖是 6- 磷酸果糖激酶 -1 的反应产物,这种产物正反馈作用是比较少见的,它有利于糖的分解。

2,6- 二磷酸果糖是 6- 磷酸果糖激酶 -1 最强的变构激活剂,在生理浓度范围(微摩尔水平)内即可发挥效应。其作用是与 AMP 一起消除 ATP、柠檬酸对 6- 磷酸果糖激酶 -1 的变构抑制作用。2,6- 二磷酸果糖由 6- 磷酸果糖激酶 -2(fructose biphosphatase-2)催化 6- 磷酸果糖 C_2 磷酸化而成;果糖二磷酸酶 -2 则可水解其 C_2 位磷酸,使其转变成 6- 磷酸果糖(图 8-3)。随后的研究发现,6- 磷酸果糖激酶 -2 实际上是一种双功能酶,在酶蛋白中具有两个分开的催化中心,故同时具有 6- 磷酸果糖激酶 -2 和果糖二磷酸酶 -2 两种活性。

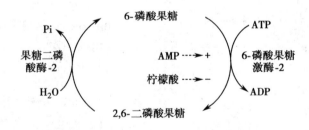

图 8-3 2,6- 二磷酸果糖的合成和分解

2. **丙酮酸激酶** 丙酮酸激酶是第二个重要的调节点。1,6- 二磷酸果糖是丙酮酸激酶的变构激活剂,而 ATP 则有抑制作用。此外在肝内,丙氨酸也有变构抑制作用。丙酮酸激酶还受共价修饰方式调节。依赖 cAMP 的蛋白激酶和依赖 Ca^{2+}、钙调蛋白的蛋白激酶均可使其磷酸化而失活。胰高血糖素可通过 cAMP 抑制丙酮酸激酶活性。

3. **葡糖激酶或己糖激酶** 葡糖激酶调节糖酵解途径的作用不及前两者重要。己糖激酶受其反应产物 6- 磷酸葡萄糖的反馈抑制,葡糖激酶分子内不存在 6- 磷酸葡萄糖的变构部位,故不受 6- 磷酸葡萄糖的影响。长链脂酰 CoA 对其有变构抑制作用,这在饥饿时减少肝和其他组织摄取葡萄糖有一定意义。胰岛素可诱导葡糖激酶基因的转录,促进酶的合成。

(三)糖无氧氧化途径的生理意义

糖的无氧氧化是机体在缺氧时获得能量的主要途径。生物体在进行剧烈运动或长时间运动时,能量需求增加,糖酵解加速,此时即使呼吸和循环加快以增加氧的供应,仍不能满足需要,肌肉处于相对缺氧状态,必须通过糖酵解提供急需的能量。成熟红细胞没有线粒体,完全依赖糖酵解供应能量。神经、白细胞、骨髓等代谢极为活跃,即使不缺氧也常由糖酵解供应能量。糖酵解时每分子磷酸丙糖进行两次底物水平磷酸化,可生成 2 分子 ATP。因此 1mol 葡萄糖可生成 4mol ATP,在葡萄糖和 6- 磷酸果糖磷酸化时共消耗 2mol ATP,故净得 2mol ATP,可储能 61kJ/mol(14.6kcal/mol),效率为 31%。标准状态下高能磷酸键水解时 $\Delta G^{0'} = -30.5kJ/mol$(-7.29kcal/mol);在生理条件下反应物和产物的浓度以及 H^+ 浓度等都与标准状态不同,ΔG 约为 51.6kJ/mol(12.3kcal/mol)。因而糖酵解时以 ATP 形式储存能量 103.2kJ/mol(24.7kcal/mol),效率大于 50%。

二、糖的有氧氧化

葡萄糖在有氧条件下彻底氧化生成二氧化碳和水的过程,称为有氧氧化(aerobic oxidation)。糖酵解过程产生的丙酮酸在缺氧状态下被还原为乳酸,而在有氧状态下,丙酮酸则可氧化脱羧生成乙酰 CoA,并进入三羧酸循环进一步氧化生成二氧化碳、水和释出能量。有氧氧化是糖氧化分解的主要方式,绝大多数细胞都通过它获得能量。糖的有氧氧化可概括如图 8-4。

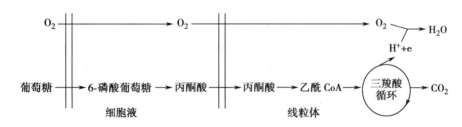

图 8-4　葡萄糖有氧氧化概况

(一)糖有氧氧化的反应过程

糖的有氧氧化可分为三个阶段:第一阶段是葡萄糖在细胞质中经糖酵解途径生成丙酮酸;第二阶段是丙酮酸进入线粒体氧化脱羧生成乙酰 CoA;第三阶段是乙酰 CoA 进入三羧酸循环,并通过氧化磷酸化生成 ATP。第一阶段的反应见前所述,氧化磷酸化在前面章节中已讨论。在此主要介绍丙酮酸的氧化脱羧和三羧酸循环的反应过程。

1. 丙酮酸的氧化脱羧　　丙酮酸进入线粒体后经过 5 步反应氧化脱羧生成乙酰 CoA(acetyl CoA)。总反应式为:

$$丙酮酸 + NAD^+ + HSCoA \longrightarrow 乙酰 CoA + NADH + H^+ + CO_2$$

此反应由丙酮酸脱氢酶复合体催化。在真核细胞中,该复合体存在于线粒体中,是由丙酮酸脱氢酶(E_1)、二氢硫辛酰胺转乙酰酶(E_2)和二氢硫辛酰胺脱氢酶(E_3)三种酶按一定比例组合成的多酶复合体,其组合比例随生物体不同而异。在哺乳类动物细胞中,酶复合体由 60 个二氢硫辛酰胺转乙酰酶组成核心,周围排列着 12 个丙酮酸脱氢酶和 6 个二氢硫辛酰胺脱氢酶。参与反应的辅酶有硫胺素焦磷酸酯(TPP)、硫辛酸、FAD、NAD^+ 及 CoA。其中硫辛酸是带有二硫键的八碳羧酸,通过与二氢硫辛酰胺转乙酰酶的赖氨酸 ε 氨基相连,形成与酶结合的部位。丙酮酸脱氢酶的辅酶是 TPP,二氢硫辛酰胺脱氢酶的辅酶是 FAD、NAD^+。

丙酮酸脱氢酶复合体催化的反应可分为五步,如图 8-5 所示。

①丙酮酸脱氢酶(E_1)上 TPP 噻唑环上活泼 C 原子与丙酮酸的酮基反应产生 CO_2 和噻唑环结合成羟乙基。

②由二氢硫辛酰胺转乙酰酶(E_2)催化使羟乙基 -TPP-E_1 上的羟乙基被氧化成乙酰基,同时转移给硫辛酰胺,形成乙酰硫辛酰胺 -E_2。

③乙酰基从二氢硫辛酰胺转乙酰酶(E_2)上转移给 CoA,形成乙酰 CoA 离开酶复合体。

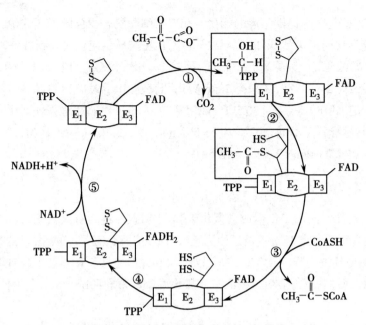

图 8-5　丙酮酸脱氢酶复合体作用机制

④二氢硫辛酰胺脱氢酶（E_3）使还原的二氢硫辛酰胺脱氢重新生成硫辛酰胺，以进行下一轮反应。同时将氢传递给 FAD，生成 $FADH_2$。

⑤在二氢硫辛酰胺脱氢酶（E_3）催化下，将 $FADH_2$ 上的 H 转移给 NAD^+，形成 $NADH + H^+$。

在整个反应过程中，中间产物并不离开酶复合体，这就使得上述各步反应得以迅速完成。而且因没有游离的中间产物，所以不会发生副作用。丙酮酸氧化脱羧反应的 $\Delta G^{0'} = -39.5kJ/mol$，故丙酮酸氧化脱羧反应是不可逆的，反应脱下的氢最终由 NAD^+ 接受，生成 $NADH + H^+$。但在动物细胞中缺乏异柠檬酸裂解酶和苹果酸合酶，乙酰辅酶 A 不能利用多余的草酰乙酸进行糖异生，所以丙酮酸转变为乙酰辅酶 A 在人体不可逆。

2. 三羧酸循环　三羧酸循环（tricarboxylic acid cycle，TCA cycle），亦称柠檬酸循环（citric acid cycle）。此名称源于其第一个中间产物是含三个羧基的柠檬酸。它由英国科学家汉斯·阿道夫·克雷布斯（Hans Adolf Krebs）发现提出，故又称 Krebs 循环。汉斯·阿道夫·克雷布斯为此获得 1953 年诺贝尔生理学或医学奖。三羧酸循环是好氧生物中心代谢途径的核心组成部分，同时也是连接碳水化合物、脂肪和蛋白质代谢的关键代谢途径。它由 8 步反应组成，其中 3 步是不可逆反应，通过 8 种酶的反应，将乙酰辅酶 A 完全氧化为 CO_2 和 H_2O，以下为其主要反应过程。

（1）三羧酸循环反应过程

反应 1：柠檬酸的形成

三羧酸循环
（动画）

此为三羧酸循环的第一个限速步骤，这步乙酰辅酶 A 与草酰乙酸缩合形成柠檬酸的反应由柠檬酸合酶（citrate synthase）催化，乙酰辅酶 A 的主要来源之一是葡萄糖的糖酵解途径，也可以从脂肪酸的氧化中获得。在此反应中乙酰辅酶 A 上的甲基 C 与草酰乙酸的酰基 C 结合为柠檬酰辅酶 A，后者迅即水解释出柠檬酸与 CoA。这样大的负值自由能改变对循环的进行十分重要，因为正常情况下，草酰乙酸的浓度虽然极低，但是柠檬酰辅酶 A 的高能硫酯键推动柠檬酸的合成，柠檬酸合酶是三羧酸循环的第一个关键酶。

反应 2：异柠檬酸的形成

顺乌头酸水合酶（aconitate hydratase）催化柠檬酸与异柠檬酸的可逆互变，反应的中间产物顺乌头酸与酶结合在一起，以复合物的形式存在。

反应 3：第一次氧化脱羧

异柠檬酸脱氢酶（isocitrate dehydrogenase）催化异柠檬酸氧化脱羧成为 α- 酮戊二酸，这是三羧酸循环中的第一次氧化脱羧，也是第二个限速步骤。有两种异柠檬酸脱氢酶，一种以 NAD^+ 为电子受体，另一种以 $NADP^+$ 为电子受体，它们催化同样的反应，但前者存在于线粒体基质，而后者在线粒体基质和细胞质中都存在。后者产生的 NADPH 可能是供应合成代谢中的还原反应所需。异柠檬酸脱氢酶（isocitrate dehydrogenase，IDH）是三羧酸循环的第二个关键酶，能量高时被抑制。

反应 4：第二次氧化脱羧

催化 α- 酮戊二酸氧化脱羧的酶是 α- 酮戊二酸脱氢酶复合体（α-ketoglutarate dehydrogenase complex），这个酶复合物类似前述的丙酮酸脱氢酶复合体，也是由 3 种酶组成的（即 α- 酮戊二酸脱氢酶、二氢硫辛酰胺转琥珀酰酶和二氢硫辛酰胺脱氢酶）。反应还有与酶蛋白结合的 TPP、硫辛酸、FAD，以及 NAD^+ 和辅酶 A 的参加。此为三羧酸循环中的第二次氧化脱羧反应，也是第三个限速步骤，反应不可逆。

反应 5：底物水平磷酸化反应

在这个反应中，琥珀酰 CoA 的硫酯键断开，释出的能量用以合成 GTP 的磷酸酐键，催化这反应的酶称为琥珀酰 CoA 合成酶（succinyl-CoA synthetase）。这是一个底物水平磷酸化的例子，也是三羧酸循环中唯一的一步底物水平磷酸化反应。生成的 GTP 可在二磷酸核苷激酶催化下，将磷酸根转移给 ADP 而生成 ATP 与 GDP；需要 Mg^{2+} 参加。

反应 6：琥珀酸脱氢生成延胡索酸

琥珀酸脱氢酶（succinate dehydrogenase）催化琥珀酸氧化成为延胡索酸，该酶结合在线粒体内膜上，而其他三羧酸循环的酶则都是存在线粒体基质中。这种酶含有铁硫中心和共价结合的 FAD。反应脱下的氢由 FAD 接受，生成 $FADH_2$。来自琥珀酸的电子通过 FAD 和铁硫中心，进入电子传递链到 O_2。丙二酸是琥珀酸的类似物，是琥珀酸脱氢酶强有力的竞争性抑制物，所以可以阻断三羧酸循环。

反应 7：延胡索酸加水生成苹果酸

延胡索酸酶（fumarate hydratase）可逆催化这个反应。它只能催化延胡索酸的反式双键，对于顺丁烯二酸（马来酸）则无催化作用，因而具有高度立体异构特异性。

反应 8：苹果酸脱氢生成草酰乙酸

三羧酸循环最后的反应是由苹果酸脱氢酶（malate dehydrogenase）催化合成草酰乙酸，以 NAD^+ 为电子受体。在标准的热力学条件下，这个反应的平衡点偏向左侧，但在完整细胞中，草酰乙酸不断被柠檬酸合成反应所消耗，故这一可逆反应向生成草酰乙酸的方向进行。

三羧酸循环的反应过程可归纳如图 8-6。这些反应从 2 个碳原子的乙酰 CoA 与 4 个碳原子的草酰乙酸缩合成 6 个碳原子的柠檬酸开始，反复地脱氢氧化。羟基氧化成羧基后，通过脱羧方式生成 CO_2。二碳单位进入三羧酸循环后，生成两分子 CO_2，这是体内 CO_2 的主要来源。脱氢反应共有 4 次，其中 3 次脱氢由 NAD^+ 接受，1 次由 FAD 接受。脱下的氢经电子传递体将电子传给氧时才能生成 ATP。三羧酸循环本身每循环一次只能以底物水平磷酸化生成 1 个高能磷酸键，所以三羧酸循环并不是线粒体内主要的产能方式。三羧酸循环的总反应为：

$$CH_3COSCoA + 3NAD^+ + FAD + GDP + Pi + 2H_2O \longrightarrow 2CO_2 + 3NADH + 3H^+ + FADH_2 + HSCoA + GTP$$

（2）三羧酸循环的生理意义：①三羧酸循环是糖、脂肪、氨基酸三大营养物质的最终氧化代谢通路。糖、脂肪、氨基酸在体内进行生物氧化都将产生乙酰 CoA，然后进入三羧酸循环进行降解。三羧酸循环中只有一个底物水平磷酸化反应生成高能磷酸键。循环本身并不是释放能量、生成 ATP 的主要环节。其作用在于通过 4 次脱氢，为氧化磷酸化反应生成 ATP 提供还原当量。②三羧酸循环是糖、脂肪、氨基酸代谢互相联系的枢纽。三大营养物质通过三羧酸循环在一定程度上相互转变。糖转变成脂肪是最重要的例子。在能量供应充足的条件下，从食物摄取的糖相当一部分转变成脂肪储存，

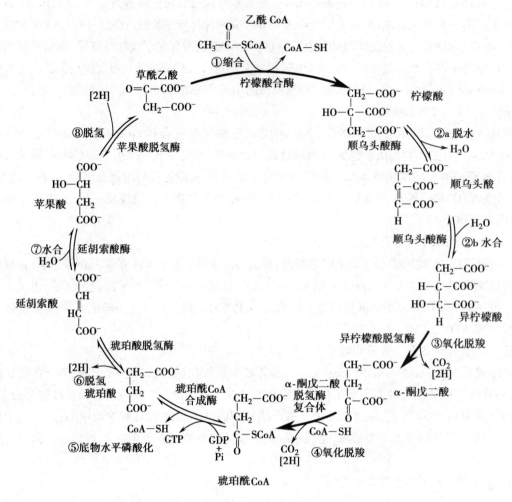

图 8-6　三羧酸循环

其中柠檬酸发挥重要作用。葡萄糖分解成丙酮酸后进入线粒体内氧化脱羧生成乙酰 CoA,乙酰 CoA 必须再转移到细胞质以合成脂肪酸。由于它不能通过线粒体膜,于是乙酰 CoA 先与草酰乙酸缩合成柠檬酸,再通过载体转运至细胞质,在柠檬酸裂解酶(citrate lyase)作用下裂解成乙酰 CoA 及草酰乙酸,然后乙酰 CoA 即可合成脂肪酸。

大部分氨基酸可以转变成糖。许多氨基酸的碳架是三羧酸循环的中间产物,通过草酰乙酸等可转变为葡萄糖(参见糖异生)。反之,由葡萄糖提供的丙酮酸转变成的草酰乙酸及三羧酸循环中的其他二羧酸则可用于合成一些非必需氨基酸如天冬氨酸、谷氨酸等。此外,琥珀酰 CoA 可用于与甘氨酸合成血红素,乙酰 CoA 又是合成胆固醇的原料。因而,三羧酸循环在提供生物合成的前体中也起重要作用。

(二)糖有氧氧化的生理意义

三羧酸循环中 4 次脱氢反应的 NADH + H⁺ 和 FADH₂ 经电子传递链产生 ATP(参见第七章　生物氧化)。除三羧酸循环外,其他代谢途径中生成的 NADH + H⁺ 或 FADH₂,也可经电子传递链传递生成 ATP。例如,糖酵解途径中 3- 磷酸甘油醛脱氢生成 3- 磷酸甘油酸时生成的 NADH + H⁺,在氧供应充足时就进入电子传递链而不再用于将丙酮酸还原成乳酸。NADH + H⁺ 的氢传递给氧时,可生成 2.5 个 ATP,FADH₂ 的氢被氧化时只能生成 1.5 个 ATP,加上底物水平磷酸化生成的 1 个高能磷酸键,三羧酸循环循环一次共生成 10 个 ATP。1mol 的葡萄糖彻底氧化生成 CO₂ 和 H₂O,可净生成 30 或 32mol ATP(表 8-1)。因此糖的有氧氧化是产能的主要途径。

表 8-1　葡萄糖有氧氧化

	反应	辅酶	ATP
第一阶段	葡萄糖 ⟶ 6- 磷酸葡萄糖		−1
	6- 磷酸果糖 ⟶ 1,6 二磷酸果糖		−1
	2×3- 磷酸甘油醛 ⟶ 2×1,3- 二磷酸甘油酸	NAD$^+$	2×2.5 或 2×1.5*
	2×1,3- 二磷酸甘油酸 ⟶ 2×3- 磷酸甘油酸		2×1
	2× 磷酸烯醇式丙酮酸 ⟶ 2× 丙酮酸		2×1
第二阶段	2× 丙酮酸 ⟶ 2× 乙酰 CoA	NAD$^+$	2×2.5
第三阶段	2× 异柠檬酸 ⟶ 2×α- 酮戊二酸	NAD$^+$	2×2.5
	2×α- 酮戊二酸 ⟶ 2× 琥珀酰 CoA	NAD$^+$	2×2.5
	2× 琥珀酰 CoA ⟶ 2× 琥珀酸		2×1
	2× 琥珀酸 ⟶ 2× 延胡索酸	FAD	2×1.5
	2× 苹果酸 ⟶ 2× 草酰乙酸	NAD$^+$	2×2.5
净生成 32（或 30）			

* 糖酵解产生的 NADH + H$^+$，如果经苹果酸 - 天冬氨酸穿梭机制，1 分子 NADH + H$^+$ 产生 2.5 分子 ATP；如果经 α- 磷酸甘油穿梭机制，则产生 1.5 分子 ATP。

总的反应为：葡萄糖 + 32ADP + 32Pi + 6O$_2$ ⟶ 32ATP + 6CO$_2$ + 44H$_2$O

葡萄糖氧化成 CO$_2$ 及 H$_2$O 时，$\Delta G^{0'}$ 为 − 2 840kJ/mol（− 679kcal/mol），生成 32mol ATP，共储能 30.5 × 32 = 976kJ/mol（233.49kcal/mol），效率为 34% 左右。

需要指出的是，线粒体内生成的 NADH 和 FADH$_2$ 可直接参加氧化磷酸化过程，但在细胞质中生成的 NADH 不能自由透过线粒体内膜，故线粒体外 NADH 所携带的氢必须通过苹果酸 - 天冬氨酸穿梭或 α- 磷酸甘油穿梭作用进入线粒体（见第七章　生物氧化），然后再经过呼吸链进行氧化磷酸化过程。

（三）糖的有氧氧化的调节

糖的有氧氧化是机体获得能量的主要方式。有氧氧化的调节是为了适应机体或不同器官对能量的需要。机体对能量的需求变动很大，因此有氧氧化的速率必须加以调节。在糖有氧氧化的第一阶段中，糖酵解途径的调节已如前述；第二、三阶段，丙酮酸经三羧酸循环代谢的速率被丙酮酸脱氢酶复合体的活性以及三羧酸循环的三个关键酶的活性所调节。

丙酮酸脱氢酶复合体可通过变构效应和共价修饰两种方式进行快速调节。丙酮酸脱氢酶复合体的反应产物乙酰 CoA 及 NADH + H$^+$ 对酶有反馈抑制作用，当乙酰 CoA/CoA 比例升高时，酶活性被抑制。NADH/NAD$^+$ 比例升高可能也有同样作用。这两种情况见于饥饿、大量脂肪酸被动员利用时。所以这时糖的有氧氧化被抑制，大多数组织器官如脑利用脂肪酸作为能量来源以确保对葡萄糖的需要。ATP 对丙酮酸脱氢酶复合体有抑制作用，AMP 则能激活之。除别构调节外，丙酮酸脱氢酶复合体受到可逆的化学修饰调节。丙酮酸脱氢酶复合体可被丙酮酸脱氢酶激酶磷酸化修饰，当其丝氨酸残基被磷酸化后，酶蛋白变构而失去活性。丙酮酸脱氢酶磷酸酶则使其去磷酸而恢复活性。乙酰 CoA 和 NADH + H$^+$ 除对酶有直接抑制作用外，还可间接通过增强丙酮酸脱氢酶激酶的活性而使其失活（图 8-7）。

三羧酸循环的速率和流量受多种因素的调控。在三羧酸循环中有三个不可逆反应，分别是柠檬酸合酶、异柠檬酸脱氢酶和 α- 酮戊二酸脱氢酶复合体催化的反应。三羧酸循环的速率主要取决于这些关键酶的活性。目前一般认为异柠檬酸脱氢酶和 α- 酮戊二酸脱氢酶复合体才是三羧酸循环的调节点。异柠檬酸脱氢酶和 α- 酮戊二酸脱氢酶复合体在 NADH/NAD$^+$、ATP/ADP 比率高时被反馈抑制。ADP 还是异柠檬酸脱氢酶的变构激活剂。另外，当线粒体内 Ca^{2+} 浓度升高时，Ca^{2+} 不仅可直接与异柠檬酸脱氢酶和 α- 酮戊二酸脱氢酶复合体结合，降低其对底物的 K_m 而使酶激活，也可激活丙酮酸脱氢酶复合体，从而推动三羧酸循环和有氧氧化的进行。三羧酸循环的调节如图 8-8。

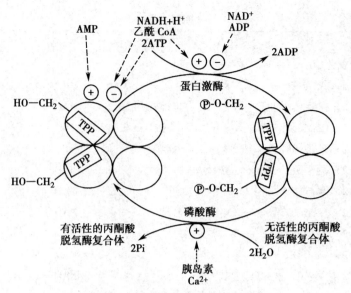

图 8-7 丙酮酸脱氢酶复合体的调节

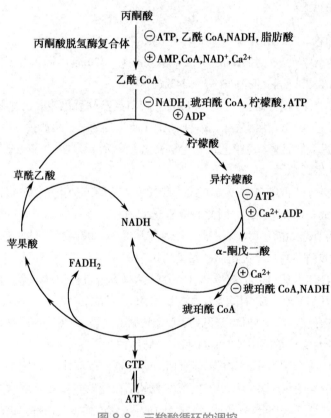

图 8-8 三羧酸循环的调控

此外,氧化磷酸化的速率对三羧酸循环也有重要影响。三羧酸循环中 4 次脱氢反应生成的 NADH + H⁺ 和 FADH₂ 如不能有效进行氧化磷酸化,则三羧酸循环中的脱氢反应也将无法继续进行下去。

在糖的有氧氧化的各个阶段,多种关键酶被别构剂调节,紧密联系、相互协调,更好地满足机体对能量的需要。

三、磷酸戊糖途径

细胞内绝大部分葡萄糖的分解代谢是通过有氧氧化生成 ATP 用于供能的,这是葡萄糖分解代谢的主要途径。此外尚存在其他代谢途径,如磷酸戊糖途径。磷酸戊糖途径(pentose phosphate pathway)是指从糖酵解的中间产物 6- 磷酸葡萄糖开始形成旁路,通过氧化、基团转移两个阶段生成 6- 磷酸果糖和 3- 磷酸甘油醛,然后返回糖酵解的代谢途径。葡萄糖可经此途径代谢生成磷酸核糖、NADPH 两种重要产物,其主要意义不是生成 ATP。

（一）磷酸戊糖途径的反应过程

磷酸戊糖途径的代谢反应在细胞质中进行,可分为两个阶段。第一阶段是氧化反应,生成磷酸戊糖、NADPH 及 CO_2;第二阶段则是非氧化反应,包括一系列基团转移,产物为 6- 磷酸果糖和 3- 磷酸甘油醛。

1. 磷酸戊糖生成　首先,6- 磷酸葡萄糖由 6- 磷酸葡萄糖脱氢酶催化脱氢生成 6- 磷酸葡萄糖酸内酯,在此反应中 $NADP^+$ 为电子受体,平衡趋向于生成 NADPH,需要 Mg^{2+} 参与。6- 磷酸葡萄糖脱氢酶活性决定 6- 磷酸葡萄糖进入此途径的量,是磷酸戊糖途径的限速酶。6- 磷酸葡萄糖酸内酯在内酯酶(lactonase)的作用下水解为 6- 磷酸葡萄糖酸,后者在 6- 磷酸葡萄糖酸脱氢酶作用下再次脱氢并自发脱羧而转变为 5- 磷酸核酮糖,同时生成 NADPH 及 CO_2。5- 磷酸核酮糖在异构酶作用下,转变为 5- 磷酸核糖,或者在差向异构酶作用下,转变为 5- 磷酸木酮糖。在第一阶段,6- 磷酸葡萄糖生成 5- 磷酸核糖的过程中,同时生成 2 分子 NADPH 及 1 分子 CO_2。在第一阶段中共生成 1 分子磷酸戊糖和 2 分子 NADPH。前者用于合成核苷酸,后者用于许多化合物的合成代谢。但细胞中合成代谢消耗的 NADPH 远比核糖需要量大,因此,葡萄糖经此途径生成了大量的核糖。

2. 基团转移反应　第二阶段反应的意义就在于通过一系列基团转移反应,将核糖转变成 6- 磷酸果糖和 3- 磷酸甘油醛,以便重新返回糖酵解途径而被再次利用。因此磷酸戊糖途径也称磷酸戊糖旁路(pentose phosphate shunt)。需要有 3 分子磷酸戊糖进入第二阶段,才能完成所有基团转移反应。

这些反应的结果可概括为:3 分子磷酸戊糖转变成 2 分子磷酸己糖和 1 分子磷酸丙糖。这些基团转移反应可分为两类:一类是转酮醇酶(transketolase)反应,转移含 1 个酮基、1 个醇基的二碳基团;另一类是转醛醇酶(transaldolase)反应,转移三碳单位,接受体都是醛糖。简而言之,在第二阶段中,最终生成 6- 磷酸果糖和 3- 磷酸甘油醛。后者可进入糖酵解途径,从而完成代谢旁路。

磷酸戊糖之间的互相转变由相应的异构酶、差向异构酶催化,这些反应均为可逆反应。磷酸戊糖途径的反应见图 8-9。磷酸戊糖途径总的反应为:

$$3 \times 6\text{- 磷酸葡萄糖} + 6NADP^+ \longrightarrow 2 \times 6\text{- 磷酸果糖} + 3\text{- 磷酸甘油醛} + 6NADPH + 6H^+ + 3CO_2$$

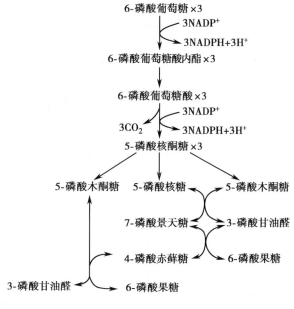

图 8-9　磷酸戊糖途径

（二）磷酸戊糖途径的生理意义

磷酸戊糖途径的主要意义在于为机体提供磷酸核糖和 NADPH。

1. 为核酸的生物合成提供核糖　核糖是核酸和游离核苷酸的组成成分。体内的核糖并不依赖从食物输入，可以从葡萄糖通过磷酸戊糖途径生成。葡萄糖可经过 6- 磷酸葡萄糖脱氢、脱羧的氧化反应产生磷酸戊糖，也可通过糖酵解途径的中间产物 3- 磷酸甘油醛和 6- 磷酸果糖经过前述的基团转移反应而生成磷酸核糖。这两种方式的相对重要性因物种和器官而异。例如人类主要通过氧化反应生成核糖；肌组织内缺乏 6- 磷酸葡萄糖脱氢酶，所以磷酸核糖靠基团转移反应生成。

2. 提供 NADPH 作为供氢体参与多种代谢反应　NADPH 与 NADH 不同，它携带的氢不是通过电子传递链氧化以释出能量，而是参与许多代谢反应，发挥不同的功能。

（1）NADPH 是体内许多合成代谢的供氢体：如从乙酰 CoA 合成脂肪酸、胆固醇中多个还原反应需要 NADPH 供氢；机体合成非必需氨基酸（不依赖从食物输入的氨基酸）时，先由 α- 酮戊二酸与 NADPH 及 NH_3 生成谷氨酸。谷氨酸可与其他 α- 酮酸进行转氨基反应而生成相应的氨基酸。

（2）NADPH 参与体内羟化反应：有些羟化反应与生物合成有关。例如：从鲨烯合成胆固醇，从胆固醇合成胆汁酸、类固醇激素等。有些羟化反应则与生物转化（biotransformation）有关（详见第十六章　药物在体内的转运和代谢）。

（3）NADPH 用于维持谷胱甘肽的还原状态：谷胱甘肽是一个三肽。两分子 GSH 可以脱氢氧化成为氧化型谷胱甘肽（GSSG），而 GSSG 可在谷胱甘肽还原酶作用下，被 NADPH 重新还原成为还原型谷胱甘肽：

$$2G\text{—}SH \underset{NADP^+}{\overset{A}{\rightleftharpoons}} \overset{AH_2}{\underset{NADPH + H^+}{\rightleftharpoons}} G\text{—}S\text{—}S\text{—}G$$

还原型谷胱甘肽是体内重要的抗氧化剂，可以保护一些含—SH 基的蛋白质或酶免受氧化剂尤其是过氧化物的损害。在红细胞中还原型谷胱甘肽更具有重要作用。它可以保护红细胞膜蛋白的完整性。有一些人的红细胞内缺乏 6- 磷酸葡萄糖脱氢酶，不能经磷酸戊糖途径得到充分的 NADPH 而使谷胱甘肽保持于还原状态，导致红细胞尤其是较老的红细胞易于破裂，发生溶血性黄疸。此病常在食用蚕豆以后诱发，故称为蚕豆病。

第三节　糖原的合成与分解

糖原是葡萄糖的多聚体，是动物体内糖的储存形式。摄入的糖类大部分转变成脂肪（甘油三酯）后储存于脂肪组织内，只有一小部分以糖原形式储存。糖原作为葡萄糖储备的生物学意义在于当机体需要葡萄糖时它可以迅速被动用以供急需，而脂肪则不能。肝和肌肉是贮存糖原的主要组织器官，人体肝糖原总量为 70~100g，肌糖原为 180~300g。肌糖原主要供肌收缩时能量的需要；肝糖原则是血糖的重要来源。这对于一些依赖葡萄糖作为能量来源的组织细胞，如脑、红细胞等尤为重要。糖原代谢概况如下图 8-10。

图 8-10　糖原合成与分解示意图

一、糖原的合成作用

体内由葡萄糖合成糖原的过程称为糖原合成（glycogenesis），主要发生在肝和骨骼肌。糖原合成包括下列几步反应：

反应 1：葡萄糖磷酸化

葡萄糖 + ATP ⟶ 6- 磷酸葡萄糖 + ADP，催化这步反应的是己糖激酶，在酵解途径中已介绍。

反应 2：6- 磷酸葡萄糖转变为 1- 磷酸葡萄糖

催化这步反应的是磷酸葡萄糖变位酶。

反应 3：尿苷二磷酸葡糖的生成

本步反应由尿苷二磷酸葡糖焦磷酸化酶（UDP-glcpyrophosphorylase）催化，产生的尿苷二磷酸葡糖（UDP-Glc, UDPG）是活泼的葡萄糖（图 8-11）。这个反应是可逆的，但是焦磷酸随即被焦磷酸酶水解，所以反应向生成 UDP-Glc 的方向进行。PPi 水解推动原本可逆反应向单方向进行是很常见的情况。

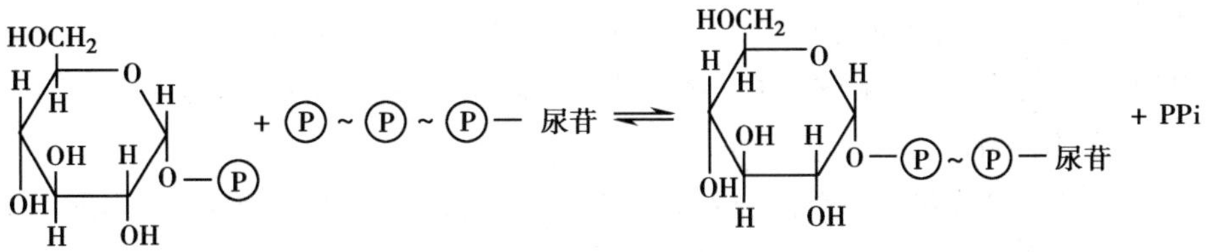

图 8-11　尿苷二磷酸葡糖的生成

反应 4：尿苷二磷酸葡糖与糖原结合

$$UDP\text{-}Glc + (葡萄糖)_n \longrightarrow (葡萄糖)_{n+1} + UDP$$

催化这个反应的是糖原合酶（glycogen synthase），作用物是 UDP-Glc 和糖原引物，葡萄糖 1 位碳与糖原引物非还原末端葡萄糖残基上的 C_4 羟基形成 1,4- 糖苷键，糖原合酶是糖原合成过程中的关键酶，它使糖链不断延长，但不能形成分支。要合成分支链，尚需要另外的酶。所谓糖原引物是指细胞内原有的较小的糖原分子。UDP-Glc 在糖原合成过程中充当葡萄糖的供体，糖原引物为 UDP-Glc 的葡萄糖基的接受体，游离葡萄糖不能作为 UDP-Glc 的葡萄糖基的接受体。

反应 5：分支链的形成

当糖链长度达到 11 个葡萄糖基后，分支酶（branching enzyme）可将约 7 个葡萄糖基转移至邻近糖链上以 α-1,6- 糖苷键连接，形成分支（图 8-12）。多分支结构增加糖原的水溶性，也增加了非还原端的数目，便于磷酸化酶迅速分解糖原。

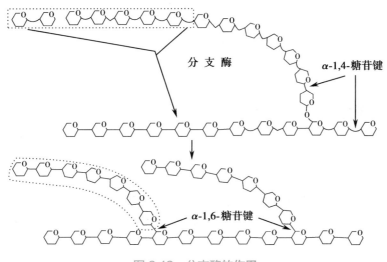

图 8-12　分支酶的作用

关于糖原合成过程中第一个糖原引物分子从何而来，人们发现一种名为 glycogenin 的蛋白，它能对自身进行共价修饰，将 UDP-Glc 的葡萄糖基 C_1 结合到 glycogenin 蛋白的特定的酪氨酸（Try194）残基上，这个结合上去的葡萄糖分子即为糖原合成的第一个糖原引物分子。

二、糖原的分解作用

糖原分解（glycogenolysis）是指糖原分解成为葡萄糖的过程。它并不是糖原合成的逆反应。首先糖原解聚为以 1- 磷酸葡萄糖为主的葡萄糖单体，进一步转变成 6- 磷酸葡萄糖，肝和肌组织对 6- 磷酸葡萄糖的利用完全不同。糖原的分解要经过 4 步酶促反应。

反应 1：糖原磷酸解为 1- 磷酸葡萄糖

糖原分解的第一步是从糖链的非还原端开始的，这个反应是由糖原磷酸化酶（glycogen phosphorylase）催化的，产物是 1- 磷酸葡萄糖和比原先少了 1 分子葡萄糖的糖原。糖原磷酸化酶是糖原分解过程中的关键酶。由于是磷酸解生成 1- 磷酸葡萄糖而不是水解成游离葡萄糖，自由能变动较小，反应是可逆的。但是在细胞内由于无机磷酸盐浓度约为 1- 磷酸葡萄糖的 100 倍，所以实际上反应只能向糖原分解方向进行。磷酸化酶只能分解 α-1,4- 糖苷键，对 α-1,6- 糖苷键无作用。

反应 2：脱支酶催化的反应

糖链上的葡萄糖基逐个磷酸解至离分支点约 4 个葡萄糖基时，由于位阻效应，磷酸化酶不能再发挥作用。这时就要有脱支酶（debranching enzyme）的参与才可将糖原完全分解。

脱支酶是一种双功能酶，它催化糖原脱支的两个反应。第一种功能是 4-α- 葡萄糖基转移酶（4-α-D-glucanotransferase）活性，即将糖链上的 3 个葡萄糖基转移到邻近糖链末端，仍以 α-1,4- 糖苷键连接，结果直链延长 3 个葡萄糖基，而 α-1,6 分支处只留下 1 个葡萄糖残基（图 8-13）。在脱支酶的另一功能即 1,6- 葡糖苷酶活性的催化下，这个葡萄糖基被水解成为游离的葡萄糖。在磷酸化酶与脱支酶的协同和反复的作用下，糖原可以完全磷酸解和水解。一般情况下，每当水解脱下 1 个游离的葡萄糖约可磷酸解产生 12 个 1- 磷酸葡萄糖。

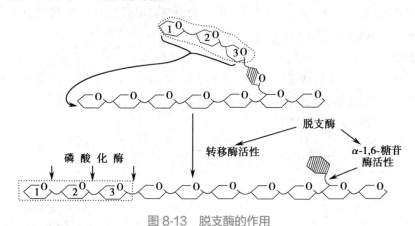

图 8-13 脱支酶的作用

反应 3：1- 磷酸葡萄糖转变为 6- 磷酸葡萄糖

1- 磷酸葡萄糖转变为 6- 磷酸葡萄糖，催化这个反应的是磷酸葡萄糖变位酶（phosphoglucomutase）。

反应 4：6- 磷酸葡萄糖转变为葡萄糖

$$6\text{- 磷酸葡萄糖} + H_2O \longrightarrow \text{葡萄糖} + Pi$$

这步反应由葡糖 -6- 磷酸酶（glucose-6-phosphatase）催化。葡糖 -6- 磷酸酶只存在于肝、肾中，所以肝糖原能够补充血糖；而肌肉中缺乏此酶，故肌糖原不能分解成葡萄糖，只能进行糖酵解或有氧氧化。

糖原合成及分解代谢途径可归纳于图 8-14。

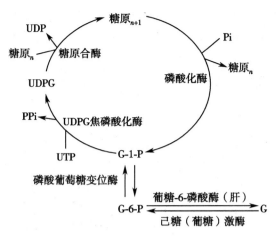

图 8-14　糖原的合成与分解

三、糖原代谢的调节

糖原的合成与分解不是简单的可逆反应,而是分别通过两条途径进行的,这样更便于进行精细调节。当糖原合成途径活跃时,分解途径被抑制,才能有效地合成糖原;反之亦然。这种合成与分解代谢通过两条途径进行独立、双向的精细调节的现象,是生物体内的普遍规律。

糖原合成中的糖原合酶和糖原分解途径中的磷酸化酶分别是催化两条代谢途径不可逆反应的关键酶,它们的酶活性主要受磷酸化修饰和激素的调节,还受别构调节,其活性决定不同途径的代谢速率,从而影响糖原代谢的方向。

（一）糖原合酶

糖原合酶分为 a、b 两种形式。糖原合酶 a 有活性,磷酸化成糖原合酶 b 后即失去活性。催化其磷酸化的也是依赖 cAMP 的蛋白激酶,可磷酸化其多个丝氨酸残基。此外,磷酸化酶 b 激酶也可磷酸化其中 1 个丝氨酸残基,使糖原合酶 a 失活。

（二）磷酸化酶

肝糖原磷酸化酶有磷酸化和去磷酸化两种形式。当该酶 14 位丝氨酸残基被磷酸化时,活性很低的磷酸化酶（称为磷酸化酶 b）就转变为活性强的磷酸型磷酸化酶（称为磷酸化酶 a）。这种磷酸化过程由磷酸化酶 b 激酶催化。磷酸化酶 b 激酶也有两种形式。去磷酸的磷酸化酶 b 激酶没有活性。在依赖 cAMP 的蛋白激酶作用下转变为磷酸型的活性磷酸化酶 b 激酶。此外,磷酸化酶还受变构调节,葡萄糖是其变构调节剂。当血糖升高时,葡萄糖进入肝细胞,与磷酸化酶 a 的变构调节部位结合,引起构象改变,暴露出磷酸化的第 14 位丝氨酸残基,然后在磷蛋白磷酸酶 -1 催化下去磷酸化而失活,从而降低肝糖原的分解。使磷酸化酶 a、糖原合酶和磷酸化酶 b 激酶去磷酸化的磷蛋白磷酸酶 -1 的活性也受到精细调节。磷蛋白磷酸酶抑制物是细胞内一种蛋白质,和此酶结合后可抑制其活性。此抑制物本身具活性的磷酸化形式也是由依赖 cAMP 的蛋白激酶调控的,共价修饰过程归纳如图 8-15。

糖原合成与分解的生理性调节主要靠胰岛素和胰高血糖素。胰岛素抑制糖原分解,促进糖原合成,但其机制还未确定。可能通过激活磷酸二酯酶加速 cAMP 的分解。胰高血糖素可诱导生成 cAMP,促进糖原分解。肾上腺素也可通过 cAMP 促进糖原分解,但可能仅在应激状态发挥作用。肌肉内糖原代谢的两个关键酶的调节与肝糖原不同。这是因为肌糖原的生理功能不同于肝糖原,肌糖原不能补充血糖,而仅仅是为肌肉活动提供能量。因此,在糖原分解代谢时,肝糖原主要受胰高血糖素的调节,而肌糖原主要受肾上腺素调节。肌肉内糖原合酶及磷酸化酶的变构效应剂主要为 AMP、ATP 及 6- 磷酸葡萄糖。AMP 可激活磷酸化酶 b,而 ATP、6- 磷酸葡萄糖可抑制磷酸化酶 a,但对糖

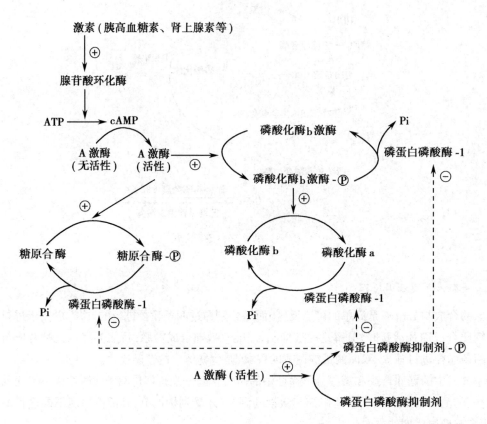

图 8-15　糖原合成、分解的共价修饰调节

原合酶有激活作用,使肌糖原的合成与分解受细胞内能量状态的控制。当肌肉收缩、ATP 被消耗时,AMP 浓度升高,而 6- 磷酸葡萄糖水平降低,这就使得肌糖原分解加快,合成被抑制。而当静息时,肌肉内 ATP 及 6- 磷酸葡萄糖水平较高,有利于糖原合成。

　　Ca^{2+} 的升高可引起肌糖原分解增加。当神经冲动引起肌肉收缩时,肌细胞中内质网储存的大量 Ca^{2+} 释放到细胞质中,因为磷酸化酶 b 激酶的 δ 亚基就是钙调蛋白(calmodulin),Ca^{2+} 与其结合,即可激活磷酸化酶 b 激酶,促进磷酸化酶 b 磷酸化成磷酸化酶 a,加速糖原分解,以获得肌肉收缩所需能量。

四、糖异生

　　体内糖原的储备有限,如果没有补充,十几小时肝糖原即被耗尽,无法继续为血液提供葡萄糖。但事实上禁食 24 小时,血糖仍保持于正常范围,即使禁食更长时间,血糖也仅略下降。这时除了周围组织减少对葡萄糖的利用外,主要还是依赖肝将氨基酸、乳酸等转变成葡萄糖,不断地补充血糖。这种从非糖化合物(乳酸、甘油、生糖氨基酸等)转变为葡萄糖或糖原的过程称为糖异生(gluconeogenesis)。糖异生的主要原料为乳酸、氨基酸及甘油。机体内进行糖异生补充血糖的主要器官是肝,肾在正常情况下糖异生能力只有肝的 1/10,长期饥饿时肾糖异生能力则大为增强。

(一)糖异生途径

　　从丙酮酸生成葡萄糖的具体反应过程称为糖异生途径(gluconeogenic pathway)。葡萄糖经糖酵解途径分解生成丙酮酸时,$\Delta G^{0'}$为 – 520kJ/mol(– 120kcal/mol)。从热力学角度而言,由丙酮酸生成葡萄糖不可能全部沿糖酵解途径逆行。糖酵解途径与糖异生途径的多数反应是共有的,是可逆的,但其中有 3 个不可逆反应需要糖异生特有的限速酶来催化。

反应 1：丙酮酸转变成磷酸烯醇式丙酮酸

糖酵解途径中磷酸烯醇式丙酮酸由丙酮酸激酶催化生成丙酮酸。在糖异生途径中其逆过程由 2 个反应组成：

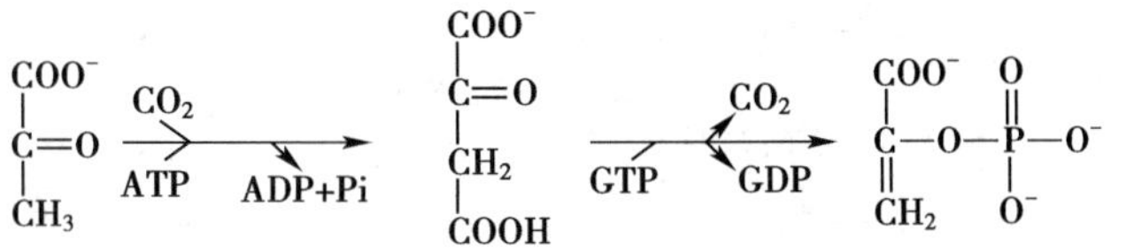

$$\text{丙酮酸} \xrightarrow[\text{ATP} \quad \text{ADP+Pi}]{\text{CO}_2} \text{草酰乙酸} \xrightarrow[\text{GTP} \quad \text{GDP}]{\text{CO}_2} \text{磷酸烯醇式丙酮酸}$$

催化第一个反应的是丙酮酸羧化酶（pyruvate carboxylase），其辅酶为生物素。反应分两步，CO_2 先与生物素结合，需消耗 ATP；然后活化的 CO_2 再转移给丙酮酸生成草酰乙酸。

第二个反应由磷酸烯醇式丙酮酸羧激酶催化草酰乙酸转变成磷酸烯醇式丙酮酸。反应中消耗一个高能磷酸键，同时脱羧。上述两步反应分别由两个关键酶催化，共消耗 2 个 ATP。

由于丙酮酸羧化酶仅存在于线粒体内，故细胞质中的丙酮酸必须进入线粒体，才能羧化生成草酰乙酸。而磷酸烯醇式丙酮酸羧激酶在线粒体和细胞质中都存在，因此草酰乙酸可在线粒体中直接转变为磷酸烯醇式丙酮酸再进入细胞质，也可在细胞质中转变为磷酸烯醇式丙酮酸。

但是，草酰乙酸不能直接透过线粒体膜，需借助两种方式将其转运入细胞质：一种是草酰乙酸经苹果酸脱氢酶作用后还原成苹果酸，然后通过线粒体膜进入细胞质，在细胞质中苹果酸在苹果酸脱氢酶作用下脱氢氧化为草酰乙酸而进入糖异生反应途径。另一种方式是经天冬氨酸氨基转移酶的作用，生成天冬氨酸后再运出线粒体，再经细胞质中天冬氨酸氨基转移酶的催化而恢复生成草酰乙酸。有实验表明，以丙酮酸或能转变为丙酮酸的某些生糖氨基酸作为原料异生成糖时，以苹果酸通过线粒体方式进行异生；而乳酸进行糖异生反应时，常在线粒体生成草酰乙酸后，再变成天冬氨酸而出线粒体内膜进入细胞质。

反应 2：1,6- 二磷酸果糖转变为 6- 磷酸果糖

此反应由果糖二磷酸酶 -1 催化。C_1 位的磷酸酯进行水解是放能反应，并不生成 ATP，所以反应易于进行。

反应 3：6- 磷酸葡萄糖水解为葡萄糖

此反应由葡糖 -6- 磷酸酶催化。同样，由于不生成 ATP，不是葡糖激酶的逆反应，热力学上是可行的。

在以上三个反应过程中，作用物的互变反应分别由不同的酶催化其单向反应，这种互变循环称之为底物循环（substrate cycle）。当两种酶活性相等时，则不能将代谢向前推进，结果仅是 ATP 分解释放出能量，因而又称之为无效循环（futile cycle）。而在细胞内两酶活性不完全相等，使代谢反应朝着酶活性强的方向进行。糖异生途径可归纳如图 8-16。

（二）乳酸循环

肌肉收缩（尤其是氧供应不足时）通过糖的无氧氧化生成乳酸。肌肉内糖异生活性低，所以乳酸通过细胞膜弥散进入血液后，再入肝，在肝内异生为葡萄糖。葡萄糖释放入血液后又可被肌肉摄取，这就构成了一个循环，此循环称为乳酸循环，也叫作 Cori 循环（图 8-17）。乳酸循环的形成是由于肝和肌组织中酶的特点所致。肝内糖异生活跃，又有葡糖 -6- 磷酸酶可水解 6- 磷酸葡萄糖，释出葡萄糖。肌肉除糖异生活性低外，又没有葡糖 -6- 磷酸酶。肌肉内生成的乳酸既不能异生成糖，更不能释放出葡萄糖。乳酸循环是一个耗能的过程，2 分子乳酸异生成葡萄糖需消耗 6 分子 ATP。

乳酸循环的生理意义就在于：①避免乳酸损失，对乳酸再利用，减少营养流失；②防止因乳酸堆积引起酸中毒。

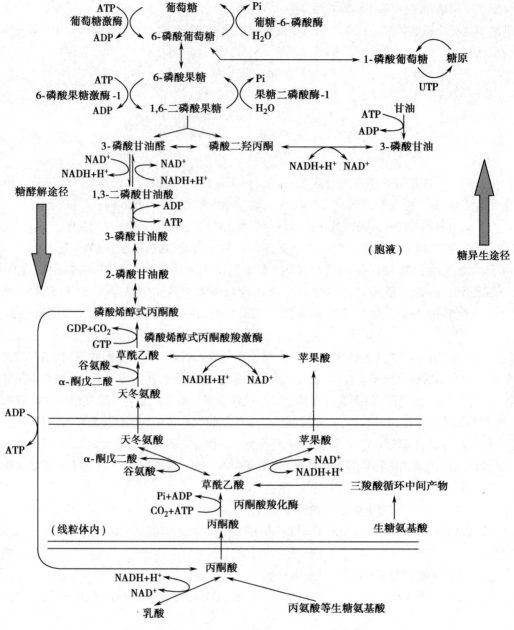

图 8-16　糖异生途径

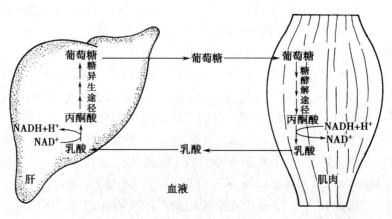

图 8-17　乳酸循环

（三）糖异生的生理意义

1. 维持血糖浓度恒定 糖异生的主要生理意义是保证在饥饿条件下维持血糖浓度的相对恒定。饥饿导致肝糖原耗尽后，肝通过糖异生维持血糖水平恒定。正常成人的脑组织不能利用脂肪酸，主要依赖葡萄糖供给能量；红细胞没有线粒体，完全通过糖酵解获得能量；骨髓、神经等组织由于代谢活跃，经常进行糖酵解。这样，即使在饥饿状况下，机体也需消耗一定量的糖，以维持生命活动。此时这些糖全部依赖糖异生产生。

乳酸来自肌糖原分解。肌肉内糖异生活性低，生成的乳酸不能在肌内重新合成糖，经血液转运至肝后异生成糖。这部分糖异生主要与运动强度有关。而在饥饿时糖异生的原料主要为氨基酸和甘油。饥饿早期随着脂肪组织中脂肪的分解加速，运送至肝的甘油增多，每天可生成 10~15g 葡萄糖。但糖异生的主要原料为氨基酸。肌肉的蛋白质分解成氨基酸后以丙氨酸和谷氨酰胺形式运行至肝，每天生成 90~120g 葡萄糖，需分解 180~200g 蛋白质。长期饥饿时每天消耗这么多蛋白质是无法维持生命的。经过适应，脑每天消耗的葡萄糖可减少，其余依赖酮体供能。这时甘油仍可通过异生提供约 20g 葡萄糖，所以每天消耗的蛋白质可减少至 35g 左右。

2. 补充肝糖原 糖异生是肝补充或恢复糖原储备的重要途径，这在饥饿后进食更为重要。长期以来，进食后肝糖原储备丰富的现象被认为是肝直接利用葡萄糖合成糖原的结果，但 20 世纪 70 年代开展的肝灌注和肝细胞培养实验表明：只有当葡萄糖浓度达 12mmol/L 以上时，才观察到肝细胞摄取葡萄糖。这样高的浓度在体内是很难达到的。即使在消化吸收期，门脉内葡萄糖浓度也仅为 8mmol/L。其原因被认为是由于葡糖激酶的 K_m 太高，肝摄取葡萄糖能力低。此时进行糖异生，就可经丙酮酸生成 6- 磷酸葡萄糖进入糖原合成途径，从而解决葡糖激酶催化遇到的问题。

葡糖激酶活性是决定肝细胞摄取、利用葡萄糖的主要因素。另一方面，如在灌注液中加入一些可异生成糖原的甘油、谷氨酸、丙酮酸、乳酸，则肝糖原迅速增加。以同位素标记不同碳原子的葡萄糖输入动物后，分析其肝糖原中葡萄糖标记的情况，结果表明：摄入的相当一部分葡萄糖先分解成丙酮酸、乳酸等三碳化合物，后者再异生成糖原。这既解释了肝摄取葡萄糖的能力低，但仍可合成糖原，又可解释进食 2~3 小时内，肝仍要保持较高的糖异生活性。合成糖原的这条途径称为三碳途径，也有学者称之为间接途径。相应地，葡萄糖经 UDPG 合成糖原的过程称为直接途径。

3. 调节酸碱平衡 长期饥饿时，肾糖异生增强，有利于维持酸碱平衡。长期禁食后，肾的糖异生作用增强。发生这一变化的原因可能是饥饿造成的代谢性酸中毒，此时体液 pH 降低，促进肾小管中磷酸烯醇式丙酮酸羧激酶的合成，从而使糖异生作用增强。另外，当肾中 α- 酮戊二酸因异生成糖而含量减少，可促进谷氨酰胺脱氨生成谷氨酸以及谷氨酸的脱氨反应，肾小管细胞将 NH_3 分泌入管腔中，与原尿中 H^+ 结合，降低原尿 H^+ 的浓度，有利于排氢保钠作用的进行，对于防止酸中毒有重要作用。

（四）糖异生的调节

糖酵解途径与糖异生途径是方向相反的两条代谢途径。如从丙酮酸进行有效的糖异生，就必须抑制糖酵解途径，防止葡萄糖又重新分解成丙酮酸；反之亦然。这种协调主要依赖于对这两条途径中的 2 个底物循环进行调节。

第一个底物循环在 6- 磷酸果糖和 1,6- 二磷酸果糖之间：

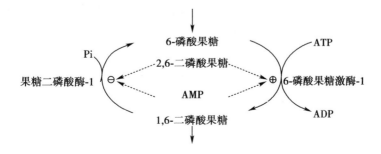

糖酵解时,6-磷酸果糖磷酸化成1,6-二磷酸果糖;糖异生时,1,6-二磷酸果糖去磷酸而成6-磷酸果糖。这样,磷酸化与去磷酸构成了一个底物循环。如不加调节,净结果是消耗了ATP而又不能推进代谢。实际上在细胞内催化这两个反应酶的活性常呈相反的变化。2,6-二磷酸果糖和AMP既是6-磷酸果糖激酶-1的别构激活剂,也是果糖二磷酸酶-1的别构抑制剂,使反应向糖酵解方向进行,同时抑制了糖异生。胰高血糖素通过cAMP和依赖cAMP的蛋白激酶,使6-磷酸果糖激酶-2磷酸化而失活,降低肝细胞内2,6-二磷酸果糖水平,从而促进糖异生而抑制糖的分解。胰岛素则有相反的作用。目前认为2,6-二磷酸果糖的水平是肝内调节糖分解或糖异生反应方向的主要信号。进食后胰高血糖素/胰岛素比例降低,2,6-二磷酸果糖水平升高,糖异生被抑制,糖的分解加强,为合成脂肪酸提供乙酰CoA。饥饿时胰高血糖素分泌增加,2,6-二磷酸果糖水平降低,从糖的分解转向糖异生。维持底物循环虽然要损失一些ATP,但却可使代谢调节更为灵敏、精细。

这一底物循环通过能量负反馈和果糖二磷酸正反馈的双重调节,确保糖酵解的活跃进行和糖异生的抑制,因此这一底物循环的调控最为重要。

第二个底物循环在磷酸烯醇式丙酮酸和丙酮酸之间。1,6-二磷酸果糖是丙酮酸激酶的变构激活剂,通过1,6-二磷酸果糖可将两个底物循环相联系和协调。胰高血糖素可抑制2,6-二磷酸果糖合成,从而减少1,6-二磷酸果糖的生成,这就可降低丙酮酸激酶的活性。胰高血糖素还通过cAMP使丙酮酸激酶磷酸化而失去活性,于是糖异生加强而糖酵解被抑制。丙氨酸是肝内丙酮酸激酶的别构抑制剂,可阻止肝进行糖酵解。饥饿时,丙氨酸是主要的糖异生材料,故丙氨酸抑制糖酵解有利于肝内糖异生。

丙酮酸羧化酶必须有乙酰CoA存在才有活性,而乙酰CoA对丙酮酸脱氢酶复合体却有反馈抑制作用。例如饥饿时大量脂酰CoA在线粒体内进行β氧化,生成大量的乙酰CoA。这一方面抑制丙酮酸脱氢酶复合体活性,阻止丙酮酸继续氧化,从而加速糖异生。动物细胞中缺乏异柠檬酸裂解酶和苹果酸合酶,乙酰辅酶A不能利用多余的草酰乙酸进行糖异生途径,在植物细胞中有这两种酶存在会生成草酰乙酸,可以进入糖异生途径。糖异生调节可归纳为图8-18。

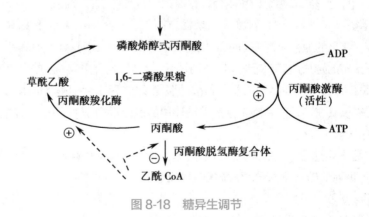

图8-18　糖异生调节

胰高血糖素可通过cAMP快速诱导磷酸烯醇式丙酮酸羧激酶基因的表达,增加酶的合成。胰岛素则显著降低磷酸烯醇式丙酮酸羧激酶mRNA水平,而且对cAMP有对抗作用。说明胰岛素对该酶有重要的调节作用。

两个底物循环的调节是通过一些代谢物和激素共同发挥调节作用:例如,胰高血糖素既能降低第一个底物循环中的2,6-二磷酸果糖水平,又可以使第二个底物循环中的丙酮酸激酶磷酸化而失活,从而达到抑制糖酵解、促进糖异生的目的。

第四节　血糖及其调节

一、血糖的来源和去路

血糖指血中的葡萄糖。血糖水平相对恒定,维持在 3.89~6.11mmol/L,这是进入和移出血液的葡萄糖平衡的结果。

血糖的来源为肠道吸收、肝糖原分解和其他非糖物质转变生成的葡萄糖释放至血液中,其中食物经消化吸收入血的葡萄糖和其他单糖是血糖的主要来源。血糖的去路则是被机体各组织器官所摄取,用于合成糖原、氧化供能、转变为非糖物质等。不同组织中摄取的葡萄糖的利用、代谢各异。某些组织用于氧化供能;肝、肌肉可用于合成糖原;脂肪组织和肝可将其转变为甘油三酯等。血糖的来源与去路总结于图 8-19。

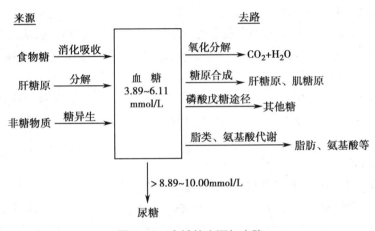

图 8-19　血糖的来源与去路

以上这些代谢过程是机体经常不断进行的,但是在不同的情况下,根据机体能量来源、消耗等而有很大的差异。而且糖代谢的调节不是孤立的,它还涉及脂肪及氨基酸的代谢。血糖水平保持恒定是糖、脂肪、氨基酸代谢协调的结果,也是肝、肌肉、脂肪组织等各器官组织代谢协调的结果。例如,消化吸收期间,自肠道吸收大量葡萄糖,此时肝内糖原合成加强(包括 UDPG 途径和三碳途径)而分解减弱,肌糖原合成和糖的氧化亦加强。肝、脂肪组织加速将糖转变为脂肪,从肌肉蛋白质分解来的氨基酸的糖异生则减弱,因而血糖仅暂时上升并且很快恢复正常。长跑者经长达 2 小时多的比赛,其肝糖原本应早已耗尽,但血糖水平仍保持在 3.89~6.11mmol/L。此时肌肉能量主要来自脂肪酸,而糖异生来的葡萄糖使血糖保持于长期饥饿时,血糖虽低,仍保持 3.6~3.8mmol/L。这时,血糖来自肌肉蛋白质降解来的氨基酸,其次为甘油,以保证脑的需要,而其他组织的能量来源则为脂肪酸及酮体,它们摄取葡萄糖被抑制。甚至脑的能量,一部分也由酮体供应。机体的各种代谢以及各器官之间能这样精确协调,以适应能量、燃料供求的变化,主要依靠激素的调节。酶水平的调节是最基本的调节方式和基础,调节血糖水平的几种激素的作用机制叙述如下。

二、血糖水平的调节

（一）胰岛素

胰岛素(insulin)是体内唯一的降低血糖的激素,也是唯一同时促进糖原、脂肪、蛋白质合成的激素。胰岛素降低血糖的机制是增强血糖的去路、减弱血糖的来源。具体而言,包括多方面作用的结果:①促进肌肉、脂肪组织等的细胞膜葡萄糖载体将葡萄糖转运入细胞;②通过增强磷酸二酯酶活性,降低 cAMP 水平,从而使糖原合酶活性增强,磷酸化酶活性降低,加速糖原合成,抑制糖原分解;③通过激活丙酮酸脱氢酶磷酸酶而使丙酮酸脱氢酶激活,加速丙酮酸氧化为乙酰 CoA,从而加快糖的有氧氧化;④抑制肝内糖异生,这是通过抑制磷酸烯醇式丙酮酸羧激酶的合成以及促进氨基酸进入肌组织并合成蛋白质,从而减少肝糖异生的原料实现的;⑤通过抑制脂肪组织内的激素敏感性脂肪酶,可减缓脂肪动员的速率,有利于合成脂肪酸。当脂肪酸大量动员至肝、肌肉、心肌时,可抑制它们氧化葡萄糖。因此,胰岛素减少脂肪动员,就可促进上述组织利用葡萄糖,将多余的血糖转变为糖原和甘油三酯。胰岛素的分泌受血糖控制。血糖升高立即引起胰岛素分泌;血糖降低,分泌即减少。

(二)胰高血糖素

胰高血糖素(glucagon)是体内主要升高血糖的激素,其对饥饿时的血糖生理调节尤为重要。血糖降低或血内氨基酸升高刺激胰高血糖素的分泌。其升高血糖的机制包括:①经肝细胞膜受体激活依赖 cAMP 的蛋白激酶,从而抑制糖原合酶和激活磷酸化酶,加速肝糖原分解;②通过抑制 6- 磷酸果糖激酶 -2,激活果糖二磷酸酶 -2,从而减少 2,6- 二磷酸果糖的合成,后者是 6- 磷酸果糖激酶 -1 的最强变构激活剂,又是果糖二磷酸酶 -1 的抑制剂,于是糖酵解被抑制,糖异生则加速;③促进磷酸烯醇式丙酮酸羧激酶的合成,抑制肝 L 型丙酮酸激酶,加速肝摄取血中的氨基酸,从而增强糖异生;④通过激活脂肪组织内激素敏感性脂肪酶,加速脂肪动员,这与胰岛素作用相反,从而间接升高血糖水平。

胰岛素和胰高血糖素是调节血糖,实际上也是调节三大营养物代谢最主要的两种激素。机体内糖、脂肪、氨基酸代谢的变化主要取决于这两种激素的比例。而不同情况下这两种激素的分泌是相反的。引起胰岛素分泌的信号(如血糖升高)可抑制胰高血糖素分泌。反之,使胰岛素分泌减少的信号可促进胰高血糖素分泌。

(三)糖皮质激素

糖皮质激素可引起血糖升高,肝糖原增加。其作用机制可能有两方面:①促进肌肉和蛋白质分解,分解产生的氨基酸转移到肝进行糖异生,这时,糖异生途径的关键酶——磷酸烯醇式丙酮酸羧激酶的合成增强;②抑制肝外组织摄取和利用葡萄糖,抑制点为丙酮酸的氧化脱羧。此外,在糖皮质激素存在时,其他促进脂肪动员的激素才能发挥最大的效果。这种协助促进脂肪动员的作用,可使得血中游离脂肪酸升高,也可间接抑制周围组织摄取葡萄糖。

(四)肾上腺素

肾上腺素是强有力的升高血糖的激素。给动物注射肾上腺素后血糖水平迅速升高,可持续几小时。同时血中乳酸水平也升高。肾上腺素的作用机制是通过肝和肌肉的细胞膜受体、cAMP、蛋白激酶级联激活磷酸化酶,加速糖原分解。在肝,糖原分解为葡萄糖;在肌肉则经糖酵解生成乳酸,并通过乳酸循环间接升高血糖水平。肾上腺素主要在应急状态下发挥调节作用。对经常性,尤其是进食情况引起的血糖波动没有生理意义。

血糖水平不会出现大的波动和持续升高。人体对摄入的葡萄糖具有很大耐受能力的这种现象,被称之葡萄糖耐量(glucose tolerance)或耐糖现象。医学上对患者做葡萄糖耐量试验可以帮助诊断某些与糖代谢障碍相关的疾病。

三、血糖水平异常与治疗药物

临床上因糖代谢障碍可以发生血糖水平紊乱,常见有以下两种类型。

(一)低血糖症与低血糖昏迷

空腹时血糖浓度低于 3.0mmol/L 时,可出现低血糖症,其表现为饥饿感和四肢无力,以及因低血糖刺激而引起的交感神经兴奋和肾上腺素分泌增加的症状,如面色苍白、心慌、多汗、头晕、手颤等。低血糖症多见于胰岛 β 细胞增多或癌症胰岛素分泌增多或治疗时应用胰岛素过量,或某些对抗胰岛素的激素分泌减少,以及长期不能进食或严重肝疾病患者。

脑组织对低血糖比较敏感,因为脑组织功能活动所需的能量主要来自糖的氧化,但脑组织含糖原极少,需要不断从血液中提取葡萄糖氧化供能。当血糖浓度过低时,脑组织因缺乏能源而导致功能障碍,出现头晕、心悸、饥饿感及出冷汗等。若血糖浓度继续下降低于 2.52mmol/L 时,就会严重影响脑的功能,出现惊厥和昏迷,一般称为"低血糖昏迷"或"低血糖休克"。临床上遇到这种情况时,只需及时给患者静脉注入葡萄糖溶液,症状就会得到缓解。产生低血糖的原因主要有:①饥饿或不能进食者;②胰岛 α 细胞功能低下或 β 细胞功能亢进;③某些肿瘤如肝癌、胃癌等;④一些内分泌疾病如脑垂体功能低下等。

(二)高血糖与糖尿病

空腹时血糖浓度高于 6.9mmol/L 称为高血糖。如果血糖值超过肾糖阈值 8.89~10.00mmol/L 时,尿中可出现糖。持续性高血糖和糖尿,特别是空腹血糖和糖耐量曲线高于正常范围,就属于糖尿病(diabetes)。糖尿病是最常见的血糖代谢紊乱疾病。

糖尿病是由胰岛素绝对或相对缺乏或胰岛素抵抗所致的一组糖、脂肪和蛋白质代谢紊乱综合征,其中以高血糖为特征。根据其病因目前主要分 1 型、2 型、其他特异型糖尿病和妊娠糖尿病。临床上常见的有 1 型糖尿病和 2 型糖尿病。1 型又称为胰岛素依赖性糖尿病,被认为是由于自身免疫破坏了胰岛中的 β 细胞,引起胰岛素分泌不足所致。2 型又称为非胰岛素依赖性糖尿病,往往在 40 岁以后才发病,故也称为成年发作性糖尿病。2 型糖尿病患者血液中的胰岛素水平并不低,甚至高于正常水平,主要是胰岛素受体缺乏或者是产生胰岛素抵抗。在病理学上糖尿病是表现类型和程度不同的一类复杂的疾病。从糖尿病动物的实验研究认为体内糖代谢紊乱首先是葡萄糖转运受阻,同时糖异生作用加强,以及由乙酰辅酶 A 合成脂肪下降。糖尿病动物除脑组织外,较少利用葡萄糖的氧化作为能源,这样造成细胞内能量供应不足,患者常有饥饿感而多食;多食又进一步使血糖来源增多,使血糖含量更加升高,血糖含量超过肾糖阈时,葡萄糖通过肾从尿中大量排出而出现糖尿,随着糖的大量排出,必然带走大量水分,因而引起多尿;体内因失水过多,血液浓缩,渗透压增高,引起口渴,因而多饮;由于糖氧化供能发生障碍,导致体内脂肪及蛋白质分解加强,使身体逐渐消瘦,体重减轻。因此有糖尿病的所谓"三多一少"(多食、多饮、多尿及体重减少)的症状,严重的糖尿病患者还出现酮血症及酸中毒。

除上述糖尿病所引起的高血糖和糖尿外,有些慢性肾炎、肾病综合征等引起肾小管对糖重吸收功能降低的患者,肾糖阈比正常人低,即使血糖含量在正常范围,也可出现糖尿,称肾性糖尿。生理性高血糖或糖尿可因情绪激动、交感神经兴奋及肾上腺素分泌增加,导致肝糖原大量分解所致。因此,临床上遇到高血糖或糖尿现象时,必须全面检查,综合分析,才能得出正确的诊断结论。临床上常需做一些系列生化检查以辅助诊断,常选用葡萄糖耐量试验。

葡萄糖耐量试验是先测被检查者早晨空腹时的血糖含量,然后一次进食葡萄糖 100g,每隔 30 分钟测定一次血糖含量,以时间为横坐标,血糖含量为纵坐标,绘成曲线,称为糖耐量曲线(glucose tolerance curve)。

(三)糖尿病治疗药物及研发前景

糖尿病是临床常见的慢性代谢性疾病,多发于老年、肥胖者,严重影响患者的身心健康。高血糖是主要表现,其分类较多,其中 2 型糖尿病最常见。此类患者多采取药物、饮食等综合治疗,其中药物治疗是主要措施。现阶段广泛应用于临床治疗糖尿病的药物主要有化学药物及重组激素类药物两大类。化学药物在人类对抗糖尿病的历史中发挥了重要作用,目前作为临床治疗糖尿病的一线化学药物有二甲双胍、磺酰脲类药物、罗格列酮等。

糖尿病治疗药物分为注射的药物和口服类的药物,口服类的药物根据作用机制的不同也分为好几类,比如促进胰岛素分泌的药就有磺酰脲类和格列奈类,另外增强胰岛素敏感性的药还有双胍类和格列酮类,其中用于临床的双胍类有苯乙双胍和二甲双胍,因苯乙双胍易引起乳酸中毒,临床上主要用二甲双胍,二甲双胍主要的降血糖机制是抑制肝的糖异生、提高外周组织对葡萄糖的摄取和利用、抑制肠道内葡萄糖吸收、升高胰高血糖素样肽 1（GLP-1）的水平等。还有作用于肠道的口服药，比如阿卡波糖和二肽基肽酶 4（DPP-4）抑制剂，还有作用于肾的药物比如钠-葡萄糖耦联转运体 2（SGLT-2）抑制剂。口服类降糖药物是 2 型糖尿病患者主要药物治疗方式。经研究发现，研究人员能根据患者实际情况及病情选择最适宜的降糖药物种类，从而达到最大治疗效果。对患有高血压、冠心病等基础疾病的患者，建议使用双胍类药物、噻唑烷二酮类降糖药物；针对伴有心血管高危因素的患者，应尽量选择格列美脲、格列齐特等磺酰脲类药物，不宜使用格列本脲。磺酰脲类药物是最早应用、也是种类最多的一类口服降糖药，其与胰岛 β 细胞表面的受体结合，通过刺激胰岛 β 细胞释放胰岛素来达到控制血糖的目的。

从全球来看，目前注射和口服降糖药，只有普兰林肽被批准用于治疗 1 型糖尿病。研究证据显示二甲双胍、胰高血糖素样肽 1 受体激动剂（glucagon-like peptide-1 receptor agonist）、钠-葡萄糖耦联转运体 2（SGLT-2）抑制剂等对 1 型糖尿病治疗收效甚微。二甲双胍仍是治疗 2 型糖尿病的首选一线药物。

糖尿病的治疗是一个长期艰难的过程，随着人们对糖尿病治疗药物的研究，会发现更多、更有效的药物。新型降糖药物在持续研制中，如胰高血糖素样肽 1（GLP-1）类似物或受体激动剂、二肽基肽酶 4（DPP-4）抑制剂、胆酸螯合剂和作用于胰淀素受体、G 蛋白偶联受体（GPR40、GPR119）、钠-葡萄糖耦联转运体（SGLT1/2）的活性分子等。新型药物将提供更加丰富的控制血糖的方式，为糖尿病患者的治疗带来福音。

思 考 题

1. 三羧酸循环为什么被认为是糖、脂和蛋白质三大物质代谢的共同通路？
2. 糖异生的生理意义是什么？
3. 血糖浓度如何保持动态平衡？肝在维持血糖浓度相对恒定中起何作用？
4. 糖的无氧氧化与有氧氧化有哪些异同点？

第八章
目标测试

（姚文兵　郭　薇）

第九章

脂 类 代 谢

学习目标

1. **掌握** 脂肪动员的概念；脂肪酸 β 氧化的过程及其意义；酮体的生成与利用过程及其生理意义；胆固醇的主要合成过程与转化；血浆脂蛋白的分类和功能。
2. **熟悉** 血脂的概念及来源去路；血浆脂蛋白的概念与分类、组成与结构及其生理功能；甘油的氧化分解；脂肪酸及脂肪的合成与调节。
3. **了解** 脂类的消化吸收与贮存；磷脂的代谢；类二十烷酸生物合成；脂肪酸的其他氧化方式；脂类代谢失调与治疗药物。

0901
第九章
教学课件

第一节 概 述

脂类包括脂肪（fat）和类脂（lipoid），是一类存在于生物体内，易溶于有机溶剂而不易溶于水的有机化合物，能被生物体所利用。类脂又包括胆固醇及其酯、磷脂与糖脂等。

0902
脂类的消化
和吸收（动
画）

一、脂类的消化和吸收

（一）脂类的消化

1. **脂肪的消化** 食物中的脂类主要为脂肪（也称甘油三酯或三脂酰甘油），此外还有少量磷脂、胆固醇及胆固醇酯等。脂肪的消化需要脂肪酶（lipase）及胆汁酸盐（bile salt）作用。脂肪不溶于水，且唾液中无消化脂肪的酶，故脂肪在口腔里不被消化；胃液中虽含有少量的脂肪酶，但成年人胃液的 pH 在 1~2，不适于脂肪酶的作用，脂肪酶只有在中性 pH 条件下才具有活性，所以，脂肪在成人胃中不能被消化。婴儿时期胃酸浓度较低，胃液 pH 在 5 左右，乳汁中的脂肪已经乳化，故脂肪在婴儿胃中可少量被消化。小肠中含有来自胰液的多种脂肪酶及来自胆汁的胆汁酸盐，是脂类消化吸收的部位。胆汁酸盐是两性化合物，具有很强的界面活性，是较强的乳化剂，能够降低油/水两相之间的界面张力，使脂类在十二指肠中乳化成细小微团，增加了脂肪酶与脂肪的接触面，有利于脂肪的消化；同时胆汁酸盐又可激活胰脂肪酶（pancreatic lipase），促进脂肪的水解。

胰脂肪酶特异水解甘油三酯的 1、3 位酯键，产生两分子脂肪酸（fatty acid）和一分子 2- 甘油一酯（2-monoglyceride）；后者可进一步水解为甘油和脂肪酸。胰脂肪酶对甘油三酯的水解作用需要辅脂酶（colipase）的参与，辅脂酶是一种分子量较小的蛋白质，本身不具脂肪酶活性，但具有与胰脂肪酶和脂肪结合的结构域，促进胰脂肪酶悬浮在脂肪微滴的水油界面上，因而增加了胰脂肪酶的活性，促进脂肪的水解。

$$\begin{array}{c}
CH_2-O-\overset{O}{\overset{\|}{C}}-R_1 \\
R_2-C-O-CH \\
CH_2-O-\overset{O}{\overset{\|}{C}}-R_3 \quad 2H_2O
\end{array}
\xrightarrow{\qquad R_1COOH+R_3COOH}
\begin{array}{c}
CH_2-OH \\
R_2-C-O-CH \\
CH_2-OH
\end{array}
\xrightarrow{H_2O}
\begin{array}{c}
CH_2-OH \\
CH-OH+R_2COOH \\
CH_2-OH
\end{array}$$

209

2. 类脂的消化　食物所含的胆固醇,一部分与脂肪酸结合形成胆固醇酯,另一部分以游离状态存在。胰液和肠液中均含有胆固醇酯酶(cholesteryl esterase),催化胆固醇酯水解,生成游离胆固醇和脂肪酸。胰液中所含的磷脂酶 A_2(phospholipase A_2)催化磷脂第 2 位酯键水解,生成脂肪酸与溶血磷脂。

(二)脂类的吸收

上述脂类的消化产物如甘油一酯、脂肪酸、胆固醇及溶血磷脂等又与胆汁酸盐结合,进一步形成体积更小、极性更大的混合微团(mixed micelle),利于通过小肠黏膜的表面水层,在十二指肠下段及空肠上段以不同方式被肠黏膜细胞所吸收。吸收的消化产物需在小肠黏膜细胞中加工成可运输形式,才能经由淋巴系统进入血液循环。

1. 脂肪消化产物的吸收　大约有一半脂肪水解为脂肪酸和甘油一酯后,即被小肠黏膜细胞吸收;约有40%脂肪经脂肪酶的作用可完全水解为脂肪酸和甘油,甘油溶于水,与其他水溶性物质一起进入肠黏膜;脂肪酸虽不溶于水,但能与胆汁酸盐按一定比例结合,形成可溶于水的复合物,从而使脂肪酸也可透过肠黏膜细胞;少量未水解的脂肪经胆汁酸盐乳化为脂肪微滴(droplet)后被直接吸收。进入肠黏膜细胞后,甘油及小于 12 碳的中、短链脂肪酸可经门静脉直接进入血液循环;长链脂肪酸(12~26 碳)先转化成脂酰辅酶 A,在光面内质网脂酰辅酶 A 转移酶(acyl CoA transferase)作用下,与甘油一酯结合重新生成甘油三酯,最后与粗面内质网合成的载脂蛋白(apolipoprotein, Apo)B_{48}、C、A I、A IV 等,以及肠黏膜细胞中的磷脂、胆固醇和胆固醇酯一起构成乳糜微粒(chylomicron, CM),通过淋巴管最终进入血液循环而运输,被其他细胞所摄取利用。肠黏膜细胞中由甘油一酯合成脂肪的途径称为甘油一酯途径。

2. 类脂的吸收　在胆汁酸盐的协助下,肠内约有 25% 的磷脂可直接被吸收进入肝中,但大部分磷脂仍是水解后被吸收的,吸收后的磷脂水解产物,在肠壁重新合成完整的磷脂分子,再进入血液分布于全身。胆固醇作为脂溶性物质,需借助胆汁酸盐的乳化作用才能在肠内被吸收。吸收后的胆固醇约有 2/3 在肠黏膜细胞内,经酶的催化又重新酯化成胆固醇酯,然后进入淋巴管。因此,淋巴液和血液循环中的胆固醇大部分以胆固醇酯的形式存在。

未被吸收的脂肪和类脂进入大肠,被肠道微生物分解成各种组分,并被微生物利用。胆固醇被还原生成粪固醇而排出体外。

二、脂类的贮存和运输

(一)脂类的贮存

脂肪组织是储存脂的主要场所。消化吸收后的脂类,进入血液循环,以脂蛋白(lipoprotein)的形式运输至全身各组织器官。其中脂肪可被各组织摄取氧化利用,也可储存于脂肪组织。除了外源性的食物吸收,机体还能利用糖和蛋白质等的降解产物为原料合成脂肪。人体的脂肪主要由糖转化而来,食物脂肪仅是次要来源,如果食物中只有少量的脂肪,但有大量过剩的糖类,同样也会使人体肥胖。脂肪组织可以大量储存甘油三酯,以皮下、肾周围、肠系膜等处储存最多,称为脂库。脂肪的储存对人及动物的供能(特别是在不能进食时)具有重要意义。

脂肪组织储存脂肪(图片)

贮存的脂肪性质与食物中的脂肪不同,食物中所含的脂肪只是构成体内脂肪的原料,其中的脂肪酸必须在肝、脂肪组织及肠壁进行碳链长短和饱和度的改造后,才能形成机体自身贮存的脂肪。脂肪在体内贮存的多少,依性别、年龄、营养状况、健康状况和活动程度等而定,同时也受机体神经和激素的影响。肥胖是体内贮存脂肪过多的结果,多食少动使营养素消耗少,供过于求,不但脂肪可以积存,过多的糖和蛋白质也可转变成脂肪贮存于体内。不过也有些人不是由于多食少动而变得肥胖,而是由于内分泌失调,使体内代谢发生紊乱所致,这种情况就不能通过控制饮食来减肥,而应针对内分泌素乱进行治疗。

（二）脂类的运输

脂类在体内的运输都是通过血液循环进行的。脂类不溶于水,在水中呈乳浊液,正常人血浆中含有大量脂类物质,但仍清澈透明,说明血中的脂类物质不是以游离形式存在,而是与血浆中的某种物质结合,以可溶性形式存在。研究发现,血浆脂类物质主要与一些蛋白质以非共价键（疏水作用、范德瓦耳斯力和静电作用）结合,形成具有亲水性的脂蛋白,在血液中运输。因此,脂蛋白是脂类在血浆中的存在形式,也是脂类在血液中的运输形式。脂蛋白中的蛋白质部分称为载脂蛋白。

（三）血脂与血浆脂蛋白

1. 血脂　血浆中所含的脂类统称为血脂,包括甘油三酯、磷脂、胆固醇、胆固醇酯、游离脂肪酸等。正常成人血脂含量变化范围较大,膳食、年龄、性别、职业以及代谢等对其有显著影响,健康状况也会影响血脂变化。如糖尿病、动脉粥样硬化患者的血脂、总胆固醇和甘油三酯的浓度一般都明显升高。因此,血脂含量的测定在临床上具有重要意义。表9-1是我国正常人空腹时血脂含量（参考值）。

表 9-1　正常人空腹血脂含量参考值

脂类名称	正常参考值 /（mmol/L）（括号中为 mg/ml）	脂类名称	正常参考值 /（mmol/L）（括号中为 mg/ml）
甘油三酯	0.11~1.7（10~150）	游离胆固醇	1.0~1.8（40~70）
总胆固醇	2.6~6.5（100~250）	磷脂	48.4~80.7（150~250）
胆固醇酯	1.8~5.2（70~200）	游离脂肪酸	0.195~0.805（5~20）

血脂的含量取决于其来源和去路。血脂的主要来源有:外源性脂类,主要来自食物中消化吸收的脂类;内源性脂类,主要由肝细胞、脂肪细胞以及其他组织细胞合成后释放入血的脂类。血脂的去路主要有:被组织细胞摄取氧化分解提供能量,进入脂库被贮存,构成生物膜,转变为其他物质等。

2. 血浆脂蛋白的分类

血浆脂蛋白种类很多,因其所含脂类与蛋白质的种类及含量不同,各种血浆脂蛋白在密度、颗粒大小、表面电荷、电泳行为及免疫学性质等方面有差异。通常依据电泳法或密度梯度超速离心法的结果将血浆脂蛋白进行分类。

（1）电泳法:根据脂蛋白表面电荷的不同,及脂蛋白颗粒大小的差异,在电泳时不同脂蛋白迁移率不同。按迁移率快慢,可分为 α- 脂蛋白、前 β- 脂蛋白、β- 脂蛋白和乳糜微粒。如图 9-1,乳糜微粒在原点不移动,β- 脂蛋白的迁移位置相当于 β- 球蛋白,前 β- 脂蛋白迁移在 β- 脂蛋白之前,相当于 α_2- 球蛋白的位置,α- 脂蛋白泳动最快,迁移位置相当于 α_1- 球蛋白。

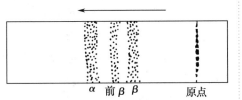

图 9-1　血浆脂蛋白电泳图谱

正常人电泳图谱上 β- 脂蛋白多于 α- 脂蛋白,而 α- 脂蛋白又多于前 β- 脂蛋白。前 β- 脂蛋白含量少时,一般在电泳图谱上不明显。乳糜微粒仅在进食后才有,空腹时难以检出。

（2）密度梯度超速离心法:由于不同血浆脂蛋白中蛋白质与脂类的组成比例不同,密度也就各不相同（脂类比例高的密度相对小）。在一定密度盐溶液中进行超速离心时,其沉降速度就有差异（密度比介质大的沉降,反之则上浮）,可将血浆脂蛋白分为四类,依密度由小到大依次为乳糜微粒、极低密度脂蛋白（very low density lipoprotein, VLDL）、低密

血浆脂蛋白的超速离心法（动画）

度脂蛋白（low density lipoprotein, LDL）及高密度脂蛋白（high density lipoprotein, HDL）。分别相当于电泳分类中的 CM、前 β- 脂蛋白、β- 脂蛋白及 α- 脂蛋白。

除上述四种脂蛋白外，在 VLDL 和 LDL 之间还有一种中间密度脂蛋白（intermediate density lipoprotein, IDL），是 VLDL 在血浆中的代谢物，密度为 1.006~1.019。此外，每一类脂蛋白中根据其密度及颗粒大小不同，还可分为亚类，如 VLDL₁、VLDL₂、LDL_A（颗粒 >25.5nm）、LDL_B（颗粒 <25.5nm）。HDL 可细分为 HDL₁、HDL₂ 和 HDL₃。正常人血浆中主要含 HDL₂ 和 HDL₃，密度分别为 1.063~1.125 及 1.125~1.210。

不同类型的血浆脂蛋白颗粒密度差别很大，其结构、化学组成、生理功能及代谢等都有一定差别。密度梯度超速离心分离法或电泳分离法所得各种血浆脂蛋白的组成、理化性质和生理功能等，详见表 9-2。

表 9-2   各种血浆脂蛋白的组成、理化性质和生理功能

密度法分类	性质			组成 /%				血浆含量 /%	主要生理功能
	电泳位置	密度	颗粒直径 /nm	蛋白质	甘油三酯	胆固醇	磷脂		
乳糜微粒	原点	<0.96	80~500	0.82~2.5	80~95	2~7	6~9	难以检出	转运外源性脂肪和胆固醇
极低密度脂蛋白	前 β	0.96~1.006	25~80	5~10	50~70	10~15	10~15	很少	转运内源性脂肪和胆固醇
低密度脂蛋白	β	1.006~1.063	20~25	25	10	45	20	61~70	转运内源性胆固醇
高密度脂蛋白	α	1.063~1.210	5~30	45~50	5	20	36	30~40	逆向转运胆固醇

注：此外血浆中游离脂肪酸（90%）主要与清蛋白（10%）结合。

3. 血浆脂蛋白的组成与结构

（1）组成：血浆脂蛋白均由脂类物质（甘油三酯、磷脂、胆固醇及其酯）和蛋白质组成，但各类脂蛋白的组成比例及含量大不相同（见表 9-2）。

（2）血浆脂蛋白的结构：一般为球状，以小泡或微粒形式分散在血浆内，其基本结构相似：疏水性较强的甘油三酯、胆固醇酯构成脂蛋白的核心部分；具极性或非极性基团的载脂蛋白、磷脂和游离胆固醇，以单分子层覆盖于脂蛋白表面，其极性基团朝外，突入周围水相中，而非极性的疏水基团与内部的疏水链相联系，从而使脂蛋白颗粒能够稳定地悬浮于水溶性的液相之中。如图 9-2 所示，CM 与 VLDL 主要以甘油三酯为内核，LDL 及 HDL 则主要以胆固醇酯为内核。

（3）载脂蛋白：血浆脂蛋白中的蛋白质部分称为载脂蛋白（apolipoprotein, Apo），目前已发现多种类型，主要有 Apo A、B、C、D 及 E 等五类，每种类型的载脂蛋白又可分为不同亚类。如 Apo A 分为 AⅠ、AⅡ、AⅣ及 AⅤ；Apo B 又分为 B₁₀₀ 及 B₄₈；Apo C 又分为 CⅠ、CⅡ、CⅢ 及 CⅣ。不同类型的血浆脂蛋白，含有不同的载脂蛋白，但多以某一种为主，且各种载脂蛋白之间维持一定比例。如高密度脂蛋白主要含载脂蛋白 AⅠ及 AⅡ。载脂蛋白的主要功能是与脂类化合物结合并转运，但不同类型的载脂蛋白还有其特殊的功能，如载脂蛋白 AⅠ能激活卵磷脂 - 胆固醇转酰基酶，该酶催化卵磷脂分子中 β 位的脂酰基转移至胆固醇 3 位羟基，生成溶血卵磷脂以及胆固醇酯，促进高密度脂蛋白成熟及胆固醇的转运；载脂蛋白 CⅡ是脂蛋白脂酶的激活剂，促进乳糜微粒以及极低密度脂蛋白的分解代谢；载脂蛋白 CⅢ 抑制脂蛋白脂酶的活性；载脂蛋白 D 促进胆固醇酯以及甘油三酯在极低密度脂蛋白、低密度脂蛋白与高密度脂蛋白之间的转运，因而也称脂质转运蛋白。

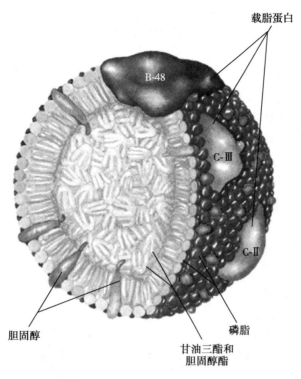

载脂蛋白

B-48

C-Ⅲ

C-Ⅱ

胆固醇

甘油三酯和
胆固醇酯

磷脂

图 9-2　脂蛋白颗粒结构示意图

（4）血浆脂蛋白的功能

1）乳糜微粒：乳糜微粒在小肠上皮细胞中合成，其特点是含有大量脂肪（约占90%），而蛋白质含量很少。肠黏膜上皮细胞能将食物中消化吸收的脂肪酸、甘油一酯、胆固醇及溶血卵磷脂等再重新合成甘油三酯、磷脂及胆固醇酯，由磷脂、胆固醇及内质网上合成的载脂蛋白组成外壳，将新合成的脂肪包裹起来而形成乳糜微粒。乳糜微粒中的脂肪来自食物，因此，乳糜微粒为外源性脂肪和胆固醇的主要运输形式，其运输量与食物中脂肪的含量基本上一致。乳糜微粒经乳糜管、胸导管进入血液。由于乳糜微粒的颗粒半径较大，能使光散射而呈现乳浊，这就是在饱餐后血清混浊的原因。

2）极低密度脂蛋白：极低密度脂蛋白主要由肝实质细胞合成，其组成特点与乳糜微粒相似，主要成分也是脂肪（含量仅次于乳糜微粒），但磷脂和胆固醇的含量比乳糜微粒多。极低密度脂蛋白中的脂肪，是肝细胞以葡萄糖为原料合成的，也可由食物或脂库中的脂肪动员释出的脂肪酸合成，与载脂蛋白、磷脂及胆固醇一起形成了极低密度脂蛋白，所以，极低密度脂蛋白是转运内源性脂肪和胆固醇的主要运输形式。

当血液经过脂肪组织、肝、肌肉等的毛细血管时，经管壁的脂蛋白脂肪酶（lipoprotein lipase, LPL）的作用，使乳糜微粒和极低密度脂蛋白中的脂肪水解成脂肪酸和甘油，这些水解产物的大部分进入细胞，被氧化或重新合成脂肪而储存。这种作用进行得很快，所以正常人空腹血浆几乎不易检出乳糜微粒，而且极低密度脂蛋白也很少。

3）低密度脂蛋白：低密度脂蛋白是极低密度脂蛋白在血浆中转变而来。极低密度脂蛋白在血浆中经脂蛋白脂肪酶及肝脂肪酶水解掉部分脂肪及少量蛋白质后，其残余部分即为低密度脂蛋白。由于低密度脂蛋白中脂肪含量较少，而胆固醇含量较高，它的主要功能是运输胆固醇到外周组织，是血液中胆固醇的主要载体。低密度脂蛋白主要在肝中降解，正常人血浆中的低密度脂蛋白，每天约有45%被清除，其中2/3由低密度脂蛋白受体途径降解，1/3由单核巨噬细胞系统清除。在临床上，对血浆低密度脂蛋白的增多较为关注，因为它的增多会导致胆固醇总量的增多。如果低密度脂蛋白结构不稳定,则胆固醇很容易在血管壁沉着而形成斑块,这就是动脉粥样硬化的病理基础,由此诱发一系列的心血管系统疾病。

　　4）高密度脂蛋白:高密度脂蛋白主要在肝中生成和分泌,小肠也可合成部分高密度脂蛋白。最初在细胞内,由蛋白质部分结合磷脂和胆固醇形成新生高密度脂蛋白。进入血浆后,其中的载脂蛋白AⅠ能够激活血浆卵磷脂-胆固醇转酰基酶,促进内核中胆固醇酯的生成及血浆胆固醇的转运,从而转变为成熟高密度脂蛋白。高密度脂蛋白组成中除蛋白质含量最多外,胆固醇和磷脂的含量也较高。由于高密度脂蛋白在血液流动的过程中,可被肝细胞的特异性受体识别和结合,被转运入细胞内降解,其中的胆固醇可以转变成胆汁酸或直接通过胆汁排出体外。因此,高密度脂蛋白的生理功能是将胆固醇从肝外组织转运到肝内代谢、清除,即逆向转运胆固醇。高密度脂蛋白是临床上某些疾病的诊断和治疗过程中颇受重视的指标,流行病学调查表明,血浆高密度脂蛋白浓度与动脉粥样硬化的发生呈负相关。

　　以上四种血浆脂蛋白的组成中,都或多或少地含有磷脂,故磷脂是血浆脂蛋白不可缺少的成分。四种血浆脂蛋白代谢概况见图9-3。

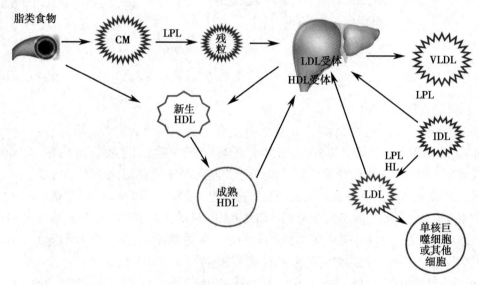

图 9-3　四种血浆脂蛋白代谢概况

第二节　脂肪的分解代谢

　　脂肪的分解代谢是机体能量的重要来源。在脂肪分子中,氢原子所占的比例比糖分子要高得多,而氧原子相对很少。所以,同样质量的脂肪和糖,在完全氧化生成二氧化碳和水时,脂肪所释放的能量较糖多。脂肪的氧化,必须有充分的氧供应才能进行,这和糖能够在无氧条件下也能进行分解（糖酵解）是不同的。

　　体内各组织细胞,除了成熟的红细胞外,几乎都具有水解脂肪并氧化分解其水解产物的能力。脂库中贮存的脂肪,也经常有一部分被水解。

一、脂肪动员

　　脂肪动员（fat mobilization）是指储存在脂肪细胞中的甘油三酯,在脂肪酶的作用下,逐步水解为游离脂肪酸（free fatty acid, FFA）和甘油并释放入血,通过血液运输至其他组织氧化利用的过程。

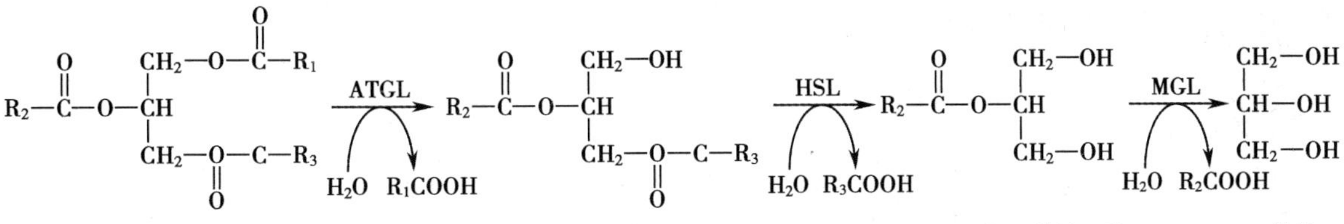

脂肪动员的第一步是使甘油三酯水解成甘油二酯和脂肪酸,催化该反应的酶是甘油三酯脂肪酶(adipose triglyceride lipase, ATGL)。第二步由激素敏感性脂肪酶(hormone-sensitive lipase, HSL)催化甘油二酯生成甘油一酯和脂肪酸。第三步在甘油一酯脂肪酶(monoacylglycerol lipase, MGL)催化下生成甘油一酯和脂肪酸。其中激素敏感性脂肪酶是脂肪动员的限速酶,可受多种激素调控。

脂肪动员过程(图片)

机体通过激素依赖 cAMP- 蛋白激酶系统对 HSL 的作用,实现对脂肪动员的调控。当机体处于禁食、饥饿或兴奋状态时,肾上腺素、胰高血糖素等分泌增加,激活脂肪细胞膜上的腺苷酸环化酶,使细胞内 cAMP 的浓度增加,从而激活脂肪酶而增强脂肪动员。胰高血糖素、肾上腺素、促肾上腺皮质激素和促甲状腺素都可促进脂肪动员,故称为脂解激素。进食后胰岛素分泌增加,因其能降低脂肪细胞中的 cAMP 浓度,故能抑制脂肪酶的活性,这是胰岛素能减少脂肪动员的一个原因。胰岛素、前列腺素及烟酸等具有抑制脂肪动员、对抗脂解激素的作用,被称为抗脂解激素。正常人,因血液中胰岛素和胰高血糖素等保持平衡,故使脂肪的贮存和动员也处于动态平衡。如果平衡被破坏,不但可引起肥胖或消瘦,还可引起血浆脂类浓度的改变,进而诱发心血管系统的疾病。

活化的脂肪酶使脂肪逐步水解成 FFA 和甘油,释放入血。清蛋白具有结合 FFA 的能力,1 分子清蛋白可结合 10 分子 FFA。FFA 与清蛋白结合通过血液循环运输至全身各组织,主要由心、肝、骨骼肌等组织摄取利用。甘油可直接由血液运输至肝、肾、肠等组织摄取利用。

二、甘油的氧化分解

甘油在甘油激酶催化下,被磷酸化生成 α- 磷酸甘油,随后再氧化生成磷酸二羟丙酮,经异构化生成 3- 磷酸甘油醛。3- 磷酸甘油醛经糖酵解途径,转化生成丙酮酸,进而继续氧化生成二氧化碳和水,或经糖异生途径生成葡萄糖。甘油的分解代谢过程如下:

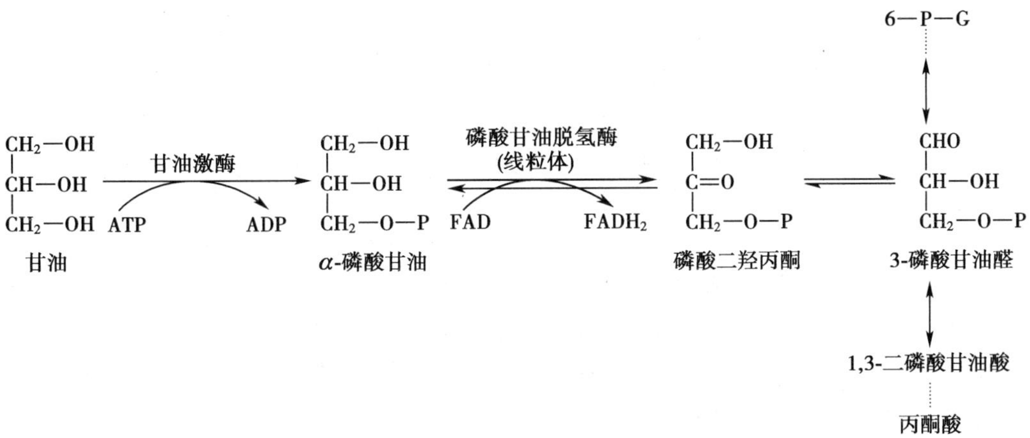

磷酸甘油脱氢酶催化的反应是可逆的,故糖代谢的中间产物磷酸二羟丙酮,也能还原生成磷酸甘油。但在细胞质中的磷酸甘油脱氢酶与线粒体中的不同,其辅酶是 NAD^+。

肝细胞的甘油激酶活性最高,脂肪动员产生的甘油主要在肝组织代谢,除了肝外,肾、小肠黏膜和哺乳期的乳腺亦富含甘油激酶。但在肌肉和脂肪组织中,甘油激酶的活性很低,所以,这两种组织利用甘油的能力很弱。由于甘油只占整个脂肪分子中很小一部分,所以脂肪氧化提供的能量,主要来自脂肪酸分解。

三、脂肪酸的氧化分解

（一）饱和偶数碳原子脂肪酸的氧化分解

脂肪酸在体内氧化分解代谢的最主要途径为 β 氧化作用，由 Knoop 在 1904 年首先提出，该途径的每次循环反应是从脂肪酸的羧基端氧化水解下一个二碳化合物。由于这种氧化作用在脂肪酸的 β 位碳原子进行，故称为 β 氧化作用。除脑、成熟红细胞等少数组织、细胞外，大多数组织、细胞均能氧化脂肪酸，但以肝组织和肌组织最活跃。β 氧化作用在线粒体基质中进行。

1. 脂肪酸的活化——脂酰 CoA 的生成　脂肪酸氧化前必须进行活化，活化在线粒体外进行。内质网及线粒体外膜上的脂酰 CoA 合成酶（acyl-CoA synthetase），在 ATP、CoASH、Mg^{2+} 协同下，催化脂肪酸活化生成其活化形式脂酰 CoA。

生成的脂酰 CoA 含有高能硫酯键，其反应活性大大提高，同时也增加了脂酰基的水溶性，从而提高了脂肪酸的代谢活性。反应过程中生成的焦磷酸立即被细胞内的焦磷酸酶水解，阻止了逆反应进行的可能。故 1 分子脂肪酸的活化实际消耗两个高能磷酸键。

上述反应实际上是分两步进行的：

第一步 $RCH_2CH_2COOH + ATP + E \longrightarrow RCH_2CH_2CO \cdot AMP \cdot E + PPi$

第二步 $RCH_2CH_2CO \cdot AMP \cdot E + CoASH \longrightarrow RCH_2CH_2COSCoA + AMP + E$

总反应方程式：

$$RCH_2CH_2COOH + ATP + CoASH \longrightarrow RCH_2CH_2COSCoA + AMP + PPi$$

脂肪组织中，已知有三种脂酰 CoA 合成酶：①乙酰 CoA 合成酶，以乙酸为主要底物；②辛酰 CoA 合成酶，以辛酸为主要底物，但作用范围可从四碳酸到十二碳酸；③十二碳脂酰 CoA 合成酶，对十二碳脂肪酸的活力最高，作用范围从十碳脂肪酸到二十碳脂肪酸。

2. 脂酰 CoA 转运至线粒体　脂肪酸活化在细胞质中进行，而催化脂肪酸氧化的酶系存在于线粒体基质中，因此，活化的脂酰 CoA 必须进入线粒体内才能进行氧化代谢。实验证明，十碳脂肪酸及以下的中、小碳链脂肪酸被活化后，可直接进入线粒体内膜进行氧化，而长链脂酰 CoA 不能直接通过线粒体内膜，需要通过一种特异的转运载体转运至线粒体内膜，这个载体就是肉碱（carnitine）。

$$H_3C-\overset{\overset{\displaystyle CH_3}{|}}{\underset{\underset{\displaystyle CH_3}{|}}{N^+}}-CH_2-\overset{\overset{\displaystyle OH}{|}}{CH}-CH_2-\overset{\overset{\displaystyle}{}}{\underset{\underset{\displaystyle O^-}{|}}{C}}=O$$

L-3-羟基-4-三甲基铵丁酸(肉碱)

肉碱通过其羟基与脂酰基连接成酯，生成的脂酰肉碱很容易通过线粒体内膜。首先在线粒体内膜外侧，肉碱和脂酰 CoA 在肉碱脂酰基转移酶 I（carnitine acyl transferase I，CAT I）的催化下生成脂酰肉碱；随即通过线粒体内膜的转位酶（translocase）的作用穿过线粒体内膜，进入线粒体；在线粒体内膜内侧，再由肉碱脂酰基转移酶 II（CAT II）催化，脱去肉碱再形成脂酰 CoA，脂酰 CoA 在线粒体的基质中进行 β 氧化。肉碱转运脂酰基的过程如图 9-4 所示。

脂酰 CoA 进入线粒体是脂肪酸 β 氧化的主要限速步骤，肉碱脂酰基转移酶 I 是脂肪酸 β 氧化的限速酶。饥饿、高脂低糖膳食或糖尿病情况下，因糖的利用减少，肉碱脂酰基转移酶 I 活性增加，脂肪酸氧化增强。饱食情况下，丙二酰 CoA 及脂肪合成增加，抑制了肉碱脂酰基转移酶 I 活性，从而使脂肪酸氧化被抑制。

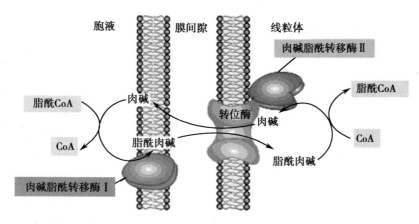

图 9-4　肉碱转运长链脂酰基的过程示意图

3. 脂肪酸的 β 氧化　在线粒体脂肪酸氧化酶系作用下,脂酰 CoA 进行 β 氧化循环。每次 β 氧化循环,原脂酰 CoA 的 α、β 碳原子间被断开,释放出 1 分子乙酰 CoA,而原脂酰 CoA 转变为减去两个碳原子的脂酰 CoA。乙酰 CoA 再经三羧酸(TCA)循环,完全氧化成二氧化碳和水,并释放出大量的能量。偶数碳原子脂肪酸经 β 氧化,最终全部生成乙酰 CoA。

脂酰 CoA β 氧化的反应过程如下:

(1)第一次脱氢反应:脂酰 CoA 经脂酰 CoA 脱氢酶催化,α 和 β 碳原子上各脱下一个氢原子,生成 Δ^2 反烯脂酰 CoA。此脱氢酶的辅基为 FAD。

$$RC_\gamma H_2C_\beta H_2C_\alpha H_2COSCoA \xrightarrow[\text{FAD} \quad \text{FADH}_2]{} RC_\gamma H_2C_\beta \overset{H}{=} \overset{}{C_\alpha}\underset{H}{}COSCoA$$

(2)水化反应:Δ^2 反烯脂酰 CoA 在 Δ^2 反烯脂酰 CoA 水化酶的催化下,在其双键上加水生成 L-β- 羟脂酰 CoA。

$$RC_\gamma H_2C_\beta \overset{H}{=}\underset{H}{C_\alpha}COSCoA \xrightarrow[\text{H}_2\text{O}]{} RC_\gamma H_2 \overset{OH}{\underset{H}{C_\beta}}C_\alpha H_2COSCoA$$

烯脂酰 CoA 水化酶具有立体专一性,专一催化 Δ^2 反烯脂酰 CoA。若作用于 Δ^2 顺烯脂酰 CoA,则生成的是 D-β- 羟脂酰 CoA。

(3)第二次脱氢反应:L-β- 羟脂酰 CoA 在 L-β- 羟脂酰 CoA 脱氢酶的催化下,脱去 β 碳原子以及羟基上的氢原子,生成 β- 酮脂酰 CoA。该脱氢酶的辅酶为 NAD$^+$。

$$RC_\gamma H_2 \overset{OH}{\underset{H}{C_\beta}}C_\alpha H_2COSCoA \xrightarrow[\text{NAD}^+ \quad \text{NADH+H}^+]{} RC_\gamma H_2 \overset{O}{\overset{\|}{C_\beta}}C_\alpha H_2COSCoA$$

L-β- 羟脂酰 CoA 脱氢酶具有绝对专一性,只作用于 L-β- 羟脂酰 CoA。

(4)硫解断链:在 β- 酮脂酰 CoA 硫解酶的催化下,β- 酮脂酰 CoA 与 HSCoA 作用,在碳链的 β 位断裂,硫解产生 1 分子乙酰 CoA 和比原来减少了 2 个碳原子的脂酰 CoA。

$$RC_\gamma H_2 \overset{O}{\overset{\|}{C_\beta}}C_\alpha H_2COSCoA \xrightarrow[\text{HSCoA} \quad \text{C}_\alpha\text{H}_3\text{COSCoA}]{} RC_\gamma H_2C_\beta OSCoA$$

综上所述,1 分子脂酰 CoA 通过脱氢、加水、再脱氢和硫解四步连续反应(1 次 β 氧化循环)后,生成 1 分子乙酰 CoA 和减少了两个碳原子的脂酰 CoA。新生成的脂酰 CoA 可继续重复上述四步反应,最终将脂酰 CoA 完全分解为乙酰 CoA。脂肪酸 β 氧化过程见图 9-5。

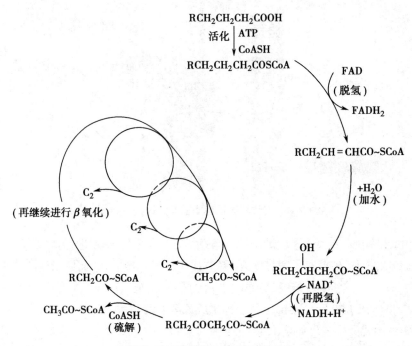

图 9-5　脂肪酸 β 氧化反应过程

4. 脂肪酸氧化的能量生成　脂肪酸 β 氧化产生的乙酰 CoA 通过三羧酸循环,彻底氧化成二氧化碳和水,并释放大量能量。

以软脂酸为例,计算其完全氧化产生的 ATP 分子数（ADP + Pi ⟶ ATP）：

（1）软脂酸为十六碳酸（N 个碳原子）,需经 7 次 β 氧化循环 $[（N/2）-1$ 次 β 氧化]，共产生 8 分子乙酰 CoA（$N/2$ 个分子乙酰 CoA）。1 次 β 氧化有两步脱氢反应,分别产生 $FADH_2$ 和 $NADH + H^+$。7 次 β 氧化循环共产生 7 分子 $FADH_2$ 和 7 分子 $NADH + H^+$。1 分子 $FADH_2$ 通过呼吸链氧化产生 1.5 分子 ATP,1 分子 $NADH + H^+$ 通过呼吸链氧化产生 2.5 分子 ATP。

（2）每分子乙酰 CoA 经三羧酸循环时可产生 3 分子 $NADH + H^+$、1 分子 $FADH_2$ 和 1 分子 GTP,即每循环一次,产生 10 分子 ATP。软脂酸所产生的 8 分子乙酰 CoA,共产生 80 分子 ATP。

（3）脂肪酸活化形成脂酰 CoA 时消耗了 2 个高能磷酸基团,相当于消耗了 2 分子 ATP。

所以 1 分子软脂酸完全氧化生成二氧化碳和水,净产生的 ATP 分子数是：$（8 × 10）+（7 × 1.5）+（7 × 2.5）- 2 = 106$ 个 ATP 分子。

由此不难看出,脂肪酸具有提供机体大量可利用能量的作用。

（二）脂肪酸的 α 氧化

脂肪酸除了进行 β 氧化作用外,还有少量可进行其他方式氧化,如 α 氧化和 ω 氧化等。

α 氧化作用在哺乳动物的脑组织和神经细胞的微粒体中进行,由微粒体氧化酶系催化,使游离的长链脂肪酸的 α 碳原子上的氢被氧化成羟基,生成 α-羟脂酸。长链的 α-羟脂酸是脑组织中脑苷脂的重要成分。α-羟脂酸可以继续氧化脱羧,形成少 1 个碳原子的脂肪酸。在微粒体中,α 氧化作用的过程如下：

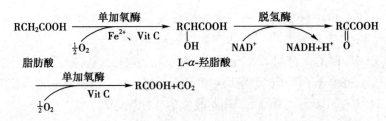

α 氧化不能使脂肪酸彻底氧化,碳链缩短后还要进行 β 氧化。α 氧化对降解带甲基的支链脂肪酸、奇数碳原子脂肪酸或过分长的长链脂肪酸有重要作用。有一种遗传性疾病——Refsum 病,患者由于先天性 α 氧化酶系缺陷,不能氧化降解植烷酸(含有 4 个甲基的二十碳脂肪酸),导致植烷酸在血浆和组织中大量堆积,从而引起神经系统功能损害。

（三）脂肪酸的 ω 氧化

脂肪酸的氧化分解也可从碳链的甲基端进行。动物体内十二碳以下的短链脂肪酸,在肝微粒体氧化酶系催化下,通过碳链甲基端碳原子(ω 碳原子)上的氢被氧化成羟基,生成 ω- 羟脂酸、ω- 醛脂酸等中间产物,再进一步氧化成 α,ω- 二羧酸,其反应如下:

$$CH_3(CH_2)_nCOOH \xrightarrow[\text{O}_2,\text{NADPH}]{\text{单加氧酶}} HO-CH_2-(CH_2)_nCOOH \longrightarrow HOOC-(CH_2)_nCOOH$$

脂肪酸的 ω 氧化反应中,细胞色素 P-450 作为电子载体参与作用。生成的二羧酸可转运至线粒体,从分子的任何一端进行 β 氧化,最后生成琥珀酰 CoA,后者直接进入三羧酸循环,彻底氧化成二氧化碳和水。

（四）不饱和脂肪酸的氧化

生物体内的脂肪酸有一半以上是不饱和脂肪酸,其氧化途径与饱和脂肪酸的氧化途径基本相似,但饱和脂肪酸 β 氧化产生的 Δ^2 反烯脂酰 CoA 的双键是反式,而天然存在的不饱和脂肪酸的双键为顺式,由于烯脂酰 CoA 水化酶和羟脂酰 CoA 脱氢酶具有高度立体异构专一性,反应不能继续,因此还需要另外两个酶,即异构酶和差向异构酶的参与。

含 1 个双键的不饱和脂肪酸在降解时,除需 β 氧化相关酶外,还需要 1 种烯脂酰 CoA 异构酶,将顺式双键的中间产物转变为反式双键。如油脂酰 CoA 为 Δ^9 顺式,通过 3 次 β 氧化形成十二碳烯脂酰 CoA(Δ^3 顺式十二碳烯脂酰 CoA),此产物不能被 β 氧化过程中的水化酶催化,需通过 Δ^3 顺 -Δ^2 反烯脂酰 CoA 异构酶的作用,将其 Δ^3 顺式结构转变为 Δ^2 反式结构,后者可作为 β 氧化过程中烯脂酰 CoA 水化酶的正常底物,按 β 氧化途径继续分解。反应过程如下:

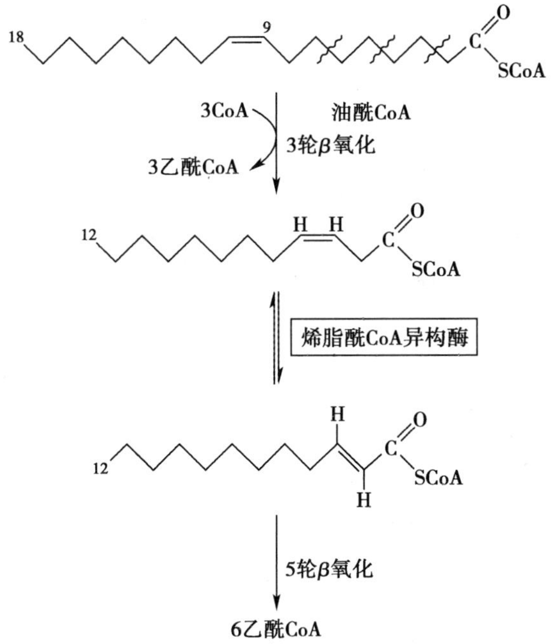

对于含 1 个双键以上的多不饱和脂肪酸,如亚油酸、亚麻酸等,除上述异构酶外,还需要另一种 2,4- 二烯脂酰 CoA 还原酶。该酶由 NADPH 供氢,将 Δ^4 顺 -Δ^2 反烯脂酰 CoA 还原为 Δ^2 反烯脂酰 CoA,继续进行 β 氧化。反应过程如下:

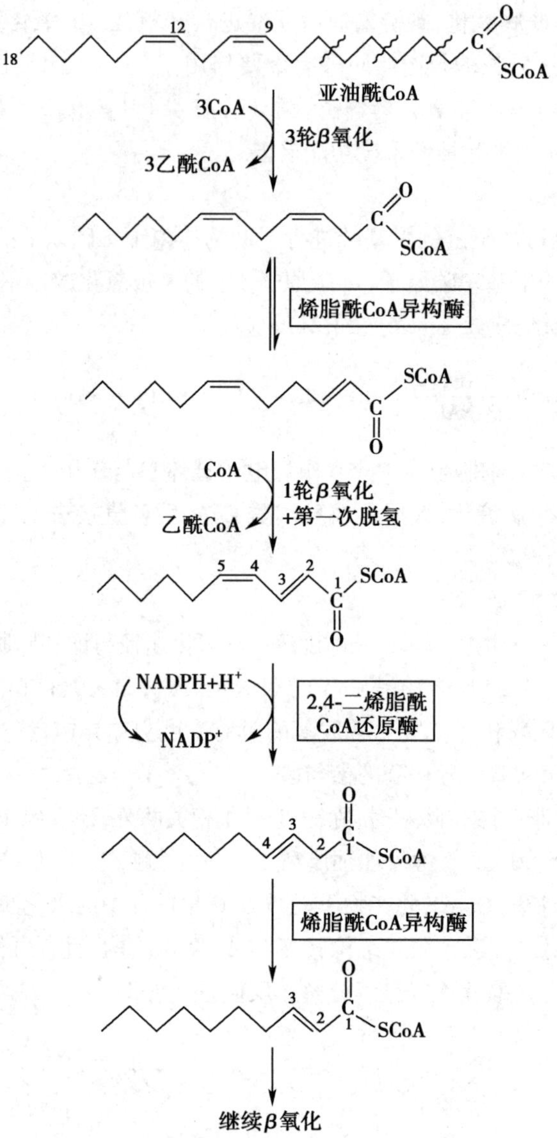

亚油酰CoA

3CoA

3轮β氧化

3乙酰CoA

烯脂酰CoA异构酶

CoA

1轮β氧化
+第一次脱氢

乙酰CoA

NADPH+H⁺

NADP⁺

2,4-二烯脂酰
CoA还原酶

烯脂酰CoA异构酶

继续β氧化

（五）奇数碳原子脂肪酸的氧化

人体含有极少量奇数碳原子脂肪酸,它们经β氧化后,除了生成乙酰 CoA 外,最后还可以得到 1 分子丙酰 CoA。丙酰 CoA 经丙酰 CoA 羧化酶以及甲基丙二酸单酰 CoA 异构酶、变位酶催化,转变为琥珀酰 CoA,后者通过三羧酸循环被彻底氧化。支链氨基酸氧化分解亦可产生丙酰 CoA。

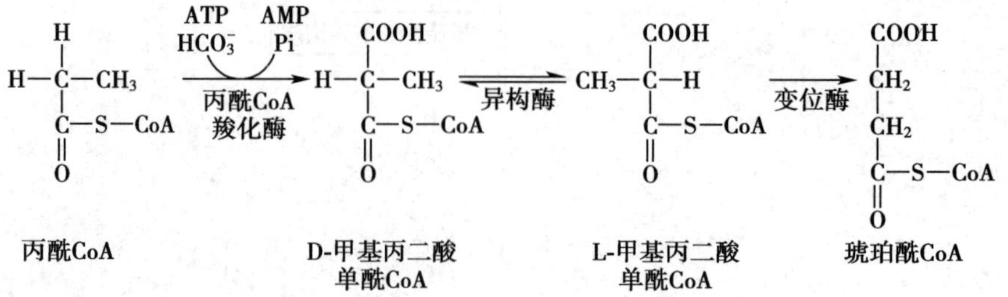

ATP　AMP
HCO₃⁻　Pi

丙酰CoA
羧化酶

异构酶

变位酶

丙酰CoA　　　D-甲基丙二酸　　　L-甲基丙二酸　　　琥珀酰CoA
　　　　　　　单酰CoA　　　　　单酰CoA

四、酮体的生成和利用

脂肪酸在肌肉、心肌等许多肝外组织中,能够被彻底氧化生成二氧化碳和水。但在肝中,脂肪酸 β 氧化产生的乙酰 CoA,除进入三羧酸循环彻底氧化生成 ATP 外,其余可转变成乙酰乙酸（acetoacetate）、β- 羟丁酸（β-hydroxybutyrate）及丙酮（acetone）,这三者统称为酮体（ketone body）。这是因为肝具有活性较强的合成酮体的酶系,同时又缺乏利用酮体的酶系,因此酮体是脂肪酸在肝氧化分解时特有的中间代谢物。

（一）酮体的生成

脂肪酸在线粒体中,经 β 氧化生成的大量乙酰 CoA 是合成酮体的原料。合成过程在线粒体内完成,分几步进行：

1. 2分子乙酰 CoA 在肝线粒体乙酰乙酰 CoA 硫解酶（thiolase）的作用下,缩合成乙酰乙酰 CoA,并释放出 1 分子 CoASH。

2. 乙酰乙酰 CoA 在羟甲基戊二酸单酰 CoA 合酶的催化下,与 1 分子乙酰 CoA 缩合,生成 β- 羟 -β- 甲基戊二酸单酰 CoA（β-hydroxy-β-methylglutaryl CoA, HMG-CoA）,并释放出 1 分子 CoASH。

3. 羟甲基戊二酸单酰 CoA 在 HMG-CoA 裂解酶的作用下,裂解生成乙酰乙酸和乙酰 CoA。

4. 乙酰乙酸在线粒体内膜 D-β- 羟丁酸脱氢酶的催化下,被还原成 D-β- 羟丁酸,所需的氢由 NADH + H$^+$ 提供,还原速度取决于 NADH + H$^+$ / NAD$^+$ 比值。

5. 部分乙酰乙酸在乙酰乙酸脱羧酶的催化下,脱羧生成丙酮；乙酰乙酸也可缓慢地自发脱羧生成丙酮。酮体的生成过程,见图 9-6。

肝线粒体内含有各种合成酮体的酶类,尤其是 HMG-CoA 合酶（酮体合成的关键酶）,因此,生成酮体是肝特有的功能。但是,肝氧化酮体的酶活性很差,不能氧化酮体。因此,肝所产生的酮体,通过血液运输到肝外组织,进一步氧化分解。

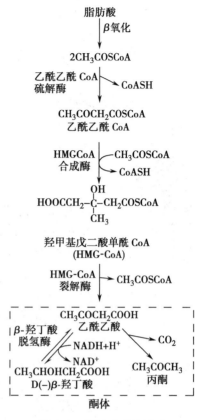

图 9-6 酮体的生成过程

HMG-CoA 是酮体生成的中间产物,也是合成胆固醇的中间产物。由于上述反应都是可逆的,因此,HMG-CoA 是脂肪酸、酮体及胆固醇代谢的共同中间产物,故它在脂类代谢中具有重要意义。

（二）酮体的利用

肝外许多组织,尤其是肾、心肌、骨骼肌及脑组织等,具有很强的利用酮体的酶系,如琥珀酰 CoA 转硫酶、乙酰乙酰 CoA 硫解酶以及乙酰乙酸硫激酶,它们都可以催化酮体,转变成相应的产物,并分解为乙酰 CoA。后者进入三羧酸循环彻底氧化分解成水和二氧化碳,并释放出大量能量。

1. 琥珀酰 CoA 转硫酶　心、肾、脑及骨骼肌的线粒体,具有较高的琥珀酰 CoA 转硫酶活性,在有琥珀酰 CoA 存在时,此酶催化乙酰乙酸生成乙酰乙酰 CoA。

$$
\begin{array}{ccc}
\underset{\text{乙酰乙酸}}{\begin{array}{c}CH_3\\|\\CO\\|\\CH_2\\|\\COOH\end{array}} + \underset{\text{琥珀酰CoA}}{\begin{array}{c}COOH\\|\\CH_2\\|\\CH_2\\|\\CO-SCoA\end{array}} & \xrightleftharpoons[]{\text{琥珀酰CoA}\atop\text{转硫酶}} & \underset{\text{乙酰乙酰CoA}}{\begin{array}{c}CH_3\\|\\CO\\|\\CH_2\\|\\CO-SCoA\end{array}} + \underset{\text{琥珀酸}}{\begin{array}{c}COOH\\|\\CH_2\\|\\CH_2\\|\\COOH\end{array}}
\end{array}
$$

2. 乙酰乙酰 CoA 硫解酶　心、肾、脑及骨骼肌线粒体中,还含有乙酰乙酰 CoA 硫解酶,催化乙酰乙酰 CoA 硫解,生成 2 分子乙酰 CoA,后者即可进入三羧酸循环被彻底氧化。

$$
\underset{\text{乙酰乙酰CoA}}{CH_3COCH_2COSCoA} \xrightleftharpoons[\text{CoA}]{\text{乙酰乙酰CoA}\atop\text{硫解酶}} \underset{\text{乙酰CoA}}{2CH_3COSCoA}
$$

3. 乙酰乙酸硫激酶　心、肾和脑的线粒体中还含有乙酰乙酸硫激酶,可直接活化乙酰乙酸,生成乙酰乙酰 CoA,后者在乙酰乙酰 CoA 硫解酶的作用下,硫解为 2 分子乙酰 CoA。

$$CH_3COCH_2COOH + CoA + ATP \xrightarrow[\text{硫激酶}]{\text{乙酰乙酸}} CH_3COCH_2COSCoA + PPi + AMP$$

乙酰乙酸　　　　　　　　　　　　　　　　　乙酰乙酰CoA

4. *β*- 羟丁酸脱氢酶　*β*- 羟丁酸在 *β*- 羟丁酸脱氢酶的作用下,脱氢生成乙酰乙酸,然后再转变,并硫解成乙酰 CoA 而被氧化。

$$CH_3CHOHCH_2COOH \underset{NAD^+ \quad NADH+H^+}{\overset{\text{β-羟丁酸}}{\rightleftharpoons}} CH_3COCH_2COOH$$

β-羟基丁酸　　　　　　　　　　　　　　　　乙酰乙酸

酮体生成、
运输和利用
过程(图片)

乙酰乙酸可自发脱羧生成丙酮。正常情况下,丙酮量少,易挥发,经肺排出。部分丙酮可在一系列酶的作用下,转变成丙酮酸或乳酸,进而异生转变成糖。这是脂肪酸的碳原子转变成糖的一个途径,但因丙酮量少,故脂肪酸碳原子转变成糖十分有限。

总之,肝是生成酮体的器官,但不能利用酮体;肝外组织不能生成酮体,却可以利用酮体。

（三）酮体生成的生理意义

1. 酮体是脂肪酸在肝内正常的代谢中间产物,是肝输出能量的一种形式。

2. 酮体溶于水,分子小,能通过血脑屏障及肌肉毛细血管壁,是肌肉尤其是脑组织的重要能源。脑组织不能氧化脂肪酸,却有较强的利用酮体的能力。

3. 长期饥饿和糖供给不足时,酮体可以代替葡萄糖成为脑组织及肌组织的主要能源。

（四）酮体生成的调节

饥饿时,肾上腺素、胰高血糖素等脂解激素分泌增加,或糖尿病等疾病时糖的利用受阻,此时脂肪动员加强,进入肝细胞的脂肪酸增多;同时肝内糖代谢减弱,*α*- 磷酸甘油及 ATP 减少,脂肪酸酯化减少,有利于脂肪酸 *β* 氧化及酮体生成。相反,在饱食及糖利用充分的情况下,一方面抗脂解激素胰岛素分泌增加,抑制脂肪动员,进入肝内脂肪酸减少;另一方面糖代谢旺盛,产生充足的 *α*- 磷酸甘油及 ATP,进入肝细胞的脂肪酸主要用于酯化生成甘油三酯及磷脂,酮体生成减少;此外,糖代谢产生的乙酰 CoA 及柠檬酸能变构激活乙酰 CoA 羧化酶,促进丙二酸单酰 CoA 的合成,后者是肉碱脂酰转移酶 I 的抑制剂,从而阻止长链脂酰 CoA 进入线粒体进行 *β* 氧化,有利于脂肪酸的合成,酮体生成被抑制。

在正常情况下,乙酰 CoA 顺利进入三羧酸循环,脂肪酸的合成作用也正常进行。肝中乙酰 CoA 的浓度不会增高,所以肝中累积的酮体很少。血液中酮体浓度相对恒定,在 20~50mg/L,尿液中检查不出酮体。当饥饿、高脂低糖膳食、糖尿病时,由于脂肪动员加强,肝产生过多的酮体,超过了肝外组织氧化利用酮体的能力,在临床上就会引起酮体症。人体在缺糖几天之后,血中酮体含量可比正常时增高几十倍。

第三节　脂肪的合成代谢

从食物中摄入的脂肪酸及机体合成的脂肪酸,大多以酯化的形式储存在体内,如甘油三酯、胆固醇酯等。其中甘油三酯主要储存在脂肪组织中,是机体能量的储存形式,在禁食、饥饿时供机体能量所需。脂肪组织、肝和小肠是体内合成脂肪的主要部位,其他许多组织如肾、脑、肺、乳腺等组织也都能合成脂肪。合成过程在细胞质中进行。合成脂肪的原料是 *α*- 磷酸甘油和脂肪酸,主要由糖代谢提供。人和动物即使完全不摄取脂肪,亦可由糖大量合成脂肪。

一、*α*- 磷酸甘油的合成

α- 磷酸甘油可由糖酵解中间产物——磷酸二羟丙酮经还原而成,也可在肝中由甘油激酶催化甘油磷酸化而生成。

$$C_6H_{12}O_6 \rightarrow \rightarrow \underset{\text{磷酸二羟丙酮}}{\underset{CH_2OH}{\underset{|}{\overset{CH_2OP}{\overset{|}{C=O}}}}} \xrightarrow[\alpha\text{-磷酸甘油脱氢酶}]{NADH+H^+ \quad NAD^+} \underset{\alpha\text{-磷酸甘油}}{\underset{CH_2OH}{\underset{|}{\overset{CH_2OP}{\overset{|}{HO-C-H}}}}} \xleftarrow[\text{甘油激酶}]{ADP \quad ATP} \underset{\text{甘油}}{\underset{CH_2OH}{\underset{|}{\overset{CH_2OH}{\overset{|}{HOC-H}}}}}$$

葡萄糖

二、脂肪酸的生物合成

（一）脂肪酸生物合成的部位和原料

1. 合成部位　在肝、脑、肾、肺、脂肪等多种组织细胞质中存在脂肪酸合成酶系,共同催化完成脂肪酸的合成。其中以肝合成脂肪酸的能力最大,较脂肪组织大 8~9 倍,但肝合成的脂肪酸酯化后主要参与低密度脂蛋白形成并转运出肝,故正常情况下肝细胞中无脂肪存储。

2. 合成原料　同位素示踪实验证明,乙酸可以在体内合成脂肪酸。进一步研究说明,合成脂肪酸的直接原料是乙酰 CoA,因此,凡是在体内能分解生成乙酰 CoA 的物质,都能用于合成脂肪酸。糖的分解产物中有大量的乙酰 CoA,这是脂肪酸合成的最主要原料来源。

乙酰 CoA 在线粒体内产生,其本身不易透过线粒体膜,需要其他物质携带,才能由线粒体转入到细胞质作为合成脂肪酸的原料。乙酰 CoA 由线粒体转入到细胞质的过程,主要通过柠檬酸 - 丙酮酸循环(citrate pyruvate cycle)完成。在此循环中,乙酰 CoA 首先在线粒体内,与草酰乙酸缩合生成柠檬酸,通过线粒体内膜上的载体,将柠檬酸转运到细胞质。在细胞质 ATP 柠檬酸裂解酶作用下,使柠檬酸裂解释放出乙酰 CoA 及草酰乙酸,乙酰 CoA 即可用于合成脂肪酸。草酰乙酸则在苹果酸脱氢酶的作用下还原成苹果酸,这是三羧酸循环中 L- 苹果酸氧化的逆反应,L- 苹果酸在苹果酸酶的作用下,分解为丙酮酸,后者被转运进入线粒体,最终形成线粒体内的草酰乙酸,再重新参与乙酰 CoA 的转运(图 9-7)。

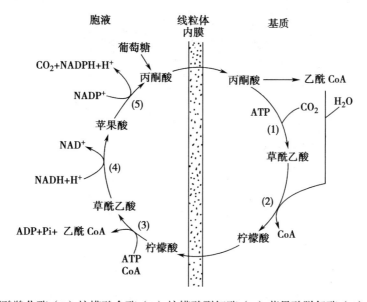

（1）丙酮酸羧化酶;（2）柠檬酸合酶;（3）柠檬酸裂解酶;（4）苹果酸脱氢酶;（5）苹果酸酶

图 9-7　柠檬酸 - 丙酮酸循环

除乙酰 CoA 以外,脂肪酸的合成还需要 $NADPH + H^+$、HCO_3^-（ CO_2 ）、ATP 及 Mn^{2+} 等原料。$NADPH + H^+$ 主要来自磷酸戊糖途径,少量来自柠檬酸 - 丙酮酸循环反应中的苹果酸氧化脱羧。

（二）脂肪酸生物合成过程

目前认为,饱和脂肪酸的生物合成有两种途径:①由非线粒体酶系(即细胞质酶系)合成饱和脂肪酸的途径;②在线粒体和微粒体中进行的饱和脂肪酸碳链延长的途径(十六碳以上)。也就是说,乙酰 CoA 在细胞质中的脂肪酸合成相关酶系的催化下,首先合成十六碳酸,而线粒体和微粒体内的酶系能使饱和脂肪酸的碳链延长,每次延长 2 个碳原子。

　　1. 丙二酸单酰 CoA 的合成　　乙酰 CoA 羧化生成丙二酸单酰 CoA 是脂肪酸合成的第一步反应,此反应不可逆,由乙酰 CoA 羧化酶(acetyl CoA carboxylase)所催化。该反应为脂肪酸合成的关键步骤,乙酰 CoA 羧化酶是脂肪酸合成酶系中的限速酶,Mn^{2+} 为激活剂,生物素是乙酰 CoA 羧化酶的辅基,在羧化反应中起转移羧基的作用。乙酰 CoA 的具体羧化反应过程如下:

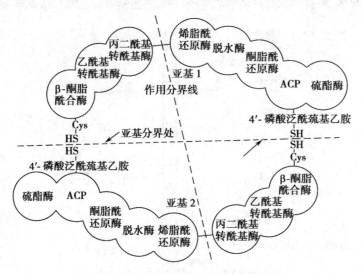

　　2. 脂肪酸的合成　　从乙酰 CoA 以及丙二酸单酰 CoA 合成长链脂肪酸,实际上是一个重复加成的过程,每次延长一个二碳单位。十六碳软脂酸的合成需经过连续 7 次重复加成(缩合)反应。

　　脂肪酸合成过程需要 7 种酶的催化作用,不同生物体内 7 种酶的排布有所不同。真核生物体内的这 7 种酶活性和 1 分子酰基载体蛋白(acyl carrier protein, ACP)均在同一条多肽链上(相对分子量为 26 万 kDa),属多功能酶,由一个基因编码。两条完全相同的多肽链(亚基)首尾相连组成的二聚体,是有活性的脂肪酸合酶(fatty acid synthase)。二聚体若解离成单体,则酶活性丧失。二聚体的每条多肽链(即每个亚基)上均有 ACP 结构域,其巯基(—SH)与另一个亚基的 β- 酮脂酰合酶分子的半胱氨酸残基的—SH 紧密相邻,因为这两个巯基,均参与脂肪酸合酶催化的脂肪酸合成作用,所以只有二聚体才能够表现出催化活性。真核生物脂肪酸合酶的二聚体结构如图 9-8 所示。

图 9-8　真核生物脂肪酸合酶结构示意图

　　原核生物如大肠埃希菌,脂肪酸合成过程是由 7 种不同的酶共同催化完成的,其中除硫酯酶外,其他 6 种酶与 1 个 ACP 分子组成脂肪酸合酶多酶复合体。

　　ACP 是一种对热稳定的蛋白质,相对分子量约为 9 500kDa,其 36 位的丝氨酸残基的羟基,通过磷酸酯键与其辅基 4′- 磷酸泛酰巯基乙胺相连,结构式如下:

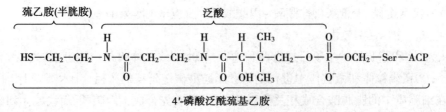

ACP 辅基的—SH 与 CoA 的—SH 一样,在反应中,作为脂酰基或乙酰基的连接基团,因此,ACP 是脂肪酸合成中脂酰基的载体。ACP 在每个亚基不同催化部位之间转运底物或中间物,这犹如一个高效的生产线,大大提高了脂肪酸合成的效率。

软脂酸的合成过程可概括如下:

（1）丙二酸单酰 ACP 的生成:研究人员发现,用细胞提取液进行脂肪酸生物合成时需要 HCO_3^-,其原因是脂肪酸合成时,乙酰 CoA 是合成脂肪酸的引物。对于软脂酸合成来说,在所需要的 8 个二碳单位中,只有 1 个是在合成初期以乙酰基的形式参与合成的,其余 7 个皆以丙二酸单酰基的形式参与合成。也就是说,在脂肪酸合成中,每次碳链延长,均需要由乙酰基转化成丙二酸单酰基的形式参与,而且丙二酸单酰基以 ACP 作为其载体。

丙二酸单酰基由 CoA 转移到 ACP 的反应由丙二酸单酰 CoA-ACP 转移酶催化。

$$\underset{\text{丙二酸单酰CoA}}{HOOCCH_2CO{\sim}SCoA} + ACP \xrightleftharpoons{\text{丙二酸单酰CoA-ACP转移酶}} \underset{\text{丙二酸单酰ACP}}{HOOCCH_2CO{\sim}SACP} + CoA\text{-}SH$$

（2）脂肪酸合成的初始反应:在乙酰 CoA-ACP 转移酶催化下,乙酰 CoA 分子的乙酰基,从 CoA 转移到 ACP 上,形成乙酰 ACP。

$$\underset{\text{乙酰CoA}}{CH_3CO{\sim}SCoA} + ACP \xrightleftharpoons{\text{乙酰CoA-ACP转移酶}} \underset{\text{乙酰ACP}}{CH_3CO{\sim}SACP} + CoA\text{-}SH$$

上述两种物质为下一步脂肪酸碳链的延长提供了必要的底物。

（3）脂肪酸碳链的延长:乙酰 ACP 上的乙酰基与 ACP 携带的丙二酸单酰基的乙酰基缩合形成乙酰乙酰 ACP。在脂肪酸合酶的作用下,ACP 携带的乙酰乙酰基经过缩合、还原、脱水、还原反应,最终形成丁酰基。其反应过程如下:

1）缩合反应:乙酰 ACP 上的乙酰基,转移到 ACP 上的丙二酸单酰基的第二个碳原子上,反应由 β- 酮脂酰合酶催化缩合,生成乙酰乙酰 ACP,同时丙二酸单酰基裂解释放出 CO_2,所以,乙酰 CoA 羧化形成丙二酸单酰 CoA 的 CO_2,实际上起催化作用。

$$\underset{\text{乙酰ACP}}{CH_3CO\text{-}SACP} + \underset{\text{丙二酸单酰ACP}}{HOOCCH_2CSACP} \xrightarrow[\beta\text{-酮脂酰合酶}]{H^+ \quad ACP+CO_2} \underset{\text{乙酰乙酰ACP}}{CH_3COCH_2CO{\sim}SACP}$$

2）第一次还原反应:乙酰乙酰 ACP 的乙酰乙酰基（或者是 β- 酮脂酰 ACP 的 β- 酮脂酰基）,经 β- 酮脂酰 ACP 还原酶催化,由 $NADPH + H^+$ 提供氢,使乙酰乙酰基还原生成 β- 羟丁酰基（或 β- 羟脂酰基）。

$$\underset{\text{乙酰乙酰ACP}}{CH_3COCH_2COACP} \xrightarrow[NADPH+H^+ \quad NADP^+]{\beta\text{-酮脂酰ACP还原酶}} \underset{\underset{\text{D-}\beta\text{-羟丁酰ACP}}{OH}}{CH_3\overset{}{C}HCH_2COACP}$$

3）脱水反应:生成的 β- 羟丁酰 ACP（或 β- 羟脂酰 ACP）,再由 β- 羟脂酰 ACP 脱水酶催化脱水,生成 α,β- 反式丁烯酰 ACP（或反式的 α,β- 不饱和烯脂酰 ACP）。

$$\underset{\underset{\text{D-}\beta\text{-羟丁酰ACP}}{OH}}{CH_3\overset{}{C}HCH_2COACP} \xrightarrow[H_2O]{\beta\text{-羟脂酰ACP脱水酶}} \underset{\underset{\text{α,β-丁烯酰ACP}}{H}}{CH_3\overset{H}{C}{=}\overset{}{C}COACP}$$

4）第二次还原反应:α,β- 丁烯酰 ACP（或 α,β- 烯脂酰 ACP）,由烯脂酰 ACP 还原酶催化,同样由 $NADPH + H^+$ 提供氢,使丁烯酰基（或 α,β- 烯脂酰基）被还原成饱和的丁酰 ACP（或脂酰 ACP）。

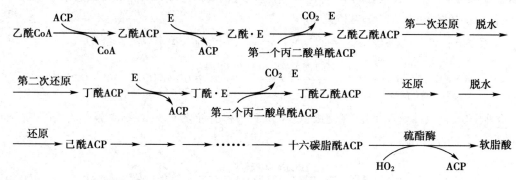

$$CH_3CH=CHCOACP \xrightarrow[\text{NADPH+H}^+ \quad \text{NADP}^+]{\text{烯脂酰ACP还原酶}} CH_3CH_2CH_2COACP$$

α,β-丁烯酰ACP　　　　　　　　　丁酰ACP

5）第二轮碳链的延长：生成的丁酰 ACP，比开始的乙酰 ACP 增加了 2 个碳原子。随后，在 β- 酮脂酰合酶作用下，丁酰基又转移到另一个 ACP 携带的丙二酸单酰基的第二个碳原子上（与第一次的丙二酸单酰 ACP 情况一样），并通过缩合反应生成丁酰乙酰 ACP，同时释放出 CO_2。此后，再重复还原、脱水、还原反应，形成己酰 ACP。这样每重复一次循环，在脂酰基上就增加 2 个碳原子，经过 7 次重复合成了软脂酰 ACP。最后，再经硫酯酶作用，脱去 ACP 生成软脂酸。

脂肪酸合成过程（动画）

合成软脂酸的总反应可表示如下：

$$CH_3CO\sim SCoA + 7HOOCCH_2CO\sim SCoA + 14NADPH + 14H^+ \longrightarrow$$

$$\text{软脂酸} + 7CO_2 + 14NADP^+ + 8HS\sim CoA + 6H_2O$$

开始合成软脂酸的乙酰 ACP，构成了软脂酸的 15、16 位碳原子。软脂酸的其他位置碳原子，表面上来源于丙二酸单酰 ACP 的丙二酸单酰基，但是，由于在缩合反应所释放的 CO_2 就是乙酰 CoA 羧化形成丙二酸单酰 CoA 时所加入的 CO_2，而丙二酸单酰 ACP 直接由丙二酸单酰 CoA 形成，因此，脂肪酸生物合成时，每次加入的二碳单位，仍是乙酰 CoA 上的两个碳原子，所以，脂肪酸合成的全部碳原子均来自乙酰 CoA 的乙酰基团上的碳原子。

脂肪酸生物合成过程中每次增加 2 个碳原子，和脂肪酸在 β 氧化时每次断裂出两个碳原子非常相似。软脂酸的氧化和合成途径，概括起来有下列几点区别：①反应的部位不同；②酰基载体不同；③二碳单位加入和脱去的方式不同；④氧化还原反应中递氢体不同；⑤中间产物——β- 羟脂酰基的立体构型不同；⑥转运机制不同；⑦能量变化不同。具体见表 9-3。

表 9-3　脂肪酸合成、分解代谢的异同

区别点	合成途径	氧化途径
反应的部位	细胞质	线粒体
酰基载体	ACP	CoA
二碳单位加入和脱去的方式	丙二酸单酰基	乙酰基
递氢体	NADPH	FAD，NAD^+
β- 羟脂酰基的立体构型	D 型	L 型
转运机制	柠檬酸 - 丙酮酸循环（转运乙酰 CoA）	肉碱穿梭（转运脂酰 CoA）
能量变化	消耗 ATP 和 NADPH + H^+	产生 $FADH_2$ 和 NADH + H^+

（三）脂肪酸碳链的增长

细胞质中的脂肪酸合酶只能合成到十六碳的软脂酸，更长碳链脂肪酸的合成则是通过对软脂酸的加工，使碳链延长来完成。脂酸碳链的延长可经两条途径完成。一条是由线粒体中的酶系统，将脂肪酸碳链延长;另一条是由内质网中的酶系统,将脂肪酸碳链延长。

1. 线粒体脂肪酸碳链延长酶系　在线粒体基质中,有催化脂肪酸碳链延长的酶系,延长碳链时加入的碳源不是丙二酸单酰 CoA,而是乙酰 CoA。首先,软脂酰 CoA 与乙酰 CoA 缩合生成 β- 酮硬脂酰 CoA;然后,由 NADPH + H$^+$ 提供氢,使其还原为 β- 羟硬脂酰 CoA,又经脱水生成 Δ^2- 硬脂烯酰 CoA;再由 NADPH + H$^+$ 提供氢还原为硬脂酰 CoA。其反应基本类似 β 氧化的逆过程,但需要 α,β- 烯酰还原酶和 NADPH + H$^+$ 作为辅助因子。通过此酶系,饱和脂肪酸碳链每次延长 2 个碳原子,一般可延长到 24 或 28 个碳原子,但其中以硬脂酸为最多。这一体系也可延长不饱和脂肪酸的碳链。由软脂酰 CoA 延长至硬脂酰 CoA 的反应如下:

$$CH_3(CH_2)_{14}COSCoA + CH_3COSCoA \xrightarrow[\text{CoASH}]{} \underset{\beta\text{-酮硬脂酰CoA}}{CH_3(CH_2)_{14}COCH_2COSCoA}$$

$$CH_3(CH_2)_{14}COCH_2COSCoA + NADPH + H^+ \longrightarrow CH_3(CH_2)_{14}CH(OH)CH_2COSCoA + NADP^+$$

$$CH_3(CH_2)_{14}CH(OH)CH_2COSCoA \xrightarrow[\text{H}_2\text{O}]{} CH_3(CH_2)_{14}CH=CHCOSCoA$$

$$CH_3(CH_2)_{14}CH=CHCOSCoA + NADPH + H^+ \longrightarrow CH_3(CH_2)_{16}COSCoA + NADP^+$$

2. 内质网脂肪酸碳链延长酶系　哺乳动物细胞的内质网膜,能够延长饱和或不饱和脂肪酸碳链,如软脂酰 CoA、硬脂酰 CoA、油酸、亚油酸等。该酶系利用丙二酸单酰 CoA 作为延长二碳单位的供体,NADPH + H$^+$ 为氢的供体,从羧基末端延长。其中间过程与非线粒体脂肪酸合酶相同,只是由辅酶 A 代替 ACP 作为脂酰基载体,反应如下:

$$CH_3(CH_2)_{14}COSCoA + CH_2\genfrac{}{}{0pt}{}{COOH}{COSCoA} + 2NADPH + 2H^+ \longrightarrow$$

$$CH_3(CH_2)_{16}COSCoA + 2NADP^+ + CoASH + CO_2$$

（四）不饱和脂肪酸的合成

人体内含有的不饱和脂肪酸,主要有棕榈油酸($16:1,\Delta^9$)、油酸($18:1,\Delta^9$)、亚油酸($18:2,\Delta^{9,12}$)、亚麻酸($18:3,\Delta^{9,12,15}$)及花生四烯酸($20:4,\Delta^{5,8,11,14}$)等。前两种单不饱和脂肪酸,可由人体自身合成,而后三种多不饱和脂肪酸,必须从食物摄取。哺乳动物只有 Δ^4、Δ^5、Δ^8 及 Δ^9 去饱和酶(desaturase),缺乏 Δ^9 以上的去饱和酶,只能合成棕榈油酸(软油酸)和油酸等单不饱和脂肪酸。动物体内的去饱和酶镶嵌在内质网上,氧化脱氢过程由线粒体外电子传递系统参与,图 9-9 是 Δ^9 去饱和酶及电子传递示意图。图中显示由 NADH + H$^+$ 提供电子,经细胞色素 b$_5$ 传递至 Δ^9 去饱和酶中的 Fe^{3+},再激活 O$_2$,从而使硬脂酸($18:0$)脱去 2H 成油酸($18:1,\Delta^9$)。

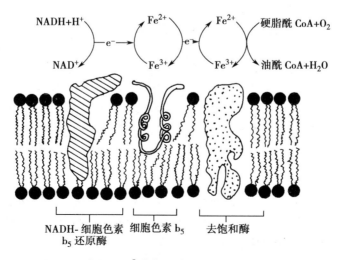

图 9-9　内质网 Δ^9 去饱和酶及电子传递系统示意图

植物含有 Δ^9、Δ^{12} 及 Δ^{15} 去饱和酶,能合成两个以上双键的多不饱和脂肪酸,如亚油酸、亚麻酸和花生四烯酸等,故人体可以通过从食物中摄取。不过脊椎动物可以以亚油酸为原料,合成其他的多不饱和脂肪酸,如 γ- 亚油酸和花生四烯酸等,反应过程如下:

$$\text{棕榈酸} \xrightarrow{-2\text{H}} \text{棕榈油酸}$$

$$\underset{\substack{\text{棕榈酸}\\16:0\\(\text{软脂酸})}}{} \xrightarrow{+2\text{C}} \underset{\substack{16:1\Delta^9\\\text{硬脂酸}\\18:0}}{} \xrightarrow{-2\text{H}} \underset{\substack{\text{油酸}\\18:1\Delta^9}}{} \xrightarrow{\substack{\text{植物}\\\text{体内}}} \underset{\substack{\text{亚油酸}\\18:2\Delta^{9,12}}}{} \xrightarrow{\substack{\text{植物}\\\text{体内}}} \begin{array}{l} \alpha\text{-亚麻酸}\\18:3\Delta^{9,12,15}\\ \gamma\text{-亚麻酸}\\18:3\Delta^{6,9,12} \end{array}$$

$$\xrightarrow{+(2\text{C})_n} \text{饱和高级脂肪酸}$$

$$\underset{\substack{\alpha\text{-亚麻酸}}}{} \xrightarrow{-2\text{H}} \underset{\substack{\text{十八碳四烯酸}\\18:4\Delta^{6,9,12,15}}}{} \xrightarrow{+2\text{C}} \underset{\substack{\text{二十碳四烯酸}\\20:4\Delta^{8,11,14,17}}}{} \xrightarrow{-2\text{H}} \underset{\substack{\text{二十碳五烯酸}\\20:5\Delta^{5,8,11,14,17}}}{}$$

$$\underset{\substack{\gamma\text{-亚麻酸}}}{} \xrightarrow{+2\text{C}} \underset{\substack{\text{同型-}\gamma\text{-亚麻酸}\\18:3\Delta^{8,11,14}}}{} \xrightarrow{-2\text{H}} \underset{\substack{\text{花生四烯酸}\\20:4\Delta^{5,8,11,14}}}{}$$

$$\downarrow \qquad\qquad\qquad\qquad\qquad \downarrow$$
$$\text{PGE}_1 \qquad\qquad\qquad\qquad \text{PGE}_2$$

(五)脂肪酸生物合成的调节

在脂肪酸生物合成中,乙酰 CoA 与草酰乙酸合成柠檬酸再进入细胞质是合成脂肪酸的第一个关键步骤。由乙酰 CoA 催化形成丙二酸单酰 CoA 的反应是脂肪酸合成的第二个关键反应,是脂肪酸合成的限速步骤,催化该反应的酶——乙酰 CoA 羧化酶是脂肪酸合成的限速酶。它的活性可受变构调节、共价修饰调节(磷酸化/去磷酸化调节)以及激素的调节。

1. 变构调节　真核生物中的乙酰 CoA 羧化酶有两种存在形式,一种是无活性的单体,另一种是有活性的多聚体,它们之间的互变是变构调节。

柠檬酸和异柠檬酸是乙酰 CoA 羧化酶的变构激活剂。其中柠檬酸是关键的变构激活剂,它使平衡点偏向活性的多聚体形式。当细胞处于高能荷状态,含量丰富的乙酰 CoA 和 ATP 可抑制异柠檬酸脱氢酶的活性,使柠檬酸浓度升高,从而激活乙酰 CoA 羧化酶,使丙二酸单酰 CoA 的产量增加,加速了脂肪酸的合成。

脂肪酸合成的终产物棕榈酰 CoA 及其他长链脂酰 CoA 能够抑制乙酰 CoA 羧化酶单体的聚合,是其变构抑制剂,可抑制脂肪酸的合成。棕榈酰 CoA 的抑制作用一方面体现了产物对代谢初始阶段酶活性的反馈抑制,另一方面还通过抑制柠檬酸从线粒体进入细胞质及抑制 NADPH 的产生,而抑制脂肪酸的合成。

$$\underset{\substack{\text{单体}\\(\text{无活性})}}{\text{乙酰CoA羧化酶}} \underset{\text{棕榈酰CoA、长链脂酰CoA}}{\overset{\text{柠檬酸、异柠檬酸}}{\rightleftharpoons}} \underset{\substack{\text{多聚体}\\(\text{有活性})}}{\text{乙酰CoA羧化酶}}$$

外源性糖和脂肪的摄入程度也可以通过变构作用影响乙酰 CoA 羧化酶的活性。进食糖类物质,导致糖代谢加强,脂肪酸合成的原料乙酰 CoA 及 NADPH 供应增多,透出线粒体,可变构激活乙酰 CoA 羧化酶,故促进脂肪酸合成。进食高脂肪食物或饥饿而脂肪动员加强时,细胞内脂酰 CoA 增多,变构抑制乙酰 CoA 羧化酶的活性,脂肪酸的合成被抑制。

在大肠埃希菌和其他细菌中,乙酰 CoA 羧化酶不受柠檬酸的调控,而鸟苷酸可调控乙酰 CoA 羧化酶中的羧基转移酶。

2. 磷酸化/去磷酸化调节　乙酰 CoA 羧化酶被一种依赖于 AMP(而不是 cAMP)的蛋白激酶磷酸化而失活。每个乙酰 CoA 羧化酶单体上至少存在 6 个可磷酸化部位,但目前认为只有其第 79 位 Ser 的磷酸化与酶活性有关。蛋白质磷酸酶可使无活性的乙酰 CoA 羧化酶的磷酸基移去,从而使它恢复活性。因此,当细胞的能荷低时(即 AMP/ATP 数值高时),脂肪酸合成被阻断。

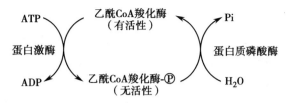

细菌中的乙酰 CoA 羧化酶不受磷酸化 / 去磷酸化的调节。

3. 激素的调节　乙酰 CoA 羧化酶活性受激素的调节。参与脂肪酸合成调节的激素主要有胰高血糖素、肾上腺素、胰岛素和生长素等。当需能时,胰高血糖素、肾上腺素和生长素等可使细胞内 cAMP 含量升高,激活依赖于 cAMP 的蛋白激酶,促使乙酰 CoA 羧化酶第 79 位的 Ser 发生磷酸化修饰而失活,从而抑制脂肪酸及脂肪的合成。在饱食状况下,当高血糖时,胰岛素通过活化蛋白质磷酸酶,使磷酸化的乙酰 CoA 羧化酶去磷酸而活化,同时还能诱导乙酰 CoA 羧化酶、脂肪酸合酶、柠檬酸裂解酶等的合成,故胰岛素可促进脂肪酸的合成。同时胰岛素还能促进脂肪酸合成磷脂酸,使脂肪合成增加。胰岛素也能加强脂肪组织的脂蛋白脂酶(lipoprotein lipase)的活性,增加脂肪组织对血液甘油三酯的摄取,促进脂肪酸在脂肪组织内酯化而贮存。因此容易导致肥胖。

三、脂肪的生物合成

机体内脂肪的合成有两条途径,即甘油一酯途径和甘油二酯途径。甘油一酯途径是小肠黏膜上皮细胞合成甘油三酯的主要途径。即小肠黏膜细胞利用消化吸收的脂肪分解产物(甘油一酯和脂肪酸)重新合成甘油三酯(见第一节　一、脂类的消化和吸收)。甘油二酯途径是肝细胞及脂肪细胞合成甘油三酯的主要途径。在转酰基酶的催化下,2 分子脂酰 CoA 的脂酰基转移到磷酸甘油分子上,生成磷酸甘油二酯,又称磷脂酸。然后经水解脱去磷酸,产物再与另 1 分子脂酰 CoA 作用,最终生成脂肪。脂肪的生物合成过程如下:

$$
\begin{array}{ccc}
\text{CH}_2\text{OH} & & \text{CH}_2\text{OCOR}_1 \\
| & \xrightarrow[\text{磷酸甘油转酰基酶}]{+\ \text{R}_1\text{COCoA}} & | \\
\text{CHOH} & & \text{CHOH} \\
| & & | \\
\text{CH}_2-\text{O}-\text{P} & & \text{CH}_2-\text{O}-\text{P}
\end{array}
$$

α-磷酸甘油　　　　　　　　　　溶血磷脂酸

$$
\begin{array}{cc}
 & \text{CH}_2\text{OCOR}_1 \\
\xrightarrow[\text{溶血磷脂酸转酰基酶}]{+\ \text{R}_2\ \text{COCoA}} & | \\
 & \text{CHOCOR}_2 \\
 & | \\
 & \text{CH}_2-\text{O}-\text{P}
\end{array}
$$

α-磷酸甘油二酯

$$
\begin{array}{cc}
 & \text{CH}_2\text{OCOR}_1 \\
\xrightarrow[\text{磷脂酸磷酸酶}]{+\ \text{H}_2\text{O}} & | \\
 & \text{CHOCOR}_2 \\
 & | \\
 & \text{CH}_2-\text{OH}
\end{array}
$$

甘油二酯

$$
\begin{array}{cc}
 & \text{CH}_2\text{OCOR}_1 \\
\xrightarrow[\text{甘油二酯转酰基酶}]{+\ \text{R}_3\ \text{COCoA}} & | \\
 & \text{CHOCOR}_2 \\
 & | \\
 & \text{CH}_2\text{OCOR}_3
\end{array}
$$

脂肪

脂肪合成的脂肪酸,主要为软脂酸、硬脂酸、棕榈油酸和油酸。如三个脂肪酸均为硬脂酸的甘油三酯被称为三硬脂酸甘油酯,含有两种或三种脂酸的甘油三酯称为混合甘油三酯,其组成十分复杂。

第四节　类脂的代谢

存在于动物及人体内的类脂种类很多,现将其中磷脂与胆固醇代谢分述如下。

一、磷脂的代谢

分子中含有磷酸的脂类称为磷脂,磷脂是构成生物膜等的重要成分。磷脂主要由甘油或鞘氨醇、脂肪酸、磷酸和含氮化合物组成,根据其化学特征分为甘油磷脂和鞘磷脂两大类。

（一）甘油磷脂的分解代谢

在肝细胞中,卵磷脂的代谢更新较快,其半衰期小于 24 小时。但在脑组织中,脑磷脂的半衰期长达几个月。关于磷脂的分解过程,目前了解不全面。体内存在能使甘油磷脂水解的多种磷脂酶类（phospholipases）,这些酶分别作用于甘油磷脂分子中的不同酯键。下面结构式中的①、②、③、④表示各个酶的作用部位。一般认为卵磷脂在体内,经磷脂酶 A_1、A_2、C 和 D 的作用生成脂肪酸、磷酸、甘油以及胆碱或胆胺。

$$
\begin{array}{c}
① \\
\downarrow \\
② \quad \text{CH}_2-\text{O}-\overset{\displaystyle \text{O}}{\overset{\|}{\text{C}}}-\text{R}_1 \\
\downarrow \\
\overset{\displaystyle \text{O}}{\overset{\|}{\text{R}_2-\text{C}}}-\text{O}-\text{CH} \\
\text{CH}_2-\text{O}-\overset{\displaystyle \text{P}}{}-\text{O}-\text{X} \\
\overset{\downarrow}{\underset{③\ ④}{\overset{\text{O}}{\|}}}
\end{array}
$$

具体而言,磷脂酶 A_1 作用于①位（α 酯键）,广泛分布于动物细胞的内质网,产物为脂肪酸（R_1COOH）和溶血磷脂（lysophospholipid）2。磷脂酶 A_2 作用于②位（β 酯键）,水解释放出脂肪酸（R_2COOH）和溶血磷脂 1。溶血磷脂 1、2 均具有溶血作用。蛇的毒液中含有磷脂酶 A_2,故被蛇咬伤后,毒液进入体内,将磷脂水解为溶血磷脂 1,破坏血细胞,引起严重的溶血症状。磷脂酶 C 作用于③位,产物为甘油二酯和磷酰胆碱或磷酰乙醇胺。磷脂酶 D 作用于④位,产物为磷脂酸和含氮碱,如胆碱、胆胺等。磷脂酶 C、D 这两种酶分布不广,尤其是后者主要存在于高等植物组织中,但动物体内存在另一种甘油磷酸二酯酶,可将甘油磷酰胆碱水解,释放出胆碱和磷酸甘油,后者再经磷酸甘油脱氢酶作用,生成磷酸二羟丙酮或磷酸甘油醛。

磷脂分解生成的脂肪酸、磷酸、甘油以及胆碱或胆胺可以进一步分解。甘油可进一步氧化分解成二氧化碳和水。胆胺也可在体内完全氧化。胆碱经氧化和脱甲基,生成甘氨酸,脱下的甲基可用于其他化合物的合成。另外,水解得到的胆碱、胆胺或磷酸胆碱、磷酸胆胺等,也可以参加磷脂的再合成。

（二）甘油磷脂的生物合成

1. 合成的部位　与脂肪的合成不同,全身各组织细胞的内质网均含有合成磷脂的酶系。因此,各组织均能合成甘油磷脂,但以肝、肾及肠等组织最为活跃。

2. 合成的原料及辅助因子　体内磷脂,一部分直接由食物提供而来,一部分是在各组织细胞内,经过一系列酶的催化而合成的。合成所需的原料包括磷酸、甘油、脂肪酸、胆碱、胆胺以及丝氨酸、肌醇等。除脂肪酸、甘油主要由葡萄糖转化而来外,其中 2 位的多不饱和脂肪酸只能由食物供应,胆碱可由食物供给,亦可在体内合成。蛋白质分解所产生的甘氨酸、丝氨酸及甲硫氨酸可作为合成胆胺、胆碱的原料。丝氨酸本身也是合成磷脂酰丝氨酸的原料。

3. 合成的基本过程

（1）胆胺与胆碱的合成:甘氨酸在体内经 N^5,N^{10}- 甲烯四氢叶酸提供甲烯基转变成丝氨酸,后者脱羧后可转变成胆胺,再由甲硫氨酸提供甲基经甲基化形成胆碱。

$$
\underset{\text{甘氨酸}}{\text{H}_2\text{N}-\text{CH}_2-\text{COOH}} \xrightleftharpoons{+N^5,N^{10}\text{-甲烯基四氢叶酸}} \underset{\text{丝氨酸}}{\overset{\text{CH}_2-\text{CH}-\text{COOH}}{\underset{\underset{\text{OH}}{|}\ \underset{\text{NH}_2}{|}}{}}} \xrightarrow{-CO_2} \underset{\text{胆胺}}{\text{HO}-\text{CH}_2-\text{CH}_2-\text{NH}_2}
$$

$$
\underset{}{\text{HO}-\text{CH}_2-\text{CH}_2\text{NH}_2} \xrightarrow{S\text{-腺苷甲硫氨酸}} \underset{\text{胆碱}}{\text{HO}-\text{CH}_2\text{CH}_2\text{N}^+(\text{CH}_3)_3\text{OH}}
$$

（2）卵磷脂及脑磷脂的合成:卵磷脂及脑磷脂是体内含量最多的磷脂,占组织以及血液中磷脂含量的 75% 以上。甘油二酯是合成卵磷脂及脑磷脂的重要中间产物,胆碱及胆胺则由活化的 CDP- 胆碱及 CDP- 胆胺提供。此途径称为甘油二酯合成途径。

卵磷脂合成的过程如下：

$$HO-CH_2-CH_2N^+(CH_3)_3 \xrightarrow[\text{ATP} \quad \text{ADP}]{\text{胆碱激酶}} P-O-CH_2-CH_2N^+(CH_3)_3 \xrightarrow[\text{CTP} \quad \text{PPi}]{\text{转胞苷酸酶}}$$

磷酸胆碱

$$CDP-CH_2CH_2N^+(CH_3)_3 \xrightarrow[\text{甘油二酯} \quad \text{CMP}]{\text{脂肪酰甘油转移酶}} R_2-CO-O-\overset{CH_2-O-COR_1}{\underset{CH_2-O-\overset{O}{\underset{OH}{P}}-O-CH_2CH_2-N^+(CH_3)_3}{C-H}}$$

胞苷二磷酸胆碱

磷脂酰胆碱(卵磷脂)

脑磷脂的合成在内质网膜上进行,与卵磷脂的合成过程类似:

$$\text{胆胺} \xrightarrow[\text{ATP} \quad \text{ADP}]{} \text{磷酸胆胺} \xrightarrow[\text{CTP} \quad \text{PPi}]{} CDP-\text{胆胺} \xrightarrow[\text{甘油二酯} \quad \text{CMP}]{} \text{脑磷脂}$$

此外,在一些细菌体内,磷脂还可以从另一条途径即 CDP- 甘油二酯合成途径合成。首先磷酸甘油二酯与 CTP 作用,生成胞苷二磷酸甘油二酯（CDP- 甘油二酯）,再与丝氨酸作用,生成丝氨酸磷脂,后者直接脱羧基生成脑磷脂。脑磷脂的胆胺甲基化,转变成卵磷脂。反应途径如下：

磷酸甘油二酯 → 胞苷二磷酸甘油二酯 → 丝氨酸磷脂

脑磷脂 → 卵磷脂

磷脂生物合成的两条途径,需要一个共同的关键化合物参与,就是 CTP。它既是合成中间产物的必要组成,又为合成反应提供所需的能量。也就是说,磷脂的生物合成,不仅需要 CTP 供能,而且被活化的化合物（胆碱、胆胺或磷酸甘油二酯）需要 CDP 分子作为载体。

甘油磷脂的合成在内质网膜外侧面进行。胞液中存在一种磷脂交换蛋白（phospholipid exchange protein）,能促使不同种类磷脂在细胞内膜之间进行交换,新合成的磷脂即可转移至不同细胞器膜上,从而更新磷脂。

磷脂酰胆碱是真核生物细胞膜含量最丰富的磷脂,在细胞的生长、分化过程中具有重要的作用。Ⅱ型肺泡上皮细胞可合成一种特殊的磷脂酰胆碱（二软脂酰胆碱）,其 1、2 位均为软脂酰基,是一种较强的乳化剂,能降低肺泡的表面张力,有利于肺泡的伸张。若新生儿肺泡上皮细胞合成二软脂酰胆碱障碍,则将导致肺不张。科学家们发现,癌症、脑卒中、阿尔茨海默病等疾病的发生与磷脂酰胆碱代谢异常密切相关,其发病机制可能与磷脂酰胆碱在细胞增殖、分化及细胞周期中的作用有关。此方面的研究将为相关疾病的预防、诊断及治疗提供新的靶点。

二、胆固醇的代谢

胆固醇的基本结构为环戊烷多氢菲（cyclopentanoperhydrophenanthrene）。最早是从动物胆石中分离出的具有羟基的固体醇类化合物而得名。胆固醇是动物细胞膜的基本结构成分之一，因含环戊烷多氢菲环使胆固醇比细胞膜中其他脂质成分更强直，因此胆固醇是决定细胞膜性质的一种重要成分。人体内的胆固醇，一部分来自动物性食物，称为外源性胆固醇，另一部分由体内各组织细胞合成，称为内源性胆固醇。

（一）胆固醇的生物合成

1. 合成的部位　除成年动物脑组织及成熟红细胞外，几乎机体各组织均可合成胆固醇，每天合成量在 1g 左右。肝是合成胆固醇的主要场所，体内胆固醇的 70%~80% 由肝合成，10% 由小肠合成。

胆固醇合成酶系存在于细胞质及滑面内质网膜上，因此，胆固醇的合成主要在细胞的细胞质及内质网中进行。

2. 合成的原料　乙酰 CoA 是体内合成胆固醇的原料。用 ^{14}C 及 ^{13}C 分别标记乙酰 CoA 中的甲基碳及羧基碳，并与肝切片在体外保温，实验结果证明：乙酰基分子中的 2 个碳原子均参与构成胆固醇，是合成胆固醇的唯一碳源。乙酰 CoA 是葡萄糖、脂肪酸及氨基酸在细胞线粒体内分解代谢的产物。乙酰 CoA 不能通过线粒体内膜，首先需在线粒体内与草酰乙酸缩合成柠檬酸，后者通过线粒体内膜的载体进入细胞质；然后柠檬酸在裂解酶的催化下，裂解生成乙酰 CoA 作为合成胆固醇的原料。每转运 1 分子乙酰 CoA，由柠檬酸裂解成乙酰 CoA 时，需要消耗 1 分子 ATP。此外，在胆固醇合成时，还需要大量的 NADPH + H⁺ 以及 ATP 供给还原反应所需要的氢及能量。每合成 1 分子胆固醇需 18 分子乙酰 CoA、36 分子 ATP 及 16 分子 NADPH + H⁺。乙酰 CoA 及 ATP 主要来自线粒体中糖的有氧氧化及脂肪酸的 β 氧化，而 NADPH + H⁺ 主要来自细胞质中的磷酸戊糖通路。

3. 合成的基本过程　胆固醇合成过程极其复杂，有 30 余步酶促反应，大致可分为三个阶段：①甲羟戊酸（mevalonic acid, MVA）的合成；②鲨烯（squalene）的合成；③胆固醇的合成。

（1）甲羟戊酸的合成：在细胞质中，2 分子乙酰 CoA 首先缩合成乙酰乙酰 CoA，再与另 1 分子乙酰 CoA，缩合成 β- 羟基 β- 甲基戊二酸单酰 CoA（HMG-CoA），HMG-CoA 是合成胆固醇和酮体的重要中间产物。在线粒体中，3 分子乙酰 CoA 缩合成 HMG-CoA，裂解后生成酮体；而在细胞质中，生成的 HMG-CoA 则在内质网 HMG-CoA 还原酶（HMG-CoA reductase）的催化下，由 NADPH + H⁺ 供氢，还原生成甲羟戊酸（MVA）。HMG-CoA 还原酶是合成胆固醇的限速酶，因此，这步反应也是胆固醇生物合成的限速步骤。

（2）鲨烯的合成：MVA（六碳化合物）首先分别与 2 分子 ATP 作用，通过两次磷酸化生成 5- 焦磷酸甲羟戊酸。然后在 ATP 参与下，5- 焦磷酸甲羟戊酸脱去羧基，生成活泼的异戊烯焦磷酸酯（Δ^3-isopentenyl pyrophosphate, IPP）（五碳化合物）。IPP 异构化生成二甲基丙烯焦磷酸酯（DPP），而后 IPP 和 DPP 合成二甲基辛二烯醇焦磷酸酯（geranyl pyrophosphate, GPP）。GPP 与另一分子 IPP 缩合成三甲基十二碳三烯焦磷酸酯，又称焦磷酸法呢酯（farnesyl pyrophosphate, FPP）（十五碳化合物）。最后，由 2 分子 FPP 脱去 2 分子焦磷酸，再缩合、还原，生成鲨烯（三十碳六烯化合物）。

（3）胆固醇的合成：鲨烯为含 30 个碳原子的多烯烃，具有与胆固醇母核相似的结构。鲨烯结合在细胞质中的固醇载体蛋白（sterol carrier protein, SCP）上，经内质网单加氧酶、环化酶等作用，环化生成羊毛脂醇。后者再经氧化、脱羧、还原等反应，以 CO_2 形式脱去 3 个碳原子，生成包含 27 个碳原子的胆固醇。胆固醇全部合成途径总结如图 9-10。

4. 胆固醇生物合成的调节　在胆固醇的生物合成反应中，HMG-CoA 到 MVA 和鲨烯环化两步反应都是调节点，但其中 HMG-CoA 到 MVA 的反应是合成胆固醇的关键一步，催化该反应的酶即 HMG-

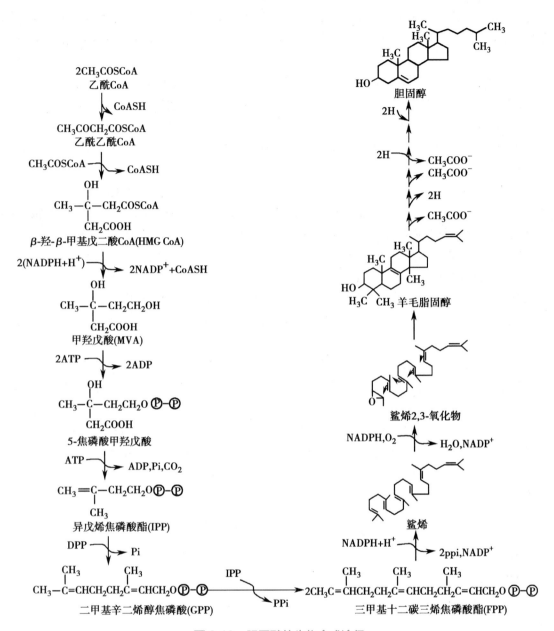

图 9-10　胆固醇的生物合成途径

CoA 还原酶是胆固醇生物合成中的限速酶。该酶存在于肝、肠及其他组织细胞的内质网,是由 887 个氨基酸残基组成的糖蛋白,相对分子量 97 000kDa。

HMG-CoA 还原酶的合成和活性受多种因素的影响,分述如下:

（1）胆固醇:细胞内高浓度胆固醇可反馈抑制 HMG-CoA 还原酶的合成,HMG-CoA 还原酶的量随之减少,因而合成胆固醇的速率下降。HMG-CoA 还原酶半衰期很短,只有 2~4 小时,所以在调节上很灵敏。动物饥饿时可使 HMG-CoA 向酮体方面转变,合成酮体,这样就减少了胆固醇的合成。进食后,特别是摄取较多的饱和脂肪酸后,能诱导 HMG-CoA 还原酶的合成,使胆固醇合成增加。动物实验发现,大鼠肝合成胆固醇具有昼夜节律性,午夜时合成最高,中午时合成最低。胆固醇合成的周期节律,是 HMG-CoA 还原酶活性周期性改变的结果,胆固醇合成速率昼夜之间,可相差 4~5 倍之多。肝中胆固醇的合成速率,还受脂肪代谢的影响,当脂肪动员加强,不仅血中甘油三酯可升高,胆固醇的合成速率也明显增强。

（2）酶的磷酸化和去磷酸化:HMG-CoA 还原酶存在有活性和无活性两种形式,它们之间可相互转化。未磷酸化修饰的 HMG-CoA 还原酶有活性,而它的磷酸化形式无活性。HMG-CoA 还原酶的磷酸化由 HMG-CoA 还原酶激酶催化,它的去磷酸化由蛋白质磷酸酶(protein phosphatases)催化。

(3)激素:胰岛素能诱导 HMG-CoA 还原酶合成,因而增加胆固醇的合成。胰高血糖素和糖皮质激素能降低 HMG-CoA 还原酶的活性,因而减少胆固醇的合成。甲状腺激素既可促进 HMG-CoA 还原酶的合成,又可使胆固醇转化为胆汁酸,促进胆固醇的排泄,但后者的作用大于前者,因而总的效应是使血浆胆固醇含量下降。上述激素通过影响 HMG-CoA 还原酶的磷酸化和去磷酸化而影响其活性。

(4)低密度脂蛋白(LDL)受体:细胞膜上的 LDL 受体对抑制胆固醇的生物合成起关键性作用。含胆固醇及胆固醇酯较多的 LDL 与 LDL 受体结合后,被带进细胞并被溶酶体降解,胆固醇酯被水解释放出游离胆固醇,细胞内胆固醇含量的增加可抑制 HMG-CoA 还原酶基因的转录,使酶蛋白合成减少,活性降低,从而抑制胆固醇在体内的生物合成。

(5)固醇载体蛋白(sterol carrier protein, SCP):SCP 是一种可溶性蛋白质,它可与鲨烯、羊毛固醇以及胆固醇等不溶于水的中间产物结合,增加其水溶性,并将其携带到微粒体酶系中,促进胆固醇的合成。实验发现,成熟红细胞及衰老肝细胞合成胆固醇的能力减弱,若从外部增加 SCP,即能增加胆固醇的合成。

(二)胆固醇体内的代谢

胆固醇的环核结构在动物体内不能彻底分解,但其支链可被氧化,使胆固醇在体内转变成一系列有生理活性的重要类固醇化合物。

1. 转变成胆汁酸　人体内约 80% 的胆固醇在肝中转变为胆汁酸(bile acid),胆汁酸在胆汁中以钠盐或钾盐的形式储存,称为胆盐。胆盐不仅对脂类和脂溶性维生素的消化吸收起促进作用,同时也是体内胆固醇最重要的排泄途径。

胆汁酸的生成过程可简示如下:

$$\text{胆固醇} \xrightarrow[7\alpha\text{-羟化酶}]{(\text{肝})} 7\alpha\text{-羟化胆固醇} \longrightarrow \longrightarrow \text{胆汁酸}$$

胆汁酸的生成受胆汁酸本身的调节,在肠道中重吸收的胆汁酸,能抑制肝中的胆固醇 7α- 羟化酶。因此,胆瘘或其他药物可通过阻断胆汁酸从肠道的重吸收,解除胆汁酸抑制肝 7α- 羟化酶的作用,从而使胆汁酸的生成量大大增加。体内胆汁酸的生成量增加,有利于降低体内胆固醇的含量。

2. 转变成 7- 脱氢胆固醇　在肝及肠黏膜细胞内,胆固醇可转变成 7- 脱氢胆固醇,后者经血液循环运送至皮肤,再经紫外线照射可转变成维生素 D_3。维生素 D_3 本身没有活性,需经肝、肾的代谢才能生成有活性的 1,25- 二羟维生素 D_3。1,25- 二羟维生素 D_3 具有显著的调节钙、磷代谢的活性,能促进钙、磷的吸收,有利于骨骼的生成,故儿童适当地进行日光浴,对生长发育有促进作用。

3. 转变为类固醇激素　胆固醇是类固醇激素的前体。在肾上腺皮质细胞内,胆固醇可转变成肾上腺皮质激素;在卵巢可转变成黄体酮及雌性激素;在睾丸可转变成睾酮等雄性激素。

(三)胆固醇的排泄

胆固醇在人体内不能彻底氧化,部分胆固醇可由肝细胞分泌到胆管,随胆汁进入肠道,或者在肠腔通过肠黏膜脱落进入肠中。入肠后,胆固醇一部分被肠肝循环重新吸收进入血液,一部分在肠道被细菌作用还原为粪固醇,随粪便排出体外。因此,胆道阻塞的患者,血中胆固醇的含量就会明显升高。胆固醇排泄的另一种形式,是在肝内经氧化转变成胆汁酸,随胆汁进入肠道。在肠内,胆汁酸除一部分随肠肝循环重新吸收外,也有一小部分经肠道细菌作用后排出体外。胆固醇在体内代谢的概况见图 9-11。

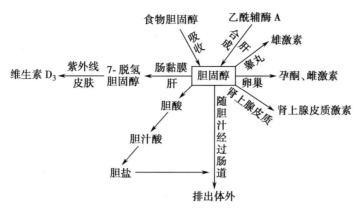

图 9-11　人体内胆固醇代谢示意图

第五节　类二十烷酸生物合成

哺乳动物体内绝大多数组织,都能以花生四烯酸或其他二十碳多不饱和脂肪酸作为初始原料,合成类二十烷酸家族化合物,也称类花生酸(eicosanoid),主要包括前列腺素(prostaglandin, PG)、凝血噁烷(thromboxane, TX)、白三烯(leukotriene, LT)和脂氧素(lipoxin, LX),统称为前列腺素类化合物。这类化合物不能贮存在细胞中,也不能随血液循环而转移,但作为化学信号分子中的一个大家族,能够使机体产生各种生理效应。

自花生四烯酸及以下的类二十烷酸化合物的合成路线,根据其产物的结构,可分为两条途径:一是环加氧酶途径(cyclooxygenase pathway);二是脂加氧酶途径(linear lipoxygenase pathway)。前者的产物为前列腺素及其衍生物和凝血噁烷等化合物,它们都含有五元环;后者的产物是线性的白三烯类、脂氧素等,分别是含有三个双键的三烯、四个双键的四烯的一类化合物。

一、类二十烷酸生物合成前体

花生四烯酸或其他二十碳多不饱和脂肪酸是类二十烷酸化合物合成的前体,这些前体是磷脂复合物中的一部分,贮存于生物膜中。当细胞受到外界刺激,如肾上腺素、血管紧张素Ⅱ及某些抗原抗体复合物或一些病理因子等,细胞膜中磷脂酶 A_2 被激活,催化磷脂复合物水解释出花生四烯酸。此外,在磷脂酶 C 的作用下,磷脂复合物中的磷脂酰肌醇可降解产生二脂酰甘油及磷酸肌醇。二脂酰甘油又在二脂酰甘油脂酶(diacylglycerol lipase)的催化下水解,产生花生四烯酸和单酰甘油。二脂酰甘油还可经二脂酰甘油激酶(diacylglycerol kinase)催化,生成磷脂酸(phosphatidic acid, PA),再通过磷脂酶 A_2 作用,产生花生四烯酸。磷脂酶 A_2 的催化作用所释放出花生四烯酸的反应,是类二十烷酸化合物生物合成途径的限速步骤。血管紧张素Ⅱ、凝血酶、缓激肽等化合物,可以促进花生四烯酸的生成量。而抗炎类皮质类固醇,则减缓花生四烯酸的生成。

二、前列腺素和凝血噁烷的合成

(一)前列腺素 H_2 的合成

前列腺素和凝血噁烷生物合成的关键,是花生四烯酸的氧化和成环,产物依次为 PGG_2 和 PGH_2(前列腺素 G_2 及前列腺素 H_2)。上述反应由内质网膜结合的双功能酶——环加氧酶催化实现,此酶也称前列腺素内过氧(化)物酶(prostaglandin synthase)。该酶被称为"双功能酶",是由于它具有环加氧酶(cyclooxygenase)和过氧化物酶(peroxidase)两种活性。

在环加氧酶的作用下，花生四烯酸依次转变 PGG_2 及 PGH_2，PGH_2 又是其他前列腺素及凝血噁烷合成的前体。环加氧酶具有很独特的酶学性质，它可以催化"自我毁灭"或称"自杀性反应"，大约在对 400 个底物进行催化作用后，环加氧酶就不可逆地失活，而且这种"自我毁灭"的性质，在"体内"和"体外"实验均能体现。

环加氧酶的催化活性可被解热镇痛抗炎药物阿司匹林、吲哚美辛、对乙酰氨基酚等抑制。阿司匹林对环加氧酶活性的抑制作用是不可逆的，这种不可逆抑制作用由阿司匹林分子中的乙酰基与环加氧酶分子的活性必需基团共价结合所引起，也就是说，阿司匹林使环加氧酶分子活性必需基团乙酰化，导致酶分子不可逆失活。环加氧酶的失活，直接导致 PGH_2 生成量的减少，从而引起其他一些前列腺素（如 PGE_2、PGF_α）、前列环素 I_2（PGI_2）和凝血烷噁（如 TXA_2、TXB_2）的合成受到抑制。其他非类固醇抗炎药物也可以抑制环加氧酶活性，但与阿司匹林不同，它们是以非共价键形式与酶分子结合。

（二）前列腺素和凝血噁烷的合成

花生四烯酸经环加氧酶催化，依次转变为 PGG_2 及 PGH_2 后，PGH_2 经过一个异构化反应，其戊烷环 9 位和 11 位碳原子所连接的双氧键断开，9 位碳原子的氧形成酮，而 11 位碳原子的氧形成羟基，使 PGH_2 形成 PGE_2。PGH_2 过氧化结构的两个氧，分别被还原成两个羟基而形成 $PGF_{2\alpha}$。前列环素合成酶催化 PGH_2 分子中的 9 位碳原子的氧与 6 位碳原子间形成醚键，转化为前列环素 I_2（PGI_2），PGI_2 再水解形成 6-酮 $PGF_{1\alpha}$。在凝血噁烷合成酶的催化下，PGH_2 戊烷环 9 位与 11 位碳原子间形成醚键（环氧结构），11 位碳原子与 12 位碳原子间形成醚键，从而形成凝血噁烷 A_2（TXA_2）；凝血噁烷 A_2 水解，9、11 位碳原子的环氧结构转化为两个羟基，形成凝血噁烷 B_2（TXB_2）。前列腺素和凝血噁烷合成过程如图 9-12 所示。

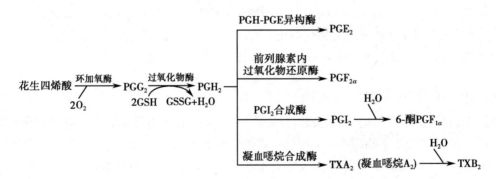

图 9-12　前列腺素和凝血噁烷合成过程示意图

三、白三烯的合成

花生四烯酸（$20:4$，$\Delta^{5,8,11,14}$）经脂加氧酶（lipoxygenase）的催化作用，其 $\Delta^{8,11,14}$ 位碳原子的双键不变，6、7 位碳原子间形成一个双键，5 位碳原子上形成过氧基，产物为 5-氢过氧化二十碳四烯酸（$20:4$，$\Delta^{6,8,11,14}$）（5-hydroperoxyeicosatetraenoate，5-HPETE）。HPETE 脱水并异构而形成一个环氧化合物（C_5-C_6），该化合物称为白三烯 A_4（leukotriene A_4，LTA_4）。在谷胱甘肽 S-转移酶作用下，谷胱甘肽（GSH）的巯基与白三烯 A_4 的 C_6 形成硫醚（C-S-C），原来的环氧结构转变为羟基（C_5），形成白三烯 C_4。在 γ-谷氨酰转肽酶的作用下，白三烯 C_4 的谷胱甘肽经水解释放出一分子的谷氨酸，自身形成二肽 S-白三烯 C_4，称白三烯 D_4。在二肽酶的作用下，白三烯 D_4 水解释放出一分子的甘氨酸，形成白三烯 C_4-S-Lys，该化合物称为白三烯 E_4。由花生四烯酸经一系列的酶促反应，转化白三烯类化合物的过程如图 9-13 所示。

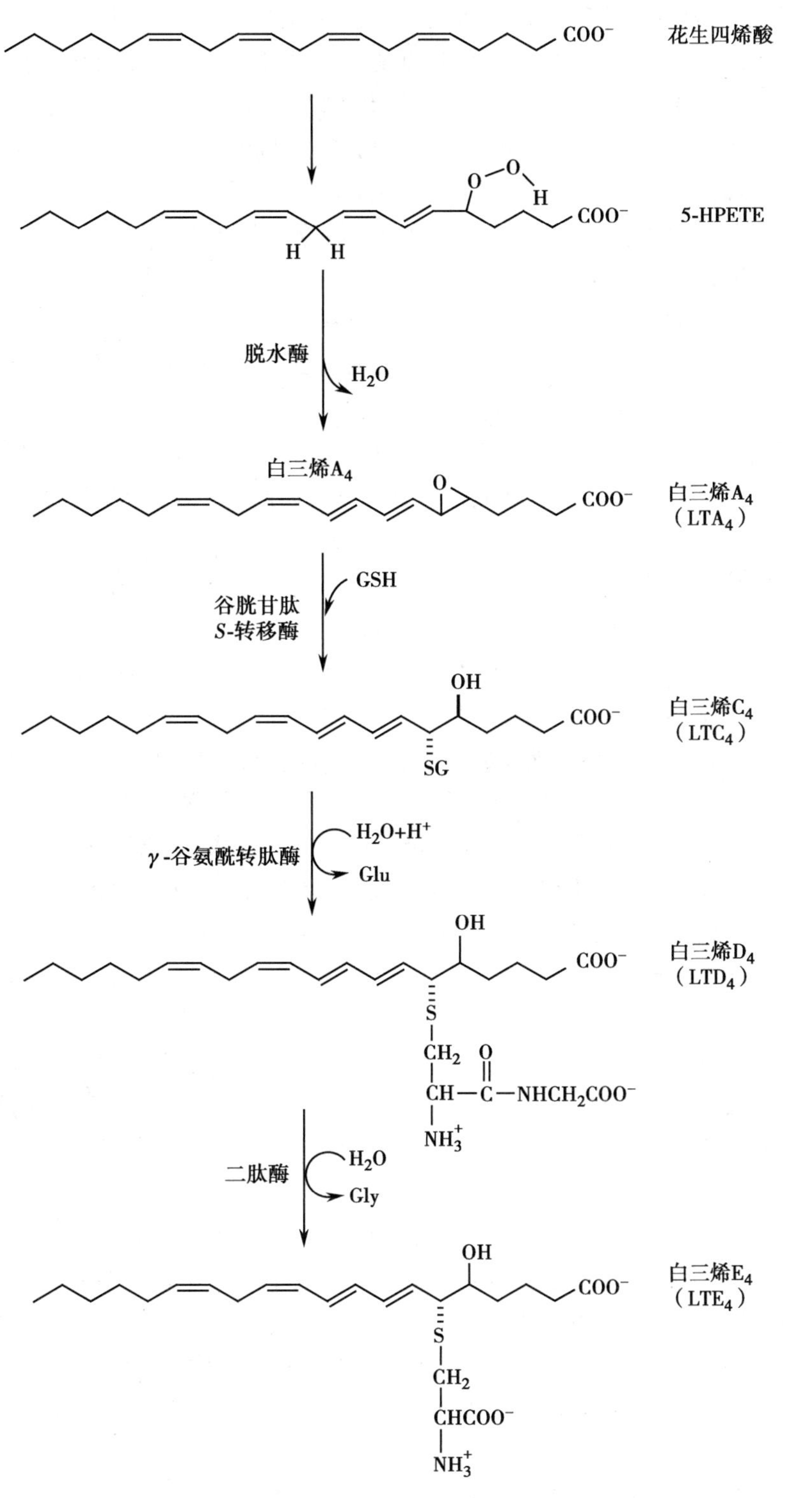

花生四烯酸

5-HPETE

脱水酶　H_2O

白三烯A₄

白三烯A₄
（LTA₄）

谷胱甘肽
S-转移酶　GSH

OH

SG

白三烯C₄
（LTC₄）

γ-谷氨酰转肽酶　H_2O+H^+　Glu

OH

S
CH₂
CH—C—NHCH₂COO⁻
NH₃⁺
O

白三烯D₄
（LTD₄）

二肽酶　H_2O　Gly

OH

S
CH₂
CHCOO⁻
NH₃⁺

白三烯E₄
（LTE₄）

图 9-13　白三烯类化合物生物合成过程示意图

第六节　脂类代谢失调与治疗药物

　　人体可通过神经和激素的作用调节脂类的新陈代谢，以便适应机体的生理需要。

　　动物实验证明，切除大脑半球的小狗，其肌肉及骨骼中的脂肪含量均减少，但肝内脂肪含量反而略有增加，肝中胆固醇显著增加，这说明脑对调节脂类代谢具有重要作用。视丘下部亦与脂类代谢有

脂质与生命活动和疾病的关系可能远比想象的密切（拓展阅读）

关，表现为动物视丘下部受到损伤，可使动物肥胖。

激素对脂类代谢的调节最为明显，其中影响较大的激素有胰岛素、肾上腺素、生长素、胰高血糖素、促肾上腺皮质激素、甲状腺素、促甲状腺素、性激素和前列腺素等。这些激素中，除胰岛素、前列腺素抑制脂肪动员和脂解作用外，其他激素都能促进脂肪的动员和脂解作用。激素分泌异常会导致脂代谢障碍，如性腺萎缩或摘除能够引起肥胖，有些人在中年以后往往发胖，也是由于性腺激素及某些激素（如甲状腺素、垂体激素等）分泌减退所引起的。

脂类代谢失调常可导致疾病，常见疾病包括：

1. 肥胖症　肥胖是指一定程度的明显超重与脂肪层过厚，是体内脂肪，尤其是甘油三酯积聚过多而导致的一种状态。遗传、缺乏体力劳动、经常性摄入过多的中性脂肪及糖类、激素功能紊乱或下降等因素，使体内积存的脂肪超过消耗的脂肪均可导致肥胖。肥胖常与高胰岛素血症并存，但一般认为系高胰岛素血症引起肥胖。高胰岛素血症性肥胖者的胰岛素释放量约为正常人的3倍。

目前获准临床应用的减肥药物只有奥利司他（orlistat）。奥利司他的化学名为(S)-2-甲酰氨-4-甲基-戊酸-(S)-1-｛[(2S,3S)-3-己基-4-氧代-氧杂环丁基]甲基｝十二烷基酯，是胃肠道脂肪酶抑制剂，使食物中脂肪吸收减少，促进能量负平衡从而达到减肥效果。西布曲明的化学名为N-(1-[1-(4-氯苯基)环丁基]-3-甲基丁基)-N,N-二甲胺，是一种作用于中枢神经系统的食欲抑制剂，减少摄食，降低体重。由于西布曲明可能增加严重心血管风险，已经停止使用。

2. 结石症　肾、胆、膀胱等部位，如血、尿的胆固醇含量很高，或在某些诱因（如术后、炎症等）影响下可产生结石。在胆囊或胆道形成结石称为胆石症，其产生往往与血浆胆固醇过高，胆汁浓而淤积或与发病部位感染有关。胆结石主要由胆固醇、胆色素、胆酸、脂肪酸钙、碳酸钙等无机盐组成。

临床上对胆石症治疗常采用的利胆药包括去氢胆酸、鹅去氧胆酸、熊去氧胆酸等。去氢胆酸的主要作用是促进胆汁分泌，增加胆汁中的水分，使胆汁稀释而有利于排空胆汁。或用鹅去氧胆酸、熊去氧胆酸等改变胆汁中胆酸的成分，减少胆固醇的合成和分泌，有利于溶解胆结石。

3. 脂肪肝　正常人肝中脂类含量约占肝重的5%，其中磷脂约占3%，甘油三酯约占2%。肝中合成的脂类，以脂蛋白的形式被转运出肝，其中所含的磷脂是合成脂蛋白不可缺少的材料。当肝中合成的脂肪不能顺利地被运出，引起脂肪在肝中堆积，称为脂肪肝（fatty liver）。脂肪肝是一种常见的临床现象，而非一种独立的疾病。

脂肪肝（组图）

形成脂肪肝的主要原因有：①肝中脂肪来源太多，如高脂肪及高糖膳食；②肝功能障碍，肝合成脂蛋白能力降低；③合成磷脂原料不足，特别是胆碱或胆碱合成的原料（如甲硫氨酸）缺乏以及缺少必需脂肪酸。因此，胆碱、胆胺、甲硫氨酸、维生素 B_{12}、CTP 和卵磷脂等促进磷脂合成的物质可作为抗脂肪肝药物。肌醇也具有抗脂肪肝作用，可能是由于肌醇能合成肌醇磷脂，促进了脂蛋白的合成和脂类的运输，因而起到抗脂肪肝的作用。此外，多不饱和脂肪酸也有抗脂肪肝作用。

4. 酮体症　当人体中酮体的产生和利用失去相对平衡时，肝产生过多的酮体，超过了肝外组织氧化利用酮体的能力，即生成量大于利用量时，大量酮体进入血液，使血液中酮体浓度增高，称酮血症（ketonemia），同时在尿液中也有大量酮体出现，称酮尿症（ketonuria），这种情况总称为酮体症。

体内酮体过多的危害之一是引起酸中毒（acidosis），因为酮体中的两个主要成分，乙酰乙酸和 β-羟丁酸（约占酮体总量的99%以上）都是较强的有机酸，若在体内积聚过多，就会影响血液的酸碱平衡。因此，对于酮体症引起酸中毒的处理，除了给予纠正酸碱平衡的药物外，还应针对其酮体症的病因，采取减少脂肪酸过多分解的措施，如补充胰岛素可抑制脂肪动员及进一步的脂肪酸分解，减少酮体合成。

5. 血管硬化　富有弹性的血管,若因胆固醇代谢失去平衡,或摄入过量饱和脂肪后,导致血管内壁因胆固醇、血小板附着而造成隆起,失去柔软和弹性,出现增厚与变硬。硬化的血管内腔变窄,血液流动不顺畅,继续恶化下去就会完全堵塞。因此,血管硬化的处理主要是维持血管壁的弹性及柔软度,降低血液黏度、防止血液栓塞。可补充维生素 C、B_6、B_9、B_{12}、E,叶酸以及卵磷脂等。

6. 高脂血症　临床上将空腹时血脂持续超出正常值上限称为高脂血症(hyperlipidemia)。临床上一般以成人空腹 12~14 小时血浆甘油三酯超过 2.26mmol/L(200mg/dl),胆固醇超过 6.21mmol/L(240mg/dl),儿童胆固醇超过 4.14mmol/L(160mg/dl)为高脂血症诊断标准。由于血脂在血中以脂蛋白形式存在和运输,因此也称为高脂蛋白血症(hyperlipoproteinemia)。依据高脂血症中脂蛋白及血脂的改变不同,世界卫生组织建议将高脂蛋白血症分为六型(Ⅰ、Ⅱa、Ⅱb、Ⅲ、Ⅳ及Ⅴ型)。

脂蛋白异常血症分型及药物选用(拓展阅读)

对高脂血症的处理措施,一是控制饮食(少吃高胆固醇、高糖及动物油脂类食物),主要是减少外源性胆固醇。二是减少内源性胆固醇和脂肪的合成,可服用抑制脂类合成或促进脂类转化的药物。三是减少脂类在体内的积聚,可服用抑制脂类吸收或增加其排泄的药物。

降血脂类药物很多,有些是抑制脂类转运的药物,如苯氧乙酸类化合物氯贝丁酯(安妥明)能显著降低血浆中极低密度脂蛋白,从而降低血浆甘油三酯的浓度。烟酸类药物如烟酸、烟酸肌醇酯等主要抑制 cAMP 的生成,导致激素敏感脂肪酶活性下降,减少游离脂肪酸的释放,因而减少了肝中脂肪的合成。抑制脂类吸收的降血脂药考来烯胺,是一种聚苯乙烯季铵型阴离子交换树脂,在消化道不被酶破坏,也不吸收,能吸附肠道内的胆汁酸促进其排出,从而降低血中胆固醇含量。多不饱和脂肪酸如花生四烯酸、二十碳五烯酸(EPA)及二十二碳六烯酸(DHA)等可使胆固醇酯化,降低血中胆固醇和甘油三酯。

7. 动脉粥样硬化　目前认为动脉粥样硬化系多种因素通过不同环节综合作用所致,其中以高胆固醇血症为代表的异常脂血症和高血压是动脉粥样硬化发生的最主要因素。血浆中大多数的胆固醇存在于低密度脂蛋白中,当食物中胆固醇含量过多,或体内(主要在肝)合成的胆固醇过多,血浆中的低密度脂蛋白含量都会增加,易沉积于动脉壁内膜,附着在血管内皮细胞表面,进而进入细胞质内,最终在动脉内膜下层沉积,并分解释放出胆固醇、脂肪、磷脂和蛋白质。局部胆固醇的沉积如不能较快地被吸收、消散,就可能使血管产生以下变化:内膜增生、变性,管壁出现粥样斑块,斑块内组织坏死崩解与沉积的脂质结合,形成外观似粥样的物质,同时伴有平滑肌细胞和纤维组织增生,使血管壁硬化、失去弹性及收缩力,管腔狭小或闭塞等病变,其结果可引起一时性或持续性心肌缺血、供氧不足,产生心绞痛以及心肌梗死等一系列的严重症状。常见的冠心病、脑卒中就是这类疾病的通称。

动脉粥样硬化的发生(动画)

动脉粥样硬化的防治原则主要是调整血脂代谢。HMG-CoA 还原酶是胆固醇生物合成的限速酶,因此 HMG-CoA 还原酶抑制剂可有效地抑制肝胆固醇的合成,降低总胆固醇。这类作用的药物主要以他汀类为主,主要包括洛伐他汀(lovastatin)(甲羟戊酸的类似物)、普伐他汀(pravastatin)及辛伐他汀(simvastatin)等。苯氧芳酸类亦称贝特类药物,能增高脂蛋白酯酶和肝脂酶活性,促进 VLDL 的分解代谢,降低甘油三酯水平,同时可使 VLDL 分泌减少,加强与受体结合的 LDL 的清除及升高 HDL 水平的作用,因此该类药物是治疗以甘油三酯增高为主的高脂血症首选药物。此外,也可服用烟酸类药物及不饱和脂肪酸等调整血脂代谢。

动脉粥样硬化血管增生狭窄病理图(图片)

研究人员发现,来自动物、植物、真菌等的多糖类物质具有降血脂及抗凝血作用。结缔组织的成分硫酸软骨素是酸性黏多糖,它能增强脂蛋白脂肪酶的活性,使乳糜微粒中甘油三酯分解成脂肪酸,后者被氧化利用,使血中乳糜微粒减少而澄清。此外,硫酸软骨素还具有抗凝血及抗血栓形成作用,对治疗动脉粥样硬化有一定效果。

月见草油中含 γ-亚麻酸和亚油酸，γ-亚麻酸可由 γ-亚油酸转化而来。γ-亚麻酸及其代谢产物前列腺素具有重要的生理活性。月见草油对治疗高脂血症、抗血小板聚集、防治动脉粥样硬化等具有一定疗效，对降低总胆固醇、甘油三酯、低密度脂蛋白和升高对人体有益的高密度脂蛋白及减肥有一定作用。

思　考　题

1. 试比较脂肪酸 β 氧化与生物合成的主要区别。
2. 严重糖尿病患者为何易发生酮症酸中毒？
3. 简述血浆脂蛋白的分类、结构特点及其生理功能。
4. 试从生物化学角度解释为何脂类代谢失调会导致肥胖症、脂肪肝、酮体症、高脂血症等临床疾病。
5. 坚持有氧运动为何有助于减肥？
6. 长期素食但以淀粉类食物为主的人也会出现血浆甘油三酯或胆固醇的异常升高，为什么？

第九章
目标测试

（陆红玲）

第十章

蛋白质的分解代谢

第十章
教学课件

蛋白质是生命的物质基础，蛋白质代谢在生命活动过程中具有十分重要的作用。蛋白质代谢包括合成代谢和分解代谢。关于蛋白质的合成代谢将在第十五章介绍，本章仅讨论蛋白质的分解代谢。蛋白质首先水解为氨基酸，再进一步代谢。因此，本章的重点是氨基酸在体内的分解代谢。体内蛋白质的更新与氨基酸分解均需要食物蛋白质来补充。因此在讨论蛋白质分解代谢之前，先介绍蛋白质的营养作用和蛋白质的消化吸收问题。

第一节 概 述

一、蛋白质的生理功能

1. 维持细胞组织的生长、发育、更新和修补作用 蛋白质是细胞组织的主要成分，参与构成各种细胞组织是蛋白质最重要的功能。儿童必须摄入足量的优质蛋白质，才能保证其正常的生长发育；成人也必须摄入足量优质的蛋白质，才能维持其组织蛋白质的更新，特别是组织损伤时，需要从食物蛋白质获得修补的原料。

2. 参与合成重要的含氮化合物 如酶、核酸、抗体、血红蛋白、神经递质和蛋白质、多肽类激素等，这些重要的含氮化合物在体内也要不断更新，故以食物蛋白质作为合成的原料。

3. 氧化供能 每克蛋白质完全氧化可产生 17.19kJ 能量，也是体内能量的来源之一。一般来说，成人每日约有 18% 的能量来自蛋白质，但是蛋白质的这种功能可由糖或脂肪代替，因此氧化供能仅是蛋白质的一种次要功能。

显然，蛋白质在维持组织生长、发育、更新、修补和合成重要含氮化合物中具有重要作用，而且不能由糖或脂肪所代替。那么，人体每日需摄入多少蛋白质才能满足这种需要呢？一般可以用氮平衡的方法来确定。

二、氮平衡

氮平衡（nitrogen balance）是指摄入蛋白质的含氮量与排泄物（主要为粪便和尿）中含氮量之间

的关系,它反映体内蛋白质的合成代谢与分解代谢的总结果。因此,测定氮平衡可以了解蛋白质在体内的代谢状况。氮平衡有 3 种情况,即氮总平衡、氮正平衡和氮负平衡。

1. 氮总平衡　摄入氮量等于排出氮量,称为氮总平衡。它表示体内蛋白质的合成与分解相当,处于动态平衡,如营养正常的成年人。

2. 氮正平衡　摄入氮量大于排出氮量,称为氮正平衡。它表示体内蛋白质合成大于分解,如儿童、孕妇及恢复期患者。

3. 氮负平衡　摄入氮量小于排出氮量,称为氮负平衡。它表示体内蛋白质合成小于分解,如饥饿、营养不良及消耗性疾病患者等。

根据氮平衡实验计算,当正常成人食用不含蛋白质膳食 8~10 天后,其排出氮量趋于恒定,每天排出氮量约为 53mg/kg。以 60kg 体重计算,每日蛋白质最低分解量约为 20g,由于食物蛋白质和人体蛋白质组成的差异,其利用率不可能达到百分之百,因此,为了维持氮的总平衡,正常成人每日蛋白质的最低生理需要量为 30~50g。为了长期保持氮的总平衡,我国营养学会推荐正常成人每日蛋白质的需要量为 80g。对于孕妇、哺乳期妇女、生长发育期的儿童、脑力劳动和强体力劳动者以及疾病恢复期、手术后、创伤大出血的患者,蛋白质的需要量需要相应增加。老年人基础代谢降低,消化能力较差,对蛋白质的需要量较成年人少,但对蛋白质质量的要求则较高。

三、蛋白质的营养价值

1. 必需氨基酸　组成蛋白质的氨基酸有 20 种,在营养上可分为两类:必需氨基酸(essential amino acid)和非必需氨基酸(nonessential amino acid)。必需氨基酸是指机体需要,但机体自身不能合成或合成量少,不能满足需求,必须由食物供给的氨基酸。不同动物,其必需氨基酸的种类有一定的差异。实验证明,人体必需氨基酸有 9 种:赖氨酸、色氨酸、缬氨酸、苯丙氨酸、苏氨酸、亮氨酸、异亮氨酸、甲硫氨酸和组氨酸,其余 11 种为非必需氨基酸,它们在体内可以合成,不一定需要由食物供给。值得强调的是,非必需氨基酸同样为机体所需要。通常认为含有必需氨基酸种类完全且数量充足的蛋白质,其营养价值较高,反之营养价值则较低。

2. 蛋白质营养价值的评价　一般认为蛋白质的营养价值即为氮的保留量占氮的吸收量的百分率,即(N 保留量 /N 吸收量)×100%。它取决于蛋白质所含氨基酸的种类、数量与比例,尤其是取决于必需氨基酸的种类和含量。实际上评定食物蛋白质的营养价值包括食物蛋白质含量、蛋白质的消化率、蛋白质的利用率三方面。某种食物蛋白质所含必需氨基酸的数量和比例与人体需要越相近,其被消化吸收后在体内被利用的程度就越高,因而营养价值就越高。另外,蛋白质的消化率直接影响利用率。有时加工或烹调方法可以提高蛋白质的消化率,例如大豆,整粒进食时蛋白质消化率为 60%,加工为豆腐时则高达 90%。

3. 蛋白质的互补作用　几种营养价值较低的蛋白质混合食用,互相补充必需氨基酸的种类和数量,从而提高蛋白质的营养价值,称为蛋白质的互补作用(protein complementary action)。蛋白质的互补作用有重要的现实意义,如小米中赖氨酸含量低,而色氨酸较多,大豆则相反,将两者混合食用可以使必需氨基酸相互补充,提高蛋白质的营养价值。因而提倡食物多样化,并注意合理搭配。

在某些疾病情况下特别是在外科创伤或手术后,患者机体中蛋白质分解代谢急剧增加,容易出现氮负平衡,为保证患者对氨基酸的需要,可进行混合氨基酸输液,以防止病情进一步恶化。

第二节　蛋白质的消化、吸收与腐败

一、蛋白质的消化

各种生物体皆具有特异的蛋白质组成与结构。因此,人及动物不能直接利用食物中的异体蛋白质,而必须经历消化过程。食物蛋白质消化的意义是:消除食物蛋白质的种属特异性或抗原性;使大分子蛋白质变为寡肽和氨基酸，以便吸收和被机体利用。

蛋白质消化依赖于胃及小肠中蛋白水解酶类，而这些酶类各有其作用特点。

（一）蛋白质的水解酶类及其作用特点

1. 蛋白水解酶的类别　　蛋白质的水解酶广泛存在于动、植物与细菌内，种类繁多。若按其水解底物的部位可分为内肽酶和外肽酶，内肽酶能水解肽链内部的肽键，如胃蛋白酶、胰蛋白酶、糜蛋白酶和弹性蛋白酶等；外肽酶则水解蛋白质的氨基或羧基末端肽键，如羧基肽酶和氨基肽酶等，见图10-1。

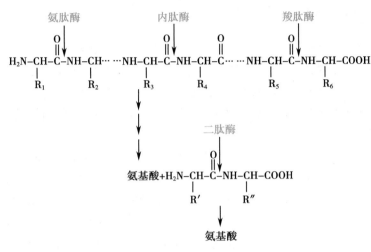

图 10-1　蛋白水解酶作用示意图

2. 蛋白水解酶的作用特点　　蛋白质水解酶类共同的作用都是水解肽键，但它们对所水解肽键的位置和形成肽键的氨基酸残基有一定的选择性和特异性（表10-1）。如胃蛋白酶只能水解肽链中由芳香族氨基酸（如苯丙氨酸、酪氨酸）的氨基和酸性氨基酸（如谷氨酸、天冬氨酸）的羧基所形成的肽键。

表 10-1　胃肠道中重要的蛋白水解酶的一些特性

名称	来源	水解肽键的特异性[*]	分子量	最适 pH
胃蛋白酶	胃	—酸性—CO—NH—芳香族	3.3×10^4	1.5~2.5
胰蛋白酶	胰腺	—碱性—CO—NH—R—	2.3×10^4	8.0~9.0
糜蛋白酶	胰腺	—芳香族—CO—NH—R—	2.4×10^4	8.0~9.0
弹性蛋白酶	胰腺	—脂肪族—CO—NH—R—	2.6×10^4	8.8
羧肽酶 A	胰腺	中性氨基酸羧基末端肽	3.4×10^4	7.4
羧肽酶 B	胰腺	碱性氨基酸羧基末端肽	3.4×10^4	8.0
氨基肽酶	小肠	寡肽的氨基末端肽		7.0~8.5
二肽酶	小肠	二肽的肽键		8.0

[*]酸性：酸性氨基酸；碱性：碱性氨基酸；R：任一氨基酸；芳香族：芳香族氨基酸；脂肪族：脂肪族氨基酸。

（二）蛋白质的消化过程

食物蛋白质的消化由胃开始，但主要在小肠进行。

1. 蛋白质在胃中的消化　　食物蛋白质进入胃后，经胃蛋白酶作用水解生成多肽和少量氨基酸。胃蛋白酶的最适 pH 为 1.5~2.5。酸性的胃液可使蛋白质变性，有利于蛋白质的水解。

2. 蛋白质在小肠中的消化　　食物在胃中的停留时间较短，因此对蛋白质的消化很不完全。小肠是蛋白质消化的主要场所。在小肠内未经消化或消化不完全的蛋白质在胰腺和小肠黏膜细胞分泌的多种蛋白水解酶和肽酶的作用下,进一步水解成寡肽和氨基酸。

此外胃蛋白酶和糜蛋白酶有凝乳作用,可使乳汁中酪蛋白与钙离子结合成不溶性的变性酪蛋白钙,使乳汁在胃中的停留时间延长,有利于乳汁中蛋白质的消化。

结合蛋白质,如食物中核蛋白、血红蛋白等,在消化道经酸或酶的作用使辅助因子与蛋白质分开,蛋白质部分按上述方式水解为氨基酸,而辅助因子部分则分别在相应酶的催化下进行各自特有的代谢。

二、肽和氨基酸的吸收

食物蛋白质在胃肠道经酶的水解,产物主要是氨基酸和寡肽。实验显示,小分子肽比游离的氨基酸更容易吸收,吸收的肽经肽酶的作用,大部分水解为氨基酸。吸收的氨基酸是人体氨基酸的主要来源,该过程主要在小肠进行,吸收的机制是一个跨膜的主动转运过程。

小肠黏膜细胞膜上存在氨基酸和寡肽的载体蛋白(carrier protein),能与氨基酸或寡肽及 Na^+ 形成三联体,将氨基酸或寡肽及 Na^+ 转运入细胞,为了维持细胞 Na^+ 低浓度,Na^+ 则借钠泵排出细胞外,

氨基酸载体吸收(图片)

此过程消耗 ATP。由于氨基酸侧链结构的差异,转运氨基酸或寡肽的载体蛋白也不相同。目前已知小肠黏膜细胞的刷状缘至少有 7 种载体蛋白参与氨基酸和寡肽的吸收。它们分别是酸性氨基酸转运蛋白、碱性氨基酸转运蛋白、中性氨基酸转运蛋白、β-氨基酸转运蛋白、亚氨基酸转运蛋白、二肽转运蛋白和三肽转运蛋白,当某些氨基酸共用同一载体时,因为结构上有一定相似性,这些氨基酸的吸收过程将彼此竞争。此外利用载体蛋白的吸收过程同样存在于肾小管细胞与肌细胞等细胞膜上。

蛋白质未经消化不易吸收。但有些蛋白质可通过特殊途径直接吸收,如胞饮作用、细胞间通道、肽通道和特异性受体选择吸收等。这些蛋白质的吸收可能导致变态反应或其他免疫反应的发生,严重时可引起休克,甚至死亡,这可能是食物蛋白过敏的原因。如某些抗原、毒素蛋白可少量通过肠黏膜细胞进入体内,易引起过敏或毒性反应(食物中毒)。

三、蛋白质的腐败作用

食物中的蛋白质绝大部分被彻底消化并吸收,未经消化的少量蛋白质及未被吸收的氨基酸或寡肽在结肠下部肠道细菌的作用下分解,称为蛋白质的腐败作用(putrefaction)。腐败作用是肠道细菌自身的代谢过程,以无氧分解为主,涉及脱羧、脱氨、氧化、还原和水解反应等。腐败作用的大多数产物对人体有害,如胺类、NH_3、酚类、吲哚及硫化氢等。正常情况下,大部分腐败产物随粪便排出体外,只有小部分被吸收,经肝的代谢转变而解毒,故不会发生中毒现象。腐败作用也可以产生少量脂肪酸、维生素等可被机体利用的营养物质。

第三节　细胞内蛋白质的降解

人体内的蛋白质处于不断合成和降解的动态平衡,正常成人每日更新体内蛋白质总量的 1%~2%。其中主要是骨骼肌蛋白质的分解。蛋白质降解所产生的氨基酸,有 70%~80% 又被重新利用合成机体蛋白质。细胞内蛋白质的降解也是由一系列蛋白酶(protease)和肽酶(peptidase)催化完成的。蛋白质首先被蛋白酶水解成肽,然后被肽酶进一步水解成氨基酸。真核细胞内蛋白质的降解根据降解部位的不同,可分为溶酶体途径和泛素-蛋白酶体途径。

一、溶酶体途径

溶酶体是细胞内的消化器官,富含多种蛋白酶,被称为组织蛋白酶(cathepsin)。这些蛋白酶能降

解进入溶酶体内的蛋白质,但对于蛋白质的选择性较差,主要降解细胞外的蛋白质、膜蛋白及细胞内的长寿命蛋白质,此途径不需要消耗 ATP。

二、泛素-蛋白酶体途径

蛋白质通过此途径降解消耗 ATP 同时需要泛素的参与,主要降解异常蛋白质和短寿命蛋白质。降解过程包括两个阶段:首先泛素与被选择降解的蛋白质形成共价连接,然后蛋白酶体特异地识别被泛素标记的靶蛋白并将其降解。

泛素(ubiquitin, Ub)是一种由 76 个氨基酸残基构成的小分子蛋白质,分子量为 8.45kDa,因其广泛存在于真核细胞而得名。泛素是 1978 年从网织红细胞裂解液中分离出来的,其空间结构见图 10-2。

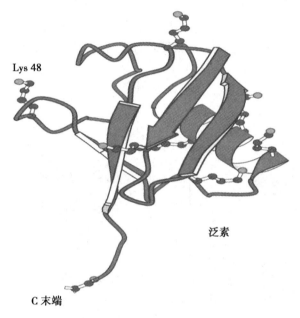

图 10-2　泛素分子的空间结构

泛素在序列上高度保守,人类与酵母菌的泛素序列仅有 3 个氨基酸残基不同,它的主要功能是标记需要被降解的蛋白质,使其在蛋白酶体中降解。泛素的这种标记称为泛素化,是由三种酶催化完成(图 10-3)。

(1)首先泛素激活酶(E_1)催化泛素 76 位的甘氨酸与 E_1 半胱氨酸巯基形成一个高能硫酯键,激活泛素分子,此过程需要消耗 ATP。

(2)由泛素结合酶(E_2)催化,通过转酯作用,泛素分子被转移到 E_2 的半胱氨酸巯基上。

UB:泛素;E_1:泛素激活酶;E_2:泛素结合酶;E_3:泛素蛋白连接酶;Pr:被降解蛋白质

图 10-3　蛋白质降解的泛素化过程

（3）在泛素蛋白连接酶（E₃）催化下，将泛素从 E₂ 转移到靶蛋白赖氨酸 ε 氨基上。

一种蛋白质的降解通常需要多次泛素化反应，形成泛素链。泛素化的蛋白质在蛋白酶体被降解，产生一些由 7~9 个氨基酸残基组成的肽链，肽链进一步水解生成氨基酸。

蛋白酶体（proteasome）被称为"垃圾处理厂"，通常一个人体细胞内约含有 30 000 个蛋白酶体，1979 年由 Goldberg 等首先分离出来。其结构见图 10-4。蛋白酶体存在于细胞质和细胞核内，是一个 26S 的蛋白质复合体，由 20S 的核心颗粒（core particle，CP）和 19S 的调节颗粒（regulatory particle，RP）组成。核心颗粒是由 2 个 α 环和 2 个 β 环组成空腔结构的圆柱体，2 个 α 环位于圆柱体的上下两端，2 个 β 环位于 2 个 α 环之间。每个 α 环由 7 个 α 亚基组成，而每个 β 环则由 7 个 β 亚基组成，活性位点位于两个 β 环上，每个 β 环中有 3 个 β 亚基具有蛋白酶活性，可催化不同蛋白质的降解。2 个调节颗粒分别位于核心颗粒的两端，每个调节颗粒都有 18 个亚基组成，某些亚基能够识别并结合泛素化的蛋白质，其中 6 个亚基具有 ATP 酶活性，可能与蛋白质去折叠并使去折叠的蛋白质移位于核心颗粒有关。同时调节颗粒还具有使待降解蛋白质去泛素化作用。

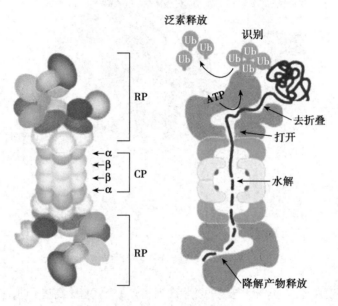

图 10-4　蛋白酶体结构示意图

细胞通过泛素 - 蛋白酶体途径以高度特异性的方式对不需要的蛋白质进行降解，这个过程通常是不可逆的，以色列科学家 A. Ciechanover、A. Hershko 和美国科学家 I. Rose 因发现细胞内被泛素标记的蛋白质降解反应机制而获得了 2004 年诺贝尔化学奖。蛋白质在蛋白酶体内完整的降解过程可用图 10-5 来说明。

蛋白质底物的多泛素化是引导其降解的信号，寻找将泛素连接到靶蛋白的酶系成为目前研究的焦点，因为泛素广泛存在于多种组织器官中，其介导的蛋白质降解很可能对绝大多数细胞都具有重要的生理意义。细胞正是通过对以 ATP 形式储存的能量的需求，控制泛素引导的蛋白质降解过程的特异性。进一步研究发现，泛素的活化是细胞生存和繁殖必不可少的条件之一。因此，泛素介导的蛋白质降解的重要性不仅在于能够清除错误的蛋白质，还体现在它对细胞周期、DNA 的复制及染色体结构的调控作用。由于泛素介导的蛋白质降解系统与很多疾病密切相关，该领域的研究引起了人们越来越广泛的兴趣。尤其是人们希望能够利用该体系消除一些不需要的蛋白质，或者使一些有用的蛋白质免受降解。

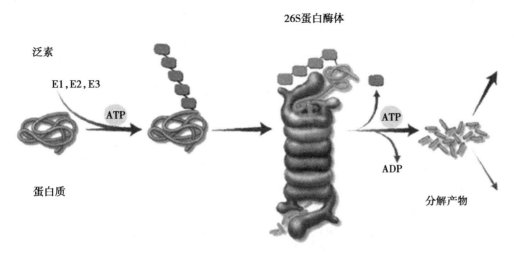

图 10-5　泛素介导的蛋白质降解

泛素调节的蛋白质降解在生物体中非常重要,因而对它的开创性研究也就具有了特殊的意义。目前,世界各国科学家不断发现和研究与这一降解过程相关的细胞新功能。这些研究对进一步揭示生物的奥秘,以及探索一些疾病的发生机制和治疗手段具有重要意义。目前,一种基于该机制研发的新药硼替佐米(Velcade,PS341)已经上市,主要用于多种骨髓癌的治疗。蛋白质降解靶向嵌合体(PROTAC)技术就是依据泛素调节的蛋白质降解的原理开发诱导蛋白质降解的技术,其基本原理是合成具有双功能活性的 PROTAC 分子,分子的一个活性端与靶蛋白紧密连接,另一个活性端与泛素蛋白连接酶(E_3)连接,从而使靶蛋白泛素化。然后在蛋白酶体降解,靶蛋白降解后,PROTAC 分子可以被释放出来参与到下一个靶蛋白的降解过程。因此较少的药物剂量就可以实现高效的蛋白质降解。目前 PROTAC 相关药物处于临床前研究和早期发现阶段。

第四节　氨基酸的一般代谢

一、氨基酸在体内的代谢动态

食物蛋白质经消化而被吸收的氨基酸(外源氨基酸)与体内组织蛋白质降解产生的氨基酸(内源性氨基酸)以及体内合成的非必需氨基酸(内源性氨基酸)混在一起,分布于体内各处,通过血液循环在各组织之间转运参与代谢,构成氨基酸代谢库(amino acid metabolic pool),以保证各组织氨基酸代谢的需要。正常情况下,体内氨基酸的来源和去路处于动态平衡。

(1)氨基酸的来源:食物蛋白经消化吸收进入体内的氨基酸;内源性组织蛋白分解产生的氨基酸;体内代谢合成的部分非必需氨基酸。

(2)氨基酸的去路:合成机体的组织蛋白质;转变为重要的含氮化合物,如嘌呤、嘧啶、肾上腺素、甲状腺素及其他蛋白质或多肽激素等;氧化分解产生能量或转化为糖、脂肪等。

基于组成蛋白质的 20 种氨基酸在其化学结构上的共性是都具有 α- 氨基和 α- 羧基,而它们之间的差异仅是 R 基团不同。因此,它们在体内的分解代谢过程虽各有特点,但也有共同的代谢途径。氨基酸分解代谢的重点是讨论 α- 氨基分解代谢的一般规律,即本节所述氨基酸的一般代谢,此外,也介绍一些个别氨基酸的代谢特点。

氨基酸在体内的代谢动态总结如下:

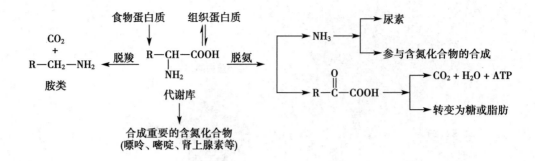

二、氨基酸的脱氨基作用

氨基酸可以通过氧化脱氨基、转氨基、联合脱氨基和非氧化脱氨基等方式脱去氨基,生成相应的 α-酮酸,然后进一步代谢,其中以联合脱氨基最为重要。

(一)氧化脱氨基作用

氨基酸脱氨基伴有氧化反应,称为氧化脱氨基作用(oxidative deamination)。反应过程如下:

$$\underset{\text{氨基酸}}{\overset{R}{\underset{COOH}{CH-NH_2}}} \xrightarrow[\text{酶}]{-2H} \underset{\text{亚氨基酸}}{\overset{R}{\underset{COOH}{C=NH}}} \xrightarrow{+H_2O} \underset{\text{α-酮酸}}{\overset{R}{\underset{COOH}{C=O}}} + NH_3$$

催化氨基酸氧化脱氨基的酶有两类。

1. 氨基酸氧化酶　属黄酶类,辅酶为 FMN 或 FAD。在氧的参与下,它催化氨基酸氧化脱氨基,生成 α-酮酸、NH_3 和 H_2O_2。

$$\underset{COOH}{\overset{R}{CH-NH_2}} + H_2O \xrightarrow[O_2]{\text{氨基酸氧化酶}} \underset{COOH}{\overset{R}{C=O}} + NH_3 + H_2O_2$$

氨基酸氧化酶有两种:L-氨基酸氧化酶在体内分布不广,活性不高,对脱氨基作用并不重要;D-氨基酸氧化酶在体内分布较广,但由于体内 D-氨基酸不多,故意义亦不大。

2. L-谷氨酸脱氢酶　它是唯一既能以 NAD^+ 又能以 $NADP^+$ 作为辅酶的脱氢酶,此酶分布广,特别是在肝、肾和脑中活性较强,肌肉中活性略低,其最适 pH 为 7.6~8.0,故在生理条件下可发挥较大的作用。它催化 L-谷氨酸氧化脱氨生成 α-酮戊二酸和氨,反应过程如下:

$$\underset{\text{L-谷氨酸}}{\overset{COOH}{\underset{COOH}{\overset{|}{\underset{|}{\overset{CH_2}{\underset{CHNH_2}{\overset{|}{CH_2}}}}}}}} + NAD^+ \xrightleftharpoons{\text{L-谷氨酸脱氢酶}} \underset{\text{α-酮戊二酸}}{\overset{COOH}{\underset{COOH}{\overset{|}{\underset{|}{\overset{CH_2}{\underset{C=O}{\overset{|}{CH_2}}}}}}}} + NH_3 + NADH + H^+$$

该酶属变构酶,含有 6 个相同的亚基,ATP 和 GTP 是其变构抑制剂,ADP 和 GDP 是其变构激活剂。因此当体内能量不足时,可以促进氨基酸的氧化,调节机体的能量代谢。

此反应可逆,反应平衡点偏向谷氨酸的合成。这是发酵工业生产味精的基本原理。当谷氨酸和 NAD^+($NADP^+$)的浓度高,而 NH_3 浓度低时,则进行氧化脱氨基反应。但是,L-谷氨酸脱氢酶的特异性强,仅催化 L-谷氨酸氧化脱氨基,因此,大多数的氨基酸需通过其他方式脱氨。

(二)转氨基作用

1. 转氨基作用的概念　氨基酸的 α-氨基与 α-酮酸的羰基,在转氨酶的作用下相互交换,生成相应的新的氨基酸和 α-酮酸,这个过程称为转氨基作用(transamination)或氨基转移作用。

一般反应如下：

$$
\underset{\text{COOH}}{\overset{R_1}{\underset{|}{\text{CH}-\text{NH}_2}}} + \underset{\text{COOH}}{\overset{R_2}{\underset{|}{\text{C}=\text{O}}}} \underset{\text{转氨酶}}{\rightleftharpoons} \underset{\text{COOH}}{\overset{R_1}{\underset{|}{\text{C}=\text{O}}}} + \underset{\text{COOH}}{\overset{R_2}{\underset{|}{\text{CH}-\text{NH}_2}}}
$$

上述反应可逆，平衡常数接近1，故转氨基作用既是氨基酸的分解代谢过程，也是体内某些氨基酸（非必需氨基酸）合成的重要途径。反应的实际方向取决于4种反应物的相对浓度。

2. 转氨酶　催化转氨基作用的酶统称为转氨酶（transaminase）或氨基转移酶（aminotransferase）。大多数转氨酶需要α-酮戊二酸作为氨基的受体。转氨酶有多种，在体内广泛分布，不同的氨基酸各有特异的转氨酶催化其转氨基反应。其中较重要的有谷丙转氨酶（glutamic-pyruvic transaminase，GPT）和谷草转氨酶（glutamic-oxaloacetic transaminase，GOT）。它们分别催化下列反应：

（谷氨酸 ＋ 丙酮酸 ⇌GPT⇌ α-酮戊二酸 ＋ 丙氨酸）

（谷氨酸 ＋ 草酰乙酸 ⇌GOT⇌ α-酮戊二酸 ＋ 天冬氨酸）

GPT和GOT在体内广泛存在，但各组织中含量不同，其分布情况见表10-2。正常时转氨酶主要分布在细胞内，特别是肝和心，而血清中这两种酶的活性最低。若因疾病使细胞膜通透性增加、组织坏死或细胞破裂等，可有大量转氨酶从细胞内释放入血，结果使血清转氨酶活性增高。如心肌梗死患者，血清GOT异常增高；肝病患者，尤其是急性传染性肝炎，血清GPT和GOT都异常升高，因此在临床上测定血清中GPT和GOT，可以作为疾病诊断和预后的参考指标之一。新药研究中，有关治疗肝病或涉及肝解毒的药物，也经常测定转氨酶的活性作为重要的观察指标。

表10-2　正常人组织中GOT和GPT的活性（单位/每克湿组织）

组织	GOT	GPT	组织	GOT	GPT
心	156 000	7 100	胰腺	28 000	2 000
肝	142 000	44 000	脾	14 000	1 200
骨骼肌	99 000	4 800	肺	10 000	700
肾	91 000	19 000	血液	20	16

3. 转氨基作用的机制　现已证实，转氨酶为结合酶，所有转氨酶辅酶都是维生素B_6的磷酸酯，即磷酸吡哆醛，它结合于转氨酶活性中心赖氨酸的ε-氨基上。在转氨基的过程中，磷酸吡哆醛先从氨基酸接受氨基转变成磷酸吡哆胺，同时氨基酸转变成α-酮酸；磷酸吡哆胺进一步将氨基转移给另一种α-酮酸而生成相应的氨基酸，同时磷酸吡哆胺又变回磷酸吡哆醛（磷酸吡哆醛和磷酸吡哆胺皆是维生素B_6的磷酸酯，可简易表示为—B_6—CHO和—B_6—CH_2—NH_2）。在转氨酶的催化下，磷酸吡

哆醛与磷酸吡哆胺的这种相互转变起着传递氨基的作用。反应如下：

转氨反应的简化表达式为：

4. 转氨基作用的意义　转氨基作用是由转氨酶催化的一类可逆反应，它不仅是体内多数氨基酸脱氨基的重要方式，而且也是机体合成非必需氨基酸的主要途径。

（三）联合脱氨基作用

转氨基作用是体内一种重要的脱氨基方式，但是通过转氨基作用只能进行氨基的转移，而无游离氨的释放，其最终结果只是一种新的氨基酸代替原来的氨基酸。研究发现，体内氨基酸的脱氨基作用主要是联合脱氨基作用，即转氨基作用和氧化脱氨基作用相偶联。α- 氨基酸与 α- 酮戊二酸经转氨基作用生成谷氨酸，后者在 L- 谷氨酸脱氢酶的催化下，经氧化脱氨基作用而释放出游离氨。反应过程如下：

联合脱氨基作用有下列特点。

（1）偶联的顺序：大多数氨基酸的脱氨基作用，一般先转氨基，然后再氧化脱氨基。

（2）转氨基作用的氨基受体是 α- 酮戊二酸：氧化脱氨基时，L- 谷氨酸脱氢酶的活性高而特异性强。只有 α- 酮戊二酸作为转氨基作用的氨基受体,才能生成谷氨酸。而其他 α- 酮酸虽可参与转氨基作用,但它们生成的相应氨基酸因缺乏相应的酶,而不易进一步氧化脱氨基。

由于 L- 谷氨酸脱氢酶在肝、肾、脑中活性最强,因此联合脱氨作用主要是在肝、肾等组织内进行得比较活跃,这些组织中的氨基酸可通过此方式脱氨。

（四）非氧化脱氨作用

一些氨基酸可进行非氧化脱氨作用,产生 NH_3 和 α- 酮酸。这种方式主要存在于微生物,动物体亦有但不多。这些非氧化脱氨方式没有氧化脱氨和联合脱氨重要。

（1）脱水脱氨:

$$\underset{\text{丝氨酸}}{\overset{\displaystyle CH_2-OH}{\underset{\displaystyle COOH}{\overset{\displaystyle |}{\underset{\displaystyle |}{CH-NH_2}}}}} \xrightarrow[-H_2O]{\text{脱水酶}} \underset{}{\overset{\displaystyle CH_3}{\underset{\displaystyle COOH}{\overset{\displaystyle |}{\underset{\displaystyle |}{C=NH}}}}} \xrightarrow[]{+H_2O} \underset{\text{丙酮酸}}{\overset{\displaystyle CH_3}{\underset{\displaystyle COOH}{\overset{\displaystyle |}{\underset{\displaystyle |}{C=O}}}}} + NH_3$$

（2）脱硫化氢脱氨:

$$\underset{\text{半胱氨酸}}{\overset{\displaystyle CH_2-SH}{\underset{\displaystyle COOH}{\overset{\displaystyle |}{\underset{\displaystyle |}{CH-NH_2}}}}} \xrightarrow[-H_2S]{\text{脱硫酶}} \underset{}{\overset{\displaystyle CH_3}{\underset{\displaystyle COOH}{\overset{\displaystyle |}{\underset{\displaystyle |}{C=NH}}}}} \xrightarrow[]{+H_2O} \underset{\text{丙酮酸}}{\overset{\displaystyle CH_3}{\underset{\displaystyle COOH}{\overset{\displaystyle |}{\underset{\displaystyle |}{C=O}}}}} + NH_3$$

（3）直接脱氨:

$$\underset{\text{天冬氨酸}}{\overset{\displaystyle COOH}{\underset{\displaystyle COOH}{\overset{\displaystyle |}{\underset{\displaystyle |}{\overset{\displaystyle CH_2}{\underset{\displaystyle CH-NH_2}{|}}}}}}} \xrightarrow{\text{天冬氨酸酶}} \underset{\text{延胡索酸}}{\overset{\displaystyle HOOC-CH}{\underset{\displaystyle CH-COOH}{\overset{\displaystyle \parallel}{}}}} + NH_3$$

三、氨的代谢

氨是机体正常代谢的产物,同时也是一种有毒物质,实验证明氨具有强烈的神经毒性。正常人血氨浓度低于 $60\mu mol/L$,某些原因引起血氨浓度升高,可导致神经组织,特别是脑组织功能障碍,称为氨中毒。正常情况下机体不会发生氨的堆积而导致氨中毒,因为体内有较完善的解毒机制,可以消除氨对机体的有害影响。因此,氨的代谢实际上是对氨的解毒过程。

（一）氨的来源

体内氨有 3 个主要的来源:①各器官组织中氨基酸脱氨基作用及胺分解产生的氨:这是体内氨的主要来源。②肠道吸收的氨:肠道氨的吸收与肠道 pH 有关,在碱性环境中,NH_4^+ 容易转变成 NH_3,而 NH_3 比 NH_4^+ 易于被吸收。因此,对高血氨的患者采用弱酸性透析液做结肠透析,降低肠道 pH,是临床用于减少肠道氨吸收的重要方法,而禁止用碱性肥皂水灌肠。③肾小管上皮细胞分泌的氨:在肾小管上皮细胞中谷氨酰胺酶催化下,谷氨酰胺水解产生氨和谷氨酸,这部分氨分泌到肾小管管腔中与尿中的 H^+ 结合生成 NH_4^+,以铵盐的形式排出体外,这对调节机体的酸碱平衡起重要作用。酸性尿有利于肾小管上皮细胞中的氨扩散到尿中排出,而碱性尿则不利于氨的排出。故对于肝性脑病、肝硬化腹水患者,不宜使用碱性利尿药,以免加重高血氨症状。

（二）氨的转运

氨在人体内是有毒物质,各组织产生的氨必须以无毒的丙氨酸和谷氨酰胺两种形式经血液运输到肝合成尿素,或运至肾以铵盐形式由尿排出。

1. **丙氨酸 - 葡萄糖循环**　　肌组织中的氨基酸经转氨基作用将氨基转给丙酮酸生成丙氨酸,丙氨酸经血液运输到肝,通过联合脱氨基作用,释放出氨用于尿素合成;转氨基后生成的丙酮酸经糖异生作用生成葡萄糖,葡萄糖由血液运到肌组织,沿糖酵解转变为丙酮酸,可再接受氨基生成丙氨酸。这样丙氨酸和葡萄糖反复地在肌组织和肝之间进行氨的转运,故将此途径称为丙氨酸 - 葡萄糖循环(图 10-6)。经此循环,使肌组织中的氨以无毒的丙氨酸形式运输到肝,同时,肝又为肌组织提供了生成丙氨酸的葡萄糖。

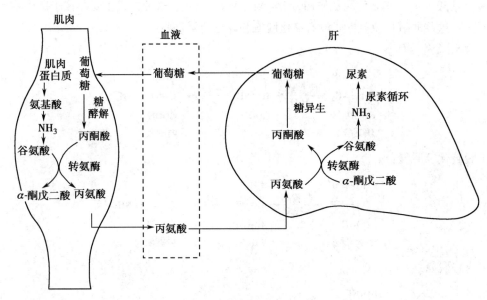

图 10-6 丙氨酸 - 葡萄糖循环

2. 谷氨酰胺的运氨作用 体内各组织产生的氨与谷氨酸在谷氨酰胺合成酶的作用下生成谷氨酰胺。此酶主要分布在脑、心和肌肉等组织,受其产物的反馈抑制,而被 α- 酮戊二酸激活。谷氨酰胺经血液运往肝或肾,再经谷氨酰胺酶水解生成谷氨酸及氨。谷氨酰胺的生成不仅是解除氨毒的重要方式,同时也是氨的运输和贮存形式。

$$
\begin{array}{c}
\text{COOH} \\
| \\
\text{CH}_2 \\
| \\
\text{CH}_2 \\
| \\
\text{CHNH}_2 \\
| \\
\text{COOH} \\
\text{L-谷氨酸}
\end{array}
\xrightleftharpoons[\substack{\text{谷氨酰胺酶} \\ \text{NH}_3 \quad \text{H}_2\text{O}}]{\substack{\text{NH}_3 + \text{ATP} \quad \text{ADP} + \text{Pi} + \text{H}_2\text{O} \\ \text{谷氨酰胺合成酶}}}
\begin{array}{c}
\text{CONH}_2 \\
| \\
\text{CH}_2 \\
| \\
\text{CH}_2 \\
| \\
\text{CHNH}_2 \\
| \\
\text{COOH} \\
\text{谷氨酰胺}
\end{array}
$$

谷氨酰胺还可以提供氨基给天冬氨酸生成天冬酰胺。正常细胞能合成充足的天冬酰胺满足机体蛋白质合成的需要,但白血病细胞却不能或很少合成天冬酰胺,必须依靠血液从其他器官运输而来。因此在临床上用天冬酰胺酶催化天冬酰胺水解,减少血中天冬酰胺,以抑制白血病细胞的恶性生长。

(三)氨的主要去路 - 合成尿素

体内氨的代谢去路包括合成尿素、生成谷氨酰胺、参与合成一些重要的含氮化合物(如嘌呤嘧啶、非必需氨基酸等)及以铵盐形式由尿排出。其中合成尿素是氨的主要代谢去路。

尿素是蛋白质分解代谢的最终无毒产物。尿素的生成也是体内氨代谢的主要途径,约占尿排出总氮量的 80%。实验证明,肝是合成尿素的主要器官。尿素合成的途径称为鸟氨酸循环(ornithine cycle)或尿素循环(urea cycle)。该循环首先是氨与二氧化碳结合形成氨基甲酰磷酸,然后鸟氨酸接受由氨基甲酰磷酸提供的氨甲酰基形成瓜氨酸,瓜氨酸与天冬氨酸结合形成的精氨酸代琥珀酸分解为精氨酸及延胡索酸。最后,精氨酸水解为尿素和鸟氨酸。

1. **氨基甲酰磷酸的生成**　反应由氨基甲酰磷酸合成酶I催化,它存在于肝细胞线粒体。此反应是不可逆的,需 ATP、Mg^{2+} 参与, *N*- 乙酰谷氨酸是此酶的变构激活剂。

$$NH_3 + CO_2 + 2ATP \xrightarrow[Mg^{2+}]{\text{氨基甲酰磷酸合成酶 I}} H_2N-\overset{\overset{\displaystyle O}{\|}}{C}-O\sim PO_3H_2 + 2ADP + Pi$$

氨基甲酰磷酸

2. **瓜氨酸的合成**　反应由鸟氨酸氨基甲酰转移酶催化,该酶存在于肝细胞线粒体。

$$\underset{\text{鸟氨酸}}{\begin{matrix}NH_2\\|\\(CH_2)_3\\|\\CH-NH_2\\|\\COOH\end{matrix}} + \underset{\text{氨甲酰磷酸}}{\begin{matrix}NH_2\\|\\C=O\\|\\O\sim PO_3H_2\end{matrix}} \xrightarrow{\text{鸟氨酸氨基甲酰转移酶}} \underset{\text{瓜氨酸}}{\begin{matrix}O\\\|\\NH-C-NH_2\\|\\(CH_2)_3\\|\\CH-NH_2\\|\\COOH\end{matrix}} + Pi$$

3. **精氨酸的合成**　肝细胞线粒体合成的瓜氨酸经膜载体转运到细胞质,与天冬氨酸缩合转变为精氨酸代琥珀酸,精氨酸代琥珀酸再分解为精氨酸和延胡索酸。反应中生成的延胡索酸,可经三羧酸循环生成草酰乙酸,后者经转氨基作用生成天冬氨酸再参与上述反应。

$$\underset{\text{瓜氨酸}}{\begin{matrix}NH_2\\|\\C=O\\|\\NH\\|\\(CH_2)_3\\|\\CH-NH_2\\|\\COOH\end{matrix}} + \underset{\text{天冬氨酸}}{\begin{matrix}COOH\\|\\CH_2\\|\\CH-NH_2\\|\\COOH\end{matrix}} \underset{ATP\quad AMP+PPi}{\overset{\text{精氨酸代琥珀酸合成酶}}{\rightleftharpoons}} \underset{\text{精氨酸代琥珀酸}}{\begin{matrix}NH_2\ \ COOH\\|\quad\ \ |\\C=N-CH\\|\quad\quad\ |\\NH\quad\ CH_2\\|\quad\quad\ |\\(CH_2)_3\ COOH\\|\\CH-NH_2\\|\\COOH\end{matrix}} \overset{\text{精氨酸代琥珀酸裂解酶}}{\rightleftharpoons} \underset{\text{精氨酸}}{\begin{matrix}NH_2\\|\\C=NH\\|\\NH\\|\\(CH_2)_3\\|\\CH-NH_2\\|\\COOH\end{matrix}}$$

$$+\\ \underset{\text{延胡索酸}}{\begin{matrix}HOOC-CH\\\|\\CH-COOH\end{matrix}}$$

4. **尿素的生成**　精氨酸在精氨酸酶的作用下水解生成尿素和鸟氨酸,后者经线粒体内膜上载体转运到线粒体,参与瓜氨酸的生成,如此反复完成尿素循环。尿素则作为代谢终产物排出体外。

$$\underset{\text{精氨酸}}{\begin{matrix}NH_2\\|\\C=NH\\|\\NH\\|\\(CH_2)_3\\|\\CH-NH_2\\|\\COOH\end{matrix}} + H_2O \xrightarrow{\text{精氨酸酶}} \underset{\text{尿素}}{\begin{matrix}NH_2\\|\\C=O\\|\\NH_2\end{matrix}} + \underset{\text{鸟氨酸}}{\begin{matrix}NH_2\\|\\(CH_2)_3\\|\\CH-NH_2\\|\\COOH\end{matrix}}$$

鸟氨酸循环总的结果是:通过一次循环,生成 1 分子尿素,用去 2 分子氨,并消耗 3 分子 ATP 或 4个高能磷酸键。

$$2NH_3 + CO_2 + 3ATP \xrightarrow{\text{酶}} \underset{}{\begin{matrix}NH_2\\|\\C=O\\|\\NH_2\end{matrix}} + 2ADP + AMP + 4Pi$$

尿素的合成过程见图 10-7。

由于参与鸟氨酸循环的酶分布在肝细胞不同的亚细胞结构部分,因此尿素合成是在细胞的不同部位进行的(表 10-3)。

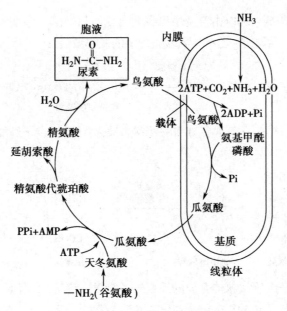

图 10-7　尿素合成过程

表 10-3　肝细胞中尿素合成酶类的分布与相对活性

酶类	分布	相对活性
氨基甲酰磷酸合成酶 I	线粒体	4.5
鸟氨酸氨基甲酰转移酶	线粒体	163.0
精氨酸代琥珀酸合成酶	细胞质	1.0
精氨酸代琥珀酸裂解酶	细胞质	3.3
精氨酸酶	细胞质	149.0

由表 10-3 可见,肝细胞中参与尿素合成的各种酶的活性是不同的。其中以精氨酸代琥珀酸合成酶的活性最低,是鸟氨酸循环的限速酶,可调节尿素合成的速度。此外,食物蛋白也影响尿素的合成速度,高蛋白膳食使尿素合成加速,而低蛋白膳食则相反。

在正常生理情况下,氨的来源与去路保持动态平衡,其中肝内尿素的合成是维持这个正常平衡的关键。肝功能严重损伤时,尿素合成障碍,使血氨浓度升高,称为高血氨症(hyperammonemia)。高血氨的毒性机制目前还不完全清楚,一般认为:当氨进入脑细胞后,与脑中 α- 酮戊二酸反应生成谷氨酸,由于血氨浓度升高,大量消耗脑中 α- 酮戊二酸,引起三羧酸循环减弱,使脑组织生成 ATP 减少,导致脑功能障碍,严重时可发生昏迷(肝性脑病)。

临床上根据氨在体内的代谢,可使用一些代谢中间物治疗高氨血症,如谷氨酸、精氨酸和鸟氨酸等。口服或输入谷氨酸盐可使氨转化为无毒的谷氨酰胺;精氨酸和鸟氨酸可促进鸟氨酸循环,加速氨生成尿素,这些药物通过增加氨的去路起到治疗的效果。此外,减少氨的来源也很重要,如限制患者食入蛋白质的量,或用抗菌药物抑制蛋白质在肠道腐败作用,减少氨的产生。

四、α- 酮酸的代谢

氨基酸经脱氨基作用除产生氨外,还可生成 α- 酮酸。不同的氨基酸生成的各种 α- 酮酸可以进一步代谢,主要有如下三方面的代谢途径。

1. 合成非必需氨基酸　氨基酸脱氨基反应是可逆的,经转氨基作用生成相应的氨基酸。这是机体合成非必需氨基酸的重要途径。

2. 转变为糖及脂类　体内 α- 酮酸可以转变成糖及脂类。氨基酸在体内的转化可分为 3 类:在

体内可经糖异生作用转化为糖的氨基酸称为生糖氨基酸,生糖氨基酸共有 13 种,如丙氨酸、谷氨酸、天冬氨酸、半胱氨酸等;可以生成酮体或脂肪酸的氨基酸称为生酮氨基酸,如亮氨酸、赖氨酸;既可转变为糖又可转变为酮体的氨基酸称为生糖兼生酮氨基酸,如酪氨酸、苯丙氨酸、异亮氨酸、苏氨酸、色氨酸。

3. 氧化产生能量 氨基酸分解生成的 α- 酮酸在体内可以通过三羧酸循环与生物氧化体系彻底氧化成 CO_2 和 H_2O,并释放能量供生理活动需要。由此可见,氨基酸也是一类能源物质。

上述代谢途径是蛋白质与糖、脂肪代谢相互联系、相互转化的重要方式。

第五节 个别氨基酸的代谢

氨基酸分解代谢除了共同的代谢途径外,由于各种氨基酸 R 基团各异,某些氨基酸还有其特殊代谢途径,产生一些特殊代谢产物。下面介绍一些重要氨基酸的代谢途径。

一、氨基酸的脱羧基作用

体内有一部分氨基酸也可进行脱羧基作用生成相应的胺。催化此反应的酶是氨基酸脱羧酶,其辅酶是含维生素 B_6 的磷酸吡哆醛。氨基酸脱羧基作用是氨基酸分解代谢的一种重要方式,也是部分氨基酸代谢的重要特点。

某些氨基酸脱羧基产生的胺具有特殊的生理作用,若在体内积蓄过多,可引起神经系统及心血管系统等的功能紊乱。体内广泛存在胺氧化酶,特别是肝中此酶活性较高,它催化胺类物质的氧化,以消除其生理活性。

下面介绍几种重要氨基酸的脱羧基作用,其他一些氨基酸脱羧基作用的特点可参看本节"三、个别氨基酸代谢与疾病"中的芳香族氨基酸代谢部分。

1. 谷氨酸的脱羧基作用 谷氨酸脱羧酶在脑组织活性很高。谷氨酸脱羧后生成的 γ- 氨基丁酸(γ-aminobutyric acid, GABA)对中枢神经系统有普遍的抑制作用,是神经系统的一种重要的抑制性递质。

临床上用维生素 B_6 防治神经过度兴奋所产生的妊娠呕吐及小儿抽搐,可能是因为维生素 B_6 是氨基酸脱羧酶的辅酶,能促进 GABA 的生成而抑制神经系统的兴奋。长期服用异烟肼的结核病患者如果经常合并使用维生素 B_6,则易引起中枢过度兴奋的中毒症状,这是因为异烟肼能与维生素 B_6 结合而使其失活,影响脑内 GABA 的合成。

2. 组氨酸脱羧基作用 组氨酸脱羧生成组胺(histamine)。组胺具有扩张血管、降低血压、促进平滑肌收缩及胃液分泌等作用。变态反应、创伤或烧伤时组织细胞可释放过量的组胺。

3. 鸟氨酸的脱羧基作用 鸟氨酸在鸟氨酸脱羧酶的作用下,脱羧生成腐胺,再与 S- 腺苷甲硫氨酸(SAM,详见本节"二、氨基酸与一碳单位代谢"中甲硫氨酸与一碳单位的生成部分)反应生成亚精胺(spermidine)和精胺(spermine),它们是多胺化合物(polyamine)。亚精胺与精胺是调节细胞生长的重要物质。

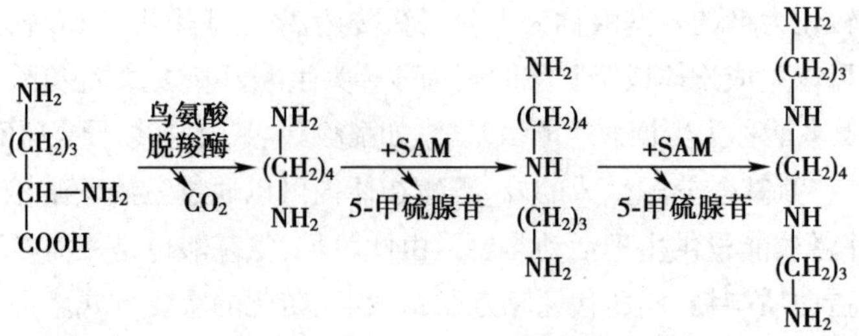

鸟氨酸脱羧酶 +SAM 5-甲硫腺苷 +SAM 5-甲硫腺苷

鸟氨酸　　　　　腐胺　　　　　亚精胺　　　　　精胺

多胺化合物能促进核酸和蛋白质的生物合成,是细胞生长及分裂所必需的。鸟氨酸脱羧酶是合成多胺的关键酶,凡生长旺盛的组织,如再生肝、肿瘤及胚胎组织中鸟氨酸脱羧酶活性较高,多胺生成增加,使细胞生长和分裂加速。多胺促进细胞增殖的机制可能与其稳定结构、与核酸分子结合并增强核酸与蛋白质合成有关。目前临床上利用测定肿瘤患者血、尿中多胺含量作为辅助诊断及观察病情变化的指标之一。多胺合成中的另一产物 5- 甲硫腺苷是多胺合成的抑制剂。研究发现维生素 A 的抗癌作用与维生素 A 对鸟氨酸脱羧酶的抑制作用有关,可减少多胺合成,从而阻止癌细胞的生长与分裂。

二、氨基酸与一碳单位代谢

（一）一碳单位的概念

某些氨基酸在分解代谢过程中产生的仅含一个碳原子的有机基团,称为一碳单位(one carbon unit)。一碳单位参与体内许多重要化合物的合成,具有重要的生理意义。因此,凡属一碳单位的转移和代谢过程,统称为一碳单位代谢(CO_2 的代谢除外)。

体内重要的一碳单位有:

甲　基:—CH_3　　　　　亚甲基:—CH_2—
次甲基:—CH=　　　　　甲酰基:—CHO
羟甲基:—CH_2OH　　　亚氨基:—CH=NH

一碳单位性质非常活泼,从氨基酸释出后不能自由存在,需要与载体结合,再参与一碳单位的代谢。一碳单位的载体主要有两种,即四氢叶酸和 S- 腺苷甲硫氨酸,后者将在本节甲硫氨酸与一碳单位的生成部分讨论。

四氢叶酸(tetrahydrofolic acid,FH_4)是一碳单位的主要载体,亦是一种辅酶。它由叶酸还原而来,其反应如下:

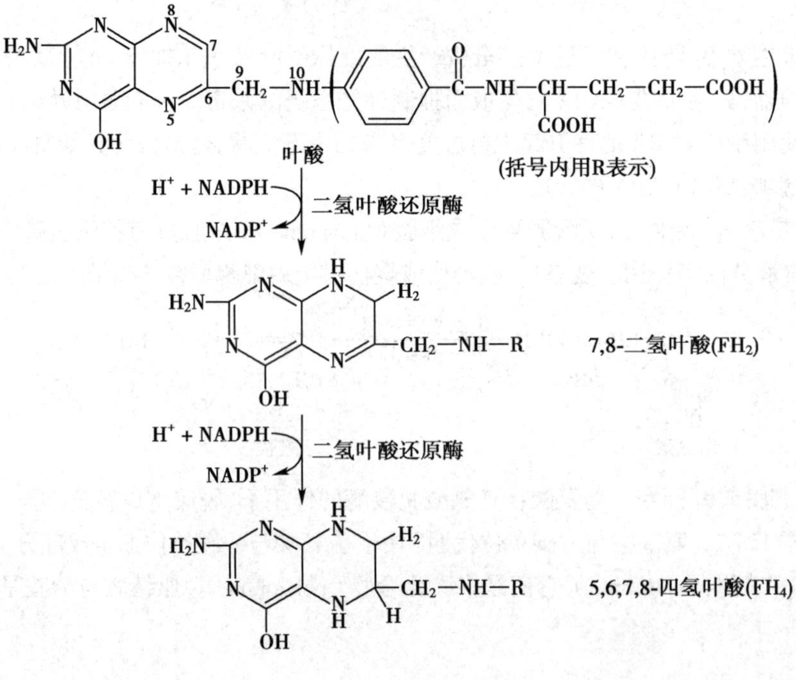

叶酸

（括号内用R表示）

H^+ + NADPH
NADP$^+$
二氢叶酸还原酶

CH_2—NH—R　　7,8-二氢叶酸(FH_2)

H^+ + NADPH
NADP$^+$
二氢叶酸还原酶

CH_2—NH—R　　5,6,7,8-四氢叶酸(FH_4)

FH_4 分子上 N^5 和 N^{10} 是结合一碳单位的位点。如 N^5, N^{10}- 亚甲基四氢叶酸,可简写为 FH_4-N^5, N^{10}-CH_2,其化学结构和简式如下:

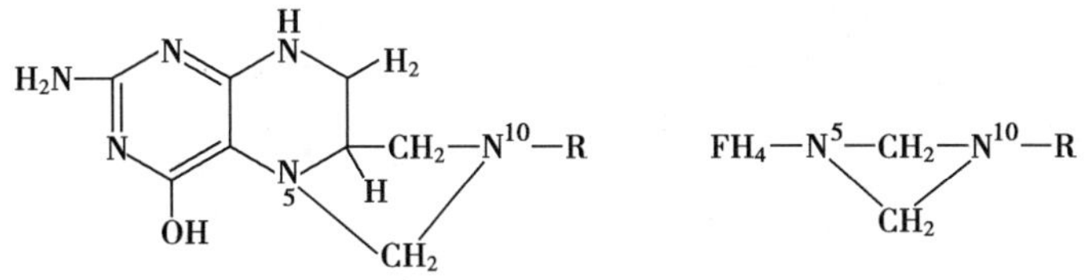

H₂N 亚甲基四氢叶酸结构式

$$FH_4{-}N^5{\searrow}{\nwarrow}N^{10}{-}R$$

（二）一碳单位的来源与互变

一碳单位主要来源于甘氨酸、组氨酸、丝氨酸、色氨酸及甲硫氨酸的代谢,苏氨酸通过转变成为甘氨酸也可以产生一碳单位。

1. 甘氨酸与一碳单位的生成　甘氨酸在甘氨酸裂解酶的催化下生成 N^5, N^{10}- 亚甲四氢叶酸。

$$H_2N{-}CH_2{-}COOH + FH_4 \xrightarrow[NAD^+ \quad NADH + H^+]{\text{甘氨酸裂解酶}} N^5, N^{10}{-}CH_2{-}FH_4 + CO_2 + NH_3$$

N^5, N^{10}-亚甲四氢叶酸

2. 组氨酸与一碳单位的生成　组氨酸分解的中间产物亚氨甲酰谷氨酸及甲酰谷氨酸,它们可分别与 FH_4 反应生成 N^5- 亚氨甲基四氢叶酸和 N^5- 甲酰四氢叶酸。两者皆可转变为 N^5, N^{10}- 次甲基四氢叶酸。

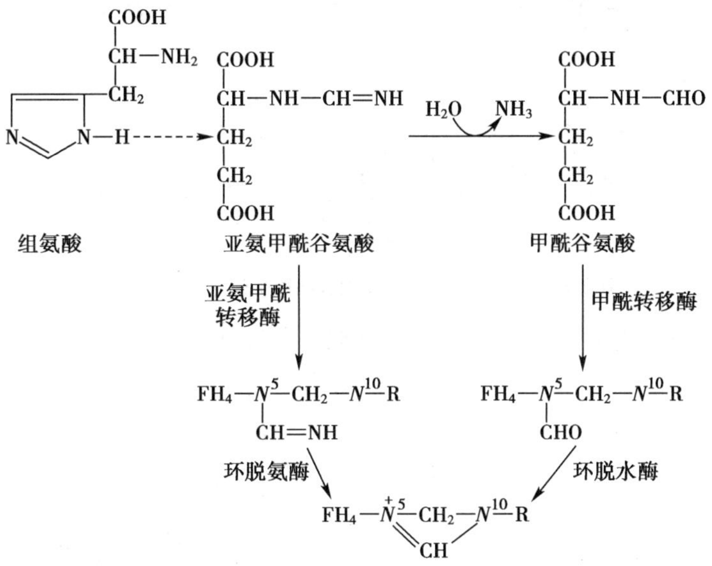

组氨酸代谢生成一碳单位反应图

3. 丝氨酸与一碳单位的生成　丝氨酸与 FH_4 反应,其羟甲基与 FH_4 结合生成 N^5, N^{10}- 亚甲基四氢叶酸,同时转变为甘氨酸。FH_4—N^5, N^{10}—CH_2 也可转变为 FH_4—N^5, N^{10}=CH 和 FH_4—N^5—CH_3。

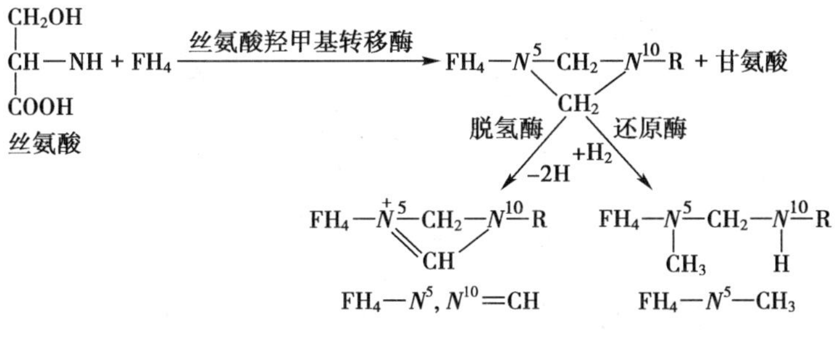

丝氨酸与一碳单位的生成反应图

4. 色氨酸与一碳单位的生成　色氨酸分解生成甲酸和犬尿氨酸,甲酸与 FH_4 结合生成 N^{10}- 甲酰四氢叶酸。

色氨酸　CH₂CHCOOH → → HCOOH + 犬尿氨酸

甲酸

FH_4
ATP

$ADP + Pi$

$N^{10}—CHO—FH_4$
N^{10}-甲酰四氢叶酸

5. 甲硫氨酸与一碳单位的生成　甲硫氨酸是体内甲基的重要来源,其活性形式是 S- 腺苷甲硫氨酸(S-adenosylmethionine, SAM),也是一碳单位的载体。它参与合成胆碱、肌酸和肾上腺素等化合物的甲基化反应。SAM 在甲基转移酶的催化下,将甲基转移给甲基受体,然后水解生成同型半胱氨酸。

ATP　$PPi+Pi$
腺苷转移酶

蛋氨酸　　　SAM

−CH₃(用于肾上腺素、肌酸、胆碱等的合成)

腺苷　H₂O

同型半胱氨酸　　　S-腺苷同型半胱氨酸

同型半胱氨酸在酶的作用下,从甲基四氢叶酸获得甲基而合成甲硫氨酸,并重复参与上述过程,称为甲硫氨酸循环(图 10-8)。

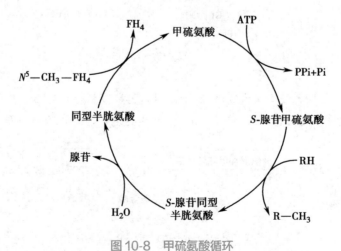

图 10-8　甲硫氨酸循环

6. 一碳单位的互变　各种不同形式的一碳单位,在一定的条件下可以相互转化,但生成 N^5- 甲基四氢叶酸的反应为不可逆反应。因此,FH_4—N^5—CH_3 在细胞内含量较高,是体内的主要存在形式。一碳单位的来源与互变总结见表 10-4 和图 10-9。

表 10-4　一碳单位的来源、互变与生理功能

一碳单位的来源	活性形式互变	生化功能
甲硫氨酸 ----→	SAM $\downarrow$ $FH_4—N^5—CH_3$	甲基化反应：如胆碱、肌酸、肾上腺素等合成
丝氨酸 ----→	$FH_4—N^5,N^{10}—CH_2$	胸腺嘧啶的甲基
组氨酸 ----→	$FH_4—N^5,N^{10}=CH$	嘌呤碱 C_8
甘氨酸 ----→ 色氨酸	$FH_4—N^{10}—CHO$	嘌呤碱 C_2

（三）一碳单位代谢的生物学意义

一碳单位的主要生理功能是作为合成嘌呤及嘧啶的原料，故在核酸生物合成中占有重要的地位。其代谢不仅与部分氨基酸的代谢有关，而且还参与体内许多重要化合物的合成，是蛋白质和核酸代谢相互联系的重要途径；此外，一碳单位还在阐明一些药物作用的机制和开展新药设计的研究等方面，具有重要的生物学意义。

1. **四氢叶酸携带的一碳单位**　主要参与体内嘌呤和嘧啶的生物合成。N^{10}-甲酰四氢叶酸为嘌呤的合成提供 C_2 和 C_8，N^5,N^{10}-亚甲基四氢叶为胸腺嘧啶核苷酸的合成提供甲基。嘌呤和嘧啶是合成核酸的基本成分，所以一碳单位的代谢与机体的生长、发育、繁殖和遗传等许多重要的生物学功能密切相关。

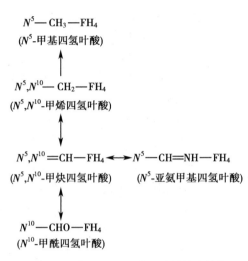

$N^5—CH_3—FH_4$
（N^5-甲基四氢叶酸）

$N^5,N^{10}—CH_2—FH_4$
（N^5,N^{10}-甲烯四氢叶酸）

$N^5,N^{10}=CH—FH_4$　←→　$N^5—CH=NH—FH_4$
（N^5,N^{10}-甲炔四氢叶酸）　　（N^5-亚氨甲基四氢叶酸）

$N^{10}—CHO—FH_4$
（N^{10}-甲酰四氢叶酸）

图 10-9　各种不同形式一碳单位的转换

2. **S-腺苷甲硫氨酸携带的一碳单位**　是参与体内甲基化反应的甲基的主要来源。据统计，体内约有 50 多种化合物的合成需要由 S-腺苷甲硫氨酸提供甲基，其中许多化合物具有重要的生理功能，如肾上腺素、肌酸、胆碱、核酸中的稀有碱基等。

3. **一碳单位代谢与新药设计**　一碳单位代谢主要以四氢叶酸为辅酶，若能影响叶酸的合成或影响叶酸转变为四氢叶酸，则可引起一碳单位代谢紊乱，导致巨幼红细胞贫血等疾病。根据这一生物化学原理，现已阐明了磺胺类药物的抗菌作用机制，并应用叶酸类似物如甲氨蝶呤等抑制四氢叶酸的合成，从而抑制核酸的合成，起到抗肿瘤的作用。

三、个别氨基酸代谢与疾病

（一）含硫氨基酸代谢

体内含硫氨基酸有三种，即甲硫氨酸（—S—CH₃）、半胱氨酸（—SH）和胱氨酸（—S—S—）。这三种氨基酸的代谢是相互联系的，甲硫氨酸可以转变为半胱氨酸和胱氨酸，后两者也可以互变，但不能转化为甲硫氨酸。所以甲硫氨酸是必需氨基酸，主要生理作用是：在体内蛋白质生物合成时作为起始氨基酸；生成的 SAM 是体内甲基化反应的活性甲基的供体；可转变为半胱氨酸。半胱氨酸和胱氨酸均为非必需氨基酸，两者可经氧化还原互变。二硫键是维持许多重要蛋白质的活性所必需的，如胰岛素、免疫球蛋白等；巯基酶类如琥珀酸脱氢酶、乳酸脱氢酶等，其活性与半胱氨酸的—SH 有关。一些毒物如碘乙酸、芥子气和重金属等可与酶分子中—SH 结合而抑制酶的活性。药物二巯基丙醇可使被结合的—SH 恢复原来状态而解毒。半胱氨酸的代谢产物牛磺酸，是构成胆汁酸的重要组成成分。含硫氨基酸氧化分解均可产生硫酸根，但半胱氨酸是体内硫酸根的主要来源，半胱氨酸在体内进行分

解代谢时直接脱去氨基和巯基,生成丙酮酸、氨和 H_2S,H_2S 在体内可氧化为硫酸根,一部分硫酸根可转化为其活性形式 3′- 磷酸腺苷 -5′- 磷酸硫酸(3′-phosphoadenosine-5′-phosphosulfate,PAPS),PAPS 的生成需要消耗 ATP。PAPS 的化学性质活泼,参与合成硫酸软骨素、肝素等,此外,PAPS 在肝的生物转化中提供硫酸根生成硫酸酯。如类固醇激素可形成硫酸酯而灭活,体内酚类、胆红素和一些外源药物等化合物也可形成硫酸酯排出体外。另外,广泛分布于体内的谷胱甘肽(glutathione,GSH)是由半胱氨酸、谷氨酸和甘氨酸残基组成,有还原型 GSH 和氧化型 GSSG 两类,两者可氧化还原互变,多以还原型存在。谷胱甘肽与维生素 C、维生素 E 等构成体内抗氧化系统,保护许多含巯基蛋白质、酶和生物膜等免于因氧化而丧失正常的生理功能。

(二)芳香族氨基酸代谢

芳香族氨基酸包括苯丙氨酸、酪氨酸和色氨酸三种。酪氨酸可由苯丙氨酸羟化生成。苯丙氨酸和色氨酸是必需氨基酸。

1. 苯丙氨酸的代谢 正常情况下苯丙氨酸在体内通过苯丙氨酸羟化酶的催化转变成酪氨酸,这是苯丙氨酸的主要代谢途径。除转变为酪氨酸外,少量苯丙氨酸可经转氨基作用生成苯丙酮酸。先天性苯丙氨酸羟化酶缺陷的患者,不能将苯丙氨酸羟化为酪氨酸,导致苯丙酮酸生成显著增加,大量苯丙酮酸及其代谢产物(苯乳酸及苯乙酸等)随尿排出,称为苯丙酮尿症(phenylketonuria,PKU)。苯丙酮酸对中枢神经系统有毒性,导致脑发育障碍,患儿智力低下。治疗原则是早期发现,并控制膳食中苯丙氨酸的含量。

2. 酪氨酸的代谢 酪氨酸是合成多巴胺、甲状腺素、肾上腺素和去甲肾上腺素等的原料。多巴胺是一种神经递质,帕金森患者脑内多巴胺生成减少。酪氨酸脱羧基生成的酪胺具有升血压作用。正常时,酪胺、肾上腺素等一些胺类物质在肝被单胺氧化酶氧化分解而失活。当用单胺氧化酶抑制剂(如异烟肼类药物)治疗某些疾病时,应禁食含酪胺较多的食物,如干酪、酸牛奶、酒类等,否则可能会引起严重高血压。在皮肤黑色素细胞内,酪氨酸经酪氨酸酶作用羟化生成多巴,多巴经过一系列反应最后聚合为黑色素,先天性酪氨酸酶缺乏的患者,因不能合成黑色素,皮肤毛发等发白,称为白化病。白化病患者对阳光敏感,易患皮肤癌。此外,酪氨酸还可在酪氨酸转氨酶的催化下,生成对羟苯丙酮酸,后者经尿黑酸等中间代谢产物进一步转变成延胡索酸和乙酰乙酸。当体内尿黑酸分解代谢的酶先天缺陷时,尿黑酸的分解受阻,可出现尿黑酸尿症。

3. 色氨酸的代谢 色氨酸是一种营养必需氨基酸,经色氨酸羟化酶、脱羧酶等作用生成 5- 羟色胺(5-hydroxytryptamine,5-HT)。此两种酶在脑和肾中活性较高,色氨酸羟化酶是合成 5-HT 的限速酶,它受脑内 5-HT 浓度的反馈抑制。5-HT 是一种神经递质,与神经系统的兴奋与抑制状态有密切关系,5-HT 活性降低,可引起睡眠功能障碍、痛阈降低、外周组织血管扩张等。褪黑激素(melatonin)由松果体产生,是 5-HT 的衍生物,具有促进和诱导自然睡眠、提高睡眠质量的作用,此外,尚有维持和恢复性功能的作用。

(三)支链氨基酸代谢

支链氨基酸包括亮氨酸、缬氨酸及异亮氨酸,它们都属于必需氨基酸。

它们的分解代谢主要在骨骼肌中进行,三者代谢的初始步骤基本一致,首先经转氨酶催化脱去氨基生成相应的 α- 酮酸,后者经氧化脱羧等反应,降解为相应的脂酰 CoA,分别进行各自不同的分解代谢,最终可以进入三羧酸循环。如果先天性缺乏支链 α- 酮酸脱氢酶系,导致支链氨基酸分解受阻,进而由尿液中排出有枫糖浆甜味的特定的 α-酮酸,也被称为枫糖尿症(maple syrup urine disease,MSUD)。

支链氨基酸代谢(图片)

(四)肌酸代谢

肌酸是由甘氨酸、精氨酸和一碳单位等在酶作用下合成的产物,是体内能量贮存与利用的重要前体化合物。磷酸肌酸是含有高能磷酸基团的化合物,是脑、神经和肌肉等组织贮能的主要形式。当需要能量时,其高能磷酸基团在酶作用下可转移给 ADP 生成 ATP,此反应为可逆反应,当体内 ATP 生成增加时,又可将部分能量贮存于磷酸肌酸中。磷酸肌酸也可经不可逆反应,脱去磷酸生成肌酐,从尿液排出。若肾功能障碍如肾衰竭时,血中肌酐水平会明显增加。

思 考 题

1. 简述氨基酸脱氨基作用的方式。

2. 为什么测定血清中转氨酶活性可以作为肝、心组织损伤的参考指标?

3. 简述尿素合成的过程及尿素循环的意义。

4. 简述血氨的来源和去路以及氨在血液中的运输方式。

5. 运用本章知识解释肝性脑病发生的可能机制及临床上采用的降血氨措施的机制。

6. 何谓一碳单位? 一碳单位代谢有何重要生理意义? 哪些氨基酸在代谢过程中可产生一碳单位?

7. 请简述苯酮酸尿症与白化病发生的生物化学基础。

第十章
目标测试

（张秀梅）

第十一章

核酸与核苷酸代谢

第十一章
教学课件

学习目标

1. **掌握** 核苷酸从头合成途径的概念、原料及特点；核苷酸补救合成途径的概念及意义；嘌呤核苷酸和嘧啶核苷酸分解代谢的终产物；脱氧核苷酸的生成方式。
2. **熟悉** 嘌呤和嘧啶核苷酸从头合成的主要步骤；嘌呤核苷酸分解代谢异常引起痛风症的发病机制及治疗。
3. **了解** 嘌呤和嘧啶核苷酸合成的调节；核苷酸抗代谢物的种类及其生物化学作用机制。

核酸是生物的最基本物质之一,其基本作用是传递表达生命活动的生物信息。核苷酸是构成核酸的基本结构单位,也是编码特定核酸的基本模块。无论是食物中的核酸物质,还是源于体内死亡细胞的代谢废物,都有可能成为一个新生细胞核酸的合成原料。生物体在长期的进化过程中形成了丰富的酶类,不仅能够将异源的核酸水解成单核苷酸,甚至能水解成更小的构成分子如磷酸、核糖和嘌呤嘧啶类碱基,而且有同样足够的酶类将这些异源的基本原料合成特定的核酸,成为自身的编码系统。一旦某个生命体的核酸分解与合成的酶类出现问题,将直接影响该个体的生存。此外,核酸类物质在能量利用、物质代谢、生理调节等方面有重要作用。

由于核酸的合成代谢实际上就是遗传信息传递中的 DNA 复制和转录,该部分内容将在第三篇中另辟章节详细叙述,本章主要谈及核酸与核苷酸的分解代谢以及核苷酸的合成代谢。

第一节 概 述

一、核酸的消化与吸收

人类食物中一般含有足够量的核酸类物质,人体可以利用这些食物中核酸类物质的分解产物在体内合成机体生长需要的自身核酸。

食物中的核酸多以核蛋白的形式存在。核蛋白在胃中受胃酸的作用,分解成核酸与蛋白质。核酸的消化主要在小肠中进行,首先由胰液中核酸酶将核酸水解成为单核苷酸,肠液中尚有核苷酸酶可催化单核苷酸水解成为核苷和磷酸,核苷再经核苷磷酸化酶催化磷酸解而生成含氮碱(嘌呤碱或嘧啶碱)和磷酸戊糖。磷酸戊糖可进一步受磷酸酶催化,分解成戊糖与磷酸。核酸的消化过程可表示如下:

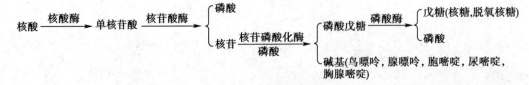

核酸的消化产物都可以在小肠上部吸收,但其中的单核苷酸和核苷在吸收后,可以进一步受肠黏膜细胞中核苷酸酶和核苷磷酸化酶的催化,而分解成为各个组成成分,核酸的消化产物被吸收后,由门静脉进入肝,未分解的核苷酸与核苷也有一部分可直接吸收,然后进行分解或直接用于核酸的合成。吸收的戊糖可参加体内的戊糖代谢,但碱基只有小部分可再被利用,大部分被分解排出体外。

二、核苷酸的生物学功能

核苷酸最主要的功能是作为核酸合成的原料,参与细胞内 DNA 和 RNA 的生物合成,此外,核苷酸还参与了体内多种生物学活动:①作为体内能量的利用形式。例如 ATP 是细胞活动的主要能量利用形式,GTP 为蛋白质合成提供能量。②多种核苷酸衍生物参与活化中间代谢物。例如 CDP- 甘油二酯参与磷脂的生物合成,UDP- 葡萄糖是糖原合成的活性原料,S- 腺苷甲硫氨酸是活性甲基的载体,ATP 作为磷酸基团的供体参与蛋白质磷酸化修饰反应等。③组成辅酶。许多辅酶(如辅酶 A、NAD$^+$、NADP$^+$ 和 FAD)都是核苷酸的衍生物。④参与代谢和生理功能调节。例如 AMP、ADP 和 ATP 的相对浓度可影响糖代谢、生物氧化等代谢反应关键酶的活性。GTP/GDP、cAMP 和 cGMP 作为重要信号分子参与细胞内信号转导过程。

第二节　核酸的分解代谢

所有生物细胞内都含有与核酸分解代谢有关的酶类,能够分解细胞内各种核酸,促使核酸分解更新。

一、核酸的分解

核酸分解的第一步是水解连接核苷酸之间的磷酸二酯键,生成寡核苷酸与单核苷酸。生物体内普遍存在着使核酸水解的磷酸二酯酶,总称核酸酶。水解 RNA 的酶称 RNA 酶(RNase),水解 DNA 的酶称 DNA 酶(DNase),它们都能水解核酸分子内部的磷酸二酯键,故又称为核酸内切酶(endonuclease)。体内还有另一类能够从多核苷酸链的末端相继水解核苷酸的酶,称为核酸外切酶(exonuclease)。

二、单核苷酸的分解

生物体内广泛存在核苷酸酶,可使核苷酸水解成为核苷与磷酸。其中多数是非特异性核苷酸酶,它们对一切核苷酸(不论磷酸在 2′、3′或 5′上)都能水解。某些特异性核苷酸酶,如 3′- 核苷酸酶只能水解 3′- 核苷酸,5′- 核苷酸酶只能水解 5′- 核苷酸。

使核苷分解的酶有两类:一类是核苷磷酸化酶,使核苷磷酸解成含氮碱和磷酸戊糖。另一类是核苷水解酶,使核苷分解成含氮碱和戊糖。这两类酶的作用情况如下:

$$核苷 + H_3PO_4 \xrightarrow{\text{核苷磷酸化酶}} 嘌呤碱或嘧啶碱 + 戊糖 \text{-}1'\text{-}P$$

$$核苷 + H_2O \xrightarrow{\text{核苷水解酶}} 嘌呤碱或嘧啶碱 + 戊糖$$

核苷磷酸化酶分布比较广,它所催化的反应是可逆的。核苷水解酶主要存在于植物和微生物,它所催化的反应是不可逆的,且只对核糖核苷有作用,对脱氧核糖核苷无作用。

嘌呤碱和嘧啶碱可进一步分解,戊糖则可参与磷酸戊糖代谢通路。

三、嘌呤的分解

关于嘌呤的分解已研究得比较清楚。腺嘌呤与鸟嘌呤在人类及灵长类动物体内分解的最终产物为尿酸（uric acid）。尿酸仍具有嘌呤环,仅取代基发生氧化。

　　人与小鼠体内只有腺嘌呤核苷脱氨酶,故腺嘌呤核苷首先受腺嘌呤核苷脱氨酶催化,脱去氨基成为次黄嘌呤核苷,再受核苷磷酸化酶的催化分解出 1-磷酸核糖及次黄嘌呤。次黄嘌呤受黄嘌呤氧化酶（xanthine oxidase）的作用依次氧化成黄嘌呤及尿酸。其他动物（如猿、鸟类及某些爬虫类）体内有腺嘌呤脱氨酶,故其腺嘌呤不必以核苷形式先脱去氨基。

　　人体内有鸟嘌呤脱氨酶,故鸟嘌呤核苷先经核苷磷酸化酶的作用分解生成鸟嘌呤,后者受鸟嘌呤脱氨酶的催化而脱去氨基,生成黄嘌呤。同样,黄嘌呤最后亦氧化成尿酸。

　　黄嘌呤氧化酶属于黄酶类,其辅基为 FAD,尚含有铁及钼。此酶的专一性不高,对次黄嘌呤与黄嘌呤都有催化作用,腺嘌呤核苷与鸟嘌呤核苷分解过程如图 11-1。

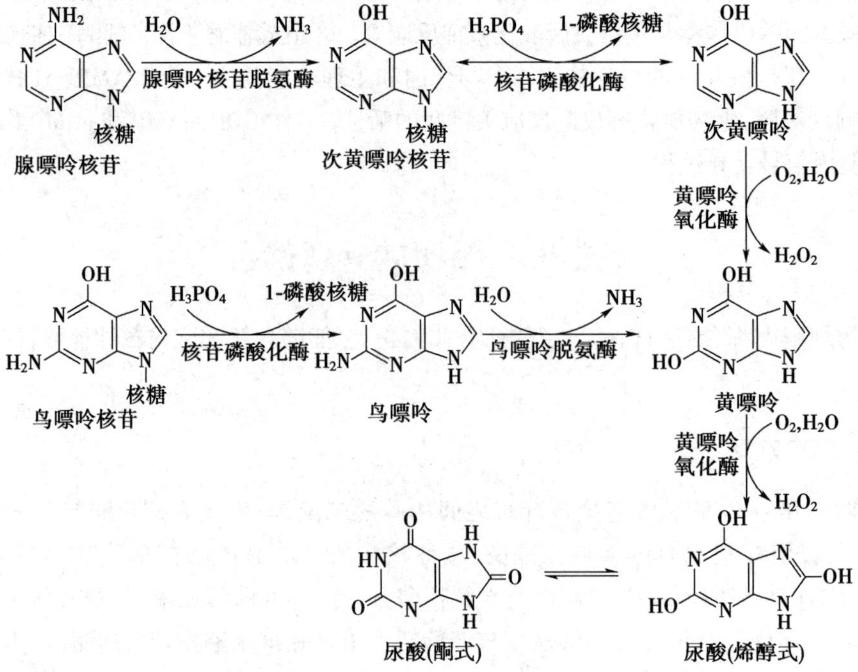

图 11-1　嘌呤的分解代谢

　　体内嘌呤核苷酸的分解代谢主要在肝、小肠及肾中进行,尿酸为人类及灵长类动物嘌呤代谢的最终产物,随尿排出体外。在正常情况下,嘌呤合成与分解处于相对平衡状态,所以尿酸的生成与排泄也较恒定。

　　痛风（gout）是一种核酸代谢障碍的疾病,由于嘌呤分解代谢过盛,尿酸的生成太多或排泄受阻,以致血液中尿酸浓度增高。正常人血浆中尿酸含量为 $0.12\sim0.36\text{mmol/L}$［（2~6）mg/dl］。痛风患者血中尿酸的含量升高,当超过 8mg/dl 时,尿酸盐结晶即可沉积于关节、软组织、软骨甚至肾等处,而导致关节炎、尿路结石和肾疾病等。痛风多见于成年男性,其原因尚不完全清楚。临床上将痛风分为原发性和继发性痛风两种类型。原发性痛风可能与嘌呤核苷酸代谢酶的缺陷有关,以致尿酸生成异常,导致高尿酸血症。继发性痛风多因进食高嘌呤饮食、体内核酸大量分解（如白血病、恶性肿瘤等）或肾疾病致尿酸排泄障碍时,均可导致血中尿酸升高。7-碳-8-氮次黄嘌呤（allopurinol,别嘌醇）的化学结构与次黄嘌呤相似,是黄嘌呤氧化酶的竞争性抑制剂,可以抑制黄嘌呤的氧化,减少尿酸的生成。同时,别嘌醇在体内经代谢转变与 5'-磷酸核糖 -1'-焦磷酸盐（PRPP）反应生成别嘌醇核苷酸,消耗 PRPP 使其含量减少;另一方面,别嘌醇核苷酸与次黄嘌呤核苷酸（IMP）结构相似,又可反馈抑制嘌呤核苷酸从头合成的酶,这两方面作用均可使嘌呤核苷酸的合成减少,故别嘌醇是一种治疗痛风的药物。

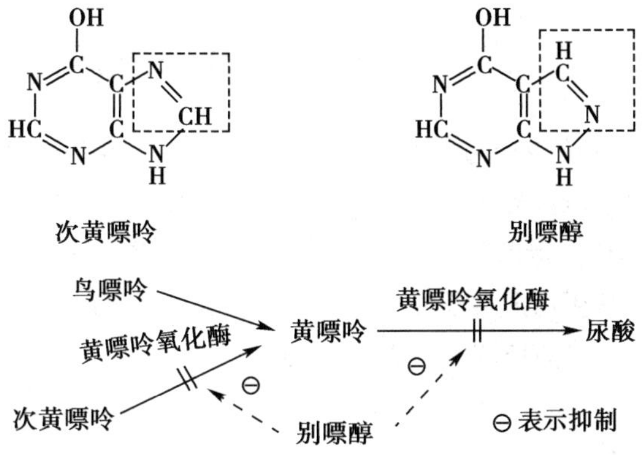

次黄嘌呤　　　　　　　別嘌醇

1102
尿酸生成与排泄过程示意图（图片）

$$鸟嘌呤 \xrightarrow{\text{黄嘌呤氧化酶}} 黄嘌呤 \xrightarrow[\ominus]{\text{黄嘌呤氧化酶} \;|\!|} 尿酸$$

次黄嘌呤 ⟍⟋ 别嘌醇　　　⊖ 表示抑制

1103
痛风饮食四避五益（拓展阅读）

四、嘧啶的分解

　　动物组织内嘧啶的分解过程与嘌呤的分解不同,嘧啶环可被打开,并最后分解成 NH_3、CO_2 及 H_2O。胞嘧啶在体内可先脱去氨基生成尿嘧啶,尿嘧啶还原成二氢尿嘧啶。后者进一步氧化开环成为 β-脲基丙酸,再脱去氨及 CO_2 生成 β-丙氨酸,经转氨酶催化,β-丙氨酸转变成丙二酸半醛,丙二酸半醛活化成丙二酰 CoA,再失去 CO_2 生成乙酰 CoA 可进入三羧酸循环而彻底氧化。胸腺嘧啶也可进行类似的变化,其产物为琥珀酰 CoA,此产物也可参与三羧酸循环而彻底氧化。嘧啶分解的氨与 CO_2 可合成尿素,随尿排出。嘧啶的分解过程如图 11-2。

　　胸腺嘧啶的分解产物 β-氨基异丁酸有一部分可随尿排出。尿中 β-氨基异丁酸排泄的多少可反映细胞及其 DNA 破坏的程度,白血病患者、经放射性治疗或化学治疗的癌症患者,或食入含 DNA 丰富的食物后,往往尿中 β-氨基异丁酸排泄增加。

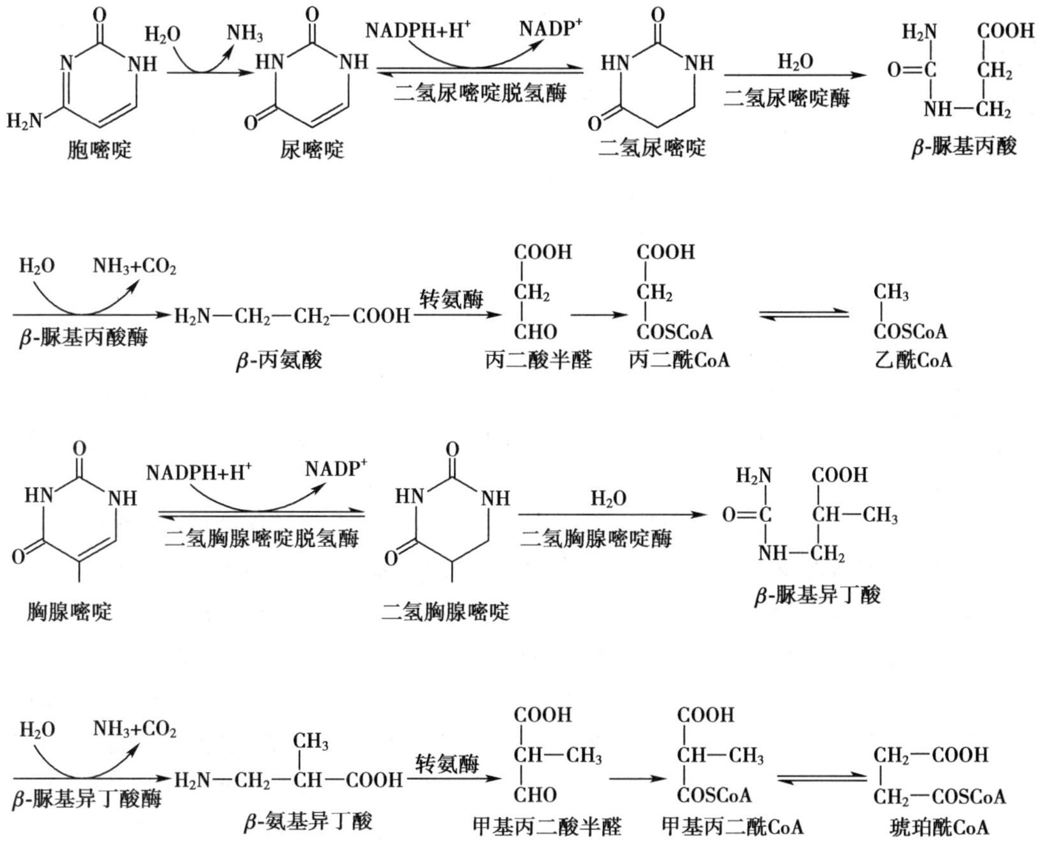

图 11-2　嘧啶的分解代谢

第三节　核苷酸的生物合成

核苷酸生物
合成过程示
意图(图片)

　　虽然食物中核酸经过消化后能吸收进入体内,但是只有部分核酸被用于再合成。人或动物可以不依赖外界的核酸供应,在各组织细胞内进行核酸的合成。正常情况下,只要食物中不缺少蛋白质,核酸在体内就能以正常速度合成。由此可见核酸的嘌呤碱与嘧啶碱可以从蛋白质或氨基酸合成,戊糖则来源于磷酸戊糖通路。因此,食物提供的核苷酸不是人体健康所必需的营养物质。

一、嘌呤核苷酸的合成

　　哺乳类动物细胞中的嘌呤核苷酸合成有两条途径:①从头合成途径(denovo synthesis):利用磷酸核糖、氨基酸、一碳单位、二氧化碳等物质为原料,通过一系列酶促反应合成嘌呤核苷酸的过程。②补救合成途径(salvage pathway):利用体内游离的嘌呤或嘌呤核苷,经过简单的反应合成嘌呤核苷酸的过程。

　　两条途径在不同组织中的重要性各不相同,从头合成途径是嘌呤核苷酸的主要合成途径,肝、小肠黏膜、胸腺等多数组织均以从头合成途径为主,以肝合成最活跃。而脑、骨髓组织因缺乏从头合成的酶,则主要通过补救合成途径合成嘌呤核苷酸。

　　用同位素示踪证明,甘氨酸、天冬氨酸、谷氨酰胺及"一碳基团"是动物体内从头合成嘌呤环的原料。嘌呤环中各个元素的来源如图 11-3。

嘌呤核苷酸
合成过程中
的元素来源
(动画)

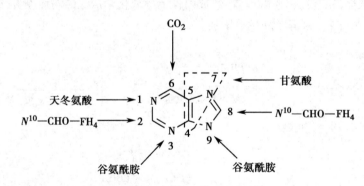

图 11-3　嘌呤环合成的原料

(一)嘌呤核苷酸的从头合成途径

　　在体内,嘌呤核苷酸并非在嘌呤环形成之后再与磷酸核糖化合而成,而是利用上述简单化合物为原料,通过一系列酶促反应首先合成次黄嘌呤核苷酸(IMP),然后转变成腺嘌呤核苷酸(AMP)和鸟嘌呤核苷酸(GMP)。

　　1. IMP 的合成　第一步由葡萄糖经磷酸戊糖通路产生的 5′- 磷酸核糖(R-5′-P),先经磷酸核糖焦磷酸激酶(亦称磷酸核糖焦磷酸合成酶)催化生成 5′- 磷酸核糖 -1′- 焦磷酸(5′-phosphobosyl-1′-pyrophosphate, PRPP),PRPP 是活性的核糖供体,它可参与各种核苷酸的合成,此反应需要 ATP 供能,是合成核苷酸的关键性反应。PRPP 合成酶受嘌呤核苷酸的变构调节,ATP 尚能激活 PRPP 合成酶,因此,PRPP 浓度是嘌呤核苷酸合成过程中最主要的决定因素。第二步由谷氨酰胺提供酰胺基取代 PRPP 中 C_1 的焦磷酸基形成 5′- 磷酸核糖胺(PRA),此反应由磷酸核糖酰胺转移酶所催化,该酶为关键酶,也是一种变构酶。接着的反应是加甘氨酸,N^{10}- 甲酰四氢叶酸提供甲酰基,谷氨酰胺氮原子转移,然后经过脱水与环化而生成 5- 氨基咪唑核苷酸(AIR)。随后是 AIR 的羧基化,天冬氨酸的加合及延胡索酸的去除,留下天冬氨酸的氨基。再由 N^{10}- 甲酰四氢叶酸提供甲酰基,最后脱水和环化形成 IMP。上述各步反应均由相应的酶催化，并且有四个步骤需要消耗 ATP。IMP 合成过程见图 11-4。

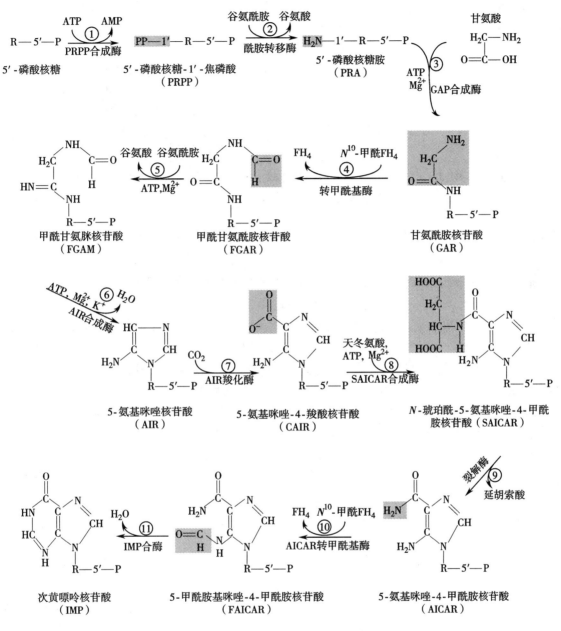

图 11-4　IMP 合成过程

2. AMP 和 GMP 的合成　IMP 可进一步由天冬氨酸提供氨基，合成腺嘌呤核苷酸，GTP 作为供能分子；或 IMP 氧化成黄嘌呤核苷酸（XMP），再由谷氨酰胺提供氨基，合成鸟嘌呤核苷酸，ATP 提供能量。AMP 和 GMP 合成过程见图 11-5。

通过上述反应可以知道，嘌呤核苷酸是在磷酸核糖分子上逐步合成嘌呤环结构，然后再与核糖和磷酸结合形成核苷酸。这是嘌呤核苷酸从头合成的一个重要特点。

3. ATP 和 GTP 的生成　有一些激酶存在于细胞中，例如腺苷酸激酶、鸟苷酸激酶、核苷二磷酸激酶等，它们催化高能磷酸基团转移，在 ATP 和 GTP 生成中起重要作用。其反应如下：

$$AMP \xrightarrow[\text{ATP ADP}]{\text{激酶}} ADP \xrightarrow[\text{ATP ADP}]{\text{激酶}} ATP \qquad GMP \xrightarrow[\text{ATP ADP}]{\text{激酶}} GDP \xrightarrow[\text{ATP ADP}]{\text{激酶}} GTP$$

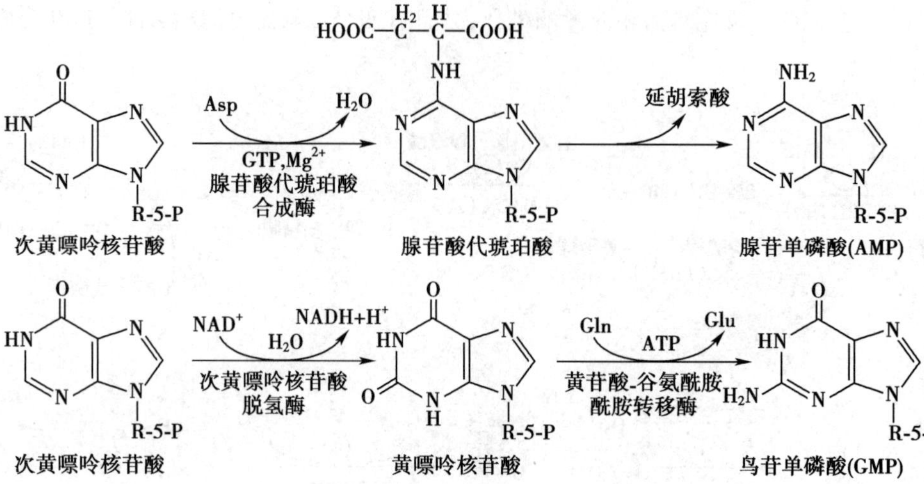

图 11-5   AMP 和 GMP 合成过程

4. 从头合成途径的调节   嘌呤核苷酸的从头合成是体内嘌呤核苷酸的主要来源,合成过程需要消耗大量 ATP、氨基酸等。机体通过负反馈调节(negative feedback regulation)实现对嘌呤核苷酸从头合成速度的精确调节,既满足了机体对嘌呤核苷酸的需要,同时又避免了营养物及能量的过度消耗。

PRPP 合成酶和 PRPP 酰胺转移酶是嘌呤核苷酸合成起始阶段的限速酶,均属变构酶类,可受 AMP 和 GMP 等合成产物的变构抑制。

PRPP 参与了嘌呤和嘧啶核苷酸的从头合成与补救合成途径,因此 PRPP 合成酶活性及 5- 磷酸核糖的供应决定了 PRPP 的合成速度,IMP、AMP 及 GMP 均可通过反馈抑制 PRPP 合成酶活性调节 PRPP 浓度。谷氨酰胺 PRPP 酰胺转移酶是嘌呤核苷酸从头合成的限速酶,有活性单体与无活性二聚体两种形式。AMP 及 GMP 可使酶由单体活性形式转变成无活性的二聚体形式,而 PRPP 则相反。

在 IMP 转变为 AMP 与 GMP 过程中也存在反馈调节和交叉调节。过量的 AMP 能反馈抑制腺苷酸代琥珀酸合成酶控制 AMP 生成,过量的 GMP 通过抑制 IMP 脱氢酶来调节 GMP 的生成。另外,GTP 可以促进 AMP 的生成,ATP 可以促进 GMP 的生成,这种交叉调节(reciprocal regulation)作用对维持 ATP 与 GTP 浓度的平衡具有重要作用。

(二)嘌呤核苷酸的补救合成途径

骨髓、脑等组织由于缺乏有关合成酶,不能按上述从头合成途径合成嘌呤核苷酸,必须依靠从肝运来的嘌呤和核苷合成核苷酸,该过程称为补救合成。

1. 嘌呤碱与 PRPP 直接合成嘌呤核苷酸   在人体内催化嘌呤碱与 PRPP 直接合成嘌呤核苷酸的酶有两种,即腺嘌呤磷酸核糖转移酶(adenine phosphoribosyl transferase,APRT)和次黄嘌呤 - 鸟嘌呤磷酸核糖转移酶(hypoxanthine guanine phosphoribosyl transferase,HGPRT),前者催化腺嘌呤核苷酸的生成,后者催化次黄嘌呤核苷酸和鸟嘌呤核苷酸的生成。

$$腺嘌呤 + PRPP \xrightarrow{\text{腺嘌呤磷酸核糖转移酶}} AMP + PPi$$

$$鸟嘌呤 + PRPP \xrightarrow{\text{次黄嘌呤 - 鸟嘌呤磷酸核糖转移酶}} GMP + PPi$$

$$次黄嘌呤 + PRPP \xrightarrow{\text{次黄嘌呤 - 鸟嘌呤磷酸核糖转移酶}} IMP + PPi$$

有一种遗传性疾病称莱施 - 奈恩综合征(Lesch-Nyhan syndrome),就是由于基因缺陷导致 HGPRT 完全缺失造成的,患儿在 2~3 岁时即表现为自毁容貌的症状,很少能存活。

2. 腺嘌呤与 1- 磷酸核糖作用   腺嘌呤与 1- 磷酸核糖也可以首先生成腺苷,然后在腺苷激酶催化下再与 ATP 作用生成腺嘌呤核苷酸。

嘌呤核苷酸从头合成的调节(动画)

自毁容貌征(拓展阅读)

补救合成途径可节省从头合成时的能量和原料（如一些氨基酸）的消耗。

（三）嘌呤核苷酸类似物的抗代谢作用

嘌呤核苷酸类似物是指嘌呤、氨基酸和叶酸等的结构类似物，它们主要以竞争性抑制的方式干扰或阻断嘌呤核苷酸的合成代谢，从而进一步阻止核酸以及蛋白质的生物合成。肿瘤细胞的核酸和蛋白质合成十分旺盛，因此，这些抗代谢物具有抗肿瘤作用。

嘌呤类似物有 6- 巯基嘌呤（6-MP，巯嘌呤）、6- 巯基鸟嘌呤、8- 氮杂鸟嘌呤等，其中 6-MP 在临床上应用较多，其结构与次黄嘌呤相似，只是后者分子中 C_6 上的羟基被巯基取代。在体内经磷酸核糖化生成 6-MP 核苷酸，并以这种形式抑制 IMP 转变为 AMP 及 GMP 的反应，还可以反馈抑制 PRPP 酰胺转移酶而干扰磷酸核糖胺的形成，从而阻断嘌呤核苷酸的从头合成。6-MP 还能直接影响次黄嘌呤 - 鸟嘌呤磷酸核糖转移酶，使 PRPP 分子中的磷酸核糖不能向鸟嘌呤及次黄嘌呤转移，阻断补救合成途径。

氨基酸类似物有氮杂丝氨酸及 6- 重氮 -5- 氧正亮氨酸等。它们的结构与谷氨酰胺相似，可干扰谷氨酰胺在嘌呤核苷酸合成中的作用，从而抑制嘌呤核苷酸的合成。

氨蝶呤及甲氨蝶呤（MTX）都是叶酸的类似物，能竞争性抑制二氢叶酸还原酶，使叶酸不能还原成二氢叶酸及四氢叶酸，影响一碳单位的供应，从而抑制嘌呤核苷酸的合成。MTX 在临床上用于白血病等癌症的治疗。

$$H_2N-\overset{O}{\overset{\|}{C}}-CH_2-CH_2-\overset{NH_2}{\overset{|}{CH}}-COOH \quad \text{谷氨酰胺}$$

$$N^+\equiv N-CH_2-\overset{O}{\overset{\|}{C}}-O-CH_2-\overset{NH_2}{\overset{|}{CH}}-COOH \quad \begin{array}{l}\text{氮杂丝氨酸}\\ \text{（重氮乙酰丝氨酸）}\end{array}$$

$$N^+\equiv N-CH_2-\overset{O}{\overset{\|}{C}}-CH_2-CH_2-\overset{NH_2}{\overset{|}{CH}}-COOH \quad \text{6-重氮-5-氧正亮氨酸}$$

应该指出的是，上述药物缺乏对癌细胞的特异性，故对增殖速度较快的某些正常组织也有杀伤性，从而有较大的毒副作用。嘌呤核苷酸抗代谢物的作用归纳如图 11-6。

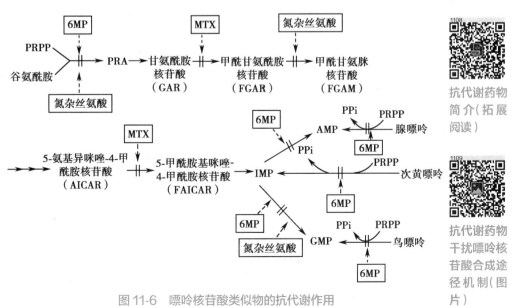

图 11-6　嘌呤核苷酸类似物的抗代谢作用

抗代谢药物简介（拓展阅读）

抗代谢药物干扰嘌呤核苷酸合成途径机制（图片）

二、嘧啶核苷酸的合成

与嘌呤核苷酸一样,嘧啶核苷酸也有从头合成与补救合成两条途径。

根据同位素示踪证明,氨基甲酰磷酸与天冬氨酸是合成嘧啶碱的原料,如图 11-7 所示。

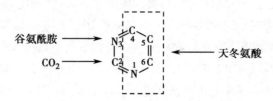

图 11-7 嘧啶环合成的原料

(一)尿嘧啶核苷酸的从头合成途径

用于合成嘧啶碱的氨基甲酰磷酸是在细胞质中由氨基甲酰磷酸合成酶Ⅱ(此酶可受反馈抑制调节)催化,在 ATP 供应能量的条件下,由谷氨酰胺与二氧化碳合成(与合成尿素不同的是,尿素合成所需的氨基甲酰磷酸由肝线粒体中的氨基甲酰磷酸合成酶Ⅰ所催化,其氮的来源为氨)。氨基甲酰磷酸再与天冬氨酸结合,经一系列变化生成乳清酸(orotic acid)即尿嘧啶甲酸,然后再与 5- 磷酸核糖焦磷酸作用生成乳清酸核苷酸,最后脱羧生成尿嘧啶核苷酸。嘧啶核苷酸的合成主要在肝内进行。

1. 尿嘧啶核苷酸的合成 尿嘧啶核苷酸生成的全过程如图 11-8。

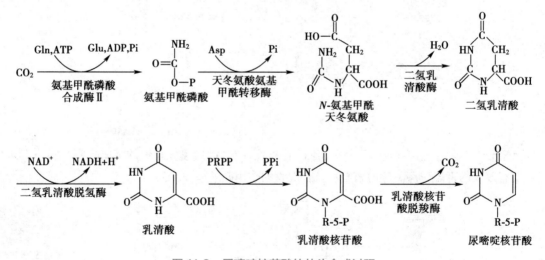

图 11-8 尿嘧啶核苷酸的从头合成过程

2. 胞嘧啶核苷酸的合成 机体能将 ATP 的高能磷酸基团转移给 UMP,而生成 UDP 与 UTP,在 CTP 合成酶的催化下由谷氨酰胺提供氨基,可使 UTP 转变成 CTP。

$$\text{UMP} \xrightarrow[\text{尿苷酸激酶}]{\text{ATP} \quad \text{ADP}} \text{UDP} \xrightarrow[\text{二磷酸核苷激酶}]{\text{ATP} \quad \text{ADP}} \text{UTP} \xrightarrow[\text{CTP合成酶}]{\text{Gln,ATP} \quad \text{Glu,ADP}} \text{CTP}$$

3. 从头合成途径的调节 嘧啶核苷酸从头合成代谢过程受机体的精细调节。在细菌中,天冬氨酸氨基甲酰转移酶是主要调节酶,受 UMP 和 CTP 反馈抑制。而在哺乳类动物细胞中,氨基甲酰磷酸合成酶Ⅱ是主要调节酶,主要受 UMP 反馈抑制。嘧啶核苷酸代谢过程中底物对催化反应的酶具有激活作用,如 ATP 可变构激活氨基甲酰磷酸合成酶Ⅱ和 PRPP 合成酶,PRPP 可激活乳清酸磷酸核糖转移酶。嘌呤和嘧啶核苷酸的合成由于都涉及 PRPP 合成酶,它可同时接受来自嘌呤和嘧啶核苷酸合成过程的调控,以维持两类核苷酸合成过程的协调和平行。

(二)嘧啶核苷酸的补救合成途径

各种嘧啶核苷主要通过嘧啶核苷激酶的催化而生成相应的嘧啶核苷酸,也可通过磷酸核糖转移酶的作用而生成核苷酸,例如尿嘧啶核苷酸可通过下列两种反应生成。

$$尿嘧啶 + PRPP \xrightarrow{\text{UMP磷酸核糖转移酶}} UMP + PPi$$

$$尿嘧啶 + 1\text{-}磷酸核糖 \underset{}{\overset{\text{尿苷磷酸化酶}}{\rightleftharpoons}} 尿嘧啶核苷 + Pi$$

$$\xrightarrow[\text{Mg}^{2+}]{\text{ATP}\ |\ \text{尿苷激酶}} UMP$$

(三)嘧啶核苷酸类似物的抗代谢作用

嘧啶核苷酸类似物是指嘧啶、氨基酸或叶酸等的结构类似物。它们对代谢的影响及抗肿瘤作用与嘌呤抗代谢物相似。

嘧啶的类似物主要有氟尿嘧啶(5-FU),它的结构与胸腺嘧啶相似,在体内转变成一磷酸脱氧核糖氟尿嘧啶核苷(FdUMP)及三磷酸氟尿嘧啶核苷(FUTP)后发挥作用。FdUMP 与 dUMP 的结构相似,是胸腺嘧啶核苷酸合酶的抑制剂,使 dTMP 合成受到阻断。FUTP 可以 FUMP 的形式掺入 RNA 分子,破坏 RNA 的结构与功能。

氨基酸类似物、叶酸类似物已在本节(三)嘌呤核苷酸类似物的抗代谢作用中进行了介绍。例如,由于氮杂丝氨酸类似谷氨酰胺,可以抑制 CTP 的生成;甲氨蝶呤干扰叶酸代谢,使 dUMP 不能利用一碳单位甲基化而生成 dTMP,进而影响 DNA 合成。另外,某些改变了核糖结构的核苷类似物,如阿糖胞苷和安西他滨也是重要的抗癌药物,阿糖胞苷能抑制 CDP 还原成 dCDP,也能影响 DNA 的合成。嘧啶核苷酸类似物的作用归纳如图 11-9。

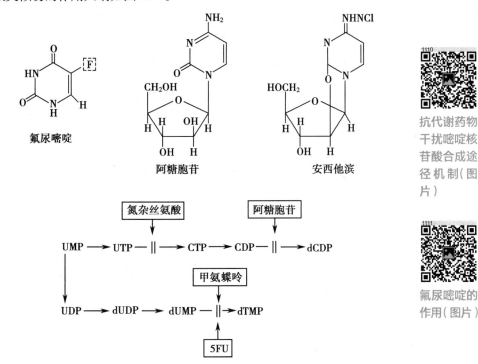

抗代谢药物干扰嘧啶核苷酸合成途径机制(图片)

氟尿嘧啶的作用(图片)

图 11-9 嘧啶核苷酸类似物的抗代谢作用

三、脱氧核糖核苷酸的合成

用同位素示踪实验证明,在生物体内脱氧核糖核苷酸可由相应的核糖核苷二磷酸(NDP,N 代表碱基 A、G、C、U)还原生成。脱氧核糖核苷酸所含的脱氧核糖并非先形成后再结合成为脱氧核糖核苷酸,而是在核糖核苷二磷酸水平上直接还原生成的,由核糖核苷酸还原酶(ribonucleotide reductase)催化,NADPH 供氢。脱氧胸腺嘧啶核苷酸则由 UMP 先还原成 dUMP,然后再甲基化而生成。

(一)核糖核苷酸的还原

核糖核苷酸还原酶从 NADPH 获得电子,需要硫氧化还原蛋白(thioredoxin)作为电子载体。硫氧化还原蛋白有还原型和氧化型两种,还原型含两个巯基,氧化型则含二硫键,因此还原型硫氧化还原蛋白可作为核糖核苷酸的天然还原剂。硫氧化还原蛋白还原酶属黄酶类,它的辅基是 FAD。在 DNA 合成旺盛、分裂速度较快的细胞中,核糖核苷酸还原酶体系活性较强。反应过程如下:

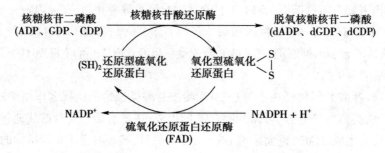

(二)脱氧胸腺嘧啶核苷酸(dTMP)的合成

dTMP 可由 dUMP 甲基化而形成。反应由胸腺嘧啶核苷酸合成酶催化,甲基由 N^5, N^{10}—CH_2—FH_4 提供。N^5, N^{10}—CH_2—FH_4 提供甲基后生成的 FH_2 可以再经二氢叶酸还原酶作用,重新生成 FH_4,FH_4 又可再携带一碳基团参与嘌呤从头合成或脱氧胸腺嘧啶核苷酸的合成。因此,胸腺嘧啶核苷酸合成酶和二氢叶酸还原酶在临床上常被用于肿瘤化疗的作用靶点。反应过程如下:

三种嘧啶核苷酸及脱氧核苷酸互变的关系如下:

$$UMP \longrightarrow UTP \xrightarrow[ATP]{Gln \quad Glu} CTP \rightleftharpoons CDP \longrightarrow dCDP \longrightarrow dCMP$$

$$\longrightarrow dUMP \xrightarrow[]{N^5,N^{10}—CH_2—FH_4 \quad FH_2} dTMP$$

思　考　题

1. 比较嘌呤核苷酸和嘧啶核苷酸从头合成途径的异同点。
2. 什么是核苷酸的补救合成？嘌呤核苷酸的补救合成对机体有什么生理意义？
3. 试举例说明核苷酸抗代谢物的作用机制。
4. 试从生物化学角度解释痛风的发病机制及别嘌醇治疗痛风的作用机制。

第十一章
目标测试

（陆红玲）

第十二章

代谢和代谢调控总论

第十二章
教学课件

学习目标

1. **掌握** *新陈代谢的概念；细胞或酶水平的代谢调节。*
2. **熟悉** *物质代谢的相互联系；代谢调控药物。*
3. **了解** *物质代谢的研究方法；激素与神经调节。*

第一节 概　　述

一、物质代谢的概念

（一）物质代谢的含义

新陈代谢（metabolism）是机体与外界环境不断进行物质交换的过程，它是通过消化、吸收、中间代谢和排泄四个阶段来完成的。所谓中间代谢（intermediary metabolism）就是经过消化、吸收的外界营养物质和体内原有的物质，在全身一切组织和细胞中进行多种多样化学变化的过程。物质在机体内进行化学变化的过程必然伴随能量转移（生成与消耗利用）的过程，且两者是偶联的，前者称为物质代谢（material metabolism），后者称为能量代谢（energy metabolism）。例如：脂肪是机体最好的能量储存形式，进食后能量来源超过能量利用，此时脂肪合成代谢增加以便能量储存；而饥饿时脂肪动员、脂肪酸分解，释放出能量供机体生命活动所需要。

（二）同化作用和异化作用

在整个生命活动过程中，机体始终与外界环境进行物质交换。一方面，从外界环境摄取营养物质，通过消化、吸收并在体内进行一系列复杂而有规律的化学变化，转化为自身物质，这就是代谢过程中的同化作用（assimilation）。同化作用是吸能过程，它保证了机体的生长、发育和组成物质的不断更新。另一方面，机体自身原有的物质也不断地转化为废物而排出体外，这就是代谢过程中的异化作用（dissimilation）。异化作用是放能过程，释放的能量可供机体生命活动所需，其中也有一部分用于同化作用。

同化和异化是矛盾的两方面，是对立统一的关系，由此推动整个代谢过程的不断进行、发展、变化与平衡。它们既互相对立，互相制约，又互相联系，互相依赖，彼此都以其对立面为存在条件。同化作用可为异化作用提供物质基础，异化作用可为同化作用提供能量。

（三）合成代谢与分解代谢

从化学变化角度来看，同化作用与异化作用都是由一系列化学反应（包括合成代谢与分解代谢）来完成的。合成代谢（anabolism）是由简单的小分子物质合成复杂的大分子物质的过程，如由氨基酸合成蛋白质，由单糖合成多糖。相反，分解代谢（catabolism）是复杂的大分子物质分解为二氧化碳、水等小分子的过程。同化过程总的结果是合成机体自身物质，是以合成代谢为主，但在某些过程中也包含有分解代谢；异化过程总的结果是将机体内的物质分解掉，是以分解代谢为主，但在某些过程中也包含有合成代谢。例如，蛋白质代谢成为氨基酸后再分解产生氨，后者可以再合成尿素，由肾排出。

同化和异化或合成与分解在机体内不是截然分开和孤立的。当物质（也包括药物）进入体内，即和体内原有的物质混在一起，不分彼此地被生物体利用或分解。由外部环境来的物质称为外源性物质，体内原有的物质称为内源性物质。例如，由外界摄入蛋白质（包括此类药物），经消化水解为氨基酸及小肽，吸收后与体内蛋白质水解所产生的氨基酸共同构成所谓氨基酸代谢库。这些氨基酸可以被利用合成体内蛋白质，也可以进一步分解为代谢废物排泄掉，具体去向视机体状况而定。

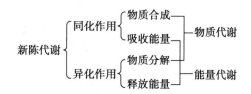

（四）中间代谢

新陈代谢的
概念与内涵
（图片）

在机体内进行的同化作用和异化作用或合成代谢和分解代谢，都是由一系列酶所催化的一连串中间代谢过程。它们多数是串联的，即上一个反应的产物就是下一步反应的反应物；也有许多是分支的，即有些关键性代谢产物是许多不同反应的共同产物或反应物；还有的反应组成一个循环，如三羧酸循环，反应物乙酰 CoA 通过这个循环生成终产物 H_2O 和 CO_2。

中间代谢的分解途径与合成途径，其起始代谢物和最终产物往往是相同的，而方向正好相反。但它们之间并非都是逆反应的关系，因为二者的步骤和所催化的酶不尽相同。例如，糖酵解中糖分解为丙酮酸和乳酸，与糖异生中由乳酸和丙酮酸生成糖，蛋白质分解为氨基酸与氨基酸合成蛋白质，以及脂肪酸 β 氧化分解为乙酰 CoA 与乙酰 CoA 合成脂肪酸等。此外，还有许多分解途径与合成途径是在细胞的不同部位进行的，例如，脂肪酸分解为乙酰 CoA 是在线粒体内进行的以氧化为主的过程，而由乙酰 CoA 合成脂肪酸则是在细胞质中进行的以还原为主的过程。上述两种代谢途径在细胞的不同部位进行，有利于各自代谢的调控。

二、物质代谢的特点

（一）整体性

人体从外界摄取的食物是含有糖类、脂类、蛋白质、核酸、水、无机盐、微量元素及维生素等成分的混合物，所以食物中的这些成分经消化、吸收到体内后的代谢是不可能彼此孤立的，而是同时进行的，并且各种物质代谢之间和各条代谢途径之间彼此相互联系、相互转变、相互依存、相互制约，从而构成统一的整体。例如，进食后摄取到体内的葡萄糖增加时，糖原合成加强，而糖原分解被抑制；同时进行的糖分解代谢，一方面释放能量增多，可满足糖原、脂肪、磷脂、胆固醇、蛋白质等物质合成的能量需要，另一方面，糖分解代谢的一些中间产物可经过各自不同的代谢途径转变成脂肪、胆固醇、磷脂及非必需氨基酸等。

（二）途径多样性

体内的物质代谢通常通过由许多酶促反应组成的代谢途径进行。代谢途径有多种：

1. 直线反应　一般指从起始物到终产物的整个反应过程中无代谢支路。例如，DNA 的生物合成、RNA 的生物合成及蛋白质的生物合成等。

2. 分支反应　是指代谢物可通过某个共同中间产物进行代谢分途，产生两种或多种产物。例如，在胞液中，由葡萄糖代谢产生的丙酮酸，无氧时还原为乳酸，有氧时进入线粒体内转变成乙酰 CoA 后，经三羧酸循环彻底氧化生成 H_2O、CO_2 并释放出能量；丙酮酸也可经转氨基作用生成丙氨酸，还可羧化成草酰乙酸；草酰乙酸也是一个中间产物，经一定的代谢途径异生为糖，或经转氨基作用转变成天冬氨酸等。

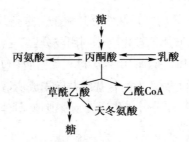

3. 循环反应　循环中的中间产物可反复生成,反复利用,使机体能既经济又高效地进行代谢变化,而且循环反应可以从任一中间物起始或终止,大大提高代谢变化的灵活性。例如,三羧酸循环、鸟氨酸循环等。

（三）组织特异性

由于各组织、器官的分化不同,所含酶类的种类、含量各有差异,形成各组织、器官不同的代谢特点,即代谢具有组织特异性。例如,酮体在肝内生成而被肝外组织所利用;肝组织既能进行糖原合成,也能进行糖原分解,还能进行糖异生作用,是维持机体血糖水平恒定的重要器官;支链氨基酸主要在肌组织中分解,而芳香族氨基酸主要在肝组织中降解等。掌握这种物质代谢的组织特异性,对理解有关疾病的生物化学机制具有十分重要的意义。

（四）可调节性

机体存在着一套精细、完善而又复杂的调节机制,从而保证体内各种物质代谢有条不紊,使各种物质代谢的强度、方向和速度适应着体内外环境的不断变化,维持机体内环境的相对恒定,即动态平衡,保障机体各项生命活动的正常进行。

三、能量代谢的概念

（一）代谢过程中能量的变化

物质代谢过程中所伴随的能量的产生与利用,称为能量代谢(energy metabolism)。当机体从外界环境摄取营养物,也就是等于从外界输入能量(营养物质所含的化学能)。当这些物质在机体内进行分解代谢时释放化学能,以供生命活动的需要,即机体一切生命活动所需的能量,都是从物质所含的化学能转变而来的。物质分解所释放的化学能可用于合成另一物质,也可用于其他生命活动所需要的各种形式的能量,如肌肉收缩的机械能、神经冲动传导的电能等。但化学能不能全部转变为可做功的各种能,总有一部分化学能不可避免地以热的形式释放,称为散发热(q),而可用于做功的一部分能称为自由能(ΔF),转变的总能量称为反应热(ΔH)。根据能量守恒定律,反应热等于转变的自由能与散发热之和,即:

$$\Delta H = \Delta F + q \text{ 或 } \Delta F = \Delta H - q$$

根据热力学基本理论,凡释放自由能的化学反应可以自动进行;凡吸收自由能的化学反应则不能自动进行,必须由外界供给能量才能进行。在机体的代谢过程中,合成代谢所吸收的自由能由分解代谢所释放的自由能供给,所以机体内能量代谢与物质代谢是密切联系的。机体内各种物质分解代谢所释放的自由能一般不能直接被利用,而是以高能磷酸化合物的形式储存起来,当需要时,高能磷酸键断裂释放自由能,供给生命活动的需要。

（二）ATP 是机体能量利用的主要形式

一切生命活动均需要能量。体内能量的直接利用形式是 ATP。体内糖、脂肪、蛋白质分解氧化释放的部分能量,通过氧化磷酸化(主要形式)或底物水平磷酸化使 ADP 生成 ATP。机体需要能量时,ATP 水解生成 ADP 并释放出能量,供各种生命活动的需要,例如,各种生物合成、肌肉收缩、物质的主动转运、生物电乃至体温的维持等。

（三）食物的卡价与呼吸商

食物所含的糖、脂肪和蛋白质经过消化吸收,在体内只有一部分被氧化分解释放能量,其余则被同化替换体内各组成成分,被替换的部分也可被氧化分解并释放能量。食物所释放的能量来自蕴藏在其分子中的化学能,食物在体内被氧化分解至最终产物(如二氧化碳、水和尿素)所释放的总能量,过去以千卡(kcal)计算,称为食物的卡价(或称热价)。每克糖、脂肪和蛋白质的卡价分别为 4kcal、9kcal 和 4kcal。目前物质氧化所释放的总能量统一以焦耳(J)计算,所以每克糖、脂肪和蛋白质的热价分别为 17kJ、38kJ 和 17kJ。机体与外界环境在呼吸过程中所交换的二氧化碳与氧的摩尔数的比值称为呼吸商——RQ(RQ = CO_2/O_2)。糖、脂肪和蛋白质的呼吸商分别为 1.0、0.7 和 0.8。正常人混合膳食的呼吸商为 0.7~1.0,平均约为 0.85。高糖饮食时呼吸商升高,高脂饮食或高蛋白质饮食时呼吸商则降低。

（四）基础代谢

所谓基础代谢(basal metabolism)是指人体处于适宜温度以及清醒而安静的状态中,同时没有食物消化与吸收活动的情况下,所消耗的能量。在这种状态下所需要的能量主要用于维持体温和支持各种器官、组织的基本运行,如呼吸、循环、分泌及排泄等。正常人的基础代谢为 5 900~7 500kJ/24h。人体释放的能量除用于维持基础代谢外,还要满足肌肉、脑等活动所消耗的能量,尤其是肌肉活动。

四、物质代谢的研究方法

机体内物质的中间代谢过程错综复杂,用单一方法研究常难以得出正确结论。近几十年来,超速离心、同位素示踪、放射免疫测定、气相色谱 - 质谱联用(GC-MS)、液相色谱 - 质谱联用(LC-MS)和核磁共振分析等新技术的应用,有力地促进了代谢的研究。代谢研究中的关键是分析技术,目前发展的方向是微量或超微量,甚至单分子分析。此外,分子生物学技术的广泛应用,如蛋白质组学、代谢组学、RNAi、基因敲除(敲入)等技术,从基因 - 酶 - 代谢反应层次及其上述体系的调控及其机制等方面,在细胞、组织、器官、整体水平上对物质代谢、代谢网络及其调控与机制进行了研究。现简要介绍几种常用的物质代谢的研究方法。

1. 利用正常机体方法　用喂饲或注射使机体内进入大量某种代谢物,然后分析血液、组织或排泄物中的中间产物或终产物。此外,也可利用与代谢物相似的异常物质进入体内,研究其代谢过程。例如,利用性质稳定且易鉴定的异常物质(如苯脂酸代替脂肪酸)喂饲动物,然后分析尿中带有苯环的物质,从而发现了乙酸是脂肪酸代谢的中间产物。此方法由于使用异常代谢物,因此有改变正常代谢途径的可能,使研究结论不正确,故目前很少使用。

2. 使用病变动物方法　用人工方法使动物发生某一过程的代谢障碍,通过一定量的受试物质,观察其中间代谢过程。例如,注射根皮苷于犬体内形成实验性糖尿病,然后用氨基酸喂饲此动物,发现其尿中葡萄糖含量明显增多,表明氨基酸有成糖作用。又如,为研究维生素缺乏症,可给予缺乏某种维生素的饲料,若干天后观察病变情况,再加入该种维生素,观察症状有无改善,以确定这种维生素的功能。

3. 器官切除法　切除动物某种器官后,给予某种物质,观察代谢改变,可推断该器官的代谢功能。例如,用切除肝的动物研究含氮化合物的代谢,用切除胰腺的动物研究糖尿病等。

4. 离体组织器官方法　剥离动物的器官并使其具有独立的循环体系,或摘除整个器官浸在血液或符合生理条件的其他溶液中。将被试物质与血液混合,通过血管灌入器官中,然后分析从器官流出的血液,以确定其所含的代谢产物。此法只能了解代谢物在脏器中的终产物,而不能阐明其中间代谢过程。

5. 组织切片或匀浆法　将新鲜组织制成切片或匀浆(homogenate),然后与代谢物混合保温,数小时后分析代谢产物,以探知代谢物在此组织内的代谢变化。例如,肝切片与铵盐混合保温数小时后,可发现铵盐减少而尿素增多,证明了铵盐可在肝中合成尿素。

6. 酶及其抑制剂法 研究某一特殊的代谢反应,可用提取的纯酶。例如,用结晶磷酸化酶在体外进行糖原的磷酸化实验,为进一步确认,可利用特异抑制剂进行反向验证。再如,酵解过程中,碘乙酸专一地抑制磷酸丙糖脱氢酶的活性,使磷酸丙糖在肌肉中堆积。

7. 同位素示踪法 同位素是指原子序数相同而原子量不同的同种元素,当分子中的原子被同位素所取代后,其性质没有改变,称为"同位素标记"。用同位素标记的化合物(称为标记物)引进代谢体系而观察其代谢过程与结果的方法,就是同位素示踪法。该方法具有灵敏度高(10^{-18}~10^{-14}g)、测定方法简便、合乎生理条件、能够定位等特点,并可准确定量测定代谢物的转运和转化,广泛用于代谢的示踪研究。同位素可分为稳定性同位素与放射性同位素,两者均可作为示踪原子。使用放射性同位素标记的化合物,称为放射性同位素标记化合物;使用非放射性同位素标记的化合物,称为稳定性同位素标记化合物。稳定性同位素与普通元素间的差异仅质量不同,可借助质量分析仪,如质谱仪和核磁共振仪等定量测定。放射性同位素与普通元素除原子量不同外,还具有原子核自然蜕变和发射出射线的特性,这种射线可被探测并定量地测定。放射性同位素所产生的核射线也能使照相乳胶感光,因而可用感光乳胶片上感光银粒的部位及黑度来判断放射性示踪物的位置和数量。这种利用感光乳胶记录、检查放射性的方法,称为放射自显影术。利用放射自显影术可确定放射性标记物在组织器官中的定量分布,放射自显影术结合组织切片技术或电子显微镜技术可分别进行细胞水平和亚细胞水

同位标记法
研究代谢示
例(图片)

平的定位。因同位素标记前后的化合物具有相同的理化性质和生物学性质,在体内的代谢过程与正常代谢物完全相同,故可通过同位素的体内外去向追踪,探讨其所转化的代谢产物。例如,以含 ^{14}C 标记乙酸给予动物,测得呼出的 CO_2 含有 ^{14}C,可知乙酸在体内可分解为 CO_2。又如,利用 ^{14}C 标记乙酸的羧基给予动物,从机体分离的棕榈酸的 ^{14}C 以 1、3、5、7 奇数形式间隔;如果用 ^{14}C 标记乙酸的甲基给予动物,则分离到的棕榈酸的 ^{14}C 以 2、4、6、8 偶数形式间隔,上述结果说明棕榈酸的碳原子来自乙酸分子。

8. 使用亚细胞成分的方法 应用超速离心技术,采用不同离心力场、离心速度、离心时间或溶媒的密度梯度离心,可将细胞裂解液的细胞核、线粒体、核糖体、微粒体等亚细胞成分与无结构的上清液分开,再配合其他方法研究亚细胞成分的代谢特点及各种代谢过程在细胞内进行的部位。例如,用 ^{14}C 标记的氨基酸注射进大鼠体内,在注射后不同时间制备肝细胞各亚细胞成分,并测定各成分中蛋白质的放射性,结果核糖体的放射性远高于其他成分,说明核糖体是肝中合成蛋白质的主要部位。

9. 致突变法 微生物通过诱变剂,如 X 线或化学诱变剂处理,可得到某种酶缺陷型变种,而使某种代谢产物积累。遗传性代谢病是由于缺乏某些酶,导致此酶的底物在体内堆积或此酶催化反应的上游中间代谢产物堆积而引发的疾病。例如,由于酪氨酸酶的缺陷,不能生成黑色素而引起白化病;由于对羟苯丙酮酸氧化酶缺乏,而引起尿液中过量排泄对羟苯丙酮酸造成的苯丙酮尿症;由于尿黑酸氧化酶缺乏,而引起尿黑酸尿症等。

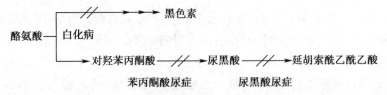

10. 分子生物学技术 利用蛋白质组学、代谢组学、外源基因表达、RNAi、基因敲除或敲入等技术,在细胞、组织、器官、整体水平,从基因 - 酶 - 代谢反应及其酶含量调控等层次,研究物质代谢、代谢网络及其调控与机制。其中以基因敲除(gene knockout)、基因敲入(gene knockin)、外源基因表达、

RNAi 等技术的应用更为突出。基因敲除是利用 DNA 同源重组（homologous recombination）的原理，针对细胞的染色体，将目的基因的翻译产物突变失活或阻断目的基因的表达；基因敲入则是针对细胞没有目的基因、目的基因没有表达或目的基因没有功能性表达的情况，利用上述技术原理实现目的基因的功能性表达。利用相应技术，实现基因敲除（敲入）目的并按照孟德尔定律遗传给后代的动物称为转基因动物（transgenic animal）。如果将目的基因敲除（或敲入）后，造成细胞乃至动物成活率极低或无法繁殖，可以利用 RNAi 下调目的基因的表达水平或通过外源基因表达技术上调目的基因的表达水平加以解决。

以上物质代谢研究方法可以归纳为两大类，即体内法（in vivo）和体外法（in vitro），或称整体法和离体法。例如，利用正常机体或病变动物即是体内法，而离体组织器官法、组织切片或匀浆法、使用亚细胞成分的方法、酶及其抑制剂法是体外法。同位素法，可以体内也可体外。研究对象可以是动物、植物、微生物或病毒。

在研究药物代谢乃至排泄时，可以将药物视为一种特定"物质"，利用物质代谢研究方法及其策略，在细胞、组织、器官、整体等层次，研究药物的吸收、分布、代谢、排泄的动态变化过程及其规律并加以量化。

被机体吸收的药物，经过血液向体内各组织、器官分布并发挥药理作用，同时被代谢，最终经肾从尿中或经胆从粪便中排出。肝是药物代谢的主要器官，肾、肺和皮肤等脏器也含有药物代谢酶，同时这些器官也是大多数药物及其代谢产物的排泄器官，其中肾是最主要的排泄器官。肠道菌群含有特别的药物代谢酶，对于经肠道吸收和重吸收的药物影响很大。药物的代谢分为非结合反应（氧化、还原和水解）和结合反应（与内源结合剂结合）。药物氧化反应的酶系存在于肝细胞光滑型内质网（微粒体），主要涉及细胞色素 P-450、NADPH- 细胞色素 P-450 还原酶、NADH- 细胞色素 b_5 还原酶系等。

五、代谢组学概述

代谢组（metabolome）指一个细胞、组织、器官中的所有代谢物（主要是相对分子质量小于 1 000Da 的内源性小分子化合物）的集合。代谢组学（metabonomics 或 metabolomics），是指在特定条件下对某一生物体系的所有低分子量代谢物（即代谢组）同时进行定性及定量分析研究，是系统生物学的一个重要分支。代谢组学与基因组学、蛋白质组学有相似之处，都是从生命系统整体的角度出发进行研究。然而，代谢组是基因组表达的下游产物和最终产物，其反映的是正在发生或者已经发生的生物学事件，这一独特优势能够揭示各代谢网络间的关联性、协助阐释新基因或未知功能基因的功能，从而更好地理解生命机体代谢活动的本质。因此，自 1999 年伦敦帝国理工学院的 Jeremy K. Nicholson 教授首次提出代谢组学的概念以来，已经得到迅速发展并广泛应用于生命科学、医学、药学等领域。其中人类代谢组数据库（HMDB）于 2007 年首次发布，被认为是人类代谢研究的标准代谢组学资源，包含有关人类代谢物及其生物学作用、生理浓度、疾病相关性、化学反应、代谢途径和参考光谱的综合信息等。

代谢组学研究目标是全面定性和定量表征生物体系中所有内源性小分子代谢物，但代谢物组成复杂、种类繁多、理化性质各异、浓度差异大，因此需要建立切实可行的代谢组学研究方法。主要步骤包括：①样品的采集与制备，应采集足够数量的代表性样本以减少样本的个体差异对分析结果的影响，根据研究对象、目的和拟采用的分离、分析技术等对样品进行提取和预处理。②数据采集，选择适宜的高灵敏度、高通量、无偏向性且稳定性好的分析技术对样品中的代谢物进行检测分析，现有主流技术包括气相色谱 - 质谱联用技术（GC-MS）、液相色谱 - 质谱联用技术（LC-MS）以及核磁共振技术（NMR）等，都有各自的优势和适用范围。③数据分析，大多数情况是要从检测到的代谢产物信息中进行两类（如基因突变前后的响应）或多类（如不同表型间代谢产物状况）的判别分类，并采用化学计量学方法对预处理后得到的多维数据分析。

第二节   物质代谢的相互关系

机体内的新陈代谢是一个完整而又统一的过程,这些代谢过程是相互密切促进和制约的。糖、脂类及蛋白质(三大营养素)代谢的密切联系,主要表现为三者代谢的中间产物可以互相转变。蛋白质和脂类代谢进行的程度取决于糖代谢进行的程度。当糖和脂类不足时,蛋白质的分解就增强;当糖增多时可减少脂肪的消耗而增强脂肪的合成。糖、脂类及蛋白质三大代谢之间密切的相互联系对机体的正常生理活动起着重要的保证作用。同时体内存在一系列的代谢调节机制,因而使各个代谢反应成为完整而统一的过程。

在合成代谢方面,三大营养素在一定条件下可以相互转变。这种转变是通过它们在代谢过程中所产生的中间产物,如丙酮酸、乙酰 CoA、草酰乙酸及 α- 酮戊二酸等来实现的,如图 12-1 所示。糖和脂类可以转变成蛋白质分子中某些非必需氨基酸,但不能转变为必需氨基酸;蛋白质的分解产物 α- 酮酸能转变成糖或脂类。糖和脂类之间也可以互变,来自食物的糖,除合成糖原储存外,经常有一部分转变为体脂储存起来;反过来,脂肪的分解产物甘油也可以转变为糖。

在分解代谢方面,三大营养素虽然都能氧化分解成 CO_2 与 H_2O,并释放能量供机体各种生理活动的需要。但是由于它们各自的生理作用不同,在氧化供能上以糖和脂肪为主,其中特别是糖氧化分解产生的能量为体内能量的主要来源。这样不仅节约了蛋白质的消耗,也有利于蛋白质的合成和氨的解毒。

下面分别讨论糖、脂类、蛋白质代谢之间的互相联系(图 12-1)。

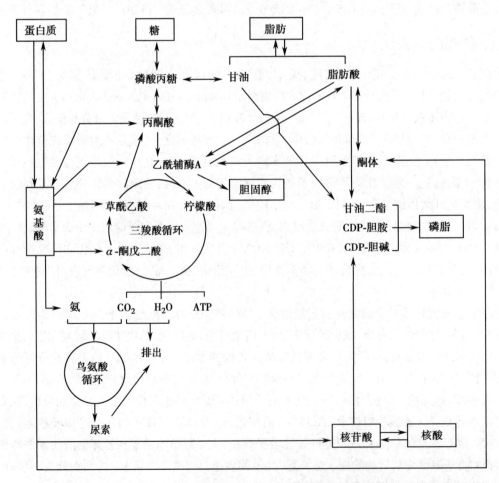

图 12-1   糖、脂类、蛋白质和核酸代谢的相互关系

一、蛋白质与糖代谢的相互联系

已知许多氨基酸是生糖氨基酸，即这些氨基酸脱氨后生成的 α- 酮酸在体内可转变为糖。因此，蛋白质在体内是能转变成糖的。

组成蛋白质的 20 种氨基酸大多数是非必需氨基酸，这些氨基酸中有的可以互相转变，其碳链部分还可以依靠糖来合成。例如，糖代谢过程中，产生许多 α- 酮酸，如丙酮酸、α- 酮戊二酸、草酰乙酸等，它们通过氨基化或转氨作用可以生成相对应的氨基酸。但是必需氨基酸在体内无法合成，这是因为机体不能合成与它们相对应的 α- 酮酸。因此，依靠糖合成蛋白质分子中所有氨基酸的碳链，在机体内是不可能的，所以不能用糖完全代替食物中蛋白质的供应。然而，组成蛋白质的 20 种氨基酸中除亮氨酸和赖氨酸外，均可代谢生成糖异生的中间产物，经糖异生作用生成糖，这就是蛋白质在一定程度上可以代替糖，而糖不能完全代替食物中蛋白质的原因。

二、糖与脂类代谢的相互联系

鸭或猪的储存脂肪很丰富，它们的饲料中脂肪很少，而是以糖为主，这充分说明动物体内能将糖转变成脂肪。

乙酰 CoA 是糖分解代谢的重要中间产物，这个中间产物正是合成脂肪酸与胆固醇的主要原料。另一方面，糖分解的另一中间产物——磷酸二羟丙酮又是生成甘油的材料。所以糖在人及动物体内能合成脂肪及胆固醇。但是必需脂肪酸是不能在体内合成的，即不能由糖转变而成。所以，食物中绝对不可缺少脂类的供给，尤其是含必需脂肪酸的脂类。

在正常生理状况下，脂肪分子中的甘油可通过糖的异生作用转变为糖。由于机体内丙酮酸的氧化脱羧作用是不可逆的，所以脂肪酸分解的中间产物——乙酰 CoA 不能变成丙酮酸再转变为糖。但用 $^{14}CH_3COOH$ 喂饲动物时，发现有少量 ^{14}C 可掺入到肝糖原分子中，说明乙酰 CoA 可能在通过三羧酸循环变成草酰乙酸后，有少量转变成糖。

总之，在一般生理情况下，依靠脂肪大量转变成糖较为困难（但可以通过彻底氧化分解供能消耗一些脂肪，说明通过大运动量可以减肥），但是糖转变成脂肪则可顺利进行（通过不摄取脂肪进行减肥的理由不成立）。

三、蛋白质与脂类代谢的相互联系

无论是生糖氨基酸或生酮氨基酸，其对应的 α- 酮酸在进一步代谢过程中都会产生乙酰 CoA，然后转变为脂肪或胆固醇。此外，甘氨酸或丝氨酸等还可以合成胆胺与胆碱，因此，氨基酸也是合成磷脂的原料。总之，蛋白质可以转变成各种脂类物质。

脂肪酸 β 氧化所产生的乙酰 CoA，虽然可进入三羧酸循环而生成 α- 酮戊二酸或草酰乙酸，后者可通过转氨基作用而成为谷氨酸或天冬氨酸。实际上，单纯依靠脂肪酸来合成氨基酸是极其有限的。至于甘油部分，因其可以转变成糖，故和糖类一样可生成一些与非必需氨基酸相对应的 α- 酮酸。但由于脂肪分子中甘油所占的比例较少，所以从甘油转变成氨基酸的量也是很有限的。总之，机体几乎不利用脂肪来合成蛋白质。

四、核酸与糖、脂类和蛋白质代谢的相互联系

体内许多游离核苷酸在代谢中起着重要的作用。例如，ATP 是参与能量和磷酸基团转移的重要物质，GTP 参与蛋白质的生物合成，UTP 参与多糖的生物合成，CTP 参与磷脂的生物合成。体内许多辅酶或辅基含有核苷酸组分，如辅酶 A、辅酶Ⅰ、辅酶Ⅱ、FAD、FMN 等。反之，核苷酸的嘌呤、嘧啶环生物合成原料涉及几种氨基酸，核苷酸的核糖又是从糖代谢的磷酸戊糖通路而来的。核酸参与蛋白

质生物合成的几乎全过程,而核酸的生物合成又需要许多蛋白质分子参与。

　　总之,糖、脂类、蛋白质和核酸的代谢相互影响、相互联系和相互转化,而这些代谢又以三羧酸循环为枢纽,其成员又是各种代谢的共同中间产物。糖、脂类、蛋白质和核酸代谢相互的联系见图 12-1。

第三节　代谢调控总论

　　生物体内新陈代谢虽然错综复杂,但互相配合有条不紊,在一定条件下,保持着相对稳定,这说明机体内有自我调节机制。这种调节机制发生异常,就会引起代谢紊乱(metabolic disorder)而发生疾病。

　　代谢调节在生物界普遍存在,它是生物在长期进化过程中,为适应环境的变化而形成的。进化越高的生物类群,其代谢调节机制就越复杂。最原始的调节方式为细胞内代谢调节,它是通过代谢物及其浓度影响细胞内酶活性或酶合成量的变化,以改变合成或分解代谢过程的速率,称为细胞或酶水平的调节,这类调节为一切其他高级调节的基础。内分泌腺随着生物的进化而出现,它所分泌的激素通过扩散或体液循环到一定组织、器官,作用于靶细胞(target cell),经历细胞信号转导及响应而改变酶活性或表达水平,继而调节细胞内代谢反应的方向和速率,称为激素水平的调节。此外,作用于细胞的各种因子(属于配基,也包括激素、递质等),它们同激素作用的模式一样,通过受体(receptor)及其细胞信号转导通路调节细胞内代谢反应的方向和速率,也属于激素水平调节层次。高等生物不仅有完整的内分泌系统,还有功能复杂的神经系统。在中枢神经的控制下,通过神经递质对效应器发生直接影响,或者改变某些激素、细胞因子的分泌(也可以反过来影响递质的分泌),再通过各种激素、细胞因子等的互相作用与协调(代谢调控网络),从而对整体的代谢进行综合调节。

一、细胞或酶水平的调节

部分代谢酶系在细胞内的分布示意图(图片)

　　酶在细胞内有一定的布局和定位。相关的酶往往组成一个多酶系统而分布于细胞内特定部位(表 12-1)。这些酶互相接近,容易接触,使反应迅速进行;而其他酶系则分布在不同部位,不至于互相干扰,而且能互相协调和制约。例如,糖酵解、磷酸戊糖途径和脂肪酸合成的酶系存在于细胞质中,三羧酸循环、脂肪酸 β 氧化和氧化磷酸化的酶系存在于线粒体中,核酸生物合成的酶系大多在细胞核中。上述的隔离分布,为细胞或酶水平的代谢调节创造了有利条件,使某些调节因素可以专一地影响细胞某一部位的酶活性,而不至于影响其他部位的酶活性,保证代谢及其调控能够顺利进行。

表 12-1　某些代谢途径(酶体系)在细胞内的分布

代谢途径	酶分布	代谢分布	酶分布
糖酵解	胞液	脂肪酸的合成	胞液
有氧氧化	胞液和线粒体	脂肪酸的活化与 β 氧化	胞液和线粒体
磷酸戊糖途径	胞液	酮体生成与利用	线粒体
糖原合成	胞液	胆固醇合成	胞液和内质网
糖原分解	胞液	磷脂合成	内质网
糖异生	胞液和线粒体	尿素合成	线粒体和胞液
三羧酸循环	线粒体	核酸合成	细胞核(主要)
氧化磷酸化	线粒体	蛋白质合成	内质网、胞液
呼吸链	线粒体	蛋白质降解	溶酶体(主要)、蛋白酶体

细胞或酶水平的调节方式有两种：一种是酶活力的调节（regulation of enzyme activity），属快调节，是通过改变酶分子的结构而调节其活性进而实现对酶促反应速度的调节；另一种是酶含量的调节（determination of enzyme），属慢调节，是通过改变酶生物合成或降解的速度来改变细胞内的含量，从而实现对酶促反应速率的调节。

（一）酶活力的调节

1. 反馈调节与变构酶　细胞内的物质代谢是由一系列酶依次进行催化而完成的。要调节代谢速率，往往不需要改变全部参与系列反应的所有酶的活性，而是仅要改变某些、甚至是个别关键酶的活性即可（表 12-2）。这种关键酶常是代谢途径中的限速酶。例如，细胞内胆固醇的生物合成需要数十种酶的参与，其中只有 HMG-CoA 还原酶是限速酶，该酶抑制剂（例如他汀类药物）具有很好的降胆固醇作用。限速酶通常处于一个多酶体系中的起始反应阶段，通过这类酶的调节可以更经济、更有效地调控整个反应的代谢过程，并能防止过多的中间代谢物的堆积。限速酶的活性常常受到其代谢体系终产物的调节，使终产物浓度上调或下调，这种调控关系称为反馈调节（作用）（feedback regulation）。如果终产物抑制限速酶的活性，反馈调节的结果使终产物的浓度降低，这种反馈调节称为反馈抑制，调节效果属于负面的，故又称为负反馈（degenerative feedback），终产物称为反馈抑制剂；如果终产物激活限速酶或其他代谢酶的活性，反馈调节的结果使得终产物或其他中间代谢物的浓度升高，这种反馈调节称为反馈激活，因调节效果属于正面的，故又称为正反馈，该调节剂称为反馈激活剂。细胞内通过影响酶活性而调节代谢途径速率的方式主要是反馈抑制，通过该调控模式，可在终产物积累时使反应速度减慢或停止；当终产物被消耗或转移而降低浓度时，这种抑制作用逐渐减弱，反应速度再度开始渐渐加快，如此不断地调节反应速率，维持终产物的动态平衡。

反馈调节过程示意图（图片）

表 12-2　某些代谢途径的关键酶

代谢途径	关键酶（限速酶）
糖酵解	己糖激酶、6- 磷酸果糖激酶 -1、丙酮酸激酶
糖有氧氧化	己糖激酶、6- 磷酸果糖激酶 -1、丙酮酸激酶 丙酮酸脱氢酶复合体 柠檬酸合酶、异柠檬酸脱氢酶、α- 酮戊二酸脱氢酶复合体
磷酸戊糖途径	6- 磷酸葡萄糖脱氢酶
糖原合成	糖原合酶
糖原分解	糖原磷酸化酶
糖异生 *	丙酮酸羧化酶、磷酸烯醇式丙酮酸羧激酶、果糖二磷酸酶 -1、葡糖 -6- 磷酸酶或糖原合酶
脂肪动员	激素敏感性脂肪酶
脂肪酸 β 氧化	肉碱酯酰转移酶Ⅰ
脂肪酸合成	乙酰 CoA 羧化酶
胆固醇合成	HMG-CoA 还原酶
尿素合成	精氨酸代琥珀酸合成酶

注：* 糖异生的关键酶视糖异生的原料和产物不同而有所不同。如以甘油为原料，异生为葡萄糖的关键酶为果糖二磷酸酶 -1、葡糖 -6- 磷酸酶；以乳酸为原料，异生为糖原时的关键酶为丙酮酸羧化酶、磷酸烯醇式丙酮酸羧激酶、果糖二磷酸酶 -1、糖原合酶。

变构酶调节
过程（图片）

上述调节酶活性的调节剂（反馈抑制剂或反馈激活剂），在结构上常与该酶底物不相似，作用时也不直接作用于酶的活性中心。显然此类酶结构中存在着能与反馈调节剂结合的部位，此部位与反馈调节剂结合后，酶分子的构象发生改变，导致该酶活性中心构象改变，从而使酶活性变化（下调或上调）。与反馈调节剂结合的部位称为酶的变构部位（allosteric site），此类酶称为变构酶（allosteric enzyme），调节变构酶活性的抑制剂或激活剂分别称为变构抑制剂或变构激活剂，统称变构效应剂（allosteric effector）。

例 12-1： 肝胆固醇生物合成的反馈调控

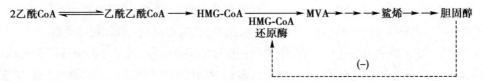

在此合成代谢系列反应中，当肝中胆固醇含量升高时，即反馈抑制 HMG-CoA 还原酶，使肝胆固醇的合成降低。

例 12-2： 大肠埃希菌 CTP 生物合成的反馈调控

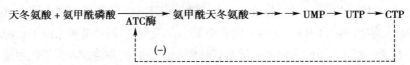

上述 CTP 生物合成系列反应中，终产物 CTP 利用率低时，CTP 积累（浓度升高），即出现反馈抑制天冬氨酸转氨甲酰酶（ATC 酶），从而使 CTP 的生成速度减慢或终止；反之，当 CTP 浓度下降，反馈抑制解除，ATC 酶活力恢复。在此系列反应中，ATP 能够与 ATC 酶结合，解除 CTP 对 ATC 酶的反馈抑制作用。

例 12-3： 氨基酸生物合成的反馈调控

在有分支的连锁反应，除了起始步骤外，尚有其他分支步骤协调的反馈抑制，共同完成该代谢体系的调控。现以大肠埃希菌中一些氨基酸对天冬氨酸代谢的调节为例说明（图 12-2）。

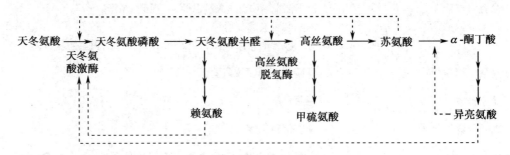

图 12-2　天冬氨酸代谢反馈调控示意图

（1）协同反馈抑制（cooperative feedback inhibition）：是指两个或两个以上的反馈抑制作用，其调控作用点是同一个酶时，而且这种反馈作用的强度大于两者单独作用之和。如上述天冬氨酸合成代谢途径中的天冬氨酸激酶活性，可被代谢体系中的 L- 异亮氨酸、赖氨酸和苏氨酸协同反馈抑制。

（2）顺序反馈抑制（sequential feedback inhibition）：是指串联反应中每一步的中间代谢物都能反馈抑制合成其本身的酶，从而造成终产物的反馈抑制作用——逆向于串联反应的反馈抑制传递。如，从天冬氨酸到 L- 异亮氨酸的合成代谢系列反应中，催化起始步骤的酶是通过顺序反馈抑制的，即 L- 异亮氨酸抑制苏氨酸转变为 α- 酮丁酸引起苏氨酸的堆积，而苏氨酸的堆积又抑制生成它自己的及其上游的系列酶的活性。

2. ATP、ADP 和 AMP 的调节 一般来说,分解代谢或合成代谢终产物可作为变构抑制剂,抑制分解代谢或合成代谢起始步骤的变构酶。此外,代谢途径参与酶所催化的反应速度,除由最终产物的反馈调节外,也可由其他代谢物来进行调节,例如 ATP、ADP 和 AMP 等。这些化合物实际上也是一种变构剂,通过它们对变构酶的抑制或激活而对各个代谢途径起着协调作用。细胞内各个代谢途径的酶,有些是依赖于 ATP/ADP 或 ATP/AMP 浓度之比值,其比例的变化往往反映了某种代谢途径的趋向。例如,在机体内葡萄糖转化为 6- 磷酸葡萄糖,通过酵解和彻底氧化分解生成 CO_2 和 ATP(途径 1)或通过 1- 磷酸葡萄糖合成糖原储存起来(途径 2);当需要能量时,糖原可通过磷酸化酶再进行分解(途径 3)。

$$糖原 \underset{途径2}{\overset{途径3}{\rightleftharpoons}} 葡萄糖 \xrightarrow{途径1} CO_2 + H_2O + ATP$$

当运动需要供给较多能量时,由于 ATP 消耗转变成 ADP 和 AMP,使 AMP 和 ADP 浓度升高,可激活途径 1 中的磷酸果糖激酶活性和途径 3 中的糖原磷酸化酶活性;而途径 2 中的糖原合成酶活性呈抑制状态,整个代谢途径趋向于分解,即糖原分解、糖酵解和有氧氧化,生成 CO_2 和 ATP。当休息时,能量消耗减少,ATP 浓度升高,途径 1 和 3 中的有关酶呈抑制状态;而途径 2 中的糖原合成酶活性被激活,整个代谢途径趋向合成,维持体内糖代谢相对平衡。

3. 酶的共价修饰调节 酶分子肽链上的某些基团,在另一些酶的催化下可与变构剂进行可逆共价结合而引起分子变构,使酶的活性发生变化(激活或抑制),从而达到调节作用,称为酶的共价修饰调节(covalent modification of enzyme)。例如,肝和肌肉中磷酸化酶的 a 和 b 亚型,其中 b 型为无活性,通过激酶和 ATP 使酶分子肽链中特定位点丝氨酸残基的羟基磷酸化,成为有活性的磷酸化酶 a(被磷酸化),从而推动糖原分解代谢;活化的磷酸化酶 a(磷酸化的),通过磷酸酶而脱磷酸化后转变为 b 型磷酸化酶(无活性),从而下调糖原分解代谢。肌磷酸酶的情况和肝磷酸化酶类似,区别仅仅在于肌磷酸化酶(二聚体)激活时伴随聚合现象(四聚体)。

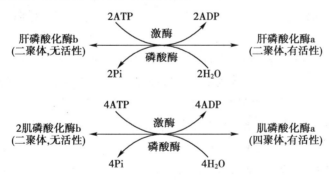

酶的共价修饰调控作用迅速,并且有放大效应。如果酶的共价修饰是连锁进行的,即一个酶发生共价修饰激活后,又可催化另一种酶进行修饰激活,每修饰一次,发生一次效应放大,这种连锁式共价修饰激活效应得以对数级的响应,称为级联(cascade)系统(或称级联放大系统)。肾上腺素或胰高血糖素对磷酸化酶的调控作用,就是通过这种模式实现的。此外,在激素、细胞因子等配基作用于靶细胞而产生的信号转导通路调控机制中,激酶磷酸化的级联放大系统调控模式比比皆是。

(二)酶含量的调节

对酶含量的调节主要表现在对酶蛋白的合成和降解的调节。激素、细胞因子等代谢调节信号分子能影响靶细胞有关酶蛋白质的生物合成,这是以基因水平为基础的调节。当机体需要(或不需要)某些酶时,可以通过调控酶基因表达水平来增加(或减少)这些酶的含量。例如,糖皮质激素可以通过诱导肝中有关糖异生的几个关键酶,起到增加糖异生、升高血糖的作用。又如,苯巴比妥类药物可通过诱导作用,使药物代谢酶蛋白生物合成增加,从而促进药物代谢的作用。原核生物和真核生物有不同的调节机制,下面主要介绍酶蛋白合成和降解的特点。

1. 酶蛋白合成的诱导与阻遏　酶的底物、产物和激素等代谢调节信号分子或药物均可影响酶的合成水平。一般将上调酶合成(或使不合成转为合成)的化合物称为酶合成的诱导剂(inducer),其作用称为酶合成诱导(enzyme induction);减少酶合成(或不合成)的化合物称为酶合成的阻遏剂(repressor),其作用称为酶合成阻遏(enzyme repression)。诱导剂或阻遏剂在酶蛋白生物合成的转录或翻译过程中均可发挥作用,但影响转录阶段较常见。

(1)底物对酶合成的诱导:该作用模式普遍存在于生物界。高等动物体内,因有激素的调节,底物诱导作用不如微生物重要。例如,尿素循环的酶,可受食入蛋白质增多的诱导使其合成增加。鼠饲料中蛋白质含量从 8% 增加至 70%,鼠肝尿素循环中精氨酸酶水平可增加 2~3 倍。

(2)产物对酶合成的阻遏:代谢反应的产物,不仅可反馈抑制代谢体系关键酶或起始阶段酶的活性,而且还可阻遏这些酶的合成。例如,HMG-CoA 还原酶是胆固醇合成的关键酶,肝中该酶的合成可被胆固醇阻遏。但肠黏膜中胆固醇的合成不受胆固醇的影响,因此,摄取高胆固醇的食物后,血胆固醇仍有升高的危险。

(3)激素对酶合成的诱导:例如,糖皮质激素能诱导一些氨基酸分解酶和糖异生关键酶的生物合成,而胰岛素则能诱导糖酵解和脂肪酸合成途径中关键酶的合成。

(4)药物对酶合成的诱导与阻遏:很多药物和毒物等,可促进肝细胞微粒体中单加氧酶(或混合功能氧化酶)或其他一些药物代谢酶的诱导合成(或阻遏),从而使药物失活(或使药物蓄积加强——潜在增加不良反应风险),具有解毒作用。然而,这种诱导作用机制,也是引起耐药现象的原因之一。

2. 酶蛋白降解　改变酶蛋白分子的降解速度,也能调节细胞内酶的含量。细胞的蛋白水解酶主要存在于溶酶体(lysosome)中,故凡能改变蛋白水解酶活性或影响蛋白水解酶从溶酶体释出速度的因素,都可间接影响酶蛋白的降解速度。通过酶蛋白的降解调节酶的含量远不如酶的诱导和阻遏重要。除溶酶体外,细胞内还存在蛋白酶体(proteasome),它由多种蛋白水解酶组成,分子量为 1 000kDa。待降解的蛋白质与泛素(ubiquitin)结合(泛素化)后,可被蛋白酶体降解。参与泛素化作用过程需要不同的识别蛋白,不同的识别蛋白各自识别不同种类的降解蛋白质。例如,与细胞增殖有关的一类蛋白激酶的调节亚基——细胞周期蛋白(cyclin)的降解即与此方式有关。

(三)细胞代谢调控在医药生产实践中的作用

代谢是在严格的调控下有规律地进行的,从而使细胞能保持相对稳定的代谢平衡。在医药生产实践中,为了某种目的可设法使代谢偏离正常途径,从而大量积累正常代谢方式所不能积累的代谢物,以达到提高产量和产生新的代谢中间产物目的。

1. 降低代谢终产物的浓度　降低代谢终产物的浓度可减少反馈抑制,有利于中间代谢产物或支路代谢产物的积累。

(1)赖氨酸的发酵生产:在天冬氨酸的代谢调节中,由于异亮氨酸、赖氨酸和苏氨酸的同时积累,可以协同抑制天冬氨酸激酶的活性(见图 12-2)。如果能够减少异亮氨酸和苏氨酸的合成,势必大大提高赖氨酸的产量。经诱变方法处理棒状杆菌,可得到高丝氨酸脱氢酶缺陷型变种,使其丧失合成高丝氨酸的能力,造成苏氨酸和异亮氨酸的合成通路受阻,从而解除了天冬氨酸激酶的协同反馈抑制,有利于另一终产物——赖氨酸的积累,使其产量大为提高。

(2)肌苷和肌苷酸的发酵生产:在发酵时,由于最终产物 AMP 和 GMP 可协同反馈抑制代谢起始和分支步骤的酶,结果使肌苷和肌苷酸积累少,致使产量极低。经诱变的肌苷酸代谢缺陷型变种,丧失了合成 AMP 和 GMP 的能力,从而解除 AMP 和 GMP 的反馈抑制,造成大量肌苷酸、肌苷和次黄嘌呤的积累,从而提高了产量(图 12-3)。如果进一步阻断肌苷向次黄嘌呤转化,则可以显著提高肌苷酸、肌苷的积累。

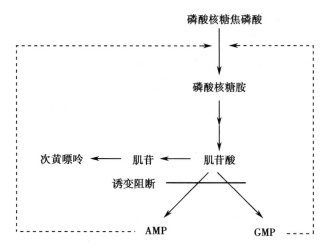

图 12-3　肌苷和肌苷酸的合成途径及 AMP 和 GMP 的反馈抑制及其阻断

2. 添加诱导物类似物　有的诱导物并不是该酶的底物,而是类似物,却有较强的诱导作用。例如,乳糖类似物——异丙基硫代 -β-D- 半乳糖苷(IPTG)对大肠埃希菌 β- 半乳糖苷酶的诱导作用要比乳糖的诱导作用强 1 000 倍。

总之,通过对代谢调节规律的研究,不仅从分子水平上揭示了生物体内自动调节的生命之谜,而且在农业、工业、医疗实践中起着重大的作用。随着微生物代谢调节和微生物分子遗传学的深入研究,将进一步为发酵工业选育出更高产的新菌种,促进发酵工业的更大发展。

二、激素和神经系统的调节

1. 激素和神经系统调节的概念　随着生物的进化,高等生物出现了内分泌腺,它所分泌的激素通过体液转运到靶细胞而对其代谢进行调节,称为激素水平的调节。此外,某些细胞因子等其他一些代谢调节信号分子,也能调节靶细胞代谢。

高等生物不仅有内分泌腺,又有复杂的神经系统。在中枢神经系统的直接控制下,或间接通过激素等代谢调节信号分子,或经由激素调控其他代谢调节分子(如细胞因子)等,对机体进行网络式综合调节,称为神经系统水平调节。

2. 激素等信号分子和神经系统对代谢调节的上下级关系
当大脑皮质接收到特异的神经信息后,首先由大脑皮质发出信号,使下丘脑正中隆起附近的神经末梢分泌促释放因子或抑制因子(第一级),它们进入下丘脑正中隆起的毛细血管,再经垂体门静脉系统进入垂体,促进或抑制腺垂体促激素的生成和分泌(第二级),这些促激素又作用于内分泌腺分泌各种外周激素(第三级),再作用于靶细胞而起到调节代谢或生理功能的效应(图 12-4)。以上这些激素的分泌是受到严格的上下级关系所控制的,即上级内分泌腺对下级内分泌腺的控制调节。例如寒冷的刺激可以通过大脑皮质发出信号,使下丘脑分泌促肾上腺皮质激素释放激素(CRH),CRH 又进一步使腺垂体分泌促肾上腺皮质激素(ACTH),进而作用靶细胞产生必要的代谢或生理功能。此外,激素也可以作用靶细胞后调控一些细胞因子的释放,进而细胞因子(cytokine)再通过靶细胞的受体——信号转导通路产生必要的代谢及调节、生理功能或释放其他一些细胞子,这些因子再作用于它们的靶细胞进行细胞内的代谢调节。

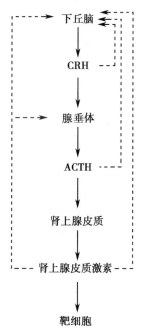

图 12-4　激素的刺激作用和反馈作用

3. 负反馈作用　内分泌器官和神经系统可由上而下对代谢进行控制；反之，下一级也可以负反馈对上一级进行调控。内分泌腺分泌的激素对靶细胞的代谢或功能有调节作用，而靶细胞代谢活动结果又反过来对内分泌腺分泌激素起着调节作用。例如，胰岛素可引起血糖浓度降低，而低血糖又反过来抑制胰岛 β 细胞分泌胰岛素。又如，肾上腺皮质分泌的皮质激素（如氢化可的松）过多时，就可以反过来抑制下丘脑 CRH 以及腺垂体 ACTH 的分泌。若血液中 ACTH 含量增加，可以抑制下丘脑 CRH 的分泌（图 12-4）。

第四节　代谢及其调控药物

机体通过自我调节机制保持着新陈代谢的相对稳定，当这种调节机制发生异常，就会引起代谢紊乱而发生疾病。人们希望利用药物使机体新陈代谢回归到正常或自然的状态下并保持相对平衡。因此，许多药物本身就是催化代谢反应的酶、催化代谢反应酶的活性调节剂或代谢调控系统的重要调节因子。

一、外源性代谢酶类药物

在一些代谢异常所引发的疾病中，其发病机制是某个代谢体系的速率降低，通过药物形式补充外源性代谢酶（exogenous metabolic enzyme）后，该代谢速率提升至正常状况，继而可以到达疾病治疗的目的。例如，消化不良的病因之一是消化系统分泌消化酶不足或消化酶活性不足，通过补充外源性消化酶类（胃蛋白酶、胰合成分泌的各种物质水解酶等）药物，或补充酵母及其提取物（含各种物质的水解酶），可达到治疗消化不良的目的。也可以通过药物刺激机体合成分泌消化酶类等以达到治疗目的，这类药物属于代谢酶含量调节剂。

二、代谢酶活性调节药物

如果疾病的发病机制是某个代谢体系的速率异常（过高或过低），可以通过药物作用于酶，使其活性下调或上调，从而使该代谢状况回到正常水平，继而治疗疾病。代谢酶活性调节药物包括代谢抑制剂、代谢激活剂、抗代谢物等。

（一）代谢抑制剂

1. 代谢抑制剂的概念和意义　代谢抑制剂（metabolic inhibitor）是指能抑制机体代谢某一反应或某一过程的物质。由于代谢反应是由酶催化完成的，因此代谢抑制剂常常是酶抑制剂。代谢抑制剂在基础理论研究中已广泛作为研究工具，用于研究酶的结构、活性中心、催化反应的机制及药物作用的机制。在实际应用方面其可作为疾病诊断和治疗的药物。

机体内一切化学反应，都是酶催化完成和调节的，酶活性受到抑制，就会影响代谢的正常进行。例如，通过抑制致病微生物或肿瘤细胞的生长和繁殖的某些关键酶，能达到抗菌或抗癌的目的。许多抗生素和抗肿瘤药物，就是细菌或肿瘤的代谢（或酶）抑制剂。再者，体内由于某些原因而导致某种酶活性异常上调，也可以应用酶抑制剂加以纠正（下调），例如胰蛋白酶抑制剂可以治疗急性胰腺炎。

治疗用的酶抑制剂，不仅可阐明药物作用机制，而且在寻找新药方面也具有重要意义，可以避免盲目筛选，提高药物研发效率。例如，在单胺氧化酶、前列腺素合成酶、花生四烯酸代谢酶、胰蛋白酶、腺苷酸环化酶、乙酰胆碱酯酶、肽酶、碱性磷酸酶以及各种酯酶等领域，酶抑制剂的研究与开发正受到人们的重视。

2. 代谢抑制剂的种类　已发现的代谢抑制剂，有许多是化学合成药物，也有部分来源于生物体（动物、植物和微生物）。

（1）作用于细胞壁或细胞膜的抑制剂：*β*- 内酰胺类抗生素（如青霉素、头孢霉素）的抗菌作用，主要是干扰细菌细胞壁黏肽的生物合成,从而破坏细菌细胞壁的结构。原核细胞有细胞壁,而动物细胞没有细胞壁,因此,β-内酰胺类抗生素对人类毒性较低,而抗菌作用较强。临床产生的耐药菌,尤其是多重耐药菌(multiple resistant bacteria),其耐药机制之一是菌体内产生了降解抗生素的酶——抗生素代谢酶,致使菌体内活性抗生素含量极低,达不到有效浓度,从而不能发挥抗菌作用。

作用于细胞质膜的抑制剂,如强心苷就是 Na^+-K^+-ATP 酶特异性抑制剂,它抑制膜外侧 K^+ 所激活的脱磷酸过程,从而抑制 K^+、葡萄糖和氨基酸进入细胞内。

(2)核酸代谢和蛋白质生物合成的抑制剂:参见第十一章核酸与核苷酸代谢、第十五章蛋白质生物合成的有关内容。

(3)蛋白质水解和氨基酸代谢的抑制剂:羰基试剂(如羟胺和酰肼类化合物)可与氨基酸脱羧酶的辅酶的羰基发生反应而干扰脱羧反应。又如,抑肽酶是胰蛋白酶抑制剂。

(4)糖代谢的抑制剂:巯基抑制剂(如有机汞、有机砷化合物及碘乙酸)可抑制含巯基的酶的活性,如磷酸甘油醛脱氢酶、琥珀酸脱氢酶等。氟化物可抑制烯醇化酶的活性。阿卡波糖、伏格列波糖等糖苷酶抑制剂药物,与 α-葡糖苷酶可逆性结合而抑制其活性,从而延缓消化道碳水化合物的水解,造成肠道葡萄糖的吸收缓慢,继而降低机体餐后血糖的升高。

(5)脂类代谢的抑制剂:巴豆酰 CoA、苯甲酰 CoA 和丙酰 CoA 等都能抑制脂肪酸的氧化。羟基柠檬酸能抑制柠檬酸裂合酶,减少细胞质乙酰 CoA 浓度,影响脂肪酸合成。他汀类药物能抑制 HMG-CoA 还原酶活性,减少胆固醇生物合成,使血浆胆固醇下降 20%~40%。

(6)电子传递体和氧化磷酸化抑制剂:参见第七章生物氧化相关内容。

(二)代谢激活剂

代谢激活剂(metabolic activator)或称代谢酶激活剂,是指能激活机体代谢某一反应或某一过程的物质。与代谢抑制剂一样,代谢激活剂在基础理论研究上也已广泛作为研究工具,从另一方面(抑制剂对立面或彼此间相互验证)研究酶的结构、活性中心、催化反应的机制及药物作用靶点及其作用机制;在实际应用方面,可作为疾病的诊断和治疗药物(上调代谢水平)。有关代谢激活剂的种类、重要意义等,与代谢抑制剂在同一层次、范畴。

(三)抗代谢物

1. 抗代谢物的概念　抗代谢物(antimetabolite)是指在化学结构上与天然代谢物类似的化合物,这些物质进入体内可与正常代谢物相拮抗,从而影响正常代谢的进行,故抗代谢物又称拮抗物(antagonist)。抗代谢物属于竞争性抑制剂,由于它的化学结构与正常代谢物相似,两者竞争结合酶蛋白,使酶失去催化活性,致使正常代谢不能进行,而影响生物体的生长和繁殖。许多抗菌、抗癌、抗病毒药物就属于抗代谢物类。还有一些抗代谢物,可作为假底物,在生物合成时被整合到生物大分子中而破坏其功能,继而影响细胞正常生理功能。例如,氟尿嘧啶除可通过抑制胸腺嘧啶合成酶而发挥抗癌作用外,还可直接掺入核酸,形成异常核酸(含氟尿嘧啶的核酸),从而抑制肿瘤细胞的生长。

2. 抗代谢物的种类

(1)维生素类似物:例如,用于治疗白血病的甲氨蝶呤作为叶酸的拮抗物;磺胺类抗菌药物作为对氨基苯甲酸的拮抗物;抗凝血药双香豆素作为维生素 K 的拮抗物等。

(2)氨基酸类似物:例如,β-羟天冬氨酸是天冬氨酸类似物,可与天冬氨酸竞争天冬氨酸-α-酮戊二酸转氨酶,干扰天冬氨酸的转氨反应;环己基丙氨酸是丙氨酸类似物,可与丙氨酸竞争转氨酶,干扰丙氨酸的转氨反应。

(3)嘌呤和嘧啶类似物:这类抗代谢物最为重要,如氟尿嘧啶、巯嘌呤、阿糖胞苷等是抗核酸代谢物,临床用于抗肿瘤、抗病毒等。

(4)糖代谢物类似物:例如,氟柠檬酸竞争性抑制顺乌头酸酶,是三羧酸循环抑制剂;D-6-磷酸葡萄糖胺竞争性抑制 6-磷酸葡萄糖脱氢酶,而影响磷酸戊糖通路。

3. 抗代谢物的重要意义

（1）抗代谢物与药物作用机制的研究：例如，磺胺类药物的作用机制是其化学结构与对氨基苯甲酸相似，竞争与叶酸合成酶的结合，抑制了酶活性，使二氢叶酸合成受阻，不能进一步生成四氢叶酸，从而影响核酸的生物合成，进而抑制微生物的生长。许多微生物是利用对氨基苯甲酸合成其生长必需的叶酸，而高等动物不是利用对氨基苯甲酸合成叶酸，主要是从食物摄取叶酸。因此，磺胺类药物对微生物极为敏感，而对人类毒性较低。此外，许多抗癌、抗病毒药物就是抗核酸代谢物。

（2）抗代谢物与新药的设计：早期许多临床使用的化学合成药物的发现，是靠大量随机筛选而得，因而药物研发上市的效率很低，往往在成千上万的化合物中才能找到个别有效药物，有时极有可能止步于临床研究阶段，造成大量人力与物力的浪费。以抗代谢物的基础理论为依据，有目的地设计新型候选物药物，在抗肿瘤、抗病毒等领域已取得重要成果。

三、代谢酶含量调节药物

在一些代谢异常所引发的疾病中，其发病的机制是某个代谢体系的速率异常（降低或升高），其发病的分子基础是代谢酶活性异常（降低或升高）或代谢酶含量异常（下调或上调）。对于酶活性异常造成的疾病，可以通过补充外源性代谢酶类药物或代谢酶活性调节剂（代谢抑制剂、抗代谢物、代谢激活剂等），使代谢酶的总活性上调或下调，使该代谢状况回到正常水平，继而达到治疗疾病的目的。对于酶含量异常造成的疾病，可通过补充外源性代谢酶类药物或使用代谢酶含量调控类药物，使代谢酶含量上调或下调，从而使该代谢状况回到正常水平，继而达到治疗疾病的目的。

正如酶含量调节模式以及机制，药物调控也可以表现在酶蛋白的合成或降解的调节，也是以基因表达水平为基础的调节。当机体需要增加（或减少）某些酶的含量时，可以通过药物调控这些酶的基因表达（转录、翻译）水平以增加（或减少）其含量。例如，糖尿病病因之一是机体胰岛素分泌不足，临床治疗的策略有：①补充外源性胰岛素；②通过药物刺激机体胰岛细胞分泌胰岛素。

思 考 题

1. 试述新陈代谢、物质代谢与能量代谢、同化与异化作用、合成与分解代谢的概念。
2. 细胞或酶水平调节分哪两种方式？
3. 什么是反馈调节？试分别举例论述。
4. 举例论述细胞代谢调控在医药生产中的应用。
5. 代谢抑制剂和抗代谢物分别主要包括哪几类？

第十二章
目标测试

（刘纯慧）

第三篇

遗传信息的传递

第十三章

DNA 生物合成

第十三章
教学课件

DNA 半保留复制实验（拓展阅读）

　　1953 年，Watson 和 Crick 在前人工作的基础上提出了 DNA 双螺旋结构模型，该模型的核心是双螺旋结构中的碱基互补配对规律，以及 DNA 信息可自我复制的 DNA 半保留复制机制。随后 Crick 提出了遗传信息从 DNA 传递给 RNA，再传递给蛋白质的遗传学中心法则（central dogma），该法则几乎适合于整个生物界。随着研究的不断深入，人们又发现 DNA 的生物合成不仅可以在 DNA 指导下进行复制，还可以在 RNA 指导下进行复制，被称为反转录或逆转录（reverse transcription, RT）（图 13-1）。

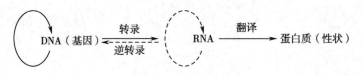

图 13-1　遗传学中心法则

第一节　DNA 复制

一、DNA 复制的方式与特点

　　1. 半保留复制　Watson 和 Crick 在提出 DNA 双螺旋结构模型后，提出了 DNA 生物合成的半保留复制假说：首先 DNA 双链分子（亲代）中互补碱基（AT 和 GC）间的氢键断裂，使双链分离成单链状态，然后每条单链均作为模板指导合成新的互补链，形成两条新的双链 DNA 分子（子一代）。新合成的 DNA 分子是模板亲代 DNA 分子的复制品，其中一条单链来自亲代 DNA，另一条单链新合成的，这种 DNA 生物合成的方式被称为 DNA 半保留复制（semiconservative replication）（图 13-2）。1958 年，Meselson 和 Stahl 通过同位素示踪实验证明了 DNA 生物合成的半保留复制机制。

　　2. 复制起始于特定部位　在复制起点的两条链解离成单链状态，每条单链分别作为模板指导合成其互补链，由双链解离成单链状态的结构区域如同 Y 形，这种结构称为复制叉（replication fork）（图 13-3）。DNA 复制的方式有双向复制和单向复制，双向复制又分对称的和不对称的。大多数原核和真核生物的 DNA 复制都是从固定的起点开始，以双向对称方式进行复制，即从复制起点开始，在两个方向各有一个复制叉进行 DNA 复制，这种方式称为双向对称复制。但有的则是在复制起点首先从一个

大肠杆菌染色体的双向复制（图片）

方向进行复制,而后在复制起点从另一个方向进行复制,两个复制叉移动的距离不同,这种方式称为双向不对称复制。如果从复制起点开始,只形成一个复制叉进行 DNA 复制,这种方式称为单向复制。

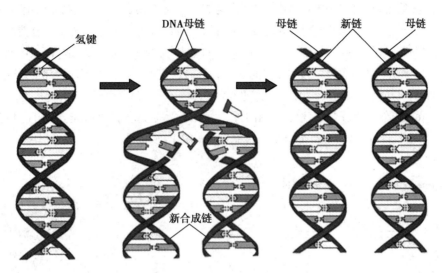

图 13-2　DNA 半保留复制示意图

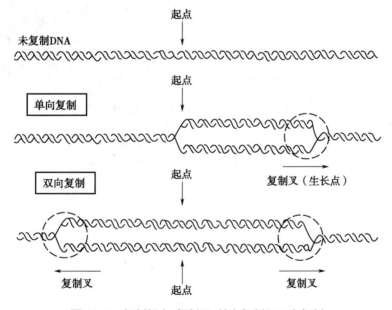

图 13-3　复制起点、复制叉、单向复制和双向复制

原核生物通常只有一个复制起始点。DNA 在复制叉处两条链解开,各自合成其互补链,在电子显微镜下可以看到形如眼的结构。如果 DNA 是环状双链分子,其“复制眼”形成希腊字母 θ 形结构(图 13-4)。

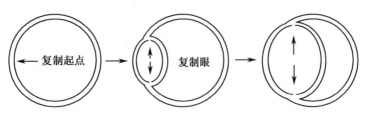

图 13-4　原核生物 DNA 双向复制

　　真核生物会有多个起始点。真核细胞 DNA 合成通常在 S 期进行,不同细胞 S 期长短不同,一般占细胞周期的 1/3。细胞要进入 S 期首先必须接受细胞分裂信号,这个信号一般由细胞外的生长因子所提供。

大肠杆菌复制起始点（图片）

　　基因组能够独立进行复制的单位(区域)称复制子(replicon)。每个复制子含有控制复制起始的特定区域称复制起点(replicon origin),用 ori 或 O 表示;有的还含有控制终止复制的区域称复制终点(replicon terminus)。许多生物的复制起点都是富含 AT 配对的区域,因为 AT 之间的键能较 GC 之间的弱,所以富含 AT 的 DNA 区域经常处于开放(单链状态)与闭合(双链状态)的动态平衡状态,称为"DNA 呼吸作用",这一区域产生的瞬时单链状态,对 DNA 复制的起始十分重要。DNA 的复制是在其起始阶段进行控制,复制子复制一旦启动就持续至整个复制完成(图 13-5)。

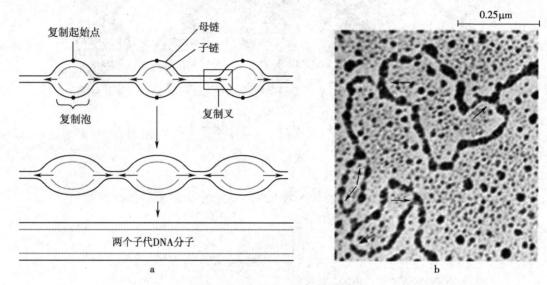

图 13-5　真核细胞 DNA 的复制

注:真核细胞 DNA 多为线性分子,长度相对较长,复制时常有多个起始位点。a. 真核生物染色体拥有很长的 DNA 分子,复制常有很多起始点;b. 电镜下可见中国仓鼠细胞的三个 DNA 复制叉,复制叉末端的箭头显示 DNA 复制的方向

3. 新链延长方向与半不连续复制

DNA 的两条链均能作为模板指导两条新的互补链合成(复制)。但由于 DNA 分子的两条链是反向平行的,一条链的走向为 $5' \rightarrow 3'$,另一条链为 $3' \rightarrow 5'$。而且,目前已知进行复制的 DNA 聚合酶合成方向均为 $5' \rightarrow 3'$,而没有 $3' \rightarrow 5'$。因此,在 DNA 同一区域、同一时间是无法同时进行复制的。日本学者冈崎通过实验验证了 DNA 的不连续复制模型。以复制叉向前移动的方向为标准,DNA 的一条模板链走向是 $3' \rightarrow 5'$ 走向,在该模板链上,新合成的互补链能够以 $5' \rightarrow 3'$ 方向连续合成,此合成链称为前导链(leading strand)(见图 13-5);在 DNA 相同区域的另一条模板链,其走向是 $5' \rightarrow 3'$,此时是无法以该模板链指导合成新的互补链,但随着复制叉继续向前移动一定距离后,该模板链在某一位点开始指导合成新的互补链,互补链合成的走向与复制叉的走向相反,随着复制叉不断向前移动,该模板链上形成了许多不连续的 DNA 片段,最后连接成一条完整的互补 DNA 链,该合成链称为滞后链(lagging strand)或后随链(图 13-6)。

冈崎片段（拓展阅读）

　　滞后链首先合成的是较短的 DNA 片段,最后连接成滞后链,这种 DNA 片段称冈崎片段(Okazaki fragment)。细菌细胞的冈崎片段长度为 1 000~2 000 个核苷酸,相当于一个顺反子或是基因的大小;真核细胞的冈崎片段长度为 100~200 个核苷酸,相当于一个核小体 DNA 的大小。由此可见,DNA 复制时,一条链(前导链)是连续的,另一条链(滞后链)是不连续的,这种模式称半不连续复制(semidiscontinuous replication)。

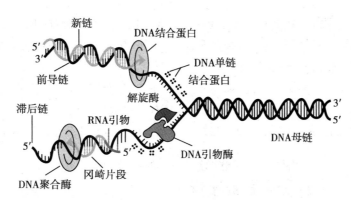

图 13-6　DNA 复制示意图

二、参与 DNA 复制的蛋白因子

在 DNA 复制过程中，需要解旋酶、单链 DNA 结合蛋白、DNA 聚合酶、引物酶、DNA 连接酶、拓扑异构酶等许多蛋白因子参与。

1. DNA 解旋酶与单链 DNA 结合蛋白　DNA 解旋酶（DNA helicase）是将 DNA 双螺旋结构解除。大肠埃希菌细胞中 DNA 解旋酶（DnaB 蛋白）在 DNA 复制过程中，通过 ATP 水解释放出的能量，推动复制叉前 DNA 双螺旋结构解开，形成单链结构状态。

单链 DNA 结合蛋白（single-strand DNA-binding protein, SSB）是选择性结合并覆盖在单链 DNA 上的一类蛋白，以防止解开的 DNA 单链被酶水解及重新结合成双链。SSB 不仅作用于由解旋酶形成的单链 DNA，也可以作用于 DNA 分子中富含 AT 区域，由于"DNA 呼吸作用"形成的单链，每个蛋白质分子可覆盖 32 个核苷酸。在 DNA 复制过程中，一旦 DNA 双链被解开形成单链状态，SSB 就会立刻结合上去并使其稳定，而且 SSB 这种结合具有协同效应；当 DNA 形成双链结构时，SSB 就被替代而脱离 DNA 分子。

2. DNA 聚合酶　DNA 聚合酶（DNA polymerase）是以 4 种脱氧核苷三磷酸（dATP、dGTP、dCTP 和 dTTP）为底物，在 DNA 复制模板的指导下，按照新生多聚脱氧核苷酸链与模板链间的碱基互补原则，催化多聚脱氧核苷酸链的合成（复制）。DNA 聚合酶催化反应的特点：①以 4 种脱氧核苷三磷酸作底物；②反应需要模板的指导；③反应需要有引物且 3′ 端有自由的羟基，也就是说不能直接使两个 dNTP 聚合；④新生 DNA 链的延长方向为 5′→3′；⑤新生 DNA 链与模板链之间遵循碱基互补原则。

大肠埃希菌细胞中主要含有 3 种 DNA 聚合酶，分别称为 DNA 聚合酶Ⅰ、Ⅱ和Ⅲ，DNA 聚合酶Ⅲ是 DNA 链延长中起主要作用的酶。3 种 DNA 聚合酶的性质比较见表 13-1。

表 13-1　大肠埃希菌 DNA 聚合酶性质的比较

	DNA 聚合酶Ⅰ	DNA 聚合酶Ⅱ	DNA 聚合酶Ⅲ
3′→5′核酸外切酶	+	+	+
5′→3′核酸外切酶	+	−	−
聚合速度（核苷酸 / 分）	1 000~1 200	2 400	15 000~60 000
功能	切除引物，DNA 修复	DNA 修复	DNA 复制

DNA 聚合酶是一个多功能酶，DNA 聚合酶的 3′→5′ 核酸外切酶活性，对 DNA 复制的忠实性极为重要，如果没有这种活性，DNA 复制的错误率将会大大增加。因此，3′→5′ 核酸外切酶活性也被认为起着校对的功能，纠正 DNA 聚合过程中的碱基错配。5′→3′ 外切酶活性的作用，是聚合酶在模板

上移动遇到引物（小片段 RNA）区时，从引物的 5′→3′方向将其水解掉，同时酶的聚合作用又将该区域补齐。此外，当 DNA 双链的单链出现损伤时，5′→3′外切酶活性将单链损伤区域从 5′→3′方向将其水解掉，并利用聚合作用又将该区域补齐。

真核细胞的 DNA 聚合酶有 5 种，分别以 α、β、γ、δ、ε 来命名。α 和 δ 主要合成细胞核 DNA，相当于大肠埃希菌 DNA 聚合酶Ⅲ的作用，此外，α 还具有合成引物的功能；β 和 ε 主要参与 DNA 的修复；γ 主要参与线粒体 DNA 的复制。5 种真核细胞 DNA 聚合酶的性质比较见表 13-2。

表 13-2　真核细胞 DNA 聚合酶性质的比较

	DNA 聚合酶 α	DNA 聚合酶 β	DNA 聚合酶 γ	DNA 聚合酶 δ	DNA 聚合酶 ε
细胞定位	细胞核	细胞核	线粒体	细胞核	细胞核
外切酶活性	无	无	3′→5′外切酶	3′→5′外切酶	3′→5′外切酶
引物合成酶活性	有	无	无	无	无
功能	引物合成和核 DNA 合成	修复	线粒体 DNA 合成	核 DNA 合成	修复

3. 引物酶与 DNA 连接酶　在 DNA 复制过程中，DNA 聚合酶不能直接启动催化合成 DNA 的新生链，而是在一个引物的 3′端进行 DNA 单链的延长（复制）。引物（primer）是由引物酶（primase）催化形成的，是按照碱基互补的原则，在 DNA 模板链的指导下，催化小片段 RNA 的生成。引物的长度通常为几个核苷酸至十几个核苷酸，原核细胞中 DNA 聚合酶Ⅲ可在其 3′端催化聚合脱氧核糖核苷酸，直至完成冈崎片段的合成。冈崎片段的引物消除以及缺口的填补，是由 DNA 聚合酶Ⅰ来完成的。

DNA 连接酶的作用（图片）

DNA 聚合酶只能在多核苷酸链的 3′端进行延长反应，而不能通过形成 3′,5′-磷酸二酯键将两个核苷酸链连接起来。因此，细胞内存在一种 DNA 连接酶，催化双链 DNA 分子中单链切口处的 5′-磷酸基和 3′-羟基生成磷酸二酯键，从而将两个单链末端之间连接起来（图 13-7）。

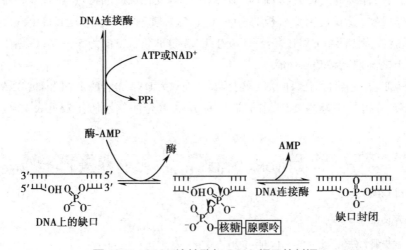

图 13-7　DNA 连接酶与 DNA 切口的封闭

DNA 复制的滞后链合成时，首先合成冈崎片段，然后通过 DNA 连接酶将其连接成滞后链。在大肠埃希菌和其他细菌中，DNA 连接酶以烟酰胺腺嘌呤二核苷酸作为能量来源以推动连接反应；动物细胞和噬菌体的连接酶则以 ATP 作为能量来源。

4. 拓扑异构酶　DNA 是双螺旋结构，当复制到一定程度时，原有的负超螺旋已耗尽，双螺旋的解旋作用使复制叉前方双链进一步扭紧而使下游出现正超螺旋,影响双螺旋的解旋。为了使 DNA 复制能够顺利进行下去,正超螺旋必须解除,拓扑异构酶(topoisomerase)能够使超螺旋松解。拓扑异构酶Ⅰ能切断 DNA 的一条链,解除超螺旋结构;拓扑异构酶Ⅱ,也称旋转酶(gyrase),能切断 DNA 的两条链,待正超螺旋结构解除(超螺旋恢复正确旋转程度)后再使两条链重新接上。此外,也可在 DNA 分子中形成负超螺旋来中和正超螺旋。细胞内 DNA 的超螺旋结构状态,取决于拓扑异构酶Ⅰ和Ⅱ的平衡。拓扑异构酶可作为药物靶点,其抑制剂有抗菌剂(喹诺酮类)和抗肿瘤药物(喜树碱)。

拓扑异构酶
(图片)

三、原核生物 DNA 复制过程

DNA 复制是一个复杂的生物过程,可以分成起始、延长和终止三个阶段。在起始过程中,有许多蛋白因子和酶参与,有的辨认起始位点,有的打开 DNA 双螺旋,有的使解开的 DNA 单链稳定。在延长过程中,主要由 DNA 聚合酶催化完成新生成链的合成,同时,在复制部位上游也需要一些酶的参与,来解开复制过程中所形成的 DNA 超螺旋拓扑结构。在终止阶段,复制过程中所形成的 DNA 小片段,需要 DNA 连接酶来连接成完整的 DNA 大分子。

DNA 的复制
过程(动画)

1. 复制的起始　在大肠埃希菌细胞中,首先在 DNA 复制起点(简写为 ori)形成一个起始复合体(也称引发体),进而启动 DNA 复制。起始复合体由 DnaA、DnaB(解旋酶)、DnaC、引物酶、拓扑异构酶Ⅱ、HU(类组蛋白)、单链结合蛋白(SSB)和 RNA 聚合酶组成。起始复合体启动 DNA 复制的过程:①DnaA 协助 DnaB 结合到 ori 区;②RNA 聚合酶合成一个 RNA 小片段并形成 R 环后与 ori 区连接;③HU 诱导双链 DNA 弯曲,促进起始;④R 环和 DNA 的弯曲造成 DNA 双螺旋不稳定,从而在 DnaB 作用并有拓扑异构酶Ⅱ参与下进行 DNA 的解螺旋;⑤随后 SSB 结合到解开的 DNA 单链上并使其稳定;⑥在 DnaB 的刺激下,再与引物酶结合形成起始复合体。起始复合体一直存在于复制过程中,不仅启动了前导链的复制,也启动了滞后链冈崎片段的复制。

2. 复制的延长　复制起始复合体形成后,DNA 双链被解开,进而形成复制叉,DNA 就开始了复制。首先是先导链的合成,起始复合体的引物酶以 DNA 的 3′→5′链作为模板合成引物,随后 DNA 聚合酶Ⅲ以 4 种脱氧核苷三磷酸为底物,在模板链的指导下,按照碱基互补的原则,在引物的 3′端进行延长反应,并以 5′→3′方向复制出一条 DNA 新生链——先导链;随着先导链的不断延伸而置换出滞后链的模板,当滞后链模板上 RNA 引物信号序列出现时,由引物酶合成 RNA 引物,随后再由 DNA 聚合酶Ⅲ延伸合成冈崎片段,冈崎片段的引物由 DNA 聚合酶Ⅰ切除,并填补引物被切除后留下的空缺,冈崎片段间的切口由 DNA 连接酶将其连接起来形成滞后链。由于滞后链需要周期性地引发,因此,其合成进度总是与先导链相差一个冈崎片段的距离。

3. 复制的终止　细菌环状 DNA 的两个复制叉向前推移,最后在终止区相遇并停止复制。大肠埃希菌终止区含有 6 个终止子位点,终止子位点与 Tus(terminus utilization substance)蛋白结合后,形成的复合物阻止了复制叉前移,以防止复制叉超过终止区过量复制,而且一个终止子位点 -Tus 复合物只阻止一个方向复制叉的前移。在正常情况下,两个复制叉前移的速度是相等的,到达终止区后就都停止复制;如果一个复制叉前移速度慢,另一个复制叉达到终止区就会受到终止子位点 -Tus 复合物的阻挡,以便等待速度慢复制叉的汇合。复制被终止后,仍有 50~100bp DNA 链没有被复制,此时,在两条子一代 DNA 链分开后,通过修复方式将其空缺填补。

四、真核生物 DNA 复制过程

真核细胞 DNA 复制的基本原则和过程与大肠埃希菌的基本一致,但在细节上有一些不同。它比大肠埃希菌需要更多的蛋白因子参与,因此也就更加复杂和精确。真核细胞 DNA 合成在 S 期进行,要进入 S 期首先必须接受由细胞外的生长因子所提供的细胞分裂信号。

大肠埃希菌中 DNA 复制的速度大约是 10^5 碱基对 /min,每 20 分钟可以增殖一代,而真核生物的 DNA 聚合酶活力没有原核生物高,复制速度为 500~5 000 碱基对 /min,细胞增殖的速度可以达到几个小时一代。同时,真核细胞核 DNA 为线性分子,长度相对较长,为了保证细胞增殖的速度,复制时常有很多个起始位点。例如,果蝇的 DNA 复制大约有 5 000 个复制起始点,每一个复制起始点大约复制 30 000 碱基对。

真核生物 DNA 存在于染色体中,复制还必须包括 DNA 与组蛋白八聚体的分离和重结合过程,否则随着新链的延伸,复制又处会打结形成死扣。

染色体中 DNA 绕着组蛋白八聚体缠绕成核小体,复制时,缠绕的 DNA 链先松开,组蛋白八聚体会解散,之后,随着新链的延伸,新的核小体随即形成。一个有趣的现象是,研究发现原来脱下来的组蛋白会重新组合进入到其中一条 DNA 链中,而细胞内通过蛋白质生物合成的新组蛋白组合进入到另一条 DNA 中,这其中的机制尚不清楚,猜测与表观遗传学有关。

第二节 反 转 录

一、反转录及过程

1970 年,Temin 和 Baltimore 分别发现了肿瘤病毒含有一种酶,称为反转录酶或称逆转录酶(reverse transcriptase)。它以 RNA 为模板,在四种 dNTP 存在及合适的条件下,按碱基互补原则,合成互补链 DNA(complementary DNA, cDNA)。这种聚合酶是 RNA 指导的 DNA 聚合酶,与通常转录过程中遗传信息流从 DNA 到 RNA 的方向相反,故称反转录。

严格地说,反转录并不属于转录的范畴。不仅反转录的过程和产物与转录完全不同,而且介导这一过程的反转录酶与 RNA 聚合酶截然不同。反转录酶属于 DNA 聚合酶,其底物为脱氧核苷三磷酸 dNTP(dATP、dGTP、dCTP、dTTP),在引物存在下起聚合作用,新合成链的延长方向是从 $5' \rightarrow 3'$,产物为 DNA 链。新合成的 DNA 单链碱基与模板 RNA 的碱基以氢键相连,形成 RNA-DNA 杂交体,碱基配对时 RNA 上的 U 与新合成 DNA 上的 A 配对。杂交体的 RNA 链可被核糖核酸酶水解掉,再以新合成的 DNA 为模板,合成新的互补 DNA 链,形成双链 DNA 分子。反转录的全过程包括 RNA 指导下的 DNA 合成、RNA 的水解和 DNA 指导下的 DNA 合成。反转录酶的发现大大促进了遗传工程的发展。反转录酶已经成为一个重要的工具,它被用来将 mRNA 或细胞中全部 mRNA 通过反转录制备 cDNA 或 cDNA 文库(cDNA library)。由 mRNA 反转录形成 cDNA 的过程如图 13-8 所示。

HIV 的复制过程(图片)

反转录酶存在于致癌 RNA 病毒中,它与 RNA 病毒引起细胞恶性转化有关。致癌病毒感染宿主细胞后,即可通过反转录酶催化形成病毒 DNA,后者可整合到宿主细胞的染色体中,并可转录成 mRNA,然后再翻译成病毒蛋白质。

二、端粒

真核生物染色体中 DNA 为线性,线性 DNA 复制时存在一个特殊的端粒问题。端粒(telomere)是真核生物染色体线性 DNA 分子末端的结构。形态学上,染色体 DNA 末端膨大成粒状,这是因为 DNA 和它的结合蛋白质紧密结合,像两顶帽子那样盖在染色体两端而得名。DNA 合成是从 RNA 引物开始,合成完成后,RNA 引物被水解。因此,新合成 DNA 链的 5′ 端在染色体末端会形成一小段缺失。如果经过这样的多次复制后,DNA 将会越来越短。人们发现位于染色体端粒中的端粒酶(telomerase)会解决此问题,此项研究成果获 2009 年诺贝尔生理学或医学奖。目前端粒和端粒酶已成为肿瘤治疗研究的重要靶点。

线性DNA复制的末端(图片)

端粒酶含有 3 个成分:端粒酶 RNA、端粒酶相关蛋白 1 和人端粒反转录酶。染色体端粒含有一段重复序列(TTGGGG)n,端粒酶 RNA 可与之互补,端粒反转录酶以端粒酶 RNA 为模板,合成 TTGGGG重复序列,添加到模板链 DNA 的 3′端,从而达到延长 DNA 链端粒的效果,端粒合成见图 13-9。

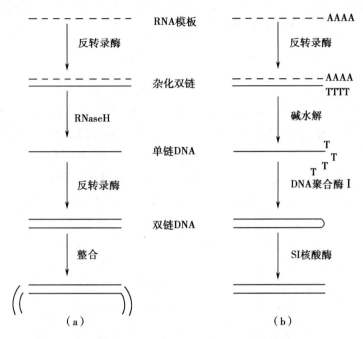

（a）反转录病毒细胞内复制过程;（b）试管内合成 cDNA

图 13-8　反转录过程与 cDNA 合成

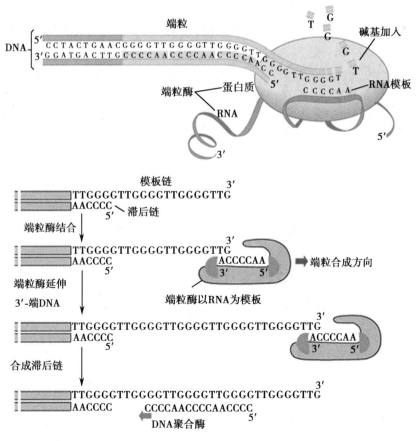

图 13-9　染色体 DNA 端粒合成图

第三节　DNA 损伤与修复

DNA 损伤与修复系统是生物在长期进化过程中获得的一种保护功能。生物总是处于 DNA 损伤与修复的动态平衡之中,DNA 损伤修复也涉及 DNA 的生物合成。

一、DNA 损伤

DNA 损伤的原因主要有三个方面:复制时的错配、物理因素和化学因素。物理因素主要包括紫外线和各种电离辐射等;化学因素主要包括碱基烷化剂、亚硝酸盐、化学致癌物、氧自由基等。DNA 损伤的对象可以是碱基、糖、磷酸二酯键和糖苷键。DNA 损伤的结果各式各样,如相邻碱基之间形成二聚体,糖苷键断裂造成核苷酸的去嘌呤或去嘧啶,胞嘧啶和腺嘌呤脱氨变成尿嘧啶和次黄嘌呤,碱基烷基化后改变了碱基配对的性质,DNA 嵌入化合物的介入造成核苷酸缺失等。

DNA 损伤可以分为点突变(point mutation)、缺失(deletion)、插入(insertion)和重排(rearrangement)等多种类型。

1. 点突变　DNA 分子中的碱基置换,复制过程中的错配(mismatch)和化学诱变物质(mutagen)的攻击都有可能引起这种类型的突变。复制过程中错配的发生概率低于百万分之一,但由于基因组的总数很大,错配发生的数量仍然是一个不可忽视的数目。在生物机体正常的情况下,DNA 损伤的修复系统状态良好,一般多数错配得以纠正,点突变发生相对较少。但是,在生物机体进入衰老和病态时,DNA 损伤的修复能力降低,错配难以得到纠正,点突变发生的概率随之上升。化学诱变物质能够与 DNA 链上的碱基发生化学反应,直接引起某一碱基的改变。例如,亚硝酸盐可使 DNA 链上的 C 变成 U,使母链上的 C-G 配对,变成了子链上的 U-A 配对,经过再次复制 U-A 配对则进一步变成了 T-A 配对。

2. 缺失和插入　缺失是指一个核苷酸或一段核苷酸链从 DNA 分子上消失,而插入则正好相反,是指一个核苷酸或一段核苷酸链插入到 DNA 分子中间。大片段核苷酸链的缺失和插入能够造成部分遗传信息的丢失或得到,一个或几个单核苷酸的缺失和插入,可影响发生部位的序列。如突变部位发生在开放阅读框(open reading frame, ORF)则可能影响表达蛋白质的氨基酸序列。由于遗传密码是三联密码子的特性,当插入或缺失不等于 3 的倍数的核苷酸时,可导致阅读框架位移(frame shift),造成后续氨基酸序列面目全非的改变,从而彻底改变表达产物的活性。

基因重排引起的两种地中海贫血症基因型(图片)

3. 重排　重排是指 DNA 分子内发生大片段 DNA 的位移和交换。位移可以看成是一段核苷酸序列在一处的缺失和在另一处的插入,这种插入甚至可以在新位点上颠倒方向。交换则是两段核苷酸序列对应地发生缺失和插入。

二、DNA 修复

DNA 的损伤一般只作用于 DNA 双链中的一条,两条链同时损伤的机会很少,因此在修复时,没有受损伤的链可以作为模板来实现修复。常见的 DNA 损伤修复方式有下列几种。

1. 直接修复　紫外线是损伤 DNA 的重要因素之一,它可使同一条链的邻近胸腺嘧啶形成二聚体,此时有一种光活化的酶可使二聚体分开,恢复原来的形式。这种修复方式广泛存在于植物中。碱基烷化也是一种损伤 DNA 的形式。机体对这种损伤的修复是将烷基转移到酶蛋白上,然后将这种酶蛋白分解,此种酶称为自杀酶。

切除修复(动画)

2. 切除修复　如果损伤(如胸腺嘧啶二聚体)破坏了双螺旋的结构,破坏部分可被切除,然后用另一条链作为模板加以修复。大肠埃希菌有一种特别的核酸内切酶,称为切割核酸酶(excinuclease)或 uvrABC 复合物,能切除损伤部位的两端序列,然后由 DNA 聚合酶 I 将脱氧核苷酸加到切口 3′端以补平切口,再由 DNA 连接酶将切口接合(图 13-10)。

3. 丢失碱基和去碱基部位的修复 当脱氨作用使胞嘧啶变成尿嘧啶,腺嘌呤变成次黄嘌呤时,DNA 糖苷酶(DNA glycosylase)可切除不正常的碱基,留下一个无碱基部位。无碱基部位会与两端序列一起被核酸内切酶水解切除,然后由 DNA 聚合酶 I 和 DNA 连接酶将这部分修复。

4. 甲基化指导的不配对修复 在 DNA 合成时,如果有任何不配对的碱基掺入新链,它将会破坏 DNA 的双螺旋结构,这时细胞可利用甲基化指导的系统来进行修复。大肠埃希菌中有一种甲基化酶,它能使模板链的腺苷酸甲基化,而不能使正在合成的新链中的腺苷酸甲基化,这样新链和老链就有所区别。当错配发生时,蛋白质 MutS 可发现错配部位,并与蛋白质 MutL 和 MutH 共同作用,切除无甲基化链上错配部位邻近的一段核苷酸链。然后,由 Pol Ⅲ和连接酶补齐缺口,从而使错配得以修复(图 13-11)。

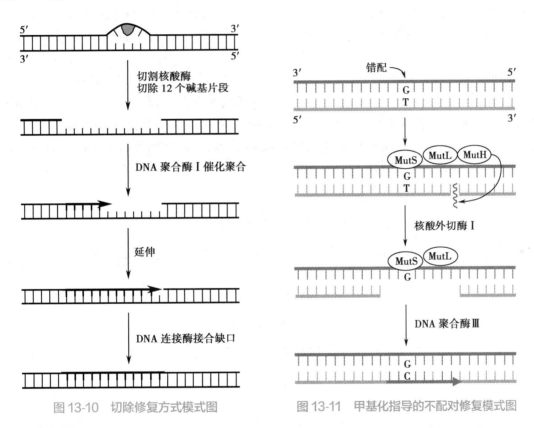

图 13-10 切除修复方式模式图   图 13-11 甲基化指导的不配对修复模式图

人体 DNA 修复机制不全时,会导致疾病的发生。着色性干皮病(xeroderma pigmentosum)患者缺乏核酸内切酶,正常的胸腺嘧啶二聚体的切除修复机制不能进行,当皮肤受到紫外线照射后,DNA 损伤不能修复,这类患者易患皮肤癌。已发现人类细胞也有相当于大肠埃希菌的 MutS 和 MutL 的蛋白质,此系统可使复制的正确率提高 1 000 倍,相应的这些基因突变容易发生癌症。人类的衰老亦与修复系统的活力下降有着密切的关系。真核细胞 DNA 损伤修复系统在保证基因组的完整性方面起很重要的作用。

着色性干皮病(拓展阅读)

第四节 基因突变与基因多态性

一、基因突变与进化

纵观生命进化过程,内在驱动力量来源于基因突变,外在力量则是适者生存的自然法则。基因突变带来生物性状的多样性,适者生存法则进行定向选择,使得适应环境的生命形态得以壮大,不适应环境的生命形态逐渐萎缩消失。

DNA复制过程一方面具有高度保真性,另一方面却总会有一定比例的基因突变。正是这种现象使得生命形态总体具有稳定性和继承性,同时又有一定的不稳定性及多样性。

基因突变形成的分子机制主要有两类,一个是自发突变,另一个是环境因素致突变。自发突变源于高速复制过程中偶然形成的复制错误,并且自身纠错体系没能及时发现和修复。环境致突变因素有紫外线、辐射等物理因素和烷化剂、核酸碱基类似物等化学诱变物质,这些因素可以直接攻击DNA造成基因突变。

基因突变可以分为两类,一类叫生殖细胞突变,另一类为体细胞突变。生殖细胞突变(germline mutation)是指生殖细胞中发生的突变。生殖细胞突变会将突变的后果传递到下一代个体,并对下一代的表型产生影响,对自身几乎没有影响。生殖细胞突变在生物界长期的积累就形成了个体之间的基因多态性(gene polymorphism)。体细胞突变(somatic mutation)是指除生殖细胞外的体细胞发生的突变,不会造成后代的遗传改变,却可以引起当代细胞的遗传结构发生改变,并产生表型效应(图13-12)。

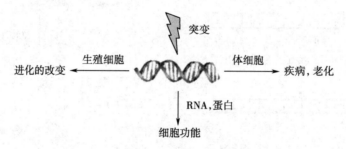

图 13-12 生殖细胞与体细胞基因组改变带来不同的结果

体细胞突变只在同一个体随细胞分裂传递,突变的后果影响的是其本人。人一生中长期与环境互相作用,体细胞中有些DNA首先发生突变,这个突变位点会在其分裂生成的子代细胞中得到遗传,称为体细胞遗传。在遗传信息传递过程中,体细胞突变会逐步积累。环境越恶劣,接触时间越长,积累的体细胞突变越多。自然环境中有害的突变可以通过选择淘汰,但在后生动物的体细胞组织中不太能有效选择。正是因此,体细胞基因组突变的逐渐累积与老化和多种疾病相关,这个与时间相关的变化过程最终导致生命结束。

二、基因多态性与药物作用的个体差异

人类在长期的繁衍生存过程中,随着婚配将个体化的基因多态性遗传特点在人群中分布扩散,通婚的人群之间会有共同的特征,隔离的人群之间却有较大差异。亚洲人群、高加索人群、非洲裔人群都显示了各自的特点,少数民族群体往往有自己的特征。如细胞色素 P-450 2D6 缺陷型个体在亚洲人群只有小于约 1% 的发生率,而在高加索人群中却有约 10% 的发生率,另一个药物代谢酶细胞色素 P-450 2C19 正好相反,此酶缺陷型个体在亚洲人群中有约 15% 的发生率,而在高加索人群只有约 1% 的发生率。

与药物使用密切相关的基因多态性,主要涉及以下几方面:①药物代谢酶类基因多态性:通常情况下,快代谢者能够快速清除进入体内的药物,慢代谢者体内药物的清除较慢。快代谢者的血药浓度较低,易出现药物无效,慢代谢者的血药浓度较高,易出现药物作用副作用。②药物转运体基因多态性:药物转运体的作用是跨膜转运,可以影响药物的吸收与分布。药物转运体基因同样存在多态性现象,不同的基因型有可能影响药物转运时的速率及选择性。③核受体基因多态性:核受体通过与配体结合来调节药物代谢酶的基因表达,具有诱导调节作用。核受体与配体结合的结构域具有较丰富的多态性,不同基因型可能有不同的配体结合力和选择性,从而影响诱导作用的强度。④药物作用靶点的基因多态性:很多药物作用的靶点是受体或者酶,如果这些蛋白质的基因存在多态性的话,药物作用时其对药效的影响是很大的。一些基因型可能有强烈药效,一些基因型可能无效,还有一些基因型可能产生毒副作用。由于药物作用个体差异是临床普遍的现象,为了避免药物毒副作用,提高药物作用的效果,产生了一门新兴学科——药物基因组学(pharmacogenomics)。

药物基因组学(拓展阅读)

三、体细胞突变与精准医疗

如果某个体细胞发生了突变,随后就会有一群发生了突变的体细胞,也就是说体细胞的突变性状会通过有丝分裂传给子细胞。突变的体细胞可以继续分裂,形成突变细胞系,最后表现出突变性状和原有性状并存于生物个体的镶嵌现象,从基因角度来说,即形成了两种不同基因型并存的嵌合体。对于人类来说,从一出生开始,DNA 就会不断遭受到内源性物质和外源性物质的攻击,体细胞突变不断累积、传递,一旦形成致病突变或致病突变组合,就会产生病变细胞,进而发展成病变组织、病变器官,最后表现出相关疾病。

以肿瘤为例,从 20 世纪 60 年代开始,肿瘤发生的体细胞突变理论始终占据着肿瘤发生机制学说的主流。其主要依据一方面是肿瘤细胞的单克隆现象,另一方面是癌基因(oncogene)和抑癌基因(tumor repressor gene)的发现。由肿瘤发生发展的单克隆现象,产生了肿瘤发生的单克隆起源学说,它是指一个肿瘤细胞群体是由一个癌变的单细胞分裂扩增而成,很多实验证明这些细胞具有同样的体细胞突变类型。癌基因与抑癌基因是在有关肿瘤基因研究时发现的一些与细胞癌变有关的基因,细胞癌变时常伴随着这些基因的突变,癌基因的突变激活和抑癌基因的突变失活,被发现是细胞癌变的必要步骤,而这些突变都属于体细胞突变的范畴。所以,无论单克隆学说还是癌基因和抑癌基因机制,都支持肿瘤是由体细胞突变驱动发生的。

精准医疗是一个建立在个体化医疗基础上的新技术,是在基因测序成本大幅度下降、基因测序技术进入临床的大背景下提出的,目标是尽量将个体的遗传背景信息和病变组织的体细胞突变信息相结合,提出最精准的治疗方案。

四、生物信息学与基因分析

生物信息学是指在生命科学的研究中,借助于计算机对海量生物信息数据进行储存、检索和分析的能力,获得相关生物学关键信息以研究生命现象的科学。它是当今生命科学的重大前沿领域,也是自然科学的核心领域之一。

人类基因组含有 30 亿单核苷酸信息,仅仅用人的眼睛和大脑是没有办法分析的,只有使用计算机才能抓取其中有用的信息得到想要的结论。目前基因测序的方法仍然是以二代测序(next generation sequencing, NGS)为主,无论是 Illumina 测序平台还是其他测序平台,原始数据都是 fastq 格式,我们首先需要软件对测序结果进行拼接,再与数据库中的数据进行比对,个体基因组数据和数据库中数据比对可以获得基因多态性的结果,从而可以分析遗传缺陷和个体差异,如镰状细胞贫血、迪谢内肌营养不良(Duchenne muscular dystrophy, DMD)等遗传性疾病,也可以获得阿尔茨海默病易感性、糖尿病易感性和肿瘤易感性等遗传相关性疾病的信息；个体特定组织如肿瘤的测序结果，与自身正常细胞的基因组测序数据进行对比，可以获得特定组织体细胞突变的信息。生物信息学分析获得基因多态性和体细胞突变的对比逻辑图见图 13-13。

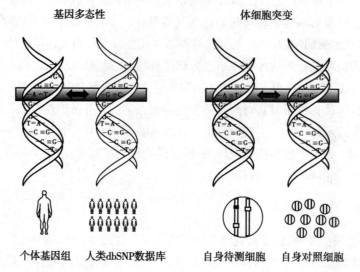

图 13-13　生物信息学分析获得基因多态性和体细胞突变的对比逻辑图

　　在进行常规测序数据分析时，常用的软件包括 Trimmomatic、BWA、Samtools、GATK 等。Trimmomatic 用于 Illumina 二代测序数据的 reads 处理，主要对接头（adapter）序列和低质量序列进行过滤；BWA 用于将短序列定位到参考基因组，该软件基于 Burrows-Wheeler 转换，在查找大型基因组上低差异序列的位置时非常高效；Samtools 将测序数据格式从 SAM（序列比对）转换为 BAM（二进制比对），这将节省大量的存储空间；GATK 的主要功能是在高通量测序数据中发现单核苷酸多态位点（SNP）。得到 SNP 位点后，通常会与 dbSNP 数据库 https://www.ncbi.nlm.nih.gov/snp/ 或 OMIM 数据库（https://omim.org/）里的数据进行比对，寻找 SNP 与遗传疾病或先天差异之间的相关性。

　　在分析肿瘤样本的测序数据时，根据研究目的的不同，可以借助不同的工具进行相应的研究。若想研究肿瘤样本与正常样本间的基因表达差异，可借助 HISAT2 和 Stringtie 对转录组测序数据进行分析，得到样本中所有基因的表达量，然后利用 DESeq 或 edgeR 等基因差异表达分析工具进行肿瘤样本中显著差异表达的基因；若想研究肿瘤样本中可能存在的特异性靶点如肿瘤新生抗原，可以利用 GATK 得到肿瘤样本的体细胞突变数据，然后借助 Annovar、VEP 等工具进行突变数据的注释，利用 DeepHLApan 或 NetMHCpan 等工具进行肿瘤新生抗原的预测；若想研究导致肿瘤发生发展的驱动基因有哪些，可在得到肿瘤的体细胞数据后，利用 Candris 等软件进行驱动基因的预测。

　　由于基因组学近些年的飞速发展，各式各样的基因组相关数据库不断涌现，从 DNA 数据库如 Genebank（https://www.ncbi.nlm.nih.gov/）、EMBL（https://www.ebi.ac.uk/）、DDBJ（https://www.ddbj.nig.ac.jp/index-e.html）、CNGB（https://db.cngb.org/）等，到综合性肿瘤数据库如 TCGA（https://portal.gdc.cancer.gov/）、ICGC（https://daco.icgc.org/）、COSMIC（https://cancer.sanger.ac.uk/cosmic/）等，再到癌症相关基因的数据库如 DriverDB（http://driverdb.tms.cmu.edu.tw/）、NGG（http://ncg.kcl.ac.uk/index.php）、CandirDB（http://biopharm.zju.edu.cn/candrisdb/）等。这些数据库为基因的分析提供了非常大的帮助。

思 考 题

1. 简述 DNA 半保留复制的机制并阐述证明该机制的实验原理。
2. 简述几种 DNA 损伤修复方式的原理。
3. 简述基因突变对生物体的利弊。
4. 生物体存在基因多态性的意义有哪些?
5. 生物信息学的发展对基因组的研究带来哪些积极意义?

第十三章
目标测试

（陈枢青）

第十四章

RNA 生物合成

第十四章
教学课件

在遗传信息流 DNA → RNA → 蛋白质的传递过程中，RNA 是中心环节。以 DNA 为模板，在依赖 DNA 的 RNA 聚合酶作用下，生物合成 RNA 的过程称为转录（transcription）。在自然界中，有的 RNA 病毒以 RNA 为模板，生物合成新的 RNA（RNA → RNA），该过程被称为 RNA 复制。

第一节 转 录

在细胞生长发育的不同阶段，细胞需要表达不同的基因，以满足生长发育的需要，适应细胞内外环境的变化。不仅表达的基因有选择性，表达量也必须符合需求，否则细胞生长就会出现紊乱。而基因转录是基因表达的第一步，对基因表达调控起主要作用。

一、转录的一般特征

DNA 的转录既可以发生在细菌和古细菌的细胞质，也可以发生在真核生物的细胞核、线粒体和叶绿体的基质，还可以在体外进行。所有转录系统都具有以下共同特征：

1. 转录具有选择性和不对称性，只发生在 DNA 分子上某些特定区域。转录与复制的一个显著区别是转录只发生在 DNA 分子上的特定区域，对于一个 DNA 分子而言，并不是所有的序列都会转录，有的序列从来不会转录，而能转录的序列也不是始终都在转录。此外，DNA 两条链也并非都会转录，某些基因以 DNA 的一条链为模板，而其他基因以另一条链为模板。在一个转录区内，作为模板的这条 DNA 单链称为模板链（template strand），也称反义链或负链；而与这条模板链互补的另一条 DNA 单链（非模板链），则称为编码链（coding strand），也称为有义链或正链。这是因为编码链的方向和核苷酸序列都与这一区域转录出来的 RNA 序列一致（除了 T 转变为 U）。另外，对于转录 mRNA 基因而言，该编码链 DNA 序列直接与氨基酸密码子相对应，如图 14-1 所示。

2. 以 4 种 NTP——ATP、GTP、CTP、UTP 为前体，需要 Mg^{2+}。

3. 转录过程不需要引物。

4. 最先转录出的核苷酸通常是嘌呤核苷酸，其比例占 90%。

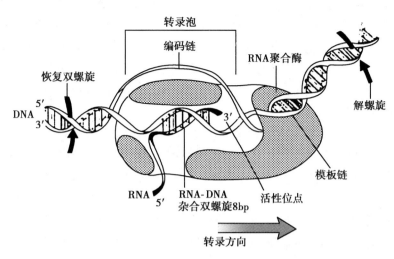

图 14-1 原核生物转录的基本过程

5. 转录方向为 $5' \to 3'$。

6. 转录具有高度的忠实性,但比 DNA 复制低。转录的忠实性是指一个特定的基因转录具有相对固定的起点和终点,而且转录过程遵循碱基互补原则。然而,转录的忠实性明显低于 DNA 复制,主要原因是 RNA 聚合酶没有 $3'$ 外切酶活性,而且,机体在一定程度上能够容忍转录相对低的忠实性。

7. 具有高度的进行性。正常的转录一旦进入延伸,就不会中途终止,这一点有别于复制。

8. 转录受到严格调控。调控的位点主要在转录的起始阶段,也可在转录的终止阶段。

二、RNA 聚合酶及部分相关蛋白因子

催化 DNA 转录合成 RNA 的酶为 RNA 聚合酶(RNA polymerase),也称 DNA 依赖的 RNA 聚合酶(DNA dependent RNA polymerase, DDRP)。RNA 聚合酶以四种核苷三磷酸(NTP)——ATP、GTP、CTP 和 UTP 为前体(或者称原料),反应需要 Mg^{2+},起始的核苷酸一般为嘌呤核苷三磷酸,而且在转录产物——RNA 的 $5'$ 末端始终保持这个三磷酸基团。RNA 链的合成方向也是从 $5' \to 3'$,核苷三磷酸加到新生链的 $3'$-OH 上,生成磷酸二酯键,同时释放一分子焦磷酸。焦磷酸可进一步分解成无机磷酸,此反应放热,从而使整个反应有利于向聚合方向进行。

1. 原核生物 RNA 聚合酶 大肠埃希菌 RNA 聚合酶负责合成细菌中所有 RNA,由 σ 因子以及核心酶(core enzyme)两部分组成。核心酶由两个 α 亚基、一个 β 亚基、一个 β′ 亚基和一个 ω 亚基组成($\alpha_2\beta\beta'\omega$)(表 14-1)。σ 因子与核心酶结合后称为全酶(holoenzyme)。

表 14-1 大肠埃希菌 RNA 聚合酶全酶的组成及其功能

亚基	基因	相对分子量 $/10^3$	数目 / 酶	功能
α	RopA	36	2	核心酶的组装,转录起始,可与调节蛋白相互作用
β	RopB	151	1	转录的起始和延伸
β′	RopC	155	1	与 DNA 非特异性结合
ω	RopZ	11	1	促进核心酶的组装,是 β′ 亚基的分子伴侣
σ^{70}	RopD	70	1	识别启动子

σ 因子是一种蛋白因子，能识别 DNA 链上的启动子，负责 RNA 合成的起始，故 σ 因子也称起始因子。σ 因子能大大地增加 RNA 聚合酶与 DNA 启动子的结合常数和保留时间，这样就使得全酶能迅速找到启动子并与之结合。细胞内有多种 σ 因子，例如常见的 σ^{70}（相对分子量为 70kDa）。不同的 σ 因子识别不同的启动子，从而表达不同的基因。全酶与不同启动子序列间的结合能力不一样，说明了为什么不同基因具有不同的转录效率。

2. 真核生物 RNA 聚合酶　尽管第一个 RNA 聚合酶是从哺乳动物细胞中分离出来的，但因真核生物 RNA 聚合酶含量极少，不易纯化，所以对于真核生物 RNA 聚合酶的了解，远不如对大肠埃希菌 RNA 聚合酶那样清楚。真核细胞中有 3 种 RNA 聚合酶——RNA 聚合酶 I、II 和 III。RNA 聚合酶 I 存在于核仁中，其功能是合成 5.8S rRNA、18S rRNA 和 28S rRNA；RNA 聚合酶 II 存在于核质中，其功能是合成 mRNA 以及含有帽子结构的 snRNA 和 snoRNA；RNA 聚合酶 III 也存在于核质中，其功能是合成 tRNA 和 5S rRNA 等。每种聚合酶均含有两个大亚基和 4~8 个小亚基。此外，在真核生物的线粒体和叶绿体中，也存在独特的 RNA 聚合酶，它们分子量小，活性也较低，负责线粒体和叶绿体 RNA 合成。几种真核细胞 RNA 聚合酶的比较见表 14-2。

表 14-2　真核生物 RNA 聚合酶的结构与功能的比较

名称	细胞中的定位	组成	对 α- 鹅膏蕈碱的敏感性	对放线菌素 D 的敏感性	转录因子	功能
RNA 聚合酶 I	核仁	多个亚基	不敏感	非常敏感	1~3 种	rRNA 的合成（除了 5SrRNA）
RNA 聚合酶 II	核质	多个亚基	高度敏感（10^{-9}~10^{-8}mol/L）	轻度敏感	8 种以上	mRNA、绝大多数 miRNA、lncRNA、具有帽子结构的 snRNA 和 snoRNA 的合成
RNA 聚合酶 III	核质	多个亚基	中度敏感	轻度敏感	4 种以上	小 RNA，包括 tRNA、5SRNA、无帽子结构的 snRNA 和 snoRNA、7SLRNA、RMP RNA、端粒酶 RNA、少数 miRNA 和 lncRNA、某些病毒的 RNA 等合成
线粒体 RNA 聚合酶	线粒体基质	单体酶	不敏感	敏感	2 种	线粒体 RNA 的合成
叶绿体 RNA 聚合酶	叶绿体基质	两种亚基	不敏感	敏感	3 种以上	叶绿体 RNA 的合成

3. 转录相关蛋白因子　转录除了 RNA 聚合酶以外，还需要称为转录因子（transcription factor, TF）的蛋白质的参与，尤其是真核生物的转录过程需要多种不同类型的转录因子。转录因子分为基础转录因子和特异性转录因子。其中，基础转录因子是维持所有基因最低转录水平所必需的，而特异性转录因子只是特定基因的转录才需要。基础转录因子的功能主要包括识别和结合启动子、招募 RNA 聚合酶与启动子结合、与核酸调控序列结合促进转录起始复合物的形成等。真核生物的 3 种 RNA 聚合酶都有相应的基础转录因子，有些是 3 种 RNA 聚合酶共有的，如 TATA 结

合蛋白（TATA box binding protein, TBP），有的则是不同类型 RNA 聚合酶特有的；不同的转录因子可参与转录的不同阶段，可分别参与转录起始阶段、延长阶段和转录的终止。

4. RNA 复制酶　由于参与 RNA 复制的 RNA 聚合酶以 RNA 为模板，故该酶又称 RNA 依赖的 RNA 聚合酶（RNA dependent RNA polymerase, RDRP）。一些病毒的基因组是单链 RNA，该单链 RNA 既是基因组 RNA，又可作为 mRNA 指导翻译蛋白质，称为正链 RNA。感染宿主细胞后，利用宿主细胞的翻译系统指导合成依赖 RNA 的 RNA 聚合酶（复制酶）。该酶以正链为模板合成与之互补的 RNA，称为负链。然后又以负链为模板合成更多的基因组 RNA。基因组 RNA 用于指导翻译合成病毒蛋白质，包装病毒颗粒。

RNA 聚合酶
Ⅱ与其基本
转录因子复
合体（图片）

三、启动子与终止子

（一）启动子

启动子（promoter, P）是指 RNA 聚合酶识别、结合和起始转录的一段特定 DNA 序列。启动子有的位于转录基因的上游，有的全部或部分位于基因的内部。启动子的结构（DNA 序列）影响了它本身与 RNA 聚合酶的亲和力，从而影响该启动子对基因的转录效率。

1. 原核生物启动子　原核细胞的启动子含 40~60bp，位于 mRNA 开始转录的位点（+1）——转录起点的上游。启动子区域有 3 个功能部位：起始转录部位转录第一个核苷酸的碱基对（+1）、RNA 聚合酶识别位点（−35）和结合位点（−10），其中后两项为启动子的核心区域（图 14-2）。

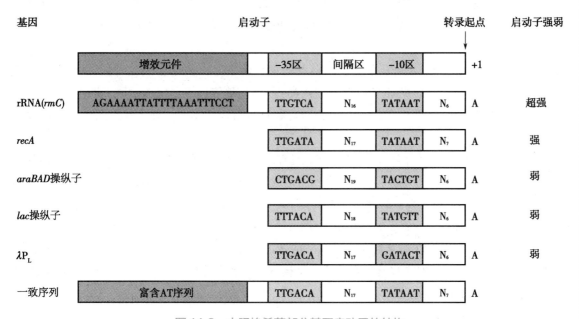

图 14-2　大肠埃希菌部分基因启动子的结构

（1）Pribnow 框：在转录起点的 −10 左右一段核苷酸序列，大多为 TATAAT 序列或是稍有不同的变化形式（TATPuAT），这样的六核苷酸序列称为 Pribnow 框，由于在 −10 位点附近，所以又称 −10 序列，它是 RNA 聚合酶的牢固结合位点（简称结合位点）。由于 RNA 聚合酶的诱导作用，使富含 AT 碱基 Pribnow 框内的 DNA 双螺旋首先"溶解"，这个泡状物扩大到 12~17bp，与 RNA 聚合酶形成二元开放复合物，从而使 RNA 聚合酶定向并按顺流方向移动而行使其转录功能。

（2）Sextama 框：启动子的 RNA 聚合酶介入区域的另一个位点，称为 Sextama 框，由于位置在 −35 附近，故又称 −35 序列，各种启动子 −35 序列的较高一致性序列为：TTGACA。RNA 聚合酶依靠其 σ 亚基识别该位点,因此,又称 RNA 聚合酶识别位点(图 14-2)。其重要性在于这一位点的核苷酸序列在很大程度上决定了启动子的强度。

–10 序列和 –35 序列之间的距离同样重要,一般为(17±1)bp,这样的距离可以保证 –10 序列和 –35 序列处于双螺旋结构的同一侧,有利于 RNA 聚合酶的识别和结合。RNA 聚合酶很容易识别强启动子,而对弱启动子的识别较差,细胞可以由此来调节单位时间内所转录的 mRNA 分子数,从而控制蛋白质的合成速度。

2. 真核生物启动子　真核生物有 3 种 RNA 聚合酶,每一种都有自己的启动子类型。RNA 聚合酶 I 只转录 rRNA,只有一种启动子类型;RNA 聚合酶 II 转录 mRNA,其启动子结构最为复杂;RNA 聚合酶 III 主要负责转录 tRNA 和 5S rRNA,其启动子分为两种类型,一类与 RNA 聚合酶 II 相似,主要位于基因的上游,属于外部启动子;另一类位于转录的 DNA 序列之内,属于内部启动子,也称下游启动子。本章主要讨论 RNA 聚合酶 II 的启动子。

真核生物 RNA 聚合酶 II 的启动子是多序列结构,主要有 3 个序列。

(1)帽子位点(cap site):即转录起始位点(+1),其碱基大多为 A(非模板链),两侧各有若干个嘧啶核苷酸。

(2)TATA 框:又称 Hogness 框或 Goldberg-Hogness 框,其一致性较高的序列为 TATA(A/T)A(A/T),在 TATA 框的两侧富含 GC 碱基对序列,这也是 TATA 框发挥作用的重要因素之一。TATA 框一般位于 –25 附近,除这一点外,其结构与功能均类似于原核生物的 Pribnow 框,决定了转录起点的选择,也就是说 RNA 聚合酶 II 与 TATA 框牢固结合之后才能开始转录。

(3)CAAT 框:其一致的序列为 GG(C/T)CAATCT,一般位于 –75 附近,虽然名为 CAAT 框,但头两个 G 的重要性并不亚于 CAAT 部分,CAAT 框的功能是控制转录起始的频率。

(二)终止子

原核生物 RNA 转录终止信号存在于 RNA 聚合酶已转录过的序列之中,这种提供终止信号的序列称为终止子(terminator)。终止子可以分为两类:一类是不依赖于蛋白辅因子即可实现终止作用;另一类是依赖蛋白辅助因子才能实现终止作用,这种蛋白辅助因子称为释放因子,通常又称为 ρ 因子。

两类终止子有着共同的序列特征:①在转录终点之前存在一段回文序列,其中两个重复序列部分被不重复的几个碱基对区段隔开;②回文序列的对称轴一般距转录终点 16~24bp。两类终止子碱基组成的不同点是:不依赖 ρ 因子的终止子的回文序列中富含 GC 碱基对,在回文序列的下游方向常有 6~8 个 AT 碱基对;而依赖 ρ 因子的终止子中,回文序列的 GC 碱基对含量较少,在回文序列下游方向的序列没有固定特征,其 AT 碱基对含量比前一种终止子低。新生的 RNA 链在回文序列区域自动互补配对形成发夹式结构,RNA 聚合酶可在这一结构内出现暂时停顿,回文序列的下游序列则往往是 RNA 与其模板 DNA 解离的区域。

四、转录过程

1. 转录的起始　转录的起始是 RNA 聚合酶与启动子相互作用,并形成活性转录起始复合物的过程,该过程可分 3 步:①RNA 聚合酶通过识别位点初步结合启动子;②移动定位并牢固结合在结合位点上;③在起始位点上形成一个开放复合物。

在转录起始过程中,当 σ 亚基发现启动子后,全酶与 –35 序列结合(初始结合),形成二元封闭复合物。由于 RNA 聚合酶全酶的分子量很大,其一端可以到达 –10 序列,随着整个酶分子向 –10 序列转移并与之牢固结合后,促使 –10 序列及转录起点处发生局部解链,一般为 12~17bp。此时,全酶与启动子形成了一个二元开放复合物,其中 RNA 聚合酶上的起始位点和延长位点,均被相应的核苷酸前体充满,在 β 亚基的催化下形成 RNA 的第一个磷酸二酯键。此时,由 RNA 聚合酶、DNA 模板和新生的 RNA 链所组成的复合物称为三元复合物。三元复合物形成并有 6~9 个核苷酸被合成后,就变成了稳定的酶 -DNA-RNA 三元复合物,σ 因子从全酶解离下来,致使三元复合物中核心酶与 DNA 的亲和力下降到非特异性结合水平以下。其结果不仅使三元复合物容易在 DNA 链上移动,又使核心酶继续合成 RNA 链而不致中途脱落。

随着第一个核苷酸的结合,RNA 链合成进入延伸阶段随之开始,DNA 双链也进一步解链,而原来的单链部位则重新形成完整的双螺旋。与此同时,酶分子的构象也发生变化,在起始阶段,全酶与 DNA 形成稳定复合物;在延伸阶段,为了能够移动,酶必须放松对 DNA 的结合。σ 因子的存在,使 β 及 β′ 的构象有利于与 DNA 结合;σ 因子不存在时,β 与 β′ 表现为与 DNA 结合不专一,通过酶与 DNA 相互作用的变化,在转录起始后立即从酶分子上释放 σ 因子。因此,转录起始至延伸阶段,也是 σ 因子与 RNA 聚合酶的结合与解离的循环。

原核生物的转录起始(动画)

2. 转录的延长　在 RNA 聚合酶上有两个核苷酸位点,一个是起始核苷酸位点,一个是延长核苷酸位点。只有嘌呤核苷三磷酸填充了起始位点,另外一个核苷三磷酸(可以为任何一种)填充了延长位点并且均与模板碱基互补,才能合成第一个磷酸二酯键。当 RNA 链起始合成之后,起始位点就充当了 RNA 的 3′ 端位点,而延长位点的职能不变。任何一个磷酸二酯键的形成都必须要使成键的碱基与模板链互补,否则就会被排斥出来,这个功能和催化功能均由 β 亚基完成。

当核心酶按 5′→3′ 方向延伸 RNA 链时,与聚合酶结合的部分 DNA 双链需要解链形成单链状态,随着核心酶向前移动,解链的 DNA 区域也随之移动。当双链 DNA 解链释放出模板链时,两条 DNA 单链进入核心酶的不同部位,其中模板链主要与核心酶的 β′ 亚基结合,而 β 亚基主要结合核苷三磷酸,后者被核心酶加到新生 RNA 链的 3′ 端上,形成长约 12 个核苷酸的 DNA-RNA 杂合体。随着核心酶在模板链上的前移,双链 DNA 不断解链,新生 RNA 的 3′ 端又不断聚合上新的核苷酸并与模板链形成 DNA-RNA 杂合体,与此同时,由于核心酶的前移又不断将 RNA 链挤出 DNA-RNA 杂合体。RNA 合成速度为每秒 30~50 个核苷酸。但是,RNA 链的延长并不是以恒定速度进行的,有时会降低速度或暂时停顿,这是延长阶段的重要特点。RNA 聚合酶在通过一个富含 GC 碱基对的模板以后,8~10 个碱基则会出现一次停顿。这种暂时停顿作用在 RNA 链的终止和释放过程中起重要作用。

依赖 ρ 因子的转录终止(动画)

3. 转录的终止　当 RNA 聚合酶启动了基因转录,它就会沿着模板 3′→5′ 方向不停地移动,合成 RNA 链,直到遇到终止子时才释放新生的 RNA 链,并与模板 DNA 脱离。终止发生时,所有参与形成 RNA-DNA 杂合体的氢键被破坏,模板 DNA 链与编码链重新组合成 DNA 双链。

非依赖 ρ 因子的转录终止(动画)

ρ 因子是一个分子量为 200kDa 的六聚体蛋白,可水解各种核苷三磷酸,其活性依赖于单链 RNA 的结构,通过核苷三磷酸的水解,促使新生的 RNA 链从三元复合物中解离出来。在 RNA 合成起始以后,ρ 因子即附着在新生的 RNA 链上,靠水解 ATP 提供的能量,沿着 5′→3′ 方向朝 RNA 聚合酶移动。当 RNA 聚合酶遇到终止子出现转录停顿时,在适宜的条件下可激活 ρ 因子水解核苷三磷酸,促使转录三元复合物解体而终止转录。原核生物的转录过程见图 14-3。不依赖于 ρ 因子的转录终止与终止子的结构特点有关。在由 GC 丰富区所构成的茎环区下游紧接多个 T 结尾,当 RNA 聚合酶在茎环结构内暂时停顿时,其下游 poly(U)与模板 DNA 上的 poly(A)相互作用力较弱,新生的 RNA 链容易与模板解离,形成不依赖于 ρ 因子的转录终止。

非依赖 ρ 因子的转录终止模式(图片)

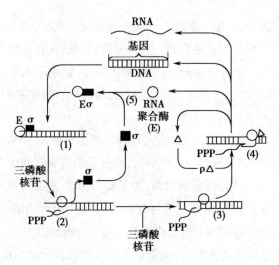

图 14-3 原核生物的转录过程

真核生物转录过程的描绘(拓展阅读)

真核生物转录终止(动画)

　　真核生物的转录过程也可以分为起始、延伸和终止三个阶段,其中,转录起始是转录过程的关键性步骤。真核生物转录起始比原核生物要复杂,需要各种转录因子与顺式作用元件相互结合,同时蛋白因子之间也存在相互识别、结合。与 RNA 聚合酶 Ⅰ、Ⅱ、Ⅲ 相关的转录因子,分别称为 TFⅠ、TFⅡ、TFⅢ。其中与 mRNA 合成相关的转录因子 TFⅡ 包括 TFⅡA、B、D、E、F、H 等多种类型。mRNA 的转录必须先由一系列转录因子 TFⅡ 与 DNA 模板形成复合物,再引导 RNA 聚合酶Ⅱ与启动子结合,最终形成转录前起始复合物。由 TFⅡH 及其他蛋白激酶催化 RNA 聚合酶Ⅱ的 C 端磷酸化也是转录起始的必要条件。真核生物 mRNA 转录过程见图 14-4。

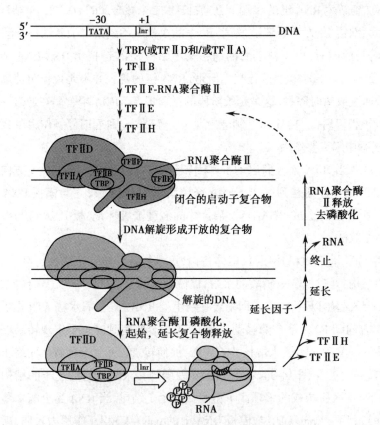

图 14-4 真核生物 mRNA 的转录过程

第二节 转录后加工

基因转录的直接产物——初级转录产物（primary transcript）必须经过转录后加工（post-transcriptional processing），才会转变为有功能的 RNA，即成熟 RNA 分子。一系列的加工修饰包括 RNA 链的裂解、5′端与 3′端的切除和特殊结构的形成、剪接（splicing）以及碱基修饰和糖苷键改变等过程。

一、原核生物 mRNA 的加工

对于原核细胞来说，多数 mRNA 在 3′端还没有被转录之前，核糖体就已经结合到 5′端开始翻译，所以，原核细胞 mRNA 通常没有转录后的加工过程。但在极少数细菌和某些噬菌体中，发现有的 mRNA 也有内含子，需要经过剪接反应才能成熟，如一种叫红海束毛藻的蓝细菌，其 DNA 聚合酶Ⅲβ 亚基的基因含有 4 个内含子。再如，大肠埃希菌 T4 噬菌体编码胸腺嘧啶核苷酸合酶的基因也有 1 个内含子。另外，有不少细菌的 mRNA 和一些非编码 RNA 在 3′端被加上 poly（A）。同时，两种催化 poly（A）形成的 poly（A）聚合酶也在大肠埃希菌细胞内发现。然而，细菌 mRNA 的 poly（A）一般较短，长度仅为 15~60nt，而且通常是 mRNA 降解信号，可促进由多聚核苷酸磷酸化酶和核糖核酸酶 E 组成的降解体对 mRNA 的降解，这与真核生物 mRNA 尾的长度和功能完全不同。

二、真核生物 mRNA 的加工

真核生物由于存在细胞核结构，转录与翻译在时间和空间上都被分隔开来。真核生物的大多数基因由内含子（intron）和外显子（exon）交替组成，外显子是指真核生物基因中的编码序列，内含子是真核生物基因中的非编码序列。转录后通过剪接反应去除非编码区（内含子），使编码区（外显子）成为连续序列。另外，在真核生物中基因表达后可以通过不同的加工方式，表达出不同的蛋白质产物。

mRNA 的原始转录物是分子量极大的前体，在核内加工过程中形成分子大小不等的中间物，它们被称为核内不均一 RNA（hnRNA），其中有一少部分可转变成细胞质中的成熟 mRNA。mRNA 前体的加工修饰极为复杂，由 hnRNA 转变成 mRNA 的加工修饰过程包括：①5′端形成特殊的帽子结构；②在链的 3′端切断一段序列并加上 poly（A）尾巴；③通过剪接除去内含子序列。

（一）5′端加帽

真核生物 mRNA 的转录也是以嘌呤（pppA 或 pppG）作为起始点的，但成熟 mRNA 的 5′端是一个以 5′,5′-磷酸二酯键相连的二核苷酸，末端第一个核苷酸为 N^7-甲基鸟苷酸（m^{7}GpppX）或其衍生物，这种结构就称帽子（图 14-5a）。mRNA 的 5′帽子结构是由一系列的酶促反应生成的（图 14-5b）。

帽子结构的修饰（动画）

（二）3′端的产生和多聚腺苷酸化

大多数真核 mRNA 都具有 3′端的多聚（A）尾巴，用 poly（A）表示，长度为 20~200bp。poly（A）是转录后 hnRNA 通过酶切反应和多聚腺苷酸化反应逐个加上的。首先细胞核内特异性酶能够识别加尾信号序列 AAUAAA，并在此序列下游 10~30 个核苷酸附近剪切，剪切点在 AAUAAA 序列和富含 GU 的序列之间。然后由 RNA 末端腺苷酸转移酶（RNA terminal riboadenylate transferase）催化，以 ATP 为前体，逐个添加到切开的 mRNA 的 3′端。其反应如下：

$$mRNA - X - OH + nATP \longrightarrow mRNA - X - (A)_n - OH + nPPi$$

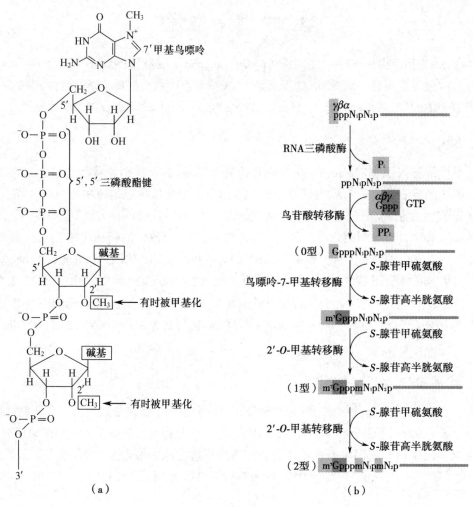

（a）　　　　　　　　　　（b）

图 14-5　mRNA 的 5′- 帽子结构及加帽过程

（三）剪接

hnRNA 的分子量比成熟的 mRNA 大几倍,原因是 hnRNA 中含有大量内含子序列,hnRNA 必须经过转录后加工除去内含子。mRNA 的前体经过剪接体（spliceosome）加工处理,去除内含子,并将相邻外显子连接起来,形成有功能 mRNA（成熟 mRNA）,这一过程称为 RNA 剪接（RNA splicing）。剪接的关键反应是转酯反应（transesterification）。hnRNA 通过二次磷酸酯转移反应使前后两个外显子以 3′,5′- 磷酸二酯键相连,而被切除的内含子呈套索状（图 14-6）。

这些反应在剪接体内进行,剪接体由 5 种核小体 RNA（snRNA：U1、U2、U4、U5、U6）和约 50 种蛋白因子组成,snRNA 长度为 100~200 个核苷酸,富含尿嘧啶（U）。它们在内含子和外显子交界处组装成复杂的剪接体,促进剪接反应的有序进行,剪接体的装配需要 ATP 供能（图 14-7）。

真核生物转录后的加工过程（加帽、剪接和加尾）实际上一个连续过程,转录与加工同时进行（图 14-8）。同一初级转录产物,通过不同的剪接方式可以产生不同的 mRNA,最终翻译出不同的蛋白质。这些蛋白质间具有很高的同源性,仅是某些结构域的增减。大鼠降钙素（calcitonin）与降钙素基因相关肽（calcitonin-gene related peptide, CGRP）就是经典的基因转录后可变剪接的产物。二者源于同一个基因,该基因含有 6 个外显子,初始转录产物 hnRNA 在甲状腺中被剪接产生含有外显子 1、2、3、4 的成熟 mRNA,并被翻译为降钙素。而在脑组织则被剪接为含有外显子 1、2、3、5、6 的成熟 mRNA,从而翻译为 CGRP,结果如图 14-9 所示。

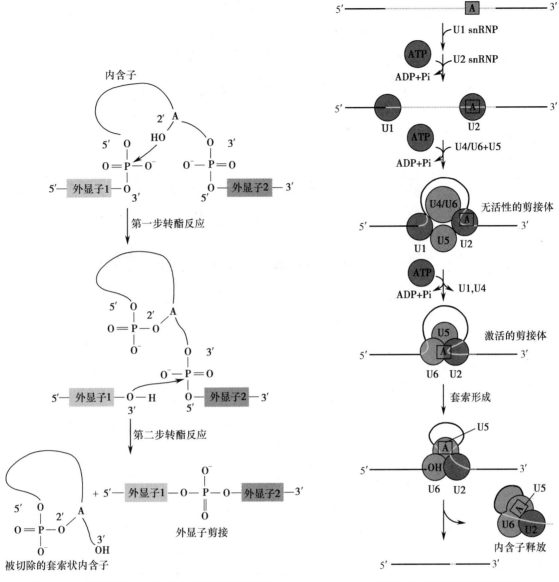

图 14-6 真核生物 mRNA 内含子的剪接机制

图 14-7 剪接体的装配过程

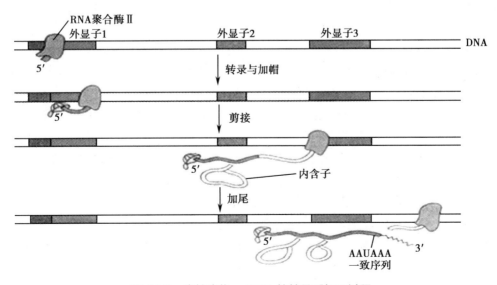

图 14-8 真核生物 mRNA 的转录后加工过程

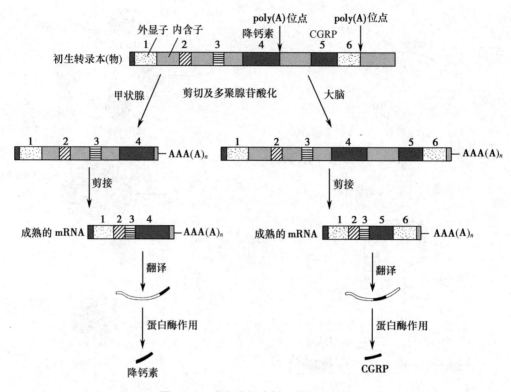

图 14-9　大鼠降钙素基因的可变剪接

三、tRNA 和 rRNA 的加工

　　tRNA 的序列是高度保守的,各种 tRNA 都有三叶草形二级结构。这种保守性不仅反映了它们结合并携带氨基酸这种功能上的共性,而且很重要的方面是反映了它们转录后加工方面的共性。原核生物 tRNA 基因大多成簇存在,或与其他 RNA 基因组成混合转录单位,加工过程主要包括:①由核酸内切酶在 tRNA 两端切断;②核酸外切酶从 3′ 端逐个切去附加的序列,进行修剪(trimming);③在 tRNA 3′ 端加上 CCA 末端;④核苷的修饰(图 14-10)。除了 5′ 端和 3′ 端含有多余核苷酸序列以外,某些真核生物 tRNA 前体具有小的内含子,因此其加工成熟除包括剪切、碱基修饰、添加 CCA 序列外,还包括剪接过程。

　　在四膜虫 RNA 剪接研究中发现了一种 RNA 自我剪接,该发现是具有划时代意义的研究成果。因为它首次发现 RNA 具有蛋白质类酶一样的催化活性,并最终提出了核酶(ribozyme)的概念。某些 rRNA 的成熟也需要这种方式。在原核生物中,rRNA 基因与某些 tRNA 混合操纵子在形成多顺反子转录物后,经断裂成为 rRNA 和 tRNA 的前体,然后分别进一步加工修饰而成熟(图 14-11)。

　　tRNA 与 rRNA 的加工过程还会发生碱基或核糖的甲基化。真核生物 rRNA 甲基化主要在核糖的 2′ - 羟基上进行,而真核生物 tRNA 甲基化主要在碱基上进行。其他稀有碱基也是通过转录后加工形成的,如尿嘧啶还原为二氢尿嘧啶,尿嘧啶核苷的嘧啶环位移变成假尿嘧啶,腺嘌呤核苷转变成次黄嘌呤核苷等。在真核生物中,系列 snoRNA 和特定的蛋白质组装成核仁小核糖核蛋白(snoRNP),通过与 rRNA 前体修饰位点周围序列的碱基互补,确定修饰位点。线粒体和叶绿体 rRNA 基因的排列方式和转录后加工修饰过程与原核生物的 rRNA 基因结构和转录后加工类似。

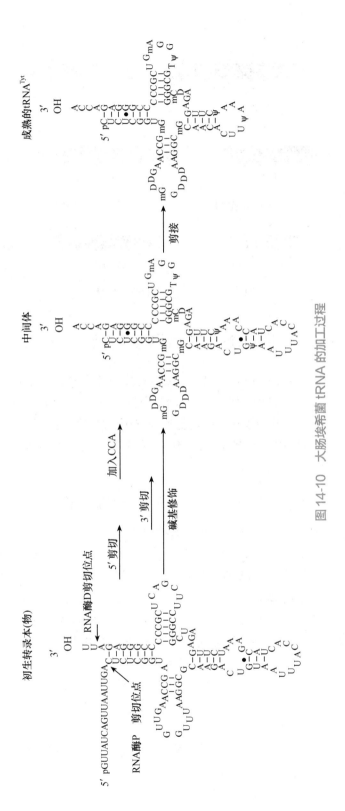

图14-10 大肠埃希菌 tRNA 的加工过程

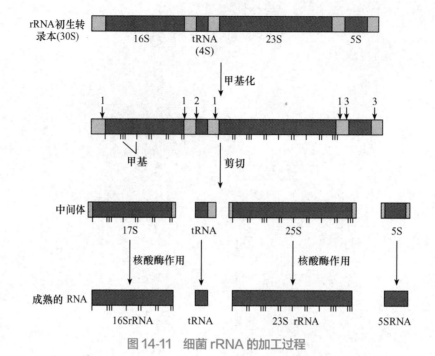

图 14-11   细菌 rRNA 的加工过程

第三节   基因转录调控

基因表达（gene expression）是指基因通过转录和翻译而产生其蛋白质产物，或转录后直接产生其 RNA 产物（如 tRNA、rRNA 等）的过程。在不同时期和不同条件下，基因表达的开或关以及基因表达速率均受到调节和控制，这种作用称基因表达调控。调控可以发生在基因表达的任何阶段，如 DNA 转录，转录后加工和翻译等阶段，其中转录水平调控是基因表达调控最重要模式。

一、原核生物转录水平的调节——操纵子学说

原核基因组中，由几个功能相关的结构基因及其调控区组成一个基因表达单位被称作操纵子（operon）。调控区由上游的启动子（promoter，P）和操纵序列（operator，O）组成。启动子是结合 RNA 聚合酶的部位，操纵区是控制 RNA 聚合酶能否通过的"开关"。在调控区的上游常存在产生阻遏蛋白的阻遏基因（repressor gene），阻遏蛋白是影响操纵区开或关的调控因素。操纵子调控模式于 1961 年由 F. Jacob 和 J. Monod 提出。

操纵子有两种类型：一类是诱导操纵子，即诱导基因，这些基因因环境中某些物质的出现而被活化。许多负责糖代谢的基因都属于这种类型。另一类是阻遏操纵子，即阻遏基因，一般情况下处于表达状态，但当其产物大量出现时即关闭，合成氨基酸的操纵子属于这一类型。

（一）乳糖操纵子

1. 乳糖操纵子的结构   乳糖操纵子（*lac* operon）由 Z、Y、A 三个结构基因及其调控区组成。乳糖操纵子结构基因区的三个基因分别编码三种酶：Z 基因编码 β- 半乳糖苷酶，可催化乳糖中 β- 半乳糖苷键的水解，以及少量乳糖转变为别乳糖；Y 基因编码通透酶，能够帮助乳糖进入细胞；A 基因编码半乳糖苷乙酰化酶，其功能至今尚不明朗。三个酶的作用使细胞能够利用乳糖作为能量来源。

阻遏基因（I）位于调控区的上游，约为 1kb，表达产生的阻遏蛋白是一种同型四聚

体蛋白质,分子量为 155kDa,可与操纵序列(O)牢固结合。调控区由启动子、操纵序列和启动子上由 CAP 结合位点组成。启动子可覆盖的区域约为 70bp,是结合 RNA 聚合酶的 DNA 序列。操纵序列位于启动子和结构基因之间,覆盖区域大约为 35bp,可结合阻遏蛋白,是 RNA 聚合酶能否通过的开关。启动子上游的 CAP 结合位点是分解代谢基因活化蛋白(catabolite gene activator protein,CAP)的结合区,CAP 的结合有利于推动 RNA 聚合酶前移作用,是一种正调控方式。

乳糖操纵子受到阻遏蛋白和 CAP 的双重调节。

2. 乳糖操纵子的负调节 无乳糖时,I 基因表达产生的阻遏蛋白可与操纵序列结合,阻挡了 RNA 聚合酶前移的通路,结构基因无法转录,因而细胞不表达上述三种酶(图 14-12a)。这是符合细菌生理功能的,在没有乳糖时不盲目生成消耗乳糖的酶类;当乳糖存在时,别乳糖本身可作为诱导物与阻遏蛋白结合,并使阻遏蛋白发生变构,使其不能与操纵区结合,导致结构基因开放,三种消耗乳糖的酶即开始表达(图 14-12b)。异丙基 -β-D- 硫代半乳糖苷(isopropyl β-D-thiogalactoside,IPTG)作为一种人造的乳糖类似物,与乳糖、别乳糖一样,可作为乳糖操纵子诱导物。

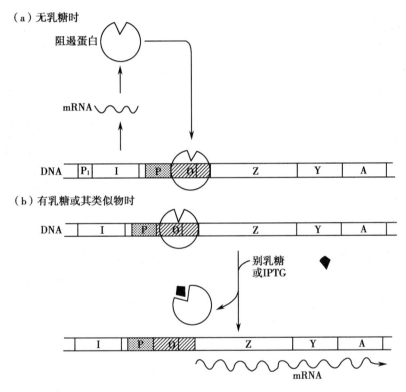

图 14-12 乳糖操纵子的负调节模式

3. 乳糖操纵子正调节 CAP 是同二聚体,属变构蛋白。在其分子内有 DNA 结合区及 cAMP 结合位点。当 cAMP 与 CAP 结合后,后者构象发生变化,对 DNA 的亲和力增强。细菌细胞内 cAMP 含量与葡萄糖的含量负相关,当培养基中缺乏葡萄糖时,cAMP 浓度增高,cAMP 与 CAP 结合,这时 CAP 结合在启动子上游的 CAP 位点,可刺激 RNA 聚合酶转录活性,使之提高 50 倍;当有葡萄糖存在时,cAMP 浓度降低,cAMP 与 CAP 结合受阻,因此操纵子表达下降。

原核转录调控中的常见激活蛋白(图片)

4. 协同调节 对乳糖操纵子来说,CAP 是正性调节因素,阻遏蛋白是负性调节因素,两种机制相辅相成、互相协调、相互制约。乳糖操纵子的负调节能很好地解释在单纯乳糖存在时,细菌是如何利用乳糖作为碳源的。然而,倘若有葡萄糖或葡萄糖 / 乳糖共同存在时,细菌首先利用葡萄糖才是最节能的。这时,葡萄糖通过降低 cAMP 浓度,阻碍 cAMP 与 CAP 结合而抑制乳糖操纵子转录,使细菌能优先利用葡萄糖。葡萄糖对乳糖操纵子的阻遏作用称为分解代谢阻遏(catabolic repression)。当葡萄糖耗尽后,cAMP浓度回升,CAP正调控开始发挥作用,此时由于存在乳糖,阻遏蛋白与O区解离,乳糖操纵子被快速开启。由此可以看出,乳糖操纵子强的诱导作用既需要乳糖存在又需要缺乏葡萄糖。乳糖操纵子协同调节机制如图14-13所示。

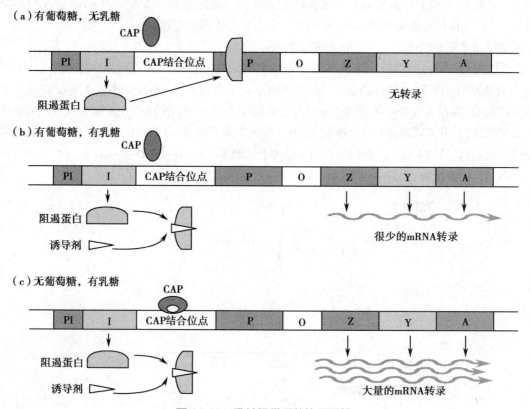

图14-13　乳糖操纵子的协同调控

乳糖操纵子
受阻遏蛋白
和CAP的双
重调节(图
片)

这种由阻遏蛋白关闭操纵子,由诱导物开放操纵子的调控方式,称可诱导的负调控。利用外源营养物质的基因多属于这种类型。因为有营养物质时,才需要利用这种营养物质的酶类,相应的基因就开放;没有这种营养物质时,没有产生这种酶的必要,基因就关闭。这符合生物进化的规律,也是一种有效的生活方式。

（二）色氨酸操纵子

色氨酸操纵子(*trp* operon)含有5个结构基因,即E、D、C、B、A基因,它们所编码的酶类催化从分支酸合成色氨酸的一系列反应。其中E、D基因共同产生邻氨基苯甲酸合成酶,C基因产物是吲哚甘油磷酸合成酶,B、A基因共同产生色氨酸合成酶。色氨酸调节基因R的产物称辅助阻遏蛋白,与乳糖操纵子不同的是,游离的阻遏蛋白不能与O区结合。因为色氨酸是细菌生长所必需的,所以通常此操纵子是开放的。

1. 阻遏蛋白介导的调控　当色氨酸浓度低或较低时,色氨酸不能与阻遏蛋白结合,游离的阻遏蛋白不能与操纵子的O序列结合,色氨酸操纵子开放,转录进行,合成色氨酸的各种酶得以表达(图14-14a)。而色氨酸过量时,色氨酸可作为辅阻遏物与辅阻遏蛋白结合并改变其构象,变构后的蛋白称阻遏蛋白,由它封闭操纵序列,使转录不再进行(图14-14b)。这实际上是基因水平上终产物的反馈抑制作用。细菌能自身合成营养物,其合成酶的基因多属于这种类型的操纵子。通过这种调节,在转录水平上停止mRNA的合成。

2. 衰减子介导的调控　色氨酸操纵子的有效关闭可通过促进已经开始转录的mRNA合成终止的方式来进一步加强,这种方式称为转录衰减(transcription attenuation)。转录与翻译的偶联是衰减调控的基础,色氨酰tRNA水平的变化是衰减调控的信号,衰减调节与前导序列*trp*L有关。

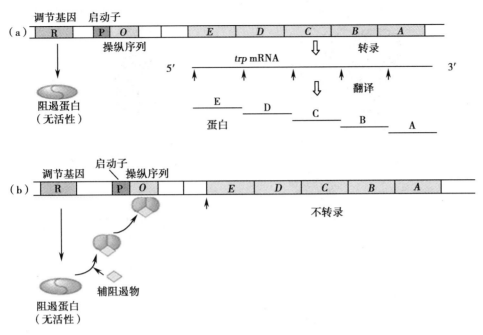

图 14-14　色氨酸操纵子阻遏蛋白的调节模式

　　*trp*L 位于结构基因 E 与 O 序列之间,长度 162bp,其中第 27~79 碱基编码由 14 个氨基酸组成的前导肽(leader peptide),前导肽中第 10、11 位的两个密码子均编码色氨酸。前导序列 *trp*L 的 mRNA 分成 4 段——序列 1、2、3、4。其中,前导肽编码区位于序列 1,而序列 3 既可与序列 2 配对又可与序列 4 配对,形成发夹结构,但只有序列 3 与序列 4 形成的是富含 G-G 的发夹结构,该发夹结构之后有 7 个连续的 U,所以是一个不依赖 ρ 因子的终止子结构,称为衰减子(attenuator)(图 14-15)。

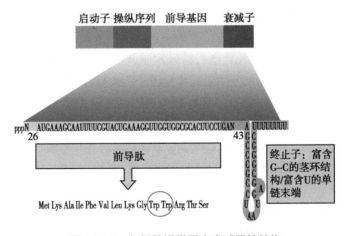

图 14-15　色氨酸操纵子中衰减子的结构

　　转录衰减的机制如图 14-16,当色氨酸浓度较低时,色氨酰 tRNA 供给不足,前导肽的翻译因色氨酸量的不足而停滞在第 10/11 的色氨酸密码子部位,核糖体结合在序列 1 上,因此前导 mRNA 倾向于形成 2/3 发夹结构,转录继续进行;当色氨酸浓度较高时,色氨酰 tRNA 供给充足,前导肽的翻译顺利完成,核糖体可以前进到序列 2,因此序列 3 和序列 4 形成衰减子结构,使得转录中途终止,表现出转录的衰减。

　　在色氨酸操纵子中,阻遏蛋白对结构基因转录的负调节起到粗调的作用,而衰减子起到精调的作用。细菌中其他氨基酸合成系统的操纵子(如 *phe*、*his*、*leu*、*thr* 等)中也有类似的衰减调控机制。

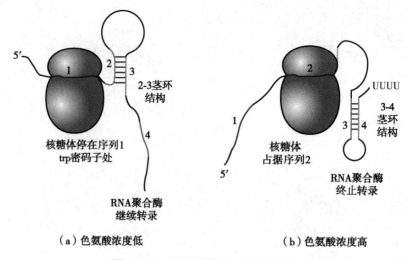

（a）色氨酸浓度低　　　　　　（b）色氨酸浓度高

图 14-16　色氨酸操纵子的衰减机制

二、真核生物转录水平的调节

真核生物基因的转录起始和转录频率是基因表达调控中的最基本过程,也是针对 RNA 聚合酶活性的调节过程。RNA 聚合酶不能直接与启动子结合,必须通过顺式作用元件、反式作用因子和 RNA 聚合酶相互作用才能启动基因的转录。转录调控是通过各种反式作用因子与其顺式作用元件相互作用来实现的。

1. 顺式作用元件　顺式作用元件(*cis*-acting element)是与相关基因同处一个 DNA 分子上,对基因转录起调控作用的一段 DNA 序列。顺式作用元件不转录任何产物,可位于基因的 5′ 上游区、3′ 下游区或基因内部。真核生物的顺式作用元件有两类,一类决定基因转录的基础频率,如启动子;另一类决定组织特异性表达或适应性表达,如增强子(enhancer)、沉默子、激素反应元件等。两类元件通过与反式作用因子的相互作用,共同调节基因的表达。通过顺式作用元件来控制基因转录的调节方式称为顺式调节。

2. 反式作用因子　与顺式作用元件进行特异性结合的蛋白因子被称为反式作用因子(*trans*-acting factor)。转录因子就是最常见的一类反式作用因子。真核细胞 RNA 聚合酶Ⅱ需要在许多转录因子的帮助下,才能结合到 DNA 上起始转录,如 TATA 结合蛋白(TBP)和多种 TBP 相关因子等。这种通过转录因子来调控基因转录的调节称为反式调节。

转录因子的研究已受到广泛重视。许多转录因子被发现具有共同的结构特征,含有相同的结构基序。根据它们的结构特征可以把转录因子分为几个家族:螺旋 - 转角 - 螺旋蛋白、亮氨酸拉链蛋白和锌指蛋白等。

（1）螺旋 - 转角 - 螺旋(helix-turn-helix, HTH)蛋白:这类蛋白质中两个 α 螺旋由短肽转折形成 120° 转角,其中一个 α 螺旋称为 "识别螺旋",其可以与靶序列 DNA 的大沟结合(图 14-17a)。如果将其中的氨基酸突变,可以影响其与靶序列 DNA 结合的亲和性。

（2）亮氨酸拉链(leucine zipper)蛋白:研究某些 DNA 结合蛋白的一级结构时发现,在其 C 末端区段,亮氨酸总是有规律地每隔 6 个氨基酸残基就出现一次。由于蛋白质的 α 螺旋每绕一周为 3.6 个氨基酸残基,故这种氨基酸序列在形成 α 螺旋时,亮氨酸必定分布于螺旋的同一侧,而且是每绕 2 周出现一次。亮氨酸是疏水性氨基酸,它含有一个疏水性侧链。如果由两组这样的 α 螺旋平行形成二聚体,其亮氨酸疏水侧链则刚好互相交错排列形成一个拉链状结构,其结构因此得名(图 14-17b)。

（3）锌指(zinc finger)蛋白:含锌的蛋白因子可能是真核细胞中最大的一类 DNA 结合蛋白。例如在转录因子ⅢA中锌被螯合在氨基酸链之中,形成锌指蛋白(图14-17c)。锌以4个配位键和4个半胱氨酸(或2个半胱氨酸和2个组氨酸)相结合,每个"指"含12~13个氨基酸,整个蛋白质可以有2~9个这样的锌指重复单位,每一个单位可以将其"指"部伸入DNA双螺旋的大沟接触5个核苷酸。

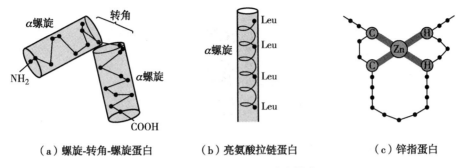

（a）螺旋-转角-螺旋蛋白　　　（b）亮氨酸拉链蛋白　　　（c）锌指蛋白

图 14-17　转录因子的结构模式

三、RNA 聚合酶与起始复合物的相互作用

存在于染色体中的DNA都结合成核小体,核小体中的蛋白质阻断了每个基因启动子的起始位点,它们在无转录因子存在时是关闭的。只有当转录因子取代了核小体上的蛋白质时,基因转录才会开始。转录因子一般有两个结合位点,一个位点结合DNA,另一个位点结合起始复合物中的其他蛋白质。这种作用可使DNA形成环状,将远处的顺式作用元件(增强子)拉到起始部位形成复合物,促进和调控基因表达,这是真核基因表达调控的环状理论模型(图14-18)。

增强子激活启动子(图片)

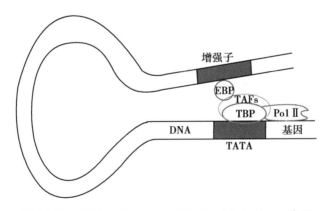

图 14-18　RNA 聚合酶与转录起始复合物的关系示意图

基因的选择性表达主要是通过反式作用因子(转录因子)、顺式作用元件和RNA聚合酶三者间相互作用而实现。β-珠蛋白基因的顺式作用元件是它的TATA盒,而与之结合的TBP只存在于红细胞,所以β-珠蛋白只能在红细胞中表达。在类固醇激素诱导的基因表达中,没有激素时细胞中作为转录因子的激素受体无活性,它不能结合DNA。当激素到达时,该转录因子被活化,并结合到顺式作用元件上使转录过程起始。

思　考　题

1. 简述原核生物 RNA 聚合酶的组成和功能。
2. 简述原核生物启动子的结构与功能。

3. 真核生物 mRNA 转录后加工都有哪几种方式？

4. 分别阐述乳糖操纵子和色氨酸操纵子的调控机制。

5. 试述真核细胞基因转录调节的方式。

第十四章
目标测试

（张　嵘）

第十五章

蛋白质生物合成

学习目标

1. **掌握** 蛋白质生物合成的概念；三种 RNA 的作用以及遗传密码的概念和特点；氨基酸的活化、肽链合成的起始、延长、终止等过程以及核糖体循环。
2. **熟悉** 原核和真核细胞肽链合成过程的差异；肽链合成后加工修饰的方式及肽链折叠过程；新生肽链的定向转运。
3. **了解** 一些药物、RNA 干扰及非编码 RNA 等对蛋白质合成的影响；自噬的概念及基本作用原理。

　　蛋白质生物合成是指将 mRNA 中的遗传信息翻译成蛋白质分子中氨基酸排列顺序的过程，也称为翻译（translation）或转译。蛋白质生物合成在细胞各种生物合成中是机制最复杂的，其合成过程不仅需要各种氨基酸作为原料，还需要 mRNA 作为合成蛋白质的"模板"、tRNA 作为氨基酸的"搬运工具"，以及核糖体作为氨基酸互相缩合成肽链的"装配机"（图 15-1）。新合成的肽链本身并没有生物活性，需要经过折叠和加工修饰过程，才能转变成有活性的蛋白质。生物合成的蛋白质还需要经过转运过程输送到特定部位，以行使其生物学功能。

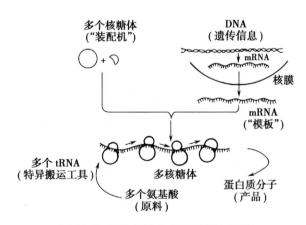

图 15-1　蛋白质生物合成的基本过程

第一节　RNA 在蛋白质生物合成中的作用

　　细胞存在着复杂的蛋白质生物合成体系，需要多种 RNA 参与，包括遗传信息模板 mRNA、运载氨基酸的 tRNA、构成核糖体的 rRNA。各种 RNA 在蛋白质生物合成中的主要作用介绍如下。

一、mRNA

1. 遗传密码及特点　mRNA 指导肽链的生物合成，决定氨基酸残基的顺序，是通过遗传密码来实现的。核酸分子中只有 4 种碱基,要为蛋白质分子的 20 种氨基酸编码,一个碱基不可能编码,两个碱基决定一个氨基酸,也只能编码 16 种氨基酸,如果是三个碱基决定一个氨基酸,就可以编码 64 种氨基酸($4^3 = 64$),这是编码氨基酸所需要碱基的最低数目。通过大量实验证明:沿着 mRNA 5′→3′的方向,每三个相邻的碱基组成一个遗传密码子(genetic codon),也称为三联密码子,每个密码子编码一种氨基酸(表 15-1)。密码子表的 64 种密码子中,AUG 编码 Met,同时也是肽链合成的起始密码(initiation codon);UAA、UAG、UGA 这三个密码子是肽链合成的终止密码(stop codon),当肽链合成到此位置时,肽链合成宣告结束。

表 15-1　遗传密码表

第一位 (5′端)	第二位				第三位 (3′端)
	U	C	A	G	
U	UUU 苯丙氨酸	UCU 丝氨酸	UAU 酪氨酸	UGU 半胱氨酸	U
	UUC 苯丙氨酸	UCC 丝氨酸	UAC 酪氨酸	UGC 半胱氨酸	C
	UUA 亮氨酸	UCA 丝氨酸	UAA 终止密码	UGA 终止密码	A
	UUG 亮氨酸	UCG 丝氨酸	UAG 终止密码	UGG 色氨酸	G
C	CUU 亮氨酸	CCU 脯氨酸	CAU 组氨酸	CGU 精氨酸	U
	CUC 亮氨酸	CCC 脯氨酸	CAC 组氨酸	CGC 精氨酸	C
	CUA 亮氨酸	CCA 脯氨酸	CAA 谷氨酰胺	CGA 精氨酸	A
	CUG 亮氨酸	CCG 脯氨酸	CAG 谷氨酰胺	CGG 精氨酸	G
A	AUU 异亮氨酸	ACU 苏氨酸	AAU 天冬酰胺	AGU 丝氨酸	U
	AUC 异亮氨酸	ACC 苏氨酸	AAC 天冬酰胺	AGC 丝氨酸	C
	AUA 异亮氨酸	ACA 苏氨酸	AAA 赖氨酸	AGA 精氨酸	A
	AUG* 甲硫氨酸	ACG 苏氨酸	AAG 赖氨酸	AGG 精氨酸	G
G	GUU 缬氨酸	GCU 丙氨酸	GAU 天冬氨酸	GGU 甘氨酸	U
	GUC 缬氨酸	GCC 丙氨酸	GAC 天冬氨酸	GGC 甘氨酸	C
	GUA 缬氨酸	GCA 丙氨酸	GAA 谷氨酸	GGA 甘氨酸	A
	GUG 缬氨酸	GCG 丙氨酸	GAG 谷氨酸	GGG 甘氨酸	G

注:*AUG 为起始密码

　　从原核生物到真核生物,目前所发现的遗传密码具有几个重要特点。

　　(1)连续性:两个密码子之间既无间断也无交叉,没有任何"标点"等信息将其隔开,肽链合成时,从 mRNA 上起始 AUG 开始,按照 5′→3′方向连续不断的一个密码子接一个密码子,进行编码,直到终止密码子结束,这就是遗传密码的连续性。如果在 mRNA 的编码区中,插入 1~2 个或缺失 1~2 个碱基,则此碱基以后区域内的编码结果发生改变,这种情况称为移码(frame shift),由移码引起的突变称移码突变(frameshift mutation)。移码突变会造成下游翻译产物氨基酸序列的改变。

　　(2)简并性:同一种氨基酸有两个或多个密码子的现象称密码子的简并性(degeneracy)。64 种密码子中,除三个终止密码子外,余下 61 个密码子可以编码 20 种氨基酸,因此,一个氨基酸的密码子可以有一个或最多六个。仅有一个密码子的氨基酸为 Met 和 Trp;有两个密码子的为 Asn、Asp、Cys、Gln、Glu、His、Lys、Phe 和 Tyr;有三个密码子的氨基酸是 Ile;有四个密码子的氨基酸包括 Gly、Ala、Thr 和 Val;有六个密码子的氨基酸是 Arg、Leu 和 Ser。对应于同一种氨基酸的不同密码子称同义密码子(synonymous codon)。不同生物在翻译中,对同一氨基酸的几组密码,可表现出优先选择使用某些密码的特性,即对密码子的"偏爱性"。

（3）摆动性:转运氨基酸的 tRNA 的反密码子的第一位碱基与 mRNA 上的密码子的第三位碱基配对时,有时会出现不遵从碱基配对规则的现象,称为遗传密码的摆动性(wobble)。在 tRNA 反密码子中除 A、U、G、C 四种碱基外,还经常在第一位出现次黄嘌呤(I)。次黄嘌呤的特点是可以与 U、A、C 三者之间形成碱基配对,这就使得带有次黄嘌呤的反密码子,可以识别更多的简并密码子。

$$
\begin{array}{llll}
 & & 3\ 2\ 1 & 3\ 2\ 1 & 3\ 2\ 1 \\
\text{反密码子} & (3') & \text{G—C—I} & \text{G—C—I} & \text{G—C—I}\ (5') \\
\text{密码子} & (5') & \text{C\ G\ A} & \text{C\ G\ U} & \text{C\ G\ C}\ (3') \\
 & & 1\ 2\ 3 & 1\ 2\ 3 & 1\ 2\ 3
\end{array}
$$

反密码子中的 U 可以和密码子中的 A 或 G 配对;G 可以和 U 或 C 配对。由于摆动性的存在,细胞内只需要 32 种 tRNA,就能识别 61 个编码氨基酸的密码子。密码子与反密码子配对规则如表 15-2 所示。

表 15-2　反密码与密码碱基配对规则

tRNA 反密码子第一碱基	A	C	G	U	I
mRNA 密码子第三碱基	U	G	C、U	A、G	A、C、U

密码子的专一性基本上取决于前两位碱基,第三位碱基起的作用有限。因此,几乎所有氨基酸的密码子都可以用 N_1N_2(U/C)和 N_1N_2(A/G)来表示。摆动配对的碱基间形成的是特异、低键能的氢键,有利于翻译时 tRNA 迅速与 mRNA 分离。

（4）通用性:不论高等或低等生物,从细菌到人类都拥有一套共同的遗传密码,这种现象称遗传密码的通用性(universal)。但在某些低等生物中遗传密码存在改变,在真核生物细胞器中也存在这种现象,目前研究已发现线粒体的编码方式与通常遗传密码有所不同。脊椎动物线粒体的特殊摆动性,使其 22 种 tRNA 就能识别全部氨基酸密码子,而正常情况下至少需要 32 种 tRNA。如在线粒体的遗传密码中,AUA、AUG、AUU 为起始密码,AUA 也可为甲硫氨酸密码子,UGA 为色氨酸密码子,AGA、AGG 为终止密码等。遗传密码的通用性进一步证明各种生物进化自同一祖先。

2. 阅读框架　mRNA 从 5′端到起始密码子 AUG 之前的序列称 5′端非翻译区(5′ untranslated region, 5′ UTR),其中含有调控翻译的序列;从起始密码子到终止密码子间的区域称为编码区,也称开放阅读框(open reading frame, ORF),此区域的密码子编码肽链的氨基酸残基序列,也就是肽链的合成是从起始密码子开始,到终止密码子结束;从终止密码子之后到 3′端区域称 3′端非翻译区(3′ untranslated region, 3′ UTR)。mRNA 在所有细胞内执行着相同的功能,即通过开放阅读框的三联体密码,在核糖体上指导肽链的生物合成(图 15-2)。

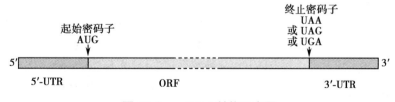

图 15-2　mRNA 结构示意图

原核生物的 mRNA 通常在 5′端区(也可以在任何区域)起始密码子 AUG 的上游 10 个碱基左右的位置,含有一段富含嘌呤碱基的保守序列(AGGAGGU),称 SD 序列(Shine-Dalgarno sequence),是翻译起始时固定核糖体小亚基的重要信号序列(图 15-3)。

原核生物 mRNA 的转录和翻译过程几乎是同时进行的,蛋白质合成往往在 mRNA 一开始转录就被引发(图 15-4)。

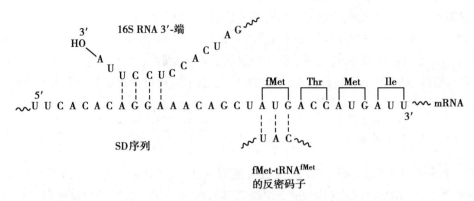

图 15-3　原核生物 mRNA 的 SD 序列

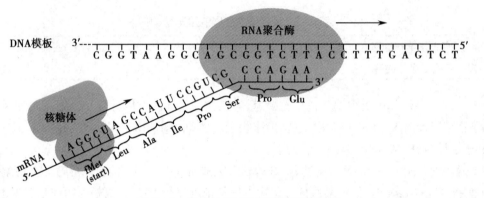

图 15-4　原核生物中的转录与翻译过程

　　真核细胞 mRNA 的最大特点在于它往往以一个相对分子量较大的前体 RNA（pre-mRNA）或称核内不均一 RNA（hnRNA）的形式在细胞核内被合成，经转录后修饰为成熟 mRNA 后，转运至细胞质，参与蛋白质合成。所以，真核细胞的蛋白质合成与 mRNA 的转录过程在时间和空间上是分开的。真核细胞 mRNA 的 5′- 帽子结构与蛋白质合成的正确起始作用有关，协助核糖体与 mRNA 相结合，使翻译在 AUG 起始密码子处开始。mRNA 的 3′-poly（A）尾不仅与其从细胞核到细胞质的转移有关，也与其半衰期有关。

二、tRNA

　　肽链合成过程中，mRNA 的开放阅读框序列是肽链合成的模板，但氨基酸本身并不识别 mRNA 上的密码子，需要 tRNA 上的反密码子与 mRNA 上的密码子相互匹配从而互相识别。tRNA 主要作用就是携带氨基酸和识别 mRNA 的密码子，作为蛋白质生物合成的接合体。氨基酸与特定 tRNA 分子的结合，是由氨基酰 -tRNA 合成酶、氨基酸结构和 tRNA 结构三者共同决定的，结合后写作 AA-tRNAaa。一种氨基酸可以和 2~3 种 tRNA 特异地结合，目前已发现 40~50 种 tRNA。其中一类 tRNA 能特异识别 mRNA 模板上的起始密码子叫作起始 tRNA，其他 tRNA 统称为延伸 tRNA。通常原核生物起始 tRNA 携带甲酰甲硫氨酸（fMet），写作 tRNA^{fMet}，真核生物起始 tRNA 携带甲硫氨酸（Met），极个别物种或细胞器中存在改变的特例。原核生物中 Met-tRNA^{fMet} 必须先甲酰基化生成 fMet-tRNA^{fMet} 才有功能，甲酰基的供体是 N^{10}- 甲酰四氢叶酸。甲酰甲硫氨酸（fMet）结构如图 15-5 所示。

图 15-5　甲酰甲硫氨酸（fMet）结构

三、rRNA

核糖体由大小两个亚基组成,每种亚基包含一个或几个 rRNA 以及许多功能不同的蛋白质分子,rRNA 在核糖体中具有重要的作用。

原核生物核糖体中有 3 种 rRNA:16S rRNA 存在于小亚基中;5S rRNA 和 23S rRNA 存在于大亚基中(图 15-6)。5S rRNA 有两个高度保守的区域,一个与 tRNA 分子 TΨC 环上的 GTΨCG 序列相互识别;另一个与 23S rRNA 一段序列互补。16S rRNA 3′端的保守序列(ACCUCCUUA)通过与 mRNA 的 SD 序列互补,实现翻译起始的定位;邻近 3′端处还有一段与 23S rRNA 互补的序列,在大小亚基结合中起作用。23S rRNA 存在一段能与起始 tRNA 互补的序列片段,参与起始 tRNA 的结合。此外,也有与 5S rRNA 结合的互补序列。

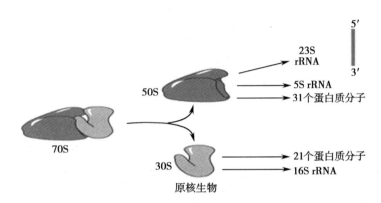

图 15-6　原核生物核糖体

真核生物核糖体中有 4 种 rRNA:18S rRNA 存在于小亚基中;5S rRNA 和 28S rRNA 存在于大亚基中;在哺乳类生物的大亚基中还有 5.8S rRNA。5.8S rRNA 是真核细胞核糖体大亚基所特有的,含有与原核生物 5S rRNA 的保守序列(CGAAC)相同的序列片段,可与 tRNA 相互识别。也就是说,真核细胞 5.8S RNA 与原核生物 5S RNA 具有相似的功能(图 15-7)。真核生物线粒体具有独立的核糖体,结构类似于细菌核糖体。

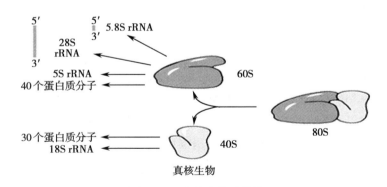

图 15-7　真核生物核糖体

细胞内,核糖体像一个能沿 mRNA 模板移动的机器,执行着肽链合成的功能,一条 mRNA 链上,一般间隔 40 个核苷酸结合有一个核糖体,因此,一条 mRNA 链上可以结合多个核糖体,同时进行多条肽链的合成,使肽链的生物合成以高效的方式进行,这种现象称为多核糖体(polysome)(图 15-8)。

核糖体颗粒在细胞内的定位直接或间接地与细胞骨架结构有关联或者与内质网膜结构相连。细菌核糖体大都通过与 mRNA 的相互作用被固定在基因组上。

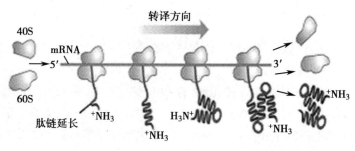

图 15-8　多核糖体

第二节　蛋白质生物合成过程

原核生物蛋白质合成过程（动画）

蛋白质合成过程可以分为四个阶段：①氨基酸的活化与转运；②肽链合成的起始；③肽链的延长；④肽链的终止。后三步均在核糖体上进行，且是一个循环过程。因此，多肽链的合成过程也称核糖体循环。

一、氨基酸的活化

肽链合成中，氨基酸不能进入核糖体，必须结合到特定 tRNA 上，才能被带到 mRNA- 核糖体复合体上，这个氨基酸活化后结合到特定 tRNA 分子上的过程称为氨基酸活化，由氨基酰 -tRNA 合成酶（aminoacyl tRNA synthetase）催化。反应过程分两步。

1. 在 Mg^{2+} 或 Mn^{2+} 参与下，由 ATP 供能，氨基酰 -tRNA 合成酶（E）接纳活化的氨基酸并形成中间复合物：

$$R-\overset{\overset{NH_2}{|}}{CH}-COOH+ATP+E \xrightarrow{Mg^{2+}} R-\overset{\overset{NH_2}{|}}{CH}-\overset{}{\underset{\underset{O}{\|}}{C}}-O-AMP\cdot E+PPi$$

2. 中间复合物与特异的 tRNA 作用，将氨基酰基从 AMP 转移到 tRNA 的氨基酸臂（即 3′ 末端 CCA—OH）上：

$$R-\overset{\overset{NH_2}{|}}{CH}-\overset{}{\underset{\underset{O}{\|}}{C}}-O-AMP\cdot E+tRNA-CCA \longrightarrow tRNA-CCA-O-\overset{}{\underset{\underset{O}{\|}}{C}}-\overset{\overset{NH_2}{|}}{HC}-R+AMP+E$$

总反应： 氨基酸+ATP+tRNA $\xrightarrow{Mg^{2+}或Mn^{2+}}$ 氨基酰-tRNA+AMP+2Pi

形成氨基酰 -tRNA 的意义有两方面：①tRNA 结合的氨基酸是活化状态，有利于在核糖体形成肽键；②tRNA 将携带的活化氨基酸转送到核糖体特定位置，通过其反密码子与 mRNA 上的密码子互相识别，将活化的氨基酸掺入到正在合成肽链的合适位置中。也就是说，氨基酰 -tRNA 的形成，不仅为肽链的合成解决了能量问题，而且还解决了专一性问题。

每一种氨基酸都有与之对应的氨基酰 -tRNA 合成酶，该酶既能够识别相应的氨基酸，又能识别与此氨基酸相对应的一个或多个 tRNA 分子。按照分子结构以及催化方式的不同氨基酰 -tRNA 合成酶可以分为 I 和 II 两类，两类氨基酰 -tRNA 合成酶都是通过 tRNA 三维结构（主要是反密码子或副密码子）以及氨基酸结构来识别双方是否是正确的对应关系，如果是，氨基酰 -tRNA 合成酶就能够使两者连接起来。许多氨基酰 -tRNA 合成酶具有校对功能，如果形成的氨基酰 -tRNA 产物不是正确的对应关系，则该酶会立刻启动校对功能活性，将上述氨基酰 -tRNA 产物水解。在氨基酰 -tRNA 合成酶双重功能的监控下，翻译过程的错误频率得以有效降低，保证了从核酸到蛋白质遗传信息传递的准确性。

两类氨基酰 -tRNA 合成酶（图片）

二、肽链合成的起始

除了特例,所有蛋白质翻译的起始均源于甲硫氨酸,而且需要一个特殊的起始 tRNA(简写 tRNAi^{Met})参与。通常,细胞中有两种 tRNA 携带甲硫氨酸,一种是 tRNA$_i^{Met}$,另一种是 tRNA^{Met}。前者参与翻译的起始过程,生成的 Met-tRNA$_i^{Met}$ 能够被起始因子所识别;后者参与翻译过程中肽链延长阶段,生成的 Met-tRNA^{Met} 能够被延伸因子所识别,将携带的甲硫氨酸掺入到正在合成的肽链之中。在原核生物中,起始 tRNA^{Met} 与 Met 结合后,会被一种甲酰化酶特异性地将所携带的 Met 的氨基甲酰化生成 fMet-tRNA^{fMet},从而确保了 fMet-tRNA^{fMet} 仅参与翻译的起始而不参与肽链的延伸过程,避免了起始 tRNA 误读开放阅读框架内的 Met 密码子。真核生物的 Met-tRNA$_i^{Met}$ 不进行这种甲酰化反应,但线粒体中的起始甲硫氨酸是甲酰化的。

肽链合成的起始需要在 mRNA 分子上准确捕获起始密码 AUG 并定位在此位置,这一过程需要核糖体小亚基、mRNA、Met-tRNA$_i^{Met}$/fMet-tRNA^{fMet} 和一些起始因子(initiation factor, IF)共同参与完成。原核生物大肠埃希菌有 3 个起始因子可以与 30S 小亚基结合,其中起始因子 3(IF-3)的功能是使核糖体解离,30S 和 50S 亚基彼此分开;起始因子 1(IF-1)和起始因子 2(IF-2)的功能,是促进 fMet-tRNA^{fMet} 和 mRNA 与 30S 小亚基的结合。真核生物中则有更多的起始因子参与。原核生物的翻译起始过程和机制如下。

1. IF-3 通过与小亚基结合而解离核糖体,也可以说,IF-3 与小亚基的结合,阻止了大亚基与小亚基的结合。

2. 在 IF-1 和 IF-2 以及 GTP 的协助下,mRNA、fMet-tRNA^{fMet}、小亚基、IF-1 和 IF-2 以及 GTP 形成一个五元起始复合物,同时 IF-3 从小亚基上解离出来;mRNA 上的 SD 序列可与小亚基 16S rRNA 3'端的一段序列特异性识别,使起始密码子 AUG 能够与 fMet-tRNA^{fMet} 的反密码子准确配对,协助翻译的起始。

3. IF-3 解离下来的结果是使 50S 大亚基能够与起始复合物的 30S 小亚基结合形成核糖体,进而使 IF-1 及 IF-2 从起始复合物上解离下来,同时结合在 IF-2 上的 GTP 也发生水解生成 GDP;原核生物的起始过程需要一分子的 GTP 水解提供能量。

4. mRNA、fMet-tRNA^{fMet} 和核糖体构成了一个可以启动翻译的三元起始复合物(图 15-9)。

虽然不同生物细胞核糖体的大小有别,但其组织结构基本相同,而且执行的功能也完全相同。原核生物的核糖体至少有 5 个活性部位:位于小亚基上的 mRNA 结合部位、位于大亚基上的 AA-tRNA 结合部位(A 位)、肽基 tRNA 结合部位(P 位)、肽键形成部位(转肽酶活性中心)和 tRNA 脱出部位(E 位)。此

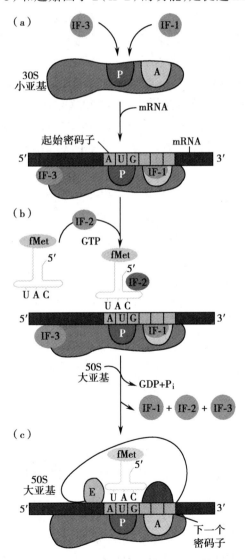

(a)小亚基与 mRNA 结合;(b)fMet-tRNA^{fMet} 的加入;(c)大亚基的结合。

图 15-9　大肠埃希菌翻译的起始

外，还有负责肽链延伸的各种延伸因子结合部位等。在上述三元起始复合物中，fMet-tRNA^{fMet} 占据核糖体的肽基 tRNA 结合部位（P 位），而 AA-tRNA 结合部位（A 位）则是空白，等待第二个 AA-tRNA 进入该部位，以便与 fMet-tRNA^{fMet} 的 fMet 进行肽链的合成。

三、肽链的延长

肽链合成的延长是指按照 mRNA 开放阅读框架的密码子排列，从 N 端向 C 端依次添加氨基酸延长肽链，直到合成终止的过程。三元起始复合物形成后，与起始密码子紧邻的下游密码子被其对应的氨基酰 -tRNA 的反密码子识别并结合进入 AA-tRNA 结合部位（A 位），肽链合成的延长反应阶段就此开始。肽链延长过程可分为三个步骤：进位、成肽和转位。每完成一次这三个步骤，就会在肽链的 C 末端加上一个氨基酸残基，故肽链的延长是一个由上述三个步骤反复循环的过程，此过程也称多核糖体循环（polysome cycle）。在肽链延长过程中，需要一些蛋白因子参与，这些蛋白因子称延长因子（elongation factor，EF）。原核生物中的延长因子有 EF-Tu、EF-Ts 和 EF-G。

1. 进位（entrance）　又称注册（registration），即与第二个密码子对应的氨基酰 -tRNA 与 EF-Tu-GTP 结合，形成二元复合物进入核糖体，氨基酰 -tRNA 被引领定位在核糖体的 A 位，此时，该氨基酰 -tRNA 的反密码子与对应 mRNA 的密码子之间呈碱基互补关系，否则，该氨基酰 -tRNA 将退出 A 位。EF-Tu 与核糖体结合后，就表现出 GTP 酶活性，将其结合的 GTP 水解成 GDP 而引起核糖体三维结构改变，同时 EF-Tu-GDP 与氨基酰 -tRNA 分开，并从核糖体上脱离下来。在细胞质，通过 EF-Ts 的参与，EF-Tu-GDP 的 GDP 被 GTP 交换，形成的 EF-Tu-GTP 准备参与另一次进位。此时，核糖体上结合着 mRNA 和两个氨基酰 -tRNA，一个在 P 位（fMet-tRNA^{fMet}），一个在 A 位（AA-tRNA^{aa}）。

2. 成肽（peptide bond formation）　位于大亚基上两个氨基酰 tRNA 结合部位附近的转肽酶（也称肽酰转移酶），将 fMet-tRNA^{fMet} 的甲酰甲硫氨酰从核糖体的 P 位转移到 A 位氨基酰 -tRNA 的氨基上形成肽键。第一个肽键形成后，核糖体的 A 位被二肽酰 -tRNA 占据，P 位被 tRNA^{fMet}（不携带 fMet）占据。

3. 转位（translocation）　在转位酶 EF-G 的催化下，由 GTP 水解提供能量，使核糖体沿着 mRNA 5′→3′ 的方向移动一个密码子的距离。结果是二肽酰 -tRNA 由核糖体的 A 位转移至 P 位，而原 P 位的 tRNA^{fMet} 经由 E 位点脱离核糖体。

当转位完成后，核糖体的 A 位是空白，等待 EF-Tu-GTP 携带氨基酰 -tRNA 进入 A 位，以便进行下一轮核糖体循环过程。这样，核糖体从 5′→3′ 方向阅读 mRNA 遗传密码，连续进行进位、成肽、转位的循环过程，每次循环从 N 端向 C 端延长一个氨基酸，直至 mRNA 上终止密码子出现，肽链合成终止（图 15-10）。

四、肽链合成的终止

在肽链合成过程中，当核糖体移动到 mRNA 上的终止密码子进入 A 位时，翻译就进入终止阶段。这一过程除了需要终止密码子外，还需要一些释放因子（release factor，RF）和核糖体释放因子（ribosome release factor，RRF）的参与（图 15-11）。

在大肠埃希菌中，由于细胞通常没有能够识别终止密码子的 tRNA，此时产生肽链合成的延宕。在延宕的过程中，核糖体 A 位就被释放因子识别，大肠埃希菌有三个释放因子，RF-1 能够识别 UAA 和 UAG，RF-2 能够识别 UAA 和 UGA，RF-3 不识别终止密码子，但能刺激另两个释放因子的活性。

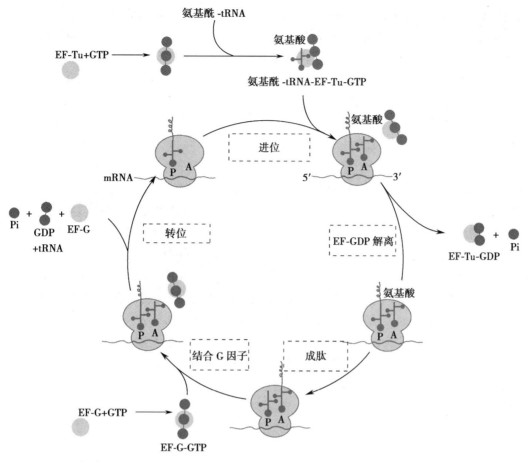

图 15-10　蛋白质合成起始后的延长过程

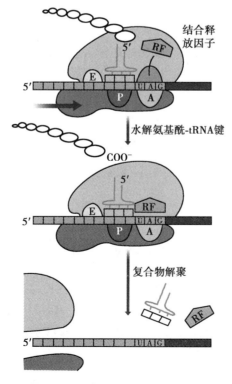

图 15-11　大肠埃希菌翻译的终止

　　释放因子识别了 A 位上的终止密码子后,改变核糖体上肽酰转移酶的属性,由肽酰转移酶活性转变为酯酶活性,将 P 位肽酰 -tRNA 的肽链 C 端酯键水解,同时释放出合成完毕的肽链。然后在 RRF 和 EF-G 的作用下,mRNA 和 tRNA 从核糖体上脱落下来。核糖体在 IF-3 的作用下解离,30S 小亚基进入另一轮肽链合成的起始过程。

五、真核细胞肽链合成

　　真核细胞蛋白质合成过程基本上与原核生物相同,但也存在一些差别,首先在真核生物的 mRNA 中,最靠近 5′ 端的 AUG 序列通常是起始密码。核糖体小亚基首先结合在 mRNA 的 5′ 端,然后向 3′ 端移动,直到起始密码子 AUG 被 tRNA$_i^{Met}$ 上的反密码子识别,这种识别需要被起始 AUG 附近的特定序列所加强。如果没有这种特定序列,40S 小亚基将不识别该 AUG,而是继续向 3′ 端移动,直到识别到含有这种特定序列的 AUG 时,才开始翻译的起始。除此之外的差别还有:①参与翻译的起始因子(eIF)较多;②形成三元起始复合物的氨基酸是甲硫氨酸,而不是甲酰化甲硫氨酸;③形成起始复合物的机制不同,首先是帽子结合蛋白与 mRNA 的帽子结合,在 eIF-2 和其他起始因子参与下,Met-tRNA$_i^{Met}$、40S 小亚基与 mRNA 的 5′ 末端形成起始复合物,然后由 ATP 供给能量,复合物向下游移动直到识别到起始密码子 AUG,此时 60S 大亚基才加入复合物,完成起始复合物的形成;④原核生物的 mRNA 为多顺反子,有多少个 SD 序列,就有多少个起始位点,而真核生物的 mRNA 多为单顺反子;⑤原核生物的延长因子 EF-Tu、EF-Ts 和 EF-G,分别对应真核生物延长因子 eEF1A、eEF1B 和 eEF2;⑥绝大多数真核生物只有一个释放因子 eRF1,可识别全部终止密码子;少部分真核生物含有释放因子 eRF3,帮助 eRF1 及新生肽链从核糖体上脱落。真核生物与原核生物蛋白合成主要异同点归纳如下表(表 15-3)。

表 15-3　真核与原核蛋白质生物合成过程的比较

	真核生物	原核生物
遗传密码	相同	相同
翻译体系	相似	相似
转录与翻译	不偶联	偶联
起始因子	多,起始复杂	少
mRNA	帽子、尾巴、单顺反子	SD 序列、多顺反子
核糖体	80S	70S
起始 tRNA	Met-tRNA$_i^{Met}$	fMet-tRNA^{fMet}
起始阶段	9~10 种 eIFs, ATP	3 种 IFs, ATP, GTP
延长阶段	eEF1, eEF2	EF-Tu, EF-Ts, EF-G
终止阶段	1 种 eRF	3 种 RF-1, RF-2, RF-3

第三节　肽链合成后的加工修饰与转运

　　从核糖体释放出来的新合成多肽链一般不具有生物学活性,必须经过复杂的加工过程才能转变为具有天然空间结构的活性蛋白质。翻译后加工包括肽链一级结构的修饰、多肽链的折叠、亚基聚合和辅基连接等。在真核生物细胞质合成的蛋白质还需要输送到特定部位发挥生物作用。

一、多肽链的修饰

　　1. 多肽链 N 端的修饰　　蛋白质合成过程都是以甲酰化甲硫氨酸或甲硫氨酸为起始氨基酸的,

但是,实际上天然蛋白质多数没有这样的 N 端。细胞内脱甲酰基酶和氨基肽酶可以除去 *N*- 甲酰基或 N 端氨基酸,这一过程大多在新生肽链露出核糖体时即已发生。

2. 多肽链的水解修饰　某些前体蛋白质需要经蛋白酶水解切除部分肽段生成有活性的蛋白质,如胰岛素原经酶解加工成为有活性的胰岛素。某些大分子多肽前体可以水解生成数种小分子活性肽类,如含有 256 个氨基酸的阿黑皮素原(proopiomelanocortin, POMC)可以被水解生成促肾上腺皮质激素(ACTH)(39 肽)、β- 促黑激素(β-MSH)(18 肽)、β- 内啡肽(11 肽)和 β- 脂酸释放激素等活性物质(图 15-12)。

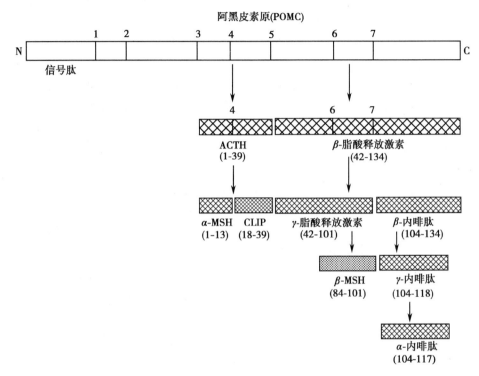

图 15-12　阿黑皮素原的水解加工

3. 个别氨基酸的共价修饰　在蛋白质生物合成水平上能够直接加入的氨基酸通常是 20 种,可实际存在于蛋白质中的氨基酸种类要超过 20 种,原因之一就是个别氨基酸可以发生共价修饰。如胶原蛋白中的羟赖氨酸和羟脯氨酸,两个半胱氨酸形成二硫键,还有氨基酸残基的甲基化、乙酰化修饰,丝氨酸、苏氨酸和酪氨酸的磷酸化修饰等。氨基酸的共价修饰是肽链合成后特异加工产生的,许多蛋白质的生物功能依赖于这些翻译后修饰。

4. 多肽链的糖基化修饰　糖基化修饰是指氨基酸残基与低聚糖分子利用糖苷键相结合,是体内一类广泛存在的翻译后化学修饰过程,主要发生在真核生物的细胞质膜蛋白或者分泌蛋白上,部分原核生物中也存在。被糖基化修饰的氨基酸残基主要有天冬酰胺和丝氨酸 / 苏氨酸,当被修饰的残基是天冬酰胺时,糖基连接在天冬酰胺侧链的酰胺基的氮原子上,称为 N 型糖基化(*N*-glycosylation);当被修饰的残基是丝氨酸 / 苏氨酸时,糖基是连接在侧链羟基的氧原子上,称为 O 型糖基化(*O*-glycosylation)。在这些蛋白质中所加上的糖基大多是寡糖基,参与寡糖基形成的单糖主要包括葡萄糖、半乳糖、甘露糖、*N*- 乙酰半乳糖胺、*N*- 乙酰葡萄糖胺等。

二、多肽链的折叠

虽然蛋白质的一级结构决定了其高级结构,但是蛋白质生物合成时,多肽链需要正确折叠形成天然空间构象才能成为有功能的蛋白质,所以多肽链的正确折叠对于其生物功能至关重要。蛋白质在合成的过程中是一边合成一边折叠的,参与蛋白质正确折叠的因子主要有两类:一类是酶,另一类是分子伴侣。

1. 参与蛋白质折叠的酶类

(1)蛋白质二硫键异构酶(protein disulfide isomerase, PDI):多肽链内或多肽链间二硫键的正确形成对稳定蛋白质的天然构象十分重要。当多肽链中有许多半胱氨酸时,形成的二硫键可能发生连接错误,如不纠正就会使形成的蛋白质出现错误构型。PDI 可以使错误连接的二硫键断裂,再形成正确连接的二硫键,这一过程主要在真核细胞内质网中进行。

(2)肽基脯氨酰顺反异构酶(peptide-prolyl cis-trans isomerase, PPI):脯氨酸是结构相对刚性的亚氨基酸,肽链中出现脯氨酸时,其所形成的肽键就可能形成顺式或反式两种异构体。PPI 可以改变脯氨酸的构型,促使上述两种异构体之间的转换,以保证整个蛋白质分子呈现正确的构型。天然蛋白肽链中肽酰-脯氨酸间的肽键绝大部分是反式构型,利于多肽链在脯氨酸弯折处形成准确折叠。

2. 分子伴侣(molecular chaperone)

分子伴侣是细胞中可识别肽链的非天然构象,促进并修正各功能域和整体蛋白质正确折叠的一类特殊蛋白质。分子伴侣本身不是最终产物的组成成分,它们在细胞中的功能表现在两方面:一方面是防止新生肽链错误的折叠和聚合;另一方面是帮助或促进这些肽链快速地折叠成正确的三维结构,并成熟为具有完整结构和功能的蛋白质。分子伴侣的作用机制有以下特点:①分子伴侣是细胞内绝大多数蛋白质正确折叠所必需的,没有分子伴侣的参与,虽然蛋白质也可以折叠,但无法形成有正常生理功能的空间结构;②分子伴侣所参与的蛋白质折叠特异性不强或不具有特异性,即一种分子伴侣可以参与很多蛋白质的折叠;③分子伴侣与其作用的多肽链在结构和编码的基因上无直接联系;④分子伴侣的作用机制可能主要是通过疏水序列而识别、伸展多肽链的肽骨架部分;⑤已发现许多分子伴侣具有 ATP 酶的活性,这可能意味着分子伴侣在与非折叠状态的多肽链结合后,可利用内在的 ATP 酶水解 ATP,从而有利于自身的释放。分子伴侣蛋白质种类很多,其中被研究最多的是:热休克蛋白(heat shock protein, HSP)和伴侣素(chaperonins)等。

分子伴侣概念的补充(拓展阅读)

(1)热休克蛋白:属于应激反应性蛋白,高温或其他刺激因素(如缺氧、感染等)可诱导该蛋白合成,根据同源性及分子量大小,主要分为 Hsp70、Hsp90、Hsp40 等家族,各种生物都有相应的同源蛋白,热休克蛋白本身具有多种生物学功能。如 Hsp70 家族,该家族成员的相对分子量约为 70kDa,分子组成上有两个结构域,一个是 N 端核苷酸结合结构域,序列高度保守且具有 ATP 酶(ATPase)活性,另一个是 C 端的肽链结合结构域,两个结构域之间为柔性连接肽段。Hsp70 能够识别并结合新生肽链中富含疏水性氨基酸的片段,保持肽链在折叠发生之前呈伸展状态,避免多肽链内或多肽链之间因疏水基团的相互作用而发生错误折叠与聚合。折叠发生时,Hsp70 利用其 ATP 酶活性催化 ATP 释放能量驱动折叠并随后与肽链解离,Hsp70 通过与新生肽链依次结合、解离的循环,最终介导多肽链完成正确折叠。一旦合成完毕,多肽链就从 Hsp70 上释放下来并进一步调整折叠成天然状态。Hsp70 不仅在热应激中发挥作用,在正常的细胞程序,如多肽的折叠、装配、跨膜和降解等过程中,同样承担分子伴侣的作用。

(2)伴侣素:伴侣素是分子伴侣的另一大类,如大肠埃希菌的 GroEL、GroES(真核生物中同源物为 Hsp60、Hsp10)和 TriC 等家族,主要作用是为非自发性折叠蛋白质提供能折叠形成天然构象的微环境。如图 15-13 所示,约有 85% 的蛋白质能够自发折叠或者在 Hsp70 等热休克蛋白的帮助下折叠,还有约 15% 的蛋白质需要热休克蛋白和伴侣素的共同作用才能完成正确折叠。大肠埃希菌中的伴侣素主要是 GroES-GroEL 复合体,GroEL 由 14 个分子量为 60kDa 的相同亚基组成,7 个亚基为 1 组形成圆环状 7 聚体,2 组圆环状 7 聚体组成一个圆筒形结构;GroES 也是一个 7 聚体,每个亚基的分子量为 10kDa,聚合物的形状像一个能够覆盖在 GroEL 圆筒形结构上的盖子。GroEL 圆筒形结构有一个中空区域,未折叠的多肽链进入这个中空区域,经过多次的结合和解离使多肽链得到正确折叠。每一次的结合与解离都需要 ATP 供能,GroES 的作用是瞬时封闭圆筒形结构的空腔,造成一个有利于肽链折叠的微环境。

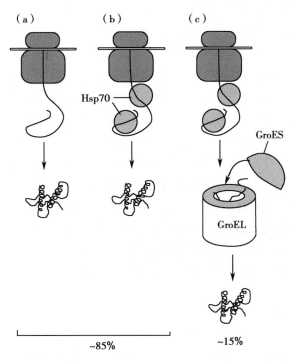

（a）蛋白质折叠的自发模式；（b）只有热休克蛋白帮
助的蛋白质折叠模式；（c）约有 15% 的蛋白质需要
热休克蛋白和伴侣素的共同作用才能完成正确折叠。

图 15-13　蛋白质折叠的三种途径

　　蛋白质的正确折叠具有重要的生物学意义。许多遗传性疾病或基因突变疾病实际上是由于蛋白质多肽链的错误折叠引起的，属于"折叠病（fold diseases）"。荣获 1997 年诺贝尔化学奖的美国生物化学家 S. B. Prusiner 发现了一类只有蛋白质而没有核酸的病原体——朊病毒（prion）。朊病毒蛋白是人和动物细胞中正常的基因编码产物，但如果该蛋白的正常空间结构发生了改变，能引起一类致命的神经退化性疾病，疯牛病即与此有关。朊病毒蛋白能复制，少量的朊病毒蛋白可促进较多的正常蛋白通过改变折叠方式变成朊病毒蛋白，因此具有很强的传染性，且不具备免疫原性，耐高温和杀菌剂，是一种危害性很大的病原体。

三、亚基聚合和辅基连接

　　新生肽链不仅要折叠形成正确的空间构象，有些还要经过空间结构的修饰，才能成为具有全部功能的蛋白质。

　　1. 亚基聚合　三级结构是蛋白质拥有生物活性的最基本结构，有些蛋白质还拥有由亚基聚合成的四级结构。如乳酸脱氢酶由四个亚基组成，亚基分为 M 型和 H 型两种，来自骨骼肌的乳酸脱氢酶 M 型比例较高，而来自心肌的乳酸脱氢酶 H 型亚基比例较高。又如血红蛋白也是由四个亚基组成的，亚基也有两种，不同的是所有的血红蛋白都是由两个 α 亚基和两个 β 亚基组成的。这种亚基聚合的信息蕴含在氨基酸序列中，按照一定的顺序完成亚基的聚合。

　　2. 辅基连接　很多蛋白质合成后需要结合相应的辅基，才能成为有功能活性的蛋白质。根据是否有辅基，蛋白质可以分为单纯蛋白质和结合蛋白质。单纯蛋白质只由氨基酸组成；结合蛋白质除了氨基酸以外还含有非蛋白成分，如糖蛋白的糖链、血红蛋白的血红素等，只有当这些非蛋白组分连接上去后才能形成完整的蛋白质分子。

四、蛋白质合成后的转运

核糖体上新合成的肽链需要被送往并定位在细胞的特定部位,以行使各自的生物学功能。大肠埃希菌新合成的肽链,一部分就滞留在细胞质中行使其功能,一部分则被转运至质膜、外膜或质膜与外膜之间的空隙,有的也可分泌到细胞外。真核细胞中新合成的肽链,往往被输送至溶酶体、线粒体、叶绿体、细胞核等细胞器中,有的最终定位在生物膜上(膜的内外侧或膜中),有的分泌到细胞外。细胞内新合成肽链的转运是有目的并定向进行的,不论蛋白质被送往何处,都是由蛋白质本身的结构所决定。

尽管蛋白质转运系统非常复杂,但有着一个比较简单的模式实现转运。每个需要转运的肽链都含有一段氨基酸序列,引导该肽链被输送至不同的转运系统,这一段氨基酸序列称信号肽(signal peptide)或导肽(leader peptide)。信号肽序列通常位于被转运肽链的 N 端,长度在 10~40 个氨基酸残基范围,由三部分组成。氨基端碱性区:含有一个或多个带正荷电的氨基酸残基;中部疏水核心区:长度为 10~15 个氨基酸残基,主要由疏水性氨基酸残基组成,这些氨基酸残基 R 侧链的疏水性是高度保守的,如果其中某个被极性氨基酸残基替换,信号肽即失去其功能;羧基端加工区:有一个信号肽酶识别切割位点,位点上游常有 5 个氨基酸残基的疏水性肽段,切点前后常常是一类小侧链氨基酸,信号肽可以在肽链转运过程中被信号肽酶切掉。有些蛋白质的信号肽位于肽链的中部,但不论其位置处于何处,功能都是相同的。

对于一种蛋白质,这些引导肽序列就决定了该蛋白质在细胞的最后归宿。真核细胞中有一部分核糖体是以游离状态存在的,这类核糖体只合成供线粒体或叶绿体膜装配的蛋白质;另一部分核糖体,由新合成肽链 N 端的信号肽控制而与内质网结合,使滑面内质网变成粗面内质网,粗面内质网核糖体合成三类主要蛋白质:溶酶体蛋白、分泌到细胞外的蛋白和构成质膜骨架的蛋白。

这些在真核细胞粗面内质网核糖体上合成的肽链,其 N 端的信号肽部分可以被一种复合体识别,该复合体由六种多肽分子结合一个 7S RNA 组成,称为信号识别颗粒(signal recognition particle, SRP)。SRP 有两个功能域,一个识别信号肽,另一个干扰氨基酰 -tRNA 与肽酰转移酶的反应,以延缓核糖体的肽链延伸过程。新生肽链合成几十个氨基酸残基后,其 N 端信号肽即可与 SRP 结合,随后核糖体肽链的延伸作用暂时被停顿(或延伸速度大大减低),进而 SRP- 新生肽链 - 核糖体复合体由 SRP 引导,移动到内质网上,与内质网膜上的 SRP 受体识别结合。在 SRP 受体的作用下,带有新生肽链的核糖体被送入多肽移位装置,核糖体大亚基与内质网膜上的核糖体受体结合,新生肽链经肽转位复合体进入内质网腔,SRP 被释放到细胞质中,此时,核糖体肽链的延伸重新开始(图 15-14)。

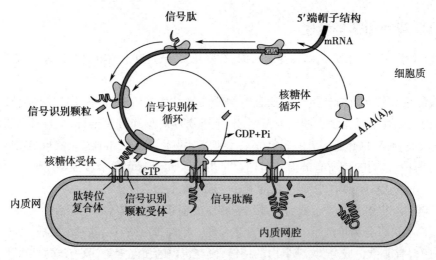

图 15-14　信号肽引导真核分泌蛋白进入内质网

1. **分泌型蛋白的转运** 真核生物分泌蛋白、膜整合蛋白和溶酶体蛋白的转运,首先如上所述,利用新生肽链 N 端的信号肽将正在合成的肽链引导插入内质网腔,随后信号肽被腔内的信号肽酶切除并迅速降解。肽链在内质网腔中被一系列相关酶和酶系加工修饰,产生折叠、形成二硫键或糖基化;随后被膜包装进入分泌小泡转运至高尔基体,这些分泌小泡可以转移、融合到细胞其他部位或分泌出细胞。

高尔基体主要有两方面功能:一是对糖蛋白上的寡聚糖链进一步修饰与调整;二是将各种蛋白进行分类并送往溶酶体、分泌粒和质膜等目的地。如最终定位在溶酶体的酶类,由于这些酶类在内质网中结合了甘露糖 -6- 磷酸(mannose 6-phosphate, M6P),随后形成的分泌小泡可被反面高尔基体膜上的 M6P 受体识别,从而将这些酶分选出来并经过一系列的包装传递最终进入溶酶体。因此,甘露糖 -6- 磷酸是一种导向溶酶体的标志,但对分泌蛋白与质膜蛋白却并不起导向作用。

2. **细胞器和核蛋白的转运** 线粒体和叶绿体的大部分蛋白质都是由细胞核基因组 DNA 编码的,在细胞质内由游离核糖体合成这些蛋白质,并转运到这些细胞器中。

线粒体外膜蛋白的 N 端上有一段肽链,称线粒体定向肽。定向肽的作用与信号肽类似,通过与线粒体外膜上的相应位点识别,将该蛋白转运到外膜上。定位在线粒体内膜和膜间隙蛋白的转运较为复杂。而定位在线粒体基质的蛋白质则首先通过定向肽识别并结合到线粒体外膜的受体上,再利用由线粒体外膜转运体和内膜转运体共同组成的跨膜通道进入基质;为了通过线粒体膜,需要借助肽链结合蛋白的帮助,进行新生肽链的去折叠和跨膜;跨膜之后蛋白质前体的信号序列被蛋白酶切除,并在分子伴侣作用下折叠成为有功能的蛋白质。如细胞色素 c_1 的转运,其前体蛋白的 N 端有两个信号肽,第一个信号肽被线粒体外膜上的受体蛋白识别,引导新生肽链至膜上的跨膜通道并得以进入线粒体内的基质中,此时第一个信号肽被切除;随后,第二个信号肽通过与第一个信号肽相似的方式,携带肽链穿过内膜,第二个信号肽被切除,细胞色素 c_1 折叠成天然结构,并与血红素分子结合形成功能蛋白。

细胞核内参与复制、转录、基因表达调控的相关酶和各种蛋白因子,都是在细胞质合成后再转运到细胞核的。在这些转运蛋白的分子中含有特异的信号序列,称核定位序列(nuclear localization sequence, NLS)。NLS 可以存在于肽链的不同部位,因此,NLS 在蛋白质转运后不被切除。细胞质新生肽链合成后,首先与核输入因子结合,并被导向核膜上的核孔;在相关蛋白因子的参与下,由 GTP 水解提供能量,转运蛋白与核输入因子形成的复合物穿过核孔,从而实现蛋白质的核转运。表 15-4 列出了部分靶向转运的蛋白质的信号序列或成分。

表 15-4 靶向转运的蛋白质的信号序列或成分

靶向转运的蛋白	信号序列或成分
分泌蛋白	N 端信号肽
内质网腔蛋白	N 端信号肽,C 端 -Lys-Asp-Glu-Leu-COO⁻(KDEL 序列)
线粒体蛋白	N 端信号序列(20~35 氨基酸残基)
核蛋白	核定位序列(-Pro-Pro-Lys-Lys-Lys-Arg-Lys-Val-, SV40 T 抗原)
过氧化物酶体蛋白	C 端 -Ser-Lys-Leu-(SKL)序列
溶酶体蛋白	M6P(甘露糖 -6- 磷酸)

五、蛋白质合成及降解的影响因素

机体对蛋白质的生物合成有着严密的调控机制,尤其在真核生物中,翻译水平的调节是整体基因表达调控的重要环节之一,特别是针对异常蛋白等的降解调节,对于维持细胞的正常生理环境具有重要意义。另外,蛋白质生物合成过程中的许多环节可以作为药物和毒素的作用靶点。药物等干扰因素通过调节蛋白质翻译体系中某些特定组分的功能,影响蛋白质的合成。根据原核生物与真核生物在蛋白质合成体系中的差异,如核糖体的大小组成、参与的酶和蛋白因子的区别等,设计和筛选仅特异性抑制病原微生物的蛋白质合成,而对真核生物蛋白合成无影响的药物,获得靶向性杀灭病原微生物的治疗效果。

（一）一些干扰或抑制翻译过程的抗生素和生物活性物质

1. 抗生素　抗生素(antibiotic)是一类来源于微生物或化学合成的能杀灭或抑制病原微生物的药物,部分抗生素是通过专一性阻断病原体的蛋白质生物合成过程而起效的。不同抗生素抑制翻译过程的机制和作用位点不同,常用抗生物中,氯霉素、林可霉素、稀疏霉素等抑制大亚基上的肽酰转移酶活性,从而抑制转肽反应;红霉素通过与大亚基结合而抑制移位反应;黄色霉素阻止 EF-Tu-GDP 与核糖体解离,抑制进位反应;四环素则抑制起始氨基酰 -tRNA 与小亚基结合;链霉素同样结合于小亚基,阻止起始复合物形成并导致 mRNA 误读,抑制起始反应。少数抗生素对原核、真核生物翻译过程均有干扰作用。如嘌呤霉素能同时抑制原核生物和真核生物的蛋白质生物合成,故不宜作为抗菌药物,只作为抗肿瘤药物使用。放线菌酮可特异性抑制真核生物核糖体转肽酶,除用于植物调节剂外,只用作蛋白质实验的工具性药物。

2. 干扰素　干扰素(interferon, IF)是真核生物感染病毒后分泌的一类具有抗病毒作用的蛋白质。干扰素分为 α（白细胞）型、β（成纤维细胞）型和 γ（淋巴细胞）型三大族类,每族类各有亚型。

干扰素可抑制病毒繁殖,其作用机制有两方面（图 15-15）：①诱导病毒的特异蛋白激酶活化,使宿主细胞翻译过程的主要起始因子 eIF-2 磷酸化失去活性,从而抑制病毒蛋白质合成;②干扰素能与病毒双链 RNA 共同活化特殊的 2′-5′寡聚腺苷酸（2′-5′ A）合成酶,使 ATP 以 2′-5′磷酸二酯键连接,聚合为 2′-5′寡聚腺苷酸,2′-5′ A 则可活化一种核酸内切酶 RNase L,后者使病毒 mRNA 发生降解,从而阻断病毒蛋白质合成。

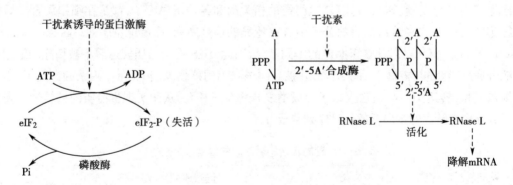

图 15-15　干扰素的作用机制

干扰素除抗病毒作用外,还有调节细胞生长分化、激活免疫系统等作用,因此有十分广泛的临床应用。目前多用基因工程技术生产人类各种干扰素。

3. 毒素　某些毒素能在肽链延长阶段阻断蛋白质合成而引发毒性。如白喉毒素能使真核生物延长因子 eEF2 发生 ADP 糖基化失活,阻断肽链合成的延长过程,对真核生物有剧毒。植物毒素蓖麻蛋白也是有很强毒性的物质,可催化真核生物核糖体大亚基的 28S rRNA 的特异腺苷酸发生脱嘌呤反应,引起 60S 大亚基失活,阻断真核生物蛋白质合成。

（二）调节蛋白质合成及降解的细胞活动

翻译水平的调节是基因表达调控的重要环节,在真核生物中翻译调控机制至少包括：①通过对翻译中各类参与因子的修饰来影响因子活性,如起始因子的磷酸化等;②调节蛋白通过与 mRNA 上的特定位点的结合,如 3′ 或 5′ 非翻译区,来影响翻译过程;③多种非编码 RNA 介导的翻译水平调控。除此之外,针对不同蛋白质的降解调节等,都是真核生物维持稳定内环境的重要手段。深入研究真核生物蛋白质合成影响机制,对精准探寻疾病发生原因,寻找有效药物治疗靶点具有重要科学意义。

1. 非编码 RNA 的调节作用 非编码 RNA(non coding RNA,ncRNA)是由基因组转录生成但不编码蛋白质的 RNA 分子,除了参与翻译、剪接等过程的基础 ncRNA,如 rRNA、tRNA、snRNA 等外,更多 ncRNA 在基因调控中承担重要作用,小分子的 siRNA、miRNA,长链非编码 RNA(long non-coding RNA,lncRNA)、环状 RNA(circular RNA,crRNA)、piRNA(piwi-interacting RNA)等均属于这类调控型 ncRNA。调控型 ncRNA 通过与 DNA、RNA 或蛋白质分子结合在多层次参与基因表达的调控。目前了解较多的是 RNA 干扰(RNA interference,RNAi)作用。RNAi 是一种由双链 RNA(double-stranded RNA,dsRNA)诱发的基因沉默现象。真核细胞内诱发 RNA 干扰作用的主要是小分子 siRNA 和 miRNA,虽然二者来源不同,但作用机制基本相同,通过形成 RNA 诱导的沉默复合物 RISC 与特定的 mRNA 的同源区结合,利用 RISC 核酸酶的功能切割 mRNA,导致特定基因沉默。RNAi 的详细作用机制可参考本书第五章相关内容。

RNAi 广泛存在于生物界,miRNA 也在真核生物中广泛存在,目前已知哺乳动物中至少 30% 以上的基因表达可以被 miRNA 所调节。大量研究发现 miRNA 参与细胞增殖、分化、应激等重要生理活动的调节,与多种疾病的发生发展密切相关。

lnc RNA 是一类长度通常大于 200 个核苷酸的非编码 RNA,几乎存在于所有生物体中,lncRNA 的功能已知有参与染色质结构调节、控制 DNA 甲基化、组蛋白修饰、与特定蛋白质结合其调节功能等。例如,一种名为 HSR1(热休克 RNA1)的 lncRNA,能够刺激热休克因子 1(HSF1)三聚化,并与 DNA 结合激活特定应激蛋白基因的转录,这个 HSR1 不能单独作用,需要预翻译延伸因子 eEF1A 形成复合物而起作用。

总之,各种 ncRNA 在基因表达及其他细胞活动中的作用正受到越来越多的关注,也成为了药学研究的重要热点。

2. 蛋白质降解的调节 蛋白质降解对保持整体细胞蛋白质稳态至关重要,真核生物蛋白质的半衰期从 30 秒到数天不等。目前认为在真核细胞存在两条蛋白质降解途径,一条是高度特异性的泛素 - 蛋白酶体降解途径,主要清除异常蛋白和短寿命蛋白,该途径涉及待降解蛋白的泛素化标记,已被证实与多种疾病,尤其是肿瘤的发生密切相关,详细内容可参见本书第十章相关内容。另一条是溶酶体介导的自噬降解途径,通常针对的是受损或衰老的蛋白质分子以及细胞器的降解。

自噬(autophagy)是真核细胞维持内环境稳定的重要自我保护形式,本质上就是将待处理底物运送进入溶酶体后进行降解。根据底物包裹及进入溶酶体的方式不同,可以分为巨自噬(macroautophagy)、微自噬(microautophagy)和分子伴侣介导的自噬(chaperone-mediated autophagy,CMA)。通常所说的自噬是指巨自噬,待降解物质被内质网、高尔基体膜等来源的膜包裹,逐步形成前自噬体(preautophagosome)、自噬体(autophagosome);然后通过微管系统运输至溶酶体形成自噬溶酶体(autolysosome),最终在溶酶体中将底物降解(图 15-16)。

自噬的分类(图片)

多种细胞内(变异或错误折叠聚集的蛋白、损坏的细胞器等)和细胞外(细胞饥饿、细胞因子的作用等)的因素可以诱发自噬。自噬的进程受到自噬相关基因(autophagy related gene,Atg)的精密调控,多种自噬相关蛋白参与自噬形成的不同阶段,如果自噬异常激活可能引发自噬性细胞死亡(autophagy-mediated cell death,ACD),这是一种程序性细胞死亡的形式,与多种病理进程相关,目前已知自噬在癌症和神经退行性疾病的发生发展中具有重要作用,种类繁多的自噬相关药物正在不断被开发,各种全新的选择性自噬途径不断被发现,这个研究领域需要受到密切关注。

程序性细胞死亡(拓展阅读)

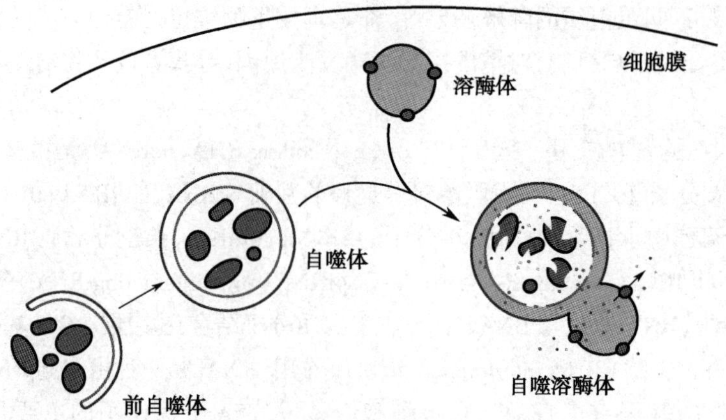

图 15-16 自噬的基本过程

思 考 题

1. 什么是遗传密码？具有哪些特点？对遗传信息的稳定性的意义是什么？
2. 原核生物和真核生物的翻译过程有哪些不同之处？
3. 影响蛋白质完整构象的合成后修饰过程主要有哪些？
4. 分泌型蛋白质和其他细胞器蛋白质的转运过程有哪些异同？

第十五章
目标测试

（董继斌）

第四篇
药学生物化学

第十六章

药物在体内的转运和代谢

第十六章
教学课件

学习目标

1. **掌握** 药物在体内的转运和代谢的类型、参与转运和代谢的蛋白质。
2. **熟悉** 药物的转运和代谢对药物-药物相互作用的影响机制。
3. **了解** 影响药物转运和代谢的因素。

第一节　药物在体内的转运

一、药物的体内过程

药物在体内的吸收、分布、代谢及排泄过程的动态变化,称为药物的体内过程。

吸收是药物从给药部位进入体循环的过程。除血管内给药以外,药物都要经过吸收过程。吸收包括消化道吸收和非消化道吸收。前者包括口腔黏膜吸收和口服药物的胃肠道吸收。其中口腔黏膜吸收可避免胃肠道消化酶、pH 以及首过效应(first-pass effect)对药物的影响,但由于药物停留时间短、吸收量有限,胃肠道吸收才是口服药物的主要吸收形式。非消化道吸收即胃肠道外的给药途径,包括各种注射给药(静脉注射、肌内注射、皮下注射)、肺吸入和皮肤黏膜给药等。除了静脉给药时药物直接注入血液循环外,其他给药途径都有吸收过程。

吸收后的药物经过血液再向体内各组织器官分布,在作用部位(靶细胞)发挥药理作用,或者其中一部分被代谢,最终经肾从尿中或经胆从粪便中排出。药物在体内吸收、分布及排泄过程称为药物转运(transportation);代谢变化过程称为生物转化(biotransformation)。药物的代谢和排泄合称为消除(elimination)。药物的体内过程见图 16-1。

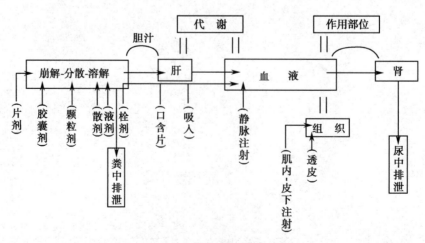

图 16-1　药物在体内的过程

二、药物转运体

药物的体内转运过程,包括吸收、分布、代谢和排泄,都涉及生物膜对药物的通透性。关于生物膜(包括细胞膜和细胞的内膜系统)对药物的通透性,以往主要从药物的理化性质,如亲脂亲水属性方面研究较多。许多组织的生物膜存在特殊的转运蛋白系统,其中能够介导药物跨膜转运的蛋白质称为药物转运体(transporter)。药物转运体按其转运的方向不同分为两类,一类为摄入型转运体,可转运底物进入细胞,增加细胞内药物浓度;另一类为外排型转运体,可把药物逆向泵出细胞,能够降低药物在细胞内的浓度(图 16-2)。

药物转运体
的功能(拓
展阅读)

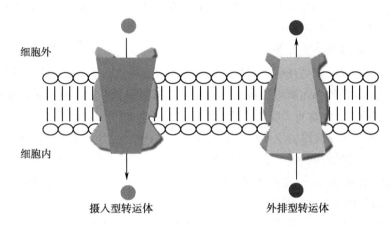

细胞外

细胞内

摄入型转运体　　　　外排型转运体

图 16-2　药物转运体按其转运的方向不同分为两类

常见的摄入型药物转运体有有机阴离子转运多肽家族(OATP)、有机阴离子转运体家族(OAT)和有机阳离子转运体家族(OCT),外排型转运体有 P-糖蛋白(P-gp)、多药耐药蛋白(MDR)、多药耐药相关蛋白(MRP)、乳腺癌耐药相关蛋白(BCRP)和胆盐分泌蛋白(BSEP)等。

三、影响药物转运的主要因素

血脑屏障(blood brain barrier, BBB)是存在于血液和脑组织之间的屏障结构,主要由脑毛细血管内皮细胞、基膜和神经胶质膜构成。主要生理功能是维持脑内环境相对稳定,防止有害物质侵害脑神经。胎盘屏障(placental barrier)是胎盘绒毛组织与子宫血窦间的屏障。胎盘是由绒毛膜、绒毛间隙和基蜕膜构成的,主要生理功能是吸收母体血液中的氧和营养成分,并排泄代谢产物,同时保护胎儿避免与母体免疫细胞和有害物质接触。药物研究中,新药的血脑屏障和胎盘屏障的透过性极其重要,多数作用于其他部位的药物其透过性越小越好,这样可以避免给脑组织以及胎儿带来毒性,但是对于需要在脑内起作用的药物,如果不能透过血脑屏障,那么只能考虑脑室内注射,为药物的使用带来不便以及增加感染的风险。

第二节　药物的代谢

一、药物代谢概述

1. 药物代谢的概念　药物的代谢又名药物的生物转化,它系指体内正常不应有的外来有机化合物包括药物和毒物在体内进行的代谢。多数药物经转化成为毒性或药理活性较小、水溶性较大而易于排泄的物质。也有些药物经过初步代谢,其毒性或药理活性不变或比原来更大。也有少数药物经过代谢,溶解度反而变小。

　　药物在体内的代谢有其特殊方式和酶系。由肠道吸收进入人体的药物、肠道细菌腐败产物、代谢过程中产生的毒物、体内过剩的活性物质如激素以及少数正常代谢产物如胆红素等,在体内的代谢方式和外来有机物相似,还有一些药物进入人体内不经代谢而以原型药物直接排出。

药物代谢转化的主要器官（图片）

　　2. 药物代谢的主要器官　药物代谢酶主要存在于肝,绝大多数药物和外源性化合物是经过肝代谢的。肾、肺和皮肤等脏器也有药物代谢酶的表达,部分药物可在这些脏器进一步代谢,同时这些脏器也是大多数药物及其代谢产物的排泄器官,尤其肾是最主要的排泄器官。

　　皮肤是肝外药物代谢的主要器官之一,有多种代谢酶表达。皮肤中细胞色素 P-450 酶参与了多种内源性物质和外源性物质的代谢,在维持皮肤的正常生理功能和保护内环境稳定方面发挥重要作用。

肠道菌群的生理功能（拓展阅读）

　　肠道菌群是人体重要的"微生态器官",作为与宿主共生的有生系统,参与宿主多项生理过程。肠道菌群含有特别的药物代谢酶,对于经肠道吸收和重吸收的药物影响很大。多种外界因素可影响肠道菌群的稳态平衡,如应激、抗生素滥用等,常可导致肠道菌群紊乱,加重对药物代谢的影响。

　　肝中药物代谢酶主要存在于细胞微粒体,催化药物各种类型的氧化、偶氮或硝基的还原、酯或酰胺的水解、甲基化和葡糖醛酸结合等;其次存在于细胞的可溶性部分,如醇的氧化和醛的氧化、还原、硫酸化、乙酰化、甲基化和谷胱甘肽等结合反应;还有少数存在于线粒体,如胺类的氧化脱氢、乙酰化和甘氨酸结合以及硫氰酸化等反应。

　　3. 药物代谢的研究方法　药物代谢和一般正常代谢的研究方法类似,有临床观察、动物整体和离体实验等。整体动物实验是以不同途径给予一定剂量的药物,在一定时间内,从血、尿、胆汁、组织、粪便等样品中分离和鉴定代谢产物。离体实验可用组织切片、匀浆、细胞微粒体,然后分离和鉴定代谢产物。

　　药物代谢产物的分离鉴定,一般先用有机溶剂提取样品中游离型代谢产物,然后用酸或酶（如 β-葡糖醛酸酶或硫酸酯酶）水解结合部分,调节 pH,再用有机溶剂提取,以上两种提取液再进一步分离鉴定。至于代谢产物的分离、分析技术,可用各种色谱法、气相色谱、高效液相色谱、毛细管电泳、核磁共振、质谱、气相色谱 - 质谱联用（GC-MS）、荧光分析、放射性核素技术等。代谢产物的鉴定必要时可用化学合成法来确证。

　　一种药物在体内常进行多种代谢,如氧化、还原、水解或结合反应。因此,一种药物在体内往往有许多代谢产物,药物分离鉴定也是非常复杂的过程。

第一相代谢反应（拓展阅读）

二、药物代谢的类型和酶系

　　药物进入人体后,小分子药物和极性化合物在体内生理 pH 条件下可以完全呈电离状态,由肾排出,从而终止药效。但直接由肾排出的药物为少数,大多数药物为非极性化合物（脂溶性药物）,在生理 pH 范围内不电离,或仅部分电离,并且常与血浆蛋白结合,不易由肾小球滤出。显然,仅由肾排泄不能消除脂溶性药物。脂溶性药物在体内要经历药物代谢。药物的代谢可分为非结合反应（或称第一相反应）和结合反应（或称第二相反应）。非结合反应包括氧化、还原和水解;结合反应根据结合剂不同也有多种,如葡糖醛酸（GA）结合、硫酸盐结合、乙酰化结合、甲基化结合和氨基酸结合（如甘氨酸、半胱氨酸或谷氨酰胺、鸟氨酸、赖氨酸）等。由于药物的化学结构中往往有许多可反应基团,因此一种药物可能有许多种代谢方式和产物。例如碳氢化合物（RH）在体内可以氧化产生含羟基化合物（ROH）（第一相反应）,此羟基还可以进一步 O- 甲基化

第二相代谢反应（拓展阅读）

或与葡糖醛酸或硫酸盐结合（第二相反应）。

（一）药物代谢的第一相反应

1. 氧化反应的类型、酶系和作用机制

（1）微粒体药物氧化酶系：微粒体药物氧化酶系所催化的反应类型有下列几种。

1）羟化：可分为芳香族环和侧链烃基的羟化，以及脂肪族烃链的羟化。

芳香族环的羟化包括苯、乙酰苯胺、水杨酸、萘、萘胺等的羟化。

许多化学致癌物本身并没有致癌作用，但由于在体内的代谢（如羟化）而成为致癌物，如3,4-苯并芘、甲基胆蒽、黄曲霉毒素等。

至于侧链烃基的羟化，如巴比妥酸衍生物的 5 位碳的侧链烃基羟化，大黄酚和甲苯磺丁脲的甲基羟化为羟甲基，后者可继续氧化为醛基和羧基，但氧化中间产物醛基不易分离。由醇氧化为醛和羧酸则是由一般正常代谢的醇脱氢酶和醛脱氢酶所催化，这两种酶存在于细胞可溶性部分，并且需要 NAD^+，与上述羟化酶不同。

2）脱烃基：可分为 N- 脱烃基、O- 脱烃基和 S- 脱烃基。

A. N- 脱烃基是将仲胺或叔胺脱烃基生成伯胺和醛，如氨基比林、麻黄碱等的氧化脱烃基。还有如致癌物二甲基亚硝胺经过 N- 脱烃基，生成活性甲基，可使核酸的鸟嘌呤甲基化致癌。

B. O- 脱烃基是将醚或酯类脱烃基生成酚和醛。

$$CH_3CH_2O-\overset{\displaystyle O}{\underset{\displaystyle OR}{\overset{|}{\underset{|}{P}}}}-O\quad \xrightarrow{[O]}\quad \left[CH_3\overset{\displaystyle OH}{\underset{}{\overset{|}{C}H}O-\overset{\displaystyle O}{\underset{\displaystyle OR}{\overset{|}{\underset{|}{P}}}}-O \right]\quad \longrightarrow\quad HO-\overset{\displaystyle O}{\underset{\displaystyle OR}{\overset{|}{\underset{|}{P}}}}-O + CH_3CHO$$

有机磷三酯 CH₃CH₂O CH₃CH₂O

$$CH_3CONH-\underset{非那西汀}{\boxed{}}-OC_2H_5 \xrightarrow{[O]} \left[CH_3CONH-\boxed{}-OCH_2CH_2OH \right]$$

$$\xrightarrow{-CH_3CHO} CH_3CONH-\boxed{}-OH$$

C. *S*- 脱烃基是将硫烃基化为巯基和醛。

$$R-S-CH_3 \xrightarrow{[O]} [RSCH_2OH] \longrightarrow RSH + HCHO$$

3）脱氨基：这种脱氨基与氨基酸氧化酶或胺氧化酶的脱氨基方式不同，它主要作用于不被胺氧化酶作用的胺类，如苯异丙胺脱氨基生成丁酮和氨。

$$\boxed{}-CH_2-\overset{\displaystyle }{\underset{\displaystyle NH_2}{\overset{|}{C}H}}-CH_2 \xrightarrow{[O]} \left[\boxed{}-CH_2\overset{\displaystyle }{\underset{\displaystyle NH_2}{\overset{|}{C}(OH)}}-CH_2 \right] \xrightarrow{-NH_3} \boxed{}-CH_2COCH_3$$

$$R_2CHNH_2 \xrightarrow{[O]} R_2C(OH)NH_2 \xrightarrow{-NH_3} R_2C=O$$
$$\downarrow{-H_2O}$$
$$R_2C=NH \xrightarrow{[O]} R_2CNOH \xrightarrow[-NH_2OH]{+H_2O} R_2CO$$

4）*S*- 氧化：如氯丙嗪的氧化。

$$(CH_3)_2SO \longrightarrow (CH_3)_2SO_2$$

$$\underset{氯丙嗪}{\boxed{}\underset{CH_2CH_2CH_2N(CH_3)_2}{}} \xrightarrow{[O]} \boxed{}\;Cl$$

5）*N*- 氧化和羟化：如三甲胺的 *N*- 氧化，苯胺、2- 乙酰氨基芴（化学致癌物）的 *N*- 羟化。

$$(CH_3)_3N \xrightarrow{[O]} (CH_3)_2NO$$

$$C_6H_5NH_2 \xrightarrow{[O]} C_6H_5NHOH$$

$$\boxed{}-N\overset{\displaystyle }{\underset{\displaystyle H}{\overset{|}{}}}-COCH_3 \xrightarrow{[O]} \boxed{}-N\overset{\displaystyle }{\underset{\displaystyle OH}{\overset{|}{}}}-COCH_3$$

6）脱硫代氧：如有机磷杀虫药对硫磷在体内转化为毒力更大的对氧磷。

（2）微粒体药物氧化酶作用机制：催化上述药物氧化反应的酶系存在于肝细胞光滑型内质网（微粒体）中，称为药物氧化酶系。由于它所催化的反应是在底物分子上加一个氧原子，因此也称为单加氧酶或羟化酶。它与正常代谢物在细胞线粒体进行的生物氧化不同，需要还原剂 NADPH 和分子氧。反应中的一个氧原子被还原为水,另一个氧原子加入到底物分子中,所以又称为混合功能氧化酶。

$$DH + O_2 + NADPH + H^+ \longrightarrow DOH + NADP^+ + H_2O（其中 D 代表药物分子）$$

药物氧化酶系包含许多种类。细胞色素 P-450（cytochrome P-450, CYP）,它是一种以铁卟啉为辅基的蛋白质,属于 b 族细胞色素。因为还原型 CYP 与一氧化碳结合的复合物在 450nm 有一强的吸收峰而得名。CYP 是一个超家族,有很多亚型,常参与药物代谢的如 CYP3A4、CYP2D6 和 CYP2C19 等。CYP 的作用与细胞色素氧化酶类似,能与氧直接作用。微粒体氧化酶系还含有另一种成分,称为 NADPH- 细胞色素 P-450 还原酶,它属于黄素酶类,以 FP1 表示,其辅基为 FAD。此酶催化 NADPH 和细胞色素 P-450 之间电子传递,并且可能与一种含非血红素铁（NHI）硫的铁硫蛋白结合成复合体。微粒体氧化酶系还含有 NADH- 细胞色素 b_5 还原酶系,此酶系属于另一种黄素酶,以 FP2 表示,它催化 NADH 与 b_5 之间的电子传递。

NADPH- 细胞色素 P450 还原酶催化单加氧酶反应（图片）

微粒体氧化酶系作用机制较为复杂,在光滑型内质网上底物 DH 先与氧化型细胞色素 P-450（即 P-450^{3+}）形成 DH 复合物,然后通过 NADPH- 细胞色素 P-450 还原酶（FP1）的催化,由 NADPH 供给一个电子（此时 H$^+$ 留于介质中）,经 FP1 等的传递而使 P-450^{3+}-DH 复合物还原为 P-450^{2+}-DH 复合物,此复合物可与分子氧结合成 P-450^{3+}-O$_2$-DH 复合物,后者再接受由 NADH- 细胞色素 b_5 还原酶攻击一个电子（此时又有一个 H$^+$ 游离在介质中）,使氧分子活化;氧分子中一个氧原子氧化药物,而另一个氧原子被两个电子还原,并和介质中的两个游离质子结合成水,生成氧化型 P-450^{3+}-O$_2^{2-}$-DH 复合物,后者分解并释放出产物 DOH,同时重新成为 P-450^{3+},可再循环被利用。在整个过程中从外界共接受两个电子,分别来自 NADPH 或 NADH,而游离在介质中的 2H$^+$ 即与活化的氧原子 O^{2-} 结合成水（图 16-3）。肝微粒体药物氧化酶系专一性低,对于多数药物都有作用,但对一般正常代谢则无作用（少数除外）。它主要是使脂溶性药物转化为极性较大的化合物,而易于排出。而正常代谢的氧化,其电子传递链是在线粒体,此酶系一般不催化药物的氧化。其次,微粒体药物氧化酶可被 SKF-525A（见后述）所抑制,但不被 CN$^-$ 所抑制,而线粒体正常代谢物的氧化酶系则相反。

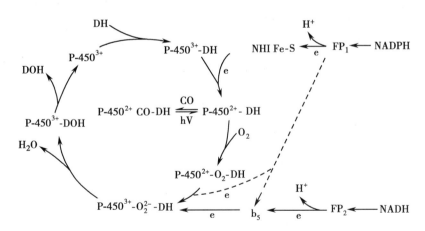

图 16-3　药物在内质网上的氧化机制

（3）其他氧化酶系

1）单胺氧化酶:存在于线粒体,可催化胺类氧化为醛及氨,但芳香族环上氨基不被作用。

$$RCH_2NH_2 \xrightarrow{[O]} RCH = NH \xrightarrow{H_2O} RCHO + NH_2$$

许多天然存在的生理活性物质和拟肾上腺素药物,如 5- 羟色胺、儿茶酚胺、酪胺等都可以被单胺氧化酶作用。此酶系存在于活性胺类生成、储存和释放部位。

2）醇和醛氧化酶:这类酶在细胞质和线粒体中产生作用。如乙醇由肝细胞中乙醇脱氢酶氧化生成乙醛，再经氧化成乙酸而进入三羧酸循环。甲醇在体内亦通过该酶氧化，生成高毒性的甲醛及甲酸，后者可造成代谢性酸中毒。

2. 还原反应

（1）醛酮还原酶：能催化酮基或醛基还原为醇。例如三氯乙酸还原为三氯乙醇，酶系存在于细胞可溶性部分，需要 NADH 或 NADPH。

$$CCl_3COOH \xrightarrow{2H} CCl_3CH_2OH$$

（2）偶氮或硝基化合物还原酶：分别使偶氮苯和硝基苯还原为苯胺。此两种还原酶主要存在于肝线粒体，需要 NADH 或 NADPH，以后者为主，它们都属黄素蛋白酶类，辅基为 FAD 或 FMN，作用机制尚不清楚。此外，在细胞可溶性部分存在需要 NADH 或 NADPH 的硝基还原酶。

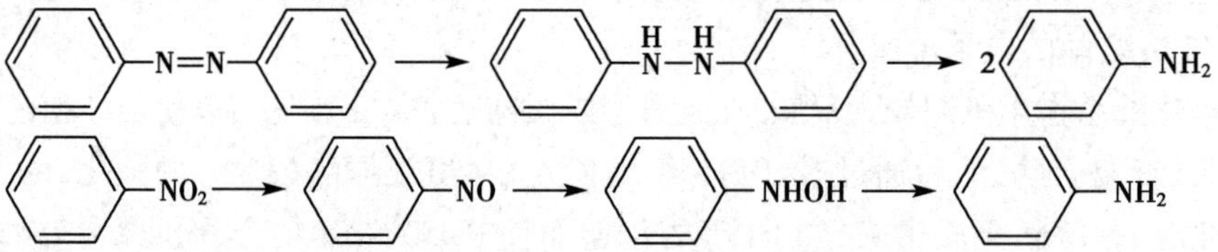

3. 水解反应　酯、酰胺和酰肼等药物可以水解生成相应的羧酸，如普鲁卡因、双香豆素乙酸乙酯、琥珀酰胆碱、有机磷农药等水解，其他如可卡因和丙酸睾酮在体内的水解也有类似反应。催化药物水解的酶系多存在于微粒体，细胞其他部分也存在。多数酯类药物可通过酯酶的水解作用而破坏其活性。

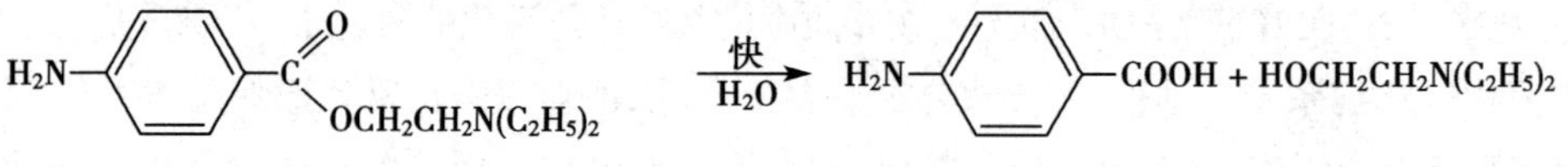

普鲁卡因

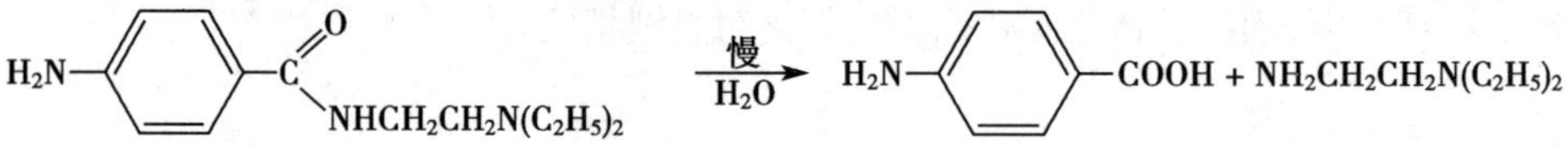

普鲁卡因酰胺

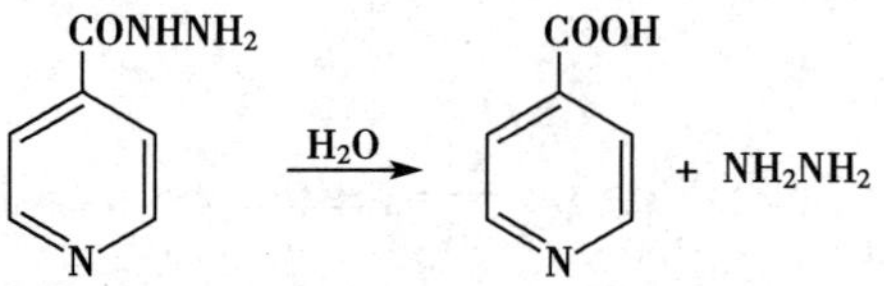

异烟肼　　异烟酸

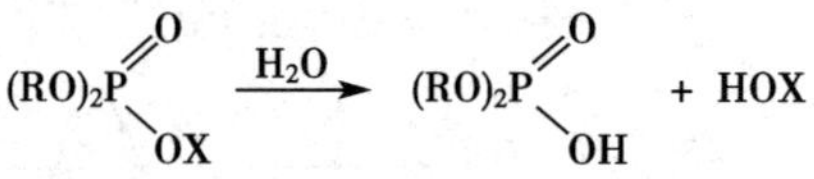

有机磷农药

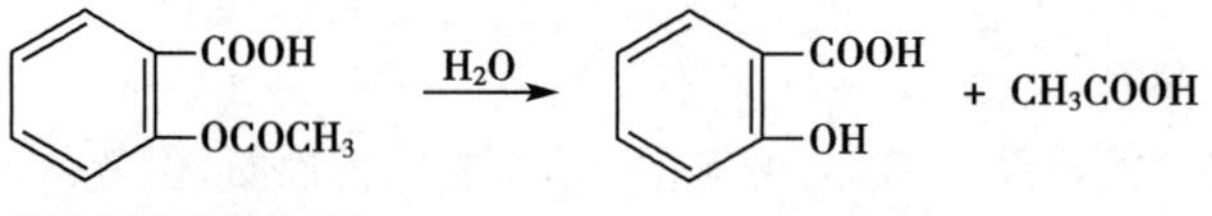

乙酰水杨酸(阿司匹林)

（二）药物代谢的第二相反应（结合反应）

结合反应在药物代谢中是很普遍的。所谓结合反应是指药物或其初步（第一相反应）代谢物与内源结合剂的结合反应（第二相反应），它是由相应基团转移酶所催化的。结合反应一般是使药物毒性或活性降低和极性增加而易于排出。所以它是真正的解毒反应。

1. 葡糖醛酸结合　许多药物如吗啡、可待因、樟脑、大黄蒽醌衍生物、类固醇（甾族化合物）、甲状腺素、胆红素等在体内可与葡糖醛酸结合。它们主要通过醇或酚羟基和羧基的氧、胺类的氮、含硫化合物的硫与葡糖醛酸的第一位碳结合成苷。一般来说，酚羟基比醇羟基易与葡糖醛酸结合。葡糖醛酸结合物都是水溶性的，因分子中引进了极性糖分子，而且在生理 pH 条件下，羧基可以解离。所以葡糖醛酸结合物几乎都是活性降低，水溶性增加，易从尿和胆汁排出。

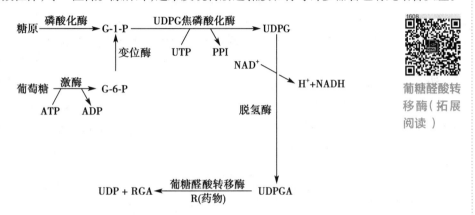

葡糖醛酸结合反应是结合剂葡糖醛酸（GA）以活化形式 UDPGA 进行结合反应，此反应需葡糖醛酸转移酶，它存在于微粒体，专一性低。除肝外，近来发现胃肠道黏膜和肾等许多器官也有此结合反应。

葡糖醛酸转移酶（拓展阅读）

葡糖醛酸转移酶不能催化逆反应，催化逆反应的是 β- 葡糖醛酸苷酶，此酶具有水解和转移葡糖醛酸的作用。

$$RGA \xrightarrow{H_2O} GA + ROH$$

$$RGA + R'OH \longrightarrow R'GA + ROH$$

2. 硫酸盐结合　此反应主要是硫酸盐与含羟基（酚、醇）或芳香族胺类的氨基结合，包括正常代谢物或活性物如甲状腺素、5- 羟色胺、酪氨酸、肾上腺素、类固醇激素等，外来药物如氯霉素、水杨酸等，吸收的肠道腐败产物如酚和吲哚酚。此外，硫酸盐也与胺类（如苯胺、萘胺）的氨基结合。

在硫酸盐结合反应中，硫酸盐必须先与 ATP 反应，生成活化硫酸盐 3′ - 磷酸腺苷 -5′ - 磷酸硫酸（3′ -phosphoadenosine-5′ -phosphosulfate, PAPS），然后通过硫酸激酶（或称硫酸转移酶）将硫酸基转移给受体。此酶存在于肝、肾、肠等细胞可溶性部分，对底物也有一定的专一性，并且不能催化逆反应，逆反应需另外的水解酶，称为硫酸酯酶。

葡糖醛酸和硫酸盐的结合反应有竞争性的作用，例如乙酰氨基酚的氨基、羟基都可与之结合，但由于体内硫酸来源有限，易发生饱和，所以葡糖醛酸结合占优势。硫酸盐结合反应的饱和可被胱氨酸或甲硫氨酸消除。其次，硫酸活化为 PAPS 需要 ATP，因此呼吸链抑制剂或氧化磷酸化解偶联剂都可影响硫酸盐结合反应。

$$ROH+HOSO_3H \underset{硫酸酯酶}{\overset{硫酸激酶}{\rightleftharpoons}} ROSO_3H +H_2O$$

$$腺苷—Ⓟ-Ⓟ-Ⓟ \xrightarrow[PPi]{SO_4^{2-}} 腺苷—5ⓅⓈ \xrightarrow[ADP+Pi]{ATP} 腺苷—3Ⓟ-5-ⓅⓈ$$
$$(ATP) \qquad\qquad (APS) \qquad\qquad (PAPS)$$

$$\xrightarrow{ROH} ROSO_3H + 腺苷—3Ⓟ-5Ⓟ$$

3. 乙酰化结合　许多含伯胺基或磺酰胺基的生理活性物质或药物可以在体内进行乙酰化结合，如对氨基苯甲酸、氨基葡萄糖、苯乙胺、异烟肼、组胺和磺胺类药物等。在通常情况下，磺胺乙酰化即失去抗菌活性，水溶性反而降低，会引起尿道结石。

在乙酰化结合反应，结合剂必先活化为乙酰辅酶 A，再由专一的乙酰基转移酶将乙酰基转移给受体。此酶系存在于肝和肾细胞可溶性部分和线粒体。

$$CH_3COOH \longrightarrow CH_3CO{\sim}SCoA \longrightarrow CH_3CONHR + CoASH$$

乙酰化物在体内也可以脱乙酰基，此反应是由脱乙酰基酶催化的。此酶系存在于微粒体、线粒体的可溶性部分。

转甲基酶
（拓展阅读）

4. 甲基化　许多酚、胺类药物或生理活性物能在体内进行 N- 甲基化或 O- 甲基化，如肾上腺素、去甲肾上腺素、5- 羟色胺、多巴胺、组胺、烟酰胺、苯乙胺、儿茶酚胺等。甲基化反应对儿茶酚胺类活性物的生成（活性增加）和灭活（活性降低）起着重要作用。一般来说，甲基化产物极性降低。甲基化反应的甲基供体是来自活化型 S- 腺苷甲硫氨酸，通过转甲基（或甲基移换）酶将甲基转移给受体（药物）。转甲基酶系存在于许多组织细胞（尤其是肝和肾）的可溶性部分。

5. 氨基酸结合　许多氨基酸可作为结合剂，例如甘氨酸易与自由羟基（如苯甲酸）结合生成马尿酸。甘氨酸结合的酶系存在于肝和肾线粒体。作用机制是先活化底物，后由甘氨酸 -N- 酰化酶将酰基转移至甘氨酸。

马尿酸
（拓展阅读）

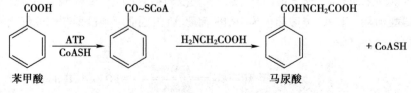

半胱氨酸也可作为结合剂，可与芳烃（如苯、萘和蒽）及其卤化物等结合，并乙酰化生成硫醇尿酸。

实际上，半胱氨酸是由谷胱甘肽（GSH）供给的，底物由于谷胱甘肽 S- 转移酶的作用先与 GSH 结合,后被 γ-谷氨酰转肽酶(或称谷胱甘肽酶)去掉谷氨酸,再被二肽酶水解去掉甘氨酸,最后 N-乙酰化生成硫醇尿酸。此酶系存在于细胞可溶性部分。

此外,谷氨酸、鸟氨酸、赖氨酸、丝氨酸等也可作为结合剂。

$$RX \xrightarrow[-HX]{GSH} RSCH_2CHCONHCH_2COOH \rightarrow RSCH_2CHCONHCH_2COOH$$

$$\rightarrow RSCH_2CHCOOH \rightarrow RSCH_2CHCOOH$$

6. 硫氰化物的生成 CN^- 在体内可转化为 CNS^-。含硫氨基酸代谢产物 $S_2O_3^{2-}$ 可作为供硫体。$S_2O_3^{2-}$ 虽可使剧毒的 CN^- 转化为毒性小 100 倍的 CNS^-,但因为 $S_2O_3^{2-}$ 透过细胞膜很慢,在急性中毒时,往往由于时间来不及,导致其解毒效力并不高。

$$CN^- + S_2O_3^{2-} \longrightarrow CNS^- + SO_3^{2-}$$

三、影响药物代谢的因素

(一)药物相互作用

两种或多种药物同时应用,可出现药物与药物的相互作用(drug-drug interaction,DDI),有时可使药效加强,这是对患者有利的;但有时合并用药也可以使药效减弱或不良反应加重。药物相互作用影响代谢主要表现在以下几方面。

药物与药物的相互作用(拓展阅读)

1. 药物加速另外药物的代谢——药物代谢的诱导性 已知有许多种化合物可促进药物代谢,称为药物代谢促进剂或诱导剂。药物代谢诱导剂多数是脂溶性化合物,并且具有专一性,如镇静催眠药(巴比妥)、麻醉药(乙醚、N_2O)、抗风湿药(氨基比林、保泰松)、中枢兴奋药(尼可刹米、贝米格)、镇静催眠药(甲丙氨酯)、降血糖药(甲苯磺丁脲)、甾体激素(睾酮、糖皮质激素)、维生素 C、肌松药、抗组胺药以及食品添加剂、杀虫剂、致癌剂(3-甲基胆蒽)等。其中以巴比妥和 3-甲基胆蒽两种比较典型。

促使药物代谢增强,现在认为不是激活药物代谢酶活性,而是刺激诱导酶的生成。实验证明,苯巴比妥类可使肝细胞光滑型内质网(药物代谢酶所在之处)增生,蛋白质生物合成和电子传递体(包括 CYP、NADPH-细胞色素 P-450 还原酶)增加,UDP-葡糖醛酸转移酶也有所增加,而且这种诱导作用可以被蛋白质生物合成抑制剂如放线菌素 D 等所抑制。从以上事实可见,诱导作用是由于药物代谢酶生物合成增加所致。

药物代谢酶诱导作用有重要的药理意义,它可以加强药物的代谢。一般来说,药物经过代谢,活性或毒性降低,这样药物代谢诱导剂可以促进药物的活性或毒性降低。例如动物预先给予苯巴比妥,可降低有机磷杀虫药的毒性。相反,有些药物经过代谢,活性或毒性反而增加,这样药物代谢酶诱导剂可促使药物的活性或毒性增加。例如预先给予苯巴比妥,可促使非那西丁羟化为毒性更大的对氨基酚,后者可使血红蛋白变为高铁血红蛋白,苯巴比妥和非那西丁副作用的增加就是这种原因引起的。这也是临床用药配伍禁忌要注意的一个例子。

在治疗上也可用苯巴比妥防治胆红素血症,其原理是苯巴比妥可诱导葡糖醛酸转移酶的生成,促进胆红素和葡糖醛酸结合而易排出体外。

一种药物不仅可以刺激另一些药物的代谢,而且也可以刺激其本身的代谢。因此,若常服一种药,其药效会愈来愈差,这是因为药物代谢酶的诱导作用使机体对药物产生了耐受性。

前已述及,有的药物可促进或者抑制药物的代谢,但也有些药物对某些药物的代谢有促进作用,而对其他药物的代谢则有抑制作用。例如保泰松对氨基比林和洋地黄苷的代谢有促进作用,而对甲苯磺丁脲和苯妥英钠的代谢则有抑制作用。此外,一种药物服用后,还可能随时间而呈现抑制和促进两相作用,例如 SKF-525A 服用 6 小时内对药物代谢呈抑制作用,但 24 小时后却转变为促进作用。

2. 药物代谢的抑制剂 许多化合物可以抑制某些药物的代谢,称为药物代谢的抑制剂。有的抑制剂本身就是药物,也就是说一种药物可以抑制其他种药物的代谢。有的抑制剂本身无药理作用,而是通过抑制其他药物的代谢而发挥其作用。药物代谢的抑制剂有竞争性抑制剂和非竞争性抑制剂。

（1）药物抑制其他药物的代谢:氯霉素或异烟肼能抑制肝药酶,可使同时合用的巴比妥类、苯妥英钠、甲苯磺丁脲或双香豆素类的药物作用和毒性增加。单胺氧化酶抑制剂可延缓酪胺、苯丙胺、左旋多巴及拟交感胺类的代谢,使升压作用和毒性反应增加。别嘌醇能抑制黄嘌呤氧化酶,使 6- 巯基嘌呤及硫嘌呤的代谢减慢,毒性增加。

（2）非药用化合物抑制药物的代谢:如没食子酚对肾上腺素 O- 转甲基酶具有抑制作用。肾上腺素的灭活主要是通过 O- 转甲基酶的催化使 3 位羟基甲基化为甲氧基。而没食子酚也竞争与此酶结合,结果 O- 转甲基酶被抑制,肾上腺素的灭活受到影响,因此没食子酚可延长儿茶酚胺类活性物的作用。酯类和酰胺类化合物对普鲁卡因水解酶也有竞争性抑制作用。

非竞争性抑制剂如 SKF-525A 及其类似物,这些化合物本身并无药理作用,专一性也较低,可以抑制微粒体药物代谢酶系如药物氧化酶（羟化、脱烃、脱氨、脱硫）、硝基还原酶、偶氮还原酶、葡糖醛酸转移酶等。但对水解普鲁卡因的酯酶则属于竞争性抑制,因为 SKF-525A 本身也有酯键。由于 SKF-525A 对许多药物代谢酶有抑制作用,因此可以延长许多药物的作用时间,例如增加环己巴比妥催眠时间,但对正常代谢并无抑制作用。SKF-525A 的抑制作用也有种属特异性,例如对大鼠肝微粒体的非那西丁 O- 脱烃基过程有抑制作用,但对兔的微粒体则没有该作用。

$$
\begin{array}{c}
\text{phenyl}\underset{\underset{(CH_2)_2-CH_3}{|}}{\overset{\overset{O}{\parallel}}{C}}-C-O-CH_2CH_2N\begin{array}{l}C_2H_5\\C_2H_5\end{array}\cdot HCl
\end{array}
$$

SKF-525A

药物代谢抑制剂有重要药理意义,它可以加强药物的药理作用,即药物代谢抑制剂和所作用的药物有协同作用。

（二）其他因素

不同种属的动物对药物代谢方式和速度也不相同。例如鱼类不能对药物进行氧化和葡糖醛酸结合代谢。两栖类动物虽不能对药物进行氧化,但可以进行葡糖醛酸或硫酸结合代谢。猫没有葡糖醛酸结合代谢,但硫酸盐结合代谢则很强,而犬则相反。又如双香豆素乙酸乙酯在人体内是苯环 7 位羟化,而在兔体内则是酯键水解。又如 2- 乙酰氨基芴 -N- 羟化物可致癌,豚鼠无此 N- 羟化,故不致癌,而鼠、兔、犬则有 N- 羟化,故能致癌。因此动物药理实验应用于人要慎重。前已述及,药物代谢酶可由药物诱导生成,这是机体对外界环境的一种适应。所以药物代谢的种属差异,可能是在进化过程中机体为了适应外界环境的改变而逐渐形成的。

水解(兔)

羟化
(人体)

双香豆素乙酸乙酯

药物代谢除了有种属差异,还有个体、性别、年龄、营养、给药途径及病理情况的差异。例如双香豆素在人的半衰期差异为 7~100 小时,个体差异与遗传有关。

药物代谢基因多态性与华法林(拓展阅读)

一般来说雌性对药物感受性大,而雄性则较差,可能是由于雄性激素是药物代谢诱导剂,以致雄性体内药物代谢酶活性比雌性高。例如幼鼠注射睾酮后可使药物代谢增强;去势雄鼠药物代谢降低,再注射睾酮,药物代谢可以恢复正常。

胎儿和新生儿缺乏药物代谢酶,可能是由于缺乏刺激诱导酶的生成,所以新生儿对药物比较敏感,易产生药物中毒。老年人药物代谢酶也有所减弱,因此对一些药物比较敏感,副作用也比较大。

药物主要在肝代谢,一般来说,严重肝功能不全时,可以降低药物代谢,使药物作用延长或加强,甚至中毒。

肝是药物代谢的主要场所,药物经口服或腹腔注射首先到达肝而后进入体循环。由于药物在肝迅速被代谢,因此通过体循环到达效应器官的未代谢药物较少,药效较差。而药物经静脉注射先到达体循环,血药浓度较高,药效较好,例如异丙肾上腺素的 3,4- 羟基可在肝和肠黏膜进行甲基化和硫酸盐结合而灭活,所以口服几乎无效。若以静脉注射给药的有效剂量定义为 1 剂量单位,则喷雾吸入给药(有部分进入消化道)需要 20 剂量单位,口服给药需要 1 000 剂量单位。

营养情况对药物代谢也有影响,饥饿时通常可使肝微粒体药物代谢酶活性减弱。食物中蛋白质含量对药物代谢也有影响,低蛋白时,药物代谢酶活性降低;高蛋白时则相反。维生素 C、A 和 E 缺乏时,可使肝微粒体药物氧化酶活性降低;维生素 B_2 缺乏时药物还原酶活性降低;缺 Ca、Cu、Zn 和 Mn 时,CYP 活性降低,药物代谢也相应减弱。

四、药物代谢的意义

(一)体内药物的代谢

进入体内的外来异物(如药物)主要由肾排出体外,也有少数由胆汁排出。肾小管和胆管上皮细胞是一种脂性膜,脂溶性物质易通过膜而被再吸收,排泄较慢。为了使药物易于排出,必须将脂溶性药物代谢为易溶于水的物质,使其不易通过肾小管和胆管上皮细胞膜,不易被再吸收,而易于排泄。但也有少数药物经过代谢水溶性反而降低,如磺胺类乙酰化和含酚羟基药物 O- 甲基化。药物代谢酶是进化过程中发展起来的,作用为清除体内不需要的脂溶性外来异物,是机体对外环境的一种防护机制。

药物在体内经代谢,其活性或毒性多数降低。一般来说,结合代谢产物活性或毒性都降低,而非结合代谢产物多数活性或毒性降低,也有不大改变或反而增高的,但均可以进一步结合代谢解毒并排出体外。

经体内代谢后,活性或毒性增高的药物,有水合氯醛、非那西丁、百浪多息、有机磷农药和大黄酚等。这些化合物在体内经过第一相代谢(氧化或还原)而活化,然后再经结合(葡糖醛酸或乙酰化结合)或水解而解毒。

$$CCl_3CH(OH)_2 \xrightarrow[\text{活化}]{\text{还原}} CCl_3CH_2OH \xrightarrow[\text{解毒}]{\text{结合}} CCl_3CH_2OGA$$

$$AcHNC_6H_4OC_2H_5 \xrightarrow[\text{活化}]{\text{水解、氧化}} H_2NC_6H_4OH \xrightarrow[\text{解毒}]{\text{结合}} H_2NC_6H_4OGA$$

$$(NH_2)_2C_6H_3N=NC_6H_4SO_2NH_2 \xrightarrow[\text{活化}]{\text{还原}} H_2NC_6H_4SO_2NH_2 \xrightarrow[\text{解毒}]{\text{结合}} AcHNC_6H_4SO_2NH_2$$

$$(RO)_2\overset{S}{\underset{X}{P}} \xrightarrow[\text{活化}]{\text{氧化}} (RO)_2\overset{O}{\underset{OX}{P}} \xrightarrow[\text{解毒}]{\text{水解}} (RO)_2\overset{O(\text{或})S}{\underset{OH}{P}}$$

毒性或活性不大改变的药物,如可待因 O- 脱甲基氧化为吗啡,可待因和吗啡都有药理活性,只是程度不同。

体内生理活性物质如激素等在体内不断生成,发挥作用后也不断灭活,构成动态平衡,以维持正常生理功能。而这些生理活性物质的灭活,其代谢方式和酶系有许多是和药物代谢相同的。例如肾上腺素是通过 O- 甲基化和单胺氧化酶而灭活的,又如类固醇、甲状腺素等在体内可与葡糖醛酸结合而灭活。

(二)指导临床合理用药

药物不良反应一般区分为 A 型和 B 型。A 型药物不良反应又称为剂量相关性不良反应,由药物本身或其代谢物所引起,为固有药理作用增强或持续所致。B 型药物不良反应又称剂量不相关的不良反应,与药物固有的正常药理作用无关,而与药物变性和人体特异体质有关。B 型药物不良反应的危险性大、病死率高,但发生率较低,如药物过敏等。A 型药物不良反应与药物代谢有着十分密切的关系,其特点是可以预测、发生率高、死亡率低。与 A 型药物不良反应有关的因素主要包括以下几个:

1. **药物吸收**　多数药物口服后,从口腔至直肠均可吸收,以小肠吸收最多。巨大的黏膜表面积和丰富的血流供应促进药物分子通过小肠进入血液循环。非脂溶性药物的吸收常不完全,个体差异很大,如胍乙啶在小肠的吸收不规则,为 3%~27%,治疗高血压的口服剂量范围可为 10~100mg/d,人体适宜剂量难以确定。

服用药物的剂量对到达循环的药物总量有决定意义,但服用的配伍药物的结合倾向、胃肠道运动、胃肠道黏膜吸收能力、肠壁及肝在药物到达体循环前失活药物的能力,都对口服给药的吸收有影响。四环素类抗生素与制酸药如氢氧化铝、氧化镁或用于治疗贫血的硫酸亚铁合用时,可形成既难溶解又难吸收的结合物,降低四环素类抗生素的疗效。阿托品、三环类抗抑郁药减慢胃排空,可延迟药物吸收;多潘立酮(吗丁啉)、溴丙胺太林和甲氧氯普胺(胃复安)促进胃蠕动,加快胃内容物排空,可加速吸收。西沙必利与吗啡缓释片同服可明显升高吗啡的血药平均峰浓度,显著缩短地高辛的血浆半衰期。

2. **药物分布**　药物在体循环中的量和范围取决于局部血流量和药物穿透细胞膜的难易。心输出量对药物的分布和组织灌注速率也有重要作用。如经肝代谢的利多卡因,主要受肝血流影响,当心力衰竭、出血或静脉滴注去甲肾上腺素药时,由于肝血流减少,利多卡因的消除率也减慢。

药物 - 血浆蛋白结合减少,则增加游离药物(自由药物)浓度,使药效增强,产生 A 型不良反应。血浆蛋白结合率高的药物,受血浆蛋白量的影响较大。当血浆蛋白结合率稍有降低,游离药物浓度增加相对较高,而出现 A 型不良反应,如低清蛋白血症患者服用苯妥英钠、地西泮等时易出现不良反应;服用华法林的患者服用保泰松,可因抗凝作用过强而出血不易停止。

有的药物可与组织成分结合,引起 A 型不良反应。如四环素与新形成的骨螯合而抑制新生儿骨骼生长达 40%(形成四环素 - 钙 - 正磷酸盐),还使幼儿牙齿变色和畸形,但在成人则无临床后果;氯喹对黑色素有较高亲和力,可高浓度地蓄积在含黑色素的眼组织中,引起视网膜变性;对乙酰氨基酚的代谢产物可与肝谷胱甘肽结合,耗竭谷胱甘肽,形成肝毒性。

3. **药物消除**　大多数通过肝酶系代谢失活的药物,当肝的代谢能力下降,药物的代谢速率可减慢,造成药物蓄积,引起 A 型不良反应。药物的代谢速率主要取决于遗传因素,个体之间有很大的差异。如同样服用苯妥英钠 300mg/d,血浆浓度范围可为 4~40μg/ml。当血浆浓度超过 20μg/ml

时,就会出现 A 型不良反应,如运动失调、眼球震颤和昏睡。服用保泰松 800mg/d,血药浓度范围为 60~150μg/ml。当血药浓度超过 90~100μg/ml 时,呕吐、腹泻、粒细胞和血小板减少、肝功能损伤等不良反应的发生率相当高。哌替啶的主要代谢产物去甲哌替啶有较强的中枢兴奋作用,当哌替啶转化为去甲哌替啶的速率大于哌替啶的吸收率时,主要表现为去甲哌替啶的作用,可引起昏迷和惊厥同时发生。

CYP 具有基因多态性,在一些情况下,导致对某些药物明显慢和明显快的代谢。慢代谢者易发生药物在体内累积导致不良反应,而快代谢者则快速清除药物而使药物失效。对 CYP 具有抑制作用的药物,可使另一种药物的代谢减缓,可能会造成血浆浓度的增加而导致毒性。氟康唑、酮康唑或红霉素等已知的 CYP 抑制剂,可抑制西沙必利的代谢,使其血药浓度升高而引起不良反应。

肝是药物代谢的主要器官,药物口服首先到达肝,而后进入体循环,因此,凡是在肝易被代谢而破坏的药物,口服效果差,以注射给药为好。

药物经过体内代谢,一般来说水溶性增加,但也有例外。例如前述磺胺的乙酰化,水溶性反而降低,易引起尿道结石。

如前所述,一种药物可为另一种药物代谢酶诱导剂,所以在临床上要注意两种以上药物同时服用时,可能引起药效的降低或毒副作用的增加等问题。另外,一种药物也可诱导其本身代谢的酶系,因此有些药物常服易产生耐受性。药物代谢有种族、个体、年龄、性别、病理、营养及给药途径的差异,这些也都是临床用药应该注意的问题。

总之,药物代谢的研究,一方面可为临床合理用药提供依据,另一方面也可为药物作用机制、构效关系以及寻找新药建立理论基础。因此,开展药物代谢的研究具有重要的理论和实用意义。

（三）指导新药的研究与开发

1. 低效转化为高效　如前所述,有些药物药理活性很低,但在体内经过第一相代谢为高活性物,这样可为设计新药指出方向。例如前述低抗菌活性的百浪多息,在体内可转化为高抗菌活性的磺胺,这一发现引起磺胺类药物的合成。

2. 短效转化为长效　即改变在体内易代谢灭活的基团,使其不易在体内代谢灭活,而延长其作用时间。如前列腺素 E 和 F 类在 15 位碳有一个羟基,此基团与活性有关,在体内（如肺）经 15- 脱氢酶的作用变为 15- 酮基而灭活,所以前列腺素 E 和 F 类通过血液循环 1 周,活性破坏 90% 以上。如果合成 15- 甲基前列腺素 E 或 F 衍生物,则不易在 15 位脱氢,药理活性可增强 10 倍以上。睾酮口服经肝代谢为 17- 酮类固醇而灭活,人工合成 17- 甲睾酮,在体内不易转化为 17- 酮类固醇类,所以口服有效。又如甲苯磺丁脲的甲基在体内可以代谢为羟甲基和羧基而灭活,如把甲基改构为氯而成为氯磺丙脲,则活性大为提高。普鲁卡因易被酯酶水解破坏,作用时间短,如改为普鲁卡因胺,则不易水解,药理作用时间延长,这是因为体内酰胺酶的活性比酯酶小。

3. 合成生理活性前体物　有些生理活性物质在体内易代谢破坏,可以人工合成前体药物,在未代谢之前不易排出,但在体内可以代谢成为活性物质,使其作用时间延长。例如睾酮 C_{17} 上的羟基被酯化为丙酸睾酮,可在体内缓慢水解成原来激素而发挥作用。

4. 其他　如通过化学合成改变结构,使原活性强而有效的化合物活性（也即毒性）降低,当其进入体内,在靶器官再转化为活性强的化合物而发挥其作用。例如化学活性强的氮芥与环磷酰胺结合,毒性降低（比氮芥低数十倍）,在体外无效,但在体内靶细胞经酶的催化,使 NH 转化为 NOH,可与癌细胞 DNA- 鸟嘌呤 N^7 交联而发挥其抗癌作用。

思 考 题

1. 简述药物在体内需要通过的生理屏障和物理分隔。
2. 简述药物转运体主要有哪些,各有什么特点。

3. 简述Ⅰ相药物代谢和Ⅱ相药物代谢的异同点。

4. 药物与药物的相互作用的机制有哪些？

5. 药物代谢的主要器官是哪些？分别起什么作用？

第十六章
目标测试

（陈枢青）

第十七章

生物药物

学习目标

1. **掌握** 生物药物、生物技术药物等概念；生物药物的特点、分类及应用。
2. **熟悉** 生物药物的主要品种；生物技术药物的主要种类。
3. **了解** 生物合成技术的主要原理和应用；生物技术药物的发展趋势；生物药物的研究进展。

第十七章
教学课件

第一节　生物药物概述

一、生物药物的概念

化学药物、生物药物与中草药是人类防病、治病的三大药源。生物药物（biopharmaceutic）是利用生物体、生物组织或其成分，综合应用生物学、生物化学、微生物学、免疫学、物理化学和药学等的原理与方法制造的一大类用于预防、诊断、治疗的制品。广义的生物药物包括从动物、植物、微生物等生物体中制取的各种天然生物活性物质及其人工合成或半合成的天然物质类似物。随着基因重组药物、基因药物和单克隆抗体的快速发展，生物药物的种类已获得极大地增加，现代生物药物已形成四大类型：①基因重组多肽、蛋白质类治疗剂，即应用重组 DNA 技术（包括基因工程技术、蛋白质工程技术）制造的重组多肽、蛋白质类药物；②基因药物，即基因治疗药物、基因疫苗、反义药物和核酶等；③天然生物药物，即来自动物、植物和微生物的天然产物，包括来自海洋生物的天然产物；④合成与部分合成的生物药物。其中，①②类属生物技术药物，在我国按"新生物制品"研制申报；③④类药可根据来源不同，可按化学药物或中药类研制申报。

2020 年版《中国药典》三部收载生物制品 153 种，其中新增 20 种、修订 126 种；新增生物制品通则 2 个、总论 4 个。生物制品新增品种：预防类 6 种、治疗类 12 种、体外诊断类 2 种。如：23 价肺炎球菌多糖疫苗、黄热减毒活疫苗、冻干人用狂犬病疫苗、Sabin 株脊髓灰质炎灭活疫苗（Vero 细胞）、口服Ⅰ型Ⅲ型脊髓灰质炎减毒活疫苗（人二倍体细胞）、人凝血酶、外用人粒细胞巨噬细胞刺激因子凝胶、康柏西普眼用注射液、精蛋白人胰岛素混合注射液、甘精胰岛素、赖脯胰岛素、治疗用卡介苗等。

二、生物药物的发展

生物药物是一类既古老又年轻的药物。中国古代劳动人民曾对生物药物的发现与发展作出过重要的贡献，如公元前 597 年就发明了用麯（类似植物淀粉酶制剂）治疗消化不良，又如公元 11 世纪沈括发明的秋石治病，更是生物药物早期成功应用的实例。早期的生物药物多数来自动物脏器，有效成分也不明确，曾有脏器制剂之称。到 20 世纪 20 年代，对动物脏器的有效成分逐渐有所了解，纯化胰岛素、甲状腺素、各种必需氨基酸、必需脂肪酸以及多种维生素开始用于临床或保健。20 世纪 40—50 年代相继发现和提纯了肾上腺皮质激素和垂体激素，分离纯化技术的提高使这类药物的品种日益增加。

20世纪50年代起,开始应用发酵法生产氨基酸类药物。20世纪60年代以来,从生物体分离、纯化酶制剂的技术日趋成熟,酶类药物很快获得应用。尿激酶、链激酶、溶菌酶等已成为具有独特疗效的常规药物。自1982年人胰岛素成为用DNA重组技术生产的第一个药物上市以来,生物药物的研制与开发取得了飞速的发展。生物药物最早的实践应用也在我国,如早在10世纪,我国民间就有种痘预防天花的实践。1796年,英国医生琴纳发明了预防天花的牛痘接种法,从此用疫苗预防传染病的方法才得到肯定。20世纪以来,随着病毒培养技术的发展,疫苗种类日益增加,制造工艺日新月异。特别是20世纪80年代后期,应用基因工程技术成功研制了乙肝疫苗、狂犬病疫苗、口蹄疫疫苗,并且各种免疫诊断制品和治疗用生物制品也迅速发展,如各种单克隆抗体诊断试剂、甲肝诊断试剂、乙肝诊断试剂、丙肝诊断试剂、风疹病毒、水痘病毒诊断试剂。另外,胰岛素、干扰素、IL-2、凝血因子Ⅷ、转移因子等都已相继投放市场。

　　按照生物药物产品的纯度、工艺特点和临床疗效特征,生物药物的发展大致经历了三个发展阶段。第一代生物药物是利用生物材料加工制成的含有某些天然活性物质与混合成分的粗制剂,如脑垂体后叶制剂、肾上腺提取物、眼制剂、骨制剂、胎盘制剂等。这类产品的特点是有效成分不明确,制造工艺简单,但确有一定的疗效。第二代生物药物是根据生物化学和免疫学原理,应用近代生物化学分离、纯化技术从生物体制取的具有针对性治疗作用的特异成分或合成与部分合成的产品,如胰岛素、尿激酶、肝素、香菇多糖、前列腺素E、人丙种球蛋白、转铁蛋白、狂犬病免疫球蛋白等。这类产品的特点是成分明确,疗效确切,虽然某些产品的原料来源有限,但随着新的生物活性物质的不断发现,第二代生物药品仍将日益增多,具有广阔的前景。第三代生物药物是应用现代生物技术生产的天然生物活性物质,以及通过基因工程、细胞工程、酶工程等原理设计制造的具有比天然物质更高活性的类似物或与天然品结构不同的全新的药理活性成分。如利用基因工程技术生产的人胰岛素、干扰素、IL-2、乙肝疫苗以及用聚乙二醇(PEG)修饰的干扰素等。由于世界各国的技术和资源利用情况不同,上述三代生物药物目前仍处于并存、竞争与相互补充、共同发展的局面。

三、生物药物的特点

1. 药理学特性

　　(1)治疗的针对性强:治疗的生理、生物化学机制合理,疗效可靠。如细胞色素C为呼吸链的重要成员,用它治疗由组织缺氧引起的一系列疾病,效果显著。

　　(2)药理活性高:生物药物是从大量原料中精制出来的高活性物质,因此具有高效的药理活性。如注射纯的ATP可以直接供给机体能量,效果确切、显著。

　　(3)毒副作用小、营养价值高:生物药物主要有蛋白质、核酸、糖类、脂类等。这些物质的组成单元为氨基酸、核苷酸、单糖、脂肪酸等,对人体不仅无害,而且是重要的营养物质。

　　(4)生理副作用常有发生:生物药物是从生物原料制得的。生物进化的结果使不同生物,甚至相同生物不同个体之间的活性物质的结构都有很大差异,其中尤以相对分子质量较大的蛋白质(含酶)更为突出。这种差异造成在使用生物药物时出现副作用,如免疫反应、变态反应等。

2. 在生产、制备中的特殊性

　　(1)原料中有效物质含量低、杂质种类多且含量高,因此提取、纯化工艺复杂。如胰腺中胰岛素含量仅为0.002%,还含有多种酶、蛋白质等杂质,提纯工艺很复杂。

　　(2)稳定性差:生物药物的分子结构中一般具有特定的活性部位,生物大分子药物是以其严格的空间构象来维持其生物活性功能的,一旦遭到破坏,就失去其药理作用。引起活性破坏的因素有:生物性的破坏,如被自身酶水解等;理化因素的破坏,如温度、压力、pH、重金属等。

　　(3)易腐败:由于生物药物原料及产品均为营养价值高的物质,因此极易染菌、腐败,从而造成有效物质被破坏,失去活性,并且产生热原或致敏物质等。因此生产过程中对低温、无菌操作要求严格。

（4）注射用药有特殊要求：生物药物由于易被胃肠道中的酶分解，所以主要是经过注射给药，因此对药品制剂的稳定性、均一性、安全性等都有严格要求。同时对其理化性质、检验方法、剂型、剂量、处方、贮存方式等亦有明显的要求。

3. 检验上的特殊性　由于生物药物具有特殊的生理功能，因此生物药物不仅要有理化检验指标，更要有生物活性检验指标。

第二节　生物药物的分类与应用

一、生物药物的分类

生物药物的分类方法大致归纳为 3 种：按药物的来源和制造方法分类；按药物的化学本质和化学特性分类；按药物的生理功能和临床用途分类。

（一）按来源和制造方法分类

1. 动物来源　许多生物药物来源于动物脏器。尽管来从植物、微生物来源的生物药物逐年增加，但动物来源的生物药物仍占较大比重。尤其是我国家畜（猪、马、牛、羊等）、家禽（鸡、鸭等）和海洋动物资源丰富，具有大力开展综合利用的条件和资源。

2. 植物来源　我国药用植物的资源极为丰富。过去在研究药用植物时，往往忽视了其所含有的生物化学成分，常常把植物中的生物大分子物质当作杂质除去而未能利用。近几年来，对植物中的蛋白质、多糖、脂类和核酸类等生物大分子的研究和利用引起了人们的重视，从而出现了许多新的生物药物资源。

3. 微生物来源　应用微生物发酵法生产生物药物是一个重要途径。其优点如下。

（1）微生物及其代谢物资源丰富，可开发的潜力很大。

（2）微生物易于培养，繁殖快，产量高，成本低，便于大规模工业生产，不受原料运输、保存、生产季节和货源供应的影响。

（3）微生物发酵法生产生物药物可综合利用，从代谢物和菌丝体都可以制取许多种生物药物，并且通过诱变选育良种，或加入前体培养法大幅度提高产量。

（4）利用微生物体内酶的转化作用进行生物药物的半合成具有重要意义。许多复杂的难以实现的反应，利用微生物酶能专一和迅速地完成。现阶段利用微生物发酵法生产的生物药物有许多种类。以氨基酸、核酸及其降解物、酶和辅酶等的生产规模较大，其次在多肽、蛋白质、糖、脂类、维生素、激素及有机酸的生产上也有不少产品。

4. 现代生物技术产品　包括利用基因工程技术生产的重组活性多肽、活性蛋白质类药物、基因工程疫苗、单克隆抗体及多种细胞生长因子，利用转基因动物、植物生产的生物药物及利用蛋白质工程技术改造天然蛋白质，创造自然界没有的但功能上更优良的蛋白质类生物药物。利用现代生物技术生产生物药物将是生物药物的最重要来源。

5. 化学合成　许多小分子生物药物已能用化学合成或半合成法进行生产，如氨基酸、多肽、核酸降解物及其衍生物、维生素和某些激素，并且通过结构改造以达到高效、长效和高专一性。有些大分子生物药物（如酶）也可通过化学修饰来提高其稳定性和降低抗原性。

生物药物按其来源不同虽可按上述分类，但许多产品是由几种来源相结合产生的。例如基因工程产品既有动植物来源，也有微生物来源；甾体激素可视为植物、微生物和化学合成相结合的产物；某些氨基酸和维生素也是化学合成和微生物发酵相结合的。

（二）按化学本质和化学特性分类

生物药物的有效成分多数是比较清楚的，该分类方法有利于比较药物的结构与功能的关系、分离制备方法的特点和检测方法的统一等。因此,一般教科书均按此分类。

1. 氨基酸及其衍生物类药物　这类药物包括天然的氨基酸和氨基酸混合物,以及氨基酸衍生物,如 N- 乙酰半胱氨酸、L- 二羟基苯丙氨酸等。

2. 多肽和蛋白质类药物　多肽和蛋白质的化学本质是相同的,性质又相似,但分子量不同,且在生物学上性质差异则较大,如分子大小不同的物质免疫原性就不一样。蛋白质类药物有丙种球蛋白、胰岛素、单克隆抗体和抗体药物偶联等;多肽类药物有神经肽、抗菌肽、降钙素、胰高血糖素等。

3. 酶与辅酶类药物　酶类药物主要应用于酶替代治疗及胃肠道疾病、炎症、抗凝溶栓、抗肿瘤治疗等,如 α- 半乳糖苷酶、胰蛋白酶、胃蛋白酶、纤溶酶、门冬酰胺酶等。辅酶种类繁多,结构各异,一部分辅酶亦属于核酸类药物,如 B 族维生素。

4. 核酸及其降解物和衍生物类药物　这类药物包括核酸(DNA、RNA)、多聚核苷酸、单核苷酸、核苷、碱基等。人工化学修饰的核苷酸、核苷、碱基等的衍生物,如氟尿嘧啶、巯嘌呤等,亦属于此类药物。

5. 糖类药物　糖类药物的概念由一般的糖类药物拓展到以糖类为基础的药物。糖类药物以黏多糖为主。由于单糖结构与糖苷键的位置不同,因而多糖种类繁多,药理功能各异。这类药物存在于各种生物中,如肝素、硫酸软骨素、透明质酸。人们从中药中也提取了不少多糖物质,茯苓多糖、云芝多糖、银耳多糖、胎盘脂多糖等均在临床应用。

6. 脂类药物　脂类药物是一些具有重要生化、生理、药理效应的脂类化合物,有较好的预防和治疗疾病的效果。这类药物主要有脂肪和脂肪酸类、磷脂类、胆酸类、色素类、固醇类、卟啉类等。如鹅去氧胆酸及熊去氧胆酸、DHA、EPA、人工牛黄等。

7. 细胞生长因子类药物　细胞因子是人类或动物各类细胞分泌的具有多种生物活性的因子。已广泛研究的细胞因子有干扰素、白细胞介素、肿瘤坏死因子、集落刺激因子等。它们的功能是在体内对人类或动物细胞的生长与分化起重要调节作用。

8. 生物制品类药物　从微生物、原虫、动物或人体材料直接制备,或用现代生物技术、化学方法制成,作为预防、治疗、诊断特定传染病或其他疾病的制剂,统称为生物制品。

（三）按生理功能和临床用途分类

生物药物广泛用作医疗用品,在临床医学、预防医学、保健医学等领域都发挥着重要作用。按用途分类,大致可分为四大类。

1. 治疗药物　生物药物对许多常见病、多发病有着很好的疗效。对于如肿瘤、获得性免疫缺陷综合征、心脑血管疾病、免疫性疾病、内分泌障碍等疾病,生物药物的治疗效果是其他药物不可比拟的。因此,治疗疾病是生物药物的主要功能。

2. 预防药物　以预防为主是我国医疗卫生工作的一项重要方针。许多疾病,尤其是传染性疾病,如天花、麻疹、百日咳等,预防比治疗更为重要。常见的预防药物有菌苗、疫苗、类毒素等。生物药物在预防疾病方面将显示出越来越重要的地位。

3. 诊断药物　大部分临床诊断试剂都来自生物药物,这也是生物药物的重要用途之一。生物药物作为诊断试剂的特点是:速度快,灵敏度高,特异性强。现已成功使用的有:免疫诊断试剂、单克隆抗体诊断试剂、酶诊断试剂、放射性诊断药物和基因诊断药物等。一些生物活性物质亦是检测疾病的指标,如谷草转氨酶等。

二、生物药物的应用

（一）作为治疗药物

对许多常见病和多发病,生物药物都有较好的疗效。对遗传病和机体衰老及严重危害人类健康的一些疾病如肿瘤、糖尿病、心血管疾病、乙型肝炎、内分泌障碍、免疫性疾病等,生物药物将发挥更好的治疗作用。按其药理作用主要有以下几大类。

1. 内分泌障碍治疗药物　如胰岛素、生长素、甲状腺素、胰高血糖素等。

2. 维生素类药物　主要起营养和辅助治疗的作用,用于维生素缺乏症。某些维生素大剂量使用时有一定治疗和预防癌症、感冒和骨质疏松的作用,如维生素 C、维生素 D_3、维生素 B_{12}、维生素 B_{14} 等。

3. 中枢神经系统药物　如左旋多巴(治疗帕金森病)、人工牛黄(镇静、抗惊厥)、脑啡肽(镇痛)等。

4. 血液和造血系统药物　常见的有抗贫血药(血红素)、抗凝药(肝素)、抗血栓药(尿激酶、组织纤溶酶原激活剂、蛇毒溶栓酶)、止血药(凝血酶)、血容量扩充剂(右旋糖酐)、凝血因子制剂(凝血因子Ⅷ和Ⅸ)。

5. 呼吸系统药物　有平喘药(如前列腺素、肾上腺素)、祛痰药(乙酰半胱氨酸)、镇咳药(蛇胆、鸡胆)、慢性气管炎治疗剂(核酪注射液)。

6. 心血管系统药物　有降血脂药(如弹性蛋白酶、猪去氧胆酸)、冠心病防治药物(如硫酸软骨素 A、类肝素、冠心舒)、溶解血栓药物[如组织型纤溶酶原激活物(t-PA)及其突变体 TNK-tpA 和 r-PA、U-PA 等]。

7. 消化系统药物　常见的有助消化药(如胰酶、胃蛋白酶)、溃疡治疗药(如胃膜素、维生素 U)、止泻药(如鞣酸蛋白)。

8. 抗病毒药物　主要有 3 种作用类型:①抑制病毒核酸的合成,如碘苷、三氟碘苷;②抑制病毒合成酶,如阿糖腺苷、阿昔洛韦;③调节免疫功能,如异丙肌苷、干扰素。

9. 抗肿瘤药物　主要有核酸类抗代谢物(如阿糖胞苷、巯嘌呤、氟尿嘧啶)、抗癌天然生物大分子(如天冬酰胺酶、云芝多糖)、提高免疫力抗癌药(如 IL-2、干扰素、集落细胞刺激因子)、抗体类药物(如利妥昔单抗、阿瓦斯汀、抗 PD-1 抗体)。

10. 自身免疫性疾病治疗药物　主要有治疗风湿性关节炎、银屑病的抗 TNFα 的抗体类药物(如依那西普、英夫利西单抗、阿达木单抗),还有抗 CD11α 人源化抗体、CTL4-Fc 融合蛋白等。

11. 遗传性疾病治疗药物　如凝血因子Ⅶ a 用于治疗血友病;葡萄糖脑苷脂酶用于治疗溶酶体贮积症等。

12. 抗辐射药物　如超氧化物歧化酶(SOD)、硫普罗宁(tiopronin)。

13. 计划生育用药　有口服避孕药(如复方炔诺酮)和早中期引产药(如前列腺素及其类似物,PGE2、PGF2α、15-甲基 PGF2α、16,16-二甲基 PGF2α)。

14. 生物制品类治疗药物　如各种人血免疫球蛋白(如破伤风免疫球蛋白、乙型肝炎免疫球蛋白)、抗毒素(如精制白喉抗毒素)和抗血清(如蛇毒抗血清)等。

随着生物技术的迅猛发展,新的生物技术药物不断涌现,使生物药物的临床用途得到进一步的扩展。例如胚胎干细胞工程,通过使早期胚胎内细胞团或原始生殖细胞在体外分化,扩增培养,分离和克隆,使其发育成各种高度分化的功能细胞(如肌肉细胞、神经细胞等),并形成各种组织和器官,从而有望用于修复那些人体已不能再生的坏损组织和器官,并将使许多目前无法根治的疾病得到治愈。又如,反义药物是以反义核酸技术为基础开发的生物技术药物,其性质、作用对象明显与传统生物药物不同,主要表现为:①新的化学物质——寡聚核苷酸;②新的药物受体——mRNA;③新的药物——受体结合后反应。反义药物有望逐步应用于抗病毒,以及癌症、心血管疾病及阿尔茨海默病等疾病的治疗。

（二）作为预防药物

许多疾病,尤其是传染病(如细菌性和病毒性传染病)的预防比治疗更为重要。通过预防,许多传染病得以控制直到灭绝。

　　常见的预防药物有菌苗、疫苗、类毒素及冠心病防治药物（如类肝素和多种不饱和脂肪酸）。菌苗有活菌苗、死菌苗及纯化或组分菌苗。活菌苗如布氏菌病活菌苗、鼠疫疫苗、土拉活菌苗、炭疽菌苗和卡介苗等；纯化或组分菌苗如流行性脑膜炎多糖菌苗；死菌苗如霍乱疫苗、伤寒疫苗、百日咳疫苗、钩端螺旋体菌苗等。疫苗（vaccine）也有灭活疫苗（死疫苗）和减毒疫苗（活疫苗）两类，死疫苗如乙型脑炎疫苗、森林脑炎疫苗、狂犬病疫苗和斑疹伤寒疫苗；活疫苗如麻疹疫苗、脊髓灰质炎疫苗、腮腺炎疫苗、流感疫苗、黄热病疫苗等。类毒素是细菌繁殖过程中产生的致病毒素，经甲醛处理使失去致病作用，但保持原有的免疫原性的变性毒素，如破伤风类毒素和白喉类毒素。

　　近几年发展起来的基因疫苗（genetic vaccination）使作为预防用的生物药物得到进一步发展。基因疫苗也称 DNA 疫苗、核酸疫苗，是将外源基因克隆在表达质粒上，直接注入动物体内，使外源基因在活体内表达抗原并诱导机体产生免疫应答，产生抗体从而激活免疫力。DNA 疫苗已经在许多难治性感染性疾病、自身免疫性疾病、过敏性疾病和肿瘤的预防领域显示出广泛的应用前景。

　　（三）作为诊断药物

　　生物药物用作诊断试剂是其最突出又独特的另一临床用途，绝大部分临床诊断试剂都来自生物药物。诊断用药有体内（注射）和体外（试管）两大使用途径。诊断用药发展迅速，品种繁多，数可近千，剂型也不断改进，正朝着特异、敏感、快速、简便的方向发展。

　　1. 免疫诊断试剂　利用高度特异性和敏感性的抗原 - 抗体反应，检测样品中有无相应的抗原或抗体，可为临床提供疾病诊断依据，主要有诊断抗原和诊断血清。常见诊断抗原有：①细菌类，如伤寒杆菌菌体（O）抗原，副伤寒甲、乙、丙鞭毛抗原、布氏杆菌水解素、结核菌素等；②病毒类，如乙肝表面抗原血凝制剂、乙型脑炎和森林脑炎抗原、麻疹血凝素；③毒素类，如链球菌溶血素 O、锡克及狄克诊断液等。诊断血清包括：①细菌类，如痢疾菌分型血清；②病毒类，如流感肠道病毒诊断血清；③肿瘤类，如甲胎蛋白诊断血清；④抗毒素类；⑤激素类，如人绒毛膜促性腺激素（HCG）；⑥血型及人类白细胞抗原诊断血清，包括 HLA-Ⅰ类抗原；⑦其他类，如转铁蛋白诊断血清。

　　2. 酶诊断试剂　可以利用酶反应的专一性和快速灵敏的特点，定量测定体液内的某一成分变化作为病情诊断的参考。商品化的酶诊断试剂盒是一种或几种酶及其辅酶组成的一个多酶反应系统，通过酶促反应的偶联，以最终反应产物作为检测指标。经常用于配制诊断试剂的酶有氧化酶、脱氢酶、激酶和水解酶等。已普遍作用的常规检测项目有血清胆固醇、甘油三酯、葡萄糖、血氨、尿素、乙醇及血清谷丙转氨酶（SGPT）和谷草转氨酶（SGOT）等。目前已有 40 余种酶诊断试剂盒供临床应用，如 HCG 诊断盒、获得性免疫缺陷综合征诊断盒。

　　3. 器官功能诊断药物　利用某些药物对器官功能的刺激作用、排泄速度或味觉等检查器官的功能损害程度。如磷酸组胺、促甲状腺素释放激素、促性腺激素释放激素、苯替酪胺（BT-PABA）和甘露醇等。

　　4. 放射性核素诊断药物　放射性核素诊断药物具有聚集于不同组织或器官的特性，故进入体内后，可检测其在体内的吸收、分布、转运、利用及排泄等情况，从而显出器官功能及其形态，以供疾病的诊断。如放射性碘人血清清蛋白（^{131}I）用于测定心脏放射图、心输出量及脑扫描；^{59}Fe- 柠檬酸用于诊断缺铁性贫血；^{75}Se- 甲硫氨酸用于胰腺扫描和淋巴瘤、淋巴网状细胞瘤和甲状旁腺组织瘤的诊断。

　　5. 诊断用单克隆抗体（McAb）　McAb 的特点之一是专一性强，一个 B 细胞所产生的抗体只针对抗原分子上的一个特异抗原决定簇。应用 McAb 诊断血清能专一检测病毒、细菌、寄生虫或细胞的一个抗原分子片段，因此测定时可以避免交叉反应。McAb 诊断试剂已广泛用于测定体内激素的含量（如 HCG、催乳素、前列腺素），诊断 T 淋巴细胞亚群和 B 淋巴细胞亚群及检测肿瘤相关抗原。McAb 对病毒性传染源的分型，有时是唯一的诊断工具，如脊髓灰质炎有毒株或无毒株的鉴别、登革热不同型的区分、肾病综合征的诊断等。

6. **基因诊断芯片**　基因诊断芯片是基因芯片（genechip，DNA chip）的一大类，它是将大量的分子识别基因探针固定在微小基片上，与被检测的标记的核酸样品进行杂交，通过检测每个探针分子的杂交强度而获得大量基因序列信息（特别是与疾病相关的信息）。目前主要用于疾病的分型与诊断，如用于急性脊髓白血病和急性淋巴细胞白血病的分型，以及对乳腺癌、前列腺癌的分型及各类癌症或其他疾病的基因诊断。

（四）用作其他领域

生物药物应用的另一个重要发展趋势就是渗入到生化试剂、生物医学材料、营养、食品及日用化工、保健品和化妆品等各领域。

1. **生化试剂系列**　生化试剂品种繁多，不胜枚举，如细胞培养剂、细菌培养剂、电泳与层析配套试剂、DNA 重组用的一系列工具酶、植物血凝素、放射性核素标记试剂和各种抗血清与免疫试制等。

2. **生物医学材料**　主要用于器官的修复、移植或外科手术矫形及创伤治疗等的一些生物材料。如止血海绵，人造皮肤，牛、猪心脏瓣膜，人工肾，人工胰等。

3. **营养保健品及美容化妆品**　如各种软饮料及食品添加剂的营养成分，包括多种氨基酸、维生素、甜味剂、天然色素以及各种有机酸，如苹果酸、柠檬酸、乳酸等。另外众多的酶制剂（如 SOD）、生长因子（如 EGF、bFGF）、多糖类（如肝素、脂多糖）、脂类（如胆固醇、不饱和脂肪酸）、肽类（如抗氧化肽、胶原肽）和多种维生素均已广泛用于制造化妆品类，包括护肤护发品、美容化妆品、清洁卫生用品、劳动保护用品等。

第三节　生物药物的制造

一、生物药物的制备方法

（一）生物药物制备方法的特点

生物药物主要包括生化药物、微生物药物、生物技术药物和生物制品，这些药物是以生物学和化学相结合的手段，以生物材料为原料制取的。生物药物的生产技术和产品质量要求高，其制造技术具有下列特点。

1. 目的物存在于组成非常复杂的生物材料中。一种生物材料含有成千上万种成分，各种化合物的形状、大小、分子形式和理化性质各不相同，其中不少还是未知物，而且有效物质在制备过程尚处于代谢动态中，故常无固定工艺可循。

2. 有些目的物在生物材料中含量极微，只达万分之一、十万分之一甚至百万分之一，因此分离纯化步骤多，难以获得高收率。

3. 生物活性成分离开生物体后，易变性破坏，分离过程必须十分小心，以保护有效物质的生物活性。这是生物药物制备工艺的难点。

4. 生物药物制造工艺几乎都在溶液中进行，各种理化因素和生物学因素如温度、pH、离子强度，对溶液中各种组分的综合影响常常难以固定，以致许多工艺设计理论性不强，实验结果常带有很大经验成分。因此，要使实验能够获得重复，从材料、方法、条件及试剂药品等都必须严格规定。

5. 为了保护目的物的活性及结构完整性，生物制药工艺多采用温和的"多阶式"方法，即"逐级分离"法。为了纯化一种有效物质常常要联用几个，甚至十几个步骤并变换不同类型的分离方法交互进行才能达到目的，因此工艺流程长，操作烦琐。

6. 生物药物的均一性检测与化学上的纯度概念不完全相同。由于生物药物对环境变化十分敏感，结构与功能关系多变复杂，因此对其均一性的评估常常是有条件的，或者只能通过不同角度测定,最后才能给出相对"均一性"结论。只凭一种方法得到的纯度结论往往是片面的,甚至是错误的。

（二）生物药物制备方法的主要原理

生物药物分离制备方法的主要依据原理有两方面。

其一,根据不同组分分配率的差别进行分离,如溶剂萃取、分配层析、吸附层析、盐析、结晶等,许多小分子生物药物如氨基酸、脂类药物和某些维生素及固醇类药物等多采用这类制备方法。

其二,根据生物大分子的特性采用多种分离手段交互进行,如蛋白质、多肽、酶类药物、核酸类药物和多糖类药物常常需要应用多种分离方法组合才可达到纯化目的。生物大分子类药物的分离纯化主要原理是:①根据分子形状和分子大小不同的分离方法,如差速离心、超速离心、膜分离透析、电透析、超滤和凝胶过滤层析法等;②根据分子电离性质(带电性)不同的分离方法,如离子交换层析法、电泳法和等电聚焦法;③根据分子极性大小与溶解度不同的分离方法,如溶剂提取法、逆流分配法、分配层析法、盐析法、等电点沉淀法和有机溶剂分级沉淀法;④根据配基特异性不同的分离方法,如亲和层析法。

纯化某个具体生物药物,常常需要根据它的多种理化性质和生物学特性,多种分离方法进行有机结合,方能达到预期目的。

二、生物合成技术原理

生物合成(biosynthesis)是利用生物细胞的代谢反应(更多地是利用微生物转化反应)来合成化学方法难以合成的药物或药物中间体。微生物转化反应是利用微生物的代谢作用来进行某些化学反应,确切地说就是利用微生物代谢过程中某种酶对底物进行催化反应,以生成所需的活性物质。由于微生物转化产物立体构型单一、转化条件温和、后处理简便、公害少,并且能实现某些难以进行的化学条件下或不能合成的反应,因此在制药工业中得到愈来愈广泛的应用。现已形成一个以遗传工程为指导,以发酵工程为基础,包括细胞工程和酶工程有机结合的生物合成技术体系,主要发展领域是在基因工程和细胞工程的研究基础上应用发酵法和酶法合成技术生产抗生素、维生素、甾体激素、氨基酸、小肽、辅酶和寡核苷酸等生物化学活性物质。已知可以利用微生物转化反应来进行的有机反应已达 50 多种,如水解、脱氢、氧化、羟基化、环氧化、还原、氢化、酯化、水解、异构化、氮杂基团氧化、氮杂基团还原、硫杂基团氧化、硫醚开裂、胺化、酰基化、脱羟基和脱水反应等。

生物合成技术的另一领域是半合成技术。半合成药物是指一个药物其部分结构由天然资源得到,然后用化学合成法制得最终产品或应用微生物转化法将化学合成的中间产物,通过某些生物合成步骤来解决药物合成中难以进行的化学反应,从而获得最终有效化合物。如应用真菌孢子进行黄体酮的 $11-\alpha-$ 羟基反应,底物浓度可达 20~50g/L,用球状分枝杆菌转化可的松为氧化泼尼松,其底物浓度可高达 400g/L,产率达 80%~90%。又如用青霉素酰化酶水解青霉素生成 6- 氨基青霉酸(6-APA)和用头孢菌素 C 酰化酶水解头孢菌素 C 生成 7- 氨基头孢羧酸(7-ADCA),用于生产多种更有效的半合成青霉素类似物和头孢菌素 C 类似物(图 17-1)。

随着生物合成技术的发展,在 21 世纪初出现了一门新的分支学科——合成生物学(synthetic biology)。与传统生物学通过解剖生命体以研究其内在结构的方法截然相反,合成生物学是通过生物信息学、化学合成、基因工程等手段,从最基本的要素开始一步步建立零部件,合成具有全新特性的、具有非自然功能的新生物个体的一门新兴学科。它包括两方面,一是设计和构建新的生物零件、组件和系统;二是对现有的、天然存在的生物系统的重新设计和改造,以造福人类。合成生物学在未来几年有望取得迅速进展,据预测,合成生物学在很多领域将具有极好的应用前景,这些领域包括疫苗的生产、新药或某些稀缺药物的研制和药物的改进、以生物学为基础的制造、可再生生物能源的生产、环境污染的生物治理、可以检测有毒化学物质的生物传感器等。

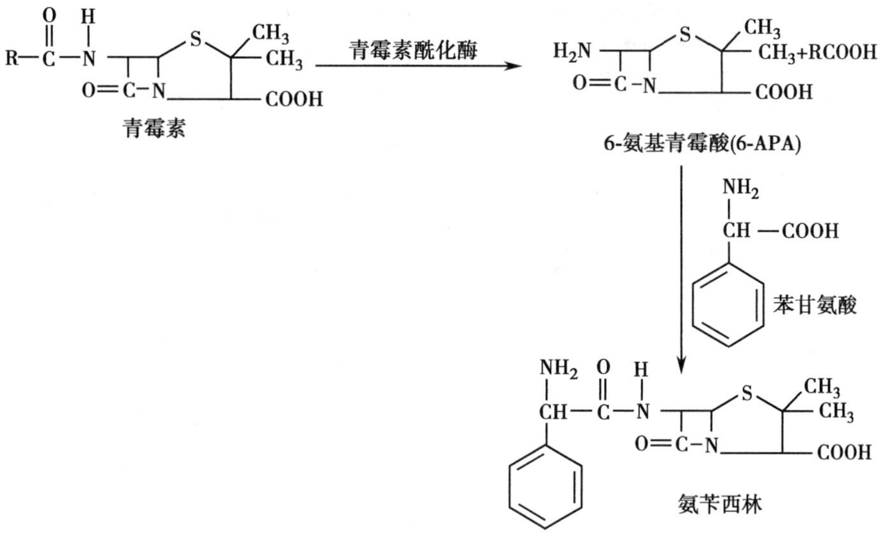

图 17-1　氨苄西林的合成

三、生物技术原理

生物技术（biotechnology）也称生物工程，是利用生物有机体（动物、植物和微生物）或其组成部分（包括器官、组织、细胞或细胞器等）发展新产品或新工艺的一种技术体系。生物技术一般包括基因工程、细胞工程、酶工程和发酵工程。基因工程主要包括基因的分离、制备、体外剪切、重组、扩增、表达与产物的纯化等技术；细胞工程则包括细胞（有时也包括器官或组织）的离体培养、繁殖、再生、融合以及细胞核、细胞质乃至染色体与细胞器（如线粒体、叶绿体等）的移植与改建等操作技术；酶工程是指酶的工业化生产及其固定化技术以及由酶制剂构成的生物反应器和生物传感器等新技术、新装置的研究应用；发酵工程也叫微生物工程，是在最适条件下，对单一菌种进行培养，是生产特定产品的一种生物工艺。现代生物技术的核心内容主要包括重组 DNA 技术和单克隆抗体技术。

重组 DNA 技术又称基因工程，其操作过程主要包括：①目的基因的获取；②基因载体的选择与构建；③目的基因与载体的拼接；④重组 DNA 导入受体细胞；⑤筛选和无性繁殖含重组分子的受体细胞（转化子）；⑥工程菌（或细胞）的大量培养与目的蛋白的生产。图 17-2 是一个普遍使用的基因工程操作方案。

DNA 重组技术的主要应用有：①运用 DNA 重组技术大量生产生物技术药物；②定向改造生物的基因结构，构建高产菌株，用于改造传统制药工业；③用于基础研究，如用于基因结构与基因组功能的调节研究，通过扩增目的基因、制造基因探针，用于分子杂交操作。

细胞工程技术系运用细胞学和遗传学的方法按照预先设计，有计划地改造细胞的遗传基础，以期获得人类所需要的具有某些特性和功能的新细胞。根据所要改造的遗传物质的结构层次，一般可分为基因工程、染色体工程、染色体组工程、细胞质工程及细胞融合（体细胞杂交）等。主要工作内容有细胞培养、细胞融合、染色体导入和基因转移等。

基因的直接移植与转基因动物：基因在细胞内的转移一般采用体外培养细胞显微注射技术。用显微吸管吸取基因或带基因的质粒，在显微镜下借助特殊的注射装置，把目的基因注入受体细胞核内，通常是将目的基因注入早期胚胎内或受精卵的膜内，如把人或哺乳动物的某种基因导入到哺乳动物的受精卵里，若导入基因与受精卵里的染色体整合在一起，细胞分裂时，染色体倍增，基因也随之倍增，每个细胞里都带有导入的基因，而且能稳定地遗传到下一代。这样一种新的个体称为转基因动物。转基因动物是获得低成本、高活性的生物技术药物的新途径，也是培育药物筛选新的病理模型的有效方法。我国已研究成功可以高效表达人凝血因子IX基因的转基因山羊，为构建"动物药厂"迈出了可喜的一步。

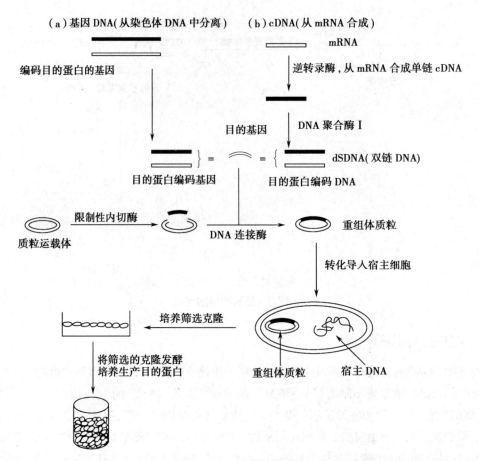

图 17-2   由（a）染色体 DNA、（b）cDNA 构建重组菌株或细胞生产目的蛋白的示意图

单克隆抗体（monoclonal antibody，McAb）是由一个杂交瘤细胞及其后代产生的抗体，具有单一、特异与纯化的特性。单克隆抗体主要用于免疫诊断、定向给药及家庭诊断检测试剂盒的配制，在治疗上也具有良好的应用前景。

单克隆抗体是通过杂交瘤细胞产生的。杂交瘤细胞是将骨髓瘤细胞与致敏 B 淋巴细胞融合而获得的。杂交瘤细胞继承了两个亲本细胞的遗传特性，既能分泌抗体又能快速、无限地生长繁殖。通过融合与筛选，将具有两种亲本细胞遗传特性的融合细胞分离出来，使未融合的细胞死亡，从而获得既能无限生长繁殖，又能分泌特异抗体的无性繁殖细胞即单克隆抗体细胞株，由此细胞株分泌的抗体分子，其分子结构、亲和力、氨基酸序列、生物专一性和其他生物学特性均相同。所以单克隆抗体就是由单个 B 淋巴细胞分泌的，针对单一抗原决定簇的均质单一抗体。制备单克隆抗体主要包括 3 个步骤：①将抗原注射到小鼠体内进行免疫，分离致敏 B 淋巴细胞与骨髓瘤细胞融合；②用选择性培养基培养，筛选杂交瘤细胞，逐一克隆扩增，从中挑出能产生单克隆抗体的杂交瘤细胞株；③将杂交瘤细胞进行扩大培养或注射到动物体内，作为腹水癌生长，然后从培养液中或动物腹水中分离纯化单克隆抗体。图 17-3 为杂交瘤细胞与单克隆抗体制造示意图。

人源化抗体（humanized antibody）是将小鼠抗体分子的互补决定区序列移植到人抗体可变区框架中而制成的抗体，即抗体的可变区部分（即 VH 和 VL 区）或抗体所有全部由人类抗体基因所编码，主要包括嵌合抗体、改型抗体、表面重塑抗体和全人源化抗体等几类。

①嵌合抗体（chimeric antibody）：属于第一代人源化抗体，是利用 DNA 重组技术将异源单抗的轻、重链可变区基因插入含有人抗体恒定区的表达载体中，转化哺乳动物细胞表达出嵌合抗体，这样表达的抗体分子中轻、重链的 V 区是异源的，而 C 区是人源的，整个抗体分子的近 2/3 部分都是人源的，这样产生的抗体，减少了异源性抗体的免疫原性，同时保留了亲本抗体特异性结合抗原的能力。

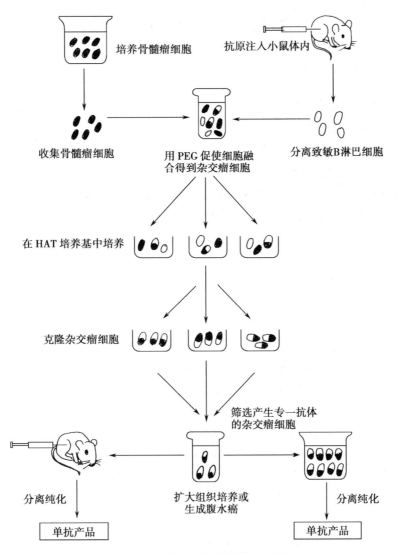

图 17-3　单克隆抗体制造示意图

②改型抗体：是把鼠单抗的互补决定区（complementarity determining region, CDR）移植到人单抗的骨架区（FR）构建而成的抗体，其人源成分达 90%，又称 CDR 移植的抗体，即通常所指的人源化抗体。使人源抗体获得鼠源单抗的抗原结合特异性，同时减少其异源性；但这种鼠源 CDR 和人源 FR 相嵌的 V 区，可能改变了单抗原有的 CDR 构型，结合抗原的能力会下降。

③表面重塑抗体（resurfacing antibody）：是指对异源抗体表面氨基酸残基进行人源化改造，该方法的原则是仅替换与人抗体表面氨基酸的残基（surface amino acid residues, SAR）差别明显的区域，在维持抗体活性并兼顾减少异源性基础上选用与人抗体表面残基相似的氨基酸替换；另外，所替换的区段不应过多，对于影响侧链大小、电荷、疏水性，或可能形成氢键从而影响到抗体 CDR 构象的残基尽量不替换。

④全人源化抗体（fully humanized antibody）：是指将人类抗体基因通过转基因或转染色体技术，将人类编码抗体的基因全部转移至基因工程改造的抗体基因缺失动物中，使动物表达人类抗体，达到抗体全人源化的目的。

第四节　生物技术药物

一、概念

生物技术是 21 世纪高技术革命的核心内容,对于提高综合国力,迎接人类面临的食品短缺、健康问题、环境问题及经济问题的挑战至关重要。

生物技术药物(biotech drugs)是指以 DNA 重组技术生产的蛋白质、多肽、酶、激素、疫苗、单克隆抗体和细胞生长因子等药物。第一代生物技术药物是指一级结构与天然产物完全一致的药物。第二代生物技术药物是指应用蛋白质工程技术制造的自然界不存在的新的重组药物。蛋白质工程技术日新月异,点突变技术、融合蛋白技术、基因插入及基因打靶等技术使生物技术药物新品种迅速增加。

二、生物技术药物产业现状

制药领域是现代生物技术应用的最主要的方向,随着生命科学、信息技术、纳米技术及其他高新技术快速发展和交叉融合,生物医药领域的新技术、新方法和新产品正在实现史无前例的突破,使得一些传统药物和治疗方法无能为力的疾病得到了有效治疗,极大地改善了人们的生活和健康水平。从世界生物制药产业发展趋势来看,目前,生物医药已经成为现代生物技术发展水平的一个重要标志,生物医药技术正处于大规模产业化的快速发展阶段。生物制药产业是制药行业中发展最快、活力最强、技术含量最高的领域之一。

1. 国外现状　2021 年全球药物销售额 10 强排行榜中有 5 个属于生物技术药物产品,超百亿品种均为生物药,分别是排名第一的辉瑞 /BioNTech——Comirnaty(mRNA 疫苗),排名第二的艾伯维——Humira(阿达木单抗注射液),排名第三的默沙东——Keytruda(PD-1/L1 抑制剂)。在医药研发技术发展的推动作用下,全球生物药领域快速发展,2020 年全球生物药市场规模约为 3 131 亿美元,而国内生物药市场规模约有 3 870 亿元。同时,在全球生命科学和生物技术以空前速度迅猛发展的浪潮下,许多经济发达国家依靠技术、人才和资本的集聚,形成了一批现代生物产业集群,产业高度聚集产生的协同效应成为生物医药产业创新的重要动力。

2. 国内现状　国家统计局数据也显示,截至 2020 年,中国生物医药行业市场规模 3.57 万亿元,较上年增加 0.28 万亿元,同比增长 8.51%。我国已批准生产的生物技术药物新药有:嵌合型抗原受体修饰的 T 细胞(CAR-T)产品,多款灭活疫苗,基因工程乙肝疫苗,干扰素(α1b、α2b、α2a、γ),重组人胰岛素,IL-2(125A1a、125Ser),G- 集落刺激因子,GM- 集落刺激因子,肿瘤坏死因子 -α,红细胞生成素,链激酶,葡激酶,人、牛碱性成纤维细胞生长因子,重组人表皮生长因子,碘[^{131}I]美妥昔单抗,重组人血小板生成素,重组人 5 型腺病毒注射液,重组人 p53 腺病毒注射液,重组人源化抗人表皮生长因子受体单克隆抗体,重组人 II 型肿瘤坏死因子受体 - 抗体融合蛋白,重组人脑利肽,重组人血管内皮抑制素,重组人血小板生成素,重组甘精胰岛素注射液,重组赖脯胰岛素注射液,IL-2,重组人组织型纤溶酶原激酶衍生物,重组人生长激素注射液,尼妥珠单抗等。

近几年我国批准进入临床试验研究的生物技术药物有 70 多种,举例如下。

(1)单克隆抗体:重组人 - 鼠嵌合抗 CD20 单克隆抗体注射液、抗人 T 淋巴细胞单克隆抗体、注射用重组抗 Her2 人源化单克隆抗体、注射用重组人 CTLA4- 抗体融合蛋白、注射用鼠抗人 T 淋巴细胞 CD25 抗原单克隆抗体、碘[^{131}I]肿瘤细胞人鼠嵌合单克隆抗体注射液、人源化抗人表皮生长因子受体单克隆抗体 h-R3 注射液、重组人血管内皮生长因子受体 - 抗体融合蛋白注射液等。

(2)融合蛋白:重组人肿瘤坏死因子受体 -Fc 融合蛋白、冻干注射用重组抗肿瘤融合蛋白、注射用重组人 CTLA4- 抗体融合蛋白、注射用重组人 LFA3- 抗体融合蛋白、重组人血清白蛋白 - 干扰素 α2b 融合蛋白注射液、冻干重组人促黄体激素释放激素 - 铜绿假单胞菌外毒素 A 融合蛋白。

（3）治疗体细胞：细胞因子诱导的杀伤细胞（CIK 细胞）、与树突状细胞共培养的细胞因子诱导的杀伤细胞制剂、骨髓原始间充质干细胞、脐带血红系祖细胞注射液、自体外周血来源细胞因子诱导的杀伤细胞、间充质干细胞心梗注射液。

（4）细胞因子：注射用重组人干细胞因子、冻干重组人角质细胞生长因子 -2、注射用新型重组人肿瘤坏死因子、重组人血小板源生长因子（rhPDGF-BB）凝胶剂、重组人干扰素 -β1b、重组人心钠肽（rhANP）、重组人血管内皮抑制素、注射用重组人干扰素 γ、注射用重组人胸腺素 α1、重组人新型复合 α 干扰素（122Arg）注射液、注射用重组双功能水蛭素、注射用重组人组织型纤溶酶原激活剂 TNK 突变体（rhTNK-tPA）等。

（5）PEG 化细胞因子：PEG 化重组人粒细胞集落刺激因子注射液、PEG 化重组人巨核细胞生长发育因子注射液。

（6）腺病毒 / 质粒 - 基因重组药物：重组腺病毒 - 肝细胞生长因子注射液、重组质粒 - 肝细胞生长因子注射液、重组人肝细胞生长因子裸质粒注射液、重组人 IL-2 腺病毒抗癌注射液、重组腺病毒 - 胸苷激酶基因制剂、溶瘤性重组腺病毒注射液、重组人内皮抑素腺病毒注射液、重组腺病毒 - 胸苷激酶基因制剂。

（7）其他（激素、酶、蛋白、多肽、疫苗）：重组人甲状旁腺素（1-34）、冻干重组人胰岛素原 C 肽、注射用重组假丝酵母尿酸氧化酶、自体肝癌细胞及脾 B 淋巴细胞融合瘤苗、注射用重组病毒巨噬细胞炎性蛋白（vMIP）、口服重组幽门螺杆菌疫苗、重组人胰高血糖素类多肽 -1（7-36）、重组人 MNV- 骨形态发生蛋白 -2、静脉注射用重组天花粉蛋白突变体。

三、重要生物技术药物

（一）疫苗

疫苗可分为传统疫苗（traditional vaccine）和新型疫苗（new generation vaccine）两类。传统疫苗主要包括减毒活疫苗、灭活疫苗和亚单位疫苗，新型疫苗主要是基因工程疫苗。疫苗的作用也从单纯的预防传染病发展到预防或治疗疾病（包括传染病）以及防治兼具。

1. 病毒疫苗　正在研究的重要病毒疫苗主要有：新型冠状病毒疫苗、艾滋病疫苗、严重急性呼吸综合征（SARS）疫苗、人乳头瘤病毒（HPV）疫苗、流感疫苗、水痘 - 带状疱疹疫苗、EB 病毒疫苗等。

2. 预防性疫苗　我国在 EV71 病毒灭活疫苗和 Sabin 株灭活脊髓灰质炎病毒疫苗的原创性研究中，取得了较大的进展。前者已经完成Ⅲ期临床研究，后者已于 2015 年 1 月获得新药证书。其中 EV71 病毒疫苗将可满足我国防治手足口病这一对儿童具有重要危害的传染病；灭活脊髓灰质炎病毒疫苗将为我国消灭脊髓灰质炎提供重要的技术保障。通过这两个疫苗的研究和产业化，我国在病毒性灭活疫苗领域的技术水平大幅度提高，哺乳动物细胞规模化培养技术能力从 30L 提高到 1 000L 的提升、应用柱层析技术进行灭活病毒疫苗的纯化替代以往的超速离心纯化技术，提高了工艺技术水平和疫苗的质量，首次在疫苗领域开展了符合国家 GCP 标准的临床试验等。这些进步都将为我国研发更多的新疫苗提供了重要的技术支持。

3. 治疗（预防）性疫苗　我国率先在世界上研制成功"口服重组幽门螺杆菌疫苗"，5 年内完成了 5 657 名志愿者Ⅰ、Ⅱ、Ⅲ期临床研究，对幽门螺杆菌感染患者有预防和治疗作用；乙肝（HBV）治疗性疫苗：Ag-Ab 复合型乙肝治疗性疫苗，已开始Ⅲ期临床试验，并获美国、中国发明专利；针对自身免疫性疾病治疗性疫苗：证明对多发性硬化症有效；心血管病疫苗：如抗动脉粥样硬化疫苗（AnsB-TTP-PADRE-CETPC 融合蛋白）、高血压疫苗等；肿瘤疫苗：正在研究的有以肿瘤细胞为载体的肿瘤疫苗、以树突状细胞（DC）为载体的肿瘤疫苗、肿瘤多肽疫苗等。

（二）治疗性抗体

治疗性抗体由于具备治疗专一性强、疗效好、副作用小的优点，已成为生物技术制药的重要支柱。随着遗传工程技术的发展和对发病机制及抗体作用机制理解的加深，一系列新型模式的抗体不断出现，推动了单克隆抗体药物市场的进一步发展。分别为域抗体（domain antibody，DAb）、抗体-药物偶联（antibody drug-conjugate，ADC）、双特异性抗体（bispecific antibody）、新靶点/结构/表位抗体等。

1. 域抗体（domain antibody，DAb） 1989年，一种新型抗体首先在单峰骆驼的血清中被发现鉴定，后来在骆驼家族所有其他种群中都有发现。这种抗体不包含轻链，重链中不含有 CH1 区。直到今天，这种重链抗体（heavy chain-only antibody，HcAb）的进化优势都不是很清楚，然而仅有一个重链可变区结构域（VHH）构成的单域抗体（single domain antibody，sdAb）其广泛的适用性已经被迅速认可，由于其晶体结构直径 2.5nm、长 4nm，因此又被称为纳米抗体。在临床适应证方面，研究的重点主要集中于心血管疾病及抗病毒感染的应用。目前至少有 15 种 Dab 处于临床前到临床Ⅱ期阶段。

2. 抗体-药物偶联（antibody drug-conjugate，ADC） 这类药物最主要的发展领域为肿瘤治疗，它是由一个连接分子（linker）共价连接一个单克隆抗体与一个或多个细胞毒类化学物质分子构成。2011年8月，ADC 药物 Brentuximabvedotin（商品名 Adcetris）通过 FDA 批准，同时它也是近30年来首个 FDA 新批准的用于治疗霍奇金淋巴瘤的药物和首个用于治疗罕见疾病系统性间变性大细胞淋巴瘤的药物。2013年2月，另一个抗体偶联药物 Ado-trastuzumabemtansine（商品名Kadcyla）获 FDA 批准用于治疗 Her2 阳性转移性乳腺癌。2017年，FDA 批准辉瑞的抗体偶联药物BESPONSA，由靶向 CD22 的单克隆抗体（mAb）与细胞毒制剂卡奇霉素（calicheamicin）偶联，用于治疗成人复发或难治性前体 B 细胞急性淋巴细胞白血病（ALL）。近两年多个 ADC 药物成功获批，使其成为越来越多的企业药物研发管线中的重要组成部分。ADC 抗体药物是肿瘤治疗用抗体的一大研究热点与发展方向。

3. 双特异性抗体（bispecific antibody，BsAb） BsAb 有两类发展较好的种类，分别为串联scFv（tandem single chain fragment variable）与双特异性四价抗体（tetravalent tandem antibodies，TandAbs）。2014年12月3日，美国 FDA 批准首个双特异性抗体 Blincyto（Blinatumomab）上市，该抗体是 CD19、CD3 双特异性抗体，用于费城染色体阴性的前 B 细胞急性淋巴细胞白血病的治疗。三功能抗体（trifunctional antibody）除具有两个不同抗原结合位点，还具有完整的 Fc 片段，其两个抗原通常是 T 细胞上的 CD3 和肿瘤细胞上的抗原，这使它成为双特异性单克隆抗体的一种。①卡妥索单抗（Catumaxomab，商品名 Removab）是最早研究的双特异性三功能抗体（TriomAb），为小鼠/大鼠杂交 IgG，靶向表皮细胞黏附因子（EpCAM）和 CD3。Catumaxomab 是一个针对 Ep-CAM 治疗且具有活化患者本身的免疫系统的 TriomAb，可以用于 EpCAM 高度表达的癌症腹膜扩散所引起的恶性腹水，减少腹水引流的次数并且延长需要免于腹水引流的时间。动物实验中，该药不仅能引起肿瘤消退，还能诱导免疫保护，能长时间抵抗肿瘤。Catumaxomab 于 2009 年经欧洲药品管理局（EMA）批准用于EPCAM 阳性的恶性腹水、卵巢癌、胃癌的治疗，这在三功能抗体药物研发上具有里程碑的意义。②厄妥索单抗 Ertumaxomab 为小鼠/大鼠杂交 IgG，靶向人表皮生长因子 Her2 和 CD3。Her2 是个很好的乳腺癌标志物，之前已用作单克隆抗体药物曲妥珠单抗的靶抗原。Ertumaxomab 目前处在Ⅱ期临床试验，用于转移性乳腺癌治疗。临床试验结果显示 Ertumaxomab 较 trastuzumab 更为高效，低剂量就能有效发挥抗肿瘤效应。2017年，罗氏的双特异性抗体艾美赛珠单抗（Emicizumab）上市，用于治疗含Ⅷ因子抑制物的 A 型血友病的出血预防治疗。截至 2021 年 7 月 30 日，全球共上市并在售的双特异性抗体药物有 3 款，其中 2 款已在中国上市。

4. 新靶点/结构/表位抗体 近年来，全球进入临床研究阶段的抗体药物新靶点主要集中在神经退行性病变、代谢、炎症、肿瘤以及免疫细胞方面。在临床上可以设计免疫检查蛋白的激动剂，用于治疗自身免疫性疾病；设计免疫检查蛋白的拮抗剂，用于治疗肿瘤。此类免疫检查蛋白有 CTLA-4、

PD-1、PD-L1、B7-H3、B7-H4、LAG3、Tim-3 等。其中,针对 CTLA4 的抗体已于 2011 年 3 月获得美国 FDA 批准上市,用于治疗晚期黑色素瘤;抗 PD-1 抗体 Opdivo（nivolumab）于 2014 年 7 月在日本获批上市,默沙东的抗 PD-1 单抗于 2014 年 9 月获准在美国上市,用于治疗不可手术的黑色素瘤。针对 RANKL 的抗体 Denosumab 于 2010 年 5 月和 6 月分别在欧盟和美国获得批准上市,适应证为高骨折风险的绝经期女性的骨质疏松症。在自身免疫方面,靶向白细胞介素 -6（IL-6）、IL-17、IL-5 及其受体的抗体也在临床研究获得成功,有望成为抗体新药。随着对抗体糖基化及其他功能基团的深入了解,在原有抗体结构基础上进行修饰及改造成为新一代抗体研究的趋势之一。开发抗感染性疾病的单克隆抗体药物,提升防范生物恐怖的技术能力。国外对于突发传染疾病和生物恐怖都非常重视,对抗炭疽的抗体药物 raxibacumab 于 2012 年 12 月在美国获得快速审批,是第一个根据动物药效规则获批的感染性疾病的单抗。

（三）蛋白质工程药物

依据发现的药物新靶标应用蛋白质工程技术,研究开发新的重组治疗蛋白质药物,利用蛋白质构效关系的研究,通过定向改造分子模拟与设计或翻译后修饰研制开发出创新药物,这是重组蛋白质药物开发研究的新特点。

1. 糖尿病治疗用重组激素类药物 当前国际上在糖尿病治疗用激素药物研发方向主要在针对 1、2 型糖尿病治疗的脂肪酸修饰、融合蛋白修饰、PEG 修饰等长效化基础胰岛素和 GLP-1 类似物产品上,已上市的品种包括利拉鲁肽、德谷胰岛素、德拉鲁肽、阿必鲁肽和索马鲁肽等。我国正在研发的有处在临床申请阶段的 I 类新药 PEG 修饰重组人胰岛素、处在临床前研究的 I 类新药 INS061、GLP-1 融合蛋白、进入 III 期临床研究的 I 类新药重组 GLP-1 类似物注射液和重组艾塞那肽注射液等。

2. 其他激素类药物 由于环境污染、生活压力等原因,我国不孕不育发病率已高达 12.5%~15%,未来几年内,我国辅助生殖市场将快速发展,预计将带来 200 亿元的市场容量。目前此类药物的国际研发热点是通过融合蛋白和多糖基化修饰开发长效促卵泡激素药物,已上市的有 CTP-FSH,其临床表现为,给药剂量较高、出现过卵巢综合征比例高于 FSH。我国自主研发的 I 类新药 Fc 融合促卵泡激素处在 I 期临床审批阶段,临床前研究数据显示,该产品与默克公司 CTP-FSH 相比,半衰期显著延长,峰值浓度低,平台期长,能够满足在 8~12 天的疗程中只注射一次的要求,并降低卵巢过刺激的风险;此外,国内还有其他长效 FSH 处在临床前研究阶段。

3. 靶向性治疗蛋白 靶向性的治疗蛋白主要有毒素抗体等与功能性蛋白融合形成具有靶向性的融合蛋白,如 IL-10- 铜绿假单胞菌外毒素 40、重组 TNFα 受体 - 抗体融合蛋白等。肿瘤靶向药物是指与肿瘤发生、生长、转移和凋亡密切相关的分子或基因为靶向而设计的药物,应用肿瘤靶向药物是肿瘤治疗的首选策略。如蛋白酪氨酸激酶靶向药物,抑制肿瘤血管形成的靶向药物、诱导肿瘤细胞凋亡的靶向药物以及信号转导的靶向药物等。抑制肿瘤血管形成,切断肿瘤细胞的营养供应,从而达到抑制肿瘤生长的策略已取得良好进展。如已批准上市的贝伐单抗,还有多个单克隆抗体,靶向药物也已进入临床试验阶段。诱导肿瘤细胞凋亡的靶向药物更加引人注目。细胞凋亡机制的阐明,为基于特异性诱导肿瘤细胞凋亡,而对正常细胞和组织没有毒副作用的抗肿瘤靶向药物设计提供了崭新的理论依据。如肿瘤坏死因子相关凋亡诱导配体（tumor necrosis factor-related apoptosis inducing ligand, TRAIL）,又称 ADP-2 配体,可以诱导许多肿瘤细胞凋亡,重组可溶性 TRAIL 或其衍生物可用于治疗非霍奇金淋巴瘤、小细胞肺癌、黑色素瘤和胰腺癌等。

4. 长效治疗蛋白药物 多肽蛋白类生物药物一般血浆半衰期比较短,长效蛋白质类药物可以通过更为稳定的血药浓度,增强疗效,降低副作用。实现蛋白药物长效的方法主要有以下几种。

（1）聚乙二醇（PEG）修饰:PEG 修饰可以部分遮蔽活性位点,修饰后蛋白比活会有所下降,但体内半衰期大大延长,因此其在体内的活性高于其前体蛋白。

（2）抗体 Fc 片段融合蛋白:将蛋白与抗体 Fc 融合,获得类抗体的结构,不仅可延长蛋白药物的体内半衰期,而且还由单价变成了双价,提高了其与靶蛋白的结合力。基于该方法研制的第一个药物 TNFα 可溶性受体与 IgG₁Fc 的融合蛋白 TNFR/Fc,可用于治疗类风湿关节炎和脓血症。对 Fc 片段进行修饰,加强其治疗活性,使其成为另一种兴起的抗体治疗药物。现在有两种改造 Fc 片段的方法:基因改造和糖基化改造。例如,2013 年上市的糖基化修饰抗体 obinutuzumab(GA101),用于治疗慢性淋巴细胞白血病,较第一代的利妥昔单抗具有更强的 ADCC 介导的细胞杀伤力,在临床上疗效上有较大提升。

(3)人血清白蛋白融合蛋白:利用 HSA 与治疗蛋白融合大大延长了其在体内的半衰期,如 HSA 与 IFNα-2b 融合蛋白(Albuferon)每周注射 1 次,可达到最佳疗效。

(4)高度糖基化治疗蛋白:糖基修饰具有增加蛋白质分子量、亲水性、减少蛋白酶解等作用,在尽可能不干扰蛋白与其受体结合的前提下,增加蛋白的糖基化水平,往往有利于提高蛋白在体内的稳定性。如通过定点突变,在 EPO 上引入糖基化位点,这种新型 EPO 被命名为 NESP,其使用频率可以从 EPO 的每周 2~3 次减少到每周 1 次或每两周 1 次,从而减少了患者的痛苦,提高了患者的依从性。

(四)多肽类药物

多肽类药物是指氨基酸分子的数量在 100 以下的药物,其生物活性强,具有多种代谢和生理调节功能。目前,已有超过 80 多种的多肽药物在全球范围内上市,主要分布在感染、免疫、心血管、肿瘤、糖尿病、泌尿等领域。

1. 重组肽 重组人源抗菌肽 LL-37 是目前人体发现的唯一 cathelicidins 家族抗菌肽,具有抗菌活性高、抗菌谱广、靶菌株不易产生抗性等特点,研究用毕赤酵母表达 LL-37,表达产物对大肠埃希菌有较高的抑菌活性,改良的表达载体 LL-37 表达量提高了 35 倍。其他还有抗真菌肽、天蚕素 D(Cecropin D)、中国家蚕抗菌肽 ABP-CM4、β-防御素、鲎肽素(tachyplesins)等。

2. 抗菌肽 抗菌肽的融合蛋白有多种形式,抗菌肽-抗菌肽融合主要有:天蚕素 A-蛙皮素杂合肽、天蚕素 A-马盖宁杂合肽、牛抗菌肽 Bac7-Bac5 融合蛋白等;抗菌肽-其他功能性蛋白融合,目的在于加强抗菌作用,主要有天蚕素 A-蜂毒杂合肽、抗菌肽-人酸性成纤维细胞生长因子融合蛋白、抗菌肽 Cecropin B-肿瘤血管生长抑制因子 Kringle5 融合蛋白等。

3. 多肽 结构改造是药物开发的有效途径。先导肽的结构改造策略主要有:通过非蛋白性氨基酸反应产生改构肽(modified peptide);通过缀合环化端基衍生产生多肽修饰物;全新结构模拟,合成模拟肽(mimetic peptide)。通过结构改造已研究成功许多在临床上有效的药物,如促性腺激素释放激素(gonadotropin-releasing hormone,GnRH)的改构类似物已有近十种在临床应用,又如由生长抑素十四肽(SST)改构成功的奥曲肽(8 肽)也已用于临床。

(五)酶类药物

1. 重组酶类药物 当今国际上重组蛋白药物新靶点、新分子发现日益艰难,随着蛋白质制备技术、改构技术和其他结构优化技术手段的发展,对大量药效机制明确的提取酶类产品进行重组化开发已经成为当今研究的一大热点,近年来上市产品增速很快。重组酶类药物在恶性肿瘤、代谢性疾病、心血管疾病、止血、遗传罕见病等治疗方面作用显著,国际上市产品有重组门冬酰胺酶、伊米苷酶、阿加糖苷酶等,国内处于临床前和早期临床研究阶段的 I 类新药有 PEG 修饰的精氨酸酶脱亚胺酶、PEG 尿酸氧化酶、重组 α 凝血酶、巴曲酶、重组抗血栓酶、长效门冬酰胺酶、重组羧肽酶等。应重点关注心血管疾病治疗中的重点药物,如二代重组人组织纤溶酶原激活类的 TNK-tPA、瑞替普酶等,以及恶性肿瘤疾病治疗中的重点药物,如长效门冬酰胺酶、长效精氨酸酶脱亚胺酶等。

2. 重组生长因子和细胞因子类 我国自主研发 I 类新药 Y 型 PEG 化重组人干扰素 α2b 注射液已完成Ⅲ期临床试验,丙肝基因 2,3 型患者治愈率可达 90% 左右,基因 1 型患者治愈率可达 80% 左右,2016 年正式上市;此外,新型干扰素如 I 类新药 γ-IFN、PEG 化干扰素 α1b 注射液等产品也在临床前研究或早期临床研究阶段。作为肿瘤放化疗患者的标准支持治疗用药,重组人粒细胞集落刺激因子具有非常好的市场前景,我国自主研发的Ⅰ类新药注射用重组人粒细胞集落刺激因子-Fc融合蛋白正在进行Ⅱ期临床研究,研究数据表明该产品比国际已上市的PEG-GCSF可能更强效、长效,有良好的体内生物学效应。慢性肾病透析患者长期需要人促红细胞生成素的治疗,每年注射次数超过150次,国际上已发展出每个月给药一次的新技术产品,我国目前尚处空白,自主研发Ⅰ类新药Y型PEG化重组人促红素注射液已完成Ⅰ期临床研究,正在申请Ⅱ、Ⅲ期临床研究,有望成为我国首个实现每个月给药一次的长效促红素产品。此外,Ⅰ类新药Fc融合促红素也处于Ⅰ期临床研究阶段。

3. **重组凝血因子类**　在血友病治疗中使用FⅦa是基于其对凝血酶活化的血小板表面的低亲和性结合,在无须FⅧ和FⅨ存在时达到止血的目的,FⅦa也可用于非血友病患者中先天性或获得性出血性疾病、外伤或手术相关的出血,我国自主研发的重组活化人凝血因子Ⅶ注射剂处在临床前阶段。此外,我国自主研发的Ⅰ类新药重组人胸腺素 α_1 已完成Ⅲ期临床研究,注射用重组人纽兰格林处在Ⅲ期临床研究阶段,还有如IL-17、睫状神经营养因子(ciliary neurotrophic factor, CNTF)等重组蛋白质药物处在不同研发阶段。治疗酶的新品种不断涌现,如t-PA衍生物、尿激酶原、纳豆激酶、重组蚓激酶等。还有抗肿瘤作用的RNase和核酶以及治疗疾病的酶替代治疗药物玻璃酸酶等;其研发热点主要有几方面。

(1)重组人源性治疗酶如重组尿激酶、重组半乳糖苷酶等。

(2)经蛋白质工程技术改造的治疗酶可以提高疗效或降低毒副作用与免疫原性。如第三代t-PA溶栓药物——重组人组织型纤溶酶原激活剂TNK突变体(rh-TNR-tPA)的安全性和有效性非常高,通栓率达82.8%,没有出现与药理作用无关的副作用。

(3)对酶进行化学修饰提高稳定性和生物利用度,并延长半衰期,如PEG-腺苷脱氨酶、PEG-天冬酰胺酶。

许多实验和临床研究发现酶对许多药物,如抗肿瘤药物、抗生素、激素、细胞毒素类药物等具有增效作用,这可能为酶在治疗上的应用开拓新的领域,如研究发现重组人锰超氧化物歧化酶(rhMnSOD)与多柔比星(ADR)联合应用,可以通过应激免疫系统和促进淋巴细胞进入肿瘤组织后杀死肿瘤细胞,有明显增效作用。

(六)核酸药物

核酸药物主要指具有遗传特性和药理活性的含核苷酸或脱氧核苷酸结构的化合物,是一类重要的药物,可用于肿瘤、组织再生,创面愈合,肺纤维化,炎性疾病、微生物感染等治疗。核酸药物根据化学结构和药物机制可分为4类,分别是核苷类似物、寡聚核苷酸药物、核酸适配体药物和核酸疫苗。寡聚核苷酸药物包括反义核酸、核酶、脱氧核酶以及RNA干扰剂等。福米韦生(vitravene)是全球第一个通过FDA批准上市的反义核酸药物,主治获得性免疫缺陷综合征患者中十分常见的巨细胞病毒视网膜炎。RNA干扰(RNA interference, RNAi)被认为是目前国际上最具潜力的一种基因治疗方法。从理论上讲,几乎所有涉及基因异常高表达的人类疾病都有可能设计出相应的siRNA来沉默疾病相关基因,从而达到治疗目的。近些年国际上掀起了一股研究RNAi的热潮。RNA干扰药物在抗病毒、抗肿瘤、高胆固醇血症、心脑血管疾病、呼吸系统疾病和眼部疾病的治疗方面取得了许多新进展。目前发现具有功能的小分子RNA主要包括小干扰RNA(small interfering RNA, siRNA)和微RNA(microRNA, miRNA)。美国已有十几个siRNA药物进入临床研究阶段。主要用于治疗老年性黄斑症、糖尿病性黄斑水肿、呼吸道合胞体病毒感染、乙肝、获得性免疫缺陷综合征、实体瘤等。此外,在人体还发现500多个miRNA,一个单一的miRNA可与多达200个功能各不相同的靶标结合,因此miRNA可能控制人类1/3的mRNA表达。通过miRNA特异性地调节靶基因的表达,miRNA将成为开发核酸药物和基因治疗的新靶点。

(七)个体化细胞治疗

细胞治疗是近些年兴起的疾病治疗新技术,细胞治疗以其良好的疗效、副作用小、更个体化、个性化等独特的优势,为一些难治性疾病的治疗提供了一种选择,有时甚至是最后的选择。

随着国内外相关监管政策的进一步明确,个体化细胞治疗将迎来新的发展机遇。基于诱导型多能干细胞(induced pluripotent stem cells,iPSC)的基因编辑技术的出现和迅速发展为个体化细胞治疗带来了新的希望。iPSC 作为一种独特的、可分化的多功能细胞来源,可通过其潜在的强大分化能力修复损伤或患病组织,进而实现对广泛疾病的治疗。基因编辑手段通过对 iPSC 细胞的基因改造,能够实现对 iPSC 细胞的分化前修饰,进而获得更为优化的细胞功能。因此,iPSC 和 CRISPR/Cas9 技术的结合也为遗传疾病的治疗带来了新的思路和希望。

基因工程 T 细胞在肿瘤免疫治疗、自身免疫性疾病等领域获得了重大突破,是国外医药巨头争相研发的一个重点。基因工程 T 细胞的肿瘤特异性是吸引科研和医疗研究人员的主要原因,CAR-T 对

CAR-T 细胞
疗法(图片)

血液系统肿瘤的治疗显示了治愈潜能。CAR-T 疗法技术,全称为"嵌合抗原受体 T 细胞免疫疗法"。目前,全球已有 5 款 CAR-T 疗法在美国获 FDA 批准上市。截至 2021年,中国上市了两款 CAR-T 产品——阿基仑赛注射液、瑞基奥仑赛注射液;T 细胞受体修饰的 T 细胞(TCR-T)对黑色素瘤等肿瘤疗效显著。在这类产品的应用开发方面,通过研究调整回输的细胞数量、选择特异性好的靶点和适中亲和力的识别受体,可以提高其应用的安全性。

(八)溶瘤病毒药物

溶瘤病毒疗法利用天然或经基因工程改造的病毒选择性地感染肿瘤细胞,并在肿瘤细胞中复制,同时激活宿主对肿瘤的免疫,最终达到靶向性地溶解、杀死肿瘤细胞的作用,同时对正常细胞无害。近几十年来,溶瘤病毒治疗引起了广泛关注,相关研究取得了巨大进展。2015 年美国安进(Amgen)公司以 I 型单纯疱疹病毒(HSV-1)为载体的溶瘤病毒产品 talimogene laherparepvec(T-VEC)成为首个获得美国 FDA 批准,用于首次复发不可切除的黑色素瘤局部治疗的溶瘤病毒。2005 年 11 月,国家食品药品监督管理局批准了具有溶瘤作用的重组人 5 型腺病毒与化疗结合治疗难治性晚期鼻咽癌。另外,我国还有多种溶瘤腺病毒、M1 溶瘤病毒等产品在进行临床和临床前研究。

(九)新型基因修饰肿瘤细胞疫苗

肿瘤细胞疫苗能够通过激活自身的免疫系统,产生对肿瘤细胞或肿瘤抗原特异的免疫反应,从而达到抑制肿瘤的目的。然而,传统的肿瘤疫苗往往不能够打破肿瘤的免疫耐受,是制约肿瘤疫苗发展及应用的关键因素之一。新型的基因修饰肿瘤细胞疫苗是在肿瘤细胞内表达一些特定的基因(如细胞因子、趋化因子等)以增加免疫细胞的应答,减少免疫逃逸,最终实现对肿瘤细胞的特异性免疫应答。例如,经 GM-CSF 或 IL-2 修饰的肿瘤细胞疫苗已经完成了 II 期临床试验并显示较好的疗效。因此,开展基因修饰的肿瘤细胞疫苗将会是个体化细胞治疗重要研究方向之一。

基因治疗、免疫细胞治疗、干细胞治疗和细胞再生工程技术与诱导性多能干细胞(IPS)等领域的发展与突破都将加快生物制药产业,向更广阔的美好前景发展。

第五节　生物药物的研究进展

一、天然生物药物的研究发展前景

天然药物的有效成分是生物体在其长期进化过程中,在自然选择的胁迫下形成的,具有特定的功能和活性,是生物适应环境、健康生存和繁衍后代的物质基础。因此,有些天然生物药物已沿用很长的时间,迄今还在广泛使用,而且随着生命科学的进展,人们从天然产物中不断发现许多新的活性物质。如从动物与人体的呼吸系统内发现多种神经肽,表明呼吸功能除受肾上腺素能神经和胆碱能神经的调节外还受非肾上腺素能和非胆碱能神经的调节,此类神经系统的递质主要是神经肽。

又如细胞生长调节因子的发现,使免疫调节剂成批出现。实际上,人类对生物与人体全身的了解还十分不够,对疾病、健康、长寿等问题还远不能解决,因此对天然活性物质的研究必将随着生命科学的发展而不断深入。众多的天然产物除可直接开发成为有效的生物药物外,还可以为应用现代生物技术生产重组药物和通过组合化学与合理药物设计提供新的药物作用靶标和设计合成新的化学实体。

（一）深入研究开发人体来源的新型生物药物

人体血浆蛋白成分繁多,目前已利用的不多,主要问题是含量低、难以纯化,因此进行综合应用、提高纯化技术水平与效率是解决问题的关键,如纤维蛋白原,凝血因子Ⅱ、Ⅶ、Ⅸ、Ⅹ,蛋白 C,α_2-巨球蛋白,β_2-微球蛋白,多种补体成分,抗凝血酶Ⅲ,α_1-抗胰蛋白酶,转铁蛋白,铜蓝蛋白,触球蛋白,C_1酯酶抑制剂,前清蛋白等均是亟待开发的有效产品。另外各种人胎盘因子以及人尿中的各种活性物质也有良好的研究价值。

（二）扩大和深入研究开发动物来源的天然活性物质

继续从哺乳动物发现新的活性物质,如从红细胞分离获得新型降压因子,从猪胸腺分离得到淋巴细胞抑裂素（LC）,从猪脑分离得到镇痛肽（AOP）等。扩大其他动物来源的活性物质的研究也是一个重要发展方向,包括从鸟类、昆虫类、爬行类、两栖类等动物中寻找具有特殊功能的天然药物,已研究成功蛇毒降纤维酶、蛇毒镇痛肽,还发现了多种具有抗肿瘤作用的蛇毒成分。

（三）努力促进海洋药物和海洋活性物质的开发

研究海洋活性物质在抗肿瘤、抗炎、抗心脑血管疾病、抗辐射、降血脂素等方面的作用已取得重要进展。今后将加快对海洋活性物质,如多肽、萜类、大环内酯类、聚醚类等化合物的筛选及其化学修饰和半合成研究,以获得活性强、毒副作用少的有药用价值的海洋活性物质。另外,充分利用海洋资源积极研发海洋保健功能食品、海洋医用材料以及海洋中成药等,也是亟待发展的重要领域。

（四）综合应用现代生物技术,加速天然生物药物的创新和产业化

通过基因工程、细胞工程、酶工程、发酵工程、抗体工程、组织工程等现代生物技术的综合应用,不仅可以实现天然生物活性物质的规模化生产,而且可以对活性多肽、活性多糖、核酸等生物大分子进行结构修饰、改造,进而进行生物药物的创新设计和结构模拟,再通过合成或半合成技术,创制和大量生产疗效显著、毒副作用少的新型生物药物。

（五）中西医结合创制新型生物药物

中医药是一个伟大的宝库,我国在发掘中医、中药,创制具有中国特色的生物药物方面已取得可喜的成果,如人工牛黄、人工麝香、天花粉蛋白、骨肽注射液、香菇多糖、复方干扰素、药用菌和食用菌及植物多糖等,都是应用生物化学等方法整理和发掘中医药遗产而开发研制成功的。中医药学是几千年来我国人民与疾病作斗争的智慧结晶,具有丰富的实践经验,结合现代生物科学,有望创制一批具有中西医结合特色的新型药物。如应用分子工程技术将抗体和毒素（如天花粉蛋白、蓖麻毒蛋白、相思豆蛋白等）相偶联,所构成的导向药物（免疫毒素）是一类很有希望的抗癌药物。应用生物分离工程技术从斑蝥、全蝎、地龙、蜈蚣等动物类中药分离纯化活性物质,再进一步应用重组 DNA 技术进行克隆表达生产,也是实现中药现代化的一条重要途径。

二、生物技术药物研究发展前景和前瞻技术

（一）抗体-药物偶联研发技术

包括开发可用于抗体偶联药物的快速筛选方法,发现适合开发抗体偶联药物的分子靶标,开发具有自主知识产权的智能连接子技术,建立新的偶联方法,开发具有自主知识产权的细胞毒性药物。围绕上述五方面展开,开发出具备自主知识产权的新型肿瘤靶向抗体、新型偶联链和相关技术,以及新型细胞毒性药物是实现"突破"的目标。

（二）蛋白质和多肽药物研发的前瞻技术

纳米技术和 3D 打印技术近年来取得突破性进展。纳米技术已被成功运用于药物缓释和定向输送以及疫苗的改造；而 3D 打印技术在人工器官制造、骨修复等方面也已经开始起步。在蛋白质多肽药物方面，应充分结合这两个前瞻性技术。利用 3D 打印技术开发植入性超微泵，可用于蛋白类药物，如胰岛素、生长激素、GLP-1 类似物等长期用药的程序性释放。进一步利用 3D 打印所能产生的复杂结构，联合使用多种蛋白质药物，获得定时、定点的靶向及控释效果。

（三）新型蛋白质分子设计技术

国际上，已经开始系统性地替代性蛋白骨架研究。如基于 protein A、lipocalin、fibronectin domain、ankyrin 和 thioredoxin 开发的蛋白质药物已开始进入临床。此外，在对蛋白质结构深入了解的基础上开发蛋白质工程新技术，通过定向设计细胞因子、酶等高活性蛋白质药物，改善这些蛋白质的稳定性，同时增加药效、降低副作用。应跟踪国际上蛋白质替代骨架研究前沿，利用已有的成果，取得知识产权上的突破，开发新的骨架蛋白。在细胞因子、酶的药物上通过结构域改造、植入、替换等方式引入新的活性或者消除不必要的活性。

（四）基因治疗药物和个体化细胞治疗研发的前瞻技术——CRISPR/Cas9 技术

CRISPR/Cas9 技术是近几年出现的基因组编辑新技术，规律成簇间隔短回文重复（clustered regularly interspaced short palindromic repeat, CRISPR）是一种更精确、更方便、更高效的基因组编辑技术，可用来删除、添加、激活或抑制各种生物体的目标基因。Cas9 蛋白可以利用向导 RNA（guide RNA, gRNA）来引导自己找到匹配的目标 DNA，对目标 DNA 进行切割，使基因失活，或者向切口处插入一个经过修饰的 DNA 片段。这样，相比于锌指技术或 TALEN 技术，CRISPR/Cas9 技术使基因组编辑变得简单、有效而且经济。CRISPR/Cas9 技术是生物学技术的巨大突破，除了在基因功能研究等方面的作用外，它意味着为构建人类疾病模型提供了一种简单的方法，同时这一技术在体内外基因治疗中将具有极大的应用潜力。当然，CRISPR/Cas9 技术目前还在快速发展过程中，面临着不少挑战和待解决的问题，例如如何避免脱靶、提高效率、降低毒副作用等。

CRISPR/Cas9
技术（图片）

（五）体外细胞 3D 培养筛选评价模型

在体外细胞培养筛选评价模型中，虽然传统的 2D 细胞培养技术仍然被广泛使用于整个医药行业，但其局限性越来越明显。候选药物的疗效取决于若干因素，包括体内的物理和化学环境、药物渗透率和清除率，2D 细胞培养无法准确反映这些因素是如何影响药物在体内的行为。而 3D 细胞培养技术可以为药物筛选和评价提供更强的生物学相关性，相较于传统的 2D 细胞培养方式更加形象地模拟了体内环境，因而在基因治疗药物等的药物筛选和评价中将起到非常重要的作用。

（六）人源化动物评估模型

动物模型往往是限制基因治疗药物研发顺利进展的重要因素。人源化动物模型是通过转基因方法，将人类基因插入或者替代原有动物基因，从而产生人类基因嵌合动物，，通常被用作人类疾病体内研究的活体替代模型。而疾病动物模型只是在解剖结构或部分器官结构与人类相近的动物身上"人造"疾病形成的疾病模型。但多数采用传统方法复制的疾病动物模型与人类在生理结构、功能结构和病理变化等方面存在许多差异，其实验结果不能完全准确。人源化动物模型实验效果更接近人体实验的效果，成功的人源化动物模型将对基因治疗药物的研发起到重要的推动作用。目前国内在构建及使用转基因动物模型能力上还远落后于国际水平，应加快建立具有自主知识产权的转基因和人源化动物模型，包括一般毒性研究模型、药物代谢研究模型、致突变检测模型、生殖检测模型和致癌检测模型等。

（七）现代疫苗研发的前瞻技术——病毒载体疫苗构建技术

病毒载体疫苗构建技术是目前研发尚无疫苗可用的病毒性传染性疾病的主要技术之一。国外已开展采用已经上市的病毒性疫苗的疫苗株,并通过基于反向遗传学技术构建成病毒载体,研发成功针对其他病毒的疫苗,包括埃博拉病毒疫苗、登革热病毒疫苗等新品种。我国在自主构建病毒载体技术和病毒载体疫苗方面相对比较落后,病毒载体构建技术系统和载体疫苗的制备、评价技术平台,包括病毒载体构建的技术和质控、有效性评价等技术,搭建病毒载体疫苗技术平台需要进一步完善。

思 考 题

1. 生物药物的概念、生物药物的特点是什么?
2. 生物药物是如何分类的,每种生物药物的用途是什么?
3. 生物药物是如何合成的,其原理是什么?
4. 重要的生物技术药物都有哪些?
5. 请阐述生物技术药物的研究与发展趋势。

第十七章
目标测试

（姚文兵　何海伦）

药物研究的生物化学基础

第十八章
教学课件

20 世纪中叶以来，许多新理论、新技术、新方法不断进入药学研究领域，推动着药学研究迅速发展。此外，随着生物化学、分子生物学理论与技术的快速发展与广泛应用，药学各研究领域——药理学、毒理学、临床药学、制药工程、药物分析、药物制剂等进入了新的发展阶段。药学发展从以化学药为主的模式转化为生物化学、分子生物学、生物信息学、化学、医学等相结合的新模式。

第一节　药理学研究的生物化学基础

药理学（pharmacology）是研究药物与机体（含病原体）相互作用及作用规律的学科，一方面研究在药物影响下机体的功能如何发生变化，另一方面研究药物本身在体内的过程。前者称为药物效应动力学，简称药效学；后者称为药物代谢动力学，简称药动学。药理学的主要任务，是要为阐明药物作用机制、改善药物质量、提高药物疗效、开发新药、发现药物新用途并为探索机体生理、生化及病理过程提供实验资料。

药理学的研究与生物系统的背景知识密切相关。随着细胞生物学、生物化学、分子生物学研究的发展，药理学的研究内容也在不断改变、充实与完善。通过对药物靶点在分子水平上的分析，根据特定细胞信号转导或代谢途径进行药物设计已经成为可能。现代药理学研究已从整体、系统、器官、组织、细胞水平深入到亚细胞、分子甚至量子水平，生物化学和分子生物学已成为现代药理学重要理论基础，其技术广泛应用在药理、毒理学各层次，极大推动了现代药理学、毒理学理论和技术的建立与发展。本节主要简介药物作用的生物化学基础和新药筛选的生物化学方法。

一、药物作用的生物化学基础

（一）药物靶点的概念

药物的本质是化学分子，其进入体内后所产生的治疗作用或者不良反应，均源于这些外来分子与机体大分子的相互作用。体内与药物特异性结合的生物大分子，从新药研发角度统称为药物作用的靶点（target）。

药物与靶点作用后发生的信号转导过程、代谢变化、基因或蛋白表达变化、电活动改变、功能或形态学改变等,都是药物作用产生的效应(effect)。药物在体内除了与相关靶点特异性结合外,也可能与其他大分子结合,对机体通常无明显影响,但有时也可能是一些不良反应产生的原因。这些不是药物作用在靶点上所产生的不良反应,可以用脱靶效应(off-target)来表示。以往对一些经典药物的认识通常限于作用于单一靶点,随着现代分析方法和技术的发展,对这些经典药物作用机制的进一步研究发现,绝大多数药物在治疗浓度范围内往往可以作用于两个或两个以上的靶点,这可以解释药物的多种药理学作用以及扩大临床适应证或出现不良反应的药理学基础。

(二)药物靶点的分类

靶点的种类主要包括受体、酶、离子通道和核酸等,存在于机体靶器官细胞膜上或细胞质内。就目前上市的药物来说,以受体为作用靶点的药物约占半数,以酶、离子通道或核酸为作用靶点的药物约占三成,其余药物的作用靶点尚不清楚。随着人类后基因组学研究的逐渐深入,新的药物作用靶点不断被发现,据估测人类全部基因序列中蕴藏的可作为药物作用靶点的功能蛋白质有 5 000~10 000 种。

1. 受体　受体是一类介导细胞信号转导的功能蛋白质或蛋白与多糖等形成的复合物。作为靶细胞接受信号分子的接受器,受体识别配体(包括神经递质、激素、细胞因子等)或药物并与其特异性结合,通过信号放大系统,引发各种生物效应。受体的化学本质为蛋白质,大部分为糖蛋白,少部分为脂蛋白或糖脂。

根据受体在细胞中的位置将其分为细胞表面受体(细胞膜受体)和细胞内受体两大类。不论是膜受体还是细胞内受体,受体本身至少含有两个活性部位:一个是识别并结合配基的活性部位;另一个是负责产生应答反应的功能活性部位,这一部位只有在与配基结合形成二元复合物并发生变构后(激活)才能产生应答,由此启动一系列的生物化学反应,最终导致靶细胞产生相应的生物学效应。有些受体被激活后,具有酶的催化功能,有的具有某种离子通道/转运体功能。

以受体作为作用靶点的药物,需与受体结合才能产生药物效应。现已问世的几百种作用于受体的药物当中,绝大多数是 G 蛋白偶联受体(G protein-coupled receptor, GPCR)激动剂或拮抗剂。例如治疗高血压的血管紧张素 Ⅱ 受体拮抗剂氯沙坦、依普沙坦,中枢镇痛的阿片受体激动剂丁丙诺啡、布托啡诺,抗过敏性哮喘的白三烯受体拮抗剂孟鲁司特,以及抗胃溃疡的组胺 H_2 受体拮抗剂西咪替丁、雷尼替丁等。

2. 酶　酶能催化机体内的生物化学反应,生成或者降解代谢产物。药物对酶的抑制(主要)或激活(较少)能够显著改变细胞功能和生理学状态,发挥治疗疾病的作用,因此,酶是一类重要的药物作用靶点,药物对酶的作用包括调节酶含量和调节酶活力。

常见的酶抑制剂类药物有:胆碱酯酶抑制剂毒扁豆碱、新斯的明,多巴脱羧酶抑制剂 α-甲基多巴胺,碳酸酐酶抑制剂乙酰唑胺,血管紧张素转换酶抑制剂卡普托利,HMG-CoA 还原酶抑制剂他汀类药物,二氢叶酸还原酶抑制剂甲氧苄啶(TMP)、甲氨蝶呤,胸腺嘧啶核苷酸合成酶抑制剂氟尿嘧啶,反转录酶抑制剂齐多夫定等。

3. 离子通道　带电荷的离子通过离子通道出入细胞,不断运动并传输信息,是人体生命过程的重要组成部分。离子通道阻滞药和激活剂可以调节离子进出细胞的量,进而调节相应的生理功能,用于疾病的治疗。

目前已知的以离子通道为靶点的药物主要包括:生物碱藜芦碱 Ⅰ 和动物毒素海葵毒素等能引起 Na^+ 通道开启,而结构中具有胍基正离子的河豚毒素和 Ⅰ 类抗心律失常药奎尼丁、利多卡因、美西律等是 Na^+ 通道阻滞药。二氢吡啶类硝苯地平、尼莫地平、氨氯地平等主要用于心血管疾病,如高血压、心律失常、心绞痛等的治疗,这些药物主要通过抑制细胞外的 Ca^{2+} 跨膜内流而产生效应。作用于 K^+ 通道的药物主要为其激动剂或拮抗剂,如治疗 2 型糖尿病的甲苯磺丁脲、格列本脲等磺酰脲类药物为 K^+ 通道拮抗剂,而尼可地尔和吡那地尔是 K^+ 通道激动剂,主要用于高血压、心绞痛的治疗。

离子通道受体将化学信号转变为电信号(图片)

4. 核酸　随着在分子水平对肿瘤发生及发展机制的深入了解,目前普遍认为细胞的癌变是由于基因突变导致基因表达失调和细胞无限增殖所引起的,因此,癌基因已经成为肿瘤治疗药物的又一作用靶点。目前以 DNA 为靶点的抗肿瘤药物包括:环磷酰胺、顺铂等与 DNA 共价结合,使 DNA 烷基化;放线菌素 D 和多柔比星等以嵌入的方式插入到 DNA 双链之间,从而影响 DNA 的合成。这些药物普遍与 DNA 结合的特异性不好,容易产生较为严重的不良反应。如何特异性影响 DNA 转录过程是值得探索的领域。

反义技术(antisense technology)是指用人工合成的或天然存在的寡核苷酸如小干扰 RNA 或微小RNA,以碱基互补方式抑制或封闭靶基因的表达,从而起到疾病治疗作用。2018 年 FDA 批准首款小干扰 RNA 药物 Onpattro,该药物是将特异性小干扰 RNA 包裹在脂质纳米颗粒中,注入人体后通过干扰转甲状腺素蛋白的生成过程,从而减少周围神经中的淀粉样蛋白沉积,用于治疗患有遗传性转甲状腺素蛋白淀粉样变性的成年患者。

5. 其他　结构生物学的快速发展加速了对蛋白质空间结构的解析,进而有助于了解靶蛋白的结构及其与药物的相互作用,推动更多药物作用靶点(尤其是细胞内蛋白类靶点)的发现和相关药物的研发。细胞内信号蛋白、结构蛋白、收缩蛋白、转录因子等正在成为具有吸引力的药物靶点,例如,伊马替尼作用于 Bcr-Abl 蛋白治疗肿瘤,西罗莫司作用于 mTOR 抑制免疫反应等。

以细胞内信号蛋白为例,细胞内信号转导是细胞功能调控的一个重要的基本现象。细胞外部信号与刺激都要跨越细胞膜进入细胞,并经过细胞内不同信号转导途径将信号传递入细胞核,从而诱导或阻遏相应基因表达,造成细胞表型变化和产生各种生物效应。以信号转导通路中的特定蛋白作为靶点研发相关药物,可以抑制细胞过度增殖或促进凋亡,成为当前抗肿瘤药物开发的研究重点,尤其是各种蛋白激酶的抑制剂,更是被广泛用作母体药物进行抗肿瘤新药的研究。一种信号转导干扰药物,是否可以用于疾病的治疗而又具有较少的副作用,主要取决于两点:①它所干扰的信号转导途径在体内是否广泛存在,如果广泛存在于各种细胞内,其副作用则很难得以控制;②药物自身的选择性,对信号转导分子的选择性越高,副作用就越小。

(三)药物与靶点相互作用的化学本质

药物分子和靶点的结合除静电相互作用外,主要是通过各种化学键连接,形成药物 - 靶点复合物。下面简要介绍药物与靶点间可能产生的几种化学键的情况。

1. 共价键　共价键是药物和靶点之间产生的最强相互作用,一旦形成将不易断裂,属于不可逆性结合。例如胆碱酯酶抑制剂和烷化剂类抗肿瘤药都是通过与其作用的靶点间形成共价键结合而发挥作用的,青霉素的抗菌机制是通过与转肽酶生成共价键,导致转肽酶失活,从而阻断细菌细胞壁的合成。

2. 非共价键　药物与生物大分子靶点之间形成不可逆的共价键,对于杀灭病原微生物和肿瘤细胞等情况通常效果明显。但是对于多数作用于人体内生物大分子靶点的药物而言,药物和靶点之间的持久作用是非常有害的。多数情况下,临床使用的药物与其生物大分子靶点之间的相互作用是建立在弱相互作用的基础上。这些弱相互作用一般是非共价键,包括离子键、氢键、疏水相互作用等。

在生理 pH 条件下,药物分子中的羧基、磺酰氨基和脂肪族氨基等基团均呈电离状态,季铵盐在任何 pH 时都呈电离状态。大多数带电荷的药物为阳离子,少数为阴离子。另一方面,主要由蛋白质构成的药物靶点其分子表面也有许多可以电离的基团,如精氨酸残基和赖氨酸残基的碱性基团在生理 pH 条件下带正电荷,天冬氨酸残基和谷氨酸残基的酸性基团在生理 pH 时生成阴离子基团。药物结构的离子化基团可与靶点中带相反电荷的离子形成离子键,该作用是非共价键中最强的一种,是药物 - 靶点复合物形成过程中的第一个结合点。当二者通过离子键接近到一定程度时,可以通过其他弱相互作用进一步结合。有些药物分子与靶蛋白中的金属离子形成配位键,进而实现两者的结合;有些药物分子中的疏水结构可能与靶蛋白中的疏水残基在水相中具有避开水而相互聚集的倾向,从而产生疏水相互作用。

(四)药物基因组学与药物靶点的发现

药物基因组学(pharmacogenomics)是研究影响药物作用、药物吸收、转运、代谢、清除等基因差异的学科,即研究决定药物作用行为和作用敏感性的相关基因组科学,它以提高药物疗效与安全性为目的,对临床用药具有重要指导作用。通过与疾病相关基因、药物作用靶点、药物代谢酶、药物转运蛋白的基因多态性研究,寻找个性化用药的途径与方式。它将在药物发现、药物作用机制、药物代谢、药物毒副作用等领域,发现相关的个体遗传差异,从而改变药物的研究开发方式和临床治疗模式。

许多疾病是由遗传因子引起的,如能剖析这些疾病的基因结构,就可能找到与这些疾病发生的相关作用靶点。对多基因疾病,一般每种疾病与5~10个基因相关,按常见病估计有100种左右,则有500~1 000个相关基因。如果在信号转导中,每种基因产生与3~10种蛋白相互作用,从这些途径中就能找到疾病相关因子而可能成为药物作用的靶点,而与药物作用有意义的靶点数目将达到1 500~10 000种。

将基因组科学融入药物作用的靶点研究是现代药学研究的新方向。人类约有3万个基因,随着人类基因组研究的深入,具有药用前景的基因和作用靶点的基因将不断增加;与疾病发生相关的基因克隆与表达,将成为鉴定具有潜力先导物的有力工具。在获得靶基因及其一级结构后,通过克隆技术可以建立其表达形式,利用DNA芯片技术、蛋白质芯片技术,可以同步分析几千个基因或及表达产物,并在组织或细胞中进行显示与定位,用于高通量筛选先导物,从而大大加速了新药的设计与筛选。

二、新药筛选的生物化学方法

研究治疗某种疾病的药物,首先要有能反映预期药理作用的筛选模型。新药筛选模型可以是整体动物或是细胞、亚细胞或分子水平。生物化学理论与实验方法,常常成为新药筛选与药效学研究的技术手段。

(一)放射配基受体结合法

配体与受体结合及两者相互作用引起的生物效应过程示意如图18-1所示。

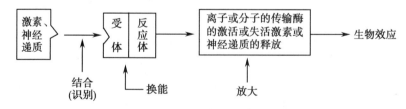

图18-1　配体与受体结合及两者相互作用引起的生物效应过程

配基结合实验与药理活性的相关性是放射配基受体结合法用于药物筛选的生物化学基础。其原理是受体与药物(配基)结合的专一性和结合强度,与产生生物效应的药效强度有关。实验是以放射性核素标记的配基与待筛选的药物(非标记配基)进行受体结合实验,在一定条件下,配体与受体相结合形成配体-受体复合物,随后作用物和生成物达到平衡,然后分离除去游离配体,分析药物与标记配基对受体的竞争性结合程度,从而量化药物对受体的亲和力和结合强度,判断其药理活性。

(二)酶学实验法

在药物代谢中,起关键作用的是肝细胞色素P-450系统——药物代谢酶,其代谢药物的分子机制及毒理学的关系,是药理学基础理论研究的重要内容之一。主要技术与方法包括:①制备肝微粒和线粒体用于体外药物代谢研究;②用诱导肝药物代谢酶的方法,研究药物对肝药物代谢酶的影响(活性或含量变化);③观察药物对细胞色素 P-450 活性及含量的影响,以及药物与 P-450 结合后的光谱分析;④测定药物受肝药物代谢酶的水解作用和药物经葡糖醛酸转移酶、谷胱甘肽 -S- 转移酶的作用所产生的结合反应;⑤体外表达药物代谢酶获取单一药物代谢酶的特异性、K_m、K_{cat} 以及相应突变体的催化作用差异等。

(三)膜功能研究方法

药物作用机制的阐明,越来越多地集中在细胞膜或分子水平上。如对线粒体内膜上 ATP 合酶亚基的分离与重组研究,丰富了对氧化磷酸化进程的认识;对细胞膜钠泵的研究,推动强心苷作用机制的深入了解。在药理学研究中,有许多代表性的膜制备技术与功能研究方法。

1. 钙调蛋白 - 红细胞膜的制备及钙调蛋白功能测定　钙离子在生命活动中的作用主要是通过钙调蛋白(CaM)来实现的。CaM 本身无法测定活性,它一定要有钙离子存在,与一定靶酶结合后才能表现其激活或调节功能。应用高速离心法制备的红细胞膜含有 Ca^{2+}-Mg^{2+}-ATP 酶,是一种与钙离子转运密切相关的 CaM 靶酶。通过测定 CaM 激活 Ca^{2+}-Mg^{2+}-ATP 酶活性的变化,可观察钙拮抗类药物的药理活性。

2. 心肌细胞膜的制备与功能测定　在维持心肌细胞膜电位和去极化、复极化产生动作电位的过程中,起重要作用的钠钾泵(Na^+-K^+-ATP 酶)贯穿膜的内外两面。应用差速离心法制备的心肌细胞膜,可作为钠钾泵活性的测定材料。强心苷、某些抗心律失常药和 β 受体拮抗药的作用机制,都与心肌细胞膜上的 Na^+-K^+-ATP 酶或腺苷酸环化酶以及膜上专一性受体的功能有关。因此,心肌细胞膜的功能分析,可供这类药物的筛选研究。

(四)生物化学代谢功能分析法

生物体内存在一套复杂又十分完整的代谢调节网络,各种代谢相互联系,有序进行。其中有整体的神经 - 体液调节,还有细胞及其关键酶的调节。人体疾病的发生除了酶的先天缺陷与后天受抑制导致代谢异常外,还与代谢调节网络的失调有关。如,糖尿病是由于胰岛素分泌不足,或其受体功能缺陷等原因所致的糖代谢调节功能的紊乱与失调。因此,生物化学代谢功能分析,是研究纠正代谢紊乱与失调药物的有效实验方法。

1. 降糖药实验法　测定血糖含量的变化是观察药物对血糖影响的重要手段,目前常用的有磷钼酸比色法、邻甲苯胺法、碱性碘化铜法、铁氰化钾法和葡萄糖氧化酶法以及酶电泳、酶试纸等分析法。用于筛选抗糖尿病药物的动物模型,主要有胰腺切除法与化学性糖尿病模型及转基因动物模型,如四氧嘧啶糖尿病、链佐霉素糖尿病及 2 型糖尿病小鼠模型等。

2. 调血脂药及抗动脉粥样硬化药实验法　动脉粥样硬化的发病与脂代谢紊乱密切相关,测定血脂水平和建立动脉粥样硬化病理模型,是研究动脉粥样硬化药物的重要手段。如用酶法测定血清总胆固醇酯和游离胆固醇,用比色法测定血清游离胆固醇,用乙酰丙酮显色法和酶法测定血清甘油三酯,用多种电泳法测定血清脂蛋白以及用免疫分析法测定载脂蛋白等。

调血脂药及抗动脉粥样硬化药物的筛选模型,主要有:①喂养法,喂养高胆固醇和高脂类饲料使动物形成病理状态;②免疫学方法,将大白鼠主动脉匀浆给兔注射,可以引起血胆固醇、低密度脂蛋白和甘油三酯升高;③儿茶酚胺注射法等。

3. 凝血药和抗凝血药实验法　血液凝集过程包括凝血酶原激活物的形成、激活凝血酶原以及凝血酶作用纤维蛋白原成为纤维蛋白。在凝血作用的促进和抑制分析中,常有多种实验方法,如,测定血浆中抗凝血酶活性物质(这类物质可使凝血酶凝固时间延长),测定血浆中纤维蛋白原的量,测定凝血酶活力,测定纤维蛋白稳定因子等。

（五）逆向药理学

以往的药理学研究模式,是先发现作用于某一类受体或受体亚型的药物,从而确定受体的存在,然后分离受体,再研究受体的相关基因家族,既配基(药物)→受体→基因模式。由于分子生物学的发展,提出一个逆向的模式,即基因→受体→药物。这种研究模式的理论基础是:从各种受体的相关基因家族中分离得到第一代基因,通过分析提示基因家族中伴有大量结构相似性基因,即同一家族的受体含有许多一级结构相似的受体亚型。应用基因克隆技术,从一种原初受体构建出该家族中其他亚型(许多原来未知的受体基因),从而为开发特异性药物提供机会。

近年来,受体的亚型及新受体不断地被发现和克隆表达,有关它们的生化、生理、药理性质也被相继阐明,为新药的设计和研究提供了更准确的靶点和理论基础。同时,也为降低药物的毒副作用作出了很大的贡献。目前已知,肾上腺素能受体有 α_1、α_2、β_1、β_2、β_3 亚型,多巴胺受体有 D_1、D_2、D_3、D_4、D_5 亚型,阿片受体有 μ、δ、ε、σ 亚型,组胺受体有 H_1、H_2、H_3 亚型,5- 羟色胺受体有 $5\text{-}HT_{1A\text{-}F}$、$5\text{-}HT_{2A\text{-}C}$、$5\text{-}HT_3$、$5\text{-}HT_4$、$5\text{-}HT_5$、$5\text{-}HT_6$、$5\text{-}HT_7$ 亚型等。孤儿受体(orphan receptor)是指其编码基因与某一类受体家族成员的编码基因有同源性,但目前在体内还没有发现其相应的配基。孤儿受体的发现以及应用逆向药理学的方法建立孤儿受体筛选新药的模型,为新药开发提供了更多的有效手段。

第二节 药物设计的生物化学基础

药物设计是新药研究的重要内容,是研究和开发新药的重要手段与途径。所谓药物设计就是通过科学的构思与方法,提出具有特异药理活性、显著提高药理活性或显著提高作用特异性(降低其作用的不良反应)的新化学实体(new chemical entity, NCE)或新化合物结构。研制成功的新化合物在药理活性、适应证、毒副作用等方面应优于已知药物,并尽量降低人力、物力的耗费。生物化学和分子生物学是与药物设计学密切相关的重要学科。明确药物作用靶点——蛋白质、酶、核酸等生物分子,解析其功能作用位点和该区域的三维结构乃至整个靶点分子的三维结构,对药物设计与研发具有显著的推动作用。

计算机辅助药物设计(computer aided drug design, CADD)方法是药物设计的基础,是借助生命科学研究成果及其数据库,利用化学、数学、计算机科学等理论与方法,通过模拟药物与生物大分子(靶点)的相互作用或通过分析已知药物结构与活性的内在关系,合理设计新型结构先导化合物药物的方法。从 20 世纪 60 年代药物构效关系理念提出以来,随着新理论、新技术、新方法的不断涌现,尤其是生物信息学理论及其技术的快速发展与应用,CADD 方法已发展成为一门完善和新兴的研究领域,极大提高了药物开发的效率。目前,已有许多药物设计成功上市,如以人类免疫缺陷病毒(HIV)蛋白酶为靶点的治疗获得性免疫缺陷综合征药物沙奎那韦、以环氧化酶Ⅱ为靶点设计的塞来昔布等。

一、基于靶点结构的药物设计

近 20 年来,通过 X 线单晶衍射技术、多维核磁共振技术、冷冻电镜技术以及人工智能等,获得生物大分子靶点三维结构信息的方法日臻成熟,从而可以有的放矢地寻找与靶点功能区域结构互补、理化性质相匹配的分子,减少药物设计中的盲目性。目前以靶点结构为主的药物设计可分为三大类:①根据靶点活性位点构建配体,也就是全新药物设计(de novo drug design);②利用靶点结构搜索配体,也就是分子对接(molecular docking);③根据靶点活性位置构建配体片段,也就是基于片段的药物设计(fragment-based drug design)。

（一）靶蛋白结构的预测

无论是设计全新药物还是搜索已有的药物数据库,都是基于靶点与配体之间相互作用的原理,将靶点的结构信息与计算机图形学结合起来进行药物设计的方法。当前测定蛋白质结构的主要方法包括 X 线晶体学方法、多维核磁共振技术等。应用 X 线晶体学方法测定蛋白质结构的前提是必须获得能对 X 线产生强衍射的晶体，而蛋白质的表达、提纯和结晶增加了结构测定的难度；多维核磁共振技术能够预测避免培养蛋白单晶的实际问题，并能测定蛋白质在溶液中的结构，但该方法仅适用于氨基酸数量较少的蛋白。为了缩小这一差距，发展蛋白质结构预测方法成为后基因组时代的一项重要任务。目前用于预测蛋白质三维结构的人工智能（AI）程序 AlphaFold2，其预测的大约 2/3 蛋白质的预测精度达到了结构生物学实验的测量精度。

（二）分子对接

分子对接是通过研究小分子配体与靶点相互作用，预测其结合模式和亲和力，进而实现基于结构的药物设计的一种重要方法。根据配体与靶点作用的"锁钥原理"，分子对接可以有效地确定与靶点活性部位空间和电性特征互补的匹配的小分子化合物。小分子对接方法的分类：根据对接过程中是否考虑研究体系的构象变化，可将分子对接方法分为以下三类：①刚性对接，是指研究体系的构象在对接过程中不发生变化；②半柔性对接，是指在对接过程中，研究体系中配体的构象允许在一定范围内变化；③柔性对接，是指研究体系在对接过程中构象可以自由变化。

（三）先导化合物结构设计与优化

利用量子化学、分子力学、数学、计算机科学等理论与技术，通过模拟药物与生物大分子的相互作用，或通过分析已知药物结构与活性内在关系，合理设计新型结构先导化合物，再根据先导化合物的药理测试结果进行更加全面的结构优化。例如抗肿瘤药物——胸腺嘧啶核苷酸合成酶抑制剂，是基于该酶活性中心结构的特点而设计获得，类似的例子还有凝血酶抑制剂、羧肽酶 A 抑制剂、胰蛋白酶抑制剂等。

二、基于酶促原理的药物设计

合理的酶抑制剂设计（rational enzyme inhibitor design）是将有关靶酶（target enzyme）催化机制和结构的相关知识用于指导药物的设计与发现。基于机制 / 结构的药物设计与计算机辅助药物设计技术、组合化学、快速筛选相结合，加快了新型酶抑制剂的产生速度。作为药物的酶抑制剂应具有以下特征：①对靶酶的抑制活性；②对靶酶的特异性；③对拟干扰或阻断代谢途径的选择性；④良好的药物代谢与动力学性质。活性高意味着达到一定药效所需的药物剂量低，特异性是指抑制剂只抑制特定靶酶的活性，而不与其他的靶标作用。兼顾低剂量与高特异性可减少对其他重要酶的抑制作用所导致的毒性以及毒性代谢产物的形成。与此同时，药物具有良好的生物利用度，即在作用位点达到有效的浓度也是至关重要的。

以治疗 HIV-1 感染药物为例。HIV-1 是引起全球获得性免疫缺陷综合征蔓延的主要病原体，整合酶（integrase）、反转录酶（reverse transcriptase，RT）和蛋白酶（protease）是病毒复制过程中关键的 3 个酶，任何一个酶的失活都将阻止病毒的复制。目前临床上有超过 30 种治疗 HIV-1 干扰的药物，以反转录酶为靶点的不少于 17 个，其中大部分为核苷类 RT 抑制剂，少量属于非核苷类 RT 抑制剂；蛋白酶抑制剂的种类不少于 11 个，此外，包括 1 个整合酶抑制剂、5 个趋化因子受体抑制剂。其中，目前已用于临床的非核苷类 RT 抑制剂有奈韦拉平、地拉夫定、依曲韦林等，该类药物对酶 - 底物复合物比对酶的亲和力更强，属于非竞争性抑制剂。

三、基于核酸的药物设计

核酸是生物体内遗传信息储存与传递的一个重要载体，在生物功能的调控上发挥着极其重要的作用，随着人们对核酸的结构与功能认识的不断深入，核酸正在发展成为一类药物设计的重要靶点。从核酸的结构与功能出发，可以将目前以核酸为靶点的药物设计分为以下几类：

（一）基于核酸代谢机制的药物设计

核酸的合成代谢与分解代谢过程相关酶,尤其是某些特异性的酶,是药物设计的理想靶点。同时,模拟核酸代谢过程中的底物结构也是药物设计的一条重要途径。

（二）基于核酸序列结构的药物设计

利用碱基配对原理,设计与特定基因互补配对的序列,如反义核酸和小干扰 RNA,能特异性地抑制基因的表达,理论上这是一条理想的合理药物设计途径。

（三）基于 DNA 双链结构的药物设计

DNA 通常以右手双螺旋的形式存在,并形成了两种形式的沟区,即大沟与小沟。与 DNA 作用的药物有两种不同的作用方式:一种是药物与 DNA 中的碱基并主要是嘌呤碱基等部位形成共价结合;另一种是药物与 DNA 通过氢键、离子键和疏水相互作用结合,即非共价结合。结合模式可分为碱基对插入模式和沟区结合模式。

（四）基于 RNA 三维结构的药物设计

RNA 含有许多独立的结构域,许多蛋白质的功能都是通过与这些结构域的相互作用而发挥功能的,因此基于 RNA 设计药物可以达到阻断蛋白质功能的发挥。同时,这些结构域与蛋白质一样具有非常丰富并相对稳定的三维结构,许多基于蛋白质结构的药物设计方法也可以用于基于 RNA 结构的小分子药物设计。

四、药物代谢与前体药物设计

药物代谢研究的主要目的是确定药物在体内的转化及其途径,并定量地确定每一代谢途径及其中间体的药理活性。药物代谢除了药物分子或其衍生物的极性发生变化外,还伴随着药理活性的改变。如非那西丁通过 O- 脱乙基生成对乙酰氨基酚而产生解热镇痛作用。又如,分子本身没有药理活性,但进入体内经药物代谢酶催化脱甲基化后才具有药理活性的抗忧郁药物——地昔帕明,这种本身没有药理活性,而经体内转化才具有药理活性的化合物称为药物前体或前体药物或前药(prodrug)。再如,抗风湿药保泰松在代谢氧化中转化成更有效、毒性较低的羟布宗(羟基保泰松)。许多实例表明,药物在代谢过程中相当常见的是代谢产物比原始(初)药物具有更好的生物活性,甚至一些原先不具药理活性的化合物,经过代谢后才产生药效。所以,药物作用的强弱和效果既取决于其分子结构的药效学性质,也与药动学性质是否完善合理有关。

目前已使用的药物,其中不少存在多种缺陷,有的口服吸收不完全,影响血药浓度;有的在体内分布不理想,产生毒副作用;有的水溶性低,不便制成注射剂;有的因首过效应而被代谢破坏,在体内半衰期太短;有的稳定性差,产品商业化难度大等。为了改善药物的药动学性质,以克服其生物学和药学方面的某些缺点,常常根据药物代谢的研究结果,将药物的化学结构进行改造与修饰,将其制成前体药物;或在已知药理作用的药物结构上进行化学修饰,使其比母体药更能充分发挥作用。因此,前体药物的设计已成为新药设计的重要组成部分。

五、表观遗传与药物设计

表观遗传(epigenetic)是指 DNA 序列不发生变化,而基因表达发生了可遗传的改变。这种改变主要是由细胞内除了遗传信息外的其他物质诱发的,且这种改变在细胞发育和增殖过程中能够稳定传递。大量研究证明,表观遗传机制在环境因素相关的疾病中发挥重要作用,它的异常调节参与了癌症、炎症、心脑血管疾病、自身免疫性疾病等的发生和病理进程。表观遗传的现象很多,包括 DNA 甲基化、组蛋白修饰、染色体重塑和非编码 RNA 调控等。本部分以 DNA 甲基化为例进行简单阐述。

DNA 甲基化作为一种重要的表观遗传修饰,参与许多生物过程,包括基因转录调控、转座子沉默、基因印记及癌症的发生发展等。该过程是在 DNA 甲基转移酶（DNA methyltransferase，DNMT）的作用下，以 S-腺苷甲硫氨酸作为甲基供体，将 CpG 序列中胞嘧啶的 5′ 位碳原子甲基化，使胞嘧啶转化为 5-甲基胞嘧啶。研究发现，多种肿瘤细胞中存在 DNA 甲基化的失衡，主要体现为全基因组的低甲基化和某些抑癌基因与修复基因的高甲基化。因此，可以通过抑制 DNMT，降低某些抑癌基因与修复基因的高甲基化水平，从而使许多因高甲基化导致的沉默基因重新表达，达到疾病治疗的目的。

六、生物大分子药物设计

生物大分子药物（蛋白质、多肽、酶、寡核苷酸等）因其作用的高特异性而表现高效性和低毒副作用而备受关注，这类药物的研究与开发日趋活跃。利用生物化学与分子生物学、生物信息学理论技术，开展生物大分子药物研究与开发主要体现在突变体设计、基于药物作用靶点及其靶位的设计两方面，在这里主要介绍突变体设计。

突变体设计是应用蛋白质工程技术改造生物大分子药物或天然蛋白质分子的一种方法。以蛋白质的结构规律及其生物功能为基础，通过分子设计和有控制地基因修饰以及基因合成对现有蛋白类药物加以定向改造，构建最终性能比天然蛋白质更加符合人类需要的新型活性蛋白。

常用的蛋白质工程药物分子设计方法有：①用点突变或盒式替换等技术更换天然活性蛋白的某些关键氨基酸残基，使新的蛋白质分子具有更优越的药效学性能；②通过定向进化与基因打靶等技术，增加、删除或调整分子上的某些肽段或结构域或寡糖链，使之改变活性或产生新的生物功能；③利用生物信息学技术，通过药靶-药物的分子对接等手段，设计更加符合人们需要的生物大分子药物突变体；④通过融合蛋白技术将功能互补的两种蛋白质分子在基因水平上进行融合表达，生成"择优而取"的嵌合型药物，其功能不仅仅是原有药物功能的加和，往往还出现新的药理作用。如 GM-CSF/IL-3 的融合蛋白，它对 GM-CSF 受体的亲和力与天然 GM-CSF 相同，而对 IL-3 受体的亲和力却比天然的高。

应用蛋白工程技术已获得多种自然界不存在的新型基因工程药物。如组织型纤溶酶原激活物（t-PA）是体内纤溶系统的生理性激动剂，在人体纤溶和凝血的平衡调节中发挥着关键性的作用，通过改构去除 t-PA 五个结构域中的三个结构域，保留天然 t-PA 的两个结构域，使其具有更快的溶栓作用。将胰岛素 B 链的第 28 位 Pro 突变为 Asp，即生成速效胰岛素；还可以将第 21 位 Asp 突变为 Gly，在 B 链 C 末端加了 2 个 Arg 残基，生成长效胰岛素（替代精蛋白锌胰岛素）等。

七、基因组学与药物研究

功能基因组时代快速积累了大量的化学和生物学信息，药物的开发面临的主要问题有以下几个方面：①确定基因/蛋白质间的相互联系与功能的关系，分离调控同一信号通路的基因/蛋白质；②确定引发特定疾病发展的关键基因/蛋白质；③确定可以干预疾病进程的小分子或基因/蛋白质。化学基因组学借助组合化学和高通量筛选等现代化手段，为解决上述问题提供了有力的解决方案。化学基因组学有正向化学基因组学（forward chemical genomics，FCG）和反向化学基因组学（reverse chemical genomics，RCG）两种研究策略，其基本研究流程如图 18-2。

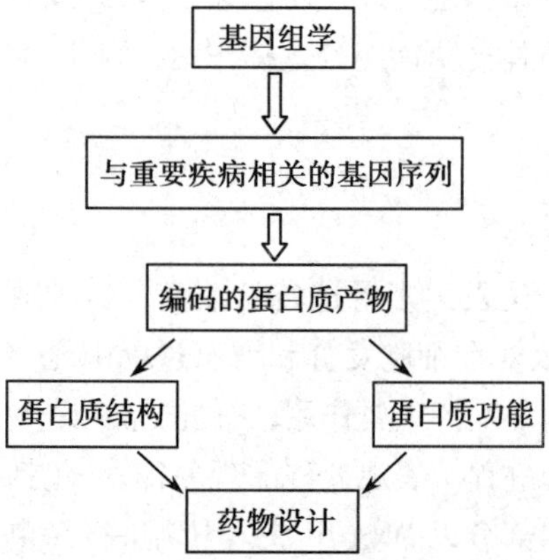

基因组学

与重要疾病相关的基因序列

编码的蛋白质产物

蛋白质结构　　蛋白质功能

药物设计

图 18-2　基于化学基因组学的药物设计基本流程

（一）正向化学基因组学

正向化学基因组学利用小分子化合物作为探针来干扰细

胞的功能,由于小分子可以激活 / 抑制许多蛋白质,诱导细胞出现表型变异,因此能够在整体细胞上观察到基因和蛋白质表达水平的变化,从而识别出活性小分子和生物靶点。正向化学基因组学的研究过程通常是将细胞和小分子化合物放在多孔板上进行培养,然后观察这些化合物对细胞功能的影响。例如用显微镜观察细胞在形态上的改变,或者向每一个孔中加入抗体来检测细胞表面特定蛋白质浓度的变化。接下来,能够引起细胞表型 / 蛋白质改变的小分子将被进一步地研究,确定它们影响细胞 / 蛋白质的机制,为药物的深入开发提供至关重要的靶点和先导化合物。

药物基因组学与个体化医疗(图片)

(二)反向化学基因组学

反向化学基因组学是从已经被确证的新颖蛋白靶标开始,筛选与其相互作用的小分子。反向化学基因组学研究的第一步就是确定一个感兴趣的蛋白作为靶点。第二步根据蛋白结构构建一个化合物库。库中分子在结构、带电性和疏水性等方面要与靶蛋白在空间和理化性质上相匹配。第三步用基于活性或亲和性的方法,识别蛋白质和小分子的相互作用,从中寻找有前景的先导化合物。

系统生物学的两个学派(拓展阅读)

八、系统生物学与药物发现

系统生物学(system biology)是研究一个生物系统中所有组成成分(基因、mRNA、蛋白质、代谢物等)的构成,以及在特定条件下这些组分间的相互关系,是以整体性研究为特征的一种大科学。其主要研究内容包括:①系统内所有组分的阐释;②系统内各组分间相互作用与所构成的生物网络的确定;③系统内信号转导过程;④揭示系统内部新的生物过程(特性)。

系统生物学的基本研究进程分为四个阶段:①系统初始模型的构建,对所选定的某一生物系统的所有组分进行分析和鉴定,阐释系统的组成、结构、网络和代谢途径,以及细胞内和细胞间的相互作用机制,以此构建初步的系统模型;②系统干涉信息的采集和整合,系统地改变被研究对象的内部组成成分(如基因突变)或外部生长条件,然后观测系统组成或结构的变化,对得到的信息进行整合;③系统模型的调整与修订,根据获得的整合信息与初始模型预测情况进行比较,对初始模型进行调整与修订;④系统模型的验证和重复,根据修正后的模型的预测或假设,设定和实施新的改变系统状态的实验,重复②和③,不断地通过实验对模型进行修订。所以系统生物学的研究目标,就是要得到一个尽可能接近真正生物系统的理论模型,使其所进行的理论预测能够反映生物系统的真实性。

系统生物学的研究方法有"干""湿"两大技术平台。所谓"湿"平台,就是应用各种组学技术研究一个生物系统,获得与生命活动过程的多种成分在各层面的信息。将"湿"平台获得的信息进行整合,通过数学、逻辑学和计算机科学模拟构建系统模型,并对模型进行假设、干预、调整与修订,这就是"干"平台。所以,系统生物学是通过"干""湿"两大技术平台,建立符合真正生物系统的理论模型的"假设驱动"研究科学。

系统生物学是解决药物发现研究中所遇到的一些挑战性问题的有效途径。

1. 加速药物的发现和开发过程　系统生物学在疾病相关基因调控通路和网络水平上,对药物的作用机制、代谢途径和潜在毒性等进行多层次研究,使在细胞水平上能全面评价候选化合物的成药性。研究者可以在新药研究的早期阶段,就能获得活性化合物对细胞多重效应的评价数据,包括细胞毒性、代谢调节和对其他靶点的非特异作用等,从而可以显著提高发现先导物的速率和增加药物后期开发的成功率。

2. 药物作用靶点的发现与确证　通过比较疾病与正常状态的网络,可鉴别关键节点(蛋白质)——药物作用靶点。在选择药物作用靶点时,首先考虑的是药靶的药效作用——有效性,其次是药靶与毒副作用的相关性——安全性,还要考虑对药效起作用

蛋白质组研究的技术流程和方法(图片)

代谢及代谢组学研究技术路线（图片）

代谢组学技术系统及手段（图片）

以外的其他靶点与药物作用可能产生毒副作用——特异性，通过系统生物学研究，就可以提前了解先导物对药靶的有效作用与毒副作用以及对其他靶点作用时可能产生的毒副作用。

3. 利用标志物跟踪药物的临床疗效 发现用于评价临床疗效的合适标志物，就可以通过跟踪标志物的变化进行病例的分析，快速、科学地评价临床效果。为鉴别合适的有代表性的临床监控标志物，可以通过评价疾病状态和药物治疗后的蛋白质组表达、代谢组变化，多参数地分析蛋白质组、代谢组网络的变化，发现与临床评价相吻合的标志物。如应用计算机模拟设计 2 型糖尿病治疗药物的Ⅰ期临床试验方案，通过指导性研究，可以降低用药剂量和减少病例数，增加临床试验成功的可能性。

4. 建立个性化用药方案 系统生物学通过建立调节网络的整合模型，分析基因多态性和蛋白质组表达模式，对患者个体的亚型进行定义与分类，从而针对每个患者建立精确的系统动力学特征，进行个性化药物治疗方案设计，可使治疗效率大大提高，同时可降低治疗费用和减少药物不良反应的发生。

第三节 药物质量控制的生物化学基础

药物作用于人体进而实现疾病的预防、诊断和治疗，因此必须达到法定质量标准。为控制质量、保证用药安全，在药物的研发、生产、保管、调配以及临床使用过程中，都必须经过严格的质量分析与检验，在每一阶段（环节）符合法定质量标准后才能进入下一个阶段。

药物质量控制主要包括药物的鉴别、杂质检查和含量测定。生物化学分析方法在药物质量检验与控制中广泛应用，依据药物的化学本质，分成小分子药物（化学药物和中药）和大分子药物（生物药物）两个范畴进行介绍。

一、药物质量控制的常用生物化学分析方法

生物化学分析方法具有操作简便、用样少、灵敏度高、专一性强等优点，因此在药物分析中经常被采用。例如，利用微量凯氏定氮法测定药物的有机含氮量（参见第四章 蛋白质的化学）；用酶法分析具有旋光异构体或几何异构体的药物，以及进行酶抑制剂、激活剂、变构剂类药物的定性定量分析；利用免疫分析法检测热原或致过敏物质、进行具有半抗原性质的药物或杂质的定性定量分析、进行生物大分子作为杂质的定性定量分析等。

（一）免疫分析法

抗原和抗体的识别具有特异性，并且抗原和抗体的沉淀反应可在体外进行，借此可利用一方鉴定另外一方。基于抗原-抗体特异性结合发展起来的分析方法，常见的有免疫扩散法、免疫电泳法、放射免疫法与酶联免疫测定法等。

1. 免疫扩散法 利用一块琼脂（或琼脂糖）凝胶平板，在其上面打几个大小合适的小孔，分别加入抗原和抗体，两个孔中的分子分别向凝胶孔的四方扩散，特异识别并结合的抗原-抗体，在最适宜的平衡点上形成免疫沉淀弧（抗原-抗体复合物），当抗原或抗体某一方的剂量固定后，可根据免疫沉淀的有无和程度，进行定性定量分析。本法可用于未知样品的抗原组成及不同样品的抗原特性比较鉴定。例如，应用免疫扩散法可以检测检定鹿茸、哈什蚂、阿胶等中药中的特异性蛋白（可以视作抗原），亦可作为它们的真伪鉴别方法。

2. 免疫电泳法 电泳与免疫扩散技术相结合的方法，是利用电泳技术将抗原分离，再与抗体进行免疫扩散反应，借助免疫沉淀的有无和程度，进行定性定量分析。本法可用以检查抗原的纯度和分析抗原混合物的组分。常见的方法有简易免疫扩散电泳法和对流免疫电泳法。

3. **放射免疫法** 是利用放射性同位素标记抗原或抗体,通过抗原-抗体的特异性识别结合属性,借助测量放射性同位素的有无和程度,进行超微量的定性定量分析方法。本法不仅普遍用于具有抗原性的生物大分子的分析,还广泛用于低分子量且具有半抗原性质的药物(如甾体激素类)的分析。

4. **酶联免疫吸附测定(ELISA)** ELISA 是广泛应用的蛋白质标记技术之一。该技术是以酶代替放射性同位素对抗原或抗体进行标记,即酶与抗原或抗体共价连接进行标记,以实现抗原或抗体的定性定量分析,故称为酶联免疫测定法。ELISA 技术是把抗原-抗体特异性识别结合形成复合物的属性,与酶高效催化呈色反应的信号放大属性相结合,而建立的一种免疫标记技术。该技术是用化学方法,将酶分子与抗原或抗体分子共价结合——标记物,同时标记物的酶保留其活性,通过酶催化相应底物生成有色产物,可用肉眼或比色法进行定性定量分析。与放射免疫测定法、酶联免疫测定法原理一样,如果利用荧光基团作为标记物标记抗原或抗体分子,借助荧光基团荧光的有无和程度,进行抗原或抗体的定性定量分析,称为荧光免疫测定法。如果利用化学发光基团作为标记物标记抗原或抗体分子,通过化学条件使致基团发光,借助该化学发光基团发射光的有无和程度,进行抗原或抗体的定性定量分析,称为化学发光免疫测定法。不同的标记物(放射性同位素、酶、荧光基团、化学发光基团等),因其自身的性质,使不同免疫测定法各有优势与不足,其中放射免疫测定法的检测灵敏度最高,但射线对人体、环境的损伤与破坏是其最大不足。

酶联免疫吸附试验(图片)

(二)电泳分析法

电泳分离分析技术是在生物化学各种技术的不断完善与发展过程中建立起来的,并广泛应用于其他学科领域。具体原理详见第四章 蛋白质的化学。

依据电泳的电场强度,分为常压(或称低压)电泳和高压电泳。依据泳动质点是否有介质,分为自由电泳和区带电泳。前者是泳动质点在溶液中;后者是在固态材料介质中泳动,在进行质点染色分析时形成染色区带,故称区带电泳。依据区带电泳的介质,分为纸电泳、醋酸纤维素薄膜电泳、琼脂糖电泳、聚丙烯酰胺凝胶电泳等。依据区带电泳的介质形态,分为薄膜电泳、薄层电泳、平板电泳、圆盘、毛细管电泳等。依据区带电泳中外加电场方位,分为单向电泳和双向电泳(或称二维电泳)。依据电泳电场的连续性,分为连续电泳和脉冲电泳。目前,以聚丙烯酰胺凝胶为介质的电泳应用最为广泛,如常规聚丙烯酰胺凝胶电泳、SDS 聚丙烯酰胺凝胶电泳、等电聚焦电泳等。依据聚丙烯酰胺凝胶的组成,电泳可分为连续和不连续聚丙烯酰胺凝胶电泳,前者聚丙烯酰胺凝胶主要只有一种凝胶——分离胶(样品在此得以分离)组成;后者主要只有两种凝胶——浓缩胶(样品在此得以浓缩)和分离胶。依据聚丙烯酰胺凝胶分离胶的性质,可分为高 pH(碱性)、中性和低 pH(酸性)聚丙烯酰胺凝胶电泳。

毛细管电泳属于高压电泳范畴,除具有一般电泳性质外,还受到毛细管电泳时电渗的影响。毛细管电泳的分离机制,是根据被分析样品分子在单位电场中的泳动速率不同而将其分开。在毛细管内的粒子或分子运动时,受到两方面的作用:①电场的作用;②电渗的作用。正电荷分子迁移方向与电渗方向一致,所以正电荷分子在毛细管内的迁移速度加快;负电荷分子迁移方向与电渗方向相反,其迁移速度或及方向,取决于泳动速度和电渗作用相互影响的综合结果。而且液体在毛细管中的流动呈扁平型的塞子流,这种流型导致了毛细管电泳的高效分离。毛细管电泳的另一特点,是采用了极细的管子(2~75μm),这样即使使用很大的电压,在一定程度上也能缓解由高压电场引起的产热问题,进而克服了传统区带电泳的热扩散和样品扩散问题,实现了快速、高效分离,故也称高效毛细管电泳。上述毛细管电泳属于自由电泳范畴(毛细管内是溶液),如果在毛细管中添加理化性质不同的固态材料介质,称为填充高效毛细管电泳。

(三)酶法分析

酶法分析的原理是借助酶促反应(包括单酶或多酶偶联反应),对酶、酶底物、参与酶促反应的辅酶、激动剂、抑制剂、变构剂等进行定性定量分析。表 18-1 列举了酶法分析的主要特点。

表 18-1 酶法分析的特点

性质	特 点
适用范围	酶、底物、辅酶、激动剂、抑制剂
专一性	极高,原则上允许类似物共存
灵敏度	很高,检出限量 $<10^{-7}$ mol/L,如与荧光法结合,可达 10^{-18} mol/L
精确度	与仪器误差和组合方法有关
分析速度	酶促反应本身多在 30 分钟内完成,一般不需要预处理
简便性	较差,必须有酶分析操作的专门训练
经济性	一般,因酶用量甚微,故不会太贵

酶法分析主要有 3 类测定方法。

1. 终止反应法 在反应过程中根据需要从反应系统中取出一定体积的反应液,即刻终止反应,也可以一次性终止反应体系,然后分析底物或产物的变化量,继而实现酶、底物、参与酶促反应的辅酶、激动剂、抑制剂、变构剂等的定性定量分析。在分析酶活性时,底物浓度应大于酶浓度;在以酶为工具对底物、辅酶、激动剂、抑制剂或变构剂进行分析时,则所用酶量应大于待测物质的量。此外,在底物浓度与反应速度之间呈线性关系的范围内($0.2K_m$ 值以上),可依据反应速度来测定底物浓度。

2. 连续测定法 此法不需要取样终止反应或一次性终止反应,而是基于反应过程中光吸收、气体体积、酸碱度、温度、黏度等的变化,利用相应仪器跟踪监测、计算反应过程中酶活性或待测物质的浓度及其变化,从而实现对酶、底物、参与酶促反应的辅酶、激动剂、抑制剂、变构剂等的定性定量分析。

3. 循环放大分析法 酶循环具有化学性放大作用,理论上可无限放大其分析灵敏度,目前已可准确定量 10^{-18}~10^{-15} mol/L 的待测样本。本分析法含有三个步骤。①转换反应:以试样中的待测组分为底物,经特异反应生成与待测组分相当的定量循环底物;②循环反应:生成的循环底物反复参加由两个酶促反应组成的偶联反应,所得产物量为循环底物的若干倍;③指示反应:以酶法分析反应产物量,即由反应产物量及循环次数(时间)计算循环底物量、再推算试样中待测组分的量。例如,在前列腺素超微量分析时,以 NADH 为循环底物,通过甘油 -3- 磷酸脱氢酶和谷氨酸脱氢酶组成的偶联反应,经反复循环反应生成产物——谷氨酸和甘油 -3- 磷酸,其量为 NADH 的若干倍,最后通过测定谷氨酸的量进而推算试样中的前列腺素含量。反应如下:

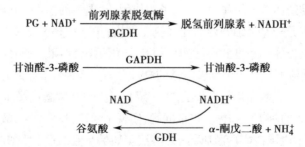

酶法分析已广泛用于多种药物分析,例如,用葡萄糖氧化酶分析葡萄糖,用 β- 半乳糖苷酶分析乳糖,用单胺氧化酶分析精胺与精脒,还有多种有机酸、氨基酸、核苷酸、甾体激素等均可采用酶法分析。

二、生物药物质量控制的生物化学分析方法

根据各类生物药物的生物化学本质,可应用生物化学分析法分析鉴定它们的结构、纯度与含量,从而有效地控制生物药物的质量。生物药物的纯度检测与化学上的纯度概念不完全相同,通常采用"均一性"概念。由于生物药物对环境变化十分敏感,结构与功能关系多变复杂,因此对其均一性的评估常常是有条件的,或者只能通过不同角度测定,最后才能给出相对"均一性"结论。只凭一种方法得到的纯度结论往往是片面的,甚至是错误的。另外,对于生物药物含量检测也与化学上的含量纯度概念不完全相同,通常采用"比活性"或"生物效价"概念。"比活性"或"生物效价"是单位质量的生物药物含有的生物活性单位数,或每个使用剂量单位的生物药物的生物活性单位数。由于生物药物对环境变化十分敏感,存在变性失活现象。如果生物药物由于环境理化等因素作用产生变性失活,生物药物本身仍然存在,但生物活性已经降低甚至完全丧失掉而没有治疗作用。因此,利用"比活性"或"生物效价"作为生物药物检测质控指标是必需且至关重要的。

(一)蛋白质多肽类药物的主要分析方法

1. 纯度分析　蛋白质多肽类药物的纯度分析是一项重要质控指标。蛋白质多肽的纯度一般指的是样品是否含有其他杂蛋白,而不包括盐类、缓冲液离子、SDS 等小分子。蛋白质的纯度检定分析方法主要有两大类:电泳和层析。电泳方法涉及如聚丙烯酰胺凝胶电泳(PAGE)、十二烷基硫酸钠 - 聚丙烯酰胺凝胶电泳(SDS-PAGE)、高效毛细管电泳、等电聚焦(IEF)等;层析包括常规(常压)层析和高效液相(HPLC,也称高压液相)层析两大类型,主要包括凝胶层析、反相层析、离子交换层析、疏水层析等。此外,也有其他一些化学法,如末端残基氨基酸分析是否均一等。在鉴定蛋白质多肽药物或药品的纯度时,至少应该用两种以上的方法,而且两种方法的分离机制应当不同,其结果判断才比较可靠。

等电聚焦电泳(图片)

2. 分子量测定　根据多肽蛋白质分子的不同理化性质,采用渗透压、黏度、超离心、光散射、凝胶层析、SDS-PAGE、生物质谱等方法,可以测定其分子量。使用较多的是生物质谱法、SDS-PAGE 法和凝胶层析法。

(1)生物质谱法:生物质谱法的原理是利用激光源发出的激光束经衰减、折射,通过透镜聚集到离子源的样品靶上,固体基质与样品混合物在真空状态下受到激光脉冲的照射,基质分子吸收了激光的能量转化为系统的激光能,导致样品分子的电离和汽化,所产生的离子受电场作用加速进入电场飞行区。不同质量和电荷量的离子在电场中获得的电能转化为动能,在相同条件下,各荷质比的离子依次到达检测器从而分离检出。利用生物质谱法测定蛋白质的分子量简便、快速、灵敏、准确。此外,质谱法还可用于测定蛋白质的肽图谱及氨基酸序列,以及研究蛋白质与蛋白质或其他分子之间的相互作用。

SDS- 聚丙烯酰胺凝胶电泳(图片)

(2)SDS-PAGE 法:SDS-PAGE 的原理是利用 SDS(十二烷基硫酸钠)的阴离子表面活性剂性质,在溶液中它与蛋白质分子定量地结合,使蛋白质分子带大量的阴离子,从而掩盖和消除了蛋白质分子间的电荷差异,使电泳分离只取决于被分离分子的形状与分子量大小,迁移率只和分子大小有关,并且在一定范围内迁移率与分子量对数值呈线性关系。测定前,需根据待测样品分子量的估计值,选择合适的胶浓度与标准参照物。

(3)凝胶层析法:凝胶层析是以具有一定大小孔径凝胶作为支持物的一种柱层析,直径小于凝胶孔径的蛋白质分子可自由渗透进入凝胶颗粒的内部,大于凝胶孔径的则被排阻在外。在层析过程中,大分子的移动速度高于小分子而先流出层析柱,在一定的分子量范围内,组分的洗脱体积(V_e)是其分子量(M)对数的线性函数($V_e=K_1-K_2 \lg M$,其中 K_1 和 K_2 是常数,随实验条件而定)。用分子量已知的蛋白质作标准品,以其 V_e 对 $\lg M$ 作图而得一条标准曲线。在相同的实验条件下,测得样品蛋白质的洗脱体积,从标准曲线即可求得样品蛋白质的分子量。

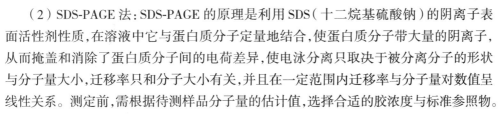

3. 含量测定　根据蛋白质的性质,蛋白质的定量方法有以下几类。

（1）物理性质:紫外分光光度法、折射率法、比浊法。

（2）化学性质:凯氏定氮法、双缩脲比色法、劳里法、BCA 法。

（3）染色性质:考马斯亮蓝 G-250 结合法、银染、金染。

（4）其他:荧光激发。

凯氏定氮法是蛋白质含量测定的经典方法,虽然已较少使用,但它具有特有的准确性,并能用于测定其他方法不能测定的不溶性物质。目前,紫外分光光度法、双缩脲法、劳里法、考马斯亮蓝 G-250 结合法、BCA 法是最常用的方法。有关蛋白质含量测定方法的原理,已在第四章介绍,在此不过多重复,需要可参阅该章节内容或其他有关书籍。此外,胶体金比色法是基于胶体金作为一种带负电荷的疏水性胶体,加入蛋白质后,红色的胶体金溶液转变为蓝色,其颜色的改变程度与加入的蛋白质的量呈定量关系,可在 595nm 处测定样品的吸收值,从而计算含量。

（二）核酸类药物的主要分析方法

核酸分子中含有碱基、戊糖和磷酸。定量核酸的方法可测定三者中的任何一种,从而计算样品中的核酸含量。

1. 紫外分光光度法测定 RNA 与 DNA 含量　核酸、寡核苷酸、核苷酸、核苷及其衍生物的分子中含有碱基,具有共轭双键结构,对紫外线有特征吸收,RNA 和 DNA 对紫外线的特征吸收位于 260nm 处。在 260nm 波长下,每 1ml 含 1μg RNA 溶液的光吸收值为 0.022,每 1ml 含 1μg DNA 溶液的光吸收值为 0.020。故测定样品在 260nm 处的吸收值,即可测定样品中的核酸含量,但应避免核苷酸与蛋白质杂质的干扰。

2. 地衣酚显色法测定 RNA 含量　当 RNA 与浓盐酸在 100℃下煮沸后,即发生降解产生核糖,并进而转变为糠醛,在 $FeCl_3$ 或 $CuCl_2$ 催化下,糠醛与 3,5- 二羟基甲苯（地衣酚）反应生成绿色复合物,在 670nm 处有最大吸收。当 RNA 浓度为 20~250μg/ml 时,光吸收值与 RNA 浓度成正比。测定时,应注意其他戊糖与 DNA 的干扰。

3. 二苯胺法测定 DNA 含量　DNA 分子中 2- 脱氧核糖残基在酸性溶液中加热降解产生 2- 脱氧核糖并生成 ω- 羟基 -γ- 酮基戊醛,后者与二苯胺反应生成蓝色化合物,在 595nm 处具有最大吸收。当 DNA 浓度为 40~400μg/ml 时,其吸收值与 DNA 浓度成正比。在反应液中加入少量乙醛,有助于提高反应灵敏度。

$$（脱氧核糖残基） \xrightarrow{浓HCl} HO-CH_2-\underset{\underset{O}{\|}}{C}-CH_2-CH_2-CHO \xrightarrow{二苯胺} 蓝色化合物$$
$$ω\text{-}羟基\text{-}γ\text{-}酮基戊醛$$

（三）酶类药物的主要分析方法

酶类药物的主要质量指标是它的催化活力。而酶的比活力则是酶浓度和酶纯度的衡量标准。适宜的酶活测定方法,至少应满足如下条件:①有可被检测且能反映酶促反应进行程度的信号物;②底物对酶远远过量,通常底物浓度为 K_m 值的 3~10 倍;③适宜的反应温度;④最适 pH 反应体系;⑤被检测酶量适当;⑥测定时间在酶促反应初速度范围内。

大多数酶对底物都有严格特异性,因此,不同的酶有不同的活力测定方法,但就其分析方法分类,酶活性的检测方法主要包括:比色法、紫外分光光度法、气量法、旋光测定法、电化学法和液闪计数法等。

（四）基因重组药物中的杂质检查

重组药物中主要杂质包括:残留的外源性 DNA、宿主细胞蛋白质、二聚体或多聚体、蛋白质降解物、蛋白质突变体及内毒素等。

1. 外源性 DNA　　基因重组药物中残留的外源性 DNA 来源于基因工程表达的宿主细胞。每种药物及其不同表达宿主细胞,都有其独特的残留 DNA,因此,产品中必须控制外源性 DNA 的残留量。世界卫生组织(WHO)规定每一个剂量药物中残留 DNA 含量不得超过 100pg。我国参照 WHO、FDA 和欧盟的标准对生物制品中残余 DNA 的含量进行限制。酵母、大肠杆菌表达的生物制品限定不超过 10ng/ 剂,CHO 和 vero 细胞表达的 EPO、狂犬疫苗、乙肝疫苗等不超过 100 或 10pg/ 剂。

测定残留 DNA 的有效方法是 DNA 分子杂交技术。探针的标记方法有放射性同位素标记法和地高辛苷配基标记法等。放射性同位素标记探针虽然测定灵敏度较高,但有放射性污染且半衰期短,故多采用地高辛苷配基标记法。测定原理是利用随机启动法,将地高辛苷配基(digoxigenin, DIG)标记的 dUTP 掺入未标记的 DNA 分子中,从而获得标记探针。将此标记探针与待检样品中的目的 DNA 杂交后,用酶联免疫吸附法检测杂交分子。

2. 宿主细胞蛋白质　　基因工程表达宿主细胞蛋白质简称宿主蛋白,是指生产过程中来自宿主或培养基中的残留蛋白或多肽等杂质。为确保基因重组药物的安全,必须测定其宿主蛋白含量,其残留量需低于法定标准。一般采用 ELISA 法,也可采用蛋白质印迹法(Western blotting)进行宿主蛋白的限度检查。

3. 二聚体或多聚体　　许多基因重组药物可以形成聚体,一般采用凝胶过滤层析法测定二聚体或多聚体的含量限度。二聚体或多聚体分子,较单体分子量大一倍或数倍,因此进行凝胶过滤层析分析时,聚体先于单体药物出峰,即 V_e 值小于单体药物的 V_e 值。

4. 降解产物　　鉴于降解产物的基本结构通常与未降解的重组药物相似,因此,对降解产物的测定多采用反相离子对层析法(ion pair reverse phase chromatography)、肽图分析、生物质谱等分辨率更高的分析方法。反相离子对层析法,是在反相层析的流动相中加入一些与待分离组分带相反电荷的离子对试剂,这些离子试剂与待分离组分结合后,使其总的亲水性增加或者是疏水性增加。在层析过程中,离子对试剂表现出三方面的作用:①离子对试剂与待分离组分以离子键结合,使其亲水性或疏水性发生变化,而影响它们在固定相和流动相中的行为;②离子对试剂通过疏水相互作用而可逆地吸附于固定相上,与组分通过动态离子交换而影响其层析行为;③作用①与②兼而有之。适用于生物大分子的反相离子对包括:①阴离子,如 $H_2PO_4^-$、HPO_4^{2-}、ClO_4^-、SO_4^{2-}、BO_4^{2-}、CF_3COO^-、烷基磺酸盐根等;②阳离子,如烷基氨盐类、十二烷基溴化铵等。在离子对试剂中,极性强的趋向于形成配对而起作用,疏水作用强的趋向于通过动态离子交换而起作用。

第四节　药剂学研究的生物化学基础

药剂学研究与相关学科及其研究进展紧密联系。除材料学等工程学科外,药剂学研究与生命科学各学科理论、技术紧密结合,如生物化学、分子生物学理论及其技术,这些学科促进了现代药物制剂技术的发展。

一、生物药物的制剂研究

(一)生物药物制剂研发的策略

如前所述,生物药物是一类相对分子质量大、结构复杂的药物,在生理条件下通常为亲水性且带有电荷,因此生物药物制剂开发的策略与小分子药物有很大的不同。

第一,由于生物药物的分子体积一般比较大,且在生理条件下具有亲水性和解离特性,导致其膜通透性极差,大部分生物药物都必须采用注射方式给药以保证足够的生物利用度。然而,由于其血浆半衰期短,通常需要采取一日多次注射的给药方案,这极大地限制了患者的顺应性(如引起疼痛、脓肿等),并大大提高了使用成本。到目前为止,尽管已有一些多肽类药物(例如降钙素、环孢素、血管升压素等）的鼻喷剂、片剂、胶囊制剂上市，但是，绝大多数的生物药物剂型还都是注射剂或注射用冻干粉末。尽管有关蛋白质多肽类药物的血管外给药的研究已经成为生物技术药物递送的主要研究方向之一，但该领域的研究进展目前还不尽如人意。

第二，通常来说大多数生物药物的物理和化学性质不稳定。相比小分子药物，它们对温度、pH、离子强度、表面作用、摇晃和剪切力等很多因素都很敏感。因此，在处方设计时需要考虑很多策略来改善其制剂处方，以提高生物药物在制备、贮存、运输以及给药时的稳定性，确保它们的有效性和安全性。例如蛋白类药物不稳定的一个典型现象就是发生聚集。聚集的蛋白有时可激发机体的免疫应答，刺激机体分泌抗体来清除该蛋白药物，或改变该蛋白药物的药物动力学行为，并产生副作用。

第三，与小分子药物制剂相比，生物药物制剂的研发过程中需要依靠更多不同的分析手段来表征生物药物的特性。这同样是因为生物药物本身相对分子质量大而且结构复杂，在一系列制剂过程中可能产生很多不同的物理变化和化学降解，所以在制剂研发过程中需要对各种降解过程进行全面表征。例如在蛋白质多肽类药物的研发过程中需要使用不同的分析技术来确定其化学降解的途径，并对降解产物进行定量分析。此外，还需要对蛋白和多肽类药物潜在的物理降解倾向进行评估，这在小分子药物制剂的开发过程中并不常见。

第四，有些生物药物的递送技术和小分子药物不同。对于那些作用靶点位于细胞质或细胞核内的生物药物，需要采用递送载体来克服各种体内屏障，以达到有效递送的目的。蛋白质多肽类药物可做成液体注射剂，通过注射的方式透过一些生物膜屏障，从而实现其对位于血浆、细胞膜或细胞间受体的靶向作用。对于核酸类药物如反义寡核苷酸、小干扰 RNA 和基因等作用靶点位于细胞内的生物药物，普通的液体注射剂已经不能满足其递送要求，因为它们在血浆中不稳定。另外，这些分子在生理条件下带负电荷，很难通过富含脂质的细胞膜到达其细胞内靶点。因此，对于核酸类药物，一个能高效帮助核酸跨越生物屏障的递送系统是这一系列生物药物研发的核心。

（二）蛋白质和多肽类药物制剂

1. 蛋白质和多肽类药物制剂的稳定化　蛋白质与多肽类药物分子对制剂生产、贮存、分装和使用过程中的许多促降解因素都很敏感，尤其是在液体制剂中更是如此。保证蛋白类药物在制剂中的稳定性的关键是使其保持恰当的折叠结构。保持蛋白质结构正确折叠的作用力是一些弱的相互作用力（包括疏水相互作用、氢键、静电相互作用和范德瓦耳斯力等），所以在不引起蛋白质整体构象结构变化的前提下，任何提高这些相互作用的手段都可以对制剂中的蛋白类药物起到稳定化作用。蛋白质多肽类药物分子的稳定化可以通过化学修饰来优化其内部结构，也可以通过调节制剂处方组成和制剂制备工艺来改变这类药物所处的外部环境来提高。目前，蛋白质与多肽类药物制剂的稳定化手段主要有三种：①替换容易发生降解的氨基酸；②加入稳定剂以改变蛋白质的外在环境；③通过干燥手段固化蛋白质，减少其降解概率。

2. 蛋白质和多肽类药物的递送　通过注射途径给药可确保蛋白质多肽类药物到体内起效快、药效强、生物利用度高以及可靠的药动学和药效学行为。然而，注射给药方式的最大缺点就是其侵袭性。蛋白质和多肽类药物的血浆半衰期通常较短，需要通过定期重复注射来保证达到所需的治疗效果，这给患者造成了较差的顺应性。

为了克服蛋白质和多肽类药物制剂的这一缺点，研究者们尝试了许多新型制剂手段。这些手段可以分为两类：一种仍然是蛋白质和多肽类药物的注射制剂，但改变了其药理及治疗特性；第二种是采用非注射型蛋白质和多肽类药物递送系统。使用这些制剂手段的最终目标是赋予蛋白质多肽类药物制剂更好的患者顺应性、便利性以及更强的药效。表 18-2 总结了近几年采用的蛋白质和多肽类药物新型制剂手段。

表 18-2　蛋白质和多肽类药物新型制剂

种类	策略	制剂手段或给药方式
注射型	通过延长蛋白质和多肽类药物的血浆半衰期或溶出速度,从而降低注射频率	• 化学修饰(PEG 化、糖基化、乙酰化、氨基酸替换、蛋白融合等) • 贮库给药系统(微粒递药系统、原位贮库递药系统、植入递药系统等) • 蛋白质结晶或沉淀
非注射型	运用非注射的其他给药途径	• 口服递药 • 肺部递药 • 透皮递药 • 鼻腔递药 • 口腔递药

（三）寡核苷酸及基因药物制剂

1. **寡核苷酸及基因药物的特点**　广义的基因药物包括各种 cDNA 表达系统(包括 plasmid DNA 等各种表达系统)、反义寡核苷酸(antisense oligonucleotide)、核酶、小干扰 RNA 以及微小 RNA(microRNA)等,都是通过磷酸二酯键连接起来的多核苷酸或寡核苷酸,以基因或基因表达通路为作用靶点,通过调节靶细胞中的基因表达,从而实现药效作用的。从药物分子的物理化学性质的角度分析,基因药物的化学组成均为聚核苷酸结构,属于生物大分子药物的范畴。

在体内环境中,DNA 和 RNA 分子都非常容易被核酸酶降解,稳定性较差。而且由于它们分子量大,还带有大量负电荷,水溶性好,几乎没有脂溶性,与传统的小分子药物在体内的吸收、分布、代谢的机制完全不同。更特殊的是,由于基因药物的作用靶点都是在细胞内甚至细胞核内,药物的递送必须跨越细胞膜和核膜的壁垒。除了一些有限的局部给药外,基因药物的体内应用必须借助基因递送载体,基因药物递送载体的研究是基因药物成功的关键,是基因治疗的核心技术之一。

2. **寡核苷酸及基因药物的递送载体**　载体在输送基因的过程中主要有细胞外和细胞内两大屏障,前者为载体进入机体到达靶细胞之前的障碍,包括降解酶系统、吞噬系统、调理化作用和细胞外黏膜层等;后者包括靶细胞膜、内吞小泡和细胞核膜等。基因输送到靶部位后,具有高水溶性、负电性质的核酸大分子首先通过同样带负电但具有脂质体双分子层结构的细胞膜,即细胞膜屏障;其次,微粒通过内吞作用进入内体或溶酶体,使复合物最大限度从内体中释放,并确保药物不被溶酶体酶降解,是基因给药成功的关键之一。此外,已释放出的 DNA 还要完成从细胞质至核孔的转运,到达核内才能实现目的基因的表达。

目前基因治疗领域主要有三类不同的药物递送技术体系,即物理转染技术、病毒载体系统和非病毒载体系统。

（1）物理转染技术:包括电脉冲导入和粒子轰击导入等,主要是通过物理作用将 DNA、RNA 分子等导入细胞和组织中,一般局限于体表组织使用。

（2）病毒载体系统:包括反转录病毒、腺病毒和腺相关病毒等,病毒载体的细胞转染活性较高,但其体内应用受病毒天然感染趋向性(tropism)的影响和人体免疫系统的干扰,造成静脉注射后转染的靶组织特异性不高,而且还有一定的安全隐患,如免疫应激反应、基因随机整合的致癌性和潜在内源性病毒重组等问题。

（3）非病毒载体系统:采用高分子聚合物、脂质分子等一系列药用辅料制备成颗粒状的载体系统(包括脂质体、纳米粒、微乳、聚合物胶束等),装载 DNA、RNA 等活性分子,并将其递送到体内病灶或药物作用靶点部位。目前主要研究内容就是针对基因转染的各种生物屏障,通过合成新的载体材料或对已有载体材料进行结构改造,以提高细胞内转运和细胞核的摄取,增强组织和细胞的特异性,降低载体的毒性等,从而为临床基因治疗提供安全、高效的载体技术平台。

（四）疫苗制剂

1. 疫苗的分类　疫苗（vaccine）可以激活免疫系统,产生抗体来对抗抗原,并诱导机体免疫记忆,使免疫系统在第二次遇到该病原体（抗原）时可以将其识别并破坏。现有的人用疫苗主要可以分为三类:减毒活性病原体疫苗（attenuated live organism vaccine）、灭活疫苗（inactivated vaccine）和亚单位疫苗（subunit vaccine）。其中,减毒的活性病原体是传统的疫苗,这种疫苗模拟了自然条件下病原体对机体的感染过程,因此很有效。而灭活疫苗与减毒活性病原体疫苗相比,最大的优势是其安全性。与灭活疫苗相比,亚单位疫苗的免疫炎症反应更少,这是因为病原体的大部分致病性组分都还保存在灭活疫苗中。

除上述三种疫苗外,近些年出现的核酸疫苗（nucleic acid vaccine）开启了疫苗的新时代。核酸疫苗按其组成成分,可分为 DNA 疫苗（DNA vaccine）和 mRNA 疫苗（mRNA vaccine）。DNA 疫苗是通过短暂转染含编码抗原的质粒 DNA 的宿主细胞来诱导免疫反应的,接种后宿主细胞合成质粒 DNA 编码的蛋白质-抗原,从而诱导针对这一抗原的特异性免疫反应。mRNA 疫苗是通过特定的递送系统将蛋白质类抗原的 mRNA（全长或片段）导入宿主体内,翻译后的抗原蛋白可通过多种方式刺激机体产生特异性免疫反应,从而使机体获得免疫保护。与传统的减毒活性病原体疫苗、灭活疫苗和亚单位疫苗相比,核酸疫苗具有研发周期短、生产工艺简单、不需要佐剂、有效性高等特点。已有一些核酸疫苗如抗癌症和获得性免疫缺陷综合征的 DNA 疫苗正在开展临床研究。

2. 疫苗的递送　疫苗最常用的给药途径是肌内或皮下注射,因此疫苗通常被制成液体注射剂。如果是需要多次使用的疫苗,通常会在液体制剂处方中加入防腐剂。为了防止抗原降解并保证其效能,在运输疫苗的过程中通常需要使用昂贵的冷藏链。一种避免使用冷藏链的方法是将疫苗与一些糖类（如海藻糖或蔗糖）一起干燥,制成固体制剂,以保留运输过程中疫苗的效价。

亚单位疫苗与其他两种人用疫苗相比,结构相对简单而且更安全。然而,亚单位疫苗处方中通常需要加入佐剂,这是因为亚单位疫苗利用的高纯度抗原降低了它本身的免疫原性。铝盐是目前应用最广泛的佐剂,它的作用机制主要被认为是作为抗原递送的载体,以及在注射部位形成储库,使抗原从注射部位逐步持续释放。其他广泛研究的佐剂多是一些微粒型给药系统,例如脂质体、乳剂及病毒颗粒等。这些佐剂使亚单位疫苗以微粒的形式被抗原递呈细胞摄取。

核酸疫苗对递送系统具有较高要求。以 mRNA 疫苗为例,由于 mRNA 进入体内后,不仅需要避免被周围组织中的 RNA 酶降解,同时需要穿过生物膜并顺利将 mRNA 有效成分释放进入细胞,因此主要通过形成特殊的 mRNA 载体实现递送。目前 mRNA 递送系统主要包括:鱼精蛋白载体、脂质体纳米颗粒、多聚体载体等。以目前应用最为广泛的脂质体纳米颗粒（lipid nanoparticle,LNP）为例,脂质分子包裹 mRNA 形成稳定的双分子层,通过胞吞进入细胞质后,部分脂质分子的头部质子化,双分子层被破坏,包裹在内的 mRNA 逃逸进入细胞质进行翻译,进而合成抗原。

在过去的几十年中,疫苗的非侵入性给药方式如经鼻给药、肺部给药、经皮给药、口服给药和舌下或口腔给药也得到了广泛研究。

二、生物大分子与主动靶向制剂

主动靶向制剂利用修饰的载体作为"导弹"将药物运输到靶部位,相对于被动靶向制剂具有更好的靶向效果,是目前药剂学和生物材料科学较为热门的研究领域之一。总的来说,主动靶向制剂通过修饰的药物微粒载体来实现,包括修饰脂质体、免疫脂质体、修饰微乳、修饰微球、修饰纳米球、免疫纳米球等。分子生物学、细胞生物学、材料学、免疫学及药物化学等学科的飞速发展,也为新型主动靶向制剂的设计注入了新的活力。目前,主要采用单克隆抗体或配体进行载药微粒的修饰,通过抗体-抗原或者受体-配体的特异性识别作用达到主动靶向的效果。

（一）抗体介导的主动靶向制剂

抗体介导的主动靶向制剂可以通过两种策略实现，可以将抗体与载药微粒连接，如免疫脂质体、免疫纳米球、免疫微球等，也可以将抗体与药物结合制备免疫复合物。

1. 免疫脂质体（immunoliposome）是通过将载药脂质体与单克隆抗体共价结合构成的，借助抗体与靶细胞表面抗原在分子水平上的识别能力来特异性地杀伤靶细胞，达到治疗目的。比如将抗细胞表面病毒糖蛋白抗体连接于阿昔洛韦脂质体，可以靶向识别于眼部疱疹病毒结膜炎的病变部位，而游离药物和非免疫脂质体均无此效果。

2. 免疫纳米球（immunonanosphere）是将单克隆抗体与纳米球结合，通过静脉注射即可实现主动靶向。比如将抗人膀胱癌 BIU-87 细胞单克隆抗体 BDI-1 通过化学交联反应连接于多柔比星白蛋白纳米球制得免疫纳米球，可以同靶细胞的纤毛连接，并对人膀胱癌 BIU-87 细胞具有明显的杀伤作用。

3. 免疫微球（immunomicrosphere）是指用聚合物将抗原或抗体吸附或交联形成的微球。此微球不但可以携带药物实现靶向治疗，也可以标记和分离细胞进行诊断和治疗，还可使免疫微球带上磁性以提高靶向性和专一性。比如抗兔 M 细胞单抗 5B11 的聚苯乙烯微球的 M 细胞的靶向性是非特异抗体微球的 3.0~3.5 倍。

4. 免疫复合物（immunoconjugate）是将抗体直接或间接与药物连接构成。比如 Kadcyla 即为曲妥珠单抗和小分子微管抑制剂 DM1 偶联而成，通过曲妥珠单抗靶向作用于乳腺癌和胃癌人表皮生长因子受体 2（HER2），引起偶联物释放 DM1，进而杀死肿瘤细胞。与曲妥珠单抗相比，Kadcyla 具有较好的整体疗效和药动学特性，并且毒性较低。

（二）受体介导的主动靶向制剂

利用某些器官和组织上特定的受体可与其特异性的配体或抗体发生专一性结合的特点，将药物或药物载体与配体或抗体结合，从而将药物导向特定的靶组织。目前研究较多的受体主要有表皮生长因子受体、去唾液酸糖蛋白受体、低密度脂蛋白受体、转铁蛋白受体、叶酸受体、白细胞介素受体等，有些受体已证实可作为特定肿瘤靶向的靶点，提高主动靶向效率。针对这些受体，常用的配体包括糖蛋白、脂蛋白、转铁蛋白、叶酸和多肽等。

例如，转铁蛋白介导的主动靶向递药系统。正常细胞和肿瘤细胞表面均存在转铁蛋白受体，但肿瘤细胞表面的受体是正常细胞的 2~7 倍，而且肿瘤细胞受体与转铁蛋白的亲和力是正常细胞的 10~100 倍。利用上述受体数量和两者亲和力的差异，以转铁蛋白修饰药物载体（如脂质体、纳米粒等），从而实现抗肿瘤药物给药系统的肿瘤细胞主动靶向性。

三、生物大分子与药物载体

药物载体，是指能改变药物进入人体的方式和在体内的分布、控制药物的释放速度并将药物输送到靶向器官的体系。药物载体材料在控释制剂的研究中起非常重要的作用，可提高药物的利用率、安全性和有效性，从而减少给药频率。生物大分子，因其良好的生物相容性、可生物降解及可再生性，成为一类重要的药物载体材料。

（一）药物载体的分类

药物载体的种类众多，较为成熟的有微囊与微球、纳米粒、脂质体等。

1. 微囊与微球（microcapsule and microsphere）　微囊是将体药物或液体药物作为囊心物，外层包裹高分子聚合物囊膜，形成微小包囊，粒径一般为 1~250μm。微球是药物分散或被吸收在高分子聚合物基质中而形成的微笑球状实体，其粒径一般为 1~250μm，是一种利用如淀粉、壳聚糖、明胶、蛋白等生物大分子以及其他高分子聚合物为材料，固化形成的微小球状固体骨架物。

2. 纳米粒（nanoparticle）　纳米粒是指粒径在 1~1 000nm 的粒子，药物学中所指的药物纳米粒一般是指 10~100nm 的含药粒子。药物纳米粒主要包括药物纳米晶和载药纳米粒两类：①药物纳米晶(drug nanocrystal)是将药物直接制备成纳米尺度的药物晶体,并制备成适宜的制剂以供临床使用;②载药纳米粒(drug carrier nanoparticle)是将药物溶解、分散、吸附或包裹于适宜的载体或高分子材料中形成的纳米粒。已研究的载体纳米粒包括聚合物纳米囊、聚合物纳米球、药质体、固体脂质纳米粒、纳米乳和聚合物胶束等。

3. 脂质体(liposome) 当两性分子如磷脂分散于水相时,分子的疏水尾部倾向于聚集在一起,避开水相,而亲水头部暴露在水相,形成具有双分子层结构的封闭囊泡,在囊泡内水相和双分子膜内可以包裹多种药物,类似于超微囊结构,这种将药物包封于类脂质双分子层薄膜中间所制成的超微球形载体制剂称为脂质体。

(二)天然生物大分子载体材料

1. 明胶(gelatin) 明胶是从动物的皮、白色结缔组织和骨中获得胶原经部分水解而得到的产品,是目前常用的囊材料之一,可口服和注射。明胶是由多种氨基酸交联形成的直链聚合物,不溶于冷水,能溶于热水形成澄明溶液,冷却后则成为凝胶。根据其水解方法的不同,分为 A 型和 B 型。A 型明胶是酸水解产物,其等电点为 7~9;B 型明胶是碱水解产物,其等电点为 4.7~5.0。两者在体内可生物降解,通常可依据药物对 pH 的要求选用。

2. 阿拉伯胶(acacia gum) 是一种天然植物胶,由多糖和蛋白质组成,多糖占多数(>70%)。其中,多糖以共价键与蛋白质肽链中的氨基酸相结合,主要包括半乳糖、阿拉伯糖、葡糖醛酸、鼠李糖等。阿拉伯胶不溶于乙醇,在室温下可溶于 2 倍量的水中,溶液呈酸性,带有负电荷。一般常与明胶等量配合使用,亦可与白蛋白配合制成复合材料。

3. 海藻酸盐(alginate) 是多糖类化合物,常用稀碱从褐藻中提取而得。海藻酸钠可溶于不同温度的水中,不溶于乙醇、乙醚及其他有机溶剂,不同产品的黏度有差异。可与甲壳质或聚赖氨酸合用作复合材料。海藻酸钠在水中与 $CaCl_2$ 反应生成不溶于水的海藻酸钙,通常用此法制备微囊。

4. 蛋白类 用作囊材的有白蛋白(如人血清白蛋白、小牛血清白蛋白)、玉米蛋白、鸡蛋白等,可生物降解,无明显的抗原性。常用不同的温度加热交联固化或化学交联剂(加甲醛、戊二醛等)固化,通常用量为 300g/L 以上。

5. 壳聚糖(chitosan) 是由甲壳质经去乙酰化制得的一种天然聚阳离子多糖,在水及有机溶剂中均难溶解,但可溶于酸性水溶液,无毒、无抗原性,在体内能被葡糖苷酶或溶菌酶等酶解,具有优良的生物降解性和成囊、成球性,在体内可溶胀成水凝胶。

6. 淀粉 常用玉米淀粉,因其杂质少、色泽好、取材方便、价格低廉,普遍被用作制剂辅料。淀粉无毒、无抗原性,在体内可由淀粉酶降解,因其不溶于水,故淀粉微球常用作动脉栓塞微球来暂时阻塞小动脉血管。

7. 脂类 制备脂质体的膜材料主要为类脂成分,有磷脂和胆固醇等。很多类脂可用于制备脂质体,而磷脂最常用。常用的脂类材料包括:

(1)中性磷脂(neutral phospholipid):磷脂酰胆碱是最常见的中性磷脂,有天然和合成两种来源,可从蛋黄和大豆中提取。与其他磷脂比较,它具有价格低、中性电荷、化学惰性等性质。天然来源的磷脂酰胆碱是一种混合物,每一种磷脂酰胆碱具有不同长度、不同饱和度的脂肪链。

(2)负电荷磷脂(negative-charged phospholipid):又称为酸性磷脂,如磷脂酸、磷脂酰甘油、磷脂酰肌醇、磷脂酰丝氨酸等。在负电荷磷脂中,有三种力量共同调节双分子层膜头部基团的相互作用,这三种力即空间屏障位阻、氢键和静电作用。

(3)正电荷脂质(positively-charged lipid):制备脂质体所用的正电荷脂质均为人工合成产品,目前常用的正电荷脂质有硬脂酰胺、油酰基脂肪胺衍生物、胆固醇衍生物等,正电荷脂质常用于制备基因转染脂质体。

(4)胆固醇:胆固醇是一种中性脂质,亦属于两亲性分子,但是亲油性大于亲水性。由于胆固醇本身相聚合的能量较大,故常难于和蛋白质结合,而主要与磷脂相结合,阻止磷脂凝集成晶体结构。胆固醇趋向于减弱膜中类脂与蛋白质复合体之间的连接,它如同"缓冲剂"起着调节膜结构"流动性"的作用。

思 考 题

1. 试举例说明药理学研究中,药物与机体作用的机制。
2. 简述新药筛选所用的生物化学方法及其原理。
3. 试说明在药物设计研究中采用的生物化学原理。
4. 阐述生物化学方法在药物质量控制中的应用。
5. 简述 3 种在多肽类药物质量控制中使用的生物化学方法的原理。

第十八章
目标测试

(张　嵘)

参考文献

［1］RODWELL V, BENDER D, BOTHAM K M, et al. Harpers illustrated biochemistry. 31th edition. New York：McGraw Hill Professional, 2018.

［2］AHERN K. Biochemistry and Molecular Biology. Washington DC：The Teaching Company, 2019.

［3］DAVID N L, MICHAEL C M. Lehninger Principles of Biochemistry. 8th edition. New York：W. H. Freeman and Company, 2021.

［4］GIBSON D M, HARRIS R A. Metabolic regulation in Mammals. New York：Taylor and Francis, 2002.

［5］STRYER L, BERG J, TRMOCZKO J, et al. Biochemistry. 9th ed. New York：W. H. Freeman and Company, 2019.

［6］TOO Y J, FENG Y, KIN Y H, et al. Fundamentals of enzyme engineering. Netherlands：Springer, 2017.

［7］朱圣庚,徐长法.生物化学.4版.北京:高等教育出版社,2017.

［8］杨荣武.生物化学原理.3版.北京:高等教育出版社,2018.

［9］赵永芳.生物化学技术原理及应用.5版.北京:科学出版社,2015.

［10］方浩.药物设计学.3版.北京:人民卫生出版社,2016.

［11］王友同,吴梧桐,吴文俊.我国生物制药产业的过去、现在和将来.药物生物技术,2010,17(1):1-14.

［12］WANG Y, ZHANG S, LI F, et al. Therapeutic target database 2020：enriched resource for facilitating research and early development of targeted therapeutics. Nucleic Acids Res, 2020, 8(48): 1031-1041.

［13］KLIONSKY D J, ABDEL-AZIZ A K, ABDELFATAH S, et al. Guidelines for the use and interpretation of assays for monitoring autophagy(4th edition). Autophagy, 2021, 17(1): 1-382.

E

G

H

J

W

Z